★ 案例名称　课堂案例——绘制铅笔　37页
★ 视频位置　多媒体教学\2.2.5.avi
★ 学习目标　学习【钢笔工具】与【平滑工具】的综合应用方法

★ 案例名称　课堂案例——制作色块　40页
★ 视频位置　多媒体教学\2.3.2.avi
★ 学习目标　掌握【分割】命令的使用方法

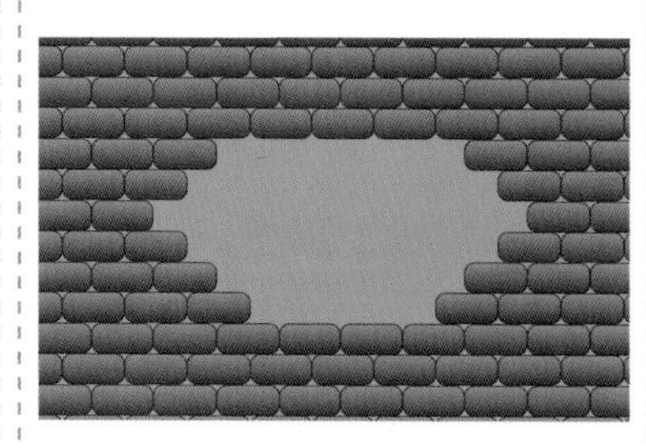

★ 案例名称　课堂案例——制作墙壁效果　47页
★ 视频位置　多媒体教学\2.4.3.avi
★ 学习目标　学习【圆角矩形】为基础制作墙壁的方法

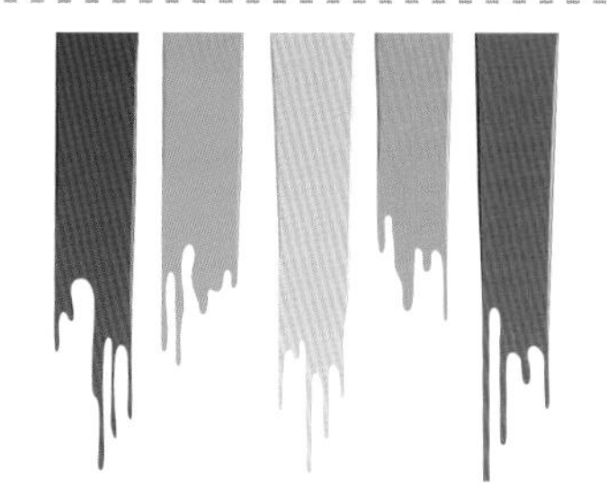

★ 案例名称　课堂案例——制作五彩油漆　54页
★ 视频位置　多媒体教学\2.5.3.avi
★ 学习目标　掌握【钢笔工具】与【平滑工具】制作五彩油漆的方法

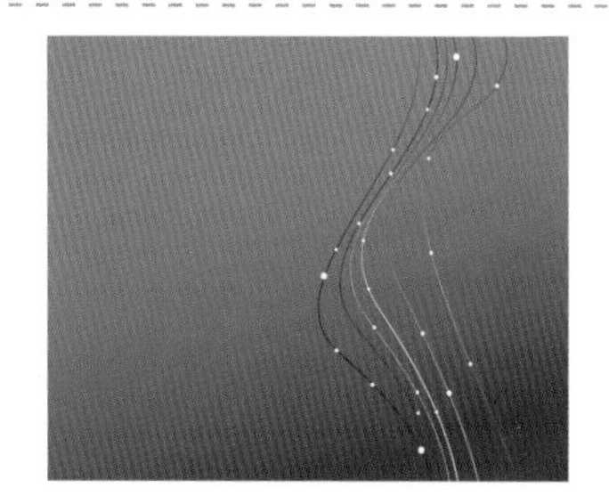

★ 案例名称　课后习题1——绘制五彩线条　58页
★ 视频位置　多媒体教学\2.7.1.avi
★ 学习目标　学习【钢笔工具】与【扩展】命令的应用方法

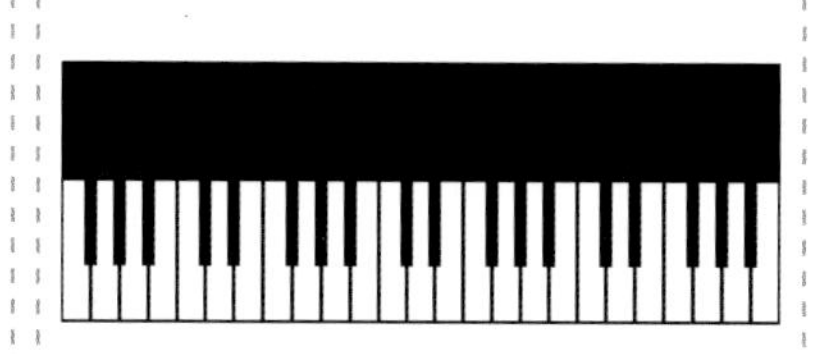

★ 案例名称　课后习题2——绘制钢琴键　58页
★ 视频位置　多媒体教学\2.7.2.avi
★ 学习目标　掌握利用【矩形工具】绘制钢琴键的方法

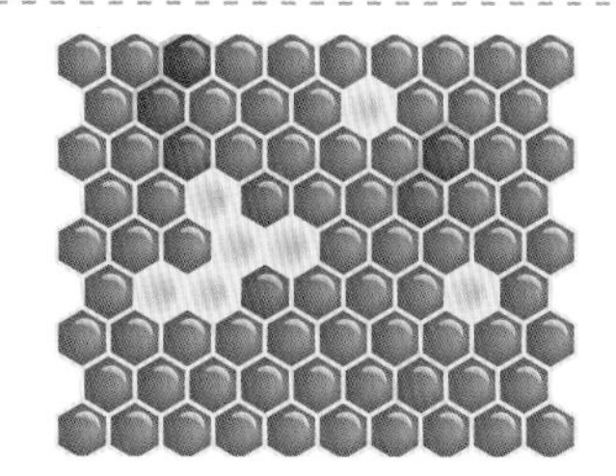

★ 案例名称　课后习题3——制作蜂巢效果　59页
★ 视频位置　多媒体教学\2.7.3.avi
★ 学习目标　学习以【多边形工具】为基础制作蜂巢效果的方法

★ 案例名称　课堂案例——绘制彩色矩形　67页
★ 视频位置　多媒体教学\3.3.4.avi
★ 学习目标　学习填充颜色完成彩色矩形效果的制作方法

★ 案例名称　课堂案例——制作立体小球效果　71页
★ 视频位置　多媒体教学\3.4.4.avi
★ 学习目标　掌握填充渐变完成立体小球效果的方法

★ 案例名称　课堂案例——局部定义图案　79页
★ 视频位置　多媒体教学\3.7.3.avi
★ 学习目标　学习局部定义图案的方法

★ 案例名称　课堂案例——绘制梦幻线条效果　81页
★ 视频位置　多媒体教学\3.8.2.avi
★ 学习目标　掌握【不透明度】完成梦幻线条效果的方法

★ 案例名称　课后习题1——绘制意向图形　84页
★ 视频位置　多媒体教学\3.10.1.avi
★ 学习目标　学习利用局部填充完成意向图形的方法

本书实例展示

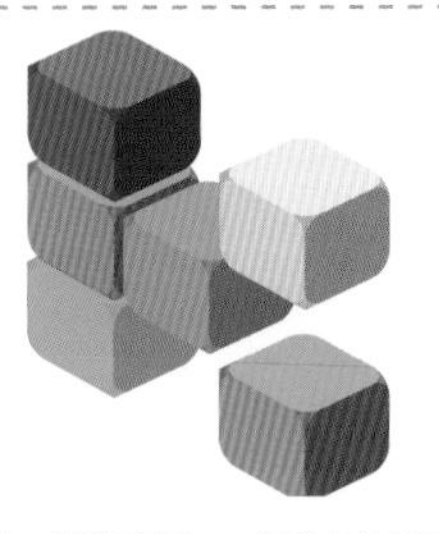

★ 案例名称　课堂案例——制作立体图形 89页
★ 视频位置　多媒体教学\4.1.3.avi
★ 学习目标　学习利用【直接选择工具】制作立体图形的方法

★ 案例名称　课堂案例——绘制花朵 101页
★ 视频位置　多媒体教学\4.3.5.avi
★ 学习目标　掌握利用【缩放】命令绘制花朵的方法

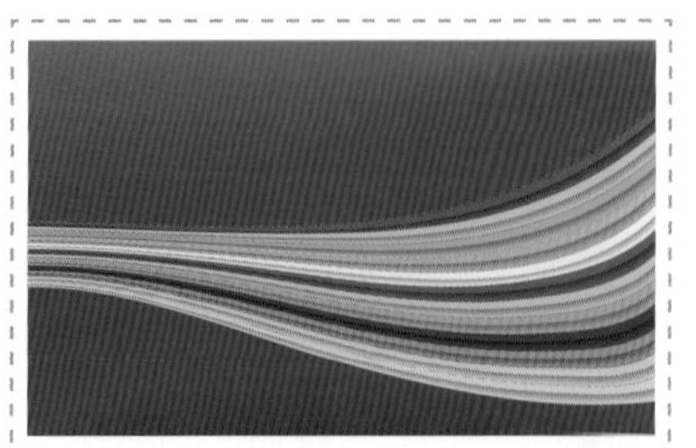

★ 案例名称　课堂案例——制作炫彩线条 115页
★ 视频位置　多媒体教学\4.5.4 课堂案例——制作炫彩线条.avi
★ 学习目标　掌握【用顶层对象建立】命令制作炫彩线条的方法

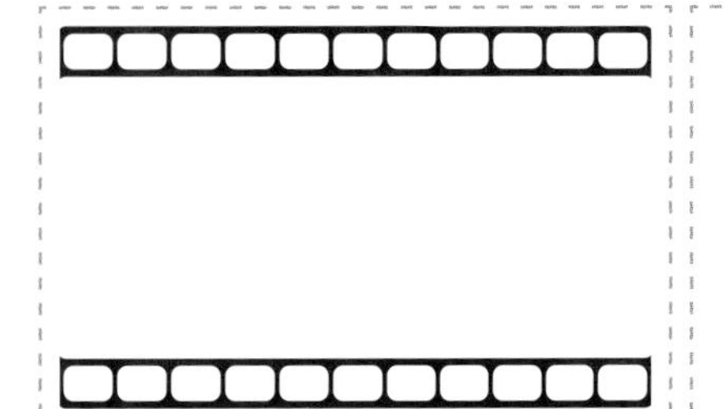

★ 案例名称　课后习题1——制作胶片 119页
★ 视频位置　多媒体教学\4.7.1.avi
★ 学习目标　学习通过多重复制命令制作胶片效果的方法

★ 案例名称　课后习题2——制作斜纹背景 119页
★ 视频位置　多媒体教学\4.7.2.avi
★ 学习目标　掌握使用【旋转】命令完成斜切效果的方法

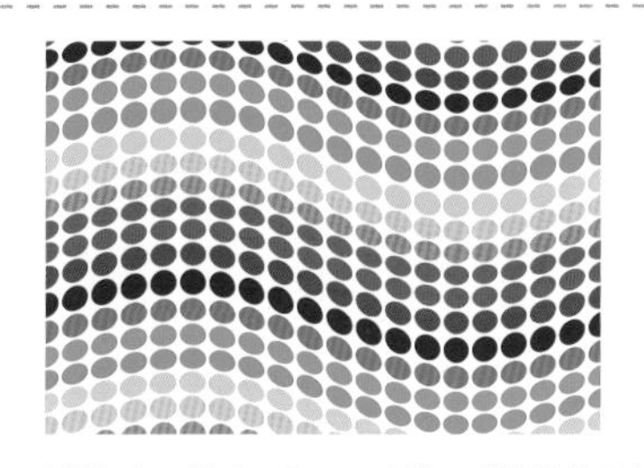

★ 案例名称　课后习题3——制作五彩缤纷的图案 120页
★ 视频位置　多媒体教学\4.7.3.avi
★ 学习目标　学习利用【用网格建立】建立五彩缤纷的图案的方法

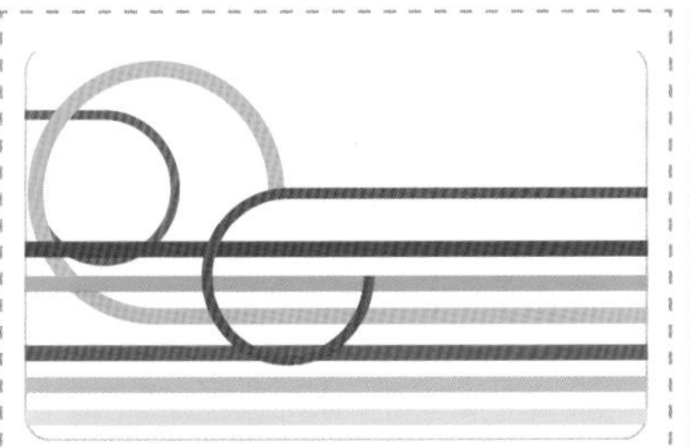

★ 案例名称　课堂案例——制作线条背景 123页
★ 视频位置　多媒体教学\5.1.2.avi
★ 学习目标　学习利用【差集】与【联集】制作立体图形的方法

★ 案例名称　课堂案例——制作圆形重合效果 127页
★ 视频位置　多媒体教学\5.1.4.avi
★ 学习目标　掌握使用【分割】制作圆形重合效果的方法

★ 案例名称　课后习题1——制作梦幻五角星 144页
★ 视频位置　多媒体教学\5.7.1.avi
★ 学习目标　学习使用【减去顶层】制作梦幻五角星的方法

★ 案例名称　课后习题2——制作巧克力 145页
★ 视频位置　多媒体教学\5.7.2.avi
★ 学习目标　学习利用【圆角矩形】制作巧克力的方法

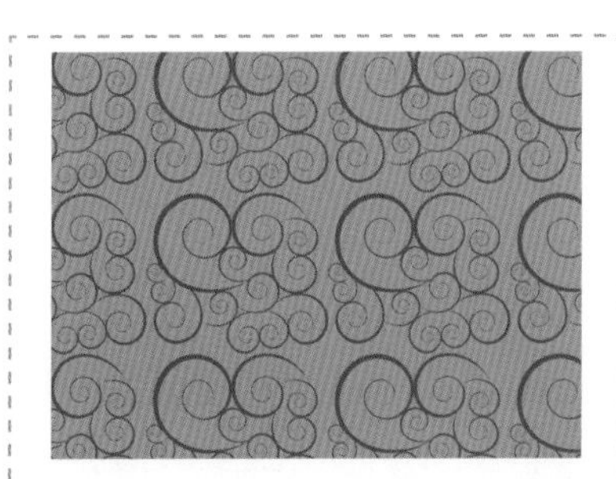

★ 案例名称　课堂案例——制作祥云背景 155页
★ 视频位置　多媒体教学\6.2.6.avi
★ 学习目标　学习利用【定义图案】制作祥云背景的方法

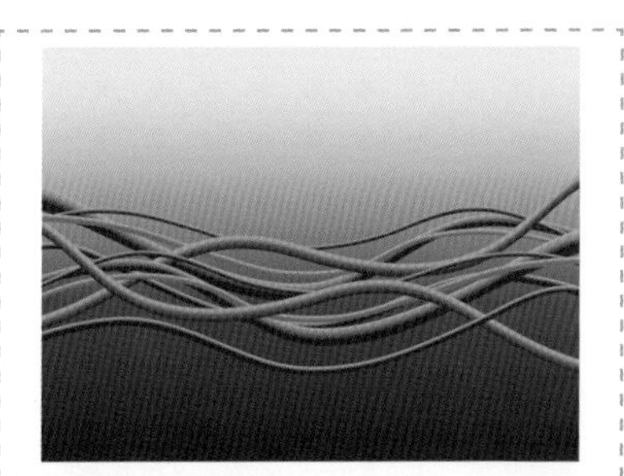

★ 案例名称　课堂案例——制作科幻线条 168页
★ 视频位置　多媒体教学\6.5.3.avi
★ 学习目标　掌握利用【混合】与【封套扭曲】制作科幻线条的方法

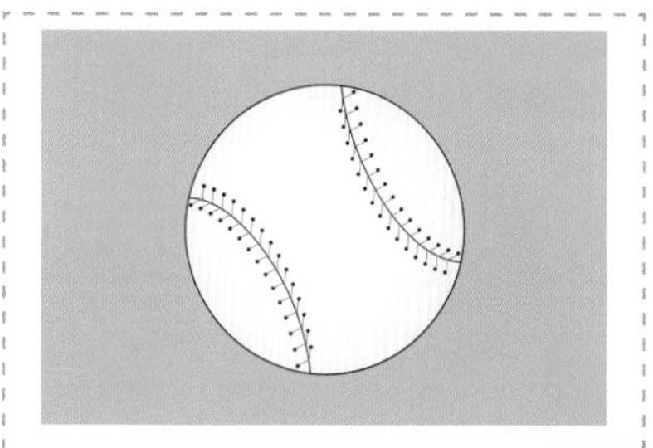

★ 案例名称 课堂案例——制作棒球 172页
★ 视频位置 多媒体教学\6.5.6.avi
★ 学习目标 学习通过【替换混合轴】制作棒球的方法

★ 案例名称 课堂案例——绘制大红灯笼 174页
★ 视频位置 多媒体教学\6.5.9.avi
★ 学习目标 掌握利用【混合选项】绘制大红灯笼的方法

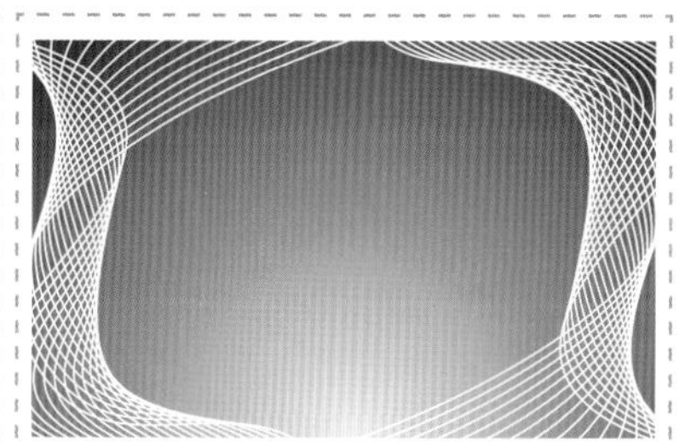

★ 案例名称 课后习题1——制作旋转式曲线 177页
★ 视频位置 多媒体教学\6.7.1.avi
★ 学习目标 学习使用【混合】命令制作旋转式曲线的方法

★ 案例名称 课后习题2——制作心形背景 177页
★ 视频位置 多媒体教学\6.7.2avi
★ 学习目标 掌握利用【混合扩展】制作心形背景的方法

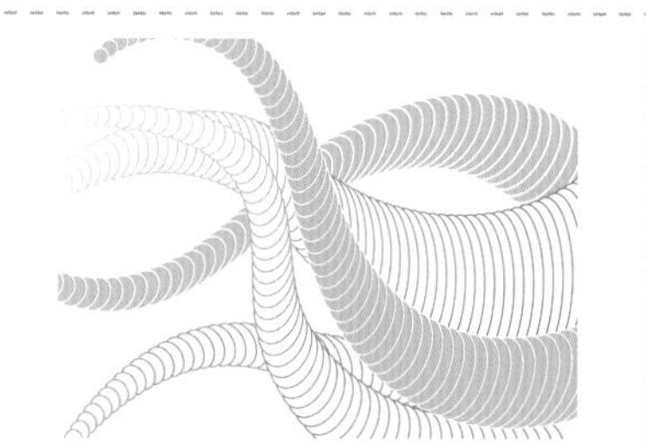

★ 案例名称 课后习题3——制作海底水草 178页
★ 视频位置 多媒体教学\6.7.3.avi
★ 学习目标 掌握利用【混合】与【替换混合轴】制作海底水草的方法

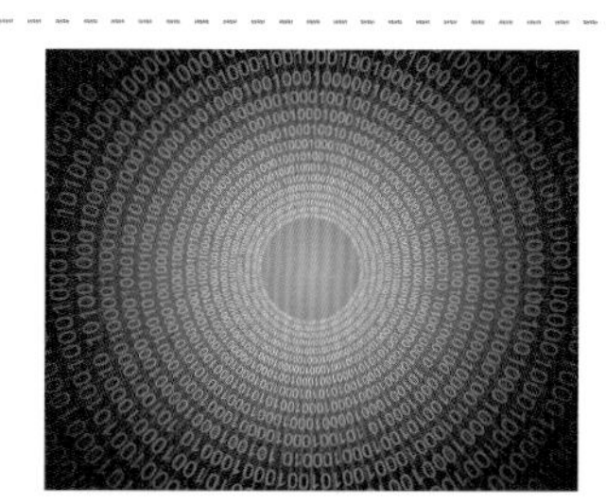

★ 案例名称 课堂案例——制作文字放射效果 181页
★ 视频位置 多媒体教学\7.1.4.avi
★ 学习目标 学习利用【路径文字工具】制作文字放射效果的方法

★ 案例名称 课堂案例——制作描边字 188页
★ 视频位置 多媒体教学\7.2.5.avi
★ 学习目标 掌握使用【偏移路径】制作描边字的方法

★ 案例名称 课后习题1——制作趣味立体字 197页
★ 视频位置 多媒体教学\7.5.1.avi
★ 学习目标 掌握通过【移动】命令制作文字的文体效果

★ 案例名称 课后习题2——制作凹槽立体字 198页
★ 视频位置 多媒体教学\7.5.2.avi
★ 学习目标 学习套用【3D凸出和斜角】滤镜制作凹槽立体字效果的方法

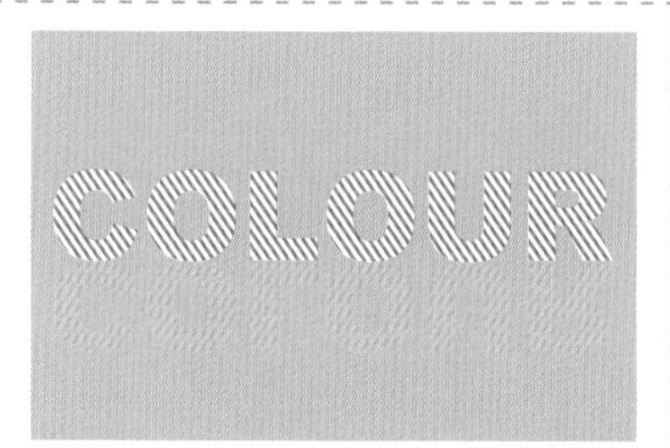

★ 案例名称 课后习题3——制作彩条文字 198页
★ 视频位置 多媒体教学\7.5.3.avi
★ 学习目标 掌握运用【路径查找器】对图像和文字进行修剪制作彩条文字效果

★ 案例名称 课后习题1——制作电脑网络插画 212页
★ 视频位置 多媒体教学\8.6.1.avi
★ 学习目标 学习电脑网格插画的制作技巧

★ 案例名称 课堂案例——制作阳光下的气泡 223页
★ 视频位置 多媒体教学\9.3.5.avi
★ 学习目标 掌握利用【收缩和膨胀】制作阳光下的气泡的方法

本书实例展示

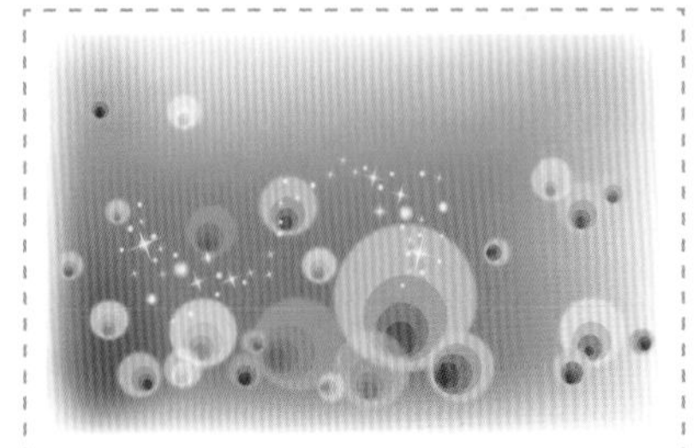

★ 案例名称　课堂案例——制作虚幻背景 238页
★ 视频位置　多媒体教学\9.8.2.avi
★ 学习目标　掌握使用网格渐变与【高斯模糊】完成虚幻背景的方法

★ 案例名称　课后习题1——制作立体字 245页
★ 视频位置　多媒体教学\9.10.1.avi
★ 学习目标　学习利用3D效果制作立体字的方法

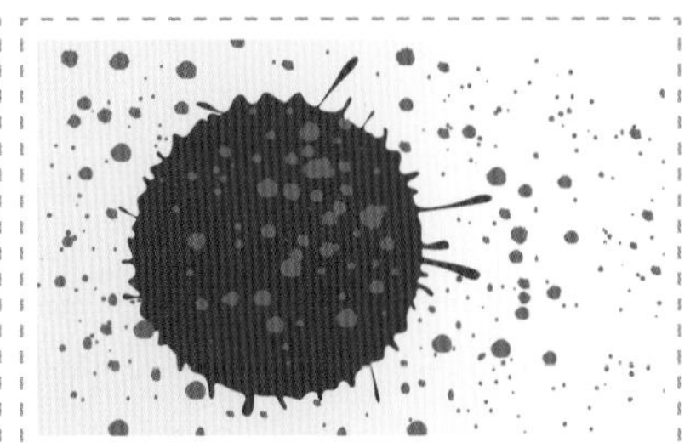

★ 案例名称　课后习题2——制作喷溅墨滴 245页
★ 视频位置　多媒体教学\9.10.2.avi
★ 学习目标　掌握利用【粗糙化】命令制作喷溅墨滴的方法

★ 案例名称　课堂案例——锯齿文字 247页
★ 视频位置　多媒体教学\10.1.1.avi
★ 学习目标　学习利用【扭曲和变换】效果中的【粗糙化】和【扭拧】命令制作锯齿文字的方法

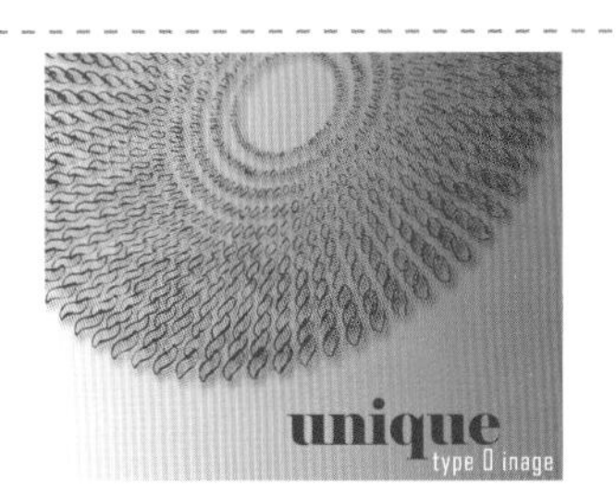

★ 案例名称　课堂案例——独特风格的数字影像 250页
★ 视频位置　多媒体教学\10.1.2.avi
★ 学习目标　掌握独特风格的视觉影像的制作方法

★ 案例名称　课堂案例——彩虹光圈文字 253页
★ 视频位置　多媒体教学\10.1.3.avi
★ 学习目标　学习彩虹光圈文字的制作方法

★ 案例名称　课堂案例——海天相接的奇幻影像插画 255页
★ 视频位置　多媒体教学\10.2.1.avi
★ 学习目标　掌握天相接的奇幻影像的制作技巧

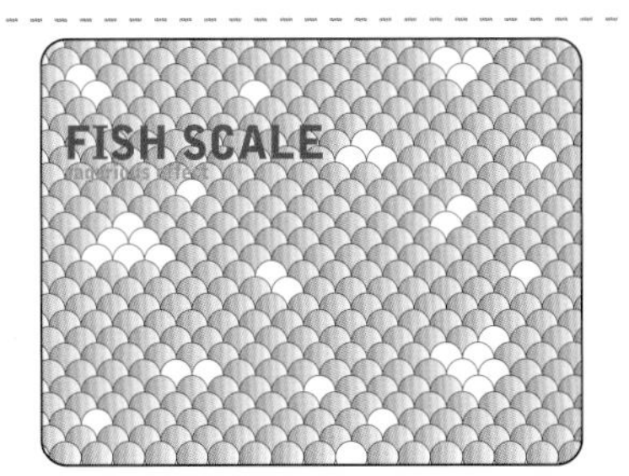

★ 案例名称　课堂案例——奇特的鳞状插画背景 263页
★ 视频位置　多媒体教学\10.2.3.avi
★ 学习目标　掌握奇特的鳞状插画背景的制作技巧

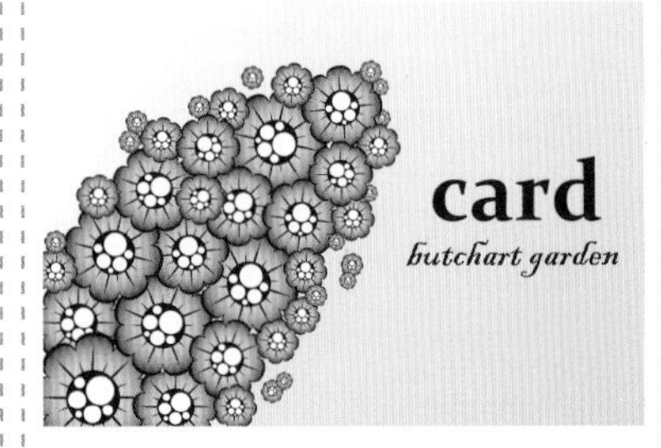

★ 案例名称　课堂案例——重叠状花朵海洋 266页
★ 视频位置　多媒体教学\10.2.4.avi
★ 学习目标　学习重叠状花朵海洋的制作方法

★ 案例名称　课堂案例——艺术拼贴照片插画 269页
★ 视频位置　多媒体教学\10.2.5.avi
★ 学习目标　掌握通过剪切蒙版命令制作艺术拼贴照片效果的方法

★ 案例名称　课堂案例——音乐海报设计 284页
★ 视频位置　多媒体教学\10.4.1.avi
★ 学习目标　学习音乐海报设计的制作方法

★ 案例名称　课堂案例——3G网络宣传招贴设计 292页
★ 视频位置　多媒体教学\10.4.2.avi
★ 学习目标　掌握3G网络宣传招贴设计的制作技巧

中文版 Illustrator CS6 实用教程

水木居士　编著

人民邮电出版社

北京

图书在版编目（CIP）数据

中文版Illustrator CS6实用教程 / 水木居士编著
. -- 北京 : 人民邮电出版社, 2016.2（2022.1重印）
ISBN 978-7-115-40333-9

Ⅰ. ①中… Ⅱ. ①水… Ⅲ. ①图形软件－教材 Ⅳ.
①TP391.41

中国版本图书馆CIP数据核字(2015)第315342号

内容提要

这是一本全面介绍中文版 Illustrator CS6 基础功能及实际应用方法的书籍。本书以软件的重要功能为主线，根据作者多年的教学经验和实战经验编写，从基本工具和操作讲起，安排了大量的课堂案例，在介绍案例设计时，深入剖析了利用 Illustrator CS6 进行各种设计创意的方法和技巧，使读者能够尽可能多地掌握设计中的关键技术与设计思想，可以快速上手，了解 Illustrator 的功能和特性。另外，本书还安排了课后习题，都是根据软件的重要技术功能展开的实训，既可以达到强化训练的目的，又可以在掌握软件应用的同时培养设计理念。

本书附带 DVD 教学光盘，内容包括书中所有案例的素材文件、源文件和多媒体高清语音教学视频，同时为配合教师教学，本书还附赠教学 PPT 课件。

本书适用于想要从事平面设计工作的读者，也可作为培训学校、大中专院校相关专业的教学参考书或上机实践指导用书。

◆ 编　　著　水木居士
　责任编辑　张丹阳
　责任印制　陈　犇
◆ 人民邮电出版社出版发行　　北京市丰台区成寿寺路 11 号
　邮编　100164　　电子邮件　315@ptpress.com.cn
　网址　http://www.ptpress.com.cn
　固安县铭成印刷有限公司印刷
◆ 开本：787×1092　1/16　　彩插：2
　印张：19　　2016 年 2 月第 1 版
　字数：510 千字　　2022 年 1 月河北第 22 次印刷

定价：49.00 元（附光盘）

读者服务热线：(010)81055410　印装质量热线：(010)81055316
反盗版热线：(010)81055315
广告经营许可证：京东市监广登字20170147号

前 言

Adobe公司推出的Illustrator CS6软件集矢量图形绘制、文字处理和图形高质量输入于一体。自推出之日起深受广大平面设计人员的青睐。Adobe Illustrator CS6已经成为出版、多媒体和在线图像的开放性工业标准插画软件。无论您是一个新手还是平面设计专家，Adobe Illustrator CS6都能提供您所需的工具，帮助您获得专业的图像质量。

本书采用了全新图文结合的写作形式，采用“基础功能讲解+ 课堂案例+课后习题”的写作结构，详细的文字功能讲解+配套的课堂案例，每一个实例都渗透了设计理念、创意思想和Illustrator CS6的操作技巧，使读者学习起来更加轻松愉悦，在章节的后面还安排了课后习题，为读者提供了一个较好的“临摹”蓝本，巩固本章功能，提高读者对Illustrator的实战应用技能。

本书的主要特色包括以下4点。

- 全面的基础知识：覆盖Illustrator CS6软件功能所有基础知识并详解功能应用。
- 最实用的安排：课堂案例+课后习题，为学生量身打造，力求通过课堂案例深入教授软件功能，通过课后习题提升学生的实际操作能力。
- 最超值的赠送：所有案例素材+所有案例源文件+PPT教学课件。
- 高清有声教学：包含书中所有课堂案例和课后习题的多媒体高清语音教学录像，体会大师面对面、手把手的教学。

本书附带一张DVD教学光盘，内容包括“案例文件”“素材文件”“多媒体教学”和“PPT课件”4个文件夹，其中“案例文件”中包含本书所有案例的原始分层AI格式文件；“素材文件”中包含本书所有案例用到的素材文件；“多媒体教学”中包含本书所有课堂案例和课后习题的多媒体高清语音教学录像文件；“PPT课件”中包含本书方便任课老师教学使用的PPT课件。

为了达到使读者轻松自学并深入了解Illustrator的目的，本书在版面结构设计上尽量做到清晰明了，如下图所示。

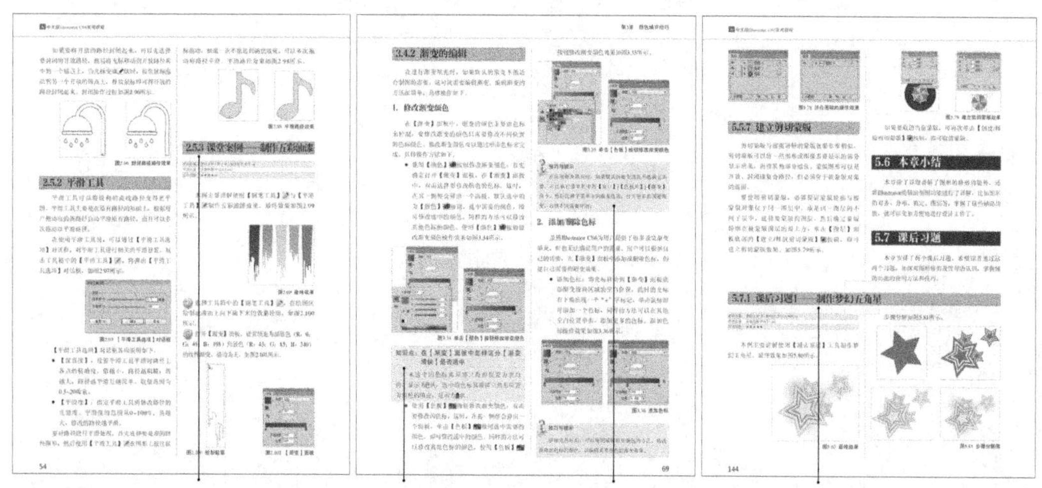

课堂案例：包含大量的设计案例详解，让读者深入掌握Illustrator CS的各种功能，帮助读者快速上手。

知识点：针对软件的各种重要技术及设计的知识点进行点拨。

技巧与提示：针对软件的使用技巧与设计制作过程中的难点进行重点提示。

课后习题：安排了重要的设计习题，让读者在学完相应内容以后继续强化所学技能。

本书的参考学时为63学时，其中讲授环节为41学时，实训环节为22学时，各章的参考学时详见下面的学时分配表。

章节	课程内容	学时分配	
		讲授学时	实训学时
第1章	认识插画大师Illustrator	2	0
第2章	基本绘图工具的使用	4	4
第3章	颜色填充技巧	5	3
第4章	图形的选择与编辑	4	3
第5章	修剪、对齐与图层	4	2
第6章	高级艺术工具的使用	4	3
第7章	格式化文字处理	3	3
第8章	图表的艺术应用	3	2
第9章	强大的效果菜单	4	2
第10章	商业案例综合实训	8	0
课时总计	63	41	22

本书由水木居士主编，在此感谢所有创作人员为本书付出的艰辛。在创作的过程中，由于种种原因所限，书中错误在所难免，希望广大读者批评指正。如果在学习过程中发现问题，或有更好的建议，欢迎发邮件到bookshelp@163.com与我们联系。

编 者

目 录 CONTENTS

目 录 CONTENTS

目录 CONTENTS

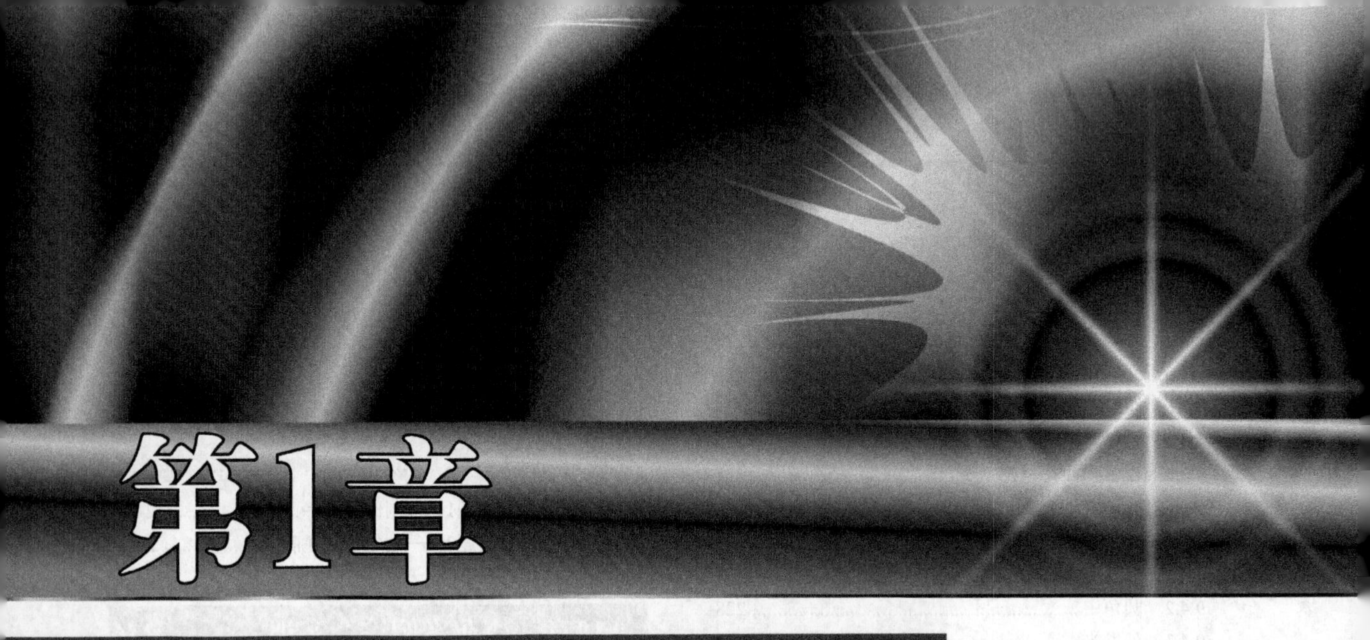

第1章 认识插画大师Illustrator

内容摘要

Adobe公司出品的绘图大师制作软件Illustrator是一款应用于出版、多媒体和图形图像处理的工业标准插画绘图软件。本章主要讲解Illustrator的基本图形概念，如图形的类型、分辨率等，介绍Illustrator的工作环境、菜单项和各个面板的使用控制，文件的新建、存储及打开，图形的置入输出等。通过本章的学习，读者能够快速掌握文件的基本操作，认识Illustrator CS6的工作界面，为以后的学习打下坚实的基础。

教学目标

Illustrator CS6新增功能
了解Illustrator CS6的基本概念
认识Illustrator CS6的操作界面
掌握各个面板的使用方法
掌握文件的基本操作

1.1 了解新增功能

在Illustrator CS6中，提高了处理大型、复杂文件的精确度、稳定性和速度。全新的现代化界面可简化每日的任务，体验全新的追踪引擎、快速地设计流畅的图案以及对描边使用渐变效果。使用者可以快速地打开、保存、导出和预览复杂的设计。

1.1.1 创建图案

可以创建无缝拼贴的矢量图案，随时可以编辑各种类型的重复图案，自由地进行编辑，如图1.1所示。

图1.1 自由编辑重复图案

1.1.2 描摹图像

在Illustrator CS6中可以把简单的位图快速转化为可编辑矢量图形。选择位图图像执行菜单栏中【对象】|【图像描摹】|【建立并扩展】命令，就可以把位图转换成可编辑的矢量图形，如图1.2所示。

图1.2 位图转换为矢量图

1.1.3 编辑面板

对图层内联的编辑可减少日常所需的步骤，可以快速地修改面板的名字和对颜色的取样。操作时无需对话框可以直接修改，比如在图层名字位置双击鼠标左键，会出现蓝色文本框，在蓝色文本框中输入所需的名称后单击鼠标左键即可完成名称修改，如图1.3所示。

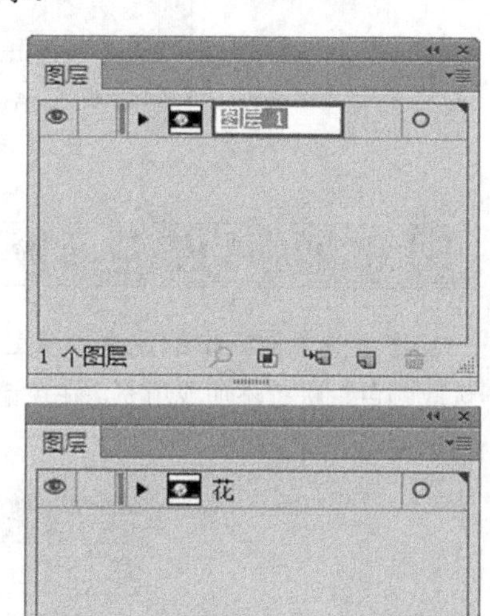

图1.3 修改图层名称

1.1.4 填充描边

沿着长度、宽度或描边的内部将渐变颜色应用到描边，同时可以通过控制渐变面板中的颜色的位置和不透明度，改变描边的颜色，效果如图1.4所示。

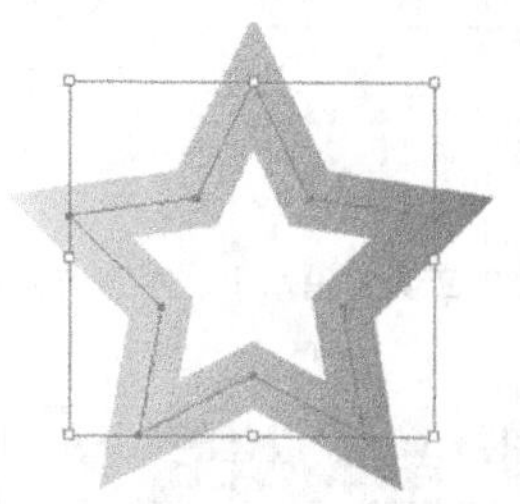

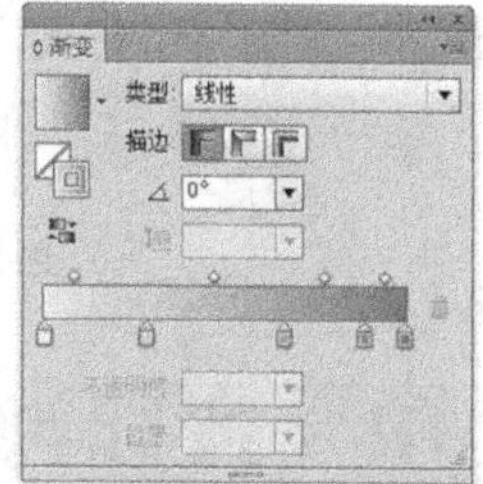

图1.4 渐变描边效果

1.1.5 增强的高斯模糊

投影和发光效果等高斯模糊的效果应用速度比以前版面明显地提高，还可以直接在画板中预览效果，如图1.5所示。

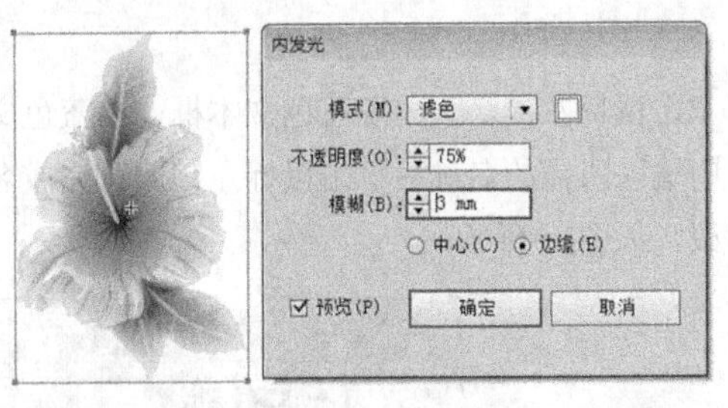

图1.5 发光效果模糊显示

1.1.6 增强的颜色面板

使用颜色面板中的色谱可以更快、更精准地选取颜色，进行添加或填充，在色谱吸取颜色的操作如图1.6所示。

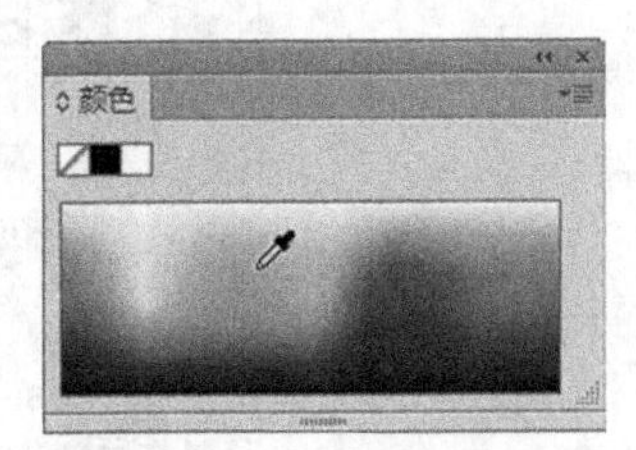

图1.6 颜色色谱

1.1.7 可停靠的隐藏工具

停靠隐藏工具有利于快速选择工具和节约工具，获得最有效的工作区域。例如，把工具沿水平或垂直方向停靠，如图1.7所示。

图1.7 工具组沿水平、垂直方向停靠

1.1.8 控制栏新增强功能

在控制栏中可以快速找到所需要的选项、锚点控件、剪切蒙版等。

1.1.9 改进透明面板

透明面板中新增加可显示蒙版的【制作蒙版/释放】按钮，可以通过此按钮轻松创建和处理不透明蒙版。【制作蒙版/释放】按钮在透明度面板中的显示效果如图1.8所示。

图1.8 透明度面板

1.1.10 添加纯白画布颜色

在Illustrator CS6中设置纯白颜色画布，方便在使用白色的时候快速执行颜色取样。

1.2 熟悉操作界面

本节主要讲解Illustrator CS6界面的一些知识，让读者对Illustrator CS6的界面组合有大致的了解。

1.2.1 启动Illustrator CS6

在成功地安装了Illustrator CS6后，在操作系统的程序菜单中会自动生成Illustrator CS6的子程序。在屏幕的底部单击【开始】|【所有程序】|【Adobe Illustrator CS6】 命令，就可以启动Adobe Illustrator CS6了，程序的启动画面如图1.9所示。

图1.9　启动Illustrator CS6界面

程序的启动画面结束后，即可打开Illustrator CS6软件。Illustrator CS6的工作界面由标题栏、菜单栏、控制栏、工具箱、控制面板、草稿区、绘图区和状态栏等组成，它是进行创建、编辑、处理图形图像的操作平台，如图1.10所示。

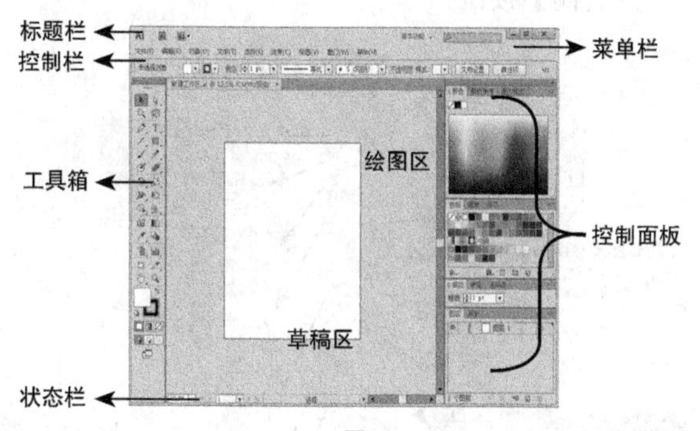

图1.10　Illustrator CS6工作界面

1.2.2 标题栏

Illustrator CS6的标题栏位于工作区的顶部，颜色呈灰色，主要显示软件图标和软件名称，如图1.11所示。其右侧的3个按钮主要用来控制界面的大小。

图1.11　标题栏

- （最小化）按钮：单击此按钮，可以使Illustrator CS6窗口处于最小化状态，此时只在Windows的任务栏中显示由该软件图标、软件名称等组成的按钮，单击该按钮，又可以使Illustrator CS6窗口还原为刚才的显示状态。
- （最大化）按钮：单击此按钮，可以使Illustrator CS6窗口最大化显示，此时（最大化）按钮变为（还原）按钮；单击（还原）按钮，可以使最大化显示的窗口还原为原状态，（还原）按钮再次变为（最大化）按钮。

技巧与提示

当Illustrator CS6窗口处于最大化状态时，在标题栏范围内按住鼠标拖动，可在屏幕中任意移动窗口的位置。在标题栏中双击鼠标可以使Illustrator CS6窗口在最大化与还原状态之间切换。

- （关闭）按钮：单击此按钮，可以关闭Illustrator CS6软件，退出该应用程序。

1.2.3 菜单栏

菜单栏位于Illustrator CS6工作界面的上部，如图1.12所示。菜单栏通过各个命令菜单提供对Illustrator CS6的绝大多数操作以及窗口的定制，包括【文件】、【编辑】、【对象】、【文字】、【选择】、【效果】、【视图】、【窗口】和【帮助】9个菜单命令。

文件(F)　编辑(E)　对象(O)　文字(T)　选择(S)　效果(C)　视图(V)　窗口(W)　帮助(H)

图1.12 Illustrator CS6的菜单栏

Illustrator CS6为用户提供了不同的菜单命令显示效果，以方便用户的使用，不同的显示标记含有不同的意义，分别介绍如下。

- 子菜单：在菜单栏中，有些命令的后面有右指向的黑色三角形箭头，当光标在该命令上稍停片刻后，便会出现一个子菜单。例如，执行菜单栏中的【对象】|【路径】命令，可以看到【路径】命令下一级子菜单。
- 执行命令：在菜单栏中，有些命令选择后，在前面会出现对号标记，表示此命令为当前执行的命令。例如，【窗口】菜单中已经打开的面板名称前出现的对号标记。
- 快捷键：在菜单栏中，菜单命令还可使用快捷键的方式来选择。在菜单栏中有些命令后面有英文字母组合，如菜单【文件】|

【新建】命令的后面有“Ctrl + N ”字母组合，表示的就是【新建】命令的快捷键，如果想执行【新建】命令，可以直接按键盘上的“Ctrl” + “N”组合键，即可启用【新建】命令。

- 对话框：在菜单栏中，有些命令的后面有“…”标志，表示选择此命令后将打开相应的对话框。例如，执行菜单栏中的【编辑】|【查找和替换】命令，将打开【查找和替换】对话框。

技巧与提示

对于当前不可操作的菜单项，在菜单上将以灰色显示，表示无法进行选取。对于包含子菜单的菜单项，如果不可用，则不会弹出子菜单。

1.2.4 工具箱

工具箱在初始状态下一般位于窗口的左侧，当然也可以根据自己的习惯拖动到其他的地方去。利用工具箱所提供的工具，可以进行选择、绘画、取样、编辑、移动、注释和度量等操作，还可以更改前景色和背景色、使用不同的视图模式。

知识点：查看工具快捷键的方法

若想要知道各个工具的快捷键，可以将鼠标指向工具箱中的某个工具按钮图标，稍等片刻后，即会出现一个工具名称的提示，提示括号中的字母即快捷键。如指向【钢笔工具】，括号中显示的为P，则P即为该工具的快捷键，如图1.13所示。

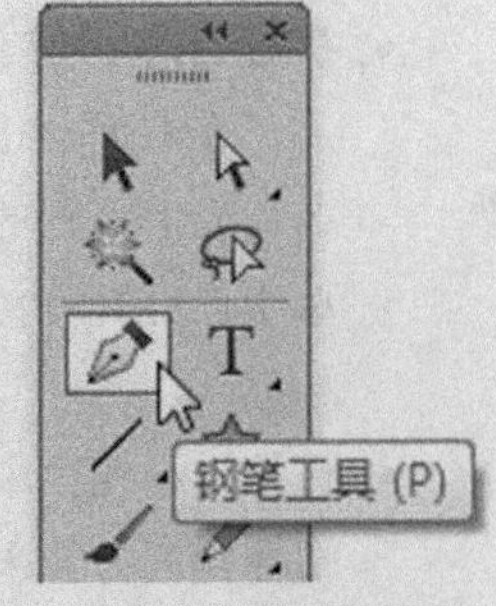

图1.13 查看工具快捷键的方法

在工具箱中没有显示出全部工具，有些工具被隐藏起来了。只要细心观察，会发现有些工具图标中有一个小三角的符号，这表明在该工具中还有与之相关的其他工具，如图1.14所示。要打开这些工具，有两种方法。

- 方法1：将光标移至含有多个工具的图标上，单击鼠标并按住不放。此时，出现一个工具选择菜单，然后移动光标至想要选择的工具图标处释放鼠标即可。
- 方法2：在含有多个工具的图标上按住鼠标并将光标移动到【拖出】三角形上，释放鼠标，即可将该工具条从工具箱中单独分离出来。如果要将一个已分离的工具条重新放回工具箱中，可以单击右上角的【关闭】按钮。

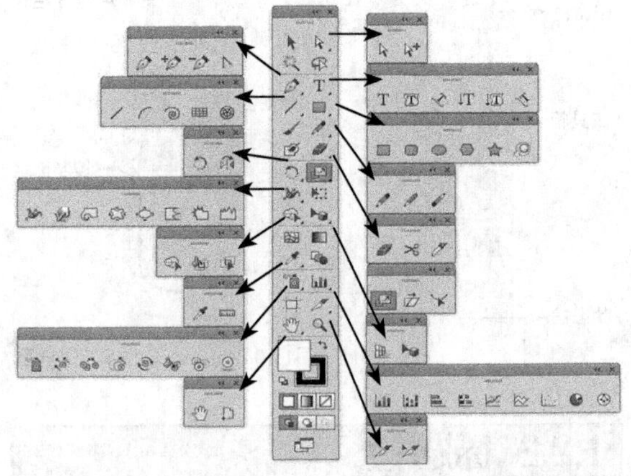

图1.14 工具箱展开效果

工具箱中的工具，除了直接单击鼠标选择，还可以应用快捷键来选择。

技巧与提示

在任意形状下，按住“Space”键都可以直接切换到抓手工具，在页面中拖动可以移动页面的位置。

在工具箱的最下方还有几个按钮，主要是用来设置填充和描边的，还有用来查看图像的，图示应用及名称如图1.15所示。

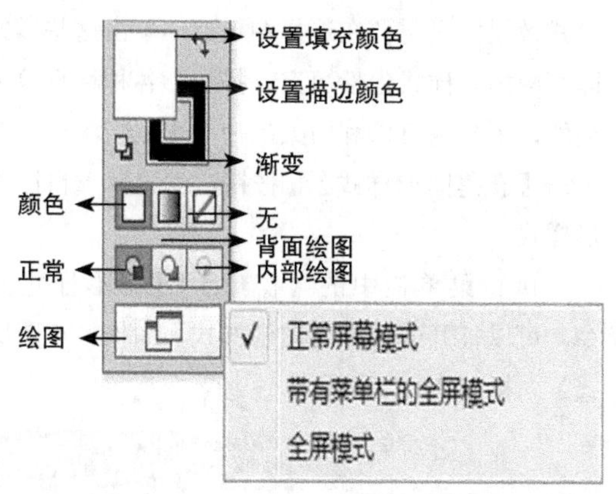

图1.15 图示应用及名称

1.2.5 控制栏

控制栏位于菜单栏的下方，用于对相应的工具进行各种属性设置。在工具箱中选择一个工具，工具控制栏中就会显示该工具对应的属性设置，比如在工具箱中选择了【文字工具】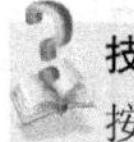，工具控制栏中将显示与文字相关的属性设置选项，如图1.16所示。

图1.16 工具控制栏

1.2.6 浮动面板

浮动面板在大多数软件中比较常见，它能够控制各种工具的参数设定，完成颜色选择、图像编辑、图层操作、信息导航等各种操作，浮动面板给用户带来了太多的方便。

Illustrator CS6为用户提供了30多种浮动面板，其中最主要的浮动面板包括信息、动作、变换、图层、图形样式、外观、对齐、导航器、属性、描边、字符、段落、渐变、画笔、符号、色板、路径查找器、透明度、链接、颜色、颜色参考和魔棒等面板。下面简要介绍常用的几个面板。

1. 【信息】面板

该面板主要用来显示当前对象的大小、位置和颜色等信息。执行菜单栏中的【窗口】|【信息】命令，可打开或关闭该面板，【信息】面板如图1.17所示。

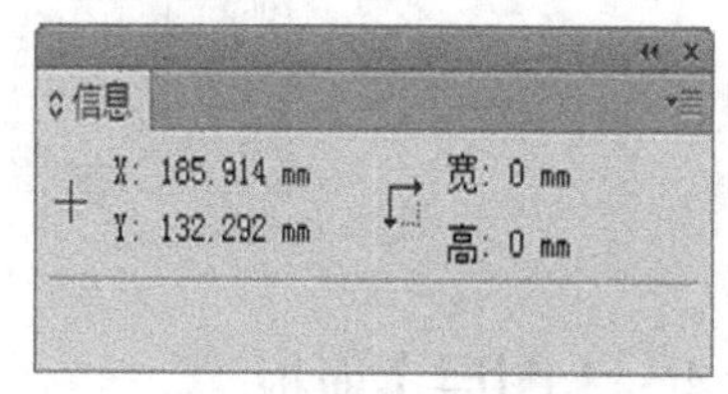

图1.17 【信息】面板

技巧与提示

按“Ctrl”+“F8”组合键，可打开或关闭该面板。

2. 【动作】面板

Illustrator CS6为用户提供了很多默认的动作，使用这些动作可以快速为图形对象创建特殊效果。首先选择要应用动作的对象，然后选择某个动作后，单击面板下方的【播放当前所选动作】▶按钮，即可应用该动作。

执行菜单栏中的【窗口】|【动作】命令，可以打开或关闭【动作】面板。【动作】面板如图1.18所示。

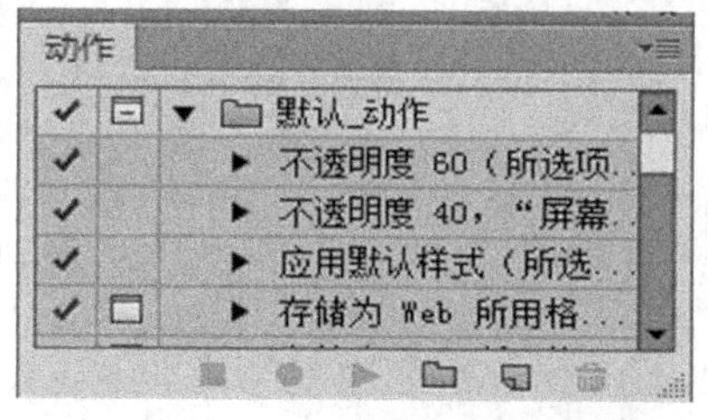

图1.18 【动作】面板

3. 【变换】面板

【变换】面板在编辑过程中应用广泛，在精确控制图形时是一般工具所不能比的。它不但可以移动对象位置、调整对象大小、旋转和倾斜对象，还可以设置变换的内容，比如仅变换对象、仅变换图案或变换两者。

执行菜单栏中的【窗口】|【变换】命令，可打开或关闭【变换】面板。【变换】面板如图1.19所示。

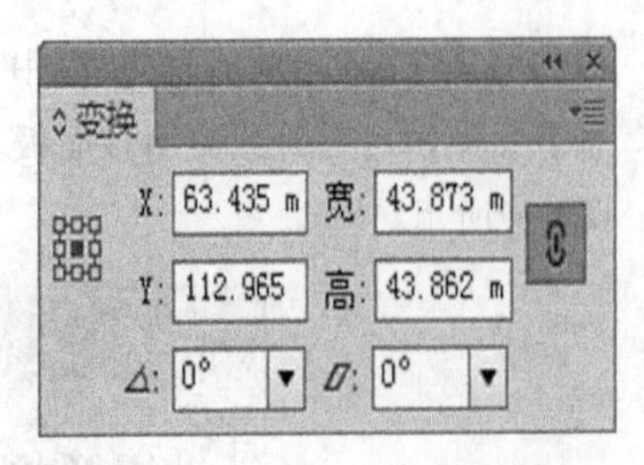

图1.19 【变换】面板

4. 【图层】面板

默认情况下，Illustrator CS6提供了一个图层，所绘制的图形都位于这个层上。对于复杂的图形，可以借助【图层】面板创建不同的图层来操作，这样更有利于复杂图形的编辑。利用图层还可以进行复制、合并、删除、隐藏、锁定和显示设置等多种操作。

执行菜单栏中的【窗口】|【图层】命令，可以打开或关闭【图层】面板。【图层】面板如图1.20所示。

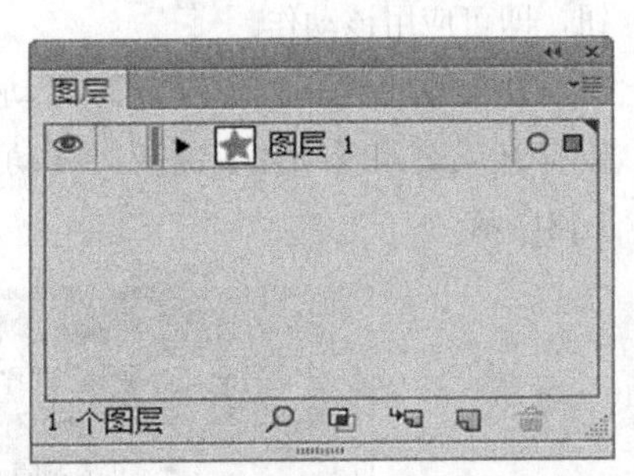

图1.20 【图层】面板

知识点：快速隐藏多个图层

在要隐藏的图层【切换可视性】按钮处按住鼠标左键拖动，就可以隐藏图层，如图1.21所示。

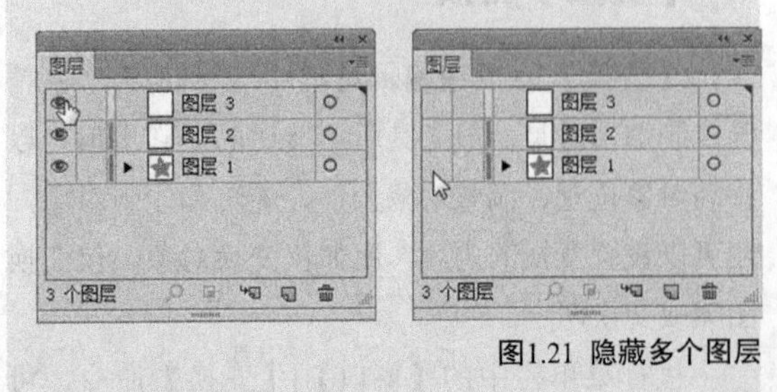

图1.21 隐藏多个图层

5. 【图层样式】面板

【图层样式】面板为用户提供了多种默认的样式效果，只需要在选择图形后，单击这些样式，即可应用。样式包括填充、描边和各种特殊效果。当然，用户也可以利用菜单命令来编辑图形，然后单击【新建图形样式】按钮，创建属于自己的图形样式。

执行菜单栏中的【窗口】|【图形样式】命令，可以打开或关闭【图层样式】面板。【图层样式】面板如图1.22所示。

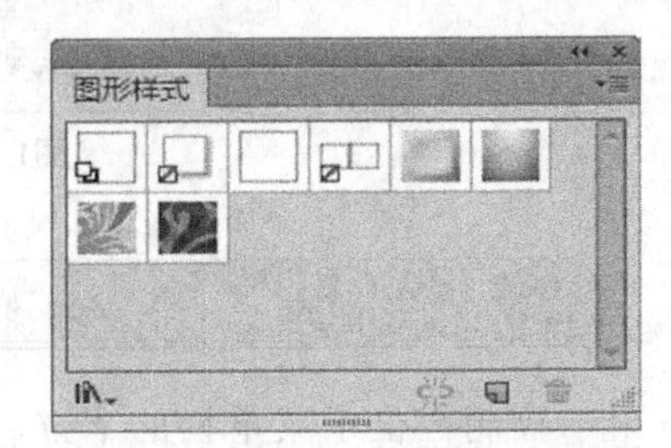

图1.22 【图层样式】面板

技巧与提示

按“Shift”+“F5”组合键，可以打开或关闭【图层样式】面板。

6. 【外观】面板

【外观】面板是图形编辑的重要组成部分，它不但显示了填充和描边的相关信息，还显示使用的效果、透明度等信息，可以直接选择相关的信息进行再次修改。使用它还可以进行图形的外观清除、简化至基本外观、复制所选项目和删除所选项目等操作。

执行菜单栏中的【窗口】|【外观】命令，可以打开或关闭【外观】面板。【外观】面板如图1.23所示。

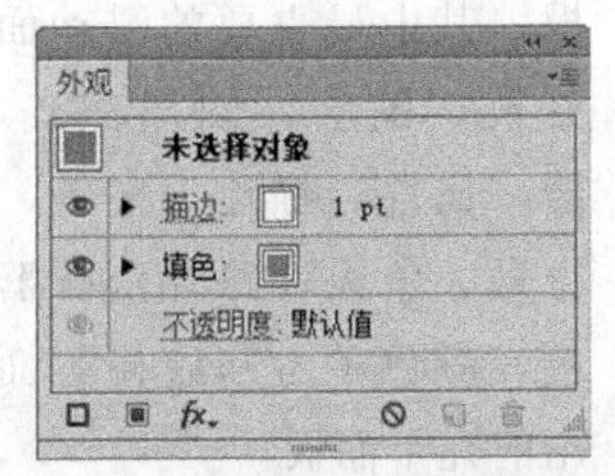

图1.23 【外观】面板

技巧与提示

按“Shift”+“F6”组合键，可以打开或关闭【外观】面板。

7. 【对齐】面板

【对齐】面板主要用来控制图形的对齐和分布。不但可以控制多个图形的对齐与分布，还可以控制一个或多个图形相对于画板的对齐与分布。如果指定分布的距离并单击某个图形，可以控制其他图形与该图形的分布间距。

执行菜单栏中的【窗口】|【对齐】命令，可以打开或关闭【对齐】面板。【对齐】面板如图1.24所示。

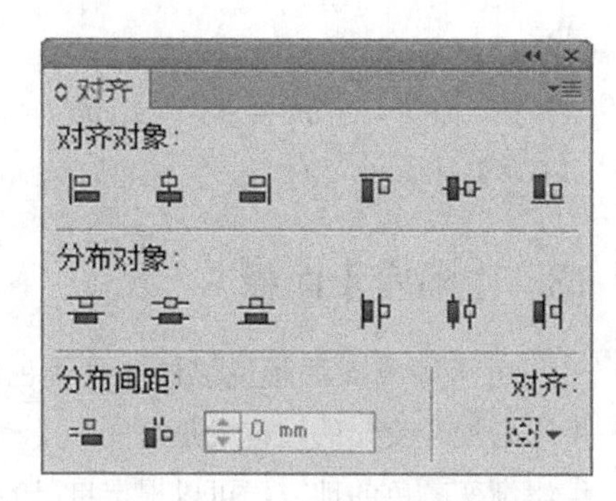

图1.24 【对齐】面板

> **技巧与提示**
> 按“Shift”+“F7”组合键，可以打开或关闭【对齐】面板。

8. 【导航器】面板

利用【导航器】面板，不但可以缩放图形，还可以快速导航至局部图形。只需要在【导航器】面板中单击需要查看的位置或直接拖动红色方框到需要查看的位置，即可快速查看局部图形。

执行菜单栏中的【窗口】|【导航器】命令，即可打开或关闭【导航器】面板。【导航器】面板如图1.25所示。

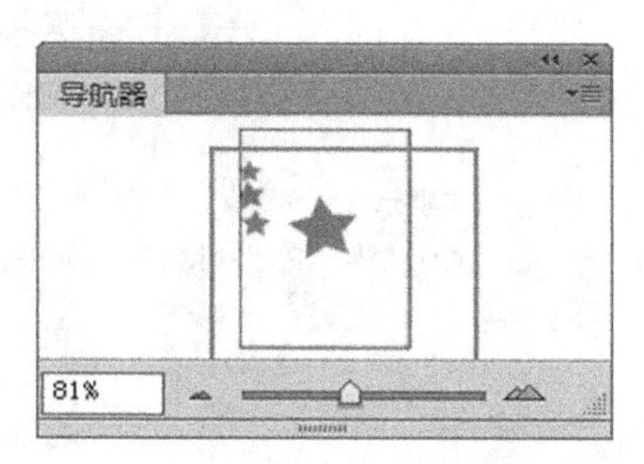

图1.25 【导航器】面板

9. 【属性】面板

【属性】面板不但可以对图形的印刷输出设置叠印效果，还可以配合【切片工具】创建图像映射，即超链接效果，将带有图像映射的图形输出为Web格式后，可以直接单击该热点打开相关的超链接。

执行菜单栏中的【窗口】|【属性】命令，即可打开或关闭【属性】面板，如图1.26所示。

图1.26 【属性】面板

> **技巧与提示**
> 按“Ctrl”+“F11”组合键，可以快速打开或关闭【属性】面板。

10. 【描边】面板

利用【描边】面板，可以设置描边的粗细、端点形状、转角连接类型、描边位置等，还可以设置描边为实线或虚线，并可以设置不同的虚线效果。

执行菜单栏中的【窗口】|【描边】命令，可以打开或关闭【描边】面板。【描边】面板如图1.27所示。

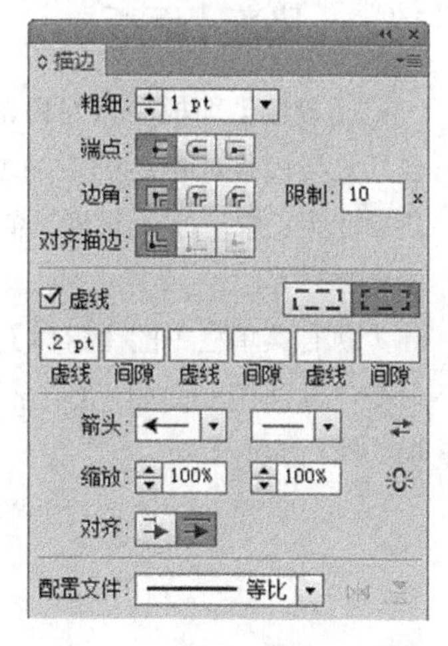

图1.27 【描边】面板

技巧与提示

按“Ctrl”+“F10”组合键，可以打开或关闭【描边】面板。

11. 【字符】面板

【字符】面板用来对文字进行格式化处理。包括设置文字的字体、字体大小、行距、水平缩放、垂直缩放、旋转和基线偏移等各种字符属性。

执行菜单栏中的【窗口】|【文字】|【字符】命令，可以打开或关闭【字符】面板。【字符】面板如图1.28所示。

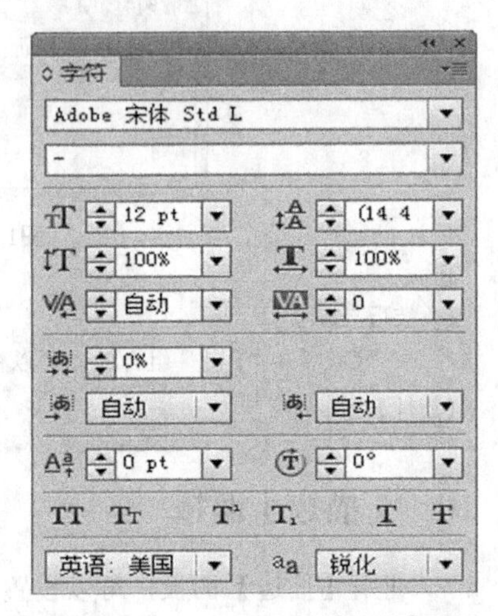

图1.28 【字符】面板

技巧与提示

按“Ctrl”+“T”组合键，可以打开或关闭【字符】面板。

12. 【段落】面板

【段落】面板用来对段落进行格式化处理，包括设置段落对齐、左/右缩进、首行缩进、段前/段后间距、中文标点溢出、重复字符处理和避头尾法则类型等。

执行菜单栏中的【窗口】|【文字】|【段落】命令，可以打开或关闭【段落】面板。【段落】面板如图1.29所示。

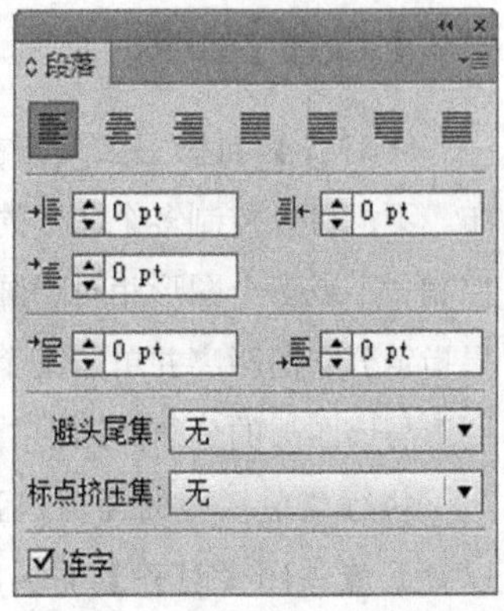

图1.29 【段落】面板

技巧与提示

按“Alt”+“Ctrl”+“T”组合键，可以打开或关闭【段落】面板。

13. 【渐变】面板

由两种或多种颜色或同一种颜色的不同深浅度逐渐混合变化的过程就是渐变。【渐变】面板是编辑渐变颜色的地方，可以根据自己的需要创建各种各样的渐变，然后通过【渐变工具】修改渐变的起点、终点和角度位置。

执行菜单栏中的【窗口】|【渐变】命令，可以打开或关闭【渐变】面板。【渐变】面板如图1.30所示。

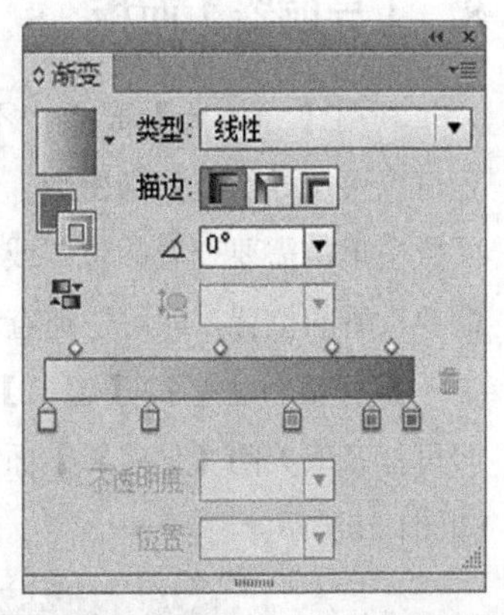

图1.30 【渐变】面板

技巧与提示

按“Ctrl”+“F9”组合键，可以打开或关闭【渐变】面板。

14. 【画笔】面板

Illustrator CS6为用户提供了5种画笔效果，包括书法画笔、散点画笔、毛刷画笔、图案画笔和艺术画笔。利用这些画笔，可以轻松绘制出美妙的图案。

执行菜单栏中的【窗口】|【画笔】命令，可以打开或关闭【画笔】面板。【画笔】面板如图1.31所示。

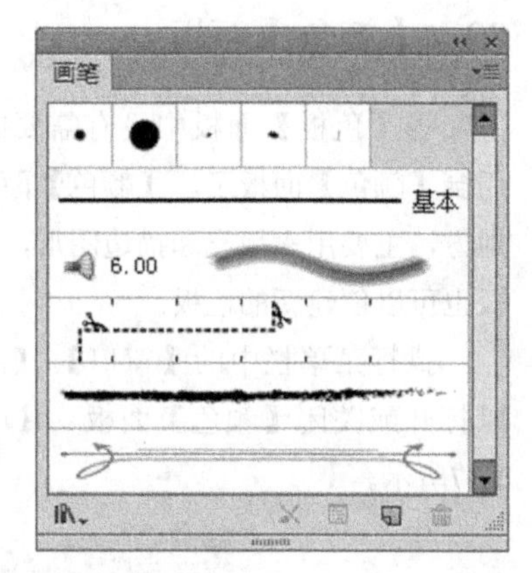

图1.31 【画笔】面板

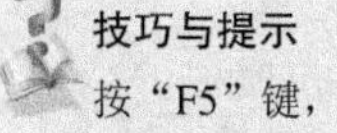

技巧与提示

按“F5”键，可以快速打开或关闭【画笔】面板。

15. 【符号】面板

符号是一种特别的图形，它可以被重复使用，而且不会增加图像的大小。在【符号】面板中，选择需要的符号后，使用【符号喷枪工具】可以在文档中喷洒出符号实例；也可以直接将符号从【符号】面板中拖动到文档中，或选择符号后，单击【符号】面板下方的【置入符号实例】按钮，将符号添加到文档中。同时，用户也可以根据自己的需要，创建属于自己的符号或删除不需要的符号。

执行菜单栏中的【窗口】|【符号】命令，可以打开或关闭【符号】面板。【符号】面板如图1.32所示。

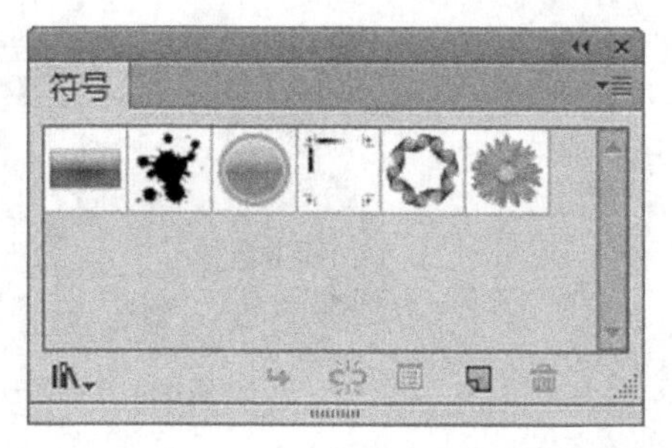

图1.32 【符号】面板

技巧与提示

按“Shift”+“Ctrl”+“F11”组合键，可以打开或关闭【符号】面板。

16. 【色板】面板

【色板】用来存放印刷色、特别色、渐变和图案，为了更好地重复使用颜色、渐变和图案。使用【色板】可以填充或描边图形，也可以创建属于自己的颜色。

执行菜单栏中的【窗口】|【色板】命令，可以打开或关闭【色板】面板。【色板】面板如图1.33所示。

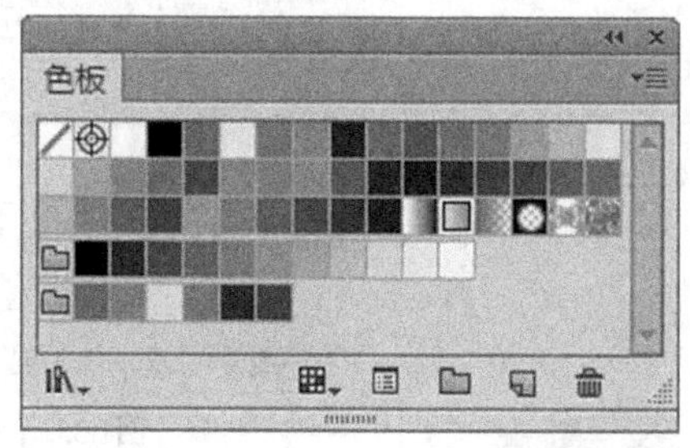

图1.33 【色板】面板

17. 【路径查找器】面板

【路径查找器】面板中的各按钮相当实用，是进行复杂图形创作的利器，许多复杂的图形利用【路径查找器】面板中的相关命令可以轻松搞定。其中的命令可以对图形进行相加、相减、相交、分割、修边、合并等操作，是一个使用率相当高的面板。

执行菜单栏中的【窗口】|【路径查找器】命令，可以打开或关闭【路径查找器】面板。【路径查找器】面板如图1.34所示。

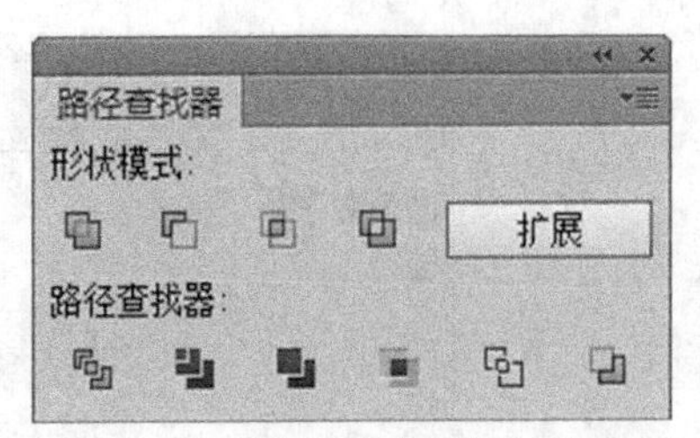

图1.34 【路径查找器】面板

技巧与提示

按“Shift”+“Ctrl”+“F9”组合键，可以打开或关闭【路径查找器】面板。

18. 【透明度】面板

利用【透明度】面板可以为图形设置混合模式、不透明度、隔离混合、反相蒙版和剪切等功能，该功能不但可以在矢量图中使用，还可以直接应用于位图图像。

执行菜单栏中的【窗口】|【透明度】命令，可以打开或关闭【透明度】面板。【透明度】面板如图1.35所示。

图1.35 【透明度】面板

技巧与提示

按“Shift”+“Ctrl”+“F10”组合键，可以快速打开或关闭【透明度】面板。

19. 【链接】面板

【链接】面板用来显示所有链接或嵌入的文件，通过这些链接来记录和管理转入的文件，如重新链接、转至链接、更新链接和编辑原稿等，还可以查看链接的信息，以更好地管理链接文件。

执行菜单栏中的【窗口】|【链接】命令，可以打开或关闭【链接】面板。【链接】面板如图1.36所示。

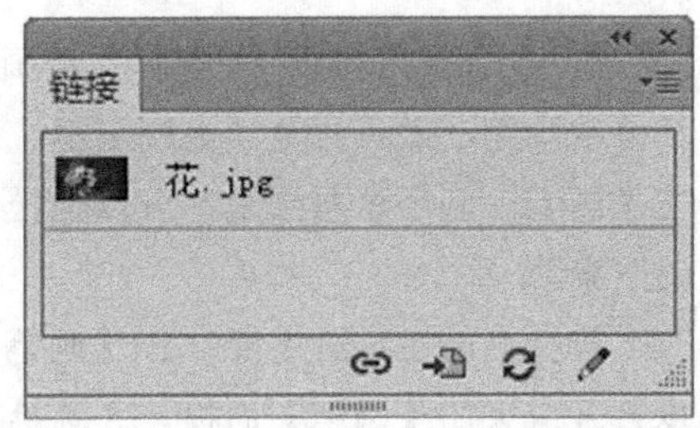

图1.36 【链接】面板

20. 【颜色】面板

当【色板】面板中没有需要的颜色时，就要用到【颜色】面板了。【颜色】面板是编辑颜色的地方，主要用来填充和描边图形，利用【颜色】面板也可以创建新的色板。

执行菜单栏中的【窗口】|【颜色】命令，可以打开或关闭【颜色】面板。【颜色】面板如图1.37所示。

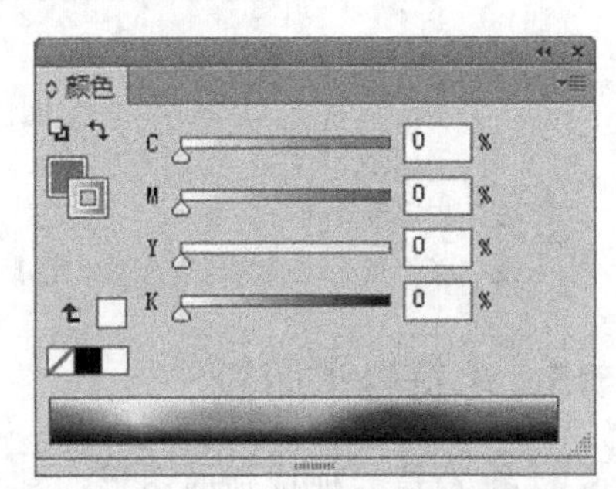

图1.37 【颜色】面板

技巧与提示

按“F6”键，可以打开或关闭【颜色】面板。

21. 【颜色参考】面板

该浮动面板可以说成是集【色板】与【颜色】面板功能于一身，可以直接选择颜色，也可以编辑需要的颜色，同时，该面板还提供了淡色/暗色、冷色/暖色、亮光/暗光这些常用的颜色，以及中性、儿童素材、网站、肤色、自然界等具有不同色系的颜色，以配合不同的图形需要。

执行菜单栏中的【窗口】|【颜色参考】命令，可以打开或关闭【颜色参考】面板。【颜色参考】面板如图1.38所示。

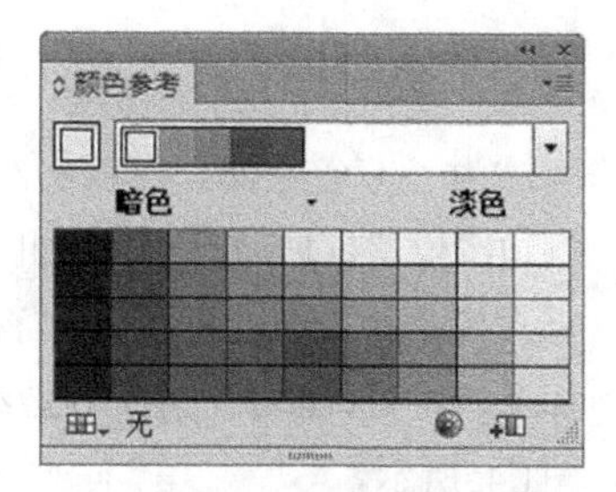

图1.38 【颜色参考】面板

技巧与提示

按“Shift”+“F3”组合键，可以打开或关闭【颜色参考】面板。

22. 【魔棒】面板

【魔棒】面板要配合【魔棒工具】使用，在【魔棒】面板中可以勾选要选择的选项，包括描边颜色、填充颜色、描边粗细、不透明度和混合模式，还可以根据需要设置不同的容差值，以选择不同范围的对象。

执行菜单栏中的【窗口】|【魔棒】命令，可以打开或关闭【魔棒】面板。【魔棒】面板如图1.39所示。

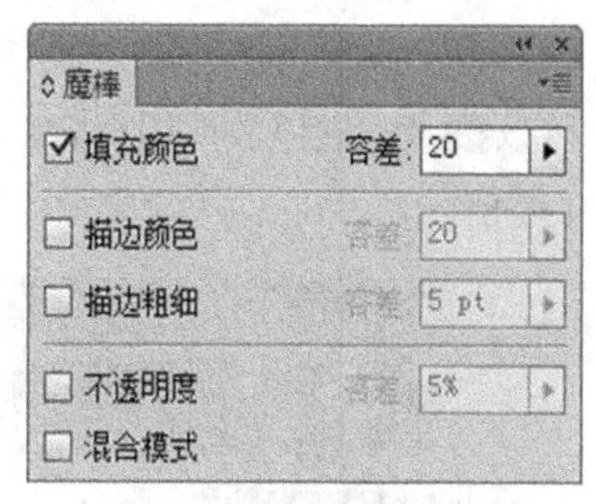

图1.39 【魔棒】面板

知识点：关于【魔棒】面板中【容差】值的大小设置

容差是在选取颜色时所设置的选取范围，容差越大，选取的范围也越大，其数值为0~255。图1.40所示的是容差分别为10、60时选取的效果。

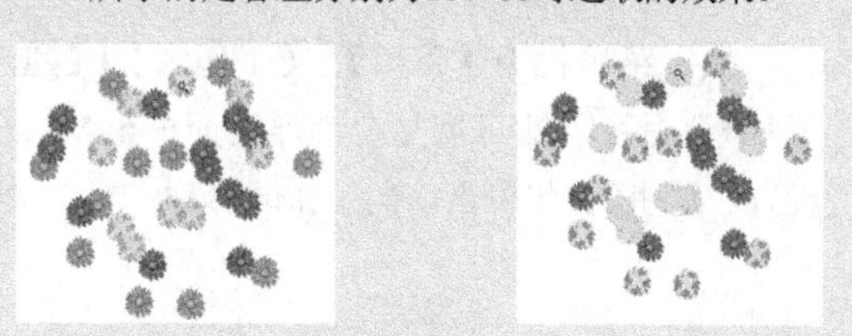
图1.40 容差分别为10、60时选取的效果

1.2.7 操作面板

默认情况下，面板是以面板组的形式出现的，位于Illustrator CS6界面的右侧，是Illustrator CS6对当前图像的颜色、图层、描边以及其他重要属性进行操作的地方。浮动面板都有几个相同的地方，如标签名称、折叠/展开、关闭和面板菜单等。在面板组中，单击标签名称可以显示相关的面板内容；单击折叠/展开按钮，可以将面板内容折叠或展开；单击关闭按钮，可以将浮动面板关闭；单击菜单按钮，可以打开该面板的面板菜单，如图1.41所示。

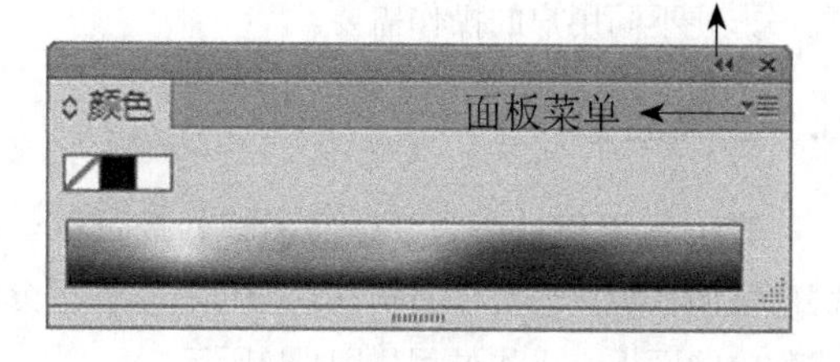

图1.41 浮动面板

Illustrator CS6的浮动面板可以任意进行分离、移动和组合。浮动面板的多种操作方法如下。

1. 打开或关闭面板

在【窗口】菜单中，选择不同的命令，可以打开或关闭不同的浮动面板，也可以单击浮动面板右上方的关闭按钮来关闭该浮动面板。

技巧与提示

从【窗口】菜单中，可以打开所有的浮动面板。在菜单中，菜单命令前标有√的表示已经打开，取消√，表示关闭该面板。

2. 显示隐藏面板

反复按键盘上的“Tab”键，可显示或隐藏工具【选项】栏、工具箱及所有浮动面板。如果只按“Shift”+“Tab”组合键，可以单独将浮动面板显示或隐藏。

3. 显示面板内容

在多个面板组中，如果想查看某个面板内容，可以直接单击该面板的标签名称，即可显示该面板内容。其操作过程如图1.42所示。

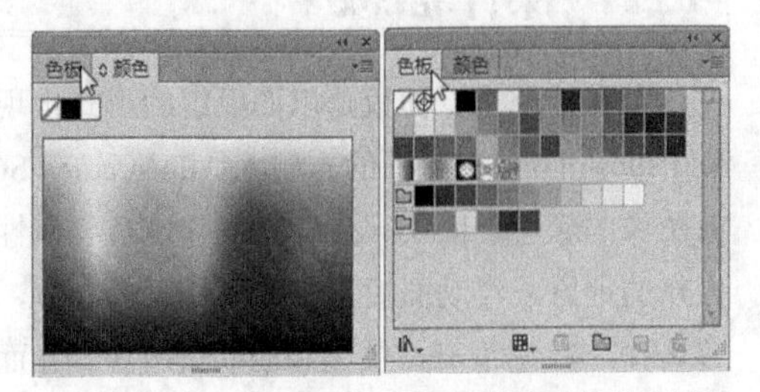

图1.42 显示面板内容的操作过程

4. 移动面板

按住某一浮动面板标签名称或顶部的空白区域拖动鼠标，可以将其移动到工作区中的任意位置，方便不同用户的操作需要。

5. 分离面板

在面板组中，在某个标签名称处按住鼠标左键向该面板组以外的位置拖动，即可将该面板分离成独立的面板。操作过程如图1.43所示。

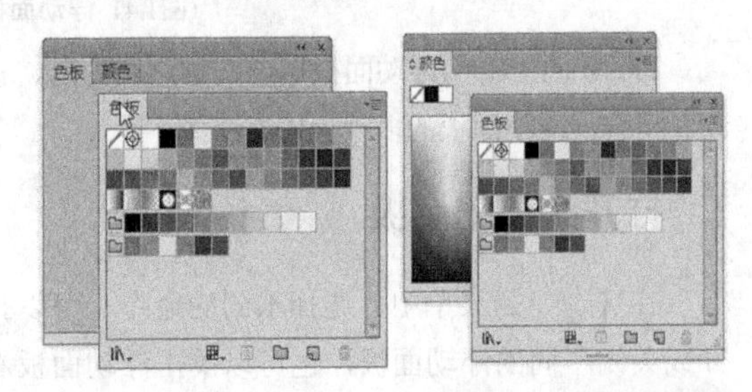

图1.43 分离面板效果

6. 组合面板

在一个独立面板的标签名称位置按住鼠标，然后将其拖动到另一个浮动面板上，当另一个面板周围出现蓝色的方框时释放鼠标，即可将面板组合在一起。操作方法及效果如图1.44所示。

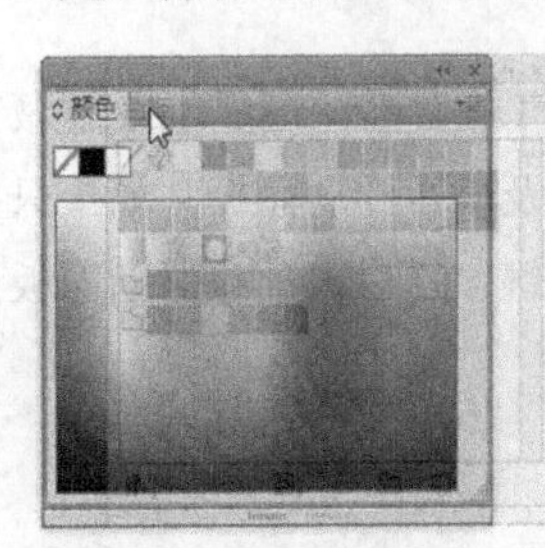

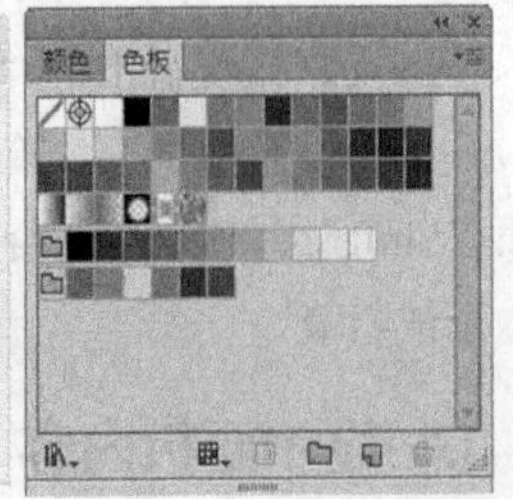

图1.44 组合面板效果

7. 停靠面板组

为了节省空间，可以将组合的面板停靠在右侧边缘位置，拖动浮动面板组中边缘的空白位置，将其移动到下侧边缘位置，当看到变化时，释放鼠标，即可将该面板组停靠在边缘位置。操作过程如图1.45所示。

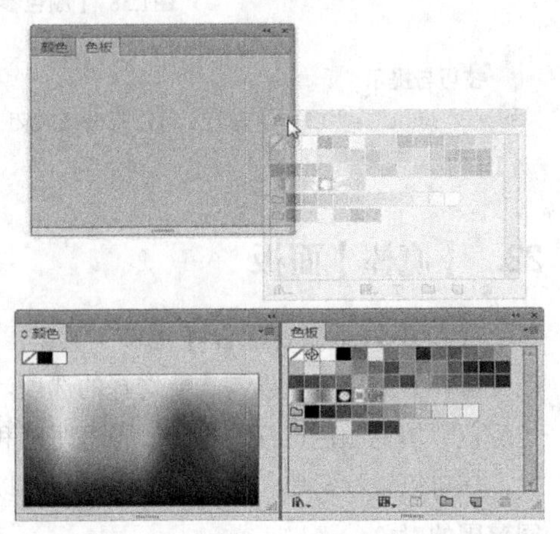

图1.45 停靠边缘位置

8. 折叠面板组

按“折叠为”图标，可以将面板组折叠起来，以节省更大的空间，如果想展开折叠面板组，可以按“扩展停放”图标，将面板组展开，如图1.46所示。

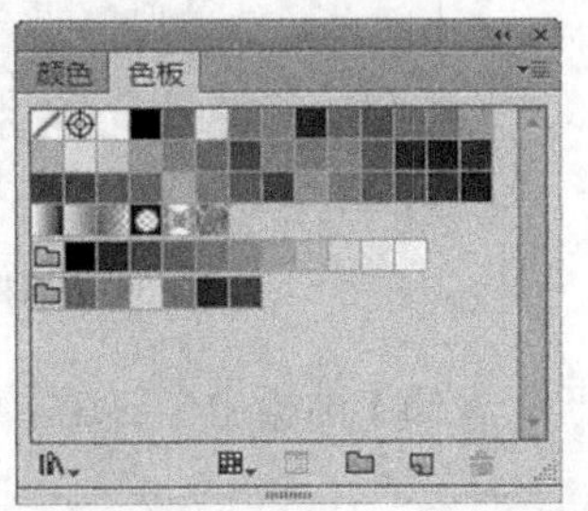

图1.46 面板组折叠效果

知识点：将分组或组合的面板恢复到默认设置

执行菜单栏中【窗口】|【工作区】|【重置***】命令，即可恢复全部浮动面板至默认设置。这里的*代表当前的工作区名称。

1.2.8 状态栏

状态栏位于Illustrator CS6绘图区页面的底部，用来显示当前图像的各种参数信息以及当前所用的工具信息。

单击状态栏中的▶按钮，可以弹出一个菜单，如图1.47所示。从中可以选择要提示的信息项。其中的主要内容如下。

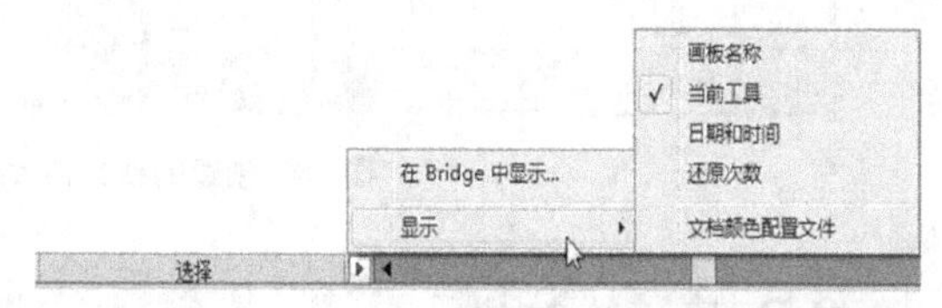

图1.47 状态栏以及选项菜单

- 【画板名称】：显示当前工作的画板名称。
- 【当前工具】：显示当前正在使用的工具。
- 【日期和时间】：显示当前文档编辑的日期和时间。
- 【还原次数】：显示当前操作中的还原与重做次数。
- 【文档颜色配置文件】：显示当前文档的颜色模式配置。

1.3 掌握基础操作

本节重点知识概述

工具 / 命令名称	作用	快捷键	重要程度
新建	创建新文档	Ctrl + N	高
存储	将文件保存	Ctrl + S	高
存储为	将文件另外保存	Ctrl + Shift + S	高
打开	打开文件	Ctrl + O	高
置入	置入外部素材		中
关闭文档	关闭当前文档	Ctrl + W	高
退出	关闭软件	Ctrl + Q	中

在这一小节中，将详细介绍Illustrator CS6的一些基本操作，包括文件的新建、打开、保存及置入等，为以后的深入学习打下一个良好的基础。

1.3.1 新建文档

要进行绘图，首先就需要创建一个新的文档，然后在文档中进行绘图。在Illustrator CS6中，利用新建命令来创建新的文档，具体的操作方法如下。

（1）执行菜单栏中的【文件】|【新建】命令，将打开【新建文档】对话框，如图1.48所示，在其中可以对所要建立的文档进行各种设定。

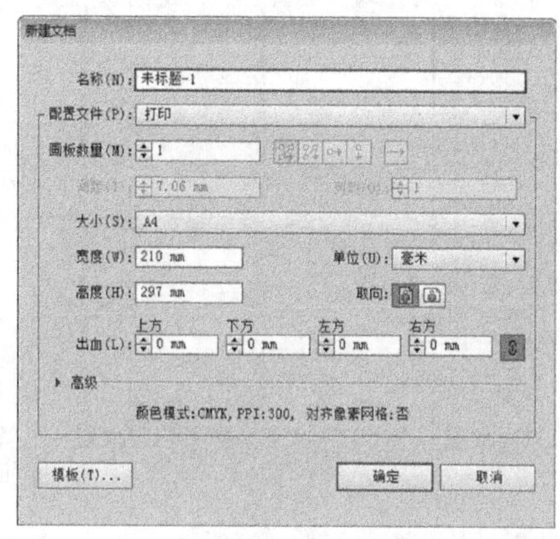

图1.48 【新建文档】对话框

技巧与提示

按“Ctrl”+“N”组合键，也会弹出【新建文档】对话框。

【新建文档】对话框中各选项的含义如下。

- 【名称】：设置新建的文件的名称。在此选项右侧的文本框中可以输入新文件的名称，以便设计中窗口的区分，其默认的名称为“未标题-1”，并依次类推。
- 【配置文件】：从右侧的下拉菜单中，可以选择默认的文档配置文件，如打印、Web、移动设备、视频和胶片以及基本CMYK等，也可以直接在【大小】右侧的下拉列表中包含多种常用的标准文档尺寸。如果现有的尺寸不能满足需要，可以直接在【宽度】和【高度】选项中根据需要自行设置文档的尺寸，并可以在【单位】下拉列表中选择度量单位，如pt（磅）、派卡、毫米、英寸、厘米和像素等单位，通常平面设计中都应用厘米为单位。还可以设置文档的取向，包括纵向和横向两种类型。

知识点：关于画板数量的设置

【画板数量】是用来设置新建文档中画板数量的；当设置画板数量大于1时，就会激活后面的选项，可以设置画板的排列顺序和画板之间的间距，如图1.49所示。

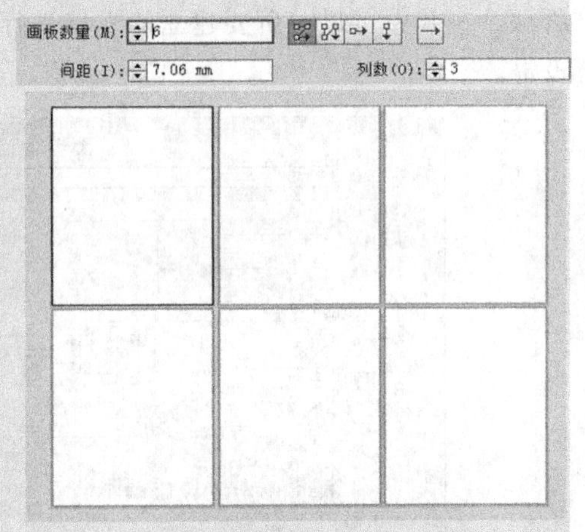

图1.49 画板的设置

技巧与提示

pt是磅的缩写，全称为point（点）。在Illustrator中，有多种单位表示方式，in表示英寸，cm表示厘米，mm表示毫米，可以通过【编辑】|【首选项】|【单位】命令，打开【首选项】对话框来设定它的单位。

- 【颜色模式】：指定新建文档的颜色模式。如果用于印刷的平面设计，一般选择CMYK模式；如果用于网页设计，则应该选择RGB模式。
- 【栅格效果】：设置栅格图形添加特效时的特效解析度，值越大，解析度越高，图像所占空间越大，图像越清晰。
- 【预览模式】：设置图形的视图预览模式。可以选择默认值、像素或叠印，一般选择默认值。

（2）在【新建文档】对话框中，设置好相关的参数后，单击【确定】按钮，即可创建一个新的文档，创建的新文档效果如图1.50所示。

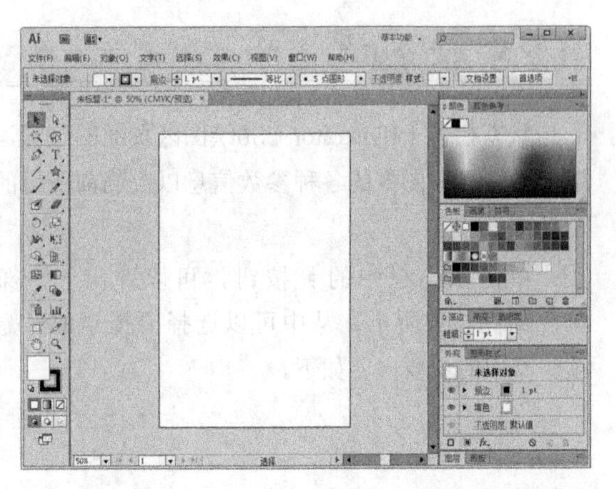

图1.50 创建的新文档效果

1.3.2 存储文件

当完成一件作品或者处理完一幅打开的图像时，需要将完成的图像进行存储，这时就可应用存储命令，在【文件】菜单下面有两个命令可以将文件进行存储，分别为【文件】|【存储】命令和【文件】|【存储为】命令。

技巧与提示

在保存文件时，Illustrator CS6默认的保存格式为.AI格式，这是Illustrator的专用格式，如果想保存为其他的格式，可以通过文件菜单中的【导出】命令来完成。

当应用【新建】命令创建一个新的文档并进行编辑后，要将该文档进行保存。这时，应用【存储】和【存储为】命令性质是一样的，都将打开【存储为】对话框，将当前文件进行存储。

当对一个新建的文档应用过保存后，或打开一个图像进行编辑后，再次应用【存储】命令时，不会打开【存储为】对话框，而是直接将原文档覆盖。

如果不想将原有的文档覆盖，就需要使用【存储为】命令。利用【存储为】命令进行存储，无论是新创建的文件还是打开的图像都可以弹出【存储为】对话框，将编辑后的图像重新命名进行存储。

执行菜单栏中的【文件】|【存储】命令，或执行菜单栏中的【文件】|【存储为】命令，都将打开【存储为】对话框，如图1.51所示。在打开的【存储为】对话框中，设置合适的名称和格式后，单击【保存】按钮即可将图像进行保存。

图1.51 【存储为】文件对话框

【存储为】对话框中各选项的含义分别如下。

- 【保存在】：可以在其右侧的下拉菜单中选择要存储图像文件的路径位置。
- 【文件名】：可以在其右侧的文本框中，输入要保存文件的名称。
- 【保存类型】：可以从右侧的下拉菜单中选择要保存的文件格式。

技巧与提示

【存储】的快捷键为“Ctrl”+“S”；【存储为】的快捷键为“Ctrl”+“Shift”+“S”。

1.3.3 打开文件

执行菜单栏中的【文件】|【打开】命令，弹出【打开】对话框，选择要打开的文件后，在【打开】对话框的下方会显示该图像的缩略图，如图1.52所示。

图1.52 打开文件对话框

【打开】对话框中各选项的含义如下。

- 【查找范围】：在其右侧的下拉列表中，可以查找要打开图像文件的路径。
- 【转到访问的上一个文件夹】：如果前面访问过其他文件夹，单击该按钮可以切换到上一次访问过的文件夹，如果前面没有访问过其他文件夹，此按钮显示为灰色的不可用状态。
- 【向上一级】：可以根据存储文件的路径一级级地返回到上一层文件夹，当【查找范围】选项窗口中显示为【桌面】时，此按钮显示为灰色的不可用状态。
- 【创建新文件夹】：单击该按钮，将在当前目录下创建新文件夹。
- 【“查看”菜单】：设置【打开】对话框中的文件的显示形式，包括【缩略图】、【平铺】、【图标】、【列表】和【详细信息】5个选项。
- 【文件名】：在其右侧的文本框中，显示当前所选择的图像文件名称。

知识点：关于【文件名】的使用

一般来说，选择打开的文件时，在预览框中可以慢慢查找，也可在【文件名】后的文字框中输入所要打开的文件名称，快速选择。

- 【文件类型】：可以设置所要打开的文件类型，设置类型后当前文件夹列表中只显示与所设置类型相匹配的文件，一般情况下【文件类型】默认为【所有格式】。
- 【预览区】：如果选择的图形带有预览功能，在预览区将显示该图形效果。

当选取了所要打开的图像文件后，单击【打开】按钮，即可在当前工作区中打开此图像文件。

技巧与提示

按“Ctrl”+“O”组合键，也可以打开【打开】对话框，以打开所需要的文件。在选择图形文件时，可以按住“Shift”键选择多个连续的图形文件，也可以按住“Ctrl”键，选择不连续的多个图形文件。

1.3.4 置入文件

Illustrator CS6中可以置入其他程序设计的位图图像文件，如Adobe Photoshop图形处理软件设计的psd等格式的文件。

执行菜单栏中的【文件】|【置入】命令后，弹出【置入】对话框，在弹出的对话框中选择所要置入的文件，然后单击【置入】按钮即可。

技巧与提示

置入与打开非常相似，都是将外部文件添加到当前操作中，但【打开】命令所打开的文件单独位于一个独立的窗口中，而置入的图片将自动添加到当前图像编辑窗口中，不会单独出现窗口。

1.3.5 关闭文件

如果想关闭某个文档，可以使用以下两种方法来操作。

- 方法1：执行菜单栏中的【文件】|【关闭】命令，即可将该文档关闭。
- 方法2：直接单击文档右上角的 ✕ （关闭）按钮，也可将该文档关闭。

如果该文档是新创建的文档或是打开编辑过的文档，而且没有进行保存，那么在关闭时，将打开一个询问对话框，如图1.53所示。如果要保存该文档，可以单击【是】按钮，然后对文档进行保存；如果不想保存该文档，可以单击【否】按钮；如果操作有误而不想关闭文档，可以单击【取消】按钮。

图1.53 询问对话框

技巧与提示

关闭文档除了上面的两种操作方法外，还可以直接按"Ctrl"+"W"组合键来关闭。

1.3.6 退出程序

如果不想再使用Illustrator CS6软件，就需要退出该程序，退出程序可以使用下面两种方法来操作。

- 方法1：执行菜单栏中的【文件】|【退出】命令，即可退出该程序。
- 方法2：直接单击标题栏右侧的 ✕ （关闭）按钮，也可退出该程序。

如果程序窗口中的文档是新创建的文档或是打开编辑过的文档，而且没有进行保存，那么在退出程序时，将打开一个询问对话框，询问是否保存文档。如果要保存该文档，可以单击【是】按钮，然后对文档进行保存；如果不想保存该文档，可以单击【否】按钮；如果操作有误而不想退出程序，可以单击【取消】按钮。

技巧与提示

退出程序除了上面的两种操作方法外，还可以直接按"Ctrl"+"Q"组合键来退出程序。

1.4 窗口显示操作

Illustrator CS6每次新建，都将建立一个新窗口，用户可以在新窗口中绘制或编辑图形。为了方便用户绘图与查看，Illustrator CS6为用户提供了多种屏幕显示模式及窗口的查看功能。

1.4.1 屏幕模式

在Illustrator CS6工具箱的底部，单击鼠标可打开一个下拉菜单，显示3种屏幕模式，包括正常屏幕模式、带有菜单栏的全屏模式和全屏模式，如图1.54所示。用户可以根据自己设计的需要，选择不同的屏幕模式，以便进行图形的编辑和打印。

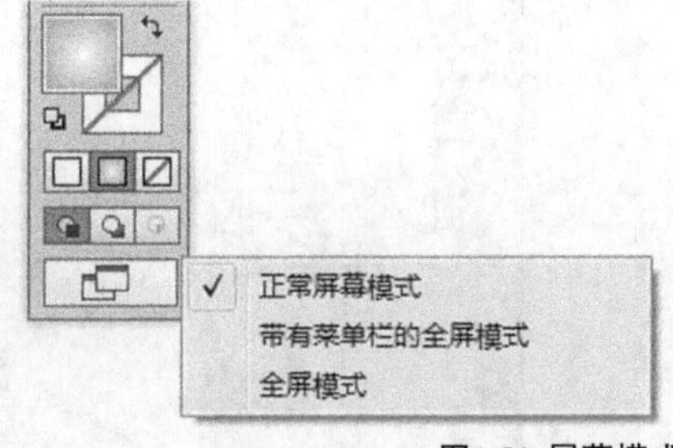

图1.54 屏幕模式

1. 正常屏幕模式

这是Illustrator CS6默认的屏幕显示模式，它可以完整地显示菜单、浮动面板、工具栏等，在这种屏幕模式下，文档窗口以最大化的形式显示。正常屏幕模式如图1.55所示。

图1.55 正常屏幕模式

2. 带有菜单栏的全屏模式

在这种模式下，计算机的任务栏及Illustrator CS6 软件的标题栏、状态栏及文字窗口的滑动条都将不可见，只显示菜单栏、工具箱和浮动面板，文档窗口将以最大化的形式显示。这样有利于更大空间地查看和编辑图形。带有菜单栏的全屏模式如图1.56所示。

图1.56 带有菜单栏的全屏模式

3. 全屏模式

全屏模式与带有菜单栏的全屏模式很相似，唯一的不同点是不再显示菜单栏，只显示工具箱和浮动面板，可以节省更大的显示空间来进行图形的查看和编辑。全屏模式如图1.57所示。

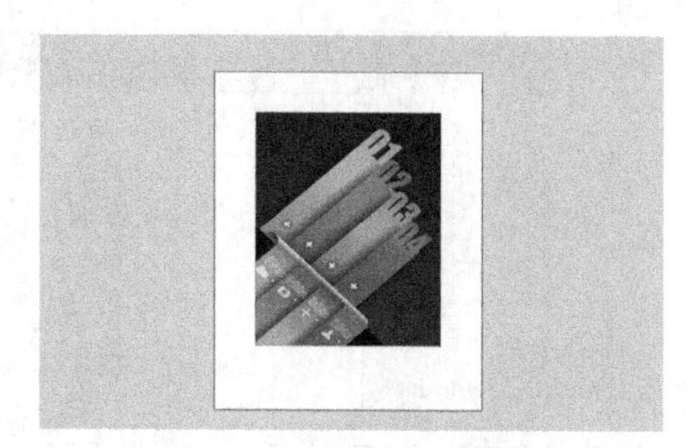

图1.57 全屏模式

知识点：快速切换屏幕模式

反复按键盘上的“F”键，可以在正常屏幕模式、带有菜单栏的全屏模式和全屏模式这3种屏幕模式中进行切换。按“Tab”键，可以将工具箱、控制栏和浮动面板全部隐藏或显示；按“Shift”+“Tab”组合键，可以只隐藏或显示浮动面板。

1.4.2 窗口新建和排列

利用【窗口】菜单中的相关命令，可以创建新的窗口，并可以对多个窗口进行排列处理，使多窗口操作变得更加容易。

1. 新建窗口

利用【新建窗口】命令可以对当前选定的窗口创建一个副本，选定要制作副本的窗口后，执行菜单栏中的【窗口】|【新建窗口】命令，创建一个与原窗口内容相同的窗口，而且两个窗口具有关联性，修改任何一个窗口的内容，另一个窗口也将跟着变化。新建的窗口名称与原名称相一致。如原名称为“XX”，应用【新建窗口】命令后，创建的新窗口的名称为“XX：2”，原名称“XX”将自动更改为“XX：1”。

创建新窗口的好处是可以利用不同的窗口显示模式和视图来编辑处理图形，以更好地把握图形的整体与部分。创建新窗口后的效果如图1.58所示。

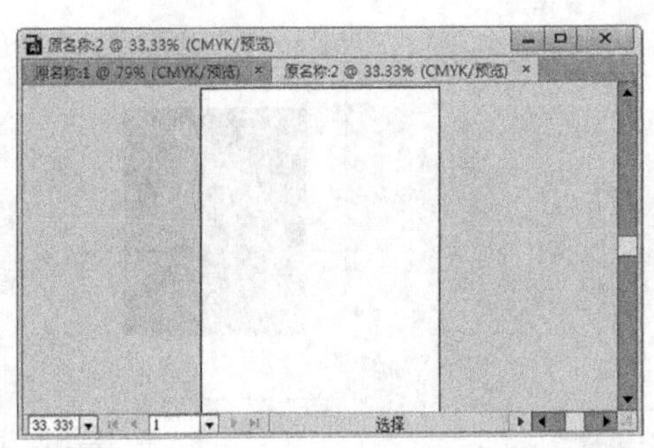

图1.58 创建新窗口

2. 排列窗口

当Illustrator CS6处理多个文档窗口时，可以对这些窗口进行不同排列，以更加合适的方法编辑图形。Illustrator CS6为用户提供了两种排列窗口的方法，包括层叠和平铺。

- 层叠就是将窗口以叠加的形式显示，位于后面的文档只显示出标题栏，如果想编辑其他的文档，直接单击标题栏即可将其切换为当前文档。层叠窗口效果如图1.59所示。

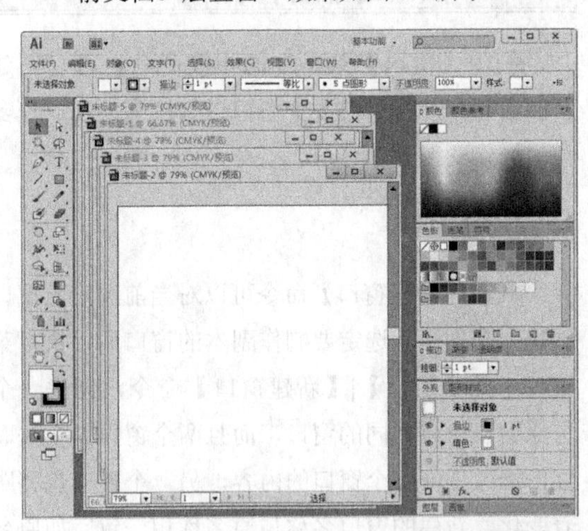

图1.59 层叠窗口

- 层叠窗口只能看到后面文档窗口的标题栏，不能看到其内容，有时会误操作。这时可以应用平铺窗口的形式来排列当前的多个文档，平铺就是将多个窗口以水平的形式接排起来，不但可以显示文档标题栏，还可以看到该文档的内容。平铺窗口效果如图1.60所示。

图1.60 平铺窗口

1.5 预览与查看图形

本节重点知识概述

工具 / 命令名称	作用	快捷键	重要程度
轮廓预览	切换预览和轮廓预览	Ctrl + Y	高
叠印预览	切换预览和叠印预览	Alt + Shift + Ctrl + Y	高
像素预览	切换预览和像素预览	Alt + Ctrl + Y	中
【缩放工具】	放大或缩小图形	Z	高
放大	放大图形	Ctrl + +	高
缩小	缩小图形	Ctrl + –	高
画板适合窗口大小	将画布适合窗口大小显示	Ctrl + 0	中
全部适合窗口大小	将所有画布适合窗口大小显示	Alt+Ctrl+0	中
实际大小	100%显示图形	Ctrl + 1	中
【抓手工具】			

在进行绘图和编辑时，Illustrator CS6为用户提供了多种视图预览和查看的方法。不但可以用不同的方式预览图形，还可以利用相关的工具和命令查看图形，如缩放工具、手形工具和导航器面板等。

1.5.1 预览图形

在讲解视图预览之前，首先了解文档窗口的

各个组成部分，如图1.61所示。文档窗口中包括绘图区、草稿区和出血区3部分。

技巧与提示

出血区是在新建文档时，设置出血后才会出现的，如果在创建时没有创建出血，是不会出现出血区的。

绘图区为打印机能够打印的部分，通常称为页面部分，黑色实线所包含的所有区域即为绘图区；草稿区指的是出血区以外的部分，在草稿区可以进行创建、编辑和存储线稿图形，还可以将创建好的图形移动到绘图区，草稿区的图形不能被打印出来；出血区指的是页面边缘的空白区域，这里是外围红线和黑色实线之间的空白部分，比如本图中红线与黑线之间的3毫米的区域即为出血区。

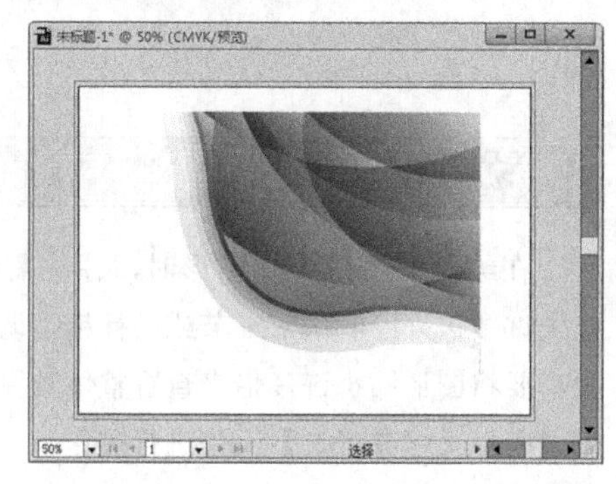

图1.61　预览图形

技巧与提示

选择工具箱中的【画板工具】，在文档页面中按住鼠标拖动，即可修改绘图区与页面的位置。

在使用Illustrator CS6设计图形时，选择不同的视图模式对操作会有很大的帮助。不同的视图模式有不同的特点，针对不同的绘图需要，在【视图】菜单下选择不同的菜单命令，以适合不同的操作方法。

Illustrator CS6为用户提供了4种视图模式，包括预览、轮廓、叠印预览和像素预览。下面来分别介绍这4种视图模式的使用方法和技巧。

技巧与提示

预览模式并不在菜单中，它是默认的预览模式，当不使用“轮廓”“叠印预览”或“像素预览”模式时即为该模式。

1. 预览

“预览”视图模式能够显示图形对象的颜色、阴影和细节等，将以最接近打印后的图形来显示图形对象。同时，预览也是Illustrator CS6默认的视图模式。软件的默认预览方式即是该模式，利用此模式，可以查看最真实的图形效果。“预览”视图模式效果如图1.62所示。

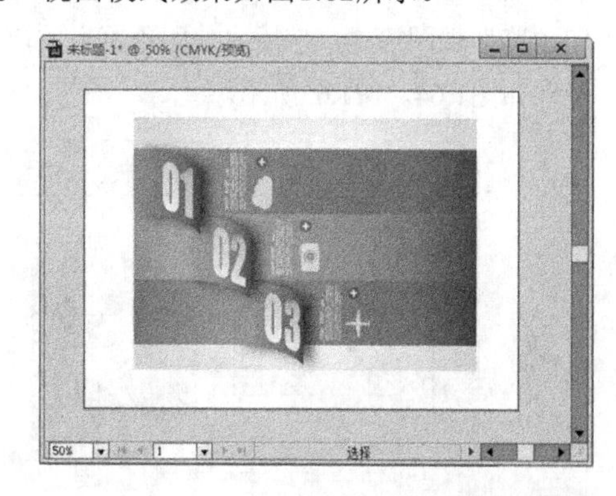

图1.62 【预览】视图模式

2. 轮廓

“轮廓”视图模式以路径的形式显示线稿，隐藏每个对象的着色填充属性，只显示图形的外部框架。执行菜单栏中的【视图】|【轮廓】命令，即可开启“轮廓”视图模式。利用此模式，在处理复杂路径图形时，方便选择图形，同时，可以加快画面的显示速度。“轮廓”视图模式效果如图1.63所示。

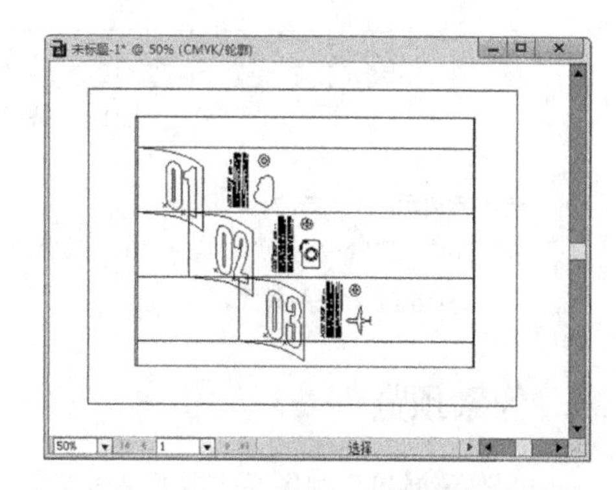

图1.63 【轮廓】视图模式

技巧与提示

按“Ctrl”+“Y”组合键，可以快速在“预览”视图模式和“轮廓”视图模式间切换。

3. 叠印预览

"叠印预览"视图模式主要用来显示实际印刷时图形的叠印效果，这样做可以在印刷前查看设置叠印或挖空在印刷后所呈现的最终效果，以防止出现错误。首先选择要叠印的图形，然后在【属性】面板中，勾选要叠印的选项，然后执行菜单栏中的【视图】|【叠印预览】命令，即可开启"叠印预览"视图模式。使用"叠印预览"的前后效果分别如图1.64、图1.65所示。

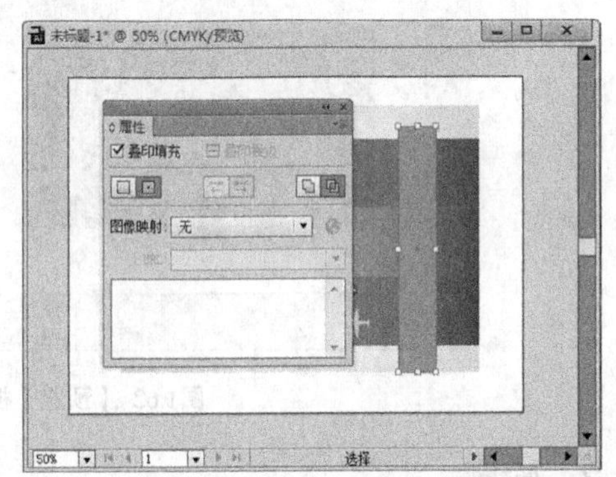

图1.64 设置叠印图形

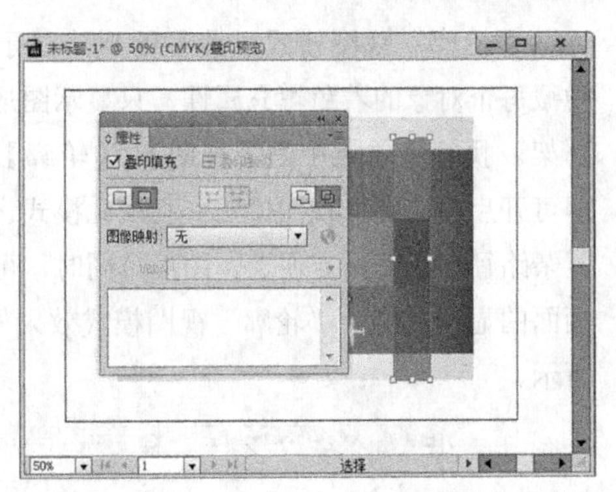

图1.65 叠印预览效果

技巧与提示

按"Alt"+"Shift"+"Ctrl"+"Y"组合键，可以快速开启"叠印预览"视图模式。

4. 像素预览

"像素预览"视图模式主要是将图形以位图的形式显示，也叫点阵图的形式显示，以确定该图形在非矢量图保存使用时，像素预览的效果。执行菜单栏中的【视图】|【像素预览】命令，即可开启"像素预览"视图模式。利用该模式，可以提前预览矢量图转换为位图后的像素显示效果。使用"像素预览"视图模式的前后效果如图1.66所示。

图1.66 使用【像素预览】视图模式

技巧与提示

按"Alt"+"Ctrl"+"Y"组合键，可以快速开启"像素预览"视图模式。

1.5.2 缩放工具

在绘制图形或编辑图形时，往往需要将图形放大许多倍来绘制局部细节或进行精细调整，有时也需要将图形缩小许多倍来查看整体效果，这时就可以应用【缩放工具】来进行操作。

选择工具箱中的【缩放工具】，将它移至需要放大的图形位置上，鼠标形状呈状时，单击鼠标可以放大该位置的图形对象。如果要缩小图形对象，可以在使用【缩放工具】时按住"Alt"键，鼠标形状呈状时，单击鼠标可以缩小该位置的图形对象。

如果需要快速将图形局部放大，可以使用【缩放工具】在需要放大的位置按住鼠标拖动到对角处绘制矩形框，如图1.67所示。释放鼠标后，即可将该区域放大，放大后的效果如图1.68所示。

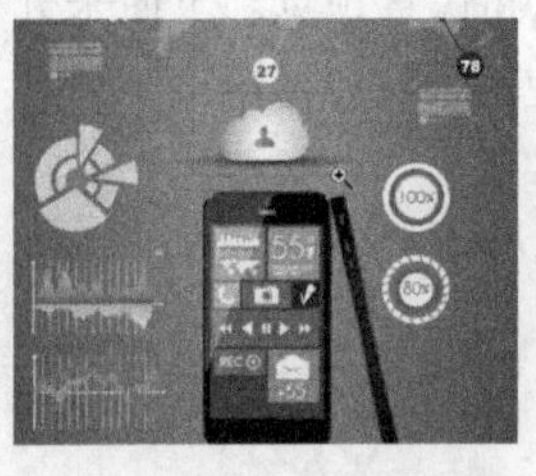

图1.67 拖动矩形框

图1.68 放大效果

知识点：关于【缩放工具】

双击工具箱中的【缩放工具】，可以将图形以100%的比例显示，如图1.69所示。

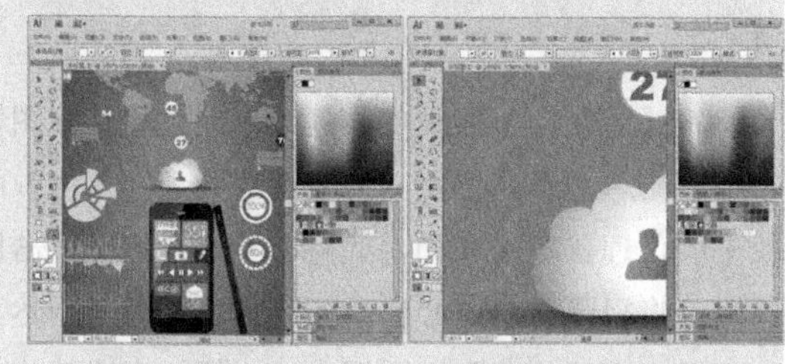

图1.69 【缩放工具】

1.5.3 缩放命令

除了使用上面讲解的利用缩放工具缩放图形外，还可以直接应用缩放命令缩放图形，使用相关的缩放命令快捷键，可以更加方便实际操作。

- 执行菜单栏中的【视图】|【放大】命令，或按“Ctrl”+“+”组合键，可以以当前图形显示区域为中心放大图形比例。
- 执行菜单栏中的【视图】|【缩小】命令，或按“Ctrl”+“-”组合键，可以以当前图形显示区域为中心缩小图形比例。
- 执行菜单栏中的【视图】|【画板适合窗口大小】命令，或按“Ctrl”+“0”组合键，可以将当前画布适合窗口大小显示。
- 执行菜单栏中的【视图】|【全部适合窗口大小】命令，或按“Alt”+“Ctrl”+“0”组合键，可以将所有画布适合窗口大小显示。
- 执行菜单栏中的【视图】|【实际大小】命令，或按“Ctrl”+“1”组合键，图形将以100%的比例显示完整图形效果。

1.5.4 抓手工具

在编辑图形时，如果需要调整图形对象的视图位置，可以选择工具箱中的【抓手工具】。将光标移至页面中时它的形状变为，按住鼠标左键它的形状变为，此时，拖动鼠标到达适当位置后，释放鼠标即可将要显示的区域移动到适当的位置，这样可以将图形移动到需要的位置，方便查看或修改图形的各个部分。具体的操作过程及效果如图1.70、图1.71所示。

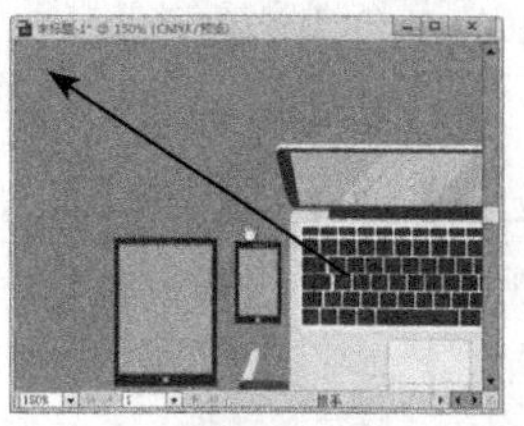

图1.70 拖动过程

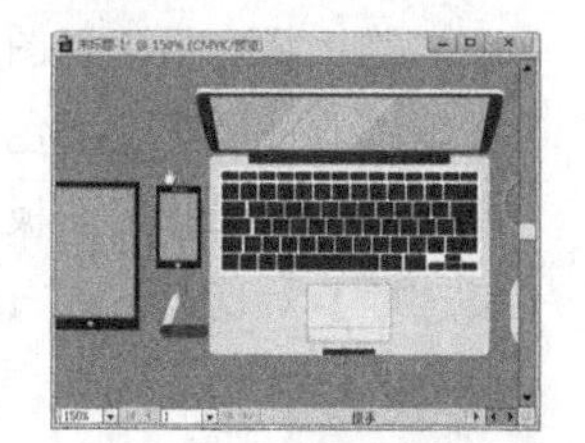

图1.71 拖动后的效果

知识点：关于【抓手工具】

双击工具箱中的【抓手工具】，图形将以最适合窗口大小的形式显示完整的图形效果。按“Space”键可以随意切换到抓手工具，以方便移动页面位置。如图1.72所示。

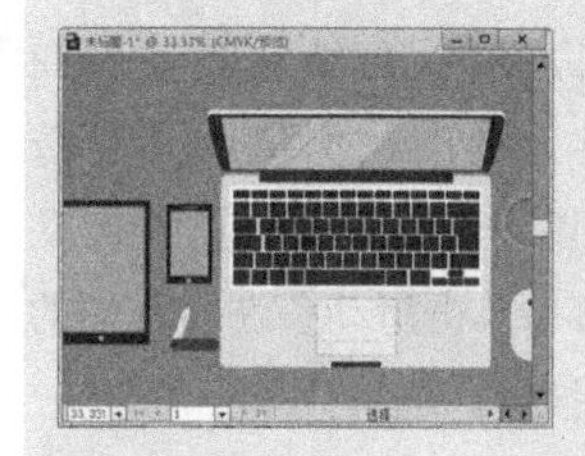

图1.72 【抓手工具】

1.5.5 导航器面板

使用导航器面板可以对图形进行快速的定位和缩放。执行菜单栏中的【窗口】|【导航器】命令，即可打开【导航器】面板，如图1.73所示。

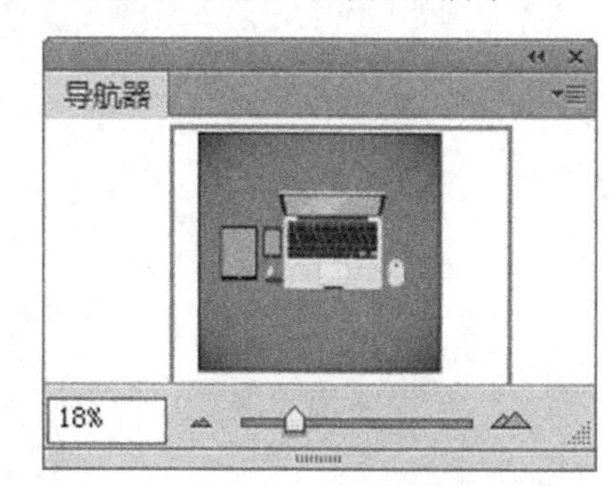

图1.73 【导航器】面板

【导航器】面板中红色的方框叫视图框，当视图框较大时，着重从整体查看图形对象，图形显示较小；视图框较小时，着重从局部细节上查看图形对象，图形显示较大。

知识点：视图框的颜色设置

默认状态下，视图框的颜色为淡红色，如果想修改视图框的颜色，可以从【导航器】面板菜单中，选择【面板选项】命令，打开【面板选项】对话框，修改视图框的颜色即可，修改效果如图1.74所示。

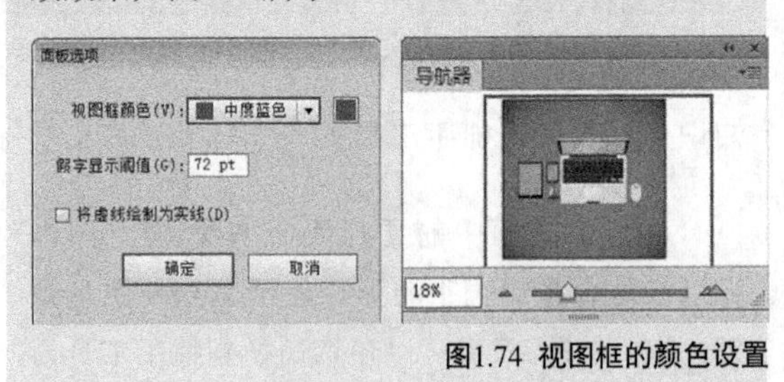

图1.74 视图框的颜色设置

如果需要放大视图，可以在【导航器】面板左下方的比例框中输入视图比例值，然后按“Enter”键即可；也可以拖动比例框右面的滑动条来改变视图比例；还可以单击滑动条左右两端的缩小、放大按钮来缩放图形。

技巧与提示

在【导航器】面板中，按“Ctrl”键将光标移动到【导航器】面板的代理预览区域内，光标将变成状，按住鼠标拖动绘制一个矩形框，可以快速预览该框内的图形。

在【导航器】面板中，还可以通过移动视图框来查看图形的不同位置。将光标移到【导航器】面板中的代理预览区域中，光标将变成状，单击鼠标即可将视图框的中心移动到光标所在处。当然，也可以将光标移动到视图框内，光标将变成状，按住鼠标左键，光标将变成状，拖动视图框到合适的位置即可。利用【导航器】显示图形不同效果如图1.75所示。

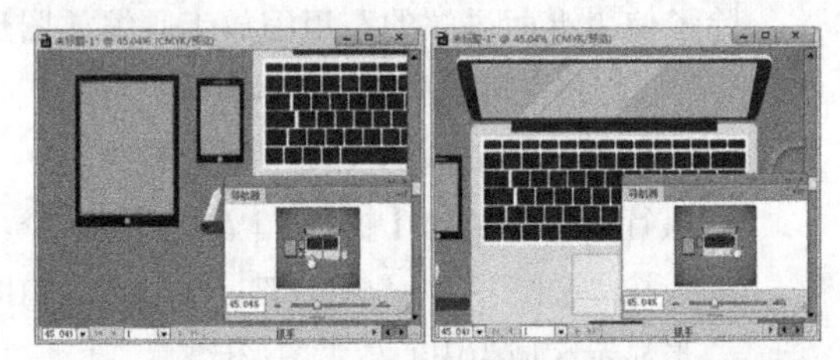

图1.75 利用【导航器】显示图形不同效果

1.6 本章小结

本章通过对Illustrator基础内容的讲解，让读者对Illustrator有个基本的了解，通过本章学习提高读者对Illustrator软件的认识，为以后的学习打下基础。

第2章

基本绘图工具的使用

内容摘要

本章首先介绍了路径和锚点的概念，讲解了如何利用钢笔工具绘制路径。然后介绍了基本图形的绘制，包括直线、弧线、螺旋线等；接着介绍了几何图形的绘制，包括矩形、椭圆和多边形等；此外，还介绍了徒手绘图工具的使用，包括铅笔、平滑、橡皮擦等工具的使用技巧。不仅讲解了基本的绘图方法，而且详细讲解了各工具的参数设置，这对于精确绘图有很大的帮助。通过本章的学习，能够进一步掌握各种绘图工具的使用技巧，并利用简单的工具绘制出精美的图形。

教学目标

了解路径和锚点的含义
掌握钢笔工具的不同使用技巧
掌握简单线条形状的绘制
掌握简单几何图形的绘制
掌握徒手绘图工具的使用

2.1 关于路径和锚点

路径和锚点（节点）是矢量绘图中的重要概念。任何一种矢量绘图软件的绘图基础都是建立在对路径和节点的操作上的。Illustrator 最吸引人之处就在于它能够把非常简单的、常用的几何图形组合起来并做色彩处理，生成具有奇妙形状和丰富色彩的图形。这一切得以实现是因为引入了路径和节点的概念。本节重点介绍Illustrator CS6中各种路径和锚点。

2.1.1 认识路径

在Illustrator CS6中，使用绘图工具绘制的所有对象，无论是单一的直线、曲线对象还是矩形、多边形等几何形状，甚至使用文本工具录入的文本对象，都可以称为路径，这是矢量绘图中一个相当特殊但又非常重要的概念。绘制一条路径之后，可通过改变它的大小、形状、位置和颜色来对它进行编辑。

路径由一条或多条线段或曲线组成，Illustrator CS6中的路径根据使用的习惯及不同的特性可以分为3种类型：开放路径、封闭路径和复合路径。

1. 开放路径

开放路径是指像直线或曲线那样的图形对象，它们的起点和终点没有连在一起。如果要填充一条开放路径，则程序会在两个端点之间绘制一条假想的线并且填充该路径。如图2.1所示。

图2.1 开放路径效果

2. 封闭路径

封闭路径是指起点和终点相互连接着的图形对象，如矩形、椭圆和各种物体的轮廓等。如图2.2所示。

图2.2 封闭路径效果

3. 复合路径

复合路径是一种较为复杂的路径对象，它由两个或多个开放或封闭的路径组成，可以利用菜单【对象】|【复合路径】|【建立】命令来制作复合路径，也可以利用菜单【对象】|【复合路径】|【释放】命令将复合路径释放。复合路径如图2.3所示。

图2.3 复合路径

知识点：复合路径和编组路径的填充区别

AI中的矢量图形都是由路径围成的。由两个以上的路径围成的就是复合路径，它和编组图形是不同的。编组图形是将两个或两个以上图形用编组命令组合在一起，便于移动、上色等。实际操作的结果也是不同的。当圆和小猪轮廓复合时，填充时圆形将是透明的，可以看到底色，而编组的则是统一上色，圆也就不透明了，如图2.4所示。

图2.4 复合路径和编组路径的填充区别

2.1.2 认识锚点

锚点也叫节点，是控制路径外观的重要组成部分，通过移动锚点，可以修改路径的形状，使用【直接选择工具】选择路径时，将显示该路径的所有锚点。在Illustrator中，根据锚点属性的不同，可以将它们分为两种，分别是角点和平滑点，如图2.5所示。

角点会突然改变方向，而且角点的两侧没有控制柄。平滑点不会突然改变方向，在平滑点某一侧或两侧将出现控制柄，有时平滑点的一侧是直线另一侧是曲线。

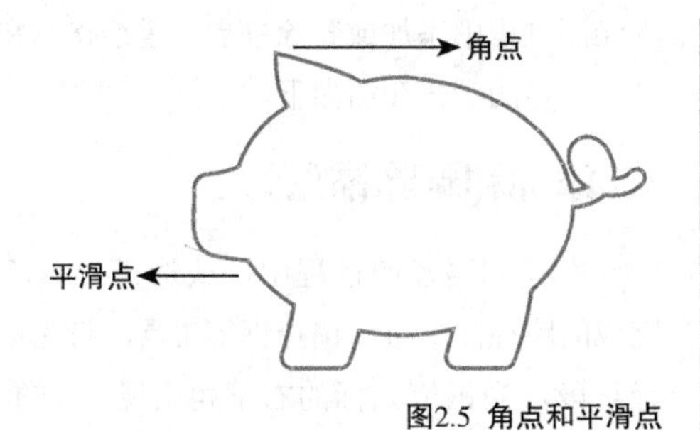

图2.5 角点和平滑点

1. 角点

角点是指能够使通过它的路径的方向发生突然改变的锚点。如果在锚点上两个直线相交成一个明显的角度，这种锚点就叫做角点，角点的两侧没有控制柄。

2. 平滑点

在Illustrator CS6中曲线对象使用最多的锚点就是平滑点，平滑点不会突然改变方向，在平滑点某一侧或两侧将出现控制柄，可以单独操作以改变路径曲线，有时平滑点的一侧是直线另一侧是曲线。

2.2 钢笔工具组的使用

钢笔工具组是Illustrator里功能最强大的工具之一，利用钢笔工具可以绘制各种各样的图形。钢笔工具可以轻松绘制直线和相当精确的平滑、流畅曲线。

调整路径工具主要用于对路径进行锚点和角点的调整，如添加、删除锚点，转换角点与曲线点等，包括【添加锚点工具】、【删除锚点工具】、和【转换锚点工具】。

本节重点知识概述

工具 / 命令名称	作用	快捷键	重要程度
【钢笔工具】	绘制路径	P	高
【添加锚点工具】	为路径添加锚点	+	中
【删除锚点工具】	删除多余的锚点	-	中
【转换锚点工具】	转换锚点为角点或平滑点	Shift+C	高

2.2.1 利用【钢笔工具】绘制直线

利用钢笔工具绘制直线是相当简单的，首先从工具箱中选择【钢笔工具】，把光标移到绘图区，在任意位置单击一点作为起点，然后移动光标到适当位置单击确定第2点，两点间就出现了一条直线段，如果继续单击鼠标左键，则又在落点与上一次单击点之间画出一条直线，如图2.6所示。

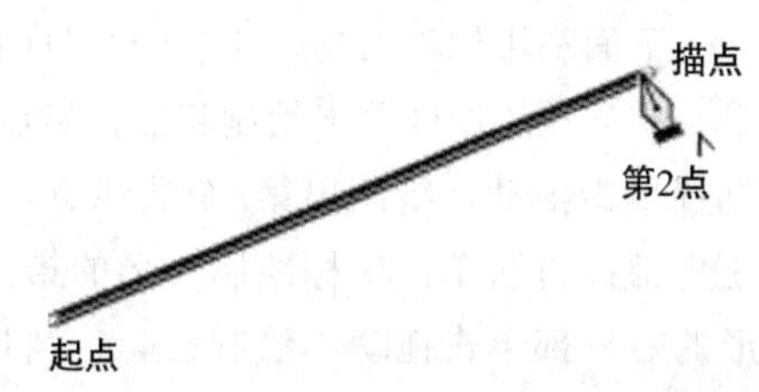

图2.6 绘制直线

技巧与提示

如果想结束路径的绘制，按住“Ctrl”键的同时在路径以外的空白处单击鼠标左键，即可结束绘制。

知识点：钢笔绘制路径时的效果

在绘制直线时，按住“Shift”键的同时单击鼠标左键，可以绘制水平、垂直或成45°的直线。

2.2.2 利用【钢笔工具】绘制曲线

选择钢笔工具，在绘图区单击鼠标确定起点，然后移动光标到合适的位置，按住鼠标向所需的方向拖动绘制第2点，即可得到一条曲线；同样的方法可以继续绘制更多的曲线。如果希望起点也是曲线点，可以在起点绘制时按住鼠标拖动，则可以将起点也绘制成曲线点。在拖动绘制曲线时，将出现两个控制柄，控制柄的长度和坡度将决定线段的形状。绘制过程如图2.7所示。

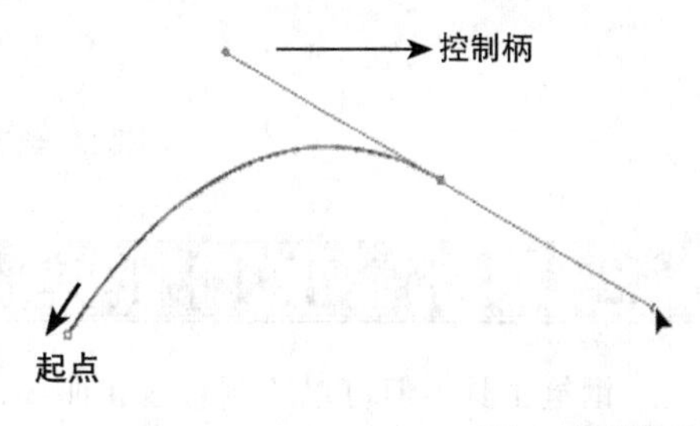

图2.7 绘制曲线

技巧与提示

在绘制过程中，按住"Space"键可以移动锚点的位置，按住"Alt"键可以将两个控制柄分离成为独立的控制柄。

2.2.3 利用【钢笔工具】绘制封闭图形

下面利用钢笔工具来绘制一个封闭的心形效果。首先在绘图区单击绘制起点；然后在适当的位置单击拖动，绘制出第2个曲线点，即心形的左肩部；再次单击鼠标绘制心形的第3点；在心形的右肩部单击拖动，绘制第4点；将光标移动到起点上，当放置正确时在指针的旁边出现一个小的圆环，单击鼠标封闭该路径。绘制过程如图2.8所示。

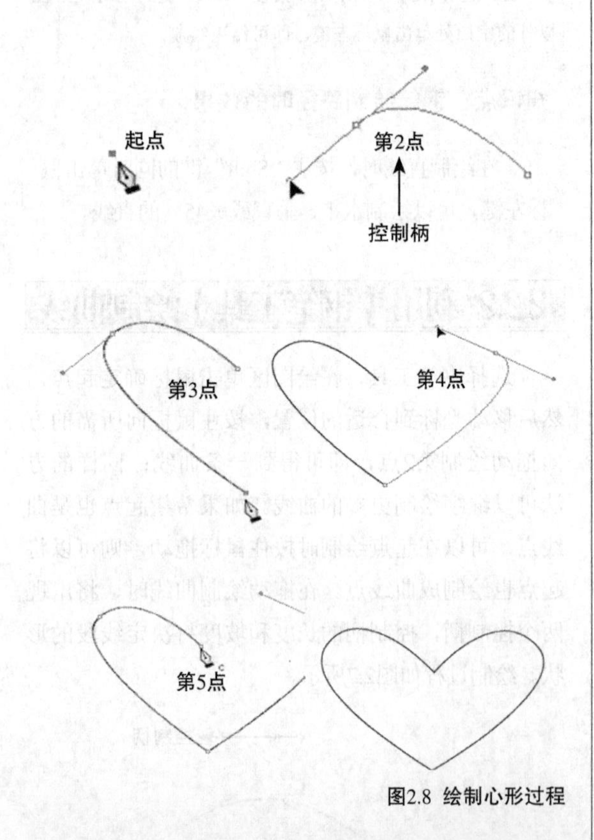

图2.8 绘制心形过程

2.2.4 【钢笔工具】的其他用法

钢笔工具不但可以绘制直线和曲线，还可以在绘制过程中添加或删除锚点、重绘路径和连接路径，具体的操作介绍如下。

1. 添加和删除锚点

在绘制路径的过程中，或选择一个已经绘制完成的路径图形时，选择钢笔工具，将光标靠近路径线段，当钢笔光标的右下角出现一个加号时单击鼠标，即可在此处添加一个锚点，操作过程如图2.9所示。如果要删除锚点，可以将光标移动到路径锚点上，当光标右下角出现一个减号时单击鼠标，即可将该锚点删除。

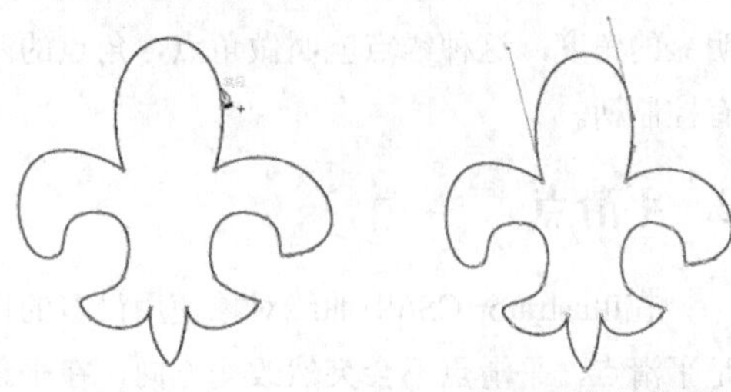

图2.9 添加锚点过程

技巧与提示

在使用【钢笔工具】绘画路径时，按"+"可以快速切换到【添加描点工具】，按"-"可以快速切换到【删除锚点工具】，以随时添加或删除锚点。

2. 重绘路径

在绘制路径的过程中，不小心中断了绘制，此时再次绘制路径将与刚才的路径独立，不再是一个路径了，如果想从刚才的路径点重新绘制下去，可以应用重绘路径的方法来继续绘制。

首先选择【钢笔工具】，然后将光标移动到要重绘的路径锚点处，当光标变成状时单击鼠标，然后就可以继续绘制路径了。操作过程如图2.10所示。

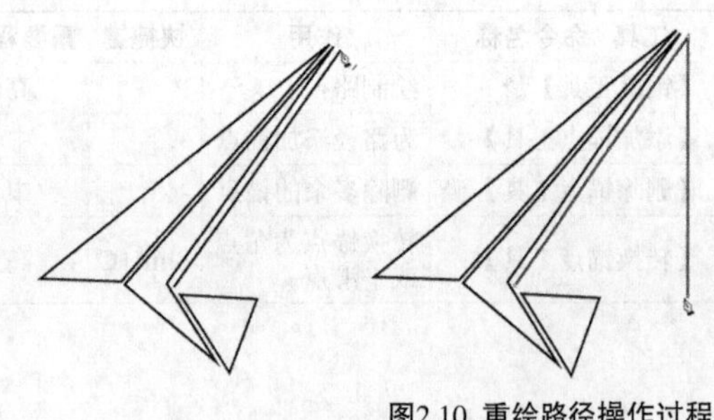

图2.10 重绘路径操作过程

3. 连接路径

在绘制路径的过程中，利用钢笔工具还可以将两条独立的开放路径连接成一条路径。首先选择【钢笔工具】，然后将光标移动到要连接的路径锚点处，当光标变成状时单击鼠标，然后将光标移动到另一条路径的要连接的起点或终点的锚点上，当光标变成状时，单击鼠标即可将两条独立的路径连接起来，连接时系统会根据两个锚点最近的距离生成一条连接线。操作过程如图2.11所示。

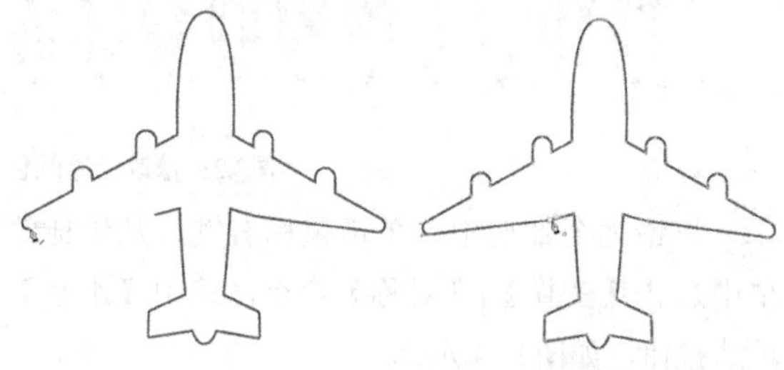

图2.11 连接路径的操作过程

2.2.5 课堂案例——绘制铅笔

案例位置　案例文件\第2章\绘制铅笔.ai
视频位置　多媒体教学\2.2.5.avi
实用指数　★★★★★

本例讲解铅笔图形的绘制。通过【钢笔工具】与【平滑工具】的综合应用，讲解铅笔背景的绘制过程。最终效果如图2.12所示。

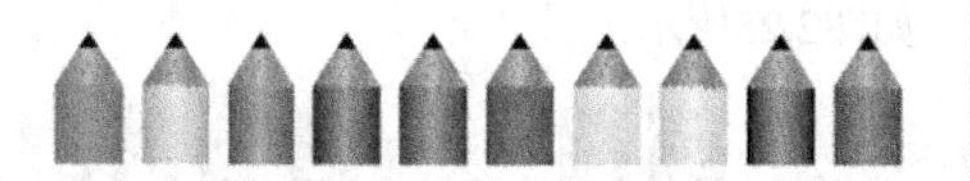

图2.12 最终效果

01 选择工具箱中的【圆角矩形工具】，在绘图区单击，弹出【圆角矩形】对话框，设置矩形的参数，【宽度】为5.4mm，【高度】为10mm，【圆角半径】为0.3mm，如图2.13所示。

02 在【渐变】面板中设置渐变颜色为蓝色（C：95；M：78；Y：0；K：0）到浅蓝色（C：70；M：18；Y：0；K：0）再到蓝色（C：95；M：76；Y：0；K：0）的线性渐变，如图2.14所示。

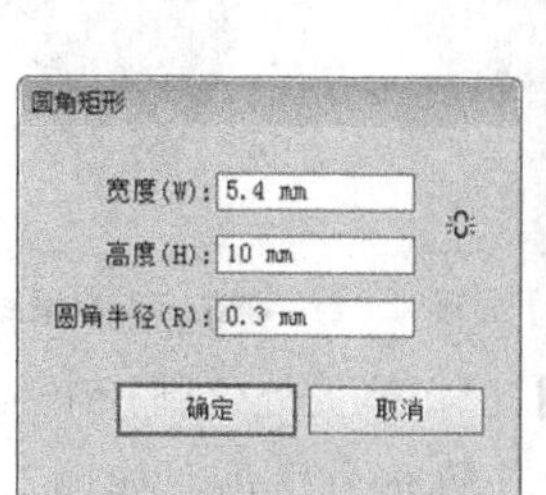

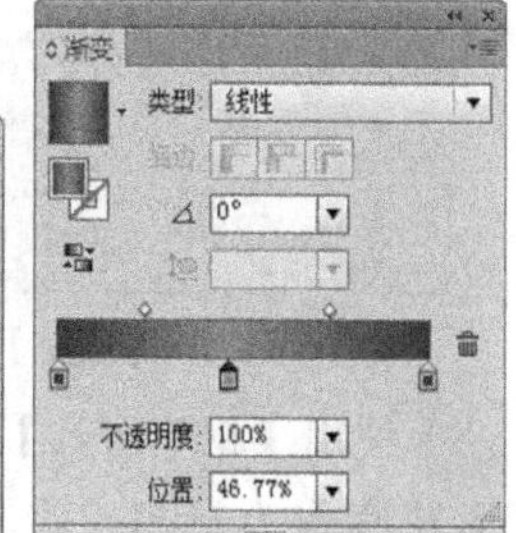

图2.13 【圆角矩形】对话框　　图2.14 编辑渐变

03 单击矩形，选择工具箱中的【剪刀工具】，在矩形轮廓1/3处水平对称单击两次将其剪开，然后再单击1/3的矩形按“Delete”键删除，如图2.15所示。

图2.15 将矩形剪开和删除剪掉的矩形

04 选择工具箱中的【钢笔工具】，在圆角矩形下方绘制笔尖轮廓，在【渐变】面板中设置渐变颜色为浅黄色（C：16；M：22；Y：31；K：11）到棕色（C：31；M：44；Y：62；K：23）到黄棕色（C：19；M：30；Y：49；K：0）最后到棕褐色（C：42；M：58；Y：83；K：31）的线性渐变，如图2.16所示。

05 选择工具箱中的【平滑工具】，对矩形路径进行平滑处理，在图形不平滑处拖动，如果一次不能达到满意效果，可以多次拖动将路径平滑，如图2.17所示。

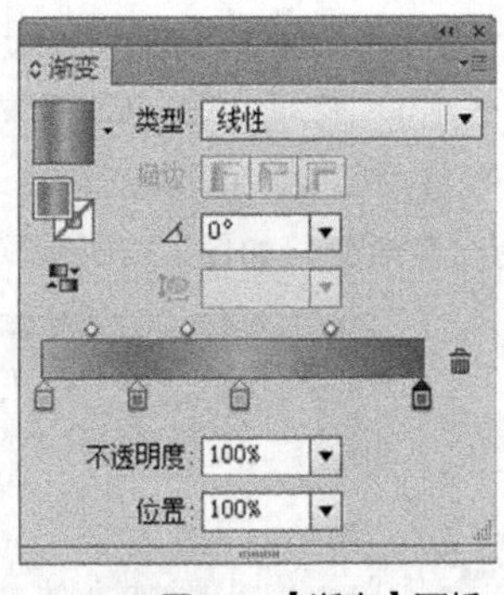

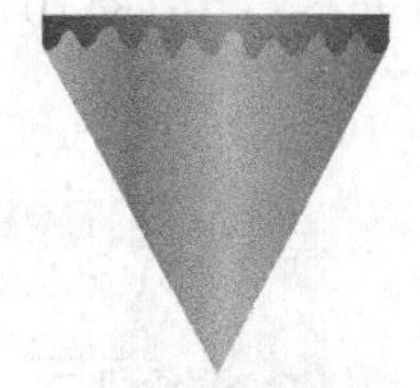

图2.16 【渐变】面板　　图2.17 平滑路径

06 使用【钢笔工具】在笔尖处绘制一个三角形轮廓作为笔芯，将其填充为黑色，如图2.18所示。

07 选择工具箱中的【圆角矩形工具】，在笔尖上面绘制一个细长的圆角矩形，将其填充为棕色（C：35；M：60；Y：80；K：25），如图2.19所示。

图2.18 绘制笔芯　　图2.19 绘制圆角矩形

08 选择刚才绘制的圆角矩形，按住“Alt”键的同时拖动鼠标将其复制多份，如图2.20所示。

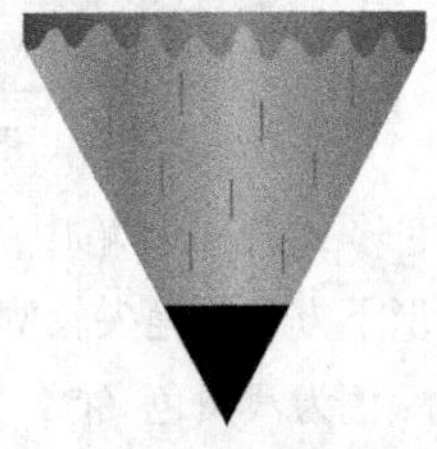

图2.20 复制多份

09 将铅笔全部选中，执行菜单栏中的【对象】|【变换】|【移动】命令，弹出【移动】对话框并修改其水平为7mm、垂直为0mm、距离为0mm、角度为0mm然后单击【复制】按钮，水平复制1个圆角矩形，按8次“Ctrl”+“D”组合键多重复制，如图2.21所示。

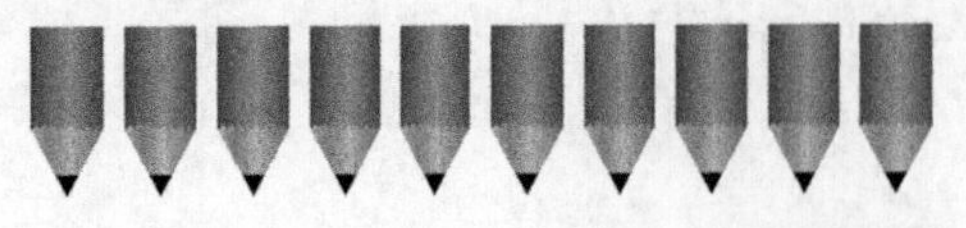

图2.21 多重复制图形

10 选择第2支铅笔的蓝色渐变部分修改其渐变颜色为黑色到灰色（C：0；M：0；Y：0；K：50）再到黑色的线性渐变，如图2.22所示。

图2.22 修改铅笔的颜色

11 将其他8支铅笔的颜色也进行修改，颜色自定，如图2.23所示。

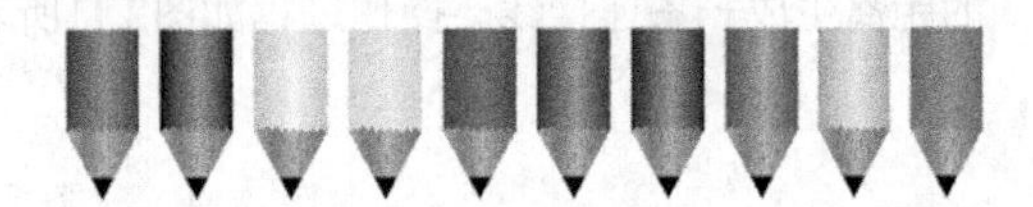

图2.23 修改铅笔颜色

12 将铅笔全部选中，单击鼠标右键，从快捷菜单中选择【变换】|【对称】命令，选中【水平】单选按钮，如图2.24所示。

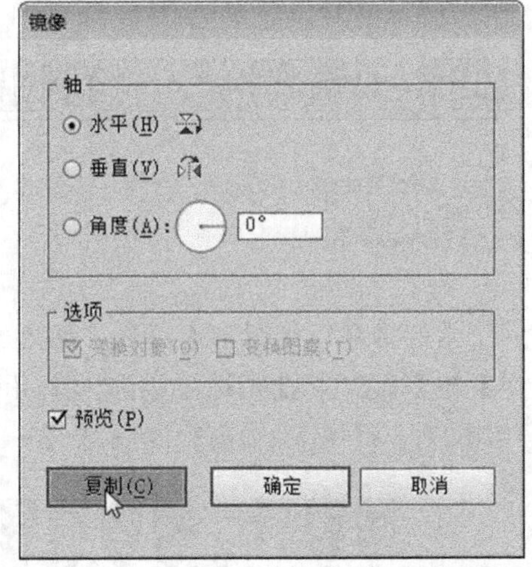

图2.24 【镜像】命令

13 单击【复制】按钮，水平复制一组铅笔。将其垂直移动到下方使两组铅笔之间有一定的距离，如图2.25所示。

图2.25 复制铅笔

⑭ 单击鼠标右键，从快捷菜单中选择【变换】|【对称】命令，选中【垂直】单选按钮，将其垂直镜像，如图2.26所示。

图2.26 垂直镜像

⑮ 选择工具箱中的【矩形工具】，沿着铅笔的四周绘制1个矩形，然后再按“Ctrl”+“Shift”+“[”组合键，将矩形置于底层，最终效果如图2.27所示。

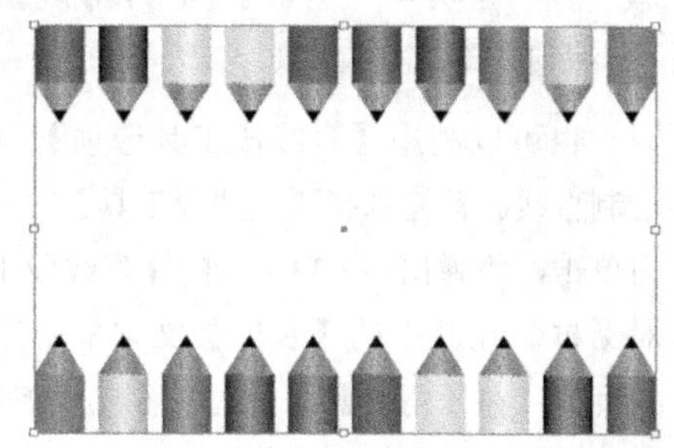

图2.27 最终效果

2.2.6 添加锚点工具

锚点的多少直接影响路径的形状，一般来说，锚点越多路径越精细。如果想在某个路径上添加更多的锚点，可以使用【添加锚点工具】来完成锚点的添加。

在工具箱中选择【添加锚点工具】，将光标移动到要添加锚点的路径上，然后单击鼠标即可添加一个新的锚点。同样的方法可以添加更多的锚点。添加锚点过程如图2.28所示。

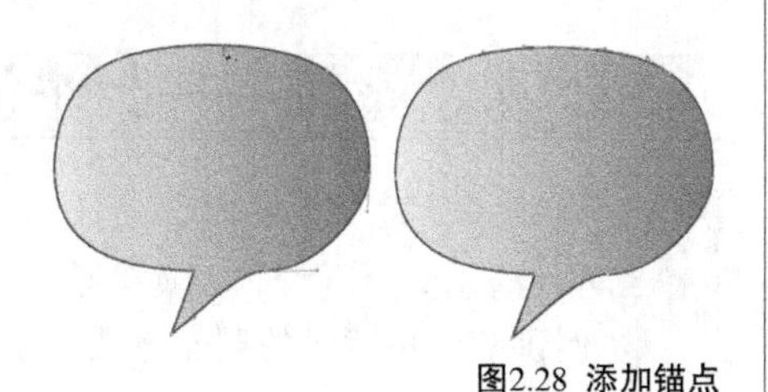

图2.28 添加锚点

2.2.7 删除锚点工具

太多的锚点会增加路径的复杂程度，需要删除一些锚点，这时就可以应用【删除锚点工具】来完成。

在工具箱中选择【删除锚点工具】，将光标移动到不需要的锚点上，然后单击鼠标左键即可将该锚点删除。同样的方法可以删除更多的锚点。删除锚点的过程如图2.29所示。

图2.29 删除锚点

技巧与提示

添加/删除锚点还可以应用前面讲过的【钢笔工具】来完成，具体请参考前面的讲解内容。

2.2.8 转换锚点工具

【转换锚点工具】用于在角点与曲线点之间进行转换，它可以将角点转换为曲线点，也可以将曲线点转换为角点。

- 将角点转换为曲线点：在工具箱中选择【转换锚点工具】，将光标移动到要转换为曲线点的角点上，然后按住鼠标向外拖动，释放鼠标即可将角点转换为曲线点。转换效果如图2.30所示。

图2.30 角点转换曲线点效果

- 将曲线点转换为角点：在工具箱中选择【转换锚点工具】，将光标移动到要转换为角点的曲线点上，然后单击鼠标，即可将曲线点转换为角点。转换效果如图2.31所示。

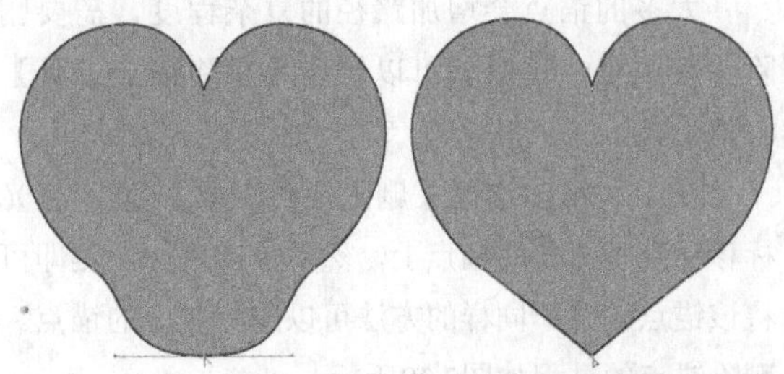

图2.31 曲线点转换角点效果

2.3 简单绘图工具的使用

Illustrator CS6为用户提供了简单线条形状的绘制工具，包括【直线段工具】、【弧形工具】、【螺旋线工具】、【矩形网格工具】和【极坐标网格工具】，利用这些工具，可以轻松地绘制各种简单的线条形状。

本节重点知识概述

工具 / 命令名称	作用	快捷键	重要程度
【直线段工具】	绘制直线段	\	高
【弧形工具】	绘制弧线		中
【螺旋线工具】	绘制顺时针和逆时针螺旋线		低
【矩形网格工具】	绘制矩形网格		中
【极坐标网格工具】	绘制类似统计图表的极坐标网格		低

2.3.1 直线段工具

直线段工具主要用来绘制不同的直线，可以使用直接绘制的方法来绘制直线段，也可以利用【直线段工具选项】对话框来精确绘制直线段，具体的操作方法介绍如下。

在工具箱中选择【直线段工具】，然后在绘图区的适当位置按住鼠标确定直线的起点，在按住鼠标不放的情况下向所需要的位置拖动，当到达满意的位置时释放鼠标即可绘制一条直线段。绘制过程如图2.32所示。

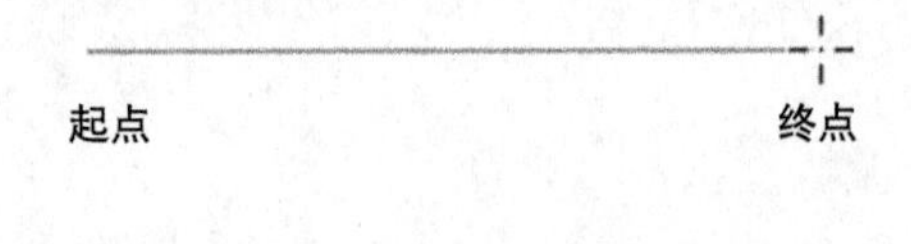

图2.32 绘制直线段过程

技巧与提示

在绘制直线段时，按住“Space”键可以移动直线的位置；按住“Shift”键可以绘制出成45°整数倍方向的直线；按住“Alt”键可以从单击点为中心向两端延伸绘制直线；按住“～”键的同时拖动鼠标，可以绘制出多条直线段；按住“Alt”+“～”组合键可以绘制多条以单击点为中心并向两端延伸的直线段。

也可以利用【直线段工具选项】对话框精确绘制直线。首先选择【直线段工具】，在绘图区内单击，将弹出图2.33所示的【直线段工具选项】对话框。在其中的【长度】文本框中输入直线的长度值；在【角度】文本框中输入所绘直线的角度值；如果勾选【线段填色】复选框，绘制的直线段将具有内部填充的属性。完成后单击【确定】按钮，即可绘制出直线段。

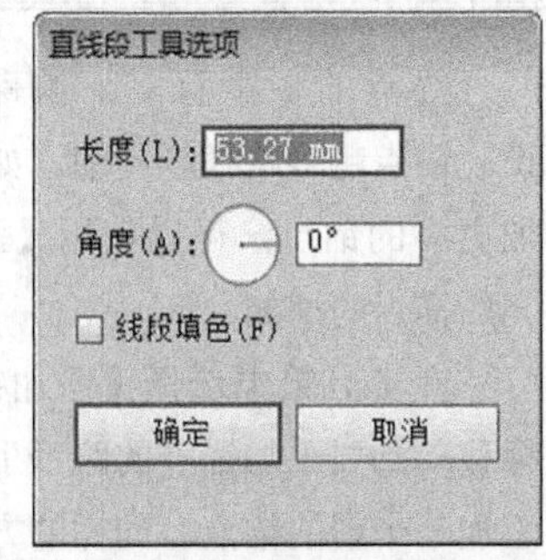

图2.33 【直线段工具选项】对话框

2.3.2 课堂案例——制作色块

案例位置 案例文件\第2章\制作色块.ai
视频位置 多媒体教学\2.3.2.avi
实用指数 ★★★★☆

本例讲解色块背景的制作方法。使用【直线

段工具】将背景分割成不同的方块，然后利用【分割】命令将其分割开来，制作出色块效果。最终效果如图2.34所示。

图2.34 最终效果

01 新建1个颜色模式为RGB的画布，选择工具箱中的【矩形工具】，在绘图区单击，弹出【矩形】对话框，设置矩形的参数，【宽度】为160mm，【高度】为100mm，如图2.35所示。

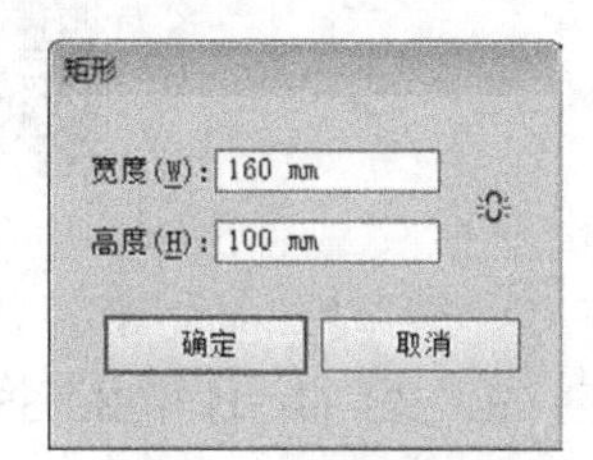

图2.35 【矩形】对话框

02 将其填充为深绿色（R：25；G：127；B：0），描边为无，如图2.36所示。

图2.36 填充颜色

03 选择工具箱中的【直线段工具】，在矩形左上角单击一下，绘制第1个锚点，按住“Shift”键光标向下滑动绘制第2个锚点，描边粗细为0.25pt。如图2.37所示。

图2.37 绘制直线

04 选择工具箱中的【选择工具】，选择直线，将其移动到矩形左侧边缘与其重合，如图2.38所示。

图2.38 移动直线

05 选择工具箱中的【选择工具】，选择直线，执行菜单栏中的【对象】|【变换】|【移动】命令，弹出【移动】对话框并修改其参数，【位置】|【水平】为20mm，【垂直】为0mm，如图2.39所示。

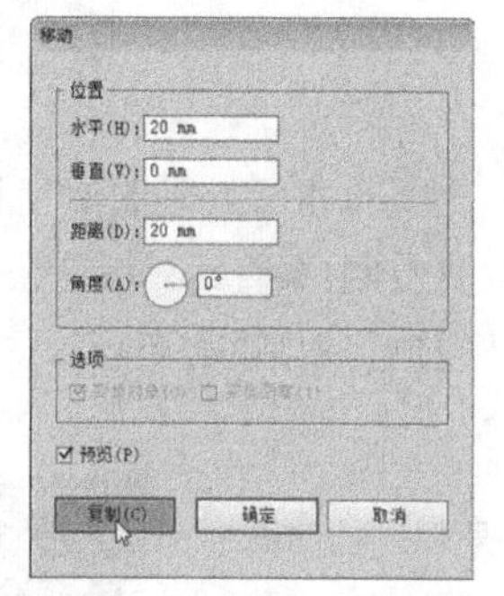

图2.39 【移动】对话框

06 单击【移动】对话框中的【复制】按钮，水平复制1条直线，按7次“Ctrl”+“D”组合键多重复制，如图2.40所示。

图2.40 复制直线

07 利用同样的方法使用【直线段工具】在矩形上方绘制直线使其与矩形上方边缘重合。如图2.41所示。

图2.41 绘制直线

08 执行菜单栏中的【对象】|【变换】|【移动】

命令，弹出【移动】对话框并修改其参数，【位置】|【水平】为0mm，【垂直】为20mm，如图2.42所示。

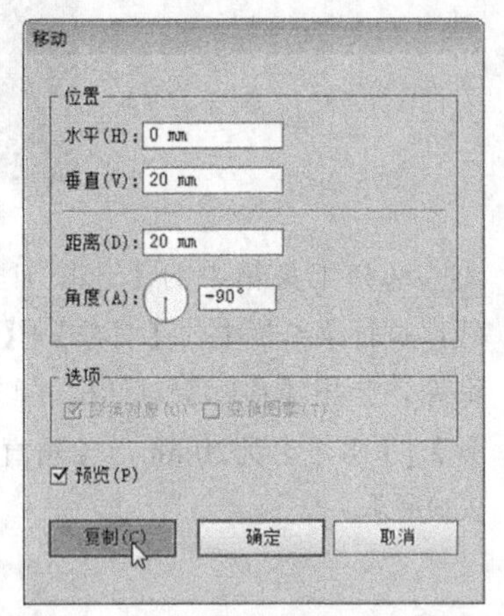

图2.42 【移动】对话框

09 单击【移动】对话框中的【复制】按钮，垂直复制1条直线，按4次“Ctrl”+“D”组合键多重复制，如图2.43所示。

图2.43 多重复制

10 选择工具箱中的【选择工具】，将矩形与直线全选，单击【分割】按钮，如图2.44所示。

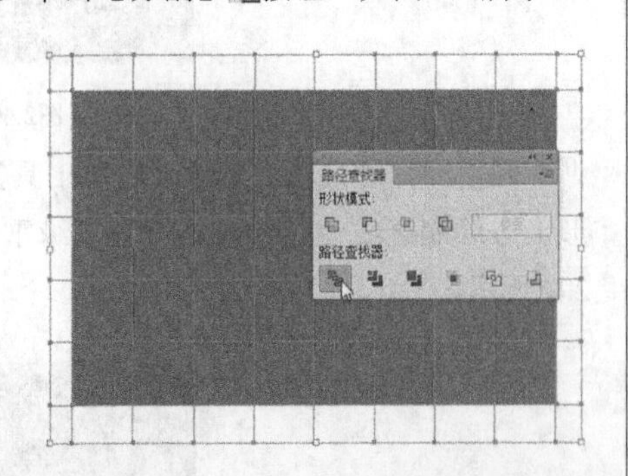

图2.44 【路径查找器】面板

11 在图形上单击鼠标右键，从快捷菜单中选择【取消编组】命令，如图2.45所示。

图2.45 取消编组

12 选择工具箱中的【选择工具】，按由左向右的顺序，选择矩形上方第1个矩形块，填充颜色改为绿色（R：64；G：122；B：37），如图2.46所示。

图2.46 更改颜色

13 选择第2个矩形块，填充颜色改为深绿色（R：58；G：115；B：35），如图2.47所示。

图2.47 更改颜色

14 使用同样的方法改变其他色块的颜色，最终效果如图2.48所示。

图2.48 最终效果

2.3.3 弧形工具

弧形的绘制方法与绘制直线段的方法相同，利用弧形工具可以绘制任意的弧形和弧线。具体的操作方法介绍如下。

在工具箱中选择【弧形工具】，然后在绘图区的适当位置按住鼠标确定弧线的起点，在按住鼠标不放的情况下向所需要的位置拖动，当到达满意的位置时释放鼠标即可绘制一条弧线。绘制过程如图2.49所示。

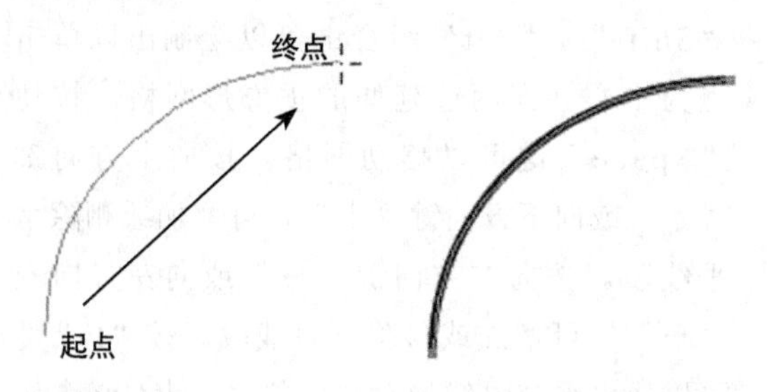

图2.49 弧线绘制过程

技巧与提示

在绘制弧形或弧线时按住“Space”键可以移动弧形或弧线；按住“Alt”键可以绘制以单击点为中心向两边延伸的弧形或弧线；按住“～”键可以绘制多条弧线或多个弧形；按住“Alt”+“～”组合键可以绘制多条以单击点为中心并向两端延伸的弧形或弧线。在绘制的过程中，按“C”键可以在开启和封闭弧形间切换；按“F”键可以在原点维持不动的情况下翻转弧形；按向上方向键“↑”或向下方向键“↓”，可以增加或减少弧形角度。

也可以利用【弧线段工具选项】对话框精确绘制弧线或弧形。首先选择【弧形工具】，在绘图区内单击，将弹出如图2.50所示的【弧线段工具选项】对话框。在【X轴长度】文本框中输入弧形水平长度值；在【Y轴长度】文本框中输入弧形垂直长度值；在基准点上可以设置弧线的基准点。在【类型】下拉列表中选择弧形为开放路径或封闭路径；在【基线轴】下拉列表中选择弧形方向，指定X轴（水平）或Y轴（垂直）基准线；在【斜率】文本框中，指定弧形斜度的方向，负值偏向【凹】方，正值偏向【凸】方，也可以直接拖动下方的滑块来确定斜率；如果勾选【弧线填色】复选框，绘制的弧线将自动填充颜色。完成后单击【确定】按钮，即可绘制出弧线或弧形。

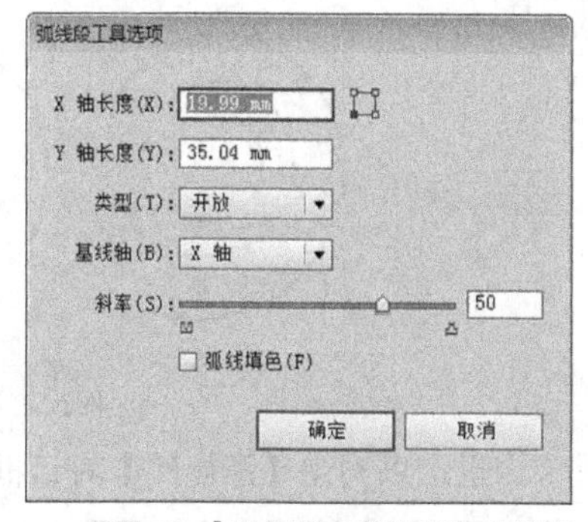

图2.50 【弧线段工具选项】对话框

知识点：关于【基准点】

设置四个不同的基准点，代表着在Y轴方向不同的起点和弧线不同的方向。

2.3.4 螺旋线工具

螺旋线工具可以根据设定的条件数值，绘制螺旋状的图形。在工具箱中选择【螺旋线工具】，然后在绘图区的适当位置按住鼠标确定螺旋线的中心点，在按住鼠标不放的情况下向外拖动，当到达满意的位置时释放鼠标即可绘制一条螺旋线。绘制过程如图2.51所示。

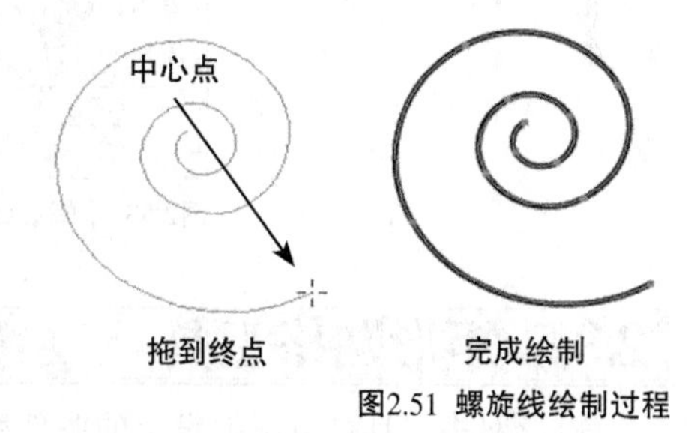

图2.51 螺旋线绘制过程

知识点：【螺旋线工具】的使用技巧

在绘制螺旋线的过程中，按住“Ctrl”键拖动鼠标，可以修改螺旋线的衰减度大小。拖动时，靠近中心点向里拖动可以增大螺旋线的衰减度；向外拖动可以减小螺旋线的衰减度。按向上方向键“↑”或向下方向键“↓”，可以增加或减少螺旋线的段数。按住“～”键可以绘制多条螺旋线。如图2.52所示，按“Ctrl”+“↑”组合键拖动鼠标绘制不同的效果。

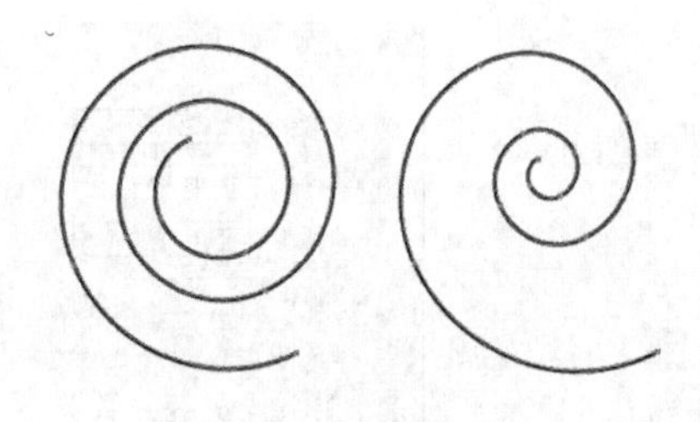

图2.52 不同效果的螺旋线

也可以利用【螺旋线】对话框精确绘制螺旋线。首先选择【螺旋线工具】，在绘图区内单击，将弹出如图2.53所示的【螺旋线】对话框。在【半径】文本框中输入螺旋线的半径值，用来指定螺旋线中心点至最外侧点的距离；在【衰减】文本框中输入螺旋线的衰减值，指定螺旋线的每一圈与前一圈相比减少的数量。在【段数】文本框中输入螺旋线的区段数，螺旋线的每一整圈包含4个区段，也可单击下箭头来修改段数值。在【样式】选项中设置螺旋线的方向，包括顺时针和逆时针。

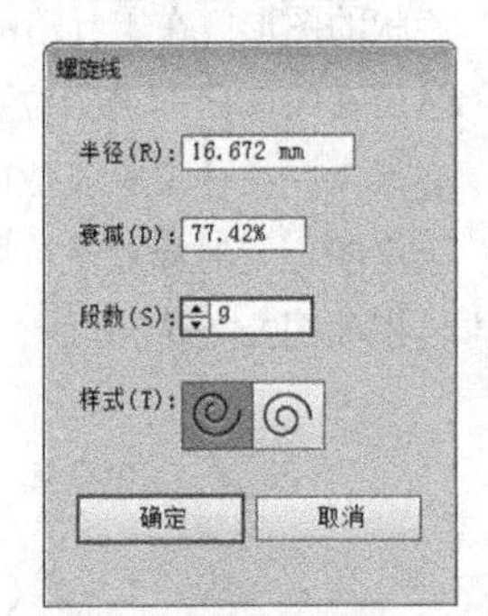

图2.53 【螺旋线】对话框

2.3.5 矩形网格工具

矩形网格工具可以根据设定的条件数值快速绘制矩形网格。在工具箱中选择【矩形网格工具】，然后在绘图区的适当位置按住鼠标确定矩形网格的起点，在按住鼠标不放的情况下向需要的位置拖动，当到达满意的位置时释放鼠标即可绘制一个矩形网格。绘制过程如图2.54所示。

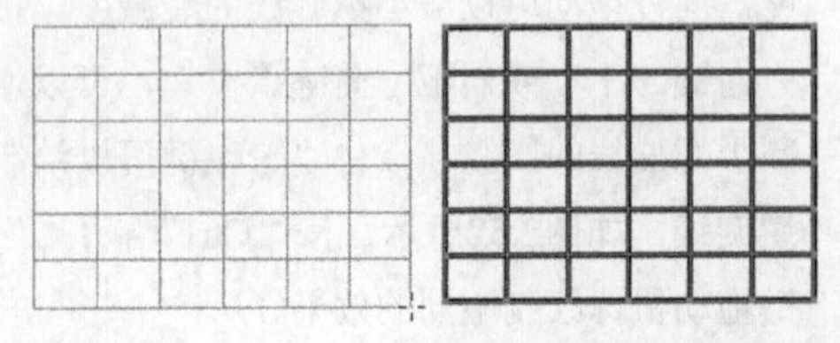

图2.54 矩形网格绘制过程

知识点：【矩形网格工具】的使用技巧

在绘制矩形网格时，按“Shift”键可以绘制出正方形网格。按“Alt”键可以绘制出以单击点为中心并向两边延伸的网格。按“Shift”+“Alt”组合键可以绘制出以单击点为中心并向两边延伸的正方形网格。按住“Space”键可以移动网格。按向上方向键“↑”或向下方向键“↓”，可增加或删除水平线段。按向右方向键“→”或向左方向键“←”，可增加或移除垂直线段。按“F”键可以让水平分隔线的对数偏斜值减少10%，按“V”键可以让水平分隔线的对数偏斜值增加10%。按“X”键可以让垂直分隔线的对数偏斜值减少10%，按“C”键可以让垂直分隔线的对数偏斜值增加10%。按住“～”键可以绘制多个网格；按住“Alt”+“～”组合键可以绘制多个以单击点为中心并向两端延伸的网格线。

也可以利用【矩形网格工具选项】对话框精确绘制网格。首先选择【矩形网格工具】，在绘图区内单击，将弹出图2.55所示的【矩形网格工具选项】对话框。

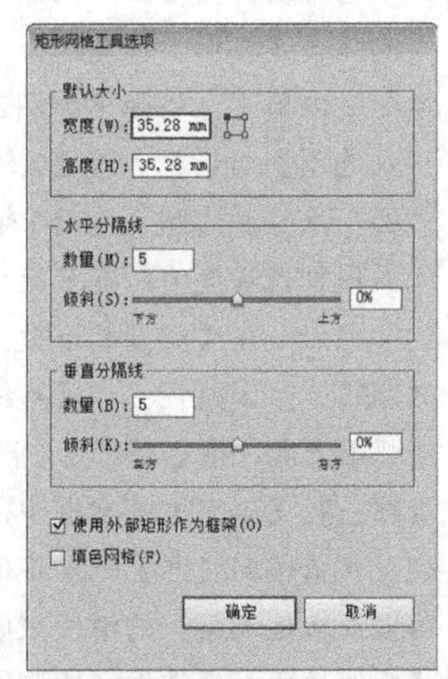

图2.55 【矩形网格工具选项】对话框

【矩形网格工具选项】对话框各项说明如下。

- 【默认大小】：设置网格整体的大小。【宽度】用来指定整个网格的宽度，【高度】用来指定整个网格的高度。

- 【基准点】：设置绘制网格时的参考点，就是确认单击时的起点位置位于网格的哪个角。
- 【水平分隔线】：在【数量】文本框中输入在网格上下之间出现的水平分隔线数目，【倾斜】用来决定水平分隔线向上方或下方的偏移量。
- 【垂直分隔线】：在【数量】文本框中输入在网格左右之间出现的垂直分隔线数目，【倾斜】用来决定垂直分隔线向左方或右方的偏移量。
- 【使用外部矩形作为框架】：将外部矩形作为框架使用，决定是否用一个矩形对象取代上、下、左、右的线段。
- 【填色网格】：勾选该复选框，将使用当前的填色颜色填满网格线，否则填充色会被设定为无。

2.3.6 极坐标网格工具

【极坐标网格工具】的使用方法与【矩形网格工具】相同。在工具箱中选择【极坐标网格工具】，然后在绘图区的适当位置按住鼠标确定极坐标网格的起点，在按住鼠标不放的情况下向需要的位置拖动，当到达满意的位置时释放鼠标即可绘制一个极坐标网格。绘制过程如图2.56所示。

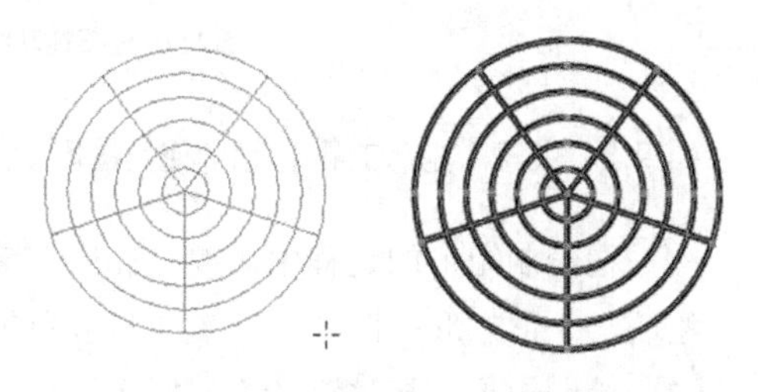

图2.56 极坐标网格绘制过程

知识点：【极坐标网格工具】的使用技巧

在绘制极坐标网格时，按“Shift”键可以绘制出正圆形极坐标网格。按“Alt”键可以绘制出以单击点为中心并向两边延伸的极坐标网格。按“Shift”+“Alt”组合键可以绘制出以单击点为中心并向两边延伸的正圆形极坐标网格。按住“Space”键可以移动极坐标网格的位置。按向上方向键“↑”或向下方向键“↓”，可增加或删除同心圆分隔线。按向右方向键“→”或向左方向键“←”，可增加或移除径向分隔线。按“F”键可以让径向分隔线的对数偏斜值减少10%，按“V”键可以让径向分隔线的对数偏斜值增加10%。按“X”键可以让同心圆分隔线的对数偏斜值减少10%，按“C”键可以让同心圆分隔线的对数偏斜值增加10%。按住“～”键可以绘制多个极坐标网格；按住“Alt”+“～”组合键可以绘制多个以单击点为中心并向两端延伸的极坐标网格。

也可以利用【极坐标网格工具选项】对话框精确绘制极坐标网格。首先选择【极坐标网格工具】，在绘图区内单击确定极坐标网格的起点，将弹出图2.57所示的【极坐标网格工具选项】对话框。

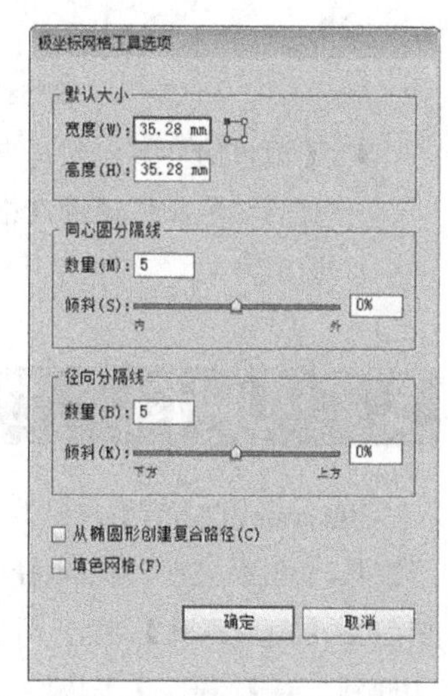

图2.57 【极坐标网格工具选项】对话框

【极坐标网格工具选项】对话框各项说明如下。

- 【默认大小】：设置极坐标网格的大小。【宽度】用来指定极坐标网格的宽度，【高度】用来指定极坐标网格的高度。
- 【基准点】：设置绘制极坐标网格时的参考点，就是确认单击时的起点位置位于极坐标网格的哪个角点位置。

- 【同心圆分隔线】：在【数量】文本框中输入在网格中出现的同心圆分隔线数目，然后在【倾斜】文本框中输入向内或向外偏移的数值，以决定同心圆分隔线向网格内侧或外侧的偏移量。
- 【径向分隔线】：在【数量】文本框中输入在网格圆心和圆周之间出现的径向分隔线数目，然后在【倾斜】文本框中输入向下方或向上方偏移的数值，以决定径向分隔线向网格的顺时针或逆时针方向的偏移量。
- 【从椭圆形创建复合路径】：根据椭圆形建立复合路径，可以将同心圆转换为单独的复合路径，而且每隔一个圆就填色。勾选与不勾选该复选框的填充效果对比如图2.58所示。

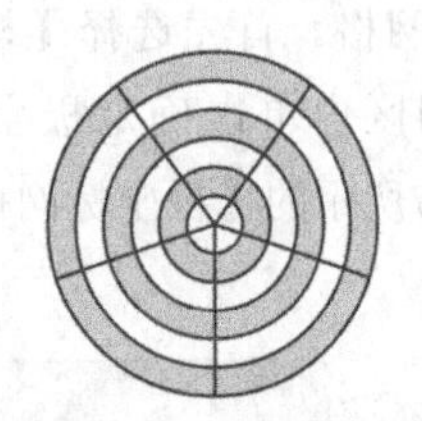
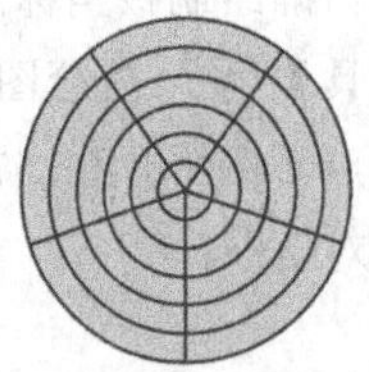

图2.58 勾选与不勾选效果对比

- 【填色网格】：勾选该复选框，将使用当前的填色颜色填满网格，否则填充色会被设定为无。

2.4 几何图形工具的使用

Illustrator CS6为用户提供了几种简单的几何图形工具，利用这些工具可以轻松绘制几何图形，主要包括【矩形工具】、【圆角矩形工具】、【椭圆工具】、【多边形工具】、【星形工具】和【光晕工具】。

本节重点知识概述

工具 / 命令名称	作用	快捷键	重要程度
【矩形工具】	绘制矩形或正方形	M	高
【圆角矩形工具】	绘制具有一定圆角度的矩形或正方形		高
【椭圆工具】	绘制圆或椭圆	L	高
【多边形工具】	绘制多边形		中
【星形工具】	绘制星形		中
【光晕工具】	绘制类似镜头光晕或太阳光晕的效果		低

2.4.1 矩形工具

矩形工具主要用来绘制长方形和正方形，是最基本的绘图工具之一，可以使用以下几种方法来绘制矩形。

1. 使用拖动法绘制矩形

在工具箱中选择【矩形工具】，此时光标将变成十字形，然后在绘图区中适当位置按住鼠标确定矩形的起点，在按住鼠标不放的情况下向需要的位置拖动，当到达满意的位置时释放鼠标即可绘制一个矩形。绘制过程如图2.59所示。使用矩形工具绘制矩形，在拖动鼠标时，第1次单击的起点位置并不发生变化，当向不同方向拖动不同距离时，可以得到不同形状、不同大小的矩形。

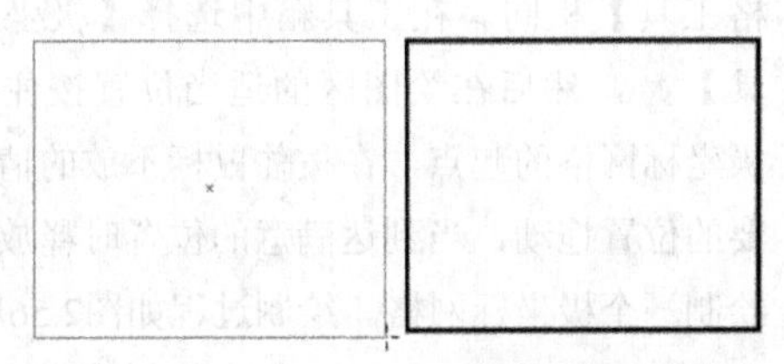

图2.59 直接拖动绘制矩形

知识点：关于【矩形工具】的使用技巧

在绘制矩形的过程中，按“Shift”键可以绘制一个正方形；按“Alt”键可以以单击点为中心绘制矩形；按“Shift”+“Alt”组合键可以以单击点为中心绘制正方形；按“Space”键可以移动矩形的位置。按住“～”键可以绘制多个矩形；按住“Alt”+“～”组合键可以绘制多个以单击点为中心并向两端延伸的矩形，如图2.60所示。

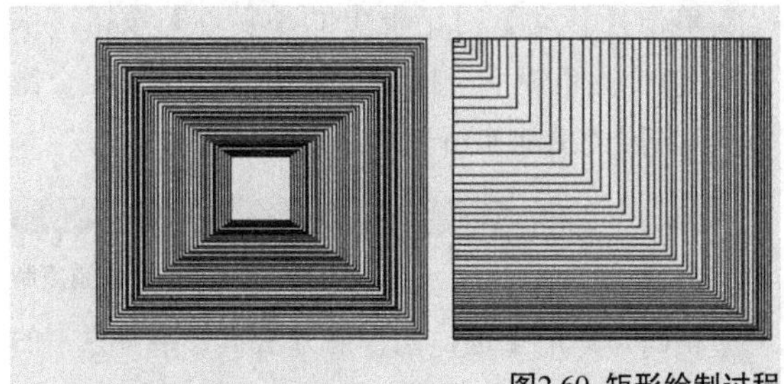

图2.60 矩形绘制过程

2. 精确绘制矩形

在绘图过程中，很多情况下需要绘制尺寸精确的图形。如果需要绘制尺寸精确的矩形或正方形，用拖动鼠标的方法显然不行。这时就需要使用【矩形】对话框来精确绘制矩形。

首先在工具箱中选择【矩形工具】，然后将光标移动到绘图区合适的位置单击，即可弹出图2.61所示的【矩形】对话框。在【宽度】文本框中输入合适的宽度值，在【高度】文本框中输入合适的高度值，然后单击【确定】按钮即可创建一个精确的矩形。

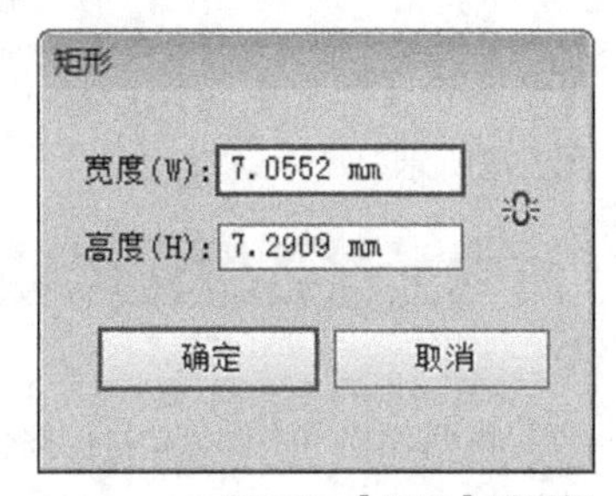

图2.61 【矩形】对话框

2.4.2 圆角矩形工具

【圆角矩形工具】的使用方法与【矩形工具】相同，直接拖动鼠标可绘制具有一定圆角度的矩形或正方形。绘制过程如图2.62所示。

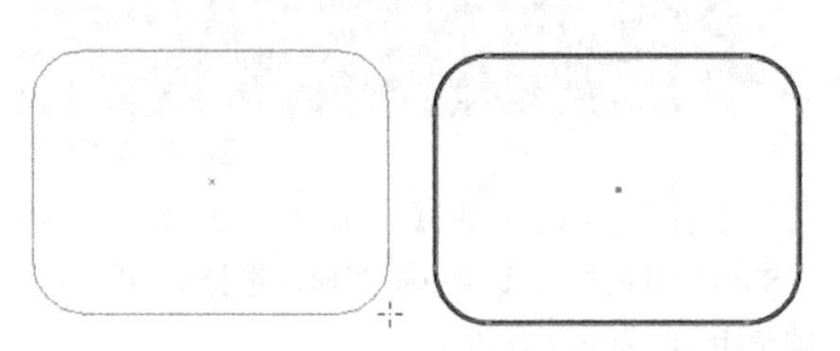

图2.62 直接拖动绘制圆角矩形

知识点：【圆角矩形工具】的使用技巧

在绘制圆角矩形的过程中，按“Shift”键可以绘制一个圆角正方形；按“Alt”键可以以单击点为中心绘制圆角矩形；按“Shift”+“Alt”组合键可以以单击点为中心绘制圆角正方形；按“Space”键可以移动圆角矩形的位置。按向上方向键“↑”或向下方向键“↓”，可增加或减小圆角矩形的圆角半径大小。按向右方向键“→”可以以半圆形的圆角度绘制圆角矩形，按向左方向键“←”，可绘制正方形。按住“～”键可以绘制多个圆角矩形；按住“Alt”+“～”组合键可以绘制多个以单击点为中心并向两端延伸的圆角矩形，如图2.63所示。

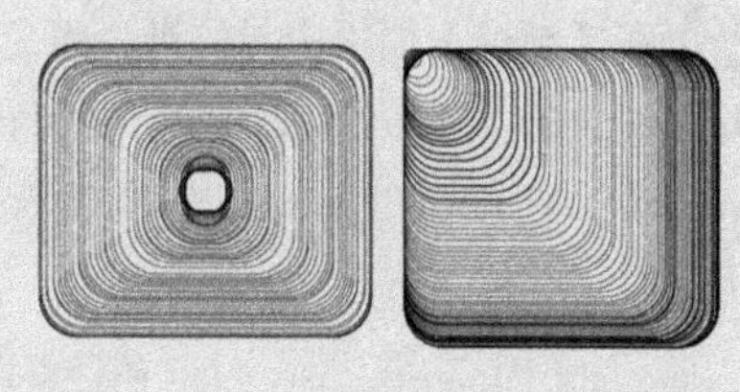

图2.63 圆角矩形绘制过程

当然，也可以像绘制矩形一样精确绘制圆角矩形。首先在工具箱中选择【圆角矩形工具】，然后将光标移动到绘图区合适的位置单击，即可弹出图2.64所示的【圆角矩形】对话框。在【宽度】文本框中输入数值，指定圆角矩形的宽度；在【高度】文本框中输入数值，指定圆角矩形的高度；在【圆角半径】文本框中输入数值，指定圆角矩形的圆角半径大小。然后单击【确定】按钮即可创建一个精确的圆角矩形。

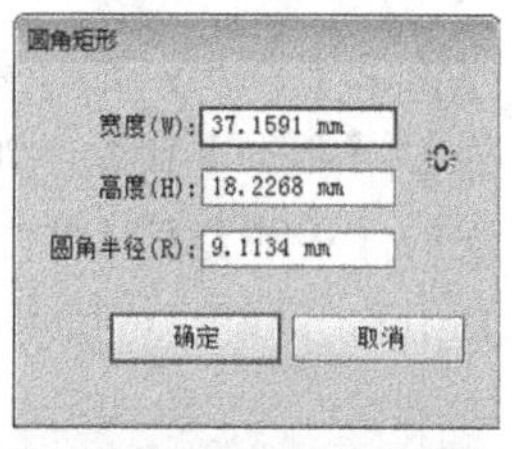

图2.64 【圆角矩形】对话框

2.4.3 课堂案例——制作墙壁效果

案例位置　案例文件\第 2 章\制作墙壁效果.ai
视频位置　多媒体教学\2.4.3.avi
实用指数　★★★★★

本例主要讲解以圆角矩形为基础制作墙壁效果。最终效果如图2.65所示。

图2.65 最终效果

01 选择工具箱中的【圆角矩形工具】，在绘图区单击，弹出【圆角矩形】对话框，设置圆角矩形【宽度】为13mm，【高度】为6mm，【圆角半径】为2mm，描边为棕色（C：9；M：7；Y：7；K：0），如图2.66所示。

02 在【渐变】面板中设置渐变颜色为黄色（C：0；M：40；Y：61；K：19）到深黄色（C：0；M：50；Y：80；K：68）的线性渐变，如图2.67所示。

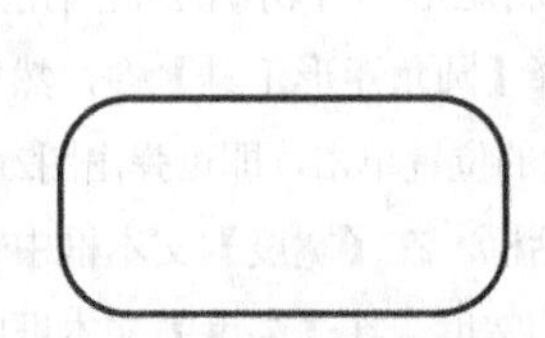

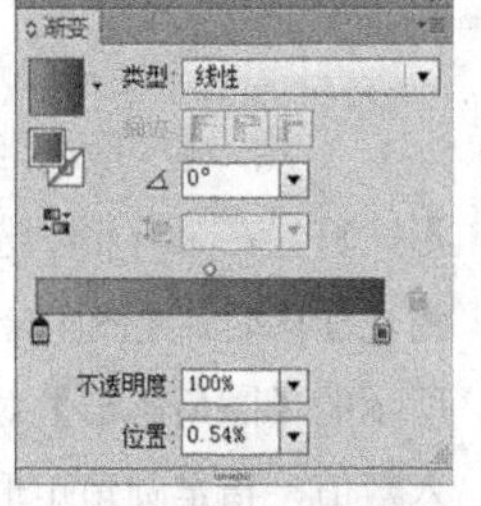

图2.66 描边矩形　　图2.67 【渐变】面板

03 将光标移向矩形左上角按住鼠标左键拖动至矩形右下角为其填充渐变，填充效果如图2.68所示。

04 选中矩形，执行菜单栏中的【对象】|【变换】|【移动】命令，弹出【移动】对话框，在出现的【移动】对话框中设置【水平】移动距离为13.1mm，如图2.69所示。

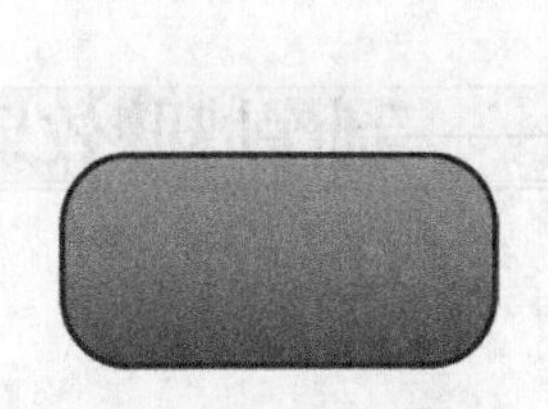

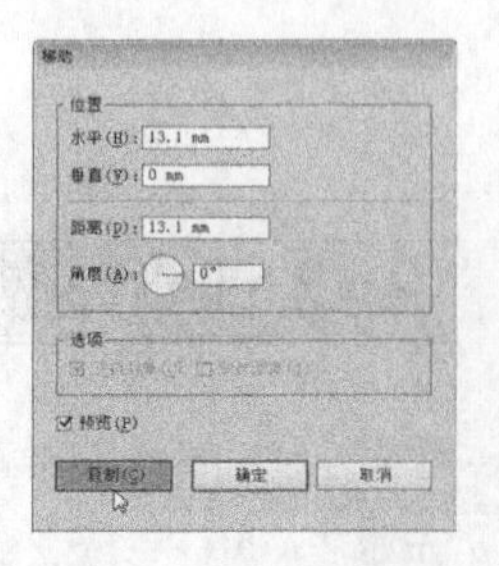

图2.68 填充渐变　　图2.69 【移动】对话框

05 单击【移动】对话框中的【复制】按钮，水平复制1个圆角矩形，按9次“Ctrl”+“D”组合键多重复制，如图2.70所示。

图2.70 多重复制

06 将圆角矩形全选，同样的方法执行菜单栏中的【移动】命令，弹出【移动】对话框，将参数改为【水平】7mm，【垂直】6.1mm，如图2.71所示。

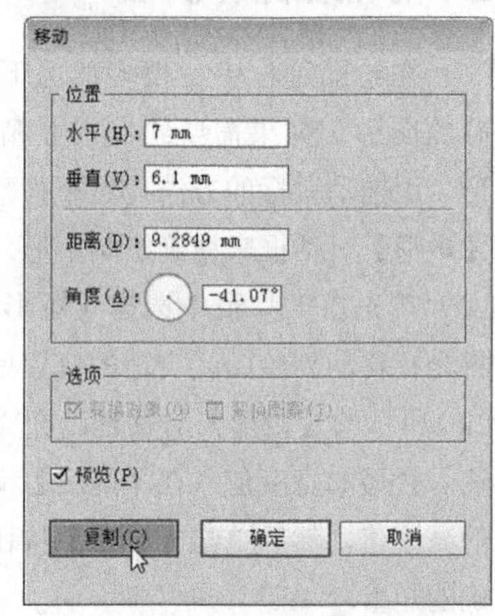

图2.71 【移动】对话框

07 单击【复制】按钮，复制一组圆角矩形，如图2.72所示。

图2.72 复制矩形

08 将两组圆角矩形选中并按住“Alt”键的同时再按住“Shift”键垂直向下复制两组圆角矩形，再按“Ctrl”+“D”组合键5次多重复制，墙壁的大致轮廓就做好了，如图2.73所示。

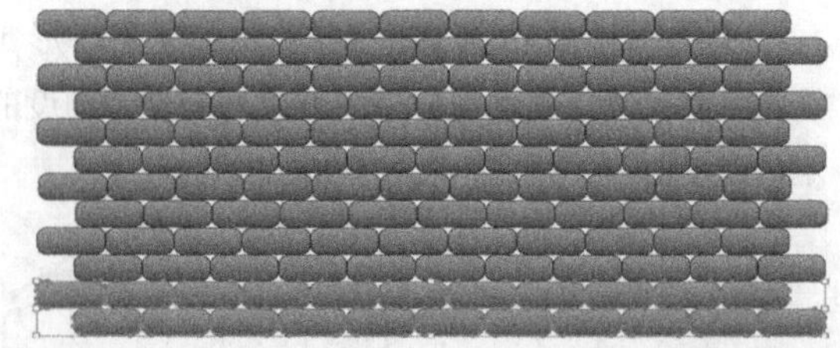

图2.73 多重复制

09 选择工具箱中的【选择工具】，按住“Shift”键的同时多次单击图形，选择中间的多个圆角矩形，如图2.74所示。

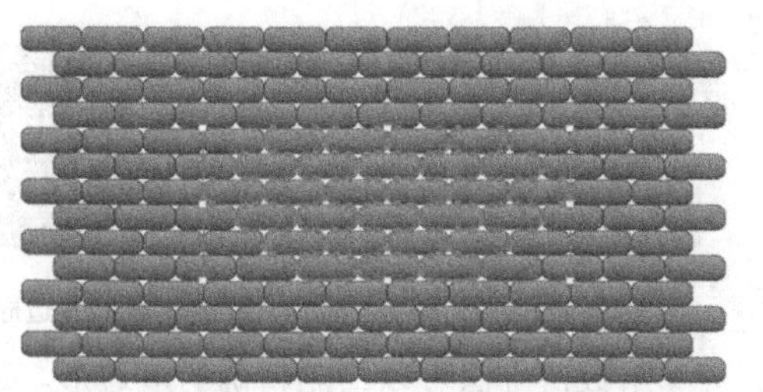

图2.74 选中多个矩形

⑩ 按“Delete”键将其删除，如图2.75所示。

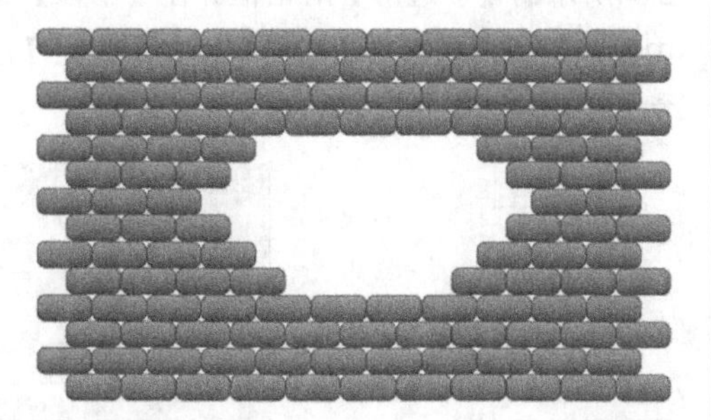

图2.75 删除图形

⑪ 选择工具箱中的【矩形工具】，在页面中单击，在出现的【矩形】对话框中设置矩形【宽度】为132mm，【高度】为78mm，如图所示。填充设置为土黄色（C：25；M：40；Y：65；K：0），如图2.76所示。

图2.76 填充矩形颜色

⑫ 选中图形。按“Ctrl”+“Shift”+“[”组合键将图形置于底层，按“Ctrl”+“C”组合键将其复制，再按“Ctrl”+“F”组合键，将复制的矩形粘贴在原图形的前面，最后按“Ctrl”+“Shift”+“]”组合键置于顶层，如图2.77所示。

图2.77 将矩形置于顶层

⑬ 将图形全部选中，执行菜单栏中的【对象】|【剪切蒙版】|【建立】命令，为所选对象创建剪切蒙版，最终效果如图2.78所示。

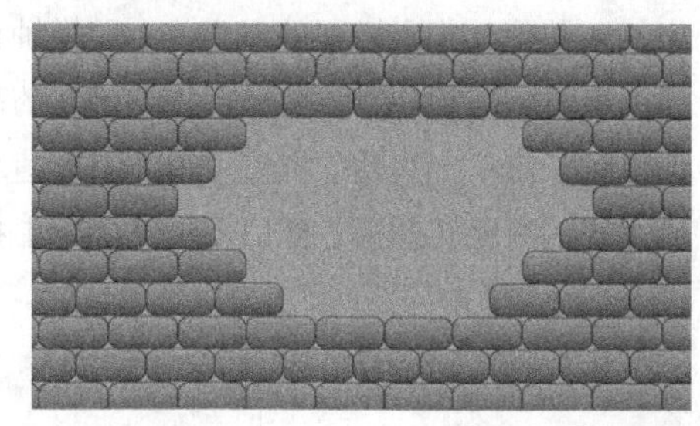

图2.78 最终效果

2.4.4 椭圆工具

椭圆工具的使用方法与矩形工具相同，直接拖动鼠标可绘制一个椭圆或正圆形。绘制过程如图2.79所示。

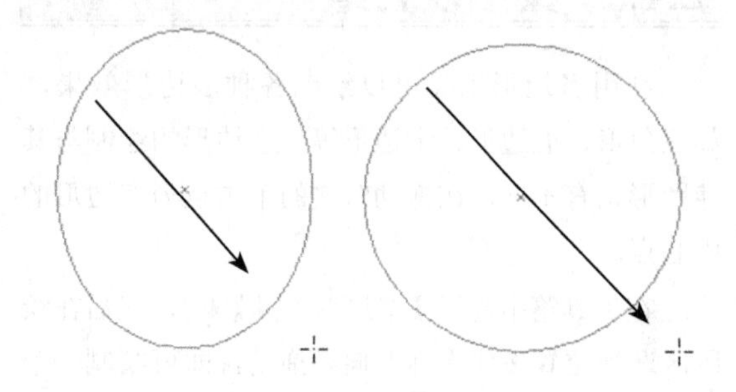

图2.79 直接拖动绘制椭圆或正圆

知识点：关于【椭圆工具】的绘制技巧

在绘制椭圆的过程中，按“Shift”键可以绘制一个正圆；按“Alt”键可以以单击点为中心绘制椭圆；按“Shift”+“Alt”组合键可以以单击点为中心绘制正圆；按“Space”键可以移动椭圆的位置。按住“～”键可以绘制多个椭圆；按住“Alt”+“～”组合键可以绘制多个以单击点为中心并向两端延伸的椭圆，如图2.80所示。

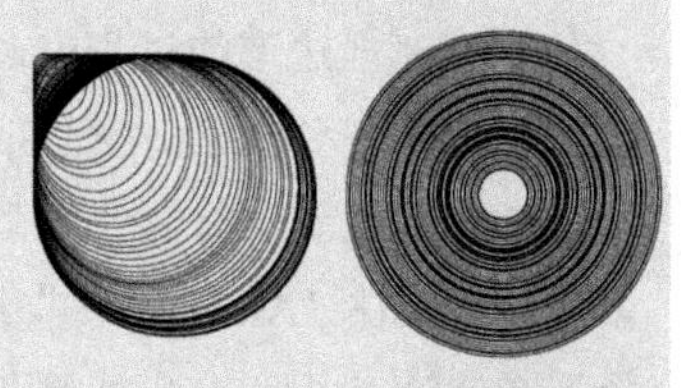

图2.80 绘制椭圆的过程

当然，也可以像绘制矩形一样精确绘制椭圆

或正圆。首先在工具箱中选择【椭圆工具】，然后将光标移动到绘图区合适的位置单击，即可弹出图2.81所示【椭圆】对话框。在【宽度】文本框中输入数值，指定椭圆的宽度值，即横轴长度；在【高度】文本框中输入数值，指定椭圆的高度值，即纵轴长度；如果输入的宽度值和高度值相同，绘制出来的就是正圆形。然后单击【确定】按钮即可创建一个精确的圆角矩形。

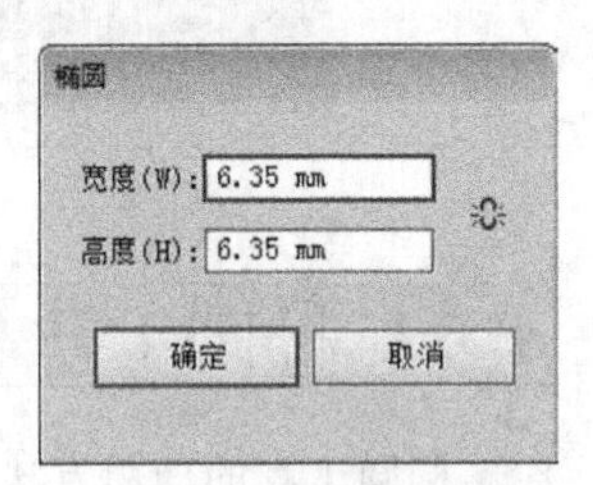

图2.81 【椭圆】对话框

2.4.5 多边形工具

利用多边形工具可以绘制各种多边形效果，如三角形、五边形、十边形等。多边形的绘制与其他图形稍有不同，在拖动时它的单击点为多边形的中心点。

在工具箱中选择【多边形工具】，然后在绘图区适当位置按住光标并向外拖动，即可绘制一个多边形，其中光标落点是图形的中心点，鼠标释放时的位置为多边形的一个角点，拖动的同时可以转动多边形角点位置。绘制过程如图2.82所示。

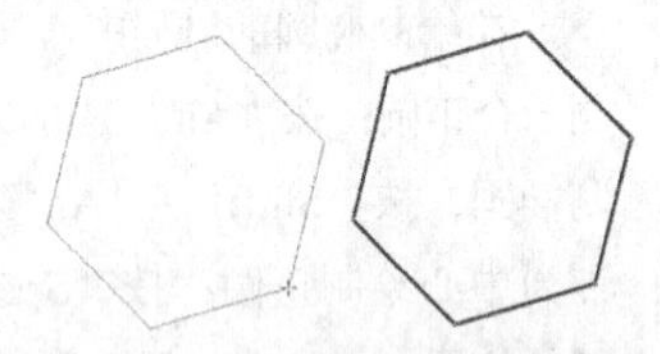

图2.82 绘制多边形效果

知识点：关于【多边形工具】的绘制技巧

在绘制多边形的过程中，按“Shift”键可以绘制一个正多边形；按“Space”键可以移动圆角矩形的位置。按住“～”键可以绘制多个多边形；按住“Alt”+“～”组合键可以绘制多个以单击点为中心并向两端延伸的多边形，如图2.83所示。

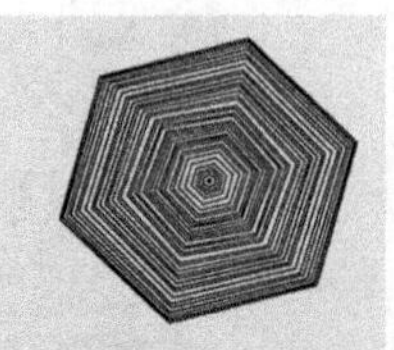

图2.83 绘制多边形的过程

用数值方法可以绘制精确的多边形。选中多边形工具之后，单击屏幕的任何位置，将会弹出图2.84所示的【多边形】对话框。在【半径】文本框中输入数值，指定多边形的半径大小；在【边数】文本框中输入数值，指定多边形的边数。

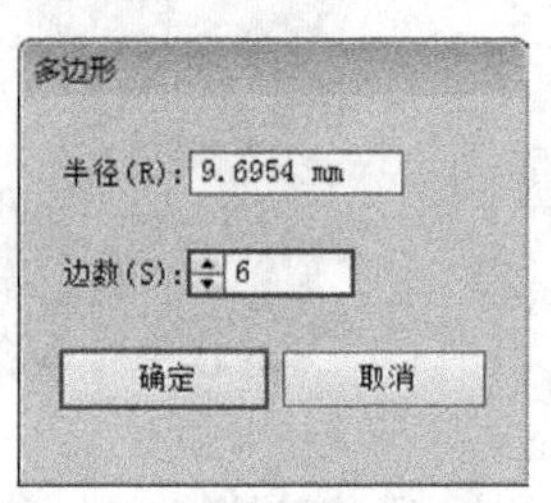

图2.84 【多边形】的对话框

2.4.6 星形工具

利用星形工具可以绘制各种星形效果，使用方法与多边形相同，直接拖动即可绘制一个星形。在绘制星形时，按住“～”键、“Alt”+“～”组合键或“Shift”+“～”组合键，可以绘制出不同的多个星形效果，其效果分别如图2.85所示。

图2.85 星形效果

技巧与提示

在绘制星形的过程中，按住“Shift”键可以把星形摆正；按住“Alt”键可以使每个角两侧的“肩线”在一条直线上；按住“Space”键可以移动星形的位置。按住“Ctrl”键可以修改星形内部或外部的半径值；按向上方向键“↑”或向下方向键“↓”，可用来增加或减少星形的角数。

使用【星形】对话框可以精确绘制星形。在工具箱中选择【星形工具】，然后在绘图区适当位置单击，则弹出图2.86所示的【星形】对话框。在【半径1】文本框中输入数值，指定星形中心点到星形最外部点的距离；在【半径2】文本框中输入数值，指定星形中心点到星形内部点的距离；在【角点数】文本框中输入数值，指定星形的角点数目。

知识点：【星形工具】的半径设置

【半径1】和【半径2】为到外部和内部点的距离，不是固定的，一般来说，谁的值大谁表示星形中心到最外部点的距离。两者的差值越大，绘制的星形越尖；两者的差值越小，绘制的星形越钝。如果两个值相同，可以绘制出多边形。

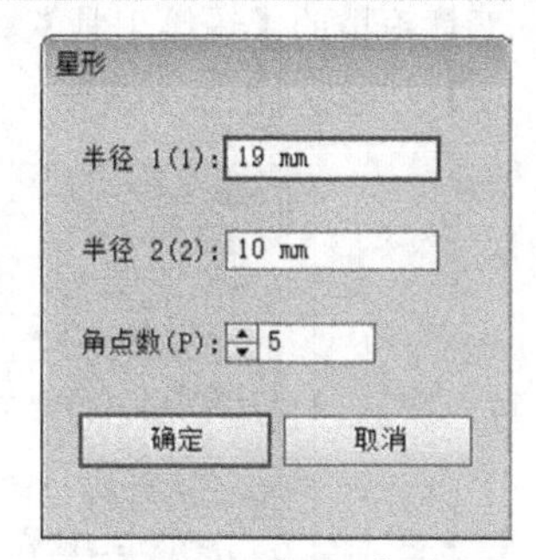

图2.86 【星形】对话框

2.4.7 光晕工具

光晕工具可以模拟相机拍摄时产生的光晕效果。光晕的绘制与其他图形的绘制很不相同，首先选择【光晕工具】，然后在绘图区的适当位置按住鼠标拖动绘制出光晕效果，达到满意效果后释放鼠标，然后在合适的位置单击鼠标，确定光晕的方向，这样就绘制出了光晕效果，如图2.87所示。

图2.87 光晕的绘制效果

知识点：增加或减少光晕射线数量

在绘制光晕的过程中，按向上方向键“↑”或向下方向键“↓”，可用来增加或减少光晕的射线数量。图2.88所示为绘制光晕过程中按多次“↓”键得到的效果。

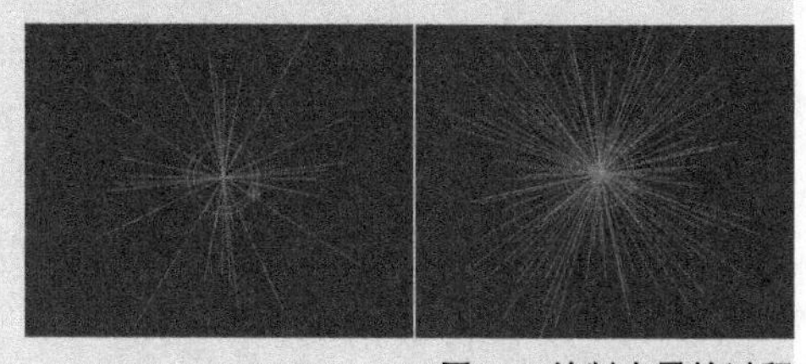

图2.88 绘制光晕的过程

如果想精确绘制光晕，可以在工具箱中选择【光晕工具】，然后在绘图区的适当位置单击鼠标，弹出图2.89所示的【光晕工具选项】对话框，对光晕进行详细的设置。

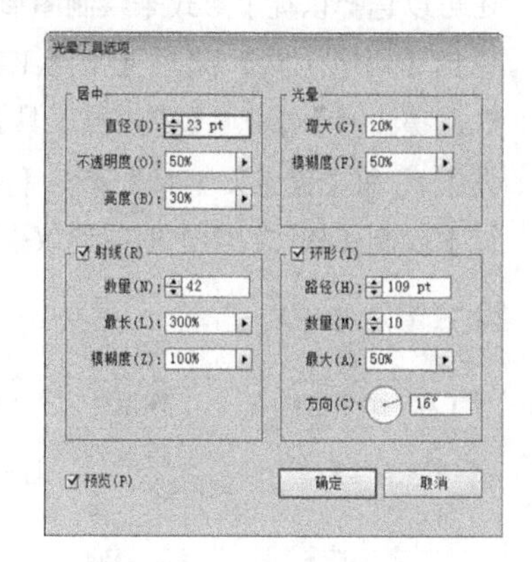

图2.89 【光晕工具选项】对话框

【光晕工具选项】对话框各项说明如下。

- 【居中】：设置光晕中心的光环设置。【直径】用来指定光晕中心光环的大小。【不透明度】用来指定光晕中心光环的不透明度，值越小越透明。【亮度】用来指定光晕中心光环的明亮程度，值越大，光环越亮。
- 【光晕】：设置光环外部的光晕。【增大】用来指定光晕的大小，值越大，光晕也就越大。【模糊度】用来指定光晕的羽化柔和程度，值越大越柔和。
- 【射线】：勾选该选项，可以设置光环周围的光线。【数量】用来指定射线的数目。

【最长】用来指定射线的最长值，以此来确定射线的变化范围。【模糊度】用来指定射线的羽化柔和程度，值越大越柔和。

- 【环形】：设置外部光环及尾部方向的光环。【路径】用来指定尾部光环的偏移数值。【数量】用来指定光圈的数量。【最大】用来指定光圈的最大值，以此来确定光圈的变化范围。
- 【方向】：设置光圈的方向，可以直接在文本框中输入数值，也可以拖动其右侧的指针来调整光圈的方向。

2.5 徒手绘图工具的使用

除了前面讲过的线条绘制和几何图形绘制，还可以选择以徒手形式来绘制图形。徒手绘图工具包括【铅笔工具】、【平滑工具】、【路径橡皮擦工具】、【橡皮擦工具】、【剪刀工具】和【美工刀工具】，利用这些工具可以徒手绘制各种比较随意的图形效果。

本节重点知识概述

工具 / 命令名称	作用	快捷键	重要程度
【铅笔工具】	徒手随意地绘制曲线	N	高
【平滑工具】	平滑税利的曲线路径		低
【路径橡皮擦工具】	擦除画错的路径或锚点		中
【橡皮擦工具】	擦除图形	Shift+E	中
【剪刀工具】	剪断路径		中
【美工刀工具】	将图形分割成新的封闭形状	C	低

2.5.1 铅笔工具

使用铅笔工具能够绘制自由宽度和形状的曲线，能够创建开放路径和封闭路径。就如同在纸上用铅笔绘图一样。这对速写或建立手绘外观很有帮助，当完成路径绘制后，还可以随时对其进行修改。与钢笔工具相比，尽管铅笔工具所绘制的曲线不如钢笔工具精确，但铅笔工具能绘制的形状更为多样，使用方法更为灵活，容易掌握。可以说使用铅笔工具可完成大部分精度要求不是很高的几何图形。

另外，使用铅笔工具还可以设置它的保真度、平滑度及填充与描边，有了此设置使铅笔工具在绘图中更加随意和方便。

1. 设置铅笔工具的参数

设置铅笔工具的参数和前面讲过的工具不太相同，要打开【铅笔工具选项】对话框必须双击工具箱里的【铅笔工具】图标。【铅笔工具选项】对话框如图2.90所示。

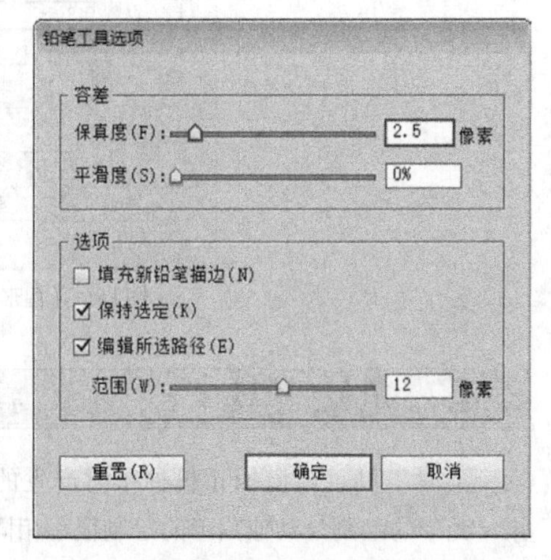

图2.90 【铅笔工具首选项】对话框

【铅笔工具选项】对话框各项说明如下。

- 【保真度】：设置铅笔工具绘制曲线时路径上各点的精确度，值越小，所绘曲线越粗糙；值越大，路径越平滑且越简单。取值范围为0.5~20像素。
- 【平滑度】：指定铅笔工具所绘制曲线的光滑度。平滑度的范围从0~100%，值越大，所绘制的曲线越平滑。
- 【填充新铅笔描边】：勾选该复选框，在使用铅笔绘制图形时，系统会根据当前填充颜色将铅笔绘制的图形进行填色。

- 【保持选定】：勾选该复选框，将使铅笔工具绘制的曲线处于选中状态。
- 【编辑所选路径】：勾选该复选框，则可编辑选中的曲线路径，可使用铅笔工具来改变现有选中的路径，并可以在【范围】设置文本框中设置编辑范围。当铅笔工具与该路径之间的距离接近设置的数值时，即可对路径进行编辑修改。

2. 绘制开放路径

在工具箱中选择【铅笔工具】，然后将光标移动到绘图区，此时光标将变成状，按住鼠标根据自己的需要拖动，当达到所需要求时释放鼠标，即可绘制一条开放路径，如图2.91所示。

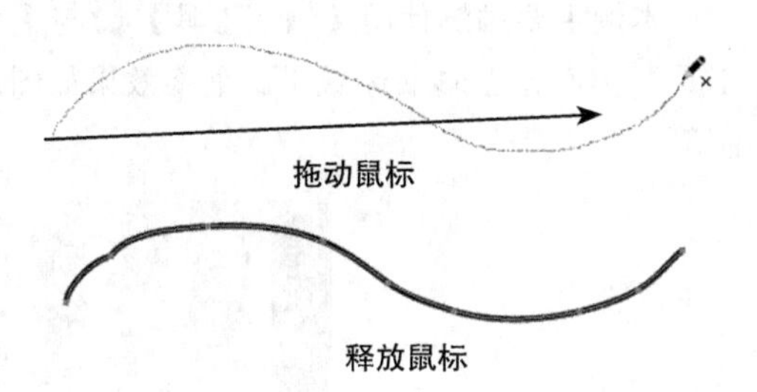

图2.91 绘制开放路径

3. 绘制封闭路径

选择铅笔工具，在绘图区按住鼠标拖动开始路径的绘制，当达到自己希望的形状时，返回到起点处按住“Alt”键，可以看到铅笔光标的右下角出现一个圆形，释放鼠标即可绘制一个封闭的图形。绘制封闭路径过程如图2.92所示。

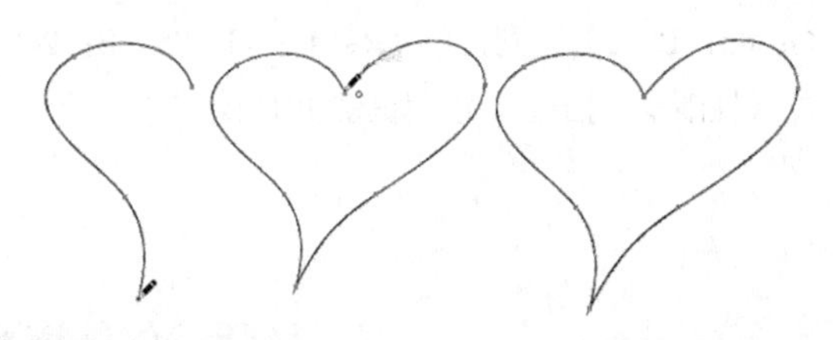

图2.92 绘制封闭路径过程

知识点：【铅笔工具】绘制技巧

在绘制过程中，必须先绘制再按“Alt”键；当绘制完成时，要先释放鼠标后释放“Alt”键。另外，如果此时铅笔工具并没有返回到起点位置，在中途按“Alt”键并释放鼠标，系统会沿起点与当前铅笔位置自动连接一条线将其封闭。图2.93所示随便画一条封闭路径在快闭合的时候按“Alt”键会与起点自动闭合。

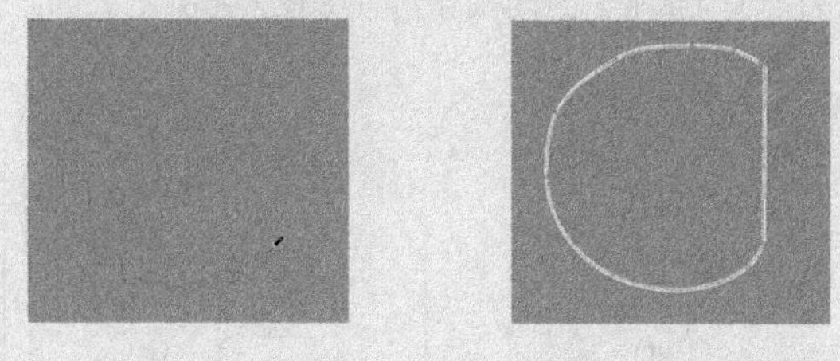

图2.93 【铅笔工具】绘制技巧

4. 重绘路径

如果对绘制的路径不满意，还可以使用铅笔工具本身来快速修改绘制的路径。首先要确认路径处于选中状态，将光标移动到路径上，当光标变成状时，按住鼠标按自己的需要重新绘制图形，绘制完成后释放鼠标即可看到路径的修改效果。操作效果如图2.94所示。

图2.94 重绘路径效果

5. 转换封闭与开放路径

利用铅笔工具还可以将封闭的路径转换为开放路径，或将开放路径转换为封闭路径。首先选择要修改的封闭路径，将光标移动到路径上，当光标变成状时，按住鼠标向路径的外部或内部拖动，到达满意的位置后，释放鼠标即可将封闭路径转换为开放的路径。操作效果如图2.95所示。

图2.95 转换为开放路径操作效果

如果要将开放的路径封闭起来，可以先选择要封闭的开放路径，然后将光标移动到开放路径其中的一个锚点上，当光标变成✎状时，按住鼠标拖动到另一个开放的锚点上，释放鼠标即可将开放的路径封闭起来。封闭操作过程如图2.96所示。

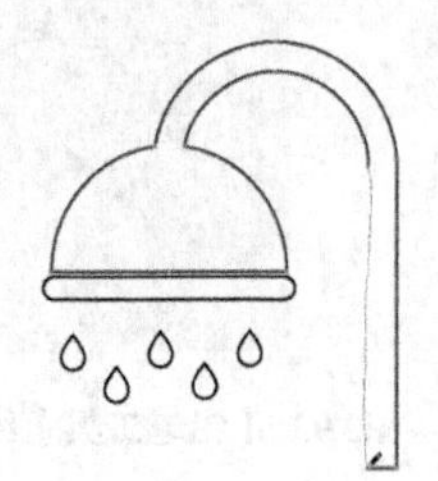
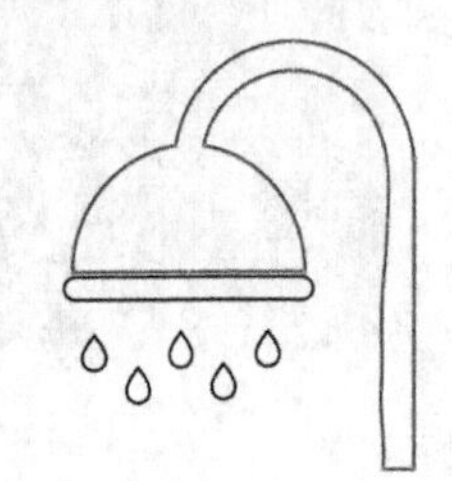

图2.96 封闭路径操作效果

2.5.2 平滑工具

平滑工具可以将锐利的曲线路径变得更平滑。平滑工具主要是在原有路径的基础上，根据用户拖动出的新路径自动平滑原有路径，而且可以多次拖动以平滑路径。

在使用平滑工具前，可以通过【平滑工具选项】对话框，对平滑工具进行相关的平滑设置。双击工具箱中的【平滑工具】，将弹出【平滑工具选项】对话框，如图2.97所示。

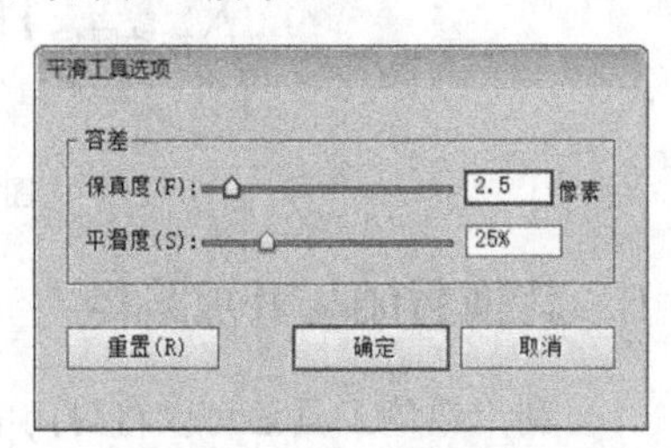

图2.97 【平滑工具选项】对话框

【平滑工具选项】对话框各项说明如下。

- 【保真度】：设置平滑工具平滑时路径上各点的精确度，值越小，路径越粗糙；值越大，路径越平滑且越简单。取值范围为0.5~20像素。
- 【平滑度】：指定平滑工具所修改路径的光滑度。平滑度的范围从0~100%，值越大，修改的路径越平滑。

要对路径进行平滑处理，首先选择要处理的路径图形，然后使用【平滑工具】在图形上按住鼠标拖动，如果一次不能达到满意效果，可以多次拖动将路径平滑。平滑路径效果如图2.98所示。

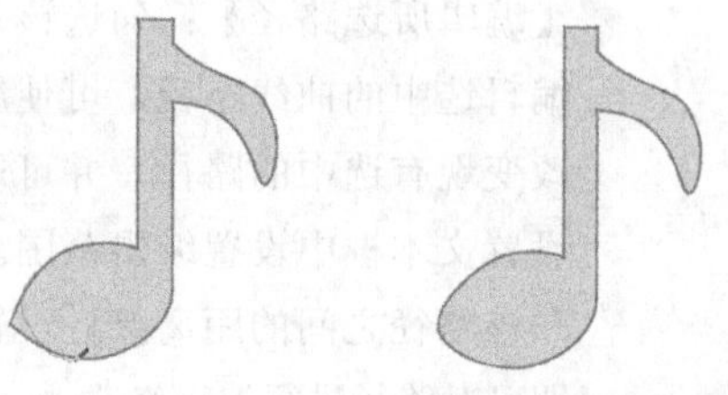

图2.98 平滑路径效果

2.5.3 课堂案例——制作五彩油漆

案例位置 案例文件\第2章\制作五彩油漆.ai
视频位置 多媒体教学\2.5.3.avi
实用指数 ★★★★☆

本例主要讲解使用【钢笔工具】与【平滑工具】制作五彩油漆效果。最终效果如图2.99所示。

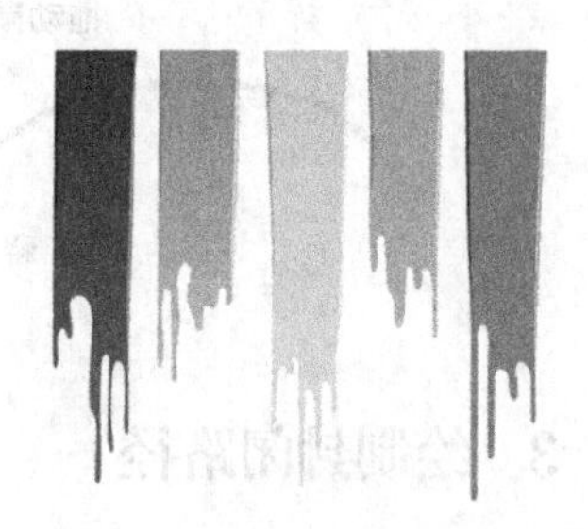

图2.99 最终效果

01 选择工具箱中的【钢笔工具】，在绘图区绘制油漆由上向下滴下来的效果轮廓，如图2.100所示。

02 打开【渐变】面板，设置填充为深蓝色（R：0；G：45；B：195）到蓝色（R：45；G：85；B：240）的线性渐变，描边为无，如图2.101所示。

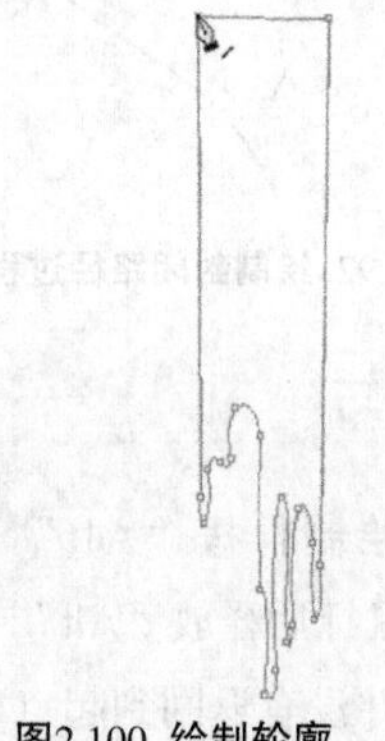
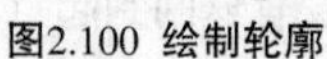

图2.100 绘制轮廓

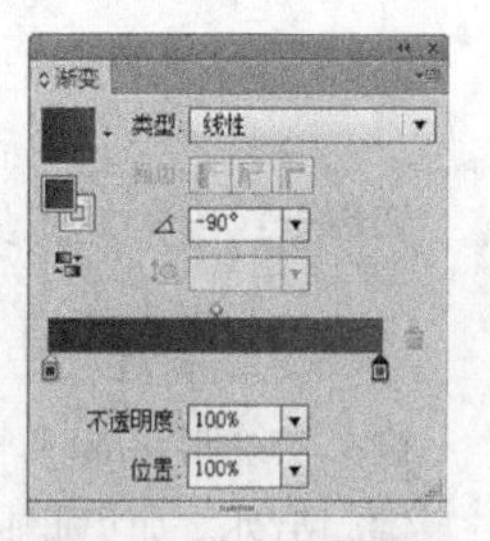

图2.101 【渐变】面板

03 为所创建的轮廓填充渐变，填充效果如图2.102所示。

04 选择工具箱中的【选择工具】，选择图形，再选择工具箱中的【平滑工具】，在图形上拖动，如图2.103所示，如果一次不能达到满意效果，可以多次拖动调整至路径平滑，如图2.104所示。

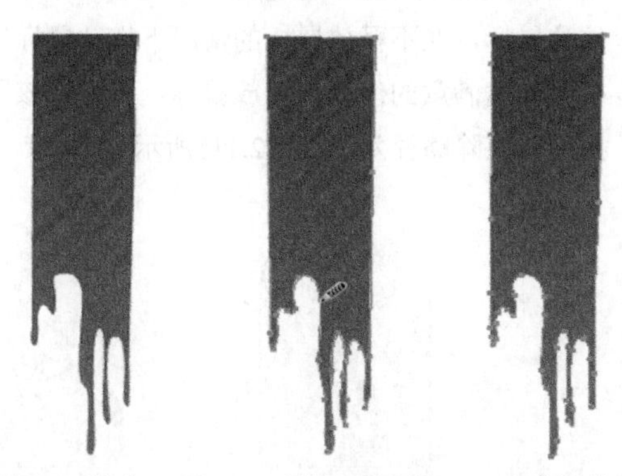

图2.102 填充　图2.103 平滑工具　图2.104 多次调整

05 选择工具箱中的【钢笔工具】，在图形上方的左侧和右侧边缘处分别绘制一个封闭式图形，如图2.105所示。左侧图形填充为深蓝色（R：0；G：25；B：115），右侧图形填充为浅蓝色（R：130；G：155；B：255），描边为无，如图2.106所示。

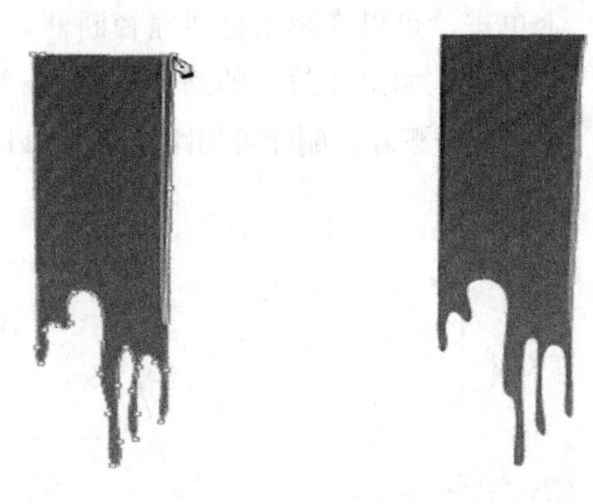

图2.105 绘制图形　图2.106 填充颜色

06 选择工具箱中的【选择工具】，选择图形，按“Ctrl”+“G”组合键编组，再按住“Alt”+“Shift”组合键水平向右拖动复制1个，如图2.107所示。

07 选择复制的图形，鼠标向上拖动的同时按“Shift”键将图形垂直向上移动一段距离，如图2.108所示。

图2.107 将图形复　图2.108 移动图形

08 选择工具箱中的【直接选择工具】，框选复制图形左下角的部分锚点，向下移动的同时按“Shift”键垂直向下移动锚点使图形变形，如图2.109所示。

09 用以上同样的方法选择不同的锚点向上或向下移动，将图形变形。选择工具箱中的【平滑工具】，在图形上拖动，将不平滑的路径平滑，如图2.110所示。

图2.109 将图形变形　图2.110 调整路径至平滑

10 选择工具箱中的【选择工具】，选择右侧的图形，执行菜单栏中的【编辑】|【编辑颜色】|【调整色彩平衡】命令，弹出【调整颜色】对话框，修改RGB的取值，【绿色】为50%，【蓝色】为-60%，如图2.111所示。

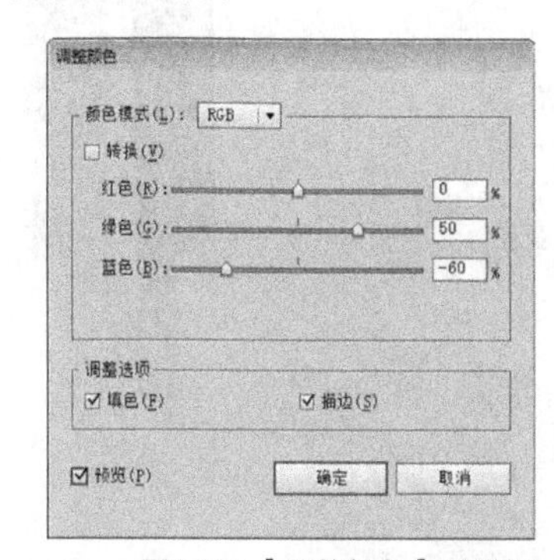

图2.111【调整颜色】对话框

11 利用以上的方法复制3个图形并调整形状，然后调整图形的颜色，如图2.112所示。调整至5个图形的颜色不同，效果为五彩油漆。

图2.112 多次复制并调整

12 选择工具箱中的【矩形工具】，以蓝色图形左上角偏左为起点、红色图形的右下角偏右为终点绘制矩形，将其填充为白色，如图2.113所示。

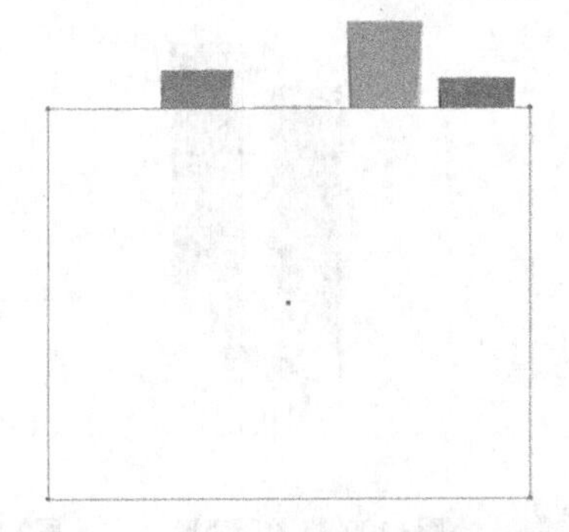

图2.113 绘制矩形

13 选择工具箱中的【选择工具】，将图形全部选中，执行菜单栏中的【对象】|【剪切蒙版】|【建立】命令，为所选择的图形创建剪切蒙版，将多出来的部分剪掉，最终效果如图2.114所示。

图2.114 最终效果

2.5.4 路径橡皮擦工具

使用【路径橡皮擦工具】可以擦去画笔路径的全部或其中一部分，也可以将一条路径分割为多条路径。

要擦除路径，首先要选中当前路径，然后使用【路径橡皮擦工具】在需要擦除的路径位置按住鼠标，在不释放鼠标的情况下拖动鼠标擦除路径，到达满意的位置后释放鼠标，即可将该段路径擦除。擦除路径效果如图2.115所示。

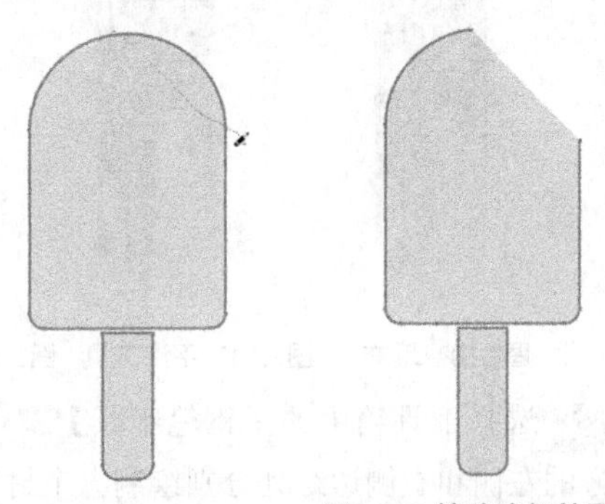

图2.115 擦除路径效果

知识点：关于路径橡皮擦工具

使用【路径橡皮擦工具】在开放的路径上单击，可以在单击处将路径断开，分割为两个路径；如果在封闭的路径上单击，可以将该路径整个删除。删除封闭路径如图2.116所示。

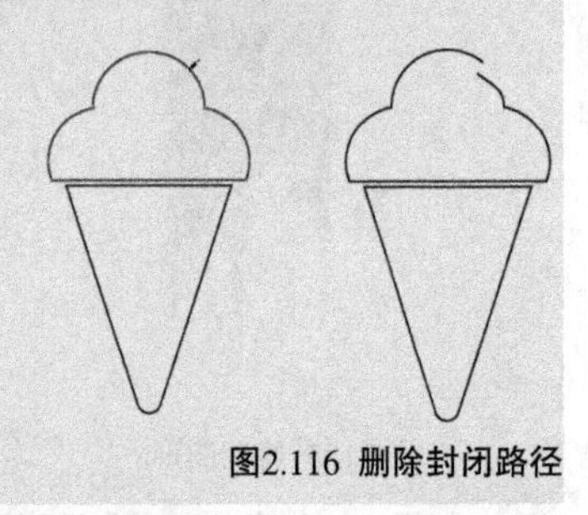

图2.116 删除封闭路径

2.5.5 橡皮擦工具

Illustrator CS6中的橡皮擦工具与现实生活中的橡皮擦在使用上基本相同，主要用来擦除图形，但橡皮擦只能擦除矢量图形，对于导入的图形是不能使用橡皮擦进行擦除处理的。

在使用橡皮擦工具前，可以首先设置橡皮擦的相关参数，比如橡皮擦的角度、圆度和直径等。在工具箱中双击【橡皮擦工具】按钮，将弹出【橡皮擦工具选项】对话框，如图2.117所示。

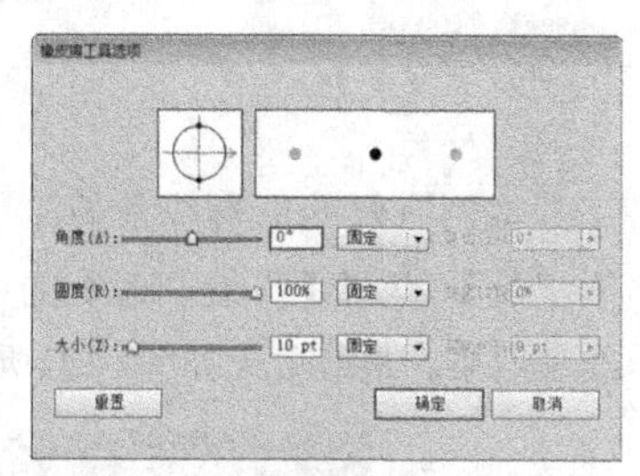

图2.117【橡皮擦工具选项】对话框

【橡皮擦工具选项】对话框各项说明如下。

- 【调整区】：通过该区可以直观地调整橡皮擦的外观。拖动图中的小黑点，可以修改橡皮擦的圆角度；拖动箭头可以修改橡皮擦的角度。如图2.118所示。

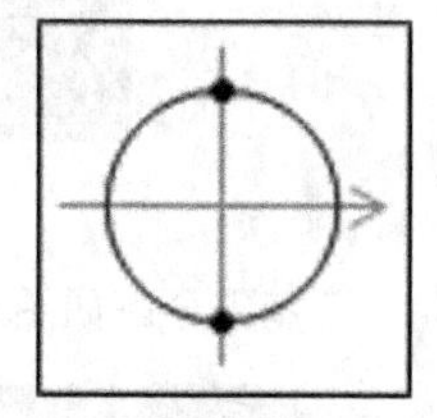

图2.118 调整区

- 【预览区】：用来预览橡皮擦的设置效果。
- 【角度】：在右侧的文本框中输入数值，可以修改橡皮擦的角度值。它与【调整区】中的角度修改相同，只是调整的方法不同。从下拉列表中，可以修改角度的变化模式，【固定】表示以固定的角度来擦除；【随机】表示在擦除时角度会出现随机的变化。其他选项需要搭配绘图板来设置绘图笔刷的压力、光笔轮等效果，以产生不同的擦除效果。另外，通过修改【变化】值，可以设置角度的变化范围。
- 【圆度】：设置橡皮擦的圆角度，与【调整区】中的圆角度修改相同，只是调整的方法不同。它也有随机和变化的设置，与角度用法一样，这里不再赘述。
- 【大小】：设置橡皮擦的大小。其他选项与【角度】用法一样。

设置完成后，如果要擦除图形，可以在工具箱中选择【橡皮擦工具】，然后在合适的位置按住鼠标拖动，擦除完成后释放鼠标即可将鼠标经过的图形擦除。擦除效果如图2.119所示。

图2.119 擦除图形效果

技巧与提示

在使用【橡皮擦工具】擦除图形时，如果只是在多个图形中擦除某个图形的一部分，可以选择该图形后再使用【橡皮擦工具】；如果没有选择任何图形，则橡皮擦将擦除所有鼠标经过的图形。

2.5.6 剪刀工具

剪刀工具主要用来将选中的路径分割开来，可以将一条路径分割为两条或多条路径，也可以将封闭的路径剪成开放的路径。

下面来将一个路径分割为两个独立的路径。在工具箱中选择【剪刀工具】，将光标移动到路径线段或锚点上，在需要断开的位置单击鼠标，然后移动光标到另一个要断开的路径线段或锚点上，再次单击鼠标，这样就可以将一个图形分割为两个独立的图形了。分割后的图形如图2.120所示。

图2.120 分割图形效果

技巧与提示

为了方便读者阅读，这里将完成的效果图进行了移动操作。如果在操作的过程中，单击点不在路径或锚点上，系统将弹出提示对话框，提示错误的操作。

2.5.7 美工刀工具

美工刀工具与剪刀工具都是用来分割路径的，但美工刀工具可以将一个封闭的路径分割为两个独立的封闭路径，而且美工刀工具只应用在封闭的路径中，对于开放的路径则不起作用。

要分割图形，首先选择【美工刀工具】，然后在适当位置按住鼠标拖动，可以清楚地看到美工刀的拖动轨迹，分割完成后释放鼠标，可以看到图形自动处于选中状态，并可以看到美工刀划出的切割线条效果。这样就完成了路径的分割，利用【选择工具】可以单独移动分割后的图形。分割图形效果如图2.121所示。

图2.121 分割图形效果

2.6 本章小结

本章主要讲解了Illustrator绘图工具的使用，这些工具都是最基本的绘图工具，非常简单易学，但在设计中却占有重要的地位，是整个设计的基础内容，只有掌握了这些最基础的内容，才能举一反三，设计出更出色的作品。

2.7 课后习题

本章通过3个课后习题，让读者朋友对基本绘图工具加深了解，并对这些基本绘图工具进行扩展应用，掌握这些知识并应用到实战中，可以让你的作品更加出色。

2.7.1 课后习题1——绘制五彩线条

案例位置　案例文件\第2章\绘制五彩线条.ai
视频位置　多媒体教学\2.7.1.avi
实用指数　★★★★☆

本例讲解的五彩线条的绘制方法。通过【钢笔工具】与【扩展】命令的应用，绘制出五彩线条效果。最终效果如图2.122所示。

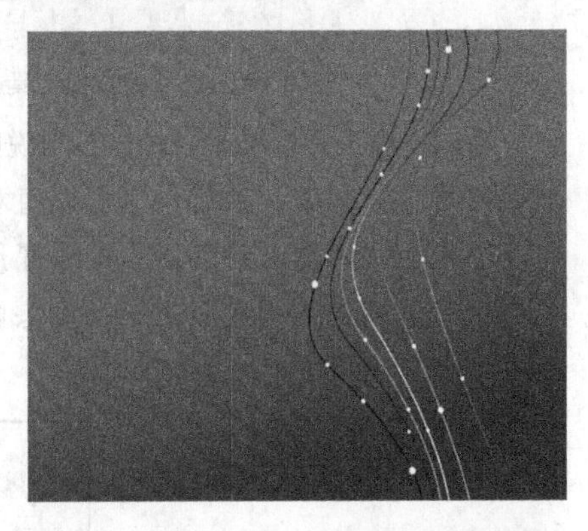

图2.122 最终效果

步骤分解如图2.123所示。

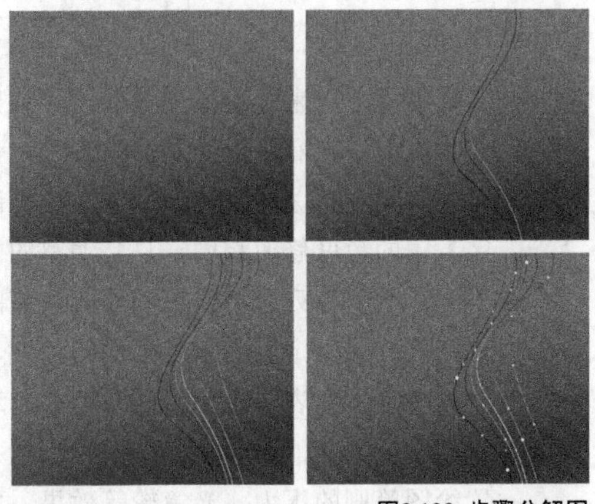

图2.123 步骤分解图

2.7.2 课后习题2——绘制钢琴键

案例位置　案例文件\第2章\绘制钢琴键.ai
视频位置　多媒体教学\2.7.2.avi
实用指数　★★★★★

本例讲解利用【矩形工具】绘制钢琴键的方法。最终效果如图2.124所示。

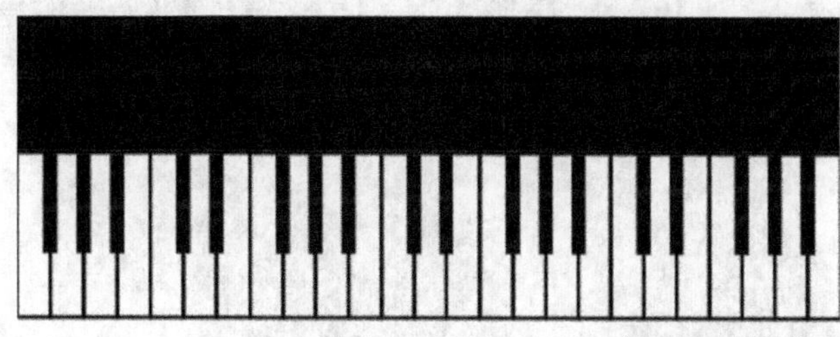

图2.124 最终效果

步骤分解如图2.125所示。

图2.125 步骤分解图

2.7.3 课后习题3——制作蜂巢效果

案例位置	案例文件 \ 第 2 章 \ 制作蜂巢效果 .ai
视频位置	多媒体教学 \2.7.3.avi
实用指数	★★★★★

本例主要讲解以【多边形工具】为基础制作蜂巢效果。最终效果如图2.126所示。

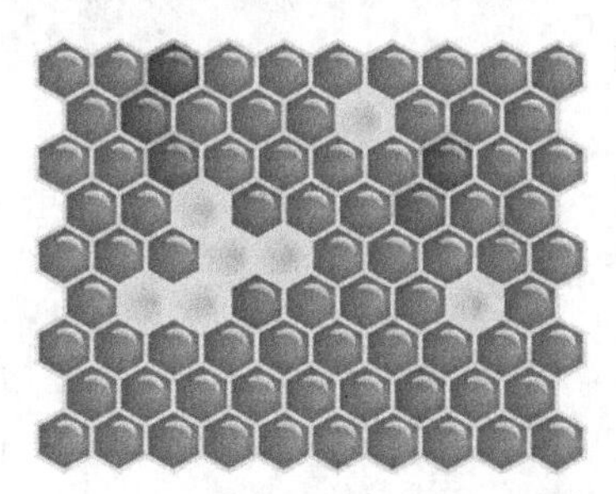

图2.126 最终效果

步骤分解如图2.127所示。

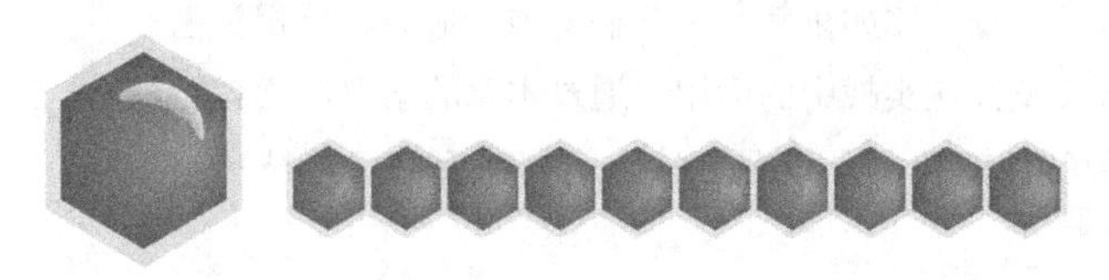

图2.127 步骤分解图

第3章

颜色填充技巧

内容摘要

图形对象的着色是美化图形的基础，图形的颜色好坏在整个图形中占重要作用。本章详细讲解了Illustrator CS6颜色的控制及填充，包括实色、渐变和图案填充，各种颜色面板的使用及设置方法，图形的描边技术。还介绍了图形的颜色模式：灰度、RGB、HSB和CMYK四种颜色模式的转换，以及这些颜色模式的含义和使用方法，了解这些颜色模式的不同用途可以更好地输出图形。详细讲解了编辑颜色的各种命令，比如重新着色图稿、混合命令、反相颜色和调整命令的含义及其在实战中的应用。通过本章的学习，读者能够熟练掌握各种颜色的控制及设置方法，掌握图形的填充技巧。

教学目标

了解图形颜色模式
学习各种颜色的设置方法
掌握颜色命令的编辑
掌握实色、渐变、图案和透明的填充技巧
掌握渐变网格的使用技巧

3.1 单色填充

单色填充也叫实色填充，它是颜色填充的基础，一般可以使用【颜色】和【色板】来编辑用于填充的实色。对图形对象的填充分为两个部分：一是内部的填充；二是描边填色。在设置颜色前要先确认填充的对象，是内部填充还是描边填色。确认的方法很简单，可以通过工具栏底部相关区域来设置，也可以通过【颜色】面板来设置。通过单击【填充颜色】或【描边颜色】按钮，将其设置为当前状态，然后设置颜色即可。

本节重点知识概述

工具/命令名称	作用	快捷键	重要程度
填色和描边	互换填色和描边	X	高
默认颜色	默认填色和描边	D	高
描边	打开【描边】面板	Ctrl + F10	中

在设置颜色区域中，单击【互换填色和描边】按钮，可以将填充颜色和描边颜色相互交换；单击【默认填色和描边】按钮，可以将填充颜色和描边颜色设置为默认的黑白颜色；单击【颜色】按钮，可以为图形填充单色效果；单击【渐变】按钮，可以为图形填充渐变色；单击【无】按钮，可以将填充或描边设置为无色效果。相关的图示效果如图3.1所示。

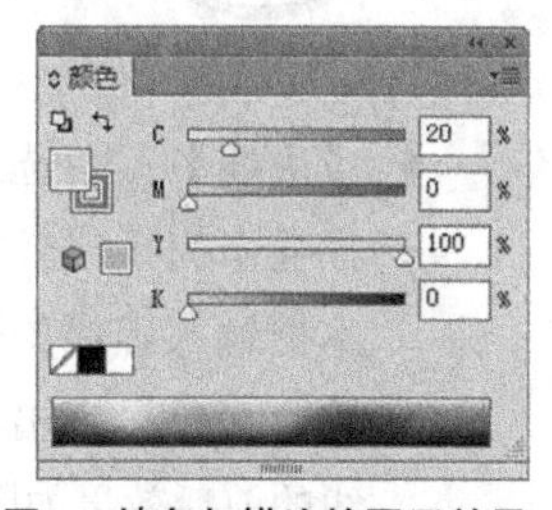

图3.1 填色与描边的图示效果

知识点：关于颜色填充的转换

在英文输入法下，按“X”键可以将填充颜色和描边颜色的当前状态进行互换；按“D”键可以将填充颜色和描边颜色设置为默认的黑白颜色；按“<”键可以设置为实色填充；按“>”键可以设置为渐变填充；按“/”键可以将当前的填充或描边设置为无色。

3.1.1 应用单色填充

在文档中选择要填色的图形对象，然后在工具箱中单击【填充】，将其设置为当前状态，双击该图标打开【拾色器】对话框，在该对话框中设置要填充的颜色，然后单击【确定】按钮即可将图形填充实色效果，操作过程如图3.2所示。

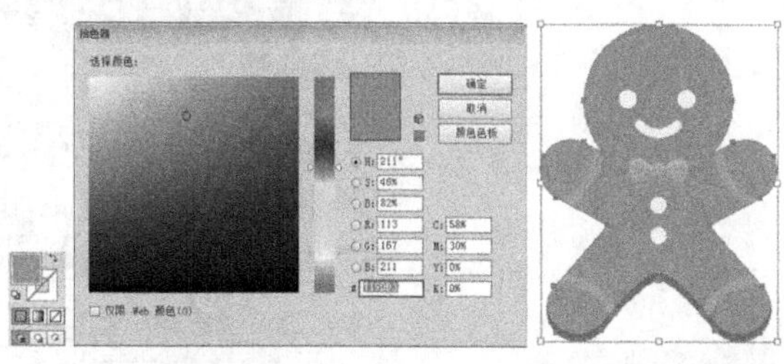

图3.2 实色填充效果

3.1.2 图形的描边

在文档中选择要进行描边颜色的图形对象，然后在工具箱中单击【描边】，将其设置为当前状态，然后双击该图标打开【拾色器】对话框，在该对话框中设置要描边的颜色，然后单击【确定】按钮确认设置需要的描边颜色，即可将图形以新设置的颜色进行描边处理，操作过程如图3.3所示。

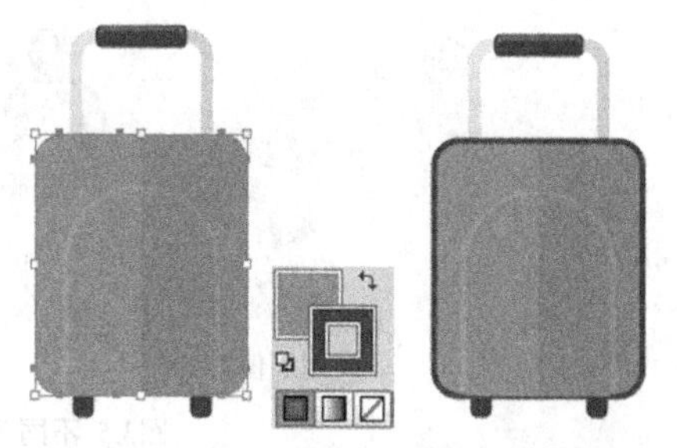

图3.3 图形描边的操作效果

技巧与提示

除了双击打开【拾色器】设置填充颜色或描边颜色外，还可以使用【颜色】和【色板】面板来设置填充或描边的颜色。

3.1.3 【描边】面板

除了使用颜色对描边进行填色外，还可以使用【描边】面板设置描边的其他属性，如描边的粗

细、端点、斜接限制、连接、对齐描边和虚线等。执行菜单栏中的【窗口】|【描边】命令，即可打开图3.4所示的【描边】对话框。

技巧与提示

按“Ctrl”+“F10”组合键，可以快速打开【描边】面板。

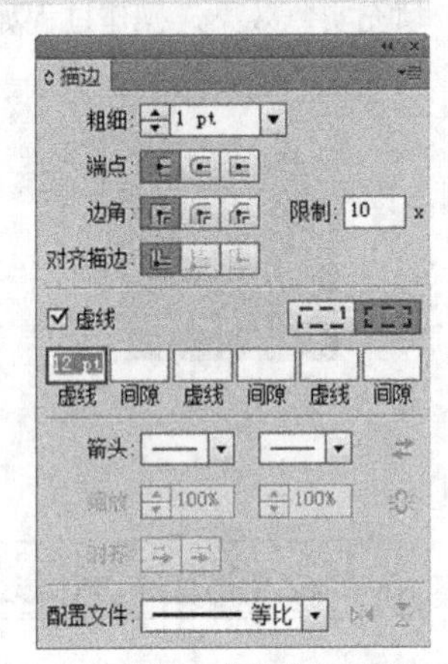

图3.4 【描边】对话框

【描边】对话框各选项的含义说明如下。

- 【粗细】：设置描边的宽度。可以从右侧的下拉列表中选择一个数值，也可以直接输入数值来确定描边线条的宽度。不同粗细值显示的图形描边效果如图3.5所示。

粗细值为1pt　　粗细值为5pt

图3.5 不同值的描边效果

- 【端点】：设置描边路径的端点形状。分为平头端点、圆头端点和方头端点3种。要设置描边路径的端点，首先选择要设置端点的路径，然后单击需要的端点按钮即可。不同端点的路径显示效果如图3.6所示。

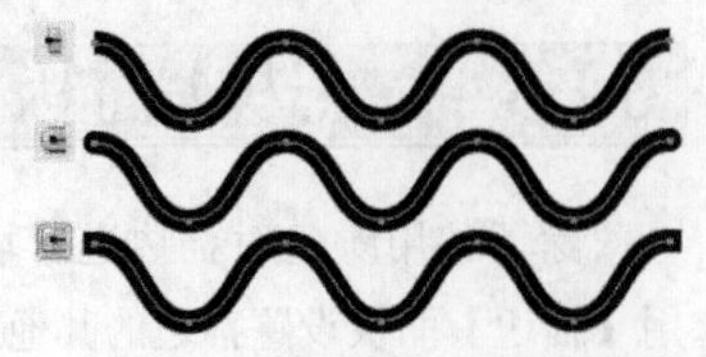

图3.6 不同端点的路径显示效果

- 【边角】：设置路径转角的连接效果，可以通过数值来控制，也可以直接单击右侧的【斜接连接】、【圆角连接】和【斜角连接】来修改。要设置图形的转角连接效果，首先要选择要设置转角的路径，然后单击需要的连接按钮即可。不同连接效果如图3.7所示。

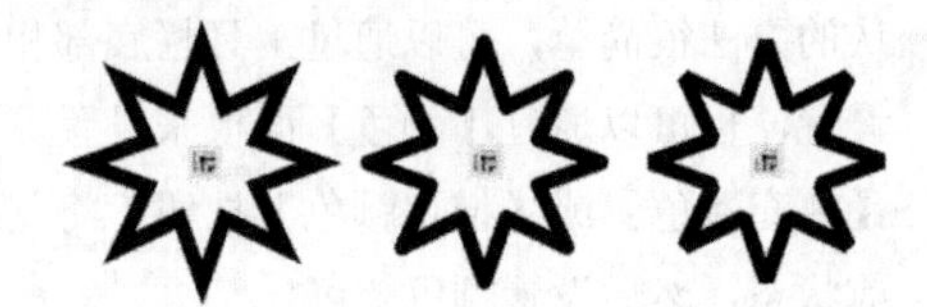

图3.7 不同连接效果

- 【对齐描边】：设置填色与路径之间的相对位置。包括使描边居中对齐、使描边内侧对齐和使描边外侧对齐3个选项。选择要设置对齐描边的路径，然后单击需要的对齐按钮即可。不同的描边对齐效果如图3.8所示。

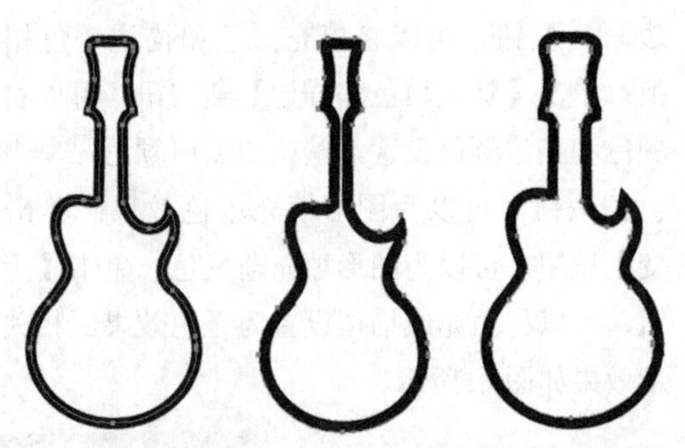

图3.8 不同的描边对齐效果

- 【虚线】：勾选该复选框，可以将实线路径显示为虚线效果，并可以通过下方的文本框输入虚线的长度和间隔的长度，利用这些可以设置出不同的虚线效果。应用虚线的前后效果如图3.9所示。

图3.9 应用虚线的前后效果对比

- 【箭头】：通过右侧的下拉菜单，可以设置不同的起始点箭头效果，单击【互换箭头起始处和结束处】按钮，可以将起始点箭头进行互换。通过【缩放】选项，可以设置起始箭头的大小，通过【对齐】可以设置箭头与路径的对齐方式。箭头效果如图3.10所示。

图3.10 箭头效果

3.2 【颜色】面板

【颜色】面板可以通过修改不同的颜色值，精确地指定所需要的颜色。执行菜单栏中的【窗口】|【颜色】命令，即可打开图3.11所示的【颜色】面板。通过单击【颜色】面板右上角的按钮，可以弹出【颜色】面板菜单，选择不同的颜色模式。

技巧与提示
按“F6”键，可以快速打开【颜色】面板。

在【颜色】面板中，通过单击【填充】或【描边】来确定设置颜色的对象，通过拖动【颜色滑块】或修改【颜色值】来精确设置颜色，也可以直接在下方的色带中吸取一种颜色，如果不想设置颜色，可以单击【无】，将选择的对象设置为无颜色。

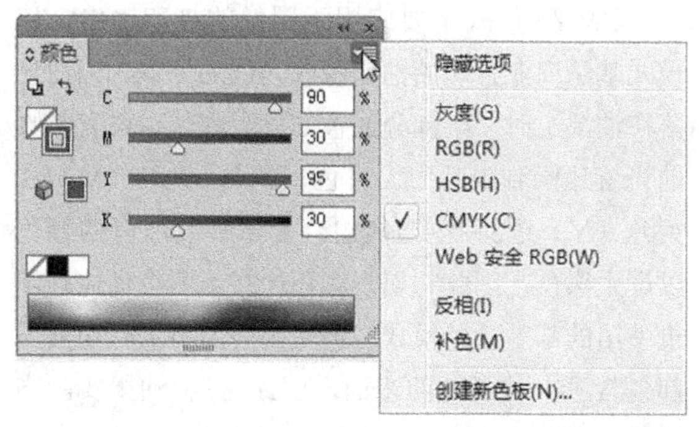

图3.11 【颜色】面板

Illustrator CS6有4种颜色模式：灰度模式、RGB模式（即红、绿、蓝）、HSB模式（即色相、饱和度、亮度）和CMYK模式（即青、洋红、黄、黑）。这4种颜色模式各有不同的功能和用途，不同的颜色模式对于图形的显示和打印效果各不相同，有时甚至差别很大，所以有必要对颜色模式有清楚的认识。下面分别讲述【颜色】面板菜单中4种颜色模式的含义及用法技巧。

3.2.1 灰度模式

灰度模式属于非色彩模式。它只包含256级不同的亮度级别，并且仅有一个Black通道。在图像中看到的各种色调都是由256种不同强度的黑色表示的。

灰度模式简单地说就是由白色到黑色之间的过渡颜色。在灰度模式中把从白色到黑色之间的过渡色分为100份，以百分数来计算，设白色为0%、黑色为100%，其他灰度级用介于0~100%的百分数来表示。各灰度级其实表示了图形灰色的亮度级。在出版、印刷等许多地方都要用到黑白图（即灰度图）就是灰度模式的一个极好例子。

在【颜色】面板菜单中选择【灰度】命令，即可将【颜色】面板的颜色显示切换到灰度模式，如图3.12所示。可以通过拖动滑块或修改参数来设置灰度颜色，也可以在色带中吸取颜色，但在这里设置的所有颜色只有黑白灰。

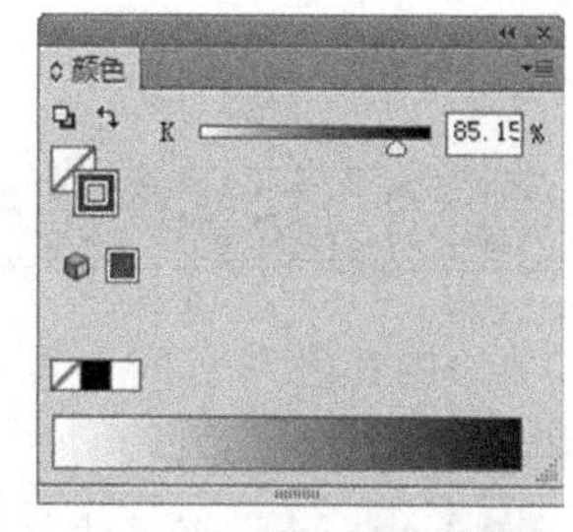

图3.12 灰度模式

3.2.2 RGB模式

RGB是光的色彩模型，俗称三原色（也就是三个颜色通道）：红、绿、蓝。每种颜色都有256个亮度级（0~255）。将每一个色带分成256份，用0～255这256个整数表示颜色的深浅，其中0代表颜色最深，255代表颜色最浅。所以RGB模式所能显示的颜色有256×256×256即16 777 216种颜色，远远超出了人眼所能分辨的颜色。如果用二进制表示每一条色带的颜色，需要用8位二进制来表示，所以RGB模式需要用24位二进制来表示，这也就是常说的24位色。RGB模型也称为加色模式，因为当增加红、绿、蓝色光的亮度级时，色彩变得更亮。所有显示器、投影仪和其他传递与滤光的设备，包括电视、电影放映机都依赖于加色模型。

任何一种色光都可以由RGB三原色混合得到，RGB三个值中任何一个发生变化都会导致合成出来的色彩发生变化，电视彩色显像管就是根据这个原理得来的。但是这种表示方法并不适合人的视觉特点，所以产生了其他的色彩模式。

在【颜色】菜单中选择RGB命令，即可将【颜色】面板的颜色显示切换到RGB模式，如图3.13所示。可以通过拖动滑块或修改参数来设置颜色，也可以在色带中吸取颜色。RGB模式在网页中应用较多。

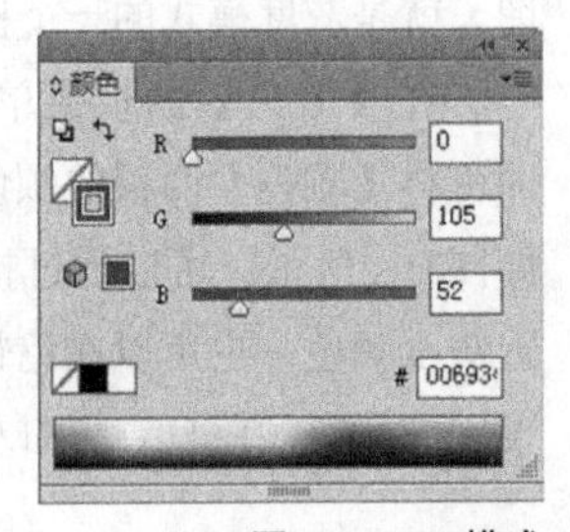

图3.13 RGB模式

3.2.3 HSB模式

HSB色彩空间是根据人的视觉特点，用色相（Hue）、饱和度（Saturation）和亮度（Brightness）来表达色彩的。色相为颜色的相貌，即颜色的样子，如红、蓝等直观的颜色。饱和度表示的是颜色的强度或纯度，即颜色的深浅程度。亮度是颜色的相对明度和暗度。

我们常把色调和饱和度统称为色度，用它来表示颜色的类别与深浅程度。由于人的视觉对亮度比对色彩浓淡更加敏感，为了便于色彩处理和识别，常采用HSB色彩空间。它能把色调、色饱和度和亮度的变化情形表现得很清楚，它比RGB空间更加适合人的视觉特点。在图像处理和计算机视觉中，大量的算法都可以在HSB色彩空间中方便地使用，他们可以分开处理而且相互独立。因此HSB空间可以大大减少图像分析和处理的工作量。

在【颜色】菜单中选择HSB命令，即可将【颜色】面板的颜色显示切换到HSB模式，如图3.14所示。可以通过拖动滑块或修改参数来设置颜色，注意H数值在0～360范围内，S和B数值都在0～100范围内。也可以在色带中吸取颜色。HSB模式更易于同种颜色中不同饱和度颜色的调整。

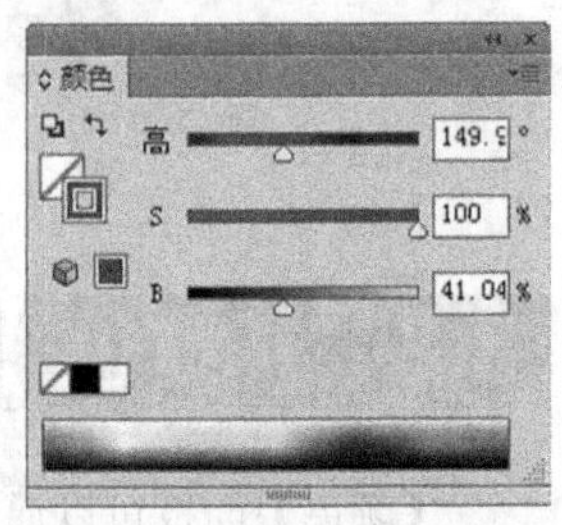

图3.14 HSB模式

知识点：关于【颜色】面板中的图标显示

在使用HSB或RGB颜色时会在【颜色】面板左侧下方出现一个中间有感叹号的灰色三角形⚠，这表示设置颜色为溢色，即这种颜色不能用CMYK油墨打印，超出色域警告，单击即可校正。如果出现一个图标，表示超出Web网页颜色警告，单击即可校正。

3.2.4 CMYK模式

CMYK模式主要应用于图像的打印输出，该模式基于商业打印的油墨吸收光线的原理，当白光落在油墨上时，一部分光被油墨吸收了，没有吸收的光就返回到眼睛中。青色（C）、洋红（M）和黄色（Y）这3种色素能组合起来吸收所有的颜色以产生黑色，因此它属于减色模式，所有商业打印机使用的都是减色模式。但是因为所有的打印油墨都包含了一些不纯的东西，因此这3种油墨实际产生了一种浑浊的棕色，必须结合黑色油墨才能产生真正的黑色。结合这些油墨来产生颜色被称为四色印刷打印。CMYK色彩模式中色彩的混合正好和RGB色彩模式相反。

当使用CMYK模式编辑图像时，应当十分小心，因为通常都习惯于编辑RGB图像，在CMYK模式下编辑需要一些新的方法，尤其是编辑单个色彩通道时。在RGB模式中查看单色通道时，白色表示高亮度色，黑色表示低亮度色；在CMYK模式中正好相反，当查看单色通道时，黑色表示高亮度色，白色表示低亮度色。

在【颜色】菜单中选择CMYK命令，即可将【颜色】面板的颜色显示切换到CMYK模式，如图3.15所示。可以通过拖动滑块或修改参数来设置颜色，注意C、M、Y、K数值都在0～100范围内。也可以在色带中吸取颜色。

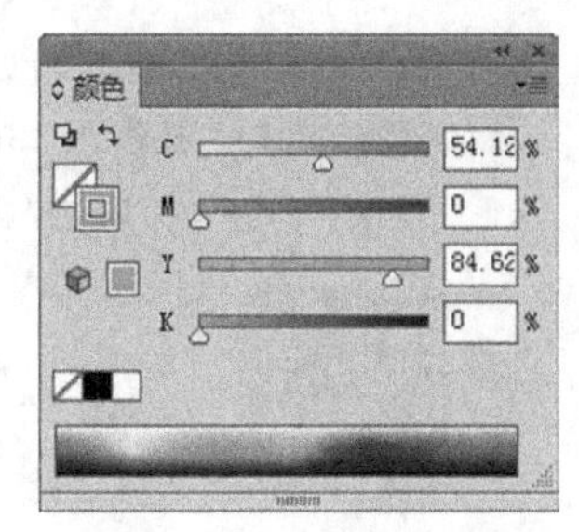

图3.15 CMYK模式

3.3 【色板】面板

【色板】面板主要用来存放颜色，包括颜色、渐变和图案等。有了【色板】对图形填充和描边变得更加方便。执行菜单栏中的【窗口】|【色板】命令，即可打开如图3.16所示的【色板】面板。

单击【色板】面板右上角的按钮，可以弹出【色板】面板菜单，利用相关的菜单命令，可以对【色板】进行更加详细的设置。

【色板】在默认状态下显示了多种颜色信息，如果想使用更多的预设颜色，可以从【色板】菜单中选择【打开色板库】命令，从子菜单中选择更多的颜色，也可以单击【色板】左下角的【色板库】菜单，从中选择更多的颜色。

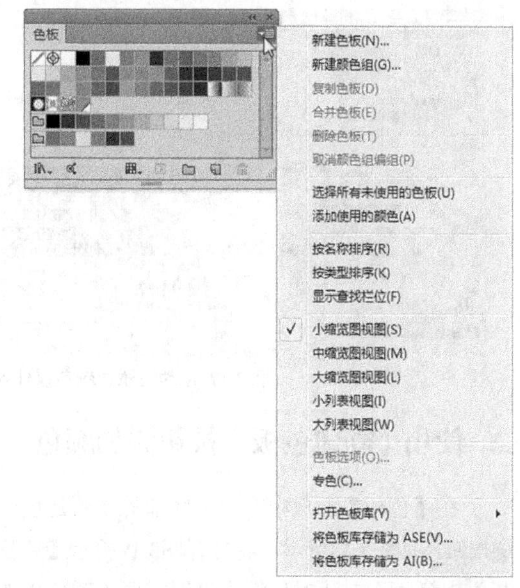

图3.16 【色板】面板

默认状态下【色板】显示了所有的颜色信息，包括颜色、渐变、图案和颜色组，如果想单独显示不同的颜色信息，可以单击【色板类型】菜单，从中选择相关的菜单命令即可。

3.3.1 新建色板

新建色板说的是在【色板】面板中添加新的颜色块。如果在当前【色板】面板中，没有找到需要的颜色，这时可以应用【颜色】面板或其他方式创建新的颜色，为了以后使用的方便，可以将新建的颜色添加到【色板】面板中，创建属于自己的色板。

新建色板有两种操作方法：一种是通过【颜色】面板用拖动的方法来添加颜色；另一种是使用【新建色板】按钮来添加颜色。

1. 拖动法添加颜色

首先打开【颜色】面板并设置好需要的颜色，然后拖动该颜色到【色板】中，可以看到【色板】的周围产生一个黑色的边框，并在光标的右下角出现一个“田”字形的标记，释放鼠标即可将该颜色添加到【色板】中。操作效果如图3.17所示。

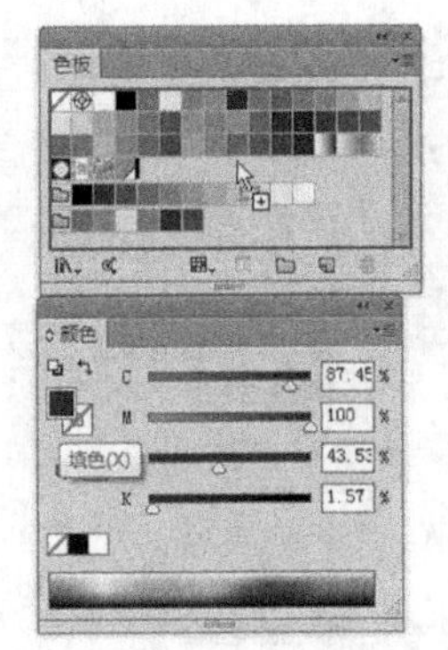
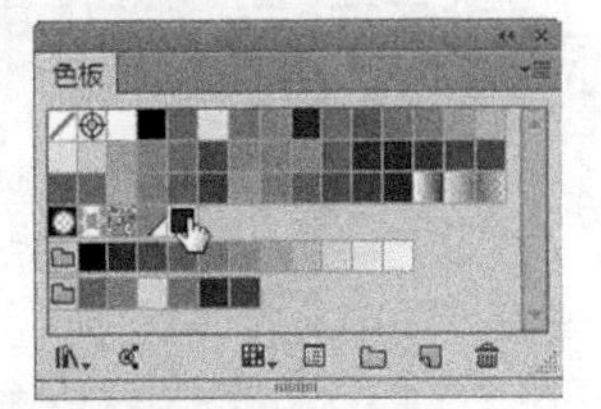

图3.17 拖动法添加颜色操作效果

2. 使用【新建色板】按钮添加颜色

在【色板】面板中，单击底部的【新建色板】按钮，如图3.18所示，将打开图3.19所示【新建色板】对话框，在该对话框中设置需要的颜色，然后单击【确定】按钮，即可将颜色添加到色板中。

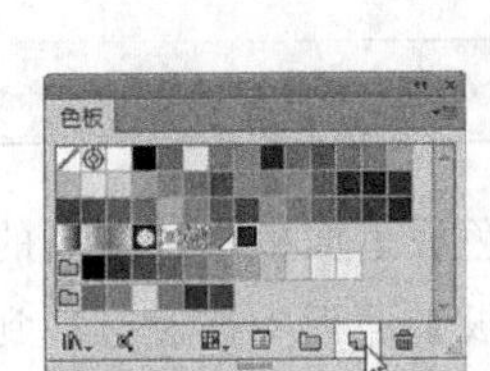

图3.18 新建色板

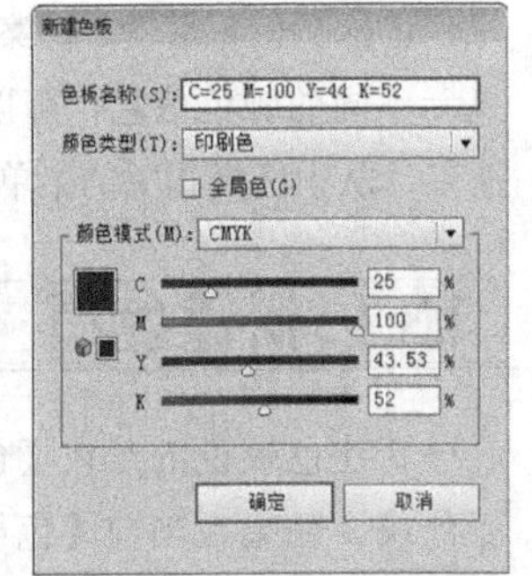

图3.19 【新建色板】对话框

【新建色板】：对话框各选项的含义说明如下。

- 【色板名称】：设置新颜色名称。
- 【颜色类型】：设置新颜色的类型，包括印刷色和专色。
- 【全局色】：勾选该复选框，在新颜色的右下角将出现一个小三角形。使用全局色对不同的图形填充后，修改全局色将影响所有使用该颜色的图形对象。
- 【颜色模式】：设置颜色的模式，并可以通过下方的滑块或数值修改颜色。

知识点：关于【色板】面板的颜色修改

如果想修改色板中的某个颜色，可以首先选择该颜色，然后单击【色板】底部的【色板选项】按钮，打开【色板选项】对话框，对颜色进行修改。

3.3.2 新建颜色组

颜色组是Illustrator CS6新增加的功能，可以将一些相关的颜色或经常使用的颜色放在一个组中，以方便后面的操作。颜色组中只能包括单一颜色，不能添加渐变和图案。新建颜色组可以通过两种方法来创建，下面来详细讲解这两种颜色组的创建方法。

1. 从色板颜色创建颜色组

在【色板】面板中，选择要组成颜色组的颜色块，然后单击【色板】底部的【新建颜色组】按钮，将打开【新建颜色组】对话框，输入新颜色组的名称，然后单击【确定】按钮，即可从色板颜色创建颜色组。操作过程如图3.20所示。

技巧与提示

在选择颜色时，按住"Shift"键可以选择多个连续的颜色，按住"Ctrl"键可以选择多个任意颜色。

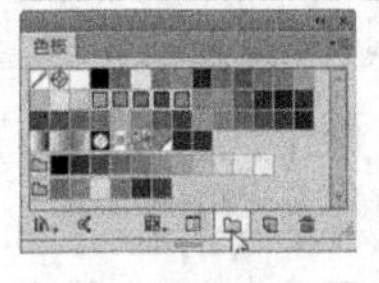
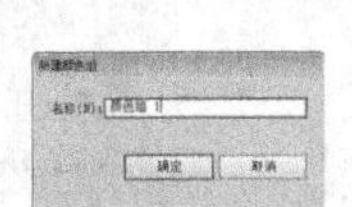
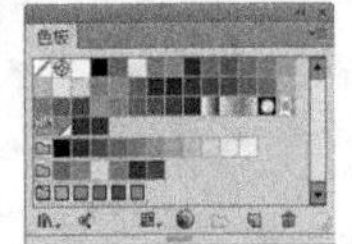

图3.20 从色板颜色创建颜色组操作效果

2. 从现有对象创建颜色组

在Illustrator CS6中，还可以利用现有的矢量图形创建新的颜色组。首先单击选择现有的矢量图形，然后单击【色板】底部的【新建颜色组】按钮，将打开【新建颜色组】对话框，为新颜色组命名后勾选【选定的图稿】单选框，再单击【确定】按钮，即可从现有对象创建颜色组。操作效果如图3.21所示。

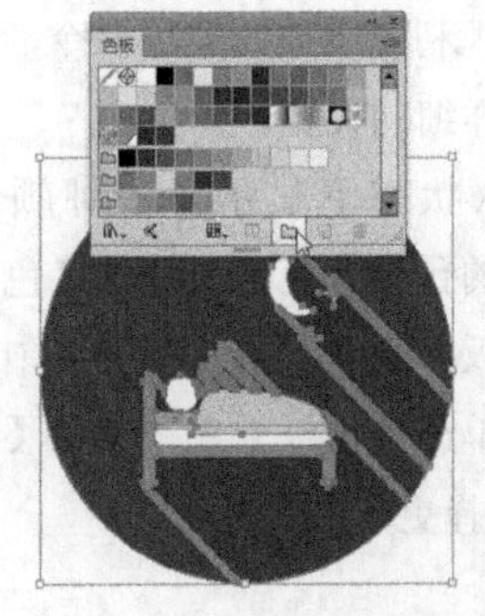
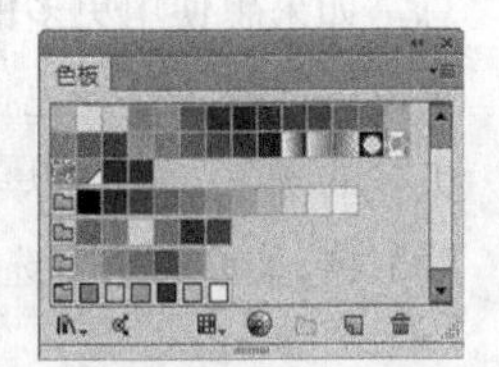

图3.21 从现有对象创建颜色组操作效果

在图3.22所示的【新建颜色组】对话框中有多个选项，决定了创建新颜色组的属性，各选项的含义说明如下。

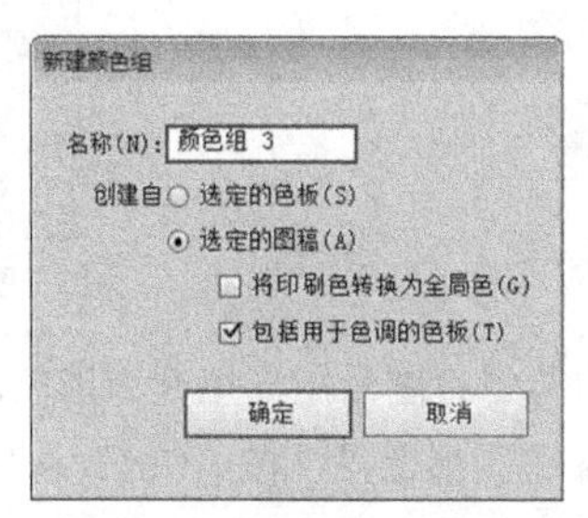

图3.22 【新建颜色组】对话框

- 【名称】：设置新颜色组的名称。
- 【创建自】：指定创建颜色组的来源。选择【选定的色板】：单选框，表示以当前选择色板中的颜色为基础创建颜色组；选择【选定的图稿】：单选框，表示以当前选择的矢量图形为基础创建颜色组。
- 【将印刷色转换为全局色】：勾选该复选框，将所有创建颜色组的颜色转换为全局色。
- 【包括用于色调的色板】：勾选该复选框，将用于色调的颜色也转换为颜色组中的颜色。

技巧与提示

可以像新建色板那样，从【颜色】面板中将颜色拖动添加到颜色组中。如果想修改颜色组中的颜色，可以双击某个颜色，打开【色板选项】对话框来修改该颜色。如果想修改颜色组中所有的颜色，可以双击颜色组图标，打开【实时颜色】对话框，对其进行修改。

3.3.3 删除色板

对于多余的颜色，可以将其删除。在【色板】面板中选择要删除的一个或多个颜色，然后单击【色板】面板底部的【删除色板】按钮，也可以选择【色板】面板菜单中的【删除色板】命令，在打开的询问对话框中单击【是】按钮，即可将选择的色板颜色删除。操作效果如图3.23所示。

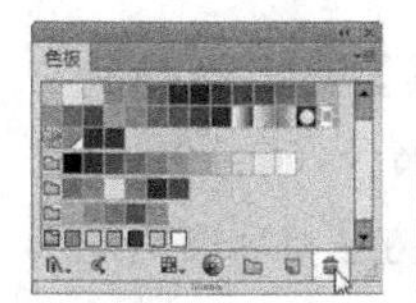

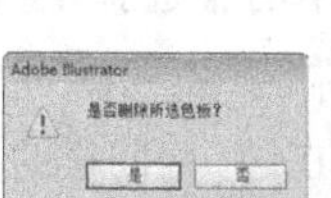

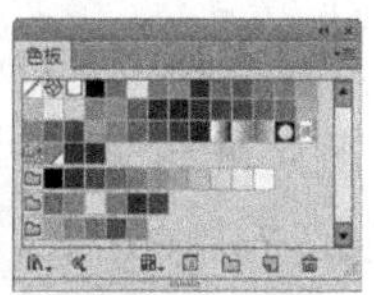

图3.23 删除色板操作效果

3.3.4 课堂案例——绘制彩色矩形

案例位置　案例文件\第3章\绘制彩色矩形.ai
视频位置　多媒体教学\3.3.4.avi
实用指数　★★★★☆

本例主要讲解利用填充颜色完成彩色矩形效果的制作。最终效果如图3.24所示。

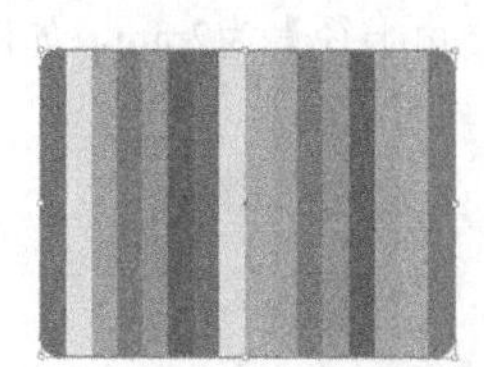

图3.24 最终效果

01 选择工具箱中的【矩形工具】，在绘图区单击，弹出【矩形】对话框，设置矩形的参数，【宽度】为3mm，【高度】为34mm，如图3.25所示。将矩形填充为粉色（C：0；M：100；Y：0；K：0），描边为无，如图3.26所示。

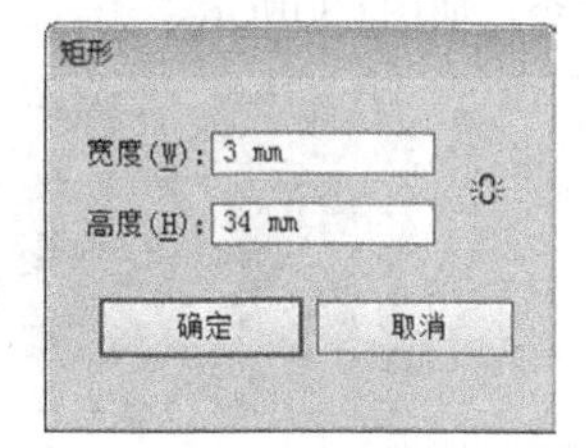

图3.25 【矩形工具】对话框　　图3.26 填充颜色

02 选择工具箱中的【选择工具】，选择矩形，按住“Alt”键的同时按住“Shift”键，拖动鼠标将其水平复制1个，再按“Ctrl”+“D”组合键复制14次，如图3.27所示。

图3.27 多重复制

03 选择工具箱中的【选择工具】，选择从左侧起第2个矩形，将其填充改为黄色（C：0；M：8；Y：100；K：0），用同样的方法将后面的矩形都修改为不同的颜色，如图3.28所示。

图3.28 修改矩形颜色

04 选择工具箱中的【圆角矩形工具】，在绘图区单击，弹出【圆角矩形】对话框，设置矩形的参数，【宽度】为48mm，【高度】为34mm，【圆角半径】为2mm，如图3.29所示。

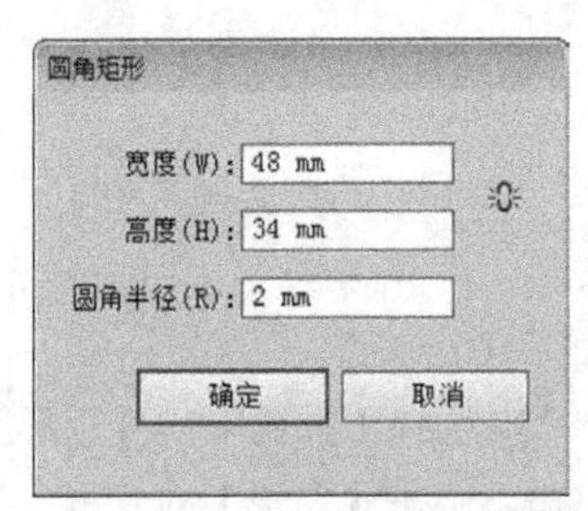

图3.29 【圆角矩形】对话框

05 将圆角矩形移动到已绘制好的矩形的中间位置，将图形全选，执行菜单栏中的【对象】|【剪切蒙版】|【建立】命令，如图3.30所示。

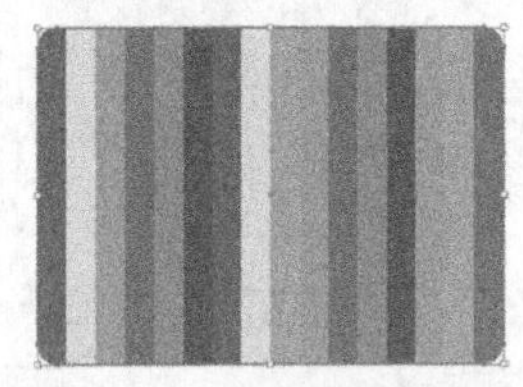

图3.30 【剪切蒙版】命令

06 选择工具箱中的【圆角矩形工具】，在绘图区单击，弹出【圆角矩形】对话框，设置矩形的参数，【宽度】为49mm，【高度】为35mm，【圆角半径】为2mm，如图3.31所示。

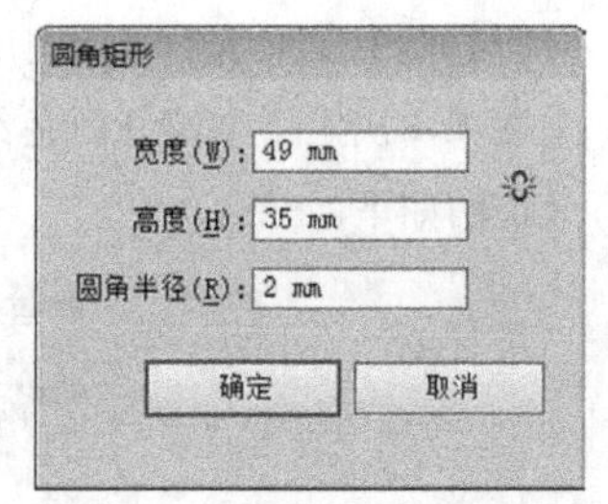

图3.31 【圆角矩形】对话框

07 将圆角矩形填充为黑色，并移动到图形的上方将图形覆盖，按“Ctrl”+“Shift”+“[”组合键置于底层，最终效果如图3.32所示。

图3.32 最终效果

3.4 渐变填充

渐变填充是实际制图中使用率相当高的一种填充方式，它与实色填充最大的不同就是实色由一种颜色组成，而渐变则是由两种或两种以上的颜色组成。

3.4.1 【渐变】面板

执行菜单栏中的【窗口】|【渐变】命令，即可打开如图3.33所示的【渐变】面板。该面板主要用来编辑渐变颜色。

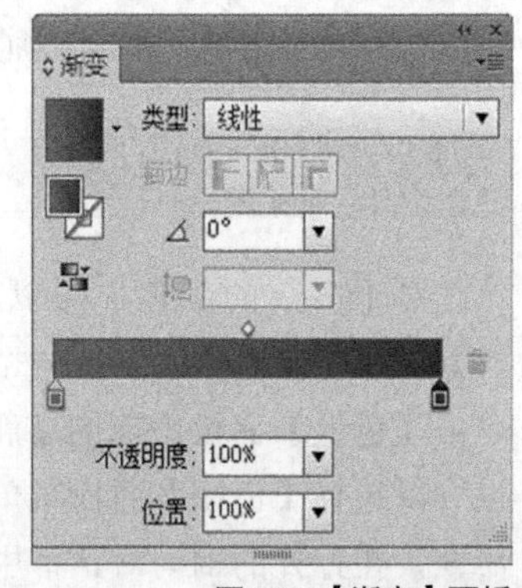

图3.33 【渐变】面板

技巧与提示

按“Ctrl”+“F9”组合键，可以快速打开【渐变】面板。

3.4.2 渐变的编辑

在进行渐变填充时，如果默认的渐变不能适合制图的需要，这时就需要编辑渐变。编辑渐变的方法很简单，具体操作如下。

1. 修改渐变颜色

在【渐变】面板中，渐变的颜色主要由色标来控制，要修改渐变的颜色只需要修改不同位置的色标颜色。修改渐变颜色可以通过单击色标来完成，具体操作方法如下。

- 使用【颜色】按钮修改渐变颜色：首先确定打开【渐变】面板，在【渐变】面板中，双击选择要修改颜色的色标，这时，在其一侧便会弹出一个面板，默认选中的为【颜色】按钮，选中需要的颜色，即可修改选中的颜色。同样的方法可以修改其他色标的颜色。使用【颜色】按钮修改渐变颜色操作效果如图3.34所示。

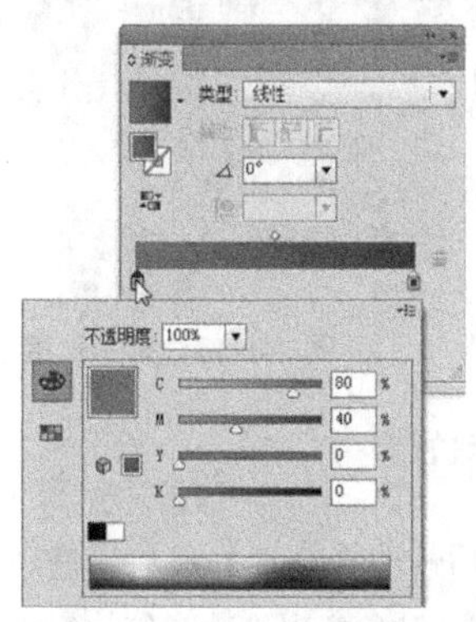

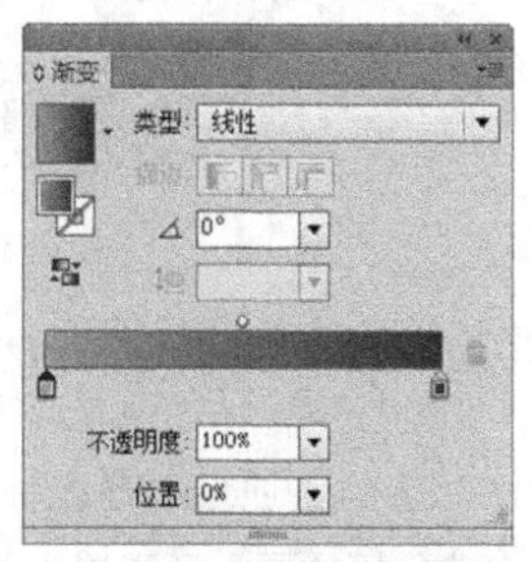

图3.34 单击【颜色】按钮修改渐变颜色

知识点：在【渐变】面板中怎样区分【渐变滑块】是否选中

未选中的色标其顶部三角形位置为空白的，显示为状，选中的色标其顶部三角形位置为黑色的填充，显示为状。

- 使用【色板】按钮修改渐变颜色：双击要修改的色标，这时，在其一侧便会弹出一个面板，单击【色板】按钮选中需要的颜色，即可修改选中的颜色。同样的方法可以修改其他色标的颜色。使用【色板】按钮修改渐变颜色效果如图3.35所示。

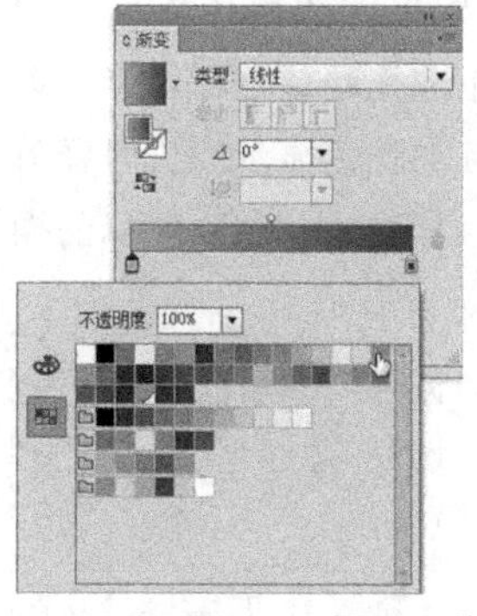

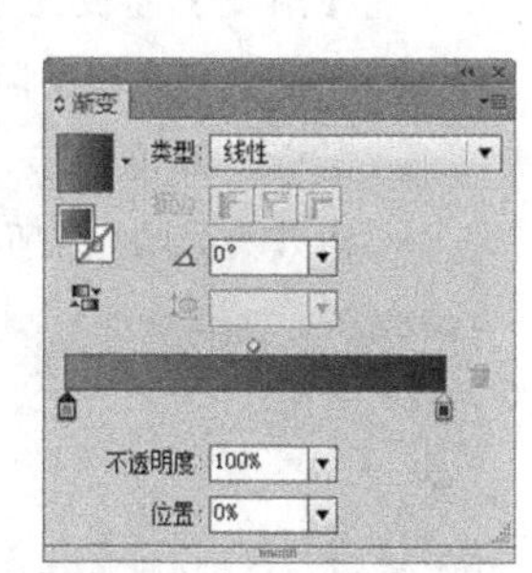

图3.35 单击【色板】按钮修改渐变颜色

技巧与提示

在应用渐变填充时，如果默认的渐变填充不能满足需要，可以执行菜单栏中的【窗口】|【色板库】|【渐变】命令，然后选择子菜单中的渐变选项，打开更多的预设渐变，以供不同需要使用。

2. 添加/删除色标

虽然Illustrator CS6为用户提供了很多预览渐变填充，但也无法满足用户的需要。用户可以根据自己的需要，在【渐变】面板中添加或删除色标，创建自己需要的渐变效果。

- 添加色标：将光标移动到【渐变】面板底部渐变滑块区域的空白位置，此时的光标右下角出现一个“+”字标记，单击鼠标即可添加一个色标，同样的方法可以在其他空白位置单击，添加更多的色标。添加色标操作效果如图3.36所示。

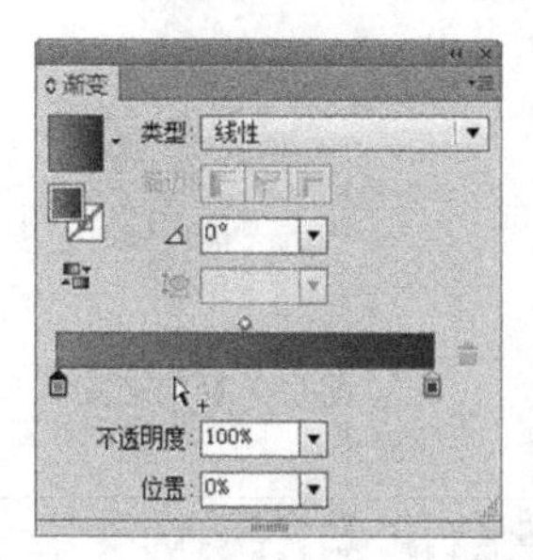

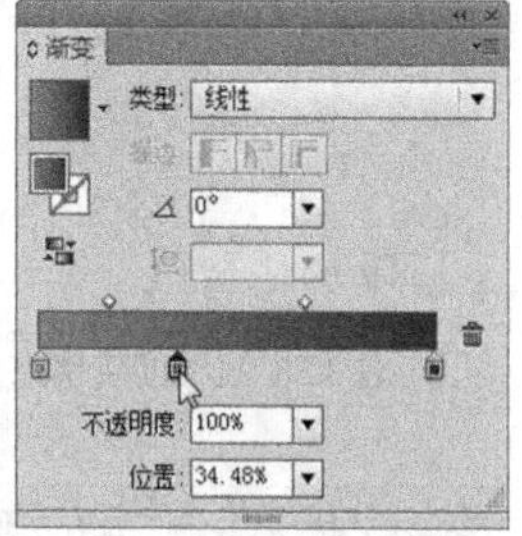

图3.36 添加色标

技巧与提示

添加完色标后，可以使用编辑渐变颜色的方法，修改新添加色标的颜色，以编辑需要颜色的渐变效果。

- 删除色标：要删除不需要的色标，可以将光标移动到该色标上，然后按住鼠标向【渐变】面板的下方拖动该色标，当【渐变】面板中该色标的颜色显示消失时释放鼠标，即可将该色标删除。删除色标的操作效果如图3.37所示。

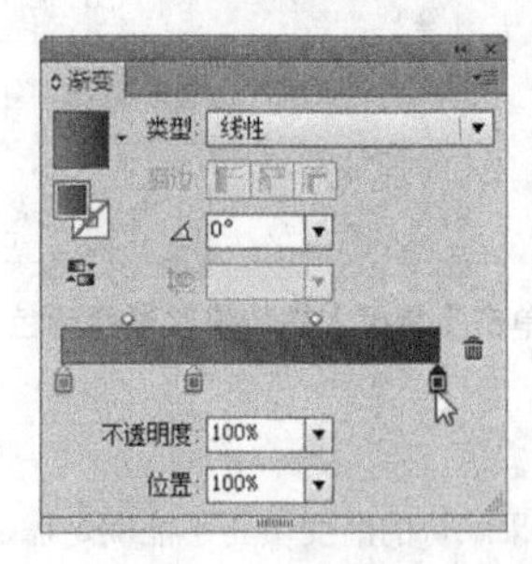
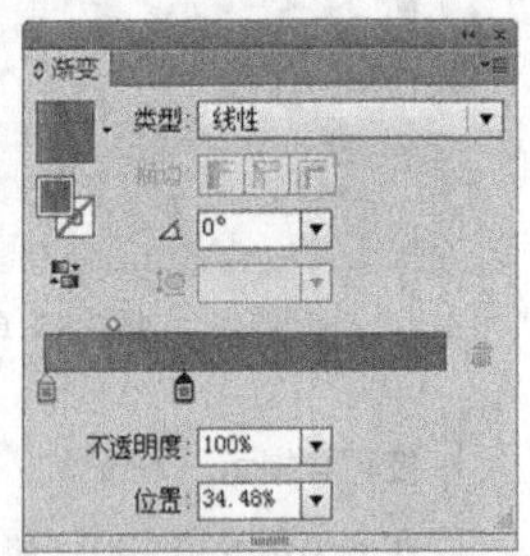

图3.37 删除色标

知识点：什么时候色标不能删除

因为渐变必须具有两种或两种以上的颜色，所以在删除色标时，【渐变】面板中至少要有两个色标。当只有两个色标时，就不能再删除色标了。

3. 修改渐变类型

渐变包括两种类型，一种是线性，另一种是径向。线性即渐变颜色以线性的方式排列；径向即渐变颜色以圆形径向的形式排列。如果要修改渐变的填充类型，只需要选择填充渐变的图形后，在【渐变】面板的【类型】下拉列表中，选择相应的选项。线性渐变和径向渐变填充效果分别如图3.38、图3.39所示。

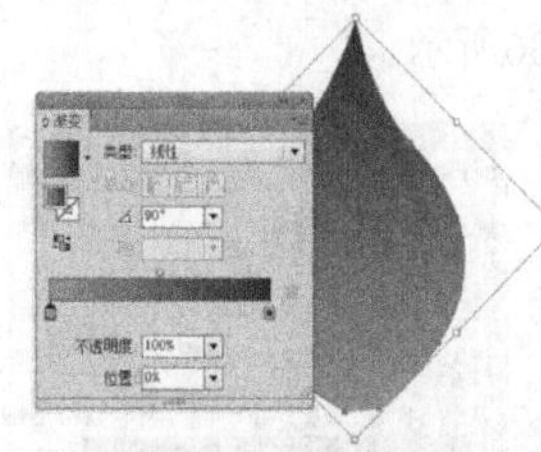

图3.38 线性渐变填充

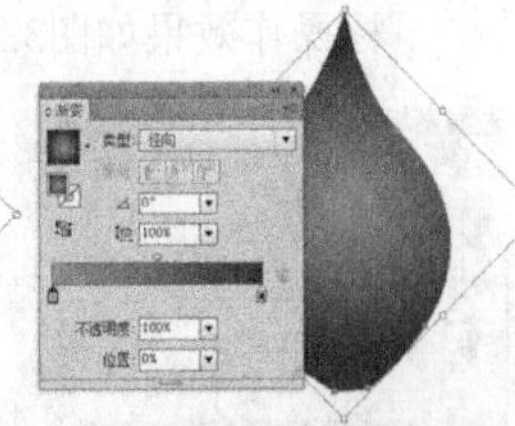

图3.39 径向渐变填充

3.4.3 修改渐变角度和位置

渐变填充的角度和位置将决定渐变填充的效果，渐变的角度和位置可以利用【渐变】面板来修改，也可以使用【渐变工具】来修改。

1. 利用【渐变】面板修改

- 修改渐变的角度：选择要修改渐变角度的图形对象，在【渐变】面板中，在【角度】文本框中输入新的角度值，然后按“Enter”键即可。修改角度效果如图3.40所示。

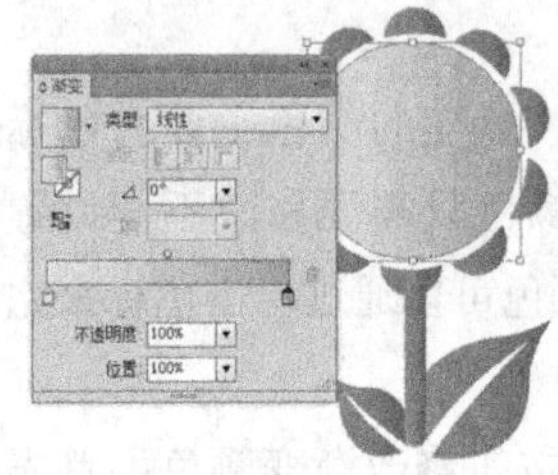
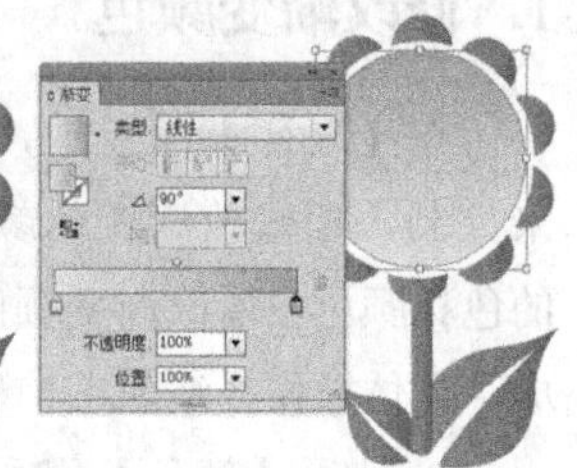

图3.40 修改渐变角度

- 修改渐变位置：在【渐变】面板中，选择要修改位置的色标，可以从【位置】文本框中看到当前色标的位置。输入新的数值，即可修改选中色标的位置。修改渐变颜色位置效果如图3.41所示。

图3.41 修改渐变位置

知识点：关于修改色标位置

除了通过选择色标后修改【位置】参数来修改色标位置，还可以直接拖动色标来修改颜色的位置，也可以拖动【渐变滑块】来修改颜色的位置。

2. 利用【渐变工具】修改

【渐变工具】主要用来对图形进行渐变填充，利用该工具不仅可以填充渐变，还可以通过拖动起点和终点的不同，填充不同的渐变效果。使用【渐变工具】比使用【渐变】面板来修改渐变的角度和位置的最大好处是比较直观，而且修改方便。

要使用【渐变工具】修改渐变填充，首先要选择填充渐变的图形，然后在工具箱中选择【渐变工具】，在合适的位置按住鼠标确定渐变的起点，然后在不释放鼠标的情况下拖动鼠标确定渐变的方向，达到满意效果后释放鼠标，确定渐变的终点，这样就可以修改渐变填充了。修改渐变效果如图3.42所示。

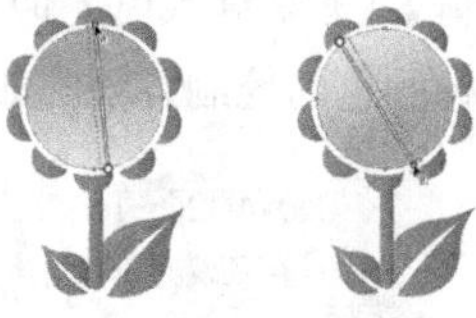

图3.42 修改渐变

技巧与提示

使用【渐变工具】编辑渐变时，起点和终点不同，渐变填充的效果也不同。在拖动鼠标时，按住“Shift”键可以限制渐变为水平、垂直或呈45° 倍数的角度进行填充。

3.3.4 课堂案例——制作立体小球效果

案例位置　案例文件\第3章\制作立体小球效果.ai
视频位置　多媒体教学\3.4.4.avi
实用指数　★★★★☆

本例主要讲解利用填充渐变完成立体小球效果。最终效果如图3.43所示。

图3.43 最终效果

01 选择工具箱中的【矩形工具】，在页面中单击，在出现的【矩形】对话框中设置矩形【宽度】为120mm，【高度】为70mm，如图3.44所示。

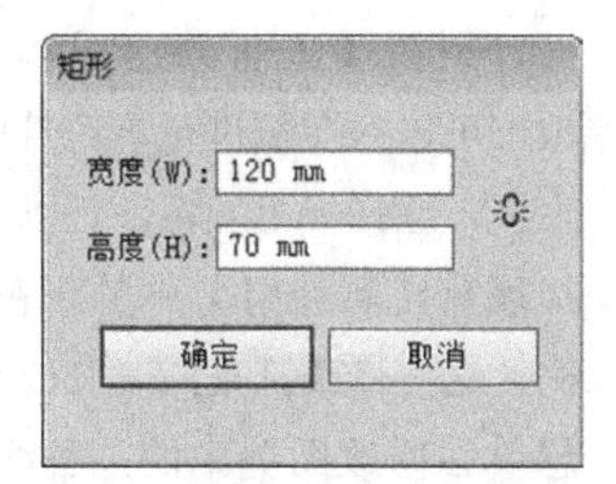

图3.44 【矩形】对话框

02 选择工具箱中的【渐变工具】，在【渐变】面板中设置从浅蓝色（C：54；M：1；Y：0；K：0）到深蓝色（C：100；M：18；Y：16；K：43）的渐变，渐变【类型】为线性，如图3.45所示。

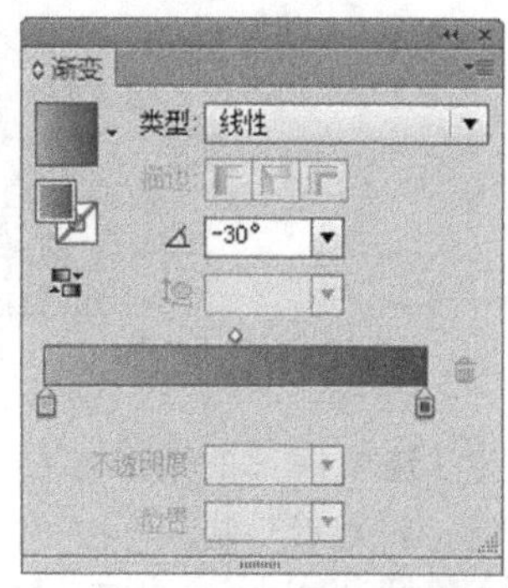

图3.45 【渐变】面板

03 光标移向矩形左上角按住鼠标左键拖动至矩形右下角，为其填充渐变，效果如图3.46所示。

图3.46 渐变效果

04 选择工具箱中的【椭圆工具】，按住“Shift”键，在页面中绘制一个正圆，为其填充从浅蓝色（C：54；M：1；Y：0；K：0）到深蓝色（C：100；M：18；Y：16；K：43）的径向渐变，填充效果如图3.47所示。

05 选择工具箱中的【钢笔工具】，在图形的上方绘制一个封闭路径，为其填充浅蓝色（C：54；M：1；Y：0；K：0）到深蓝色（C：100；M：18；Y：16；K：43）的径向渐变，效果如图3.48所示。

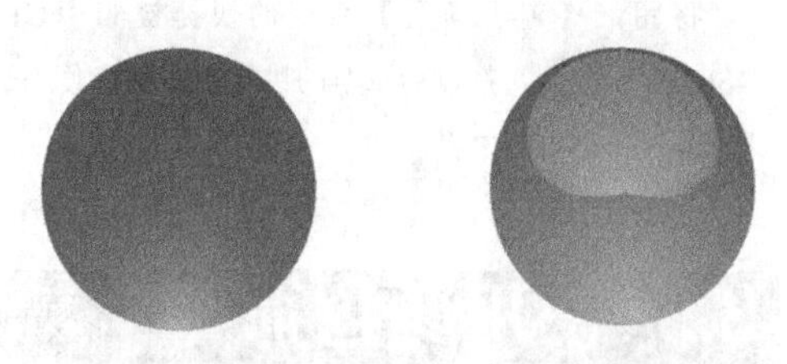

图3.47 填充效果　图3.48 绘制图形并填充渐变

06 选择两个图形并移动到背景上，按住"Alt"键的同时随意拖动复制多份，按住"Alt"+"Shift"组合键，以中心等比例缩放图形改变某些圆形的大小，效果如图3.49所示。

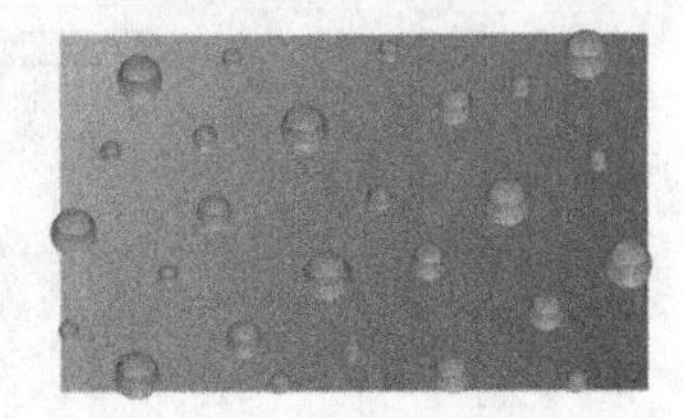

图3.49 拖动并复制

07 选中底部的矩形，按"Ctrl"+"C"组合键，将矩形复制，再按"Ctrl"+"F"组合键，将复制的矩形粘贴在原图形的前面，最后按"Ctrl"+" Shift"+"]"组合键置于顶层。如图3.50所示。

图3.50 复制矩形并置于顶层

08 将图形全部选中，执行菜单栏中的【对象】|【剪切蒙版】|【建立】命令，为所选对象创建剪切蒙版，最终效果如图3.51所示。

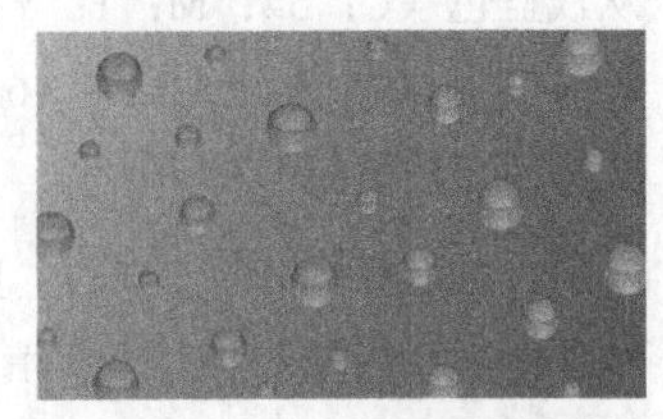

图3.51 最终效果

技巧与提示

将图形【置于顶层】命令的快捷键为"Ctrl"+"Shift"+"]"，在以后章节的讲解中，都将使用快捷键来操作，不再单独说明。

3.5 使用颜色命令

除了使用前面讲解过的颜色控制方法，Illustrator CS6还为用户提供了一些编辑颜色的命令，使用这些命令可以改变图形对象的颜色混合方式、颜色属性和颜色模式。执行菜单栏中的【编辑】|【编辑颜色】命令，在其子菜单中显示了多种颜色的控制方法。如图3.52所示。

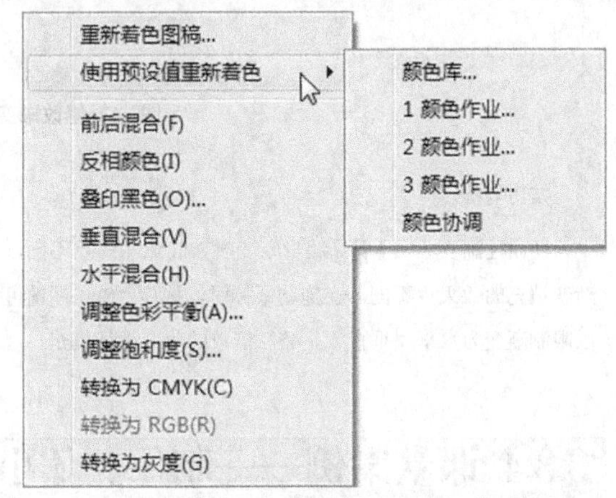

图3.52 【编辑】|【编辑颜色】命令子菜单

在【编辑】|【编辑颜色】命令子菜单中，除了【重新着色图稿】、【前后混合】、【水平混合】和【垂直混合】不能应用于位图图像，其他的命令都可以应用于位图图像和矢量图形。

3.5.1 重新着色图稿

【重新着色图稿】命令可以根据选择的图形对象目前的颜色，自动在【重新着色图稿】对话框中显示出来，并可以通过【重新着色图稿】对话框对颜色进行重新设置。

首先选择要重新着色的图稿，然后执行菜单栏中的【编辑】|【编辑颜色】|【重新着色图稿】命令，打开如图3.53所示的【重新着色图稿】对话框，在【当前颜色】中显示了当前选中图稿的颜色组。

利用【重新着色图稿】对话框中的相关选项，可以对图稿进行重新着色。从【预设】下拉列表中，选择一组颜色，可以重新着色图稿；单击选择现有【颜色组】中的颜色组也可以重新着色图稿。这些修改都是同时修改图稿的所有颜色，如果想单独修改图稿中的某种颜色，可以在【当前颜色】列表中双击【新建】下方的颜色块打开【拾色器】来修改某种颜色，也可以单击【当前颜色】下方的颜色条，选择某种颜色后，在底部的颜色设置区修改当前颜色。

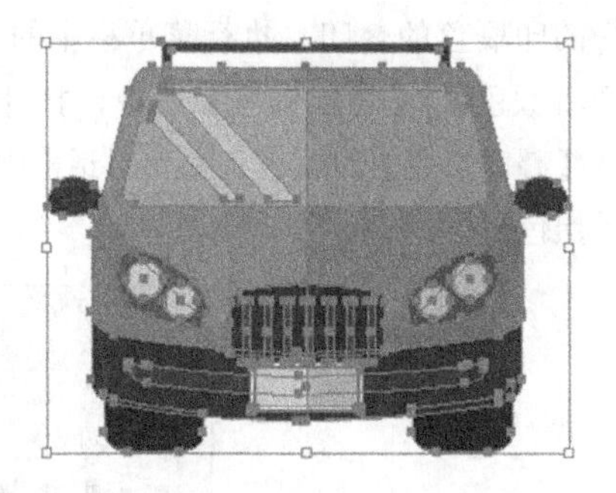

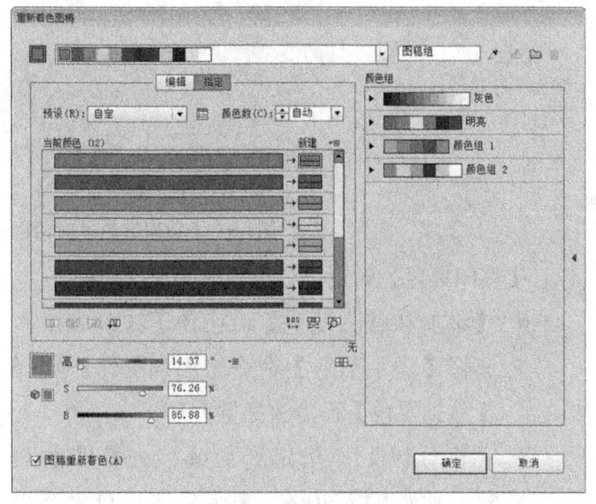

图3.53 选择图稿与【实时颜色】对话框

除了使用上面讲解的方法重新着色图稿，还可以在【重新着色图稿】对话框中，切换到【编辑】区，通过调整色轮上的颜色控制点来重新着色图稿。读者可以自己操作体会一下。编辑色轮显示效果如图3.54所示。

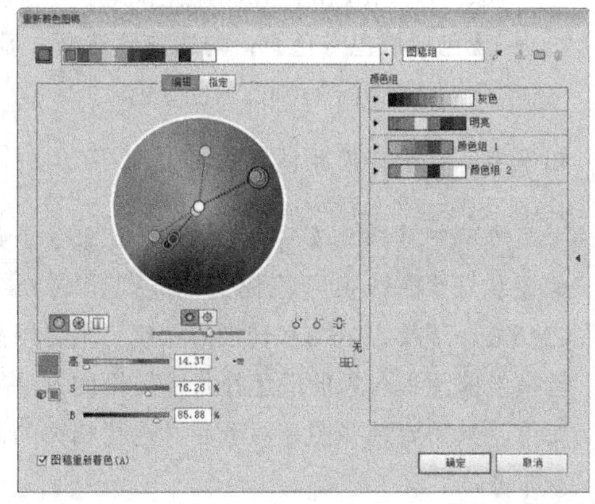

图3.54 编辑色轮显示

3.5.2 混合命令

混合颜色命令有3种方式：前后混合、水平混合和垂直混合。混合命令将把一组三个或更多的有颜色填充的图形对象通过混合产生一系列中间过渡颜色。这与图形对象的混合不同，颜色混合后仍保留独立的图形个体，图形对象混合后就成为一个整体了，这个整体内的颜色是渐层的。

前后混合是根据图形的先后顺序进行混合，主要依据最前面图形和最后面图形的填充颜色，中间的图形自动从最前面图形的填充颜色过渡到最后面图形的填充颜色，与中间图形的填充颜色无关。选择要混合的图形对象，然后执行菜单栏中的【编辑】|【编辑颜色】|【前后混合】命令，即可将图形进行前后混合。前后混合效果对比如图3.55所示。

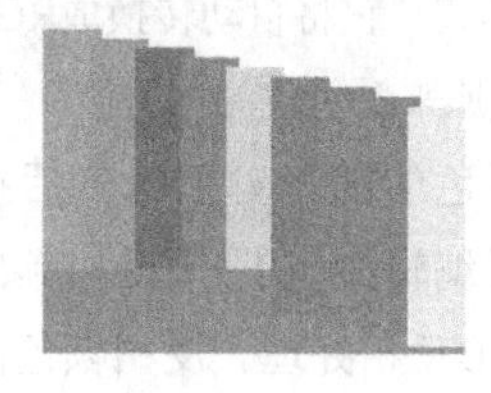

图3.55 前后混合效果对比

水平混合是根据图形的水平方向进行混合，主要依据最左侧图形和最右侧图形的填充颜色，中间的图形自动从最左侧图形的填充颜色过渡到最右侧图形的填充颜色，与中间图形的填充颜色无关。选择要混合的图形对象，然后执行菜单栏中的【编辑】|【编辑颜色】|【水平混合】命令，即可将图形进行水平混合。水平混合效果对比如图3.56所示。

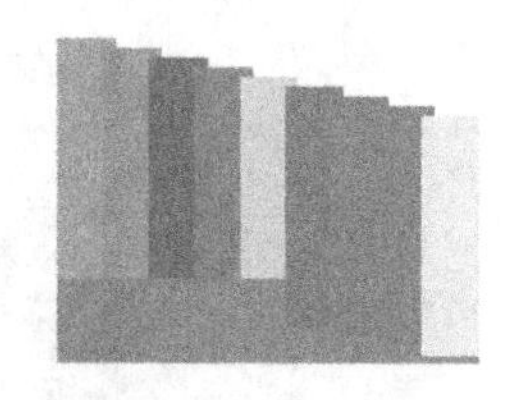
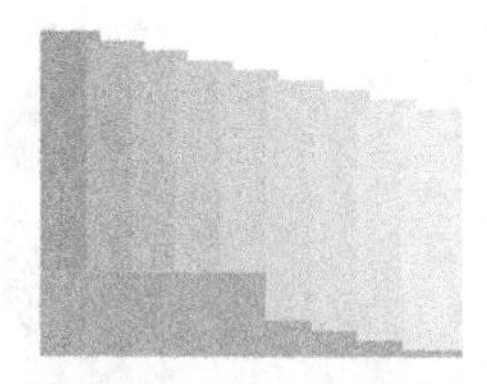

图3.56 水平混合效果对比

垂直混合是根据图形的垂直方向进行混合，主要依据最上面图形和最下面图形的填充颜色，中间的图形自动从最上面图形的填充颜色过渡到最下面图形的填充颜色，与中间图形的填充颜色无关。选择要混合的图形对象，然后执行菜单栏中的【编

辑】|【编辑颜色】|【垂直混合】命令，即可将图形进行垂直混合。垂直混合效果对比如图3.57所示。

图3.57 垂直混合效果对比

3.5.3 反相颜色与叠印黑色

反相颜色与叠印黑色也是编辑颜色的命令，下面来讲解它们的含义及应用方法。

1. 反相颜色

【反相颜色】命令用来创建图形对象的负片效果，就像照片的底片一样。在转换图像颜色时，如果它的颜色模式不是RGB模式，它将自动转换成RGB，而且它的颜色值会转换成原来颜色值的相反值。

首先选择要反相颜色的图形对象，然后执行菜单栏中的【编辑】|【编辑颜色】|【反相颜色】命令，即可将选择的图形反相处理。反相颜色前后对比效果如图3.58所示。

知识点：关于【反相颜色】和【颜色】面板中的【反相】

【反相颜色】命令与【颜色】面板菜单中的【反相】命令是不同的，【反相】命令只适用于矢量图形的着色上，而不能应用在位图图像上；【反相颜色】命令则可以应用于位图和矢量图中。

图3.58 反相颜色前后效果对比

2. 叠印黑色

【叠印黑色】命令可以设置黑色叠印效果或删除黑色叠印。选择要添加或删除叠印的对象，可以设置自定义颜色的叠印，该自定义颜色的印刷色等价于包含指定百分比的黑色，或者设置包括黑色的印刷色的叠印。执行菜单栏中的【编辑】|【编辑颜色】|【叠印黑色】命令，打开图3.59所示的【叠印黑色】对话框。在该对话框中可以设置叠印黑色属性。

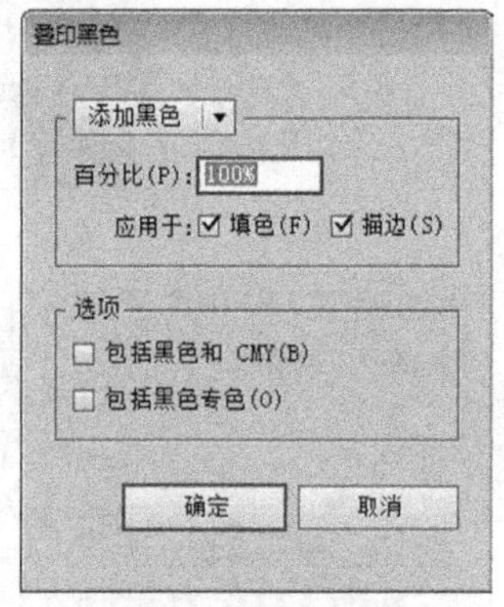

图3.59 【叠印黑色】对话框

【叠印黑色】对话框各选项的含义说明如下。

- 【添加和移去黑色】：在该下拉列表中，选择【添加黑色】命令来添加叠印；选择【移去黑色】命令来删除叠印。
- 【百分比】：指定添加或移去叠印的对象。比如输入60%，表示只选择包含至少60%的黑色对象。
- 【应用于】：设置叠印应用的范围，可以选择填充和描边两种类型。
- 【包括黑色和CMY】：勾选该复选框，将叠印应用于青色、洋线和黄色的图形对象，以及由CMY组成的黑色。
- 【包括黑色专色】：勾选该复选框，叠印效果将应用于特别的黑色专色。

知识点：关于转换颜色模式

菜单中【编辑】|【编辑颜色】命令子菜单提供了3种转换颜色模式的工具：转换为CMYK、转换为RGB和转换为灰度。主要用来转换当前图形对象的颜色模式，转换的方法很简单，只需要选择图形对象后，选择相关的命令即可。

3.5.4 调整命令

Illustrator CS6为用户提供了两种调整命令，分别为【调整色彩平衡】和【调整饱和度】。这两种命令主要用来对图形的色彩进行调整，下面来详细讲解它们的含义及使用方法。

1. 调整色彩平衡

【调整色彩平衡】命令可以通过改变对象的灰度、RGB 或 CMYK 模式，并通过相关颜色信息来改变图形的颜色。

选择要进行调整色彩平衡的图形对象，然后执行菜单栏中的【编辑】|【编辑颜色】|【调整色彩平衡】命令，即可打开【调整颜色】对话框，在【颜色模式】下拉列表中，可以选择一种颜色模式，勾选【填色】复选框将对图形对象的填充进行调色；勾选【描边】复选框，将对图形对象的描边进行调色。应用【调整色彩平衡】命令调色效果如图3.60所示。

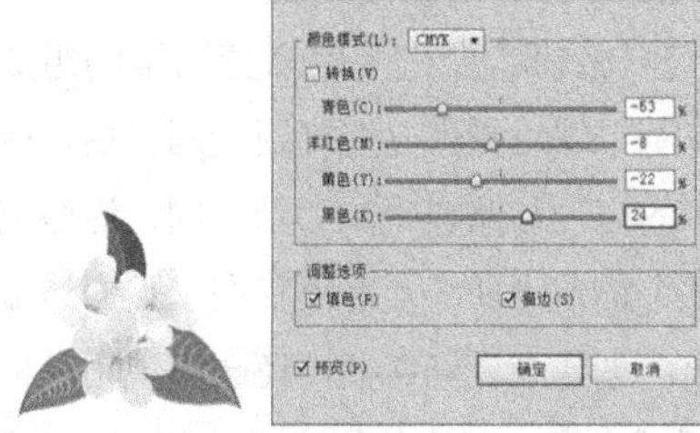

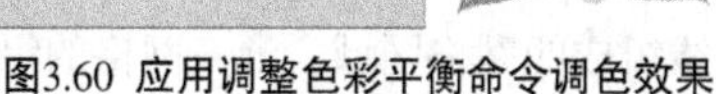

图3.60 应用调整色彩平衡命令调色效果

2. 调整饱和度

饱和度是指颜色的浓度，即颜色的深浅程度。利用【调整饱和度】命令可以增加或减少图形颜色的浓度，使图形颜色更加丰富或者更加单调。增加饱和度会使图形颜色的强度加深，图形颜色之间的对比加强，会感到整个图形颜色鲜艳。减少饱和度会使图形颜色的强度减弱，图形颜色之间的对比减少，会感到整个图形颜色变浅。

选择要调整饱和度的图形对象，然后执行菜单栏中的【编辑】|【编辑颜色】|【调整饱和度】命令，打开【调整饱和度】对话框，在【强度】文本框中设置数值，以增加或减少图形的颜色饱和度，取值范围为-100%~100%。当值大于0时，将增加颜色的饱和度；当值小于0时，将减少颜色的饱和度。图形的默认强度值为0。调整饱和度前后的效果对比如图3.61所示。

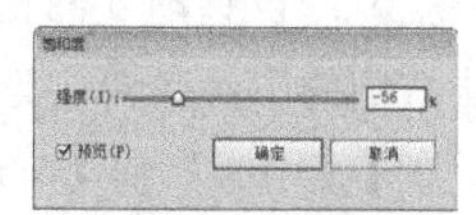

图3.61 调整饱和度前后的效果对比

3.6 渐变网格

渐变网格填充类似于渐变填充，但比渐变填充具有更大的灵活性，它可以在图形上以创建网格的形式进行多种颜色的填充，而且不受任何其他颜色的限制。渐变填充具有一定的顺序性和规则性，而渐变网格则打破了这些规则，它可以任意在图形的任何位置填充渐变颜色，并可以使用直接选择工具修改这些渐变颜色的位置和效果。

3.6.1 渐变网格填充

要想创建渐变网格填充，可以通过3种方法来实现，【创建渐变网格】命令、【扩展】命令和【网格工具】。下面就来详细讲解这几种方法的使用。

1. 使用创建渐变网格命令

该命令可以为选择的图形创建渐变网格。首先选择一个图形对象，然后执行菜单栏中的【对象】|【创建渐变网格】命令，打开【创建渐变网格】对话框，在该对话框中可以设置渐变网格的相关信息。创建渐变网格效果如图3.62所示。

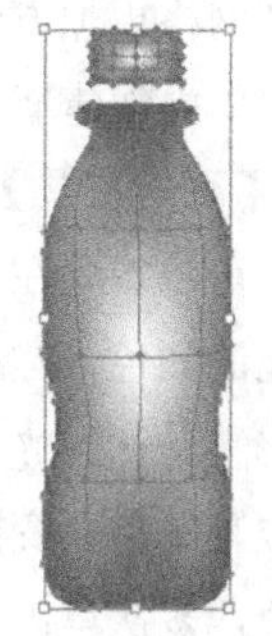
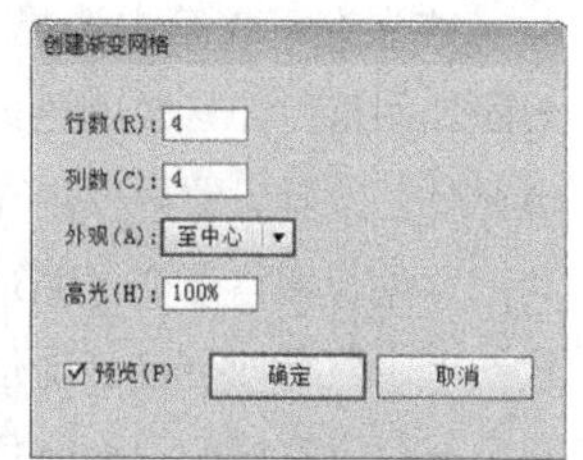

图3.62 创建渐变网格效果

【创建渐变网格】对话框各选项的含义说明如下。

- 【行数】：设置渐变网格的行数。
- 【列数】：设置渐变网格的列数。
- 【外观】：设置渐变网格的外观效果。可以从右侧的下拉菜单中选择，包括【平淡色】、【至中心】和【至边缘】3个选项。
- 【高光】：设置颜色的淡化程度，数值越大高光越亮，越接近白色。取值范围为0~100%。

2. 使用扩展命令

使用【扩展】命令可以将渐变填充的图形对象转换为渐变网格对象。首先选择一个具有渐变填充的图形对象，然后执行菜单栏中的【对象】|【扩展】命令，打开【扩展】对话框，在【扩展】选项中可以选择要扩展的对象，比如对象填充或描边。在【将渐变扩展为】选项中包括两个选项，勾选【渐变网格】单选框，可将渐变填充转换为渐变网格填充；在【指定……对象】文本框中输入参数，可以将对象扩展为指定的对象，使用【扩展】命令操作效果如图3.63所示。

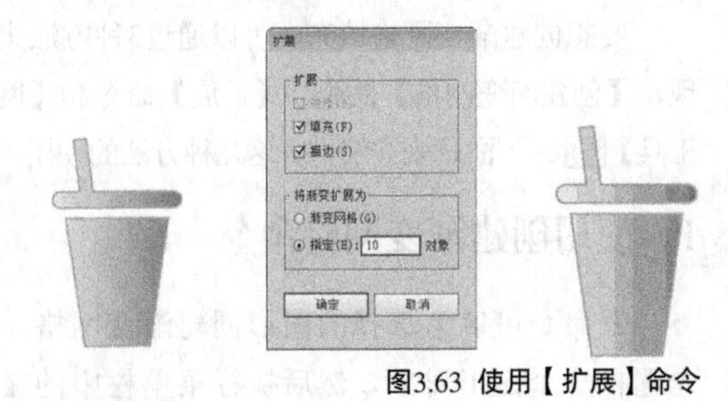

图3.63 使用【扩展】命令

3. 使用网格工具

使用【网格工具】创建渐变网格填充不同于前两种方法，它创建渐变网格更加方便和自由，它可以在图形中的任意位置单击创建渐变网格。

首先在工具箱中选择【网格工具】，如果想添加网格时即修改颜色，可以首先在工具箱中的填充颜色位置设置好要填充的颜色，然后将光标移动到要创建网格渐变的图形上，此时光标将变成状，单击鼠标即可在当前位置创建渐变网格，并为其填充已设置好的填充颜色，多次单击可以添加更多的渐变网格；如果想修改颜色，可以使用【直接选择工具】选择锚点或网格区域修改颜色。使用【网格工具】添加渐变网格效果如图3.64所示。

图3.64 使用【网格工具】添加渐变网格

技巧与提示

使用【网格工具】在渐变填充的图形上单击，不管是否在工具箱中事先设置什么颜色，除了单击位置，其他图形位置的填充都将变成黑色。

3.6.2 渐变网格的编辑

前面讲解了渐变网格填充的创建方法，创建渐变网格后，如果对渐变网格的颜色和位置不满意，还可以对其进行详细的编辑调整。

在编辑渐变网格前，要先了解渐变网格的组成部分，这样更有利于编辑操作。选择渐变网格后，网格上会显示很多的点，与路径上的显示相同，这些点叫锚点；如果某个锚点为曲线点，还将在该点旁边显示出控制柄效果；创建渐变网格后，还会出现由网格线组成的网格区域。渐变网格的组成部分如图3.65所示。熟悉这些元素后，就可以轻松编辑渐变网格了。

图3.65 渐变网格的组成

1. 选择和移动锚点和网格区域

要想编辑渐变网格，首先要选择渐变网格的锚点或网格区域。使用【网格工具】可以选择锚点，但不能选择网格区域。所以一般都使用【直接选择工具】来选择锚点或网格区域，其使用方法与编辑路径的方法相同，只需要在锚点上单击，即可选择该锚点，选择的锚点将显示为黑色实心效果，而没有选中的锚点将显示为空心效果。选择网格区域的方法更加简单，只需要在网格区域中单击鼠标，即可将其选中。

使用【直接选择工具】在需要移动的锚点上，按住鼠标拖动，到达合适的位置后释放鼠标，即可将该锚点移动。同样的方法可以移动网格区域。移动锚点的操作效果如图3.66所示。

技巧与提示

在使用【直接选择工具】选择锚点或网格区域时，按住“Shift”键可以多次单击，选择多个锚点或网格区域。

图3.66 移动锚点的位置

2. 为锚点或网格区域着色

创建后的渐变网格的颜色，还可以再次修改，首先使用【直接选择工具】选择锚点或网格区域，单击【色板】面板中的某种颜色，即可为该锚点或网格区域填色。也可以使用【颜色】面板编辑颜色来填充。为锚点和网格区域着色效果如图3.67所示。

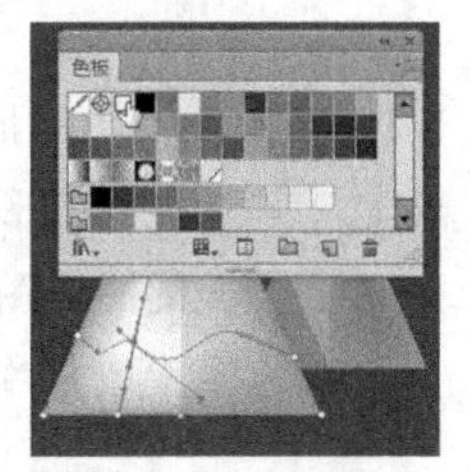

图3.67 为锚点和网格区域着色

3.6.3 课堂案例——绘制液态背景

案例位置　案例文件\第3章\绘制液态背景.ai
视频位置　多媒体教学\3.6.3.avi
实用指数　★★★★★

本例主要讲解利用渐变网格绘制液态背景。最终效果如图3.68所示。

图3.68 最终效果

01 选择工具箱中的【矩形工具】，在绘图区单击，弹出【矩形】对话框，设置矩形的参数。填充色为蓝色（C：100；M：7；Y：0；K：0），描边为无。效果如图3.69所示。

图3.69 填充颜色

02 选择工具箱中的【网格工具】，在矩形的边缘处单击，建立网格，如图3.70所示。

图3.70 建立网格

03 选择工具箱中的【直接选择工具】，选择锚点，对其进行调整，如图3.71所示。

图3.71 调整锚点

04 用刚才同样的方法使用【网格工具】，在边缘处再单击两次，对其进行调整，达到满意效果为止，如图3.72所示。

图3.72 调整锚点

05 选择工具箱中的【直接选择工具】，选择左侧网格上第1条线的两个对称锚点，为其填充深蓝色（C：100；M：50；Y：0；K：0），填充效果如图3.73所示。

图3.73 填充效果

06 单击左侧第2条线对称的两个锚点，填充为浅蓝色（C：54；M：15；Y：0；K：0），再单击矩形右侧边缘的两个对称锚点，填充为深蓝色（C：100；M：50；Y：0；K：0），填充效果如图3.74所示。

图3.74 填充效果

07 选择工具箱中的【直接选择工具】，单击网格上的锚点，进行修改，使其过渡得更加均匀、柔和，如图3.75所示。

图3.75 修改锚点

3.7 图案填充

图案填充是一种特殊的填充，在【色板】面板中Illustrator CS6为用户提供了两种图案。图案填充与渐变填充不同，它不但可以用来填充图形的内部区域，也可以用来填充路径描边。图案填充会自动根据图案和所要填充对象的范围决定图案的拼贴效果。图案填充是一个非常简单但又相当有用的填充方式。除了使用预设的图案填充，还可以自己创建自己需要的图案填充。

3.7.1 使用图案色板

执行菜单栏中的【窗口】|【色板】命令，打开【色板】面板。在前面已经讲解过【色板】面板的使用，这里单击【色板类型】按钮，选择【显示图案色板】命令，则【色板】面板中只显示图案填充。如图3.76所示。

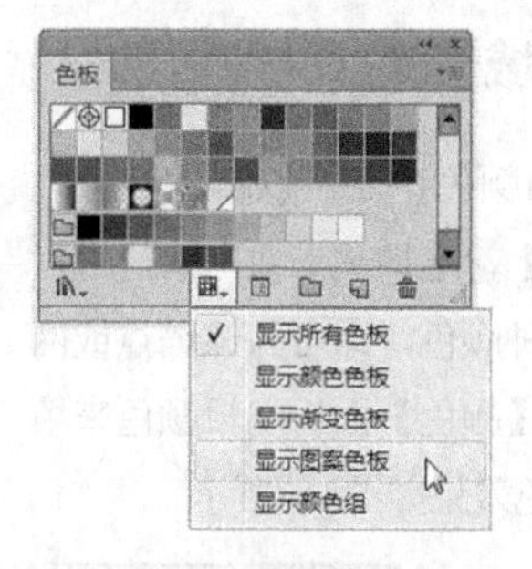

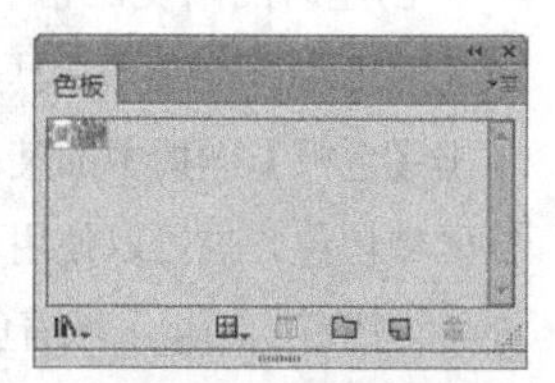

图3.76 【色板】面板

使用图案填充图形的操作方法十分简单。首先选中要填充的图形对象，然后在【色板】面板中单击要填充的图案图标，即可将选中的图形对象填充图案。图案填充效果如图3.77所示。

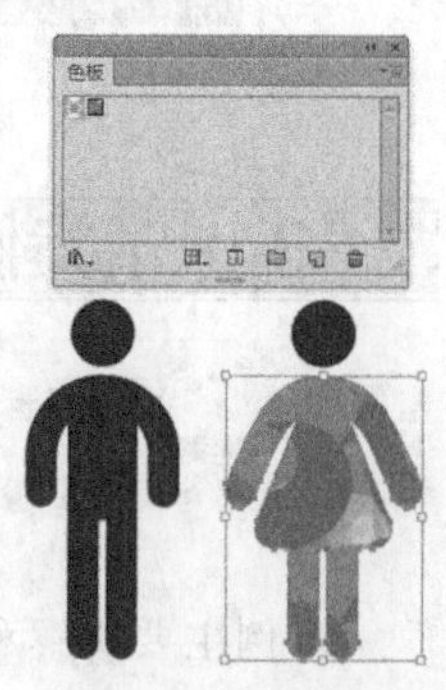

图3.77 图案填充效果

知识点：关于图案填充

使用图案填充时，不但可以选择图形对象后单击图案图标填充图案，还可以使用鼠标直接拖动图案图标到要填充的图形对象上，然后释放鼠标即可应用图案填充。

3.7.2 课堂案例——整图定义图案

案例位置　案例文件\第3章\整图定义图案.ai
视频位置　多媒体教学\3.7.2.avi
实用指数　★★★★★

本例主要讲解整体图案定义的方法。整图定义图案就是将整个图形定义为图案，该方法只需要选择定义图案的图形，然后应用相关命令，就可以将整个图形定义为图案了。最终效果如图3.78所示。

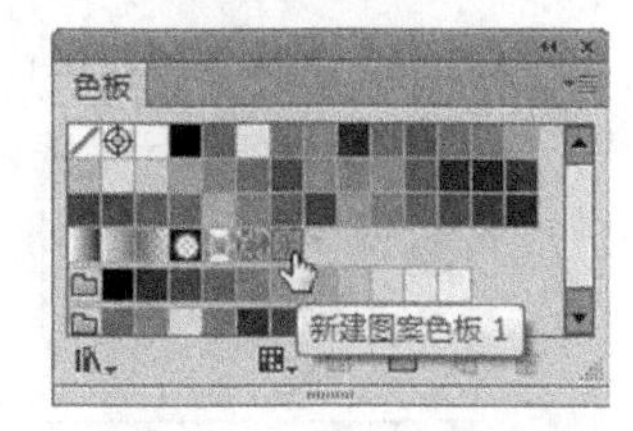

图3.78 最终效果

01 选择工具箱中的【矩形工具】，按住“Shift”键的同时在文档中拖动绘制一个正方形。然后设置正方形的填充颜色为浅蓝色（C：69；M：4；Y：11；K：0），描边颜色为深蓝色（C：83；M：48；Y：25；K：0），设置描边为“1”，如图3.79所示。

图3.79 填充颜色

02 选择工具箱中的文字工具，在文档中单击输入一个“乐”字，并将其填充为深蓝色，设置合适的大小和字体，将其放置在正方形的中心对齐位置。如图3.80所示。

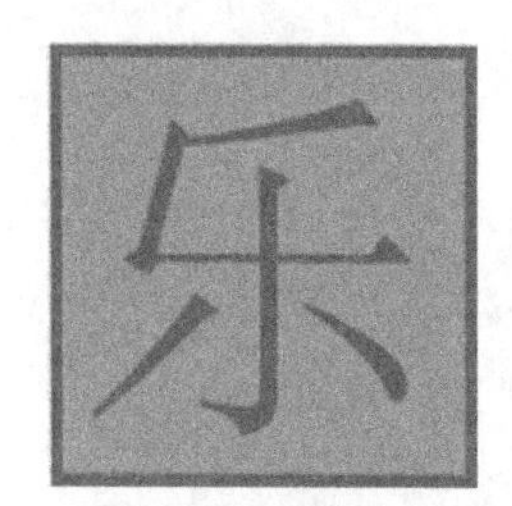

图3.80 输入文字

03 在文档中，将正方形和文字全部选中，然后将其拖动到【色板】面板中，当光标变成状时，释放鼠标，即可创建一个新图案。创建新图案的操作效果如图3.81所示。

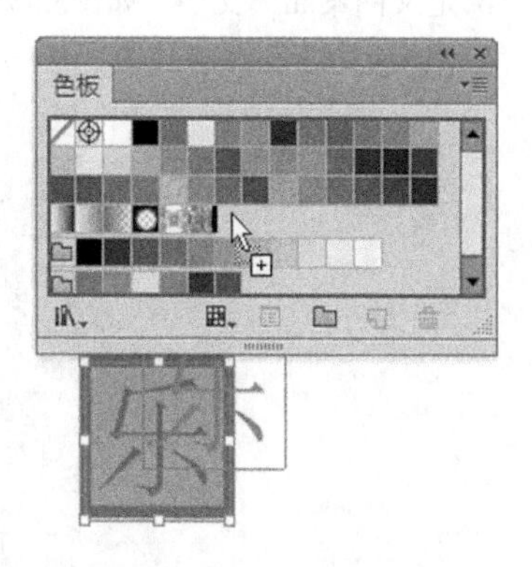

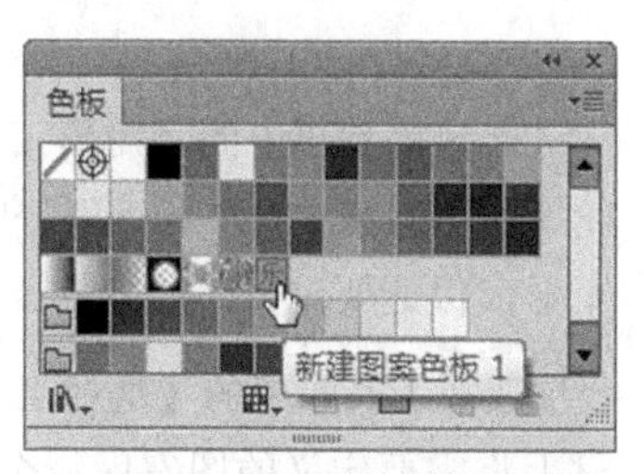

图3.81 创建新图案的操作效果

3.7.3 课堂案例——局部定义图案

案例位置　案例文件\第3章\局部定义图案.ai
视频位置　多媒体教学\3.7.3.avi
实用指数　★★★★★

本例讲解局部定义图案的方法。前面讲解了整图定义图案的制作方法，在有些时候，只需要某个图形的局部来制作图案，使用前面的方法就不能满足需要了，这时就可以应用局部定义图案的方法。最终效果如图3.82所示。

图3.82 最终效果

01 打开素材。执行菜单栏中的【文件】|【打开】命令，或按“Ctrl”+“O”组合键，打开【打开】对话框，选择配套光盘中的“素材文件\ 第3章 \局部定义图案.ai”文件，如图3.83所示。

图3.83 打开素材

02 选择工具箱中的【矩形工具】，将填充的轮廓全部设置为无，在其中的一朵花上绘制一个矩形，保证要定义的图案位于矩形中。

03 选择工具箱中的【选择工具】，然后在素材上将需要定义的图案区域全部选中，如图3.84所示。

图3.84 绘制矩形

04 执行菜单栏中的【对象】|【图案】|【建立】命令，打开【图案选项】对话框，在【色板名称】文本框中输入新图案的名称为“小花”。定义图案操作效果如图3.85所示。

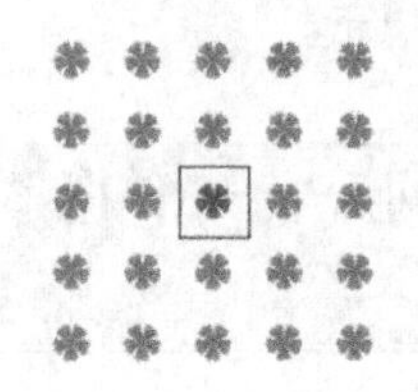

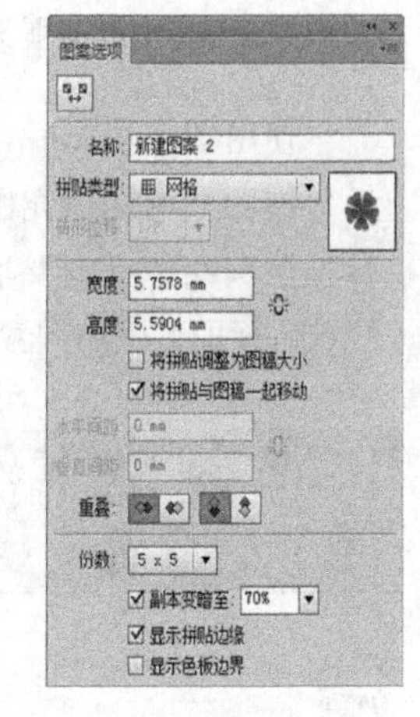

图3.85 定义图案操作效果

知识点：关于创建图案

使用菜单命令与使用直接拖动来创建图案的方法，都可以轻松创建图案，只是操作方法不同，所以这里也可以使用前面讲解过的拖动图案到【色板】面板中创建图案。如图3.86所示。

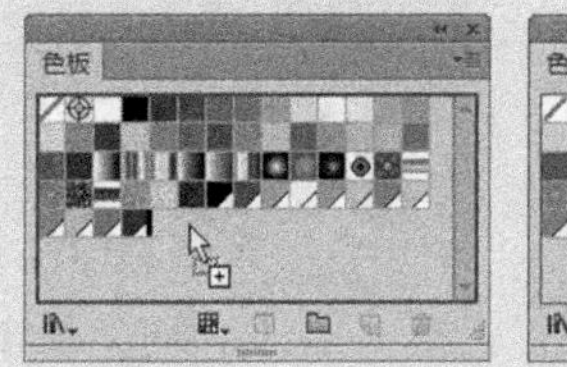

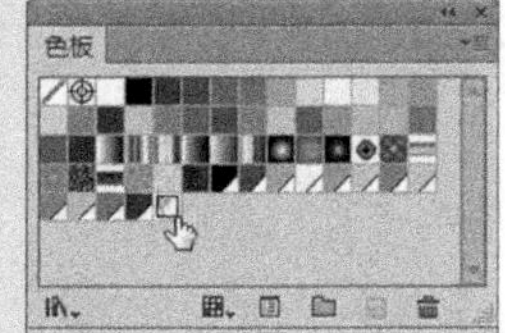

图3.86 使用直接拖动创建图案

05 设置好图案名称后，单击【完成】按钮，即可创建一个新的图案，在【色板】面板中将显示该图案效果。图案的显示与填充效果如图3.87所示。

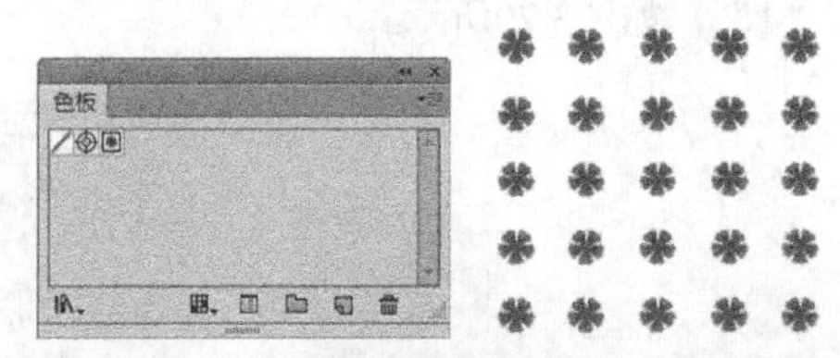

图3.87 图案的显示与填充效果

3.7.4 图案的编辑

图案也可以像图形对象一样，进行缩放、旋转、倾斜和扭曲等多种操作，它与图形的操作方法相同，在前面也讲解过，这里再详细说明一下。下面就以前面创建的图案填充后旋转一定角度来讲解图案的编辑。

01 利用【矩形工具】在文档中绘制一个矩形，然后将其填充为前面创建的“乐”字图案，如图3.88所示。

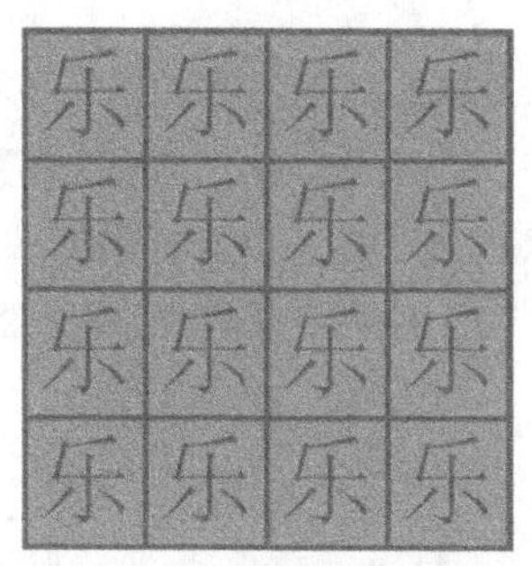

图3.88 填充图案

02 将矩形选中，执行菜单栏中的【对象】|【变换】|【旋转】命令，打开【旋转】对话框。如图3.89所示。

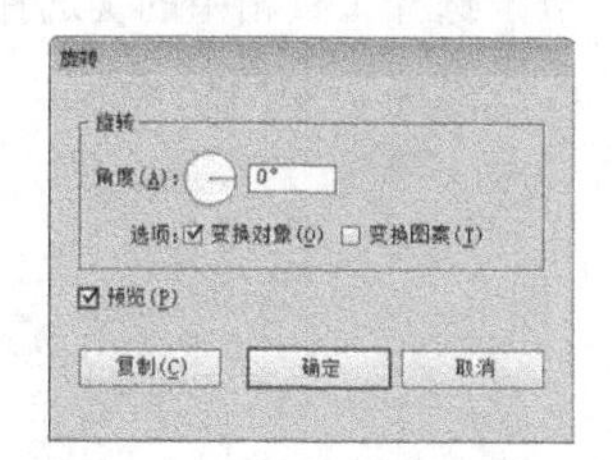

图3.89 【旋转】对话框

03 在【旋转】对话框中，设置【角度】的值为45°，分别单独勾选【变换对象】复选框、【变换图案】复选框以及同时勾选【变换对象】和【变换图案】复选框，观察图形旋转的不同效果，如图3.90所示。

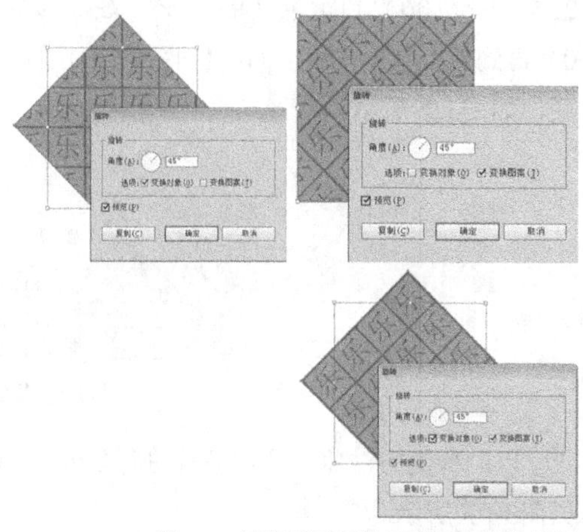

图3.90 勾选不同复选框的图案旋转效果

3.8 透明填充

在Illustrator CS6中，可以通过【透明度】面板来调整图形的透明度。能够将一个对象的填色、笔画或对象群组从100%的不透明变更为0的完全透明。当降低对象的透明度时，其下方的图形会透过该对象显示出来。

3.8.1 图形的透明度

要设置图形的透明度，首先选择一个图形对象，然后执行菜单栏中的【窗口】|【透明度】命令，或按“Shift”+“Ctrl”+“F10”组合键，打开【透明度】面板，在【不透明度】文本框中输入新的数值，以设置图形的透明程度。设置图形透明度操作如图3.91所示。

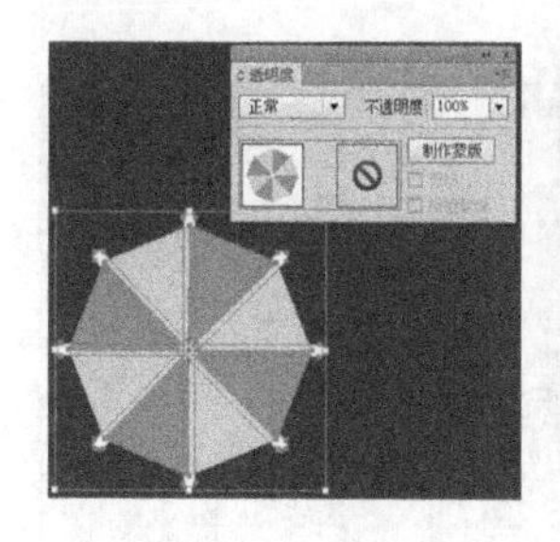

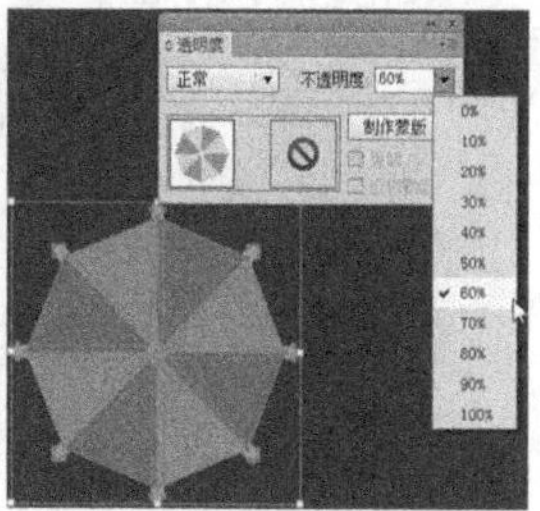

图3.91 设置图形透明度

3.8.2 课堂案例——绘制梦幻线条效果

案例位置　案例文件\第3章\绘制梦幻线条效果.ai
视频位置　多媒体教学\3.8.2.avi
实用指数　★★★★★

本例主要讲解利用【不透明度】完成梦幻线条效果。最终效果如图3.92所示。

图3.92 最终效果

01 新建一个颜色模式为RGB的画布，选择工具箱中的【矩形工具】，在绘图区单击，弹出【矩形】对话框，设置矩形的参数，【宽度】为150mm，【高度】为100mm，描边为无，如图3.93所示。

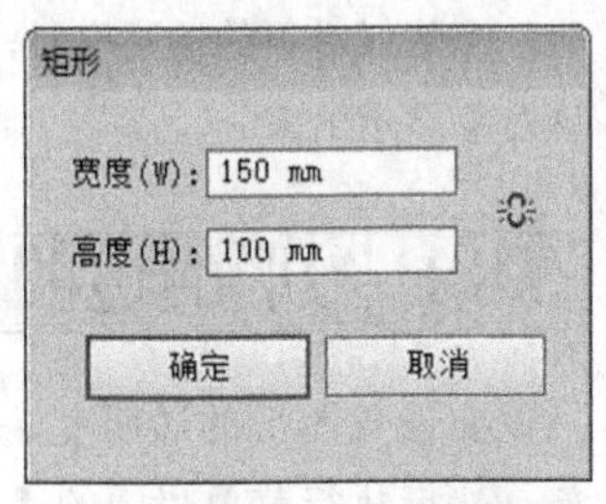

图3.93 【矩形】对话框

02 为所创建的矩形填充浅黄色（R：250；G：235；B：106）到黄色（R：255；G：192；B：0）再到橙色（R：243；G：114；B：0）的线性渐变，如图3.94所示。

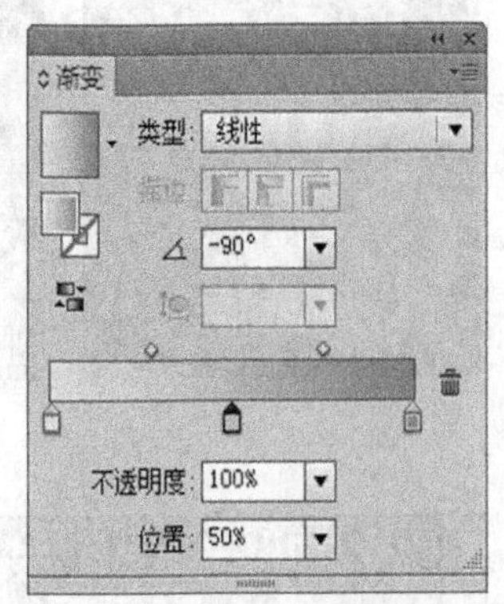

图3.94 【渐变】面板

03 填充效果如图3.95所示。

图3.95 填充效果

04 选择工具箱中的【钢笔工具】，在背景矩形上，绘制一条封闭式的线条，填充为白色，以同样的方法以第1个线条的弧度为基础，继续绘制长短不一的线条，如图3.96所示。

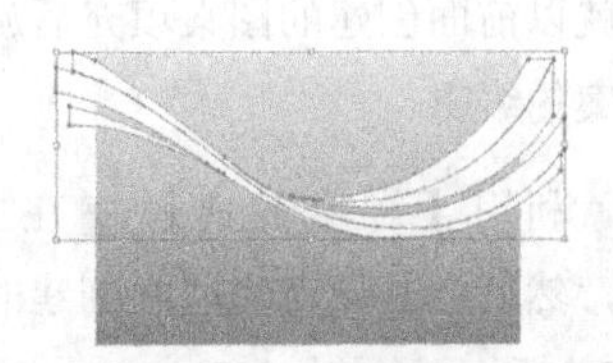

图3.96 绘制线条

05 选择工具箱中的【选择工具】，选择其中的一个线条，打开【透明度】面板，将【不透明度】改为60%，以同样的方法将其他线条的【不透明度】改为不同的数值，如图3.97所示。

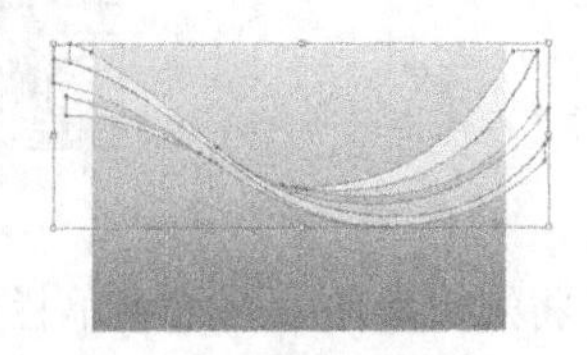

图3.97 更改透明度后的效果

06 选择工具箱中的【选择工具】，选择其中的一个线条，如图3.98所示。

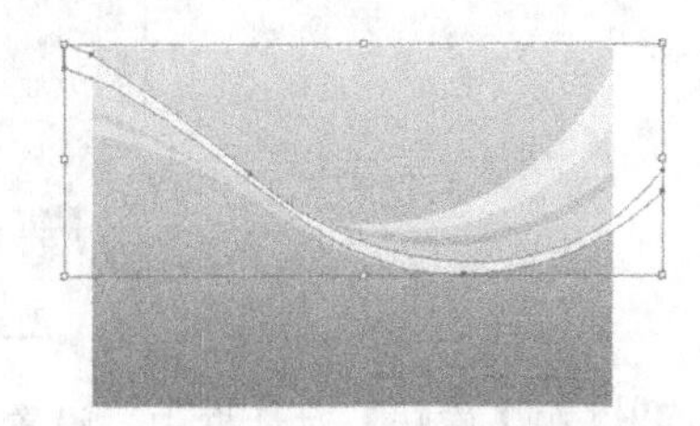

图3.98 选择图形

07 按“Ctrl”+“C”组合键，将线条复制；按“Ctrl”+“B”组合键，将复制的线条粘贴在原图形的后面，将其填充为浅黄色（R：250；G：235；B：106）到黄色（R：255；G：192；B：0）再到橙色（R：243；G：114；B：0）的线性渐变，如图3.99所示。

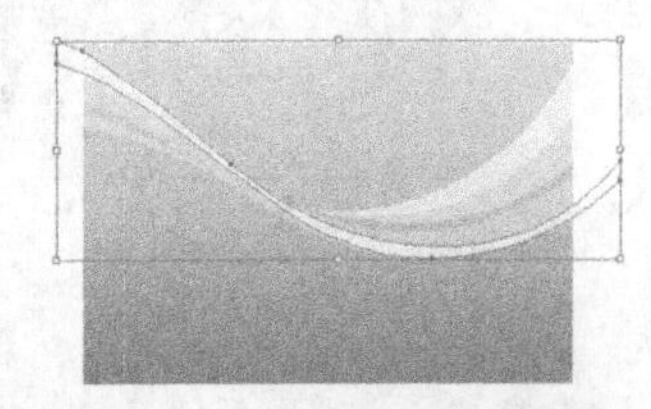

图3.99 复制图形

08 以同样的方法将每个线条都进行复制并填充，如图3.100所示。

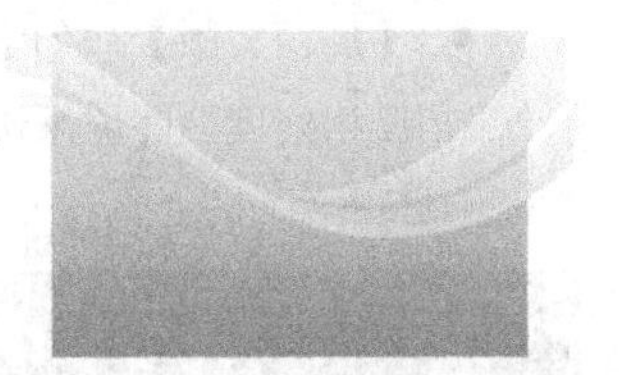

图3.100　复制图形并填充

09 选择工具箱中的【选择工具】，选择底部矩形，按“Ctrl”+“C”组合键，将矩形复制；按“Ctrl”+“F”组合键，将复制的矩形粘贴在原图形的前面，最后按“Ctrl”+“Shift”+“]”组合键置于顶层，如图3.101所示。

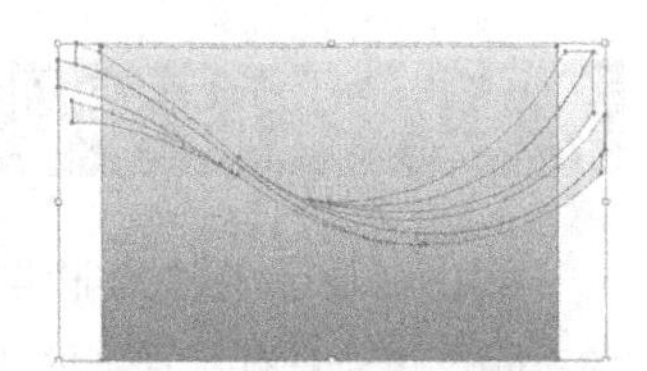

图3.101　复制矩形

10 将图形全部选中，执行菜单栏中的【对象】|【剪切蒙版】|【建立】命令，为所选对象创建剪切蒙版，将多出来的部分剪掉，最终效果如图3.102所示。

图3.102　最终效果

3.8.3 创建不透明蒙版

调整不透明度参数值的方法，只能修改整个图形的透明程度，而不能局部调整图形的透明程度。如果想调整局部透明度，就需要应用不透明蒙版来创建。不透明蒙版可以制作出透明过渡效果，通过一个蒙版图形来创建透明度过渡效果，用来蒙版的图形的颜色决定了透明的程度。如果蒙版为黑色，则蒙版后将完全不透明；如果蒙版为白色，则蒙版后将完全透明。介于白色与黑色之间的颜色，将根据其灰度的级别显示为半透明状态，颜色级别越高则越不透明。

01 首先在要进行蒙版的图形对象上，绘制一个蒙版图形，并将其放置到合适的位置，这里为了更好地说明颜色在蒙版中的应用，特意使用的黑白渐变填充蒙版图形，然后将两个图形全部选中，效果如图3.103所示。

图3.103　要蒙版的图形及蒙版图形

02 单击【透明度】面板上的【制作蒙版】按钮，或单击右上角的按钮，打开【透明度】面板菜单，在弹出的菜单中，选择【建立不透明度蒙版】命令，即可为图形创建不透明蒙版。如图3.104所示。

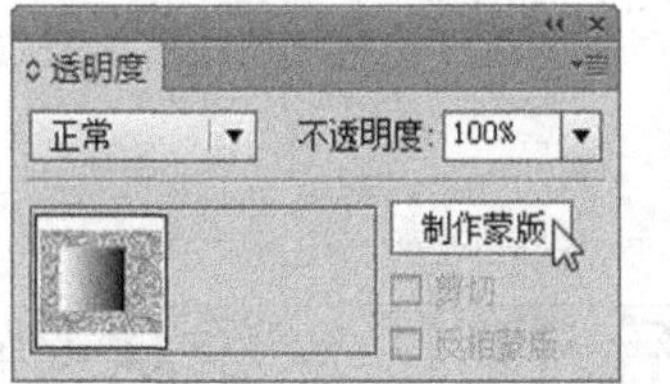

图3.104　建立不透明蒙版

技巧与提示

如果想取消建立不透明蒙版，可以在【透明度】面板中单击【释放】按钮，或在【透明度】面板菜单中，选择【释放不透明蒙版】命令。

3.8.4 编辑不透明蒙版

制作完不透明蒙版后，如果不满意蒙版效果，还可以在不释放不透明蒙版的情况下，对蒙版图形进行编辑修改。下面来看一下创建不透明蒙版后【透明度】面板中的相关选项，如图3.105所示。

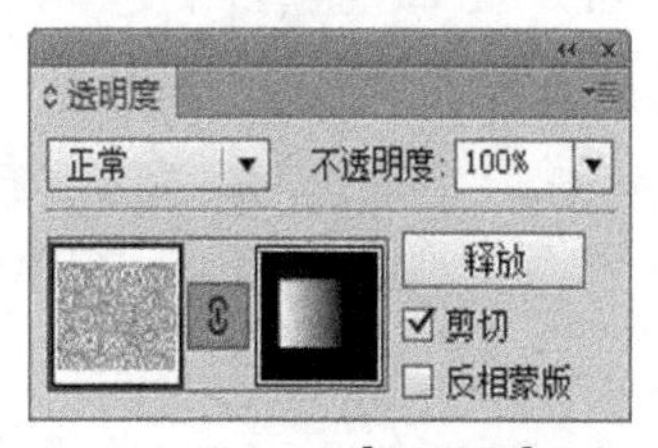

图3.105　【透明度】面板

【透明度】：对话框各选项的含义说明如下。

- 【原图】：显示要蒙版的图形预览，单击该区域将选择原图形。
- 【指示不透明蒙版链接到图稿】：该按钮用来链接蒙版与原图形，以便在修改时同时修改。单击该按钮可以取消链接。
- 【蒙版图形】：显示用来蒙版的蒙版图形，单击该区域可以选择蒙版图形；如果按住“Alt”键的同时单击该区域，将选择蒙版图形，并且只显示蒙版图形效果。选择蒙版图形后，可以利用相关的工具对蒙版图形进行编辑，比如放大、缩小和旋转等操作，也可以使用【直接选择工具】修改蒙版图形的路径。
- 【剪切】：勾选该复选框，可以将蒙版以外的图形全部剪切掉；如果不勾选该复选框，蒙版以外的图形也将显示出来。
- 【反相蒙版】：勾选该复选框，可以将蒙版反相处理，即原来透明的区域变成不透明。

3.9 本章小结

本章首先讲解了实色填充的控制，然后讲解了【颜色】和【色板】的使用方法，并对颜色的编辑命令进行了讲解，最后详细讲解了渐变填充、渐变网格填充和透明填充的应用。通过本章的学习，应掌握颜色设置及图案填充的应用技巧。

3.10 课后习题

颜色在设计中起到非常重要的作用，本章主要对颜色填充进行了详细的讲解，并根据实际应用安排了3个课后习题，以帮助读者快速掌握颜色填充的技巧。

3.10.1 课后习题1——绘制意向图形

案例位置　案例文件\第3章\绘制意向图形.ai
视频位置　视频位置：多媒体教学\3.10.1.avi
实用指数　★★★★☆

本例主要讲解利用【局部填充】完成意向图形。最终效果如图3.106所示。

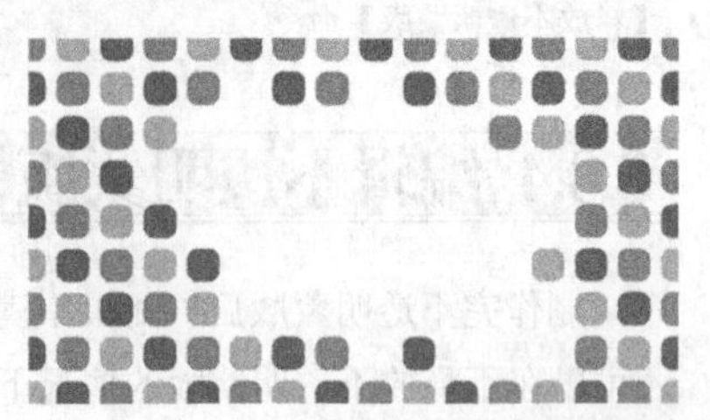

图3.106 最终效果

步骤分解如图3.107所示。

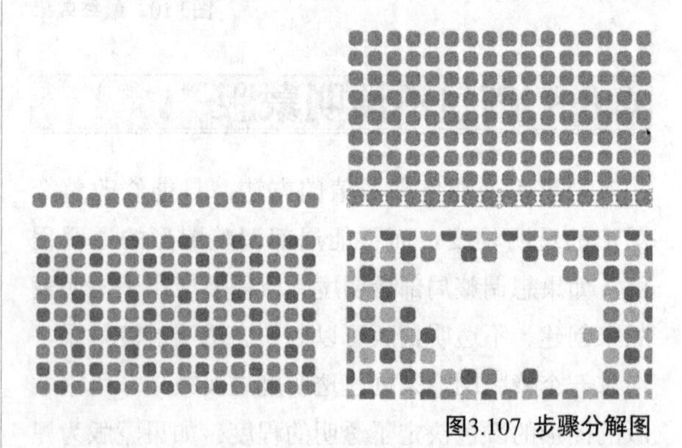

图3.107 步骤分解图

3.10.2 课后习题2——制作海浪效果

案例位置 案例文件\第3章\制作海浪效果.ai
视频位置 多媒体教学\3.10.2.avi
实用指数 ★★★★★

本例主要讲解利用【渐变网络】与【渐变】制作海浪效果。最终效果如图3.108所示。

图3.108 最终效果

步骤分解如图3.109所示。

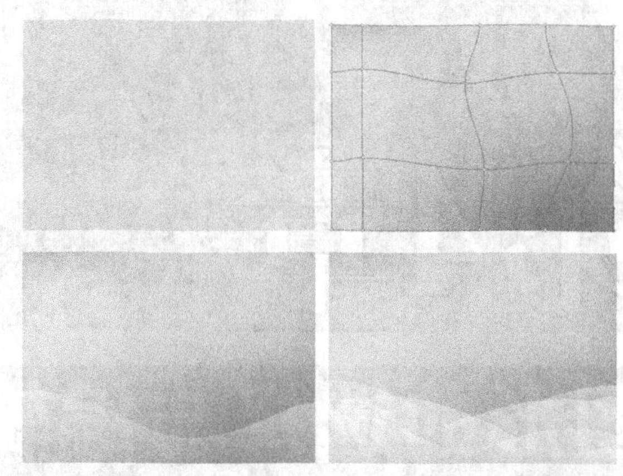

图3.109 步骤分解图

3.10.3 课后习题3——制作蓝色亮斑

案例位置 案例文件\第3章\制作蓝色亮斑.ai
视频位置 多媒体教学\3.10.3.avi
实用指数 ★★★★★

本例主要讲解使用【滤色】与【高斯模糊】命令制作蓝色亮斑。最终效果如图3.110所示。

图3.110 最终效果

步骤分解如图3.111所示。

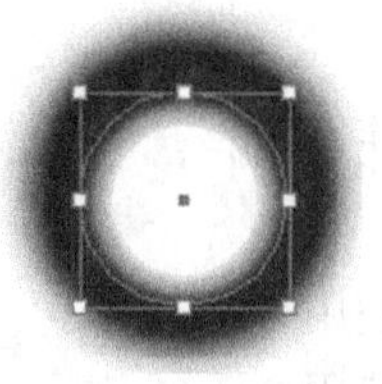

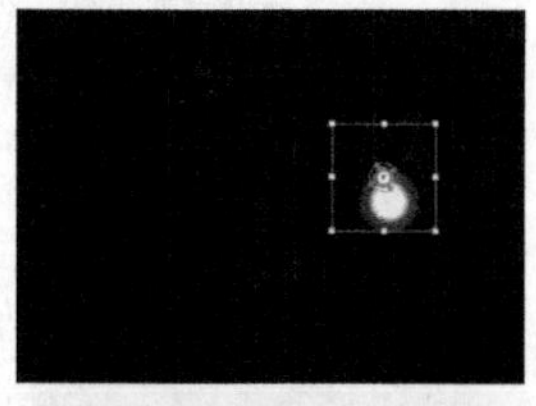

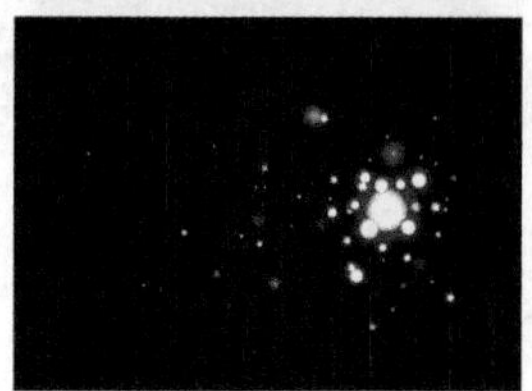

图3.111 步骤分解图

第4章 图形的选择与编辑

内容摘要

本章首先介绍了如何选择图形对象，包括选择、直接选择、编组、魔术棒和套索等工具以及菜单选择命令的使用；接着介绍了路径的调整和编辑；然后讲解了图形的变换与各种变形工具的使用。通过本章的学习，读者应该能够掌握各种选择工具的使用方法，路径的编辑方法以及图形的变换和变形技巧。

教学目标

学习各种选择工具的使用
学习路径的编辑技巧
掌握各种变换命令的使用
掌握液化变形工具的使用
掌握封套扭曲的使用技巧

4.1 图形的选择

在绘图的过程中，需要不停地选择图形来进行编辑。因为在编辑一个对象之前，必须先把它从它周围的对象中区分开来，然后再对其进行移动、复制、删除、调整路径等编辑。Illustrator CS6提供了多种选择工具，包括【选择工具】、【直接选择工具】、【编组选择工具】、【魔棒工具】和【套索工具】5种，这5种工具在使用上各有各的特点和功能，只有熟练掌握了这些工具的用法，才能更好地绘制出优美的图形。

本节重点知识概述

工具/命令名称	作用	快捷键	重要程度
【选择工具】	选择或移动对象	V	高
【直接选择工具】	选择锚点或路径线段，也可以控制曲线的手柄或选择群中的对象	A	高
【编组选择工具】	选择群组中的对象或群组中的组		中
【魔棒工具】	配合【魔棒】面板选择属性相似的对象	Y	中
【套索工具】	选择不规则范围内对象的锚点或路径线段	Q	中
定界框	辅助缩放或旋转对象	Shift + Ctrl + B	高
编组	将多个对象编组	Ctrl + G	高
取消编组	将编组对象取消编组	Shift + Ctrl + G	高

4.1.1 选择工具

【选择工具】主要用来选择和移动图形对象，它是所有工具中使用最多的一个工具。选择图形对象后，图形将显示出它的路径和一个定界框，在定界框的四周显示八个空心的正方形，表示定界框的控制点。在定界框的中心位置，还将显示定界框的中心点，如图4.1所示。

图4.1 选择的图形效果

知识点：关于定界框

如果不想显示定界框，可以执行菜单栏中的【视图】|【隐藏定界框】命令，即可将其隐藏，此时【隐藏定界框】命令将变成【显示定界框】命令，再次单击可以将定界框显示出来。另外，按“Shift”+“Ctrl”+“B”组合键，可以快速隐藏定界框，如图4.2所示。

图4.2 隐藏定界框的方法

1. 选择对象

使用【选择工具】选取图形分为两种选择方法：点选和框选。下面来详细讲解这两种方法的使用技巧。

- 方法1：点选。

所谓点选就是单击选择图形。使用【选择工具】，将光标移动到要选择的目标对象上，当光标变成状时单击鼠标，即可将目标对象选中。在选择时，如果当前图形只是一个路径轮廓，而没有填充颜色，需要将光标移动到路径上进行点选。如果当前图形有填充，只需要单击填充位置即可将图形选中。

点选一次只能选择一个图形对象，如果想选择更多的图形对象，可以在选择时按住“Shift”键，以添加更多的选择对象。

- 方法2：框选。

框选就是使用拖动出一个虚拟的矩形框的方法进行选择。使用【选择工具】在适当的空白位置按下鼠标，在不释放鼠标的情况下拖动出一个虚拟的矩形框，到达满意的位置后释放鼠标，即可将图形对象选中。在框选图形对象时，不管图形对象是部分与矩形框接触相交，还是全部在矩形框内都将被选中。框选效果如图4.3所示。

图4.3 框选效果

> **技巧与提示**
> 如果要取消图形对象的选择，在任意的空白区域位置单击鼠标即可。

2. 移动对象

在文档中选择要移动的图形对象，然后将光标移动到定界框中，当光标变成▶状时，按住鼠标拖动图形，到达满意的位置后释放鼠标，即可移动图形对象的位置。移动图形位置效果如图4.4所示。

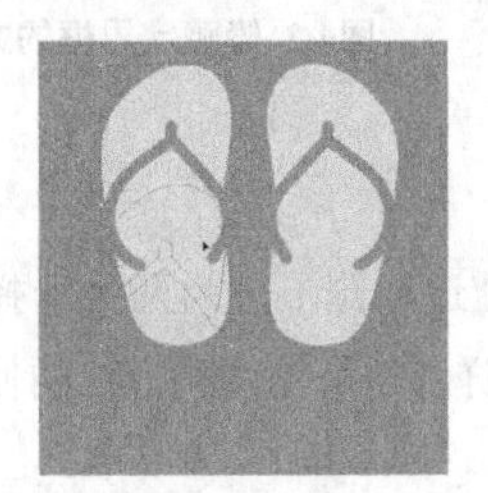
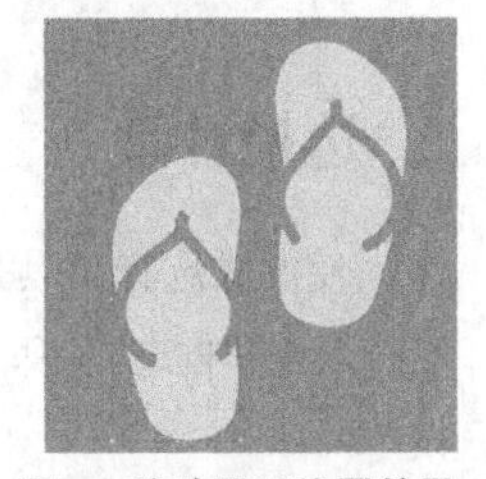

图4.4 移动图形位置效果

3. 复制对象

利用【选择工具】不但可以移动图形对象，还可以复制图形对象。选择要复制的图形对象，然后按住“Alt”键的同时拖动图形对象，此时光标将变成▶状，拖动到合适的位置后先释放鼠标然后释放“Alt”键，即可复制一个图形对象。复制图形对象效果如图4.5所示。

图4.5 复制图形对象效果

> **技巧与提示**
> 在移动或复制图形时，按住“Shift”键可以沿水平、垂直或呈45°倍数的方向移动或复制图形对象。

4. 缩放和旋转对象

使用【选择工具】不但可以调整图形对象的大小，还可以旋转图形对象。调整大小和旋转图形对象的操作方法也是非常简单的。

调整图形对象的大小：首先选择要调整大小的图形对象，将光标移动到定界框的任意一个控制点上，当光标变成↔、↕、⤡、或⤢状时，按住鼠标向外或向内拖动，就可以调整图形的大小。调整图形大小的操作过程如图4.6所示。

图4.6 调整图形大小的操作过程

> **技巧与提示**
> 在调整图形对象的大小时，按住“Shift”键可以等比缩放图形对象；按住“Alt”键可以从所选图形的中心点缩放图形对象；按“Shift”+“Alt”组合键可以从所选图形的中心点等比缩放图形对象。

旋转图形对象：首先选择要旋转的图形对象，将光标移动到定界框的任意一个控制点上，当光标变成↶、↷、↶、↷、↶、↷、↶、↷或↶状时，按住鼠标拖动，旋转到合适的位置后释放鼠标，即可将图形旋转一定的角度。旋转图形操作过程如图4.7所示。

图4.7 旋转图形操作过程

> **技巧与提示**
> 在旋转图形时，按住“Shift”键拖动定界框，可以将图形呈45°倍数进行旋转。

4.1.2 直接选择工具

【直接选择工具】与【选择工具】在用法上基本相同，但【直接选择工具】主要用来选择和调整图形对象的锚点、曲线控制柄和路径线段。

利用【直接选择工具】单击可以选择图形对象上的一个锚点或多个锚点，也可以直接选择一个图形对象上的所有锚点。下面来讲解具体的操作方法。

1. 选择一个或多个锚点

选取【直接选择工具】，将光标移动到图形对象的锚点位置，此时锚点位置会自动出现一个白色的矩形框，并且在光标的右下角出现一个空心的正方形图标，此时单击鼠标即可选择该锚点。选中的锚点将显示为实心正方形效果，而没有选中的锚点将显示为空心正方形效果，也就是锚点处于激活的状态中，这样可以清楚地看到各个锚点和控制柄，有利于编辑修改。如果想选择更多的锚点，可以按住“Shift”键继续单击选择锚点。选择单个锚点效果如图4.8所示。

图4.8 选择单个锚点效果

> **技巧与提示**
> 【直接选择工具】也可以应用点选和框选，其用法与选择工具选取图形对象的操作方法相同，这里不再赘述。

2. 选择整个图形的锚点

选取【直接选择工具】，将光标移动到图形对象的填充位置，可以看到在光标的右下角出现一个实心的小矩形，此时单击鼠标，即可将整个图形的锚点全部选中。选择整个图形锚点，如图4.9所示。

> **技巧与提示**
> 选择整个图形的锚点，这种选择方法只能用于带有填充颜色的图形对象，没有填充颜色的图形对象则不能利用该方法选择整个图形的锚点。

图4.9 选择整个图形锚点

这里要特别注意的是，如果光标位置不在图形对象的填充位置，而是位于图形对象的描边路径部分，光标右下角也会出现一个实心的小矩形，但此时单击鼠标选择的不是整个图形对象的锚点，而是将整个图形对象的锚点激活，显示出没有选中状态下的锚点和控制柄效果。选择路径部分显示效果如图4.10所示。

图4.10 选择路径部分显示效果

4.1.3 课堂案例——制作立体图形

案例位置	案例文件\第4章\制作立体图形.ai
视频位置	多媒体教学\4.1.3.avi
实用指数	★★★★★

本例主要讲解利用【直接选择工具】制作立体图形。最终效果如图4.11所示。

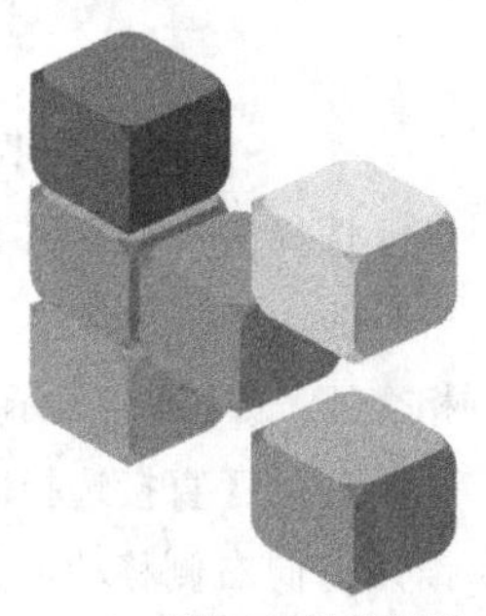

图4.11 最终效果

01 选择工具箱中的【矩形工具】，在绘图区单击，弹出【矩形】对话框，设置矩形的参数，【宽度】为20mm，【高度】为20mm，将其填充为黑色，如图4.12所示。

02 选择工具箱中的【直接选择工具】，框选图形的右侧，选择两个锚点，然后向下移动两点，由正方形变为平行四边形，如图4.13所示。

图4.12 填充颜色

图4.13 改变形状

03 选择工具箱中的【选择工具】，选择平行四边形，按住“Alt”键拖动鼠标复制1个图形，按1次“Ctrl”+“D”组合键多重复制1个图形，并填充为不同的颜色，如图4.14所示。

图4.14 复制图形并填充颜色

04 选择工具箱中的【选择工具】，选择第2个平行四边形，将其移动到第1个平行四边形的相交处，如图4.15所示。

05 使用【直接选择工具】，选择右侧的两个锚点，向上移动改变形状，如图4.16所示。

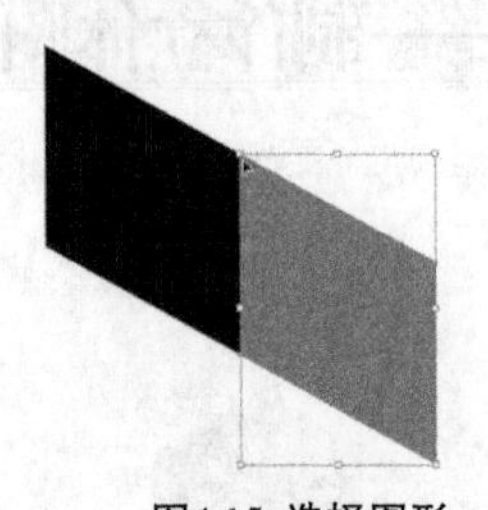
图4.15 选择图形

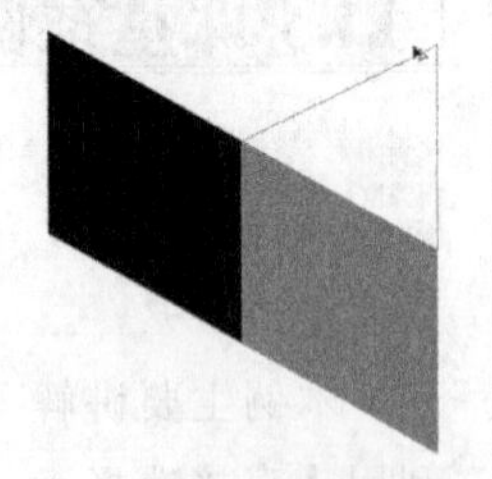
图4.16 移动图形

06 选择工具箱中的【选择工具】，选择第3个平行四边形，将其移动到第1个平行四边形的上方相交处，如图4.17所示。

07 使用【直接选择工具】，选择上方的两个锚点，向右侧移动，并完成整个立体图形，如图4.18所示。

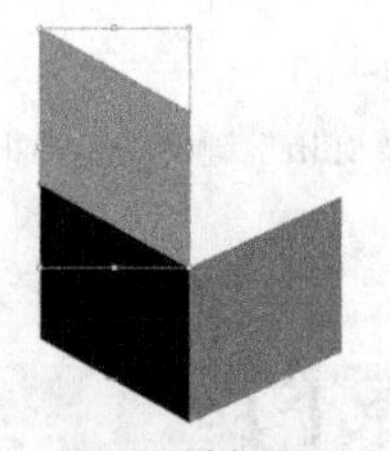
图4.17 选择图形

图4.18 移动图形

08 选择工具箱中的【选择工具】，选择第1个平行四边形，将其填充为粉色（C：0；M：70；Y：0；K：0），将第2个平行四边形的填充改为深粉色（C：10；M：90；Y：20；K：20），如图4.19所示。

09 将第3个平行四边形的填充改为浅粉色（C：0；M：50；Y：0；K：0）。填充之后形成立体效果，如图4.20所示。

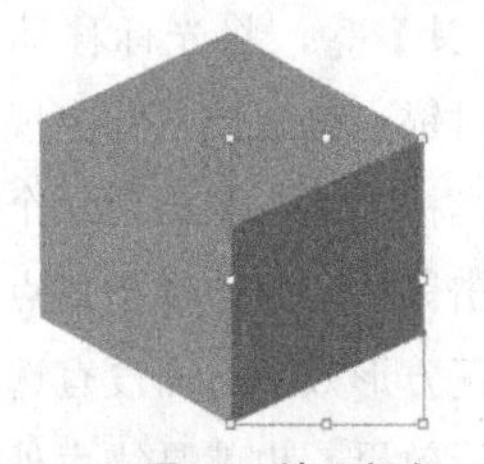
图4.19 填充颜色

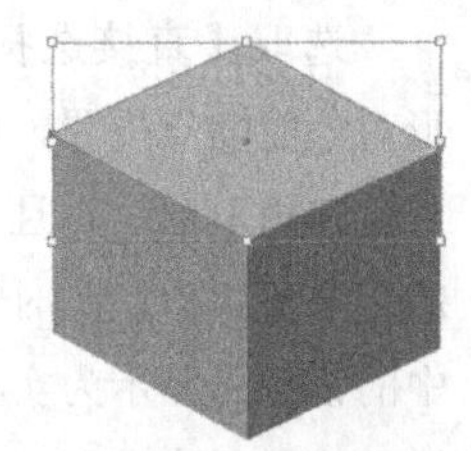
图4.20 填充颜色

10 将图形全部选中，按“Ctrl”+“C”组合键，将图形复制，按“Ctrl”+“B”组合键，将复制的图形粘贴在原图形的后面，如图4.21所示。

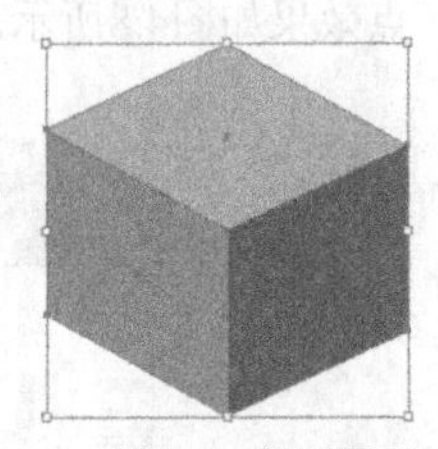
图4.21 复制圆形

11 执行菜单栏中的【窗口】|【路径查找器】|【联集】命令，将填充改为粉色（C：10；M：80；Y：10；K：0），如图4.22所示。

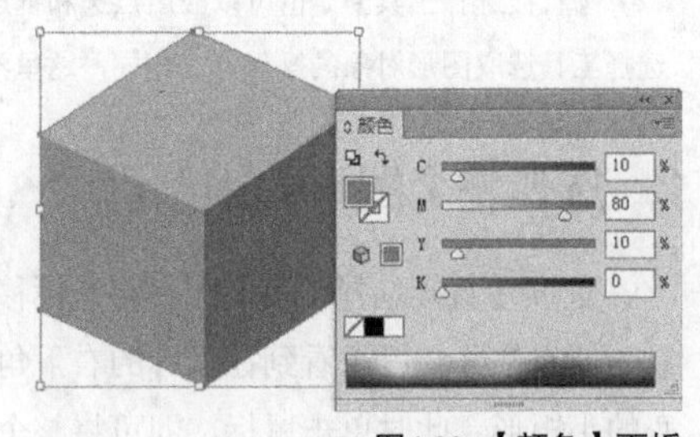

图4.22 【颜色】面板

12 选择工具箱中的【选择工具】，将图形全部选中，然后按“Ctrl”+“G”组合键编组，按住“Alt”键向垂直方向上拖动鼠标复制1个图形，再按1次“Ctrl”+“D”组合键多重复制1个图形，如图4.23所示。

13 将3组图形全选，按住“Alt”键向右拖动鼠标并与原图形相交，复制1组图形，再按1次“Ctrl”+“D”组合键多重复制1组图形，如图4.24所示。

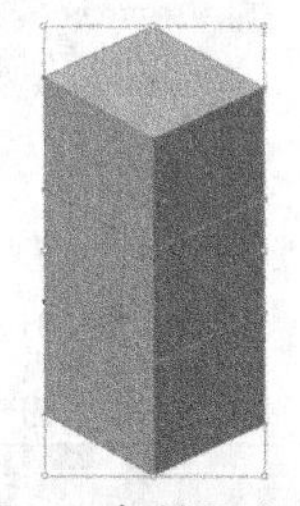

图4.23 复制图形

图4.24 多重复制

14 选择第2组的上下两个立体图形与第3组中间的立体图形，然后按“Delete”键删除，如图4.25所示。

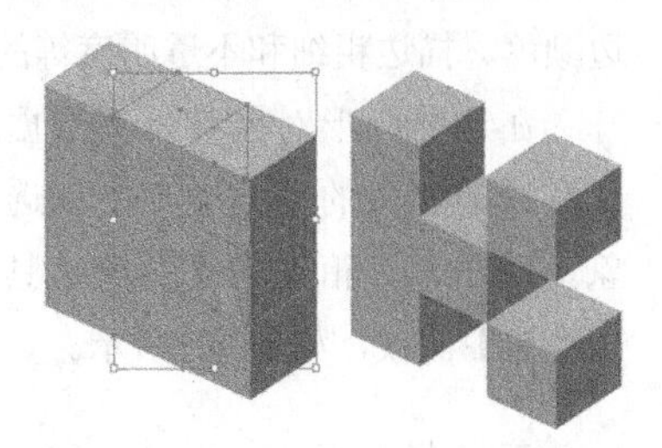

图4.25 删除图形前后的效果

15 选择工具箱中的【选择工具】，将图形全部选中，执行菜单栏中的【对象】|【变换】|【分别变换】命令，弹出【分别变换】对话框，修改【缩放】|【水平】与【垂直】为90%，如图4.26所示。

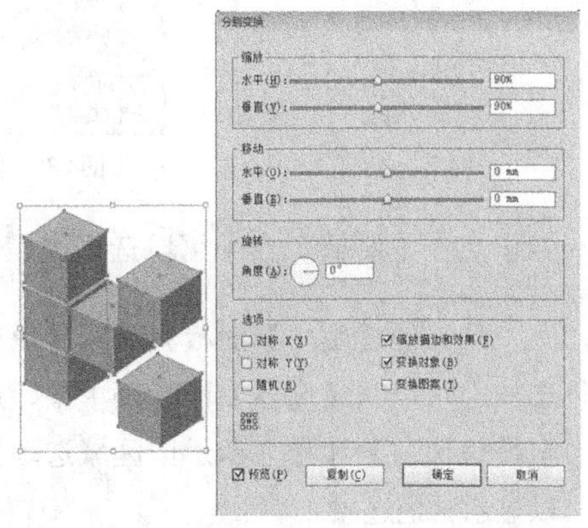

图4.26 【分别变换】对话框

16 选择工具箱中的【选择工具】，将图形全部选中，执行菜单栏中的【效果】|【风格化】|【圆角】命令，弹出【圆角】对话框，修改【半径】为4mm，如图4.27所示。

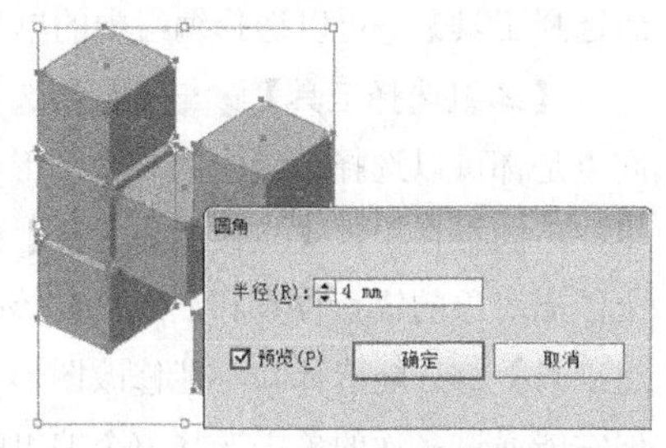

图4.27 【圆角】对话框

17 选择工具箱中的【选择工具】，选择其中1个立体图形，然后执行菜单栏中的【编辑】|【编辑颜色】|【调整色彩平衡】命令，弹出【调整颜色】对话框，修改CMYK的取值，【青色】为40%，【洋红】为16%。如图4.28所示。

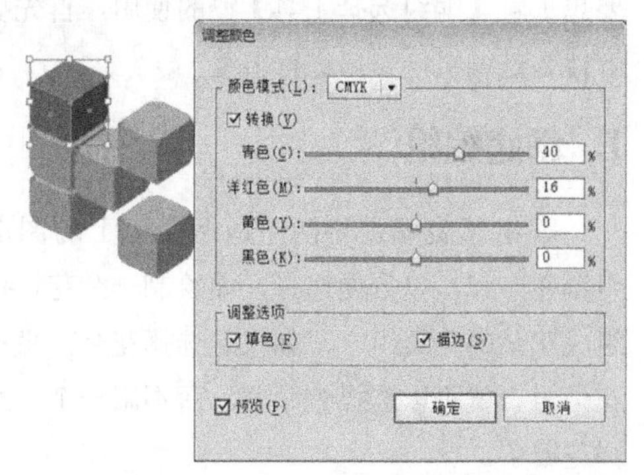

图4.28 【调整颜色】对话框

18 利用以上同样的方法，将其他立体图形的颜色调整为不同的色彩，最终效果如图4.29所示。

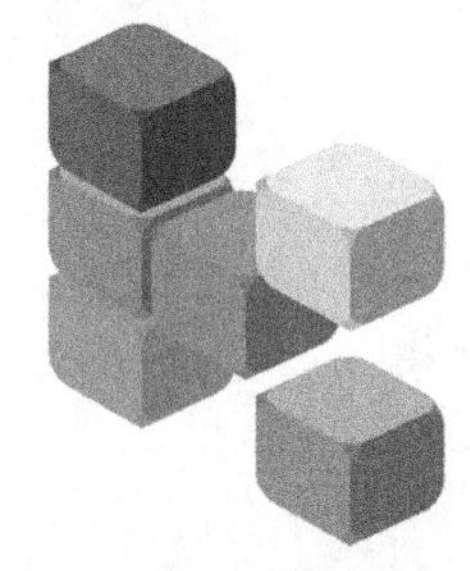

图4.29 最终效果

4.1.4 编组选择工具

【编组选择工具】主要用来选择编组的图形，特别是对混合的图形对象和图表对象的修改具有重要作用。与【选择工具】相同点是都可以选择整个编组的图形对象，不同点在于，【选择工具】不能选择编组中的单个图形对象，而【编组选择工具】可以选择编组中的单个图形对象。

【编组选择工具】与【直接选择工具】相同点是都可以选择编组中的单个图形对象或整个编组，不同点在于，【直接选择工具】可以修改某个图形对象的锚点位置和曲线方向等外观，而【编组工具】只能选择却不能修改图形对象的外观，但它能通过多次的单击选择整个编组的图形对象。

利用【编组选择工具】，可以选择一个组内的单个图形对象或一个复合组内的一个组。在编组图形中单击某个图形对象，可以将该对象选择，再次单击鼠标，可以将该组内的其他对象全部选中。同样的方法，多次单击可以选择更多的编组集合。要想了解【编组选择工具】的使用，首先要先了解什么是编组，如何进行编组。

1. 创建编组

编组其实就是将两个或两个以上的图形对象组合在一起，以方便选择，如绘制一朵花，可以将组成花朵的花瓣组合，如果想选择花朵，直接单击花朵组合就可以选择整朵花，而不用一个一个地选择花瓣了。

比如绘制一些花瓣然后将其组合成一朵花，将花全部选中，然后执行菜单栏中的【对象】|【编组】命令，即可将选择的花组合，如图4.30所示。

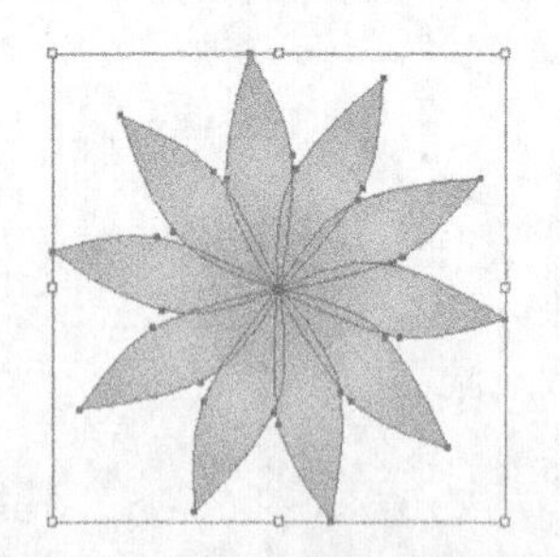

图4.30 选择小花并编组

技巧与提示

按“Ctrl”+“G”组合键可以快速将选择的图形对象编组。如果想取消编组，可以执行菜单栏中的【对象】|【取消编组】命令，或按“Shift”+“Ctrl”+“G”组合键。

2. 使用编组工具

下面来使用【编组选择工具】选择编组的图形对象。在左侧的花的其中一个花瓣上单击，即可选择一个花瓣，如果再次在这个花瓣上单击，即可将这个花瓣所在的组合全部选中，选择编组图形效果如图4.31所示。

图4.31 选择编组图形

4.1.5 魔棒工具

【魔棒工具】的使用需要配合【魔棒】面板，主要用来选取具有相同或相似的填充颜色、描边颜色、描边粗细和不透明度等的图形对象。

在选择图形对象前，要根据选择的需要设置【魔棒】面板的相关选项，以选择需要的图形对象。双击工具箱中的【魔棒工具】，即可打开【魔棒】面板，如图4.32所示。

技巧与提示

执行菜单栏中的【窗口】|【魔棒】命令，也可以打开【魔棒】面板。

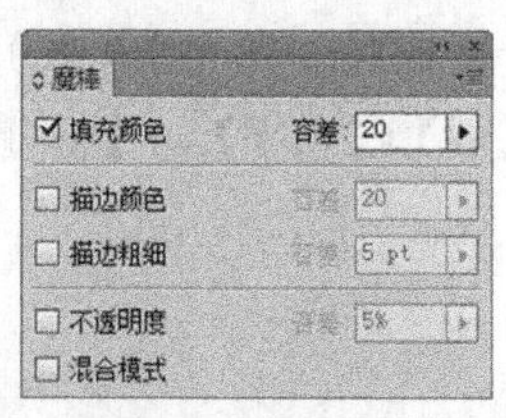

图4.32 【魔棒】面板

知识点：【魔棒工具】可以选择类型

默认的【魔棒】面板只显示【填充颜色】选项，可以从【魔棒】面板菜单中，选择【显示描边选项】和【显示透明区域选项】命令，以显示其他选项。

【魔棒】面板各选项的含义说明如下。

- 【填充颜色】：勾选该复选框，使用【魔棒工具】可以选取出填充颜色相同或相似的图形。

- 【容差】：该项主要用来控制选定的颜色范围，值越大，颜色区域越广。其他选项也有容差设置，用法相同，不再赘述。
- 【描边颜色】：勾选该复选框，使用【魔棒工具】可以选取出笔画颜色相同或相似的图形。
- 【描边粗细】：勾选该复选框，使用【魔棒工具】可以选取出笔画宽度相同或相近的图形。
- 【不透明度】：勾选该复选框，使用【魔棒工具】可以选取出不透明度相同或相近的图形。
- 【混合模式】：勾选该复选框，使用【魔棒工具】可以选取相同混合模式的图形。

使用【魔棒工具】还要注意，在【魔棒】面板中，选择的选项不同，选择的图形对象也不同，选项的多少会影响选择的最终结果。比如勾选了【填充颜色】和【笔画颜色】两个复选框，在选择图形对象时不但要满足填充颜色的相同或相似还要满足笔画颜色的相同或相似。选择更多的选项就要满足更多的选项要求才可以选择图形对象。

4.1.6 套索工具

【套索工具】主要用来选择图形对象的锚点、某段路径或整个图形对象，与其他工具最大的不同点在于，它可以方便地拖出任意形状的选框，以选择位于不同位置的图形对象，只要与拖动的选框有接触的对象都将被选中，特别适合在复杂图形中选择某些图形对象。

使用【套索工具】在适当的位置按住鼠标拖动，可以清楚地看到拖动的选框效果，到达满意的位置后释放鼠标，即可将选框内部或与选框有接触的锚点、路径和图形全部选中。【套索工具】选择效果如图4.33所示。

图4.33　套索工具选择效果

技巧与提示

在使用【套索工具】时，按住“Shift”键在图形上拖动，可以加选更多的对象；按住“Alt”键在图形上拖动，可以将不需要的对象从当前选择中减去。

4.1.7 菜单命令

前面讲解了用选择工具选择图形的操作方法，而在有些时候使用这些工具显得有些麻烦，对于特殊的选择任务，可以使用菜单命令来完成。使用菜单命令不但可以选择具有相同属性的图形对象，而且可以选择当前文档中的全部图形对象或是图形对象的选择，也可以利用反转命令快速选择其他图形对象。另外，还可以将选择的图形进行存储，更加方便了图形的编辑操作。下面来具体讲解【选择】菜单中各项的使用方法。

- 【全部】：选择该命令，可以将当前文档中的所有图形对象选中。其快捷键为“Ctrl”+“A”，这是个非常常用的命令。
- 【取消选择】：选择该命令，可以将当前文档中所选中的图形对象取消选中状态，相当于使用【选择工具】在文档空白处单击鼠标来取消选择。其快捷键为“Shift”+“Ctrl”+“A”。
- 【重新选择】：在默认状态下，该命令处于不可用状态，只有使用过【取消选择】命令后，才可以使用该命令，用来重新选择刚取消选择的原图形对象。其快捷键为“Ctrl”+“6”。
- 【反向】：选择该命令，可以将当前文档中选择的图形对象取消，而将没有选中的对象选中。比如在一个文档中，需要选择一部分图形对象A，而在这些图形对象中有一部分不需要选中的B，而且B部分对象相对来说选择比较容易，这时就可以选择B部分对象，然后应用【反向】命令选择A部分对象，同时取消B部分对象的选择。
- 【上方的下一个对象】：在Illustrator CS6中，绘制图形的顺序不同，图形的层次也就不同，一般来说，后绘制的图形位于先绘制图形的上面。利用该命令可以选择当前选中对象的上一个对象。其快捷键为"Alt"+"Ctrl"+"]"。

- 【下方的下一个对象】：利用该命令，可以选择当前选中对象的下一个对象。其快捷键为"Alt"+"Ctrl"+"["。
- 【相同】：其子菜单中有多个选项，可以在当前文档中选择具有相同属性的图形对象，其用法与前面讲过的【魔棒】面板选项相似，可以参考一下前面的讲解。
- 【对象】：其子菜单中有多个选项，可以在当前文档中选择这些特殊的对象，如同一图层上的所有对象、方向手柄、画笔描边、剪切蒙版、游离点和文本对象等。
- 【存储所选对象】：当在文档中选择图形对象后，该命令才处于激活状态，其用法类似于编组，只不过在这里是将选择的图形对象作为集合保存起来，使用选择工具选择时，还是独立存在的对象，而不是一个集合。使用该命令后将弹出一个【存储所选对象】对话框，可以为其命名，然后按【确定】按钮，在【选择】菜单的底部将出现一个新的命令，选择该命令即可重新选择这个集合。
- 【编辑所选对象】：只有使用【存储所选对象】命令存储过对象，该项才可以应用。选择该命令将弹出【编辑所选对象】对话框，可以利用该对话框对存储的对象集合重新命名或删除对象集合。

4.2 路径的编辑

执行菜单栏中的【对象】|【路径】命令子菜单为用户提供了更多的编辑路径的命令，包括【连接】、【平均】、【轮廓化描边】、【偏移路径】、【简化】、【添加锚点】和【移去锚点】等10种路径编辑命令，下面来详细讲解这些命令的使用方法和技巧。

本节重点知识概述

工具/命令名称	作用	快捷键	重要程度
连接	连接两个开放路径成一条路径	Ctrl+J	高
平均	将选择的两个或多个锚点对齐	Alt+Ctrl+J	中
轮廓化描边	将描边转换为填充区域		高
偏移路径	偏移路径		高
简化	对复杂的路径描点进行简化处理	Alt + Ctrl+3	中

4.2.1 连接路径

【连接】命令用来连接两个开放路径的锚点，并将它们连接成一条路径。在工具箱中选取【直接选择工具】，然后选择要连接的两个锚点，执行菜单栏中的【对象】|【路径】|【连接】命令，系统会在两个锚点之间自动生成一条线段并将选择锚点的两条路径连接在一起。连接效果如图4.34所示。

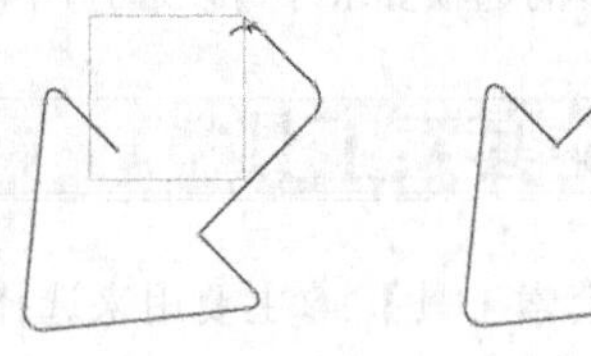

图4.34 连接效果

技巧与提示

按"Ctrl"+"J"组合键，可以快速将选择的锚点连接起来。

4.2.2 平均路径

【平均】命令可以将选择的两个或多个锚点在【水平】、【垂直】或【两者兼有】3种位置来对齐。

首先使用【直接选择工具】，选择要对齐的锚点，然后执行菜单栏中的【对象】|【路径】|【平均】命令，打开【平均】对话框，在该对话框中，可以选择对齐坐标轴的方向，【水平】表示选择的锚点会以水平的平均位置进行对齐；【垂直】表示选择的锚点会以垂直的平均位置进行对齐；

【两者兼有】表示选择的锚点会以水平和垂直的位置进行对齐。垂直平均的操作效果如图4.35所示。

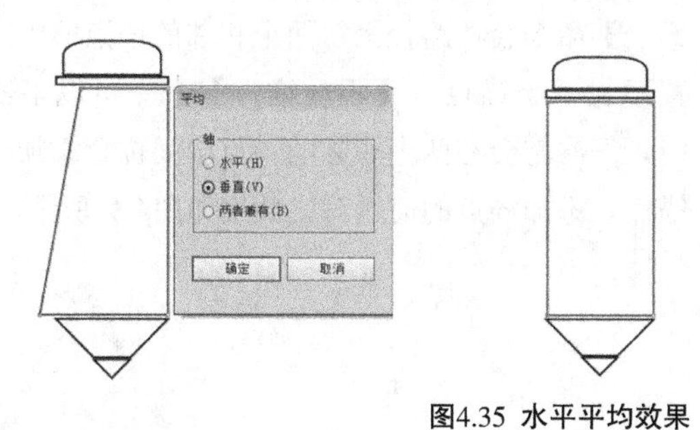

图4.35 水平平均效果

> **技巧与提示**
> 按“Alt”+“Ctrl”+“J”组合键，可以快速打开【平均】对话框。

4.2.3 轮廓化描边

首先选择要轮廓化描边的图形对象，然后执行菜单栏中的【对象】|【路径】|【轮廓化描边】命令，即可将选择的图形对象的描边轮廓化。轮廓化后的描边变成填充区域，可以利用与填充相关的工具或命令将其填充新颜色。轮廓化描边的前后效果如图4.36所示。

图4.36 轮廓化描边前后效果

> **技巧与提示**
> 【轮廓化描边】命令可以将所选对象的笔画路径转换为封闭的填充路径，并用与原来的笔画路径相同宽度和相同填充方式的图形对象替代它。图为轮廓化描边的前后效果。

4.2.4 偏移路径

【偏移路径】命令可以通过设置【位移】的值，将路径向外或向内进行偏移。选择要偏移的图形对象后，执行菜单栏中的【对象】|【路径】|【偏移路径】命令，将打开图4.37所示的【位移路径】对话框。在该对话框中，可以对偏移的路径进行详细的设置。

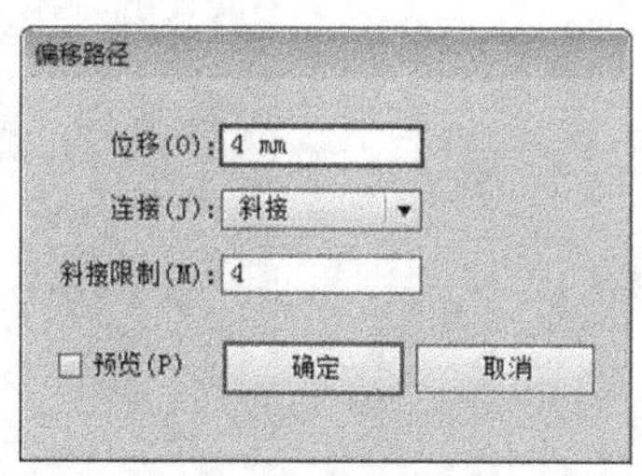

图4.37 【位移路径】对话框

【偏移路径】对话框各选项的含义说明如下。

- 【位移】：设置路径的位移量。输入正值路径向外偏移，输入负值路径向内偏移。
- 【连接】：设置角点连接处的连接方式，包括【斜接】、【圆角】和【斜角】3个选项。
- 【斜接限制】：设置尖角的极限程度。
- 【预览】：勾选该复选框，可以在文档中查看偏移的效果。

图4.38所示为【位移】值为4mm，【连接】方式为【圆角】，【斜接限制】为4的偏移路径效果。

图4.38 偏移路径效果

> **技巧与提示**
> 在实际的作图中，利用【偏移路径】命令制作图形的描边效果非常实用，特别为文字的描边，是使用描边功能所不能比拟的。

4.2.5 简化路径锚点

【简化】命令可以对复杂的路径描点进行适当的简化处理，以提高系统的显示及图形的便利操作。选择要简化的图形对象，然后执行菜单栏中的【对象】|【路径】|【简化】命令，将打开图4.39所示的【简化】对话框，利用该对话框，可以对选择的图形对象进行简化处理。

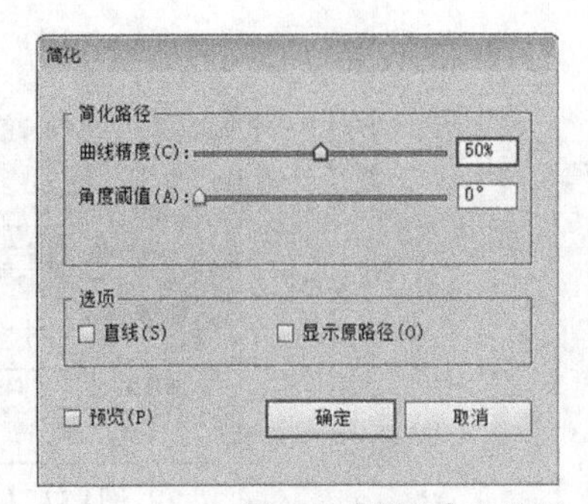

图4.39 【简化】对话框

【简化】对话框各选项的含义说明如下。

- 【曲线精度】：设置路径曲线的精确程度。取值范围为0~100%，值越大表示曲线精度越大，简化效果越接近原始图形；值越小曲线精度越小，简化效果偏离原始图形越大。
- 【角度阈值】：设置角度的临近点，即角度的变化极限。取值范围为0°~180°。值越大，图形的外观变化越小。
- 【直线】：勾选该复选框，可以将曲线路径转换为直线路径。
- 【显示原路径】：勾选该复选框，可以显示没有变化的原始图形的路径效果，用来与变化后的路径效果相对比。只是用来观察图形变化效果，不会对图形变化产生任何影响。

图4.40所示从左到右分别为原图、曲线精度为50%且角度阈值为0°和角度阈值为0°且勾选【直线】复选框三种不同简化图形效果。

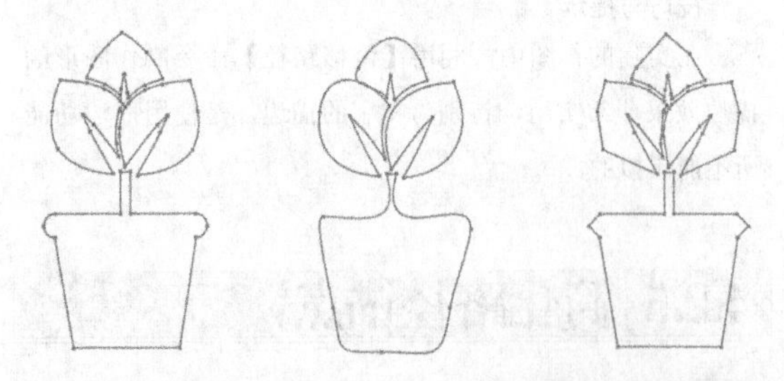

图4.40 不同简化图形效果

4.2.6 添加锚点

在前面已经讲解过多种添加锚点的方法，比如使用【钢笔工具】和【添加锚点工具】。另外，还可以使用【添加锚点】命令来为图形添加锚点，只不过利用该命令不像其他工具那么随意，【添加锚点】命令会在路径上每两个相邻的锚点的中间位置添加一个锚点。【添加锚点】命令可以多次使用，每次都会在两个相邻的锚点中间位置添加一个锚点。添加锚点的前后对比效果如图4.41所示。

图4.41 添加锚点的前后对比效果

4.2.7 移去锚点

【移去锚点】是Illustrator CS6新增加的一个命令。首先选择要删除的锚点，然后执行菜单栏中的【对象】|【路径】|【移去锚点】命令，即可将选择的锚点删除。与前面讲解的【删除锚点工具】有相似之处，但这种方法可以删除更多的锚点，适合一次删除多个锚点。图4.42所示为删除锚点前后效果对比。

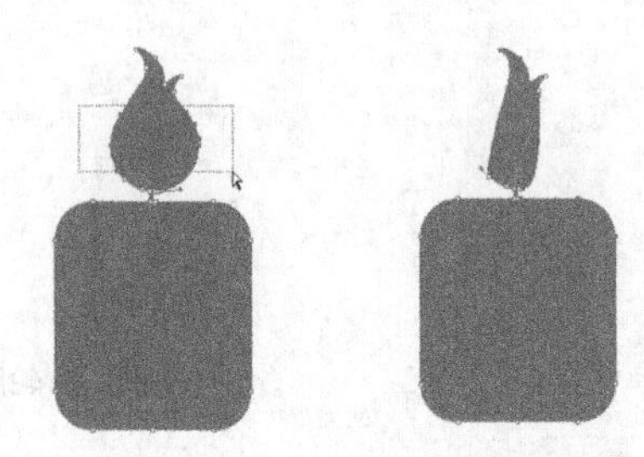

图4.42 删除锚点前后效果对比

4.2.8 分割下方对象

【分割下方对象】命令可以根据选择的路径分割位于它下面的图形对象。选择的路径可以是开放路径，也可以是封闭路径，但只能选择一条路径，作为分割的路径，不能是多条。

首先选择作为分割的路径，然后执行菜单栏中的【对象】|【路径】|【分割下方对象】命令，可以看到分割后的图形自动处于选中状态，并显示出分割的路径痕迹，分割后的图形可以利用【选择

工具】选择并移动位置，更清楚地看到分割后的效果。分割下方对象效果如图4.43所示。

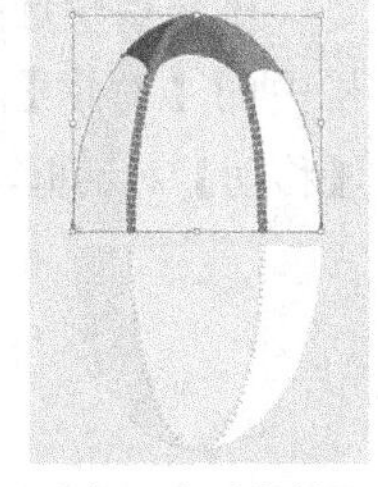

图4.43 分割下方对象效果

4.2.9 分割为网格

【分割为网格】命令可以将任意形状的图形对象以网格的形式进行分割。利用该命令可以制作网格背景效果，还可以制作图形对象的参考线。选择要进行分割的图形对象，然后执行菜单栏中的【对象】|【路径】|【分割为网格】命令，打开图4.44所示的【分割为网格】对话框，在该对话框中可以对网格的行和列等参数进行详细的设置。

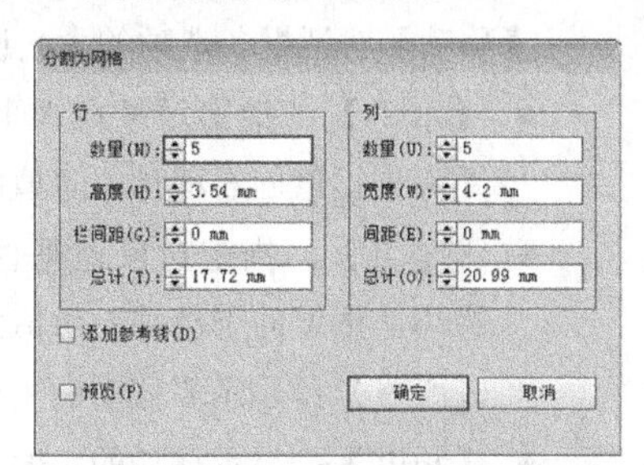

图4.44 【分割为网格】对话框

知识点：使用【分割为网格】命令应该注意什么

在应用【分割为网格】命令时，选择的图形对象必须是一个或多个封闭的路径对象或矩形。如果不是封闭的对象或矩形会弹出错误提示。如图4.45所示。

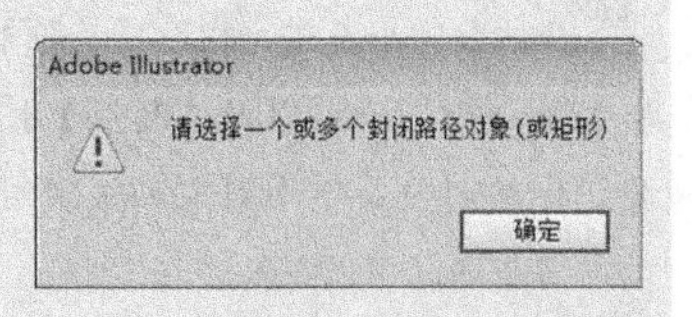

图4.45 注意提示

【分割为网格】对话框各选项的含义说明如下：

- 【行】：通过修改【数量】参数，可以设置网格的水平行数；通过修改【高度】参数，可以设置网格的高度大小；通过修改【栏间距】参数，可以设置网格的垂直间距大小；通过修改【总计】参数，可以设置整个网格的总高度。
- 【列】：通过修改【数量】参数，可以设置网格的垂直列数；通过修改【高度】参数，可以设置网格的宽度大小；通过修改【间距】参数，可以设置网格的水平间距大小；通过修改【总计】参数，可以设置整个网格的总宽度。
- 【添加参考线】：勾选该复选框，将按网格的分布情况添加并显示参考线。

利用【分割为网格】命令分割图形对象的效果如图4.46所示。

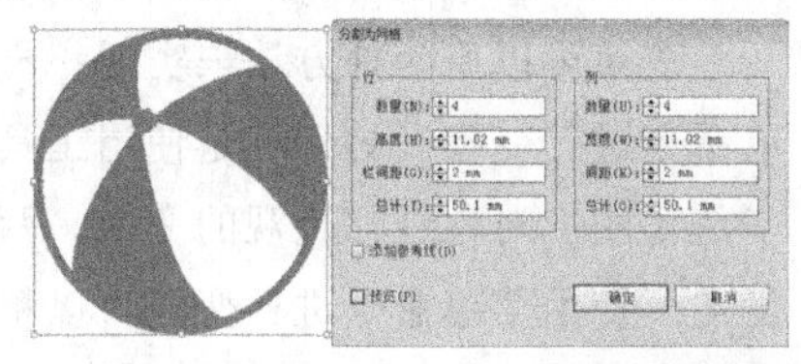

图4.46 分割为网格效果

4.2.10 清理

在实际的制图中，往往会产生一些对图形没有任何作用的对象，如游离点、未上色的对象、空白的文本路径和空白的文本框等。这些东西不但会影响操作，还会增加文档的大小，而删除这些对象将提高图形的存储、打印和显示效率，所以需要将其删除。但有些对象是无色的，根本不能看到，要使用手动的方式去删除有一定的难度，这时就可以应用【清理】命令来轻松完成操作。

【清理】命令不需要选择任何对象，直接执行菜单栏中的【对象】|【路径】|【清理】命令，即可打开图4.47所示的【清理】对话框。该对话框中有3个选项，【游离点】表示孤立的、单独存在的锚点；【未上色对象】表示没有任何填充和描边颜色的图形对象；【空文本路径】表示空白的文字

路径或文本框。

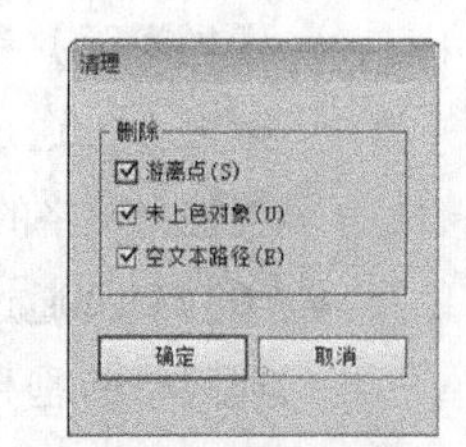

图4.47 【清理】对话框

4.3 对象的变换

当制作一幅图形的时候，经常需要对图形对象进行变换以达到最好的效果，除了使用路径编辑工具编辑路径，Illustrator CS6还提供了相当丰富的图形变换工具，使得图形变换十分方便。

变换可以用两种方法来实现：一种是使用菜单命令进行变换；另一种是使用工具箱中现有的工具对图形对象进行直观的变换。两种方法各有优点：使用菜单命令进行变换可以精确设定变换参数，多用于对图形尺寸、位置精度要求高的场合。使用变换工具进行变换操作步骤简单，变换效果直观，操作随意性强，在一般图形创作中很常用。

本节重点知识概述

工具/命令名称	作用	快捷键	重要程度
【旋转工具】	围绕指定点旋转对象	R	高
【再次变换】	再次执行上次相同的变换命令	Ctrl + D	高
【镜像工具】	指定点镜像对象	O	高
【比例缩放工具】	指定点调整对象大小	S	中
【倾斜工具】	指定点倾斜对象		
【自由变换工具】	对图形对象进行移动、旋转、缩放、扭曲和透视变形	E	中
分别变换	集中了缩放、移动、旋转和镜像等多个变换命令的功能	Alt + Shift + Ctrl + D	中
【变换】面板	变换图形	Shift + F8	高

4.3.1 移动对象

在文档中选择要移动的图形对象，执行菜单栏中的【对象】|【变换】|【移动】命令，打开【移动】对话框，如图4.48所示。

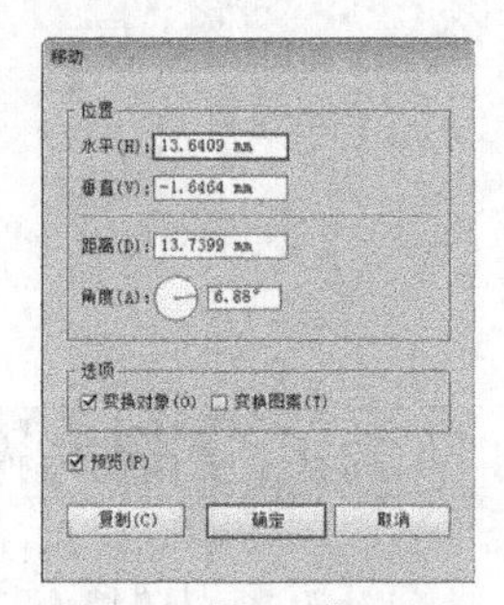

图4.48 【移动】对话框

技巧与提示

从【移动】对话框中的相关选项可以看出，该命令与前面讲解的【选择工具】中的移动对象非常相似，只是【移动】对话框可以更加精确地移动对象，具体的使用方法和前面讲解的内容相似，这里不再赘述。

【移动】对话框各选项的含义说明如下。

- 【水平】：指定对象在水平方向上的移动距离。正值向右移动，负值向左移动。
- 【垂直】：指定对象在垂直方向上的移动距离。正值向下移动，负值向上移动。
- 【距离】：显示要移动的距离大小。
- 【角度】：显示移动的角度。
- 【选项】：设置变换的目标对象。勾选【变换对象】复选框，表示变换图形对象；勾选【变换图案】复选框，表示变换图形中的图案填充。
- 【复制】：单击该按钮，将按所选参数复制出一个移动图形对象。

技巧与提示

在后面的小节中，也有【选项】组中【对象】和【图案】复选框的设置以及【复制】按钮的使用，如旋转对象、缩放对象、镜像对象和倾斜对象等，用法都是相同的，后面不再一一赘述。

4.3.2 旋转对象

【旋转工具】主要用来旋转图形对象，它与

前面讲过的利用定界框旋转图形相似，但利用定界框旋转图形是按照所选图形的中心点来旋转的，中心点是固定的。而旋转工具不但可以沿所选图形的中心点来旋转图形，还可以自行设置所选图形的旋转中心，使旋转更具有灵活性。

利用【旋转工具】不但可以对所选图形进行旋转，也可以只旋转图形对象的填充图案，旋转的同时还可以利用辅助键来完成复制。

1. 旋转菜单命令

执行菜单栏中的【对象】|【变换】|【旋转】命令，将打开如图4.49所示的【旋转】对话框，利用该对话框可以设置旋转的相关参数。

技巧与提示

在工具箱中，双击【旋转工具】或使用【旋转工具】，按住“Alt”键在文档中单击鼠标，也可以打开【旋转】对话框。

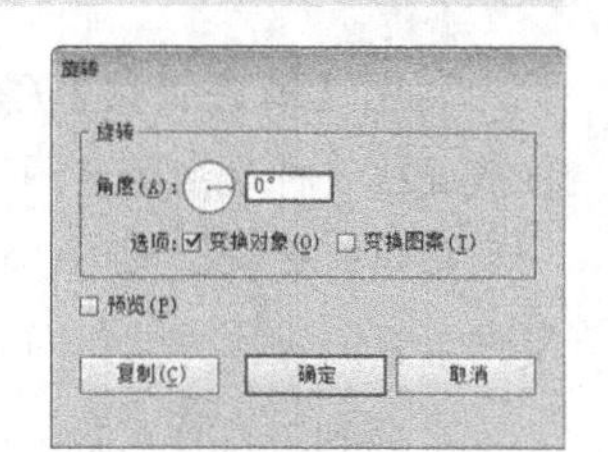

图4.49 【旋转】对话框

【旋转】对话框各选项的含义说明如下。

- 【角度】：指定图形对象旋转的角度，取值范围为-360°~360°。如果输入负值，将按顺时针方向旋转图形对象；如果输入正值，将按逆时针方向旋转图形对象。
- 【选项】：设置旋转的目标对象。勾选【变换对象】复选框，表示旋转图形对象；勾选【变换图案】复选框，表示旋转图形中的图案填充。
- 【复制】：单击该按钮，将按所选参数复制出一个旋转图形对象。

2. 使用旋转工具旋转对象

利用【旋转工具】旋转图形分为两种情况：一种是沿所选图形的中心点旋转图形；另一种是自行设置旋转中心点旋转图形，下面来详细讲解这两种操作方法。

- 沿所选图形的中心点旋转图形：利用旋转工具可以沿所选图形对象的默认中心点进行旋转操作，首先选择要旋转的图形对象，然后在工具箱中选择【旋转工具】，将光标移动到文档中的任意位置按住鼠标拖动，即可沿所选图形对象的中心点旋转图形对象。沿图形中心点旋转效果如图4.50所示。

图4.50 沿图形中心点旋转

- 自行设置旋转中心点旋转图形：首先选择要旋转的图形对象，然后在工具箱中选择【旋转工具】，在文档中的适当位置单击鼠标，可以看到在单击处出现一个中心点标志，此时的光标也变化为状，按住鼠标拖动，图形对象将以刚才鼠标单击点为中心旋转。设置中心点旋转效果如图4.51所示。

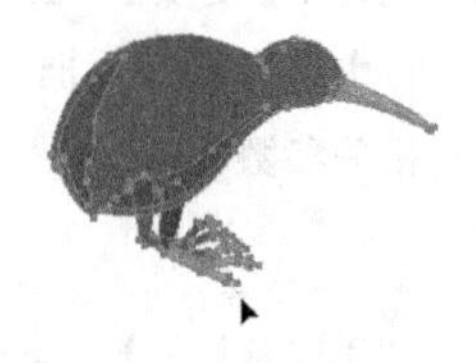
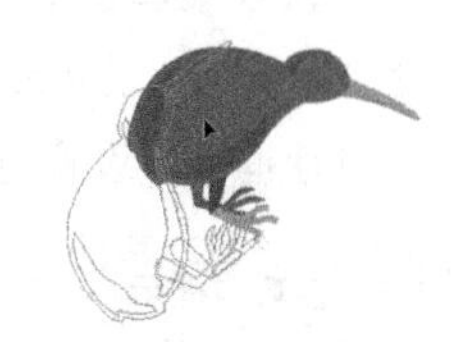

图4.51 设置中心点旋转

3. 旋转并复制对象

首先选择要旋转的图形对象，然后在工具箱中选择【旋转工具】，在文档中的适当位置单击鼠标，可以看到在单击处出现一个中心点标志，此时的光标也变化为状，按住“Alt”键的同时拖动鼠标，可以看到此时的光标显示为状，当到达合适的位置后释放鼠标即可旋转并复制出一个相同的图形对象，按“Ctrl”+“D”组合键，可以按原旋转角度再次复制出一个相同的图形，多次按“Ctrl”+“D”组合键，可以复制出更多的图形对象。旋转并复制图形对象效果如图4.52所示。

图4.52 旋转并复制图形对象效果

知识点：在什么情况下使用“Ctrl”+“D”组合键

“Ctrl”+“D”就是菜单栏中的【对象】|【变换】|【再次变换】命令的快捷键，当执行一个命令后，如果想再次执行该命令，可以应用该组合键。比如移动复制、镜像复制等操作都可以使用该组合键来再次变换。

4.3.3 镜像对象

镜像也叫反射，在制图中比较常用。一般用来制作对称图形和倒影，对于对称的图形和倒影来说，重复绘制不但会带来大的工作量，而且也不能保证绘制出来的图形与原图形完全相同，这时就可以应用【镜像工具】或镜像命令来轻松地完成图像的镜像翻转效果和对称效果。

1. 镜像菜单命令

执行菜单栏中的【对象】|【变换】|【对称】命令，将打开图4.53所示的【镜像】对话框，利用该对话框可以设置镜像的相关参数。

技巧与提示

在工具箱中双击【镜像工具】或使用【镜像工具】，按住“Alt”键在文档中单击鼠标，也可以打开【镜像】对话框。

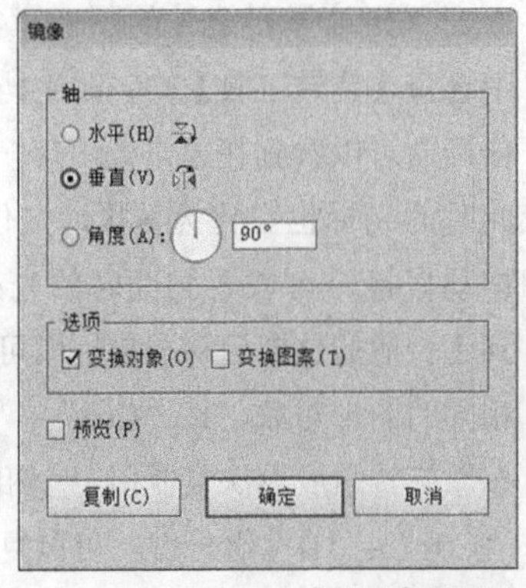

图4.53 【镜像】对话框

【镜像】对话框各选项的含义说明如下。

- 【轴】：勾选【水平】单选框，表示图形以水平轴线为基础进行镜像，即图形进行上下镜像；勾选【垂直】单选框，表示图形以垂直轴线为基础进行镜像，即图形进行左右镜像；勾选【角度】单选框，可以在右侧的文本框中输入一个角度值，取值范围为-360°~360°，指定镜像参考轴与水平线的夹角，以参考轴为基础进行镜像。
- 【选项】：设置旋转的目标对象。勾选【变换对象】复选框，表示变换图形对象；勾选【变换图案】复选框，表示变换图形中的图案填充。
- 【复制】：单击该按钮，将按所选参数复制出一个镜像图形对象。

2. 使用镜像工具反射对象

利用【镜像工具】反射图形也可以分为两种情况：一种是沿所选图形的中心点镜像图形；另一种是自行设置镜像中心点反射图形，操作方法与旋转工具的操作方法相同。

下面利用自行设置镜像中心点反射图形。首先选择图形，然后在工具箱中选择【镜像工具】，将光标移动到合适的位置并单击鼠标，确定镜像的轴点，如果想复制镜像，则可以按住“Alt”键的同时拖动鼠标，拖动到合适的位置后先释放鼠标后松开“Alt”键，即可镜像复制一个图形，如图4.54所示。

图4.54 镜像复制图形

技巧与提示

在拖动镜像图形时，按住“Alt”键可以镜像复制图形，按住“Alt”+“Shift”组合键可以呈90°倍数镜像复制图形。

4.3.4 缩放对象

【比例缩放工具】和【缩放】命令主要对选择的图形对象进行放大或缩小操作，可以缩放整个图形对象，也可以缩放对象的填充图案。

1. 缩放菜单命令

执行菜单栏中的【对象】|【变换】|【缩放】命令，将打开如图4.55所示的【比例缩放】对话框，在该对话框中可以对缩放进行详细的设置。

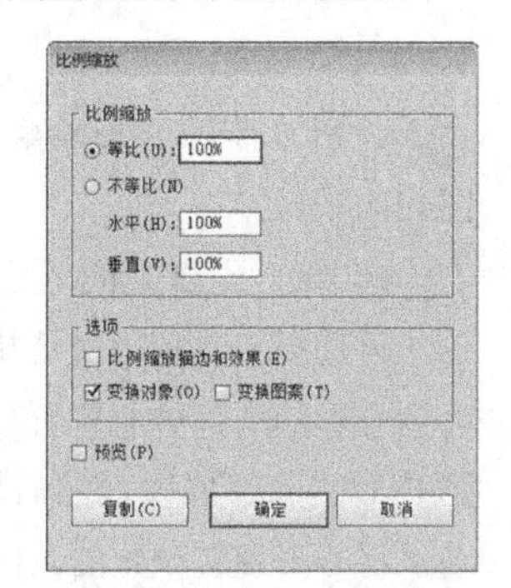

图4.55 【比例缩放】对话框

【比例缩放】对话框各选项的含义说明如下。

- 【等比】：勾选该复选框后，在【比例缩放】文本框中输入数值，可以对所选图形进行等比例的缩放操作。当值大于100%时，放大图形；当值小于100%时缩小图形。
- 【不等比】：勾选该复选框后，可以分别在【水平】或【垂直】文本框中输入不同的数值，用来缩放图形的长度和宽度。
- 【比例缩放描边和效果】：此项是缩放图形的描边粗细和图形的效果。勾选该复选框将对图形的描边粗细和图形的效果进行缩放操作。图4.56所示为原图、不勾选该复选框并缩小50%、勾选该复选框并缩小50%的效果对比。

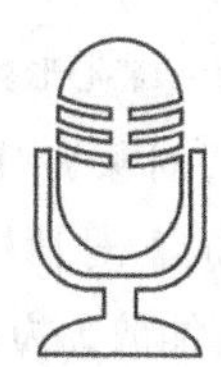

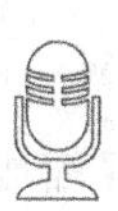

图4.56 【比例缩放描边和效果】效果对比

2. 使用比例缩放工具缩放对象

使用【比例缩放工具】也可以分为两种情况进行缩放图形：一种是沿所选图形的中心点缩放图形；另一种是自行设置缩放中心点缩放图形，操作方法与前面讲解过的旋转工具的操作方法相同。

下面利用自行设置缩放中心点来缩放图形。首先选择图形，然后在工具箱中选择【比例缩放工具】，光标将变为十字状，将光标移动到合适的位置并单击鼠标，确定缩放的中心点，此时鼠标将变成状，按住鼠标向外或向内拖动，缩放到满意大小后释放鼠标，即可将所选对象放大或缩小，如图4.57所示。

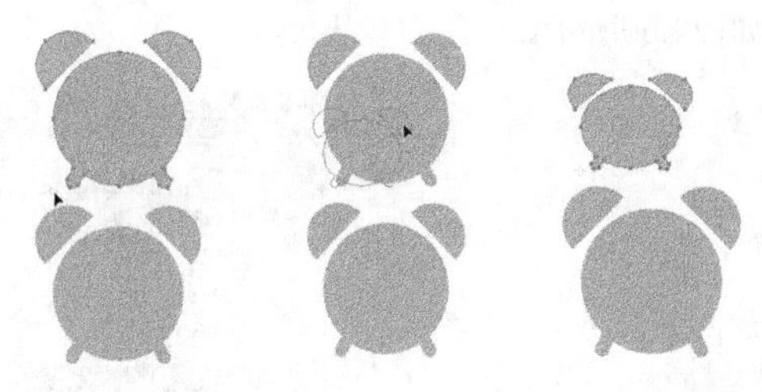

图4.57 比例缩放图形

技巧与提示

在使用比例缩放工具缩放图形时，按住“Alt”键可以复制一个缩放对象；按住“Shift”键可以进行等比例缩放。如果按住“Alt”键单击鼠标，可以打开【比例缩放】对话框。

4.3.5 课堂案例——绘制花朵

案例位置　案例文件\第4章\绘制花朵.ai
视频位置　多媒体教学\4.3.5.avi
实用指数　★★★★★

本例主要讲解利用【缩放】命令绘制花朵。最终效果如图4.58所示。

图4.58 最终效果

01 选择工具箱中的【圆角矩形工具】，在绘图区单击弹出【圆角矩形】对话框，设置圆角矩形的参数，【宽度】为160mm，【高度】为100mm，【圆角半径】为8mm，如图4.59所示。

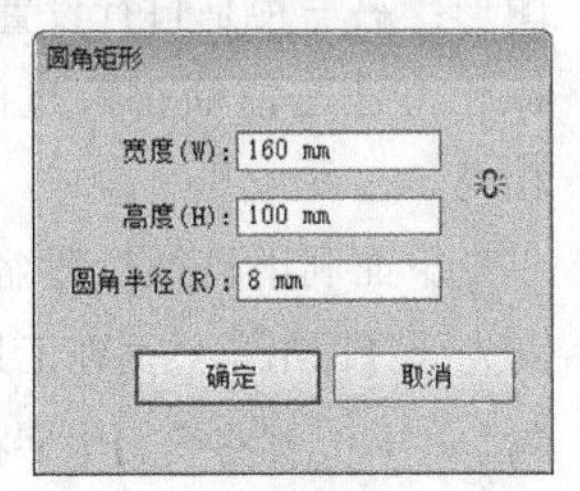

图4.59 【圆角矩形】对话框

02 在【渐变】面板中设置渐变颜色为蓝色（C：80；M：30；Y：20；K：0）到深绿色（C：85；M：40；Y：45；K：0）的线性渐变，描边为无，如图4.60所示。

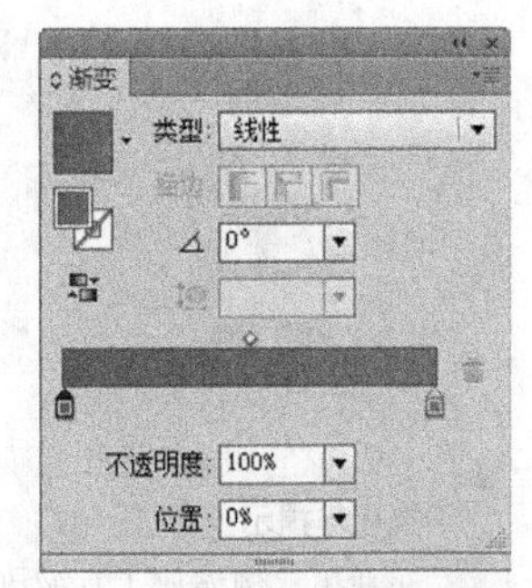

图4.60 【渐变】面板

03 为所创建矩形填充渐变，填充效果如图4.61所示。

图4.61 填充效果

04 选择工具箱中的【钢笔工具】，在绘图区绘制心形轮廓，如图4.62所示。

图4.62 绘制心形轮廓

05 然后在【渐变】面板中设置渐变颜色为蓝色（C：100；M：0；Y：0；K：0）到白色的线性渐变，描边为无，如图4.63所示。

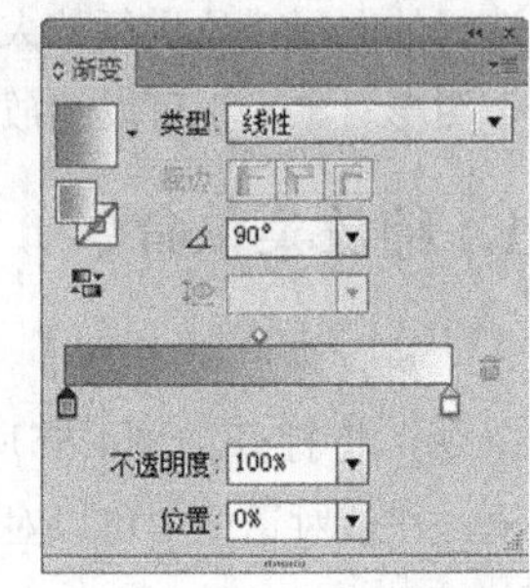

图4.63 【渐变】面板

05 为所绘制的心形轮廓填充渐变，填充效果如图4.64所示。

06 选择工具箱中的【选择工具】，选择心形，再选择工具箱中的【旋转工具】，将光标移动到心形的底部中心位置单击，将旋转中心点调整到心形的底部位置，然后按住“Alt”键的同时拖动，将心形旋转一定的角度，如图4.65所示。

图4.64 填充效果　　图4.65 旋转心形

07 旋转复制心形后，多次按“Ctrl”+“D”组合键，将心形复制多个，直到完成整个花朵，将心形全选，按住“Ctrl”+“G”组合键将心形编组，如图4.66所示。

图4.66 将心形复制并编组

08 选择花朵执行菜单栏中的【对象】|【变换】|【缩放】命令，弹出【比例缩放】对话框，选中【等比】单选按钮，调整【比例缩放】为75%，如图4.67所示。

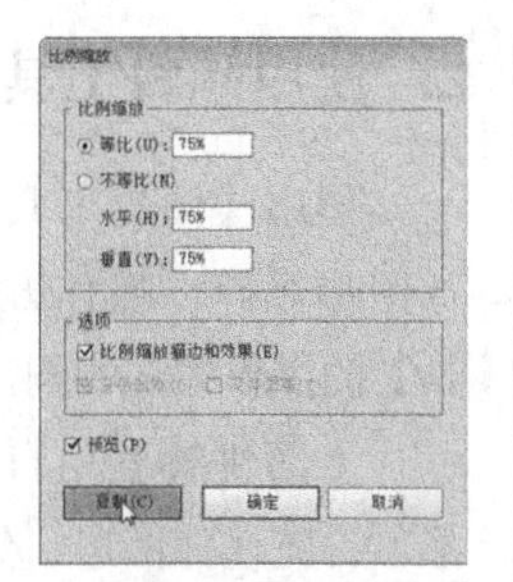

图4.67 【比例缩放】对话框

09 单击【比例缩放】对话框中的【复制】按钮，将其等比例缩放1个，如图4.68所示。

图4.68 等比例缩放花朵

10 然后再执行菜单栏中的【对象】|【变换】|【再次变换】命令，如图4.69所示。

图4.69 执行再次变换命令

11 选择工具箱中的【椭圆工具】并按住“Shift”键绘制正圆，在【渐变】面板中设置渐变颜色为白色到蓝色（C：100；M：0；Y：0；K：19）的径向渐变，如图4.70所示。

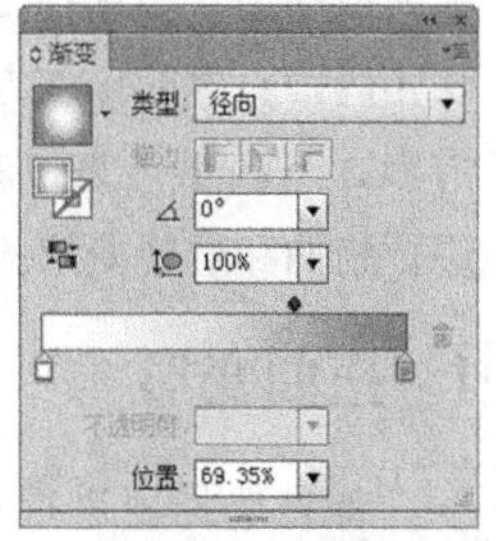

图4.70 【渐变】面板

12 为所创建的椭圆填充渐变，填充效果如图4.71所示。

13 选择工具箱中的【旋转工具】，将光标移动到圆形的底部中心位置单击，将旋转中心点调整到圆形的底部位置，然后按住“Alt”键的同时拖动，复制一个圆，如图4.72所示。

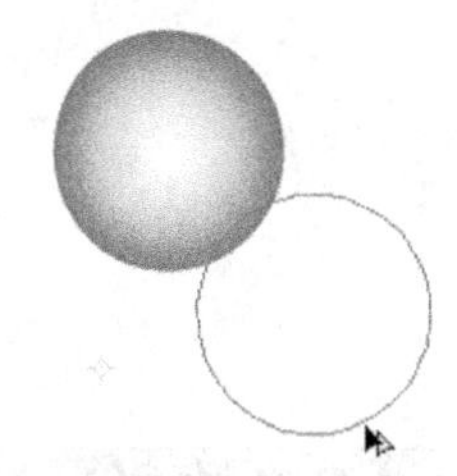

图4.71 填充渐变　　图4.72 调整圆形位置

14 旋转复制圆形后，多次按“Ctrl”+“D”组合键，将圆形复制多个，直到围成一圈，然后再选择其中一个，按住“Alt”键拖动鼠标复制1个放在圆形的中心，将其作为花蕊，如图4.73所示。

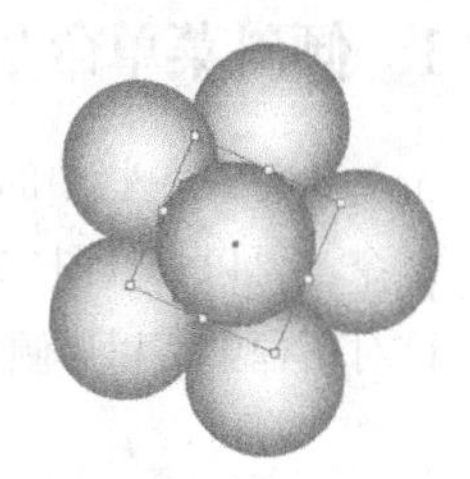

图4.73 复制圆形

15 选择工具箱中的【选择工具】，选择花芯，移动到花瓣上，选择花朵按住“Ctrl”+“G”组合键将花朵编组，将花朵移动到背景矩形的左下角，如图4.74所示。

图4.74 移动花朵

16 选择工具箱中的【选择工具】，选择花朵，按住“Alt”键向右上角拖动鼠标复制1个，按住“Alt”+“Shift”组合键等比例缩小花朵，如图4.75所示。

图4.75 缩小花朵

⑰ 利用上述同样的方法再复制两个花朵，摆放在原图形的右侧，完成花朵的制作，最终效果如图4.76所示。

图4.76 最终效果

4.3.6 倾斜变换

使用【倾斜】命令或【倾斜工具】可以使图形对象倾斜，如制作平行四边形、菱形、包装盒等效果。在制作立体效果中占有很重要的位置。

1. 倾斜菜单命令

执行菜单栏中的【对象】|【变换】|【倾斜】命令，可以打开图4.77所示的【倾斜】对话框，在该对话框中可以对倾斜进行详细的设置。

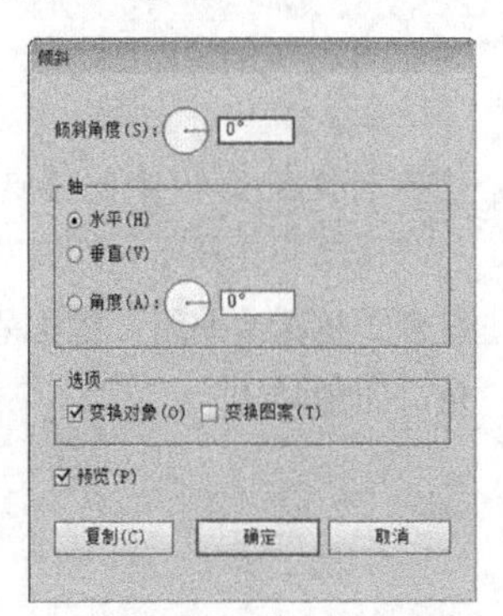

图4.77 【倾斜】对话框

【倾斜】对话框各选项的含义说明如下。

- 【倾斜角度】：设置图形对象与倾斜参考轴之间的夹角大小，取值范围为-360°~360°之间，其参考轴可以在【轴】选项组中指定。
- 【轴】：选择倾斜的参考轴。勾选【水平】单选框，表示参考轴为水平方向；勾选【垂直】单选框，表示参考轴为垂直方向；勾选【角度】单选框，可以在右侧的文本框中输入角度值，以设置不同角度的参考轴效果。

2. 使用倾斜工具倾斜对象

使用【倾斜工具】也可以分为两种情况进行图形倾斜，操作方法与前面讲解过的【旋转工具】的操作方法相同，这里不再赘述。

下面讲解利用自行设置倾斜中心点来倾斜图形。首先选择图形，然后在工具箱中选择【倾斜工具】，光标将变为十字状，将光标移动到合适的位置并单击鼠标，确定倾斜点，此时鼠标将变成▶状，按住鼠标拖动到合适的位置后释放鼠标，即可将所选对象倾斜，如图4.78所示。

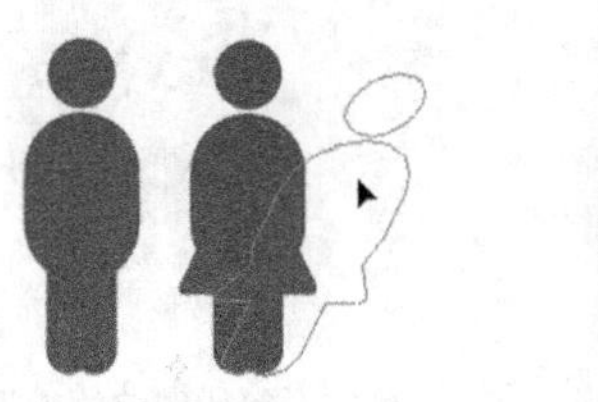
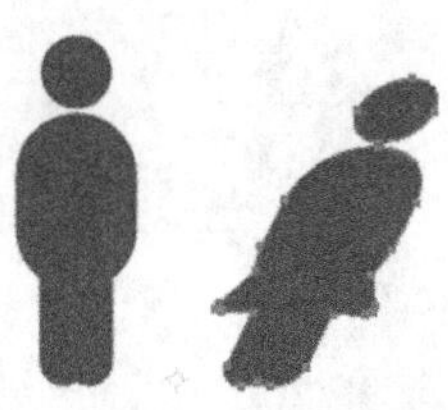

图4.78 倾斜图形

技巧与提示

使用倾斜工具倾斜图形时，按住"Alt"键可以按倾斜角度复制一个倾斜的图形对象。

4.3.7 自由变换工具

【自由变换工具】是一个综合性的变形工具，可以对图形对象进行移动、旋转、缩放、扭曲和透视变形。【自由变换工具】不能选择和取消选择，所以在应用该工具前需要先选择要变形的图形。

【自由变换工具】对图形进行移动、旋转和缩放的用法与选择工具直接利用定界框的变形方法相同，具体的操作方法可参考4.1.1节选择工具的内容，下面重点来讲解利用【自由变换工具】进行扭曲和透视变形。

1. 扭曲变形

首先选择要进行扭曲变形的图形对象，然后选择工具箱中的【自由变换工具】，将光标移动到定界框四个角的任意一个控制点上，这里将光标移动到右上角的控制点上，可以看到此时的光标显示为↗状。先按住鼠标然后再按住“Ctrl”键，此时光标将变成▷形状，拖动鼠标即可扭曲图形。扭曲变形的操作效果如图4.79所示。

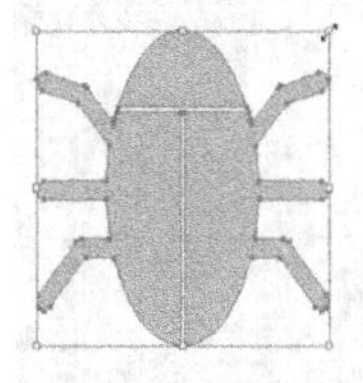
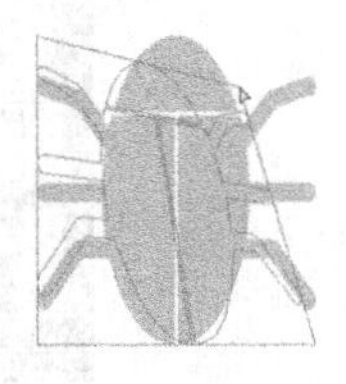
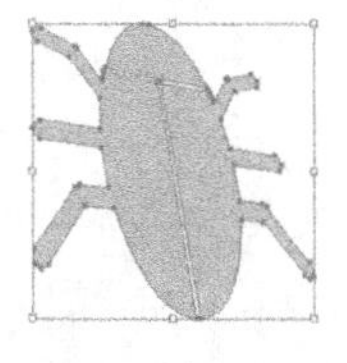

图4.79 扭曲变形的操作效果

技巧与提示

在使用【自由变换工具】扭曲图形时，要注意一定要先按住鼠标，再按住“Ctrl”键，不要先按住“Ctrl”键再按住鼠标拖动。

2. 透视变形

首先使用【选择工具】选择要进行扭曲变形的图形对象，然后选择工具箱中的【自由变换工具】，将光标移动到定界框四个角的任意一个控制点上，可以看到此时的光标显示为双箭头状。先按住鼠标然后再按住“Ctrl”+“Shift”+“Alt”组合键，此时光标将变成▷形状，上、下或左、右拖动鼠标即可透视图形。透视变形的操作效果如图4.80所示。

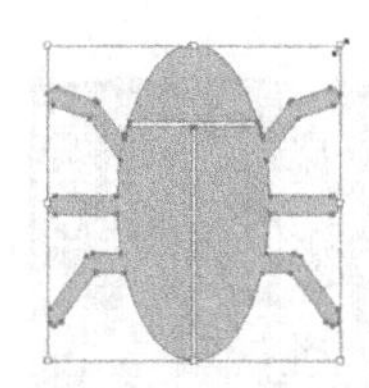
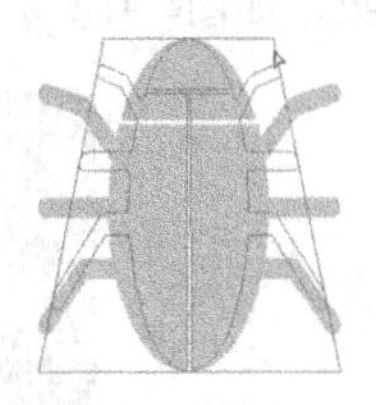
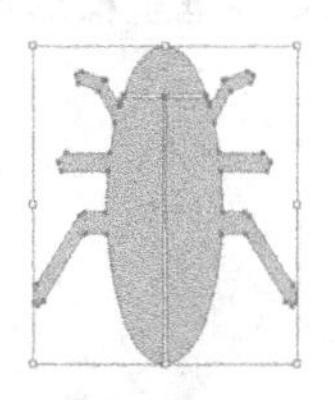

图4.80 透视变形的操作效果

4.3.8 课堂案例——制作空间舞台效果

案例位置　案例文件\第4章\制作空间舞台效果.ai
视频位置　多媒体教学\4.3.8.avi
实用指数　★★★★★

本例主要讲解利用【自由变换工具】制作空间舞台效果。最终效果如图4.81所示。

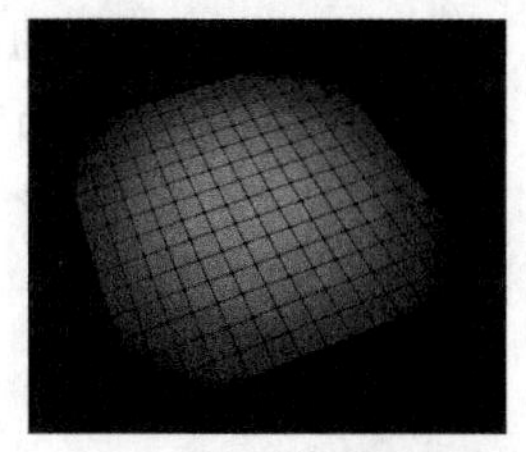

图4.81 最终效果

01 新建1个颜色模式为RGB的画布，选择工具箱中的【圆角矩形工具】，在绘图区单击，弹出【圆角矩形】对话框，设置圆角矩形的参数，【宽度】为13mm，【高度】为13mm，【圆角半径】为1.5mm，如图4.82所示。

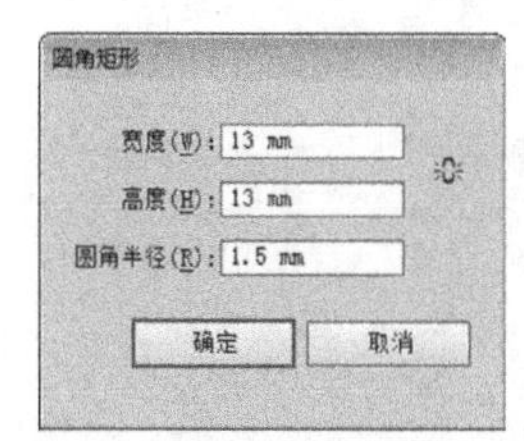

图4.82 【圆角矩形】对话框

02 将矩形填充为粉色（R：228；G：0；B：127），描边为无，如图4.83所示。

图4.83 填充颜色

03 选择工具箱中的【选择工具】，选择圆角矩形，执行菜单栏中的【对象】|【变换】|【移动】命令，弹出【移动】对话框并修改其参数，【位置】|【水平】为14mm，【位置】|【垂直】为0mm，如图4.84所示。

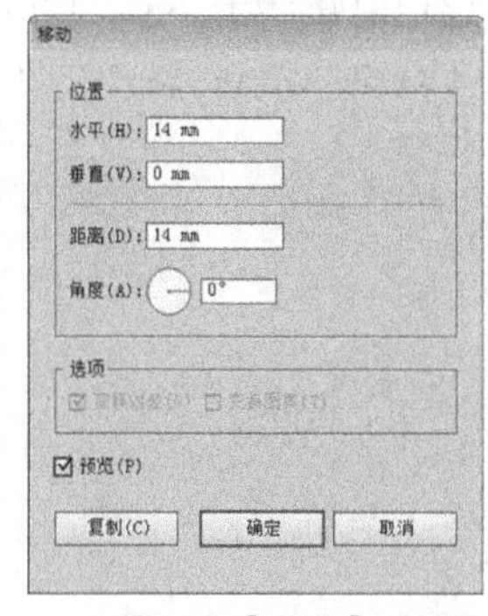

图4.84 【移动】对话框

04 单击【复制】按钮，水平复制1个圆角矩形，按12次“Ctrl”+“D”组合键多重复制，如图4.85所示。

图4.85 复制矩形

05 将圆角矩形全选，利用同样的方法执行【移动】命令，弹出【移动】对话框并修改其参数，【位置】|【水平】为0mm，【位置】|【垂直】为14mm，如图4.86所示。

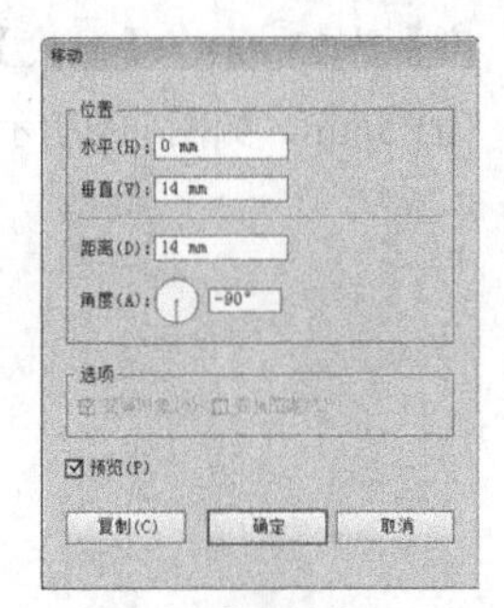

图4.86 【移动】对话框

06 单击【移动】对话框中的【复制】按钮，垂直复制1组圆角矩形，按12次“Ctrl”+“D”组合键多重复制，如图4.87所示。

图4.87 多重复制

07 选择工具箱中的【选择工具】，将圆角矩形全选，按“Ctrl”+“G”组合键编组，在【渐变】面板中设置渐变颜色为粉色（R：237；G：30；B：121）到深粉色（R：158；G：0；B：93）到黑色（R：0；G：0；B：0）的径向渐变，如图4.88所示。

图4.88 【渐变】面板

08 对已全选编组的圆角填充渐变，渐变效果如图4.89所示。

图4.89 填充渐变

09 将图形全选，选择工具箱中的【自由变换工具】，将光标移动到定界框右上角的控制点上，可以看到此时的光标显示为形状，如图4.90所示。

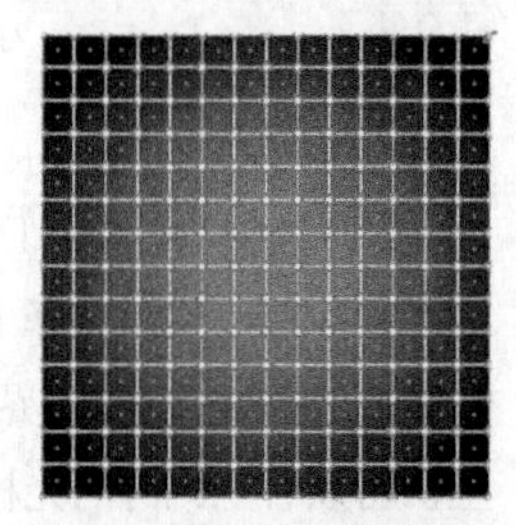
图4.90 使用自由变换工具

10 按住左键然后再按住“Ctrl”+“Alt”+“Shift”组合键，此时光标将变为形状，鼠标向左移动定界框呈梯形效果，如图4.91所示。

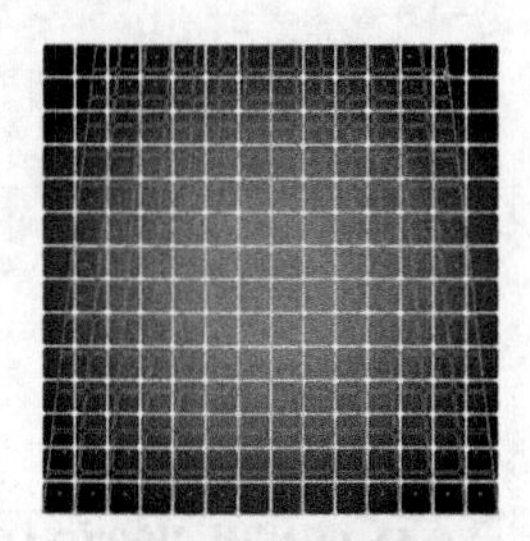
图4.91 移动定界框

11 按住鼠标左键的同时再向里拖动将其变形成梯形，变形效果如图4.92所示。

图4.92 拖动锚点

12 选择工具箱中的【选择工具】，将圆角矩形全部选中，单击鼠标右键，从快捷菜单中选择【变换】|【旋转】命令，将【角度】改为30°，如图4.93所示。

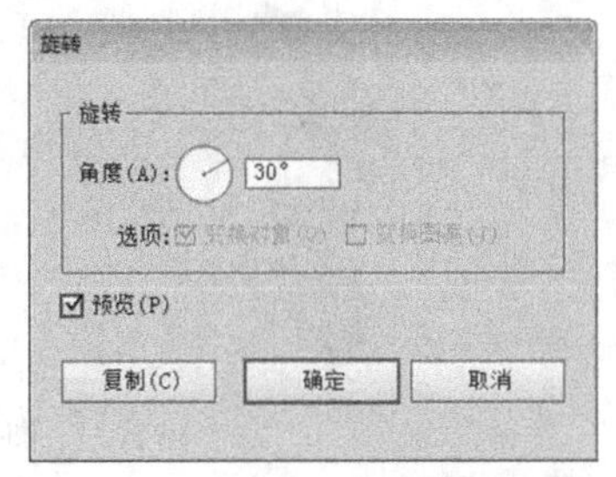

图4.93 【旋转】对话框

13 按住“Alt”+“Shift”组合键将其等比例缩小，如图4.94所示。

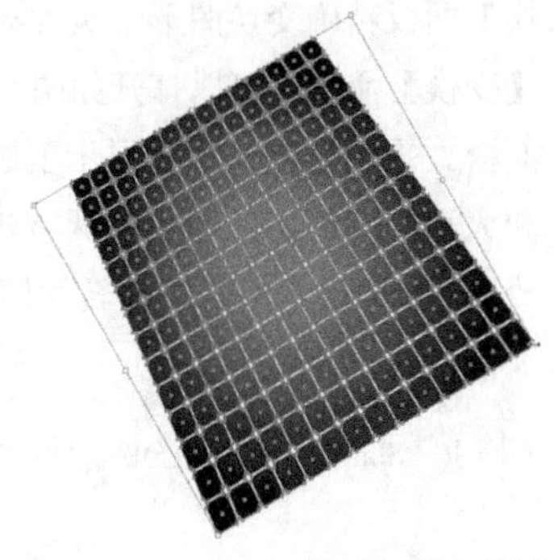

图4.94 缩小图形

14 将图形全选，选择工具箱中的【自由变换工具】，将光标移动到定界框右上角的控制点上，可以看到此时的光标显示为形状，先按住左键然后再按住“Ctrl”键，此时光标将变为形状，如图4.95所示。

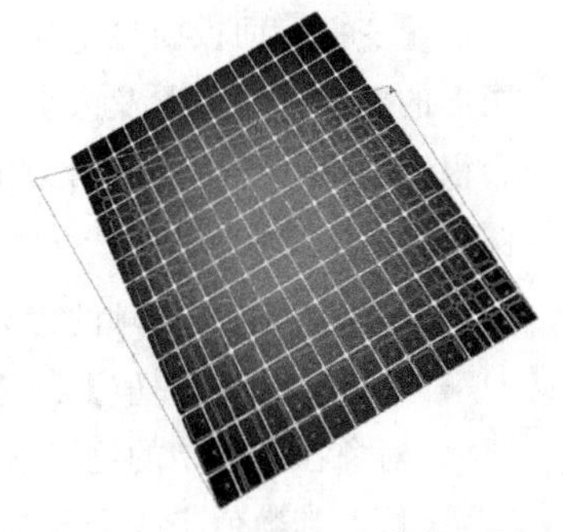

图4.95 移动定界框

15 鼠标向下移动定界框，再将光标移动到定界框左下角的控制点上，鼠标向上移动定界框，最终透视效果就做好了，如图4.96所示。

图4.96 透视效果

16 选择工具箱中的【矩形工具】，沿着已绘制好的图形的四周绘制矩形，如图4.97所示。

图4.97 绘制矩形

17 将矩形填充为黑色（R：0；G：0；B：0），描边为无。按“Ctrl”+“Shift”+“[”组合键，将矩形置于底层，最终效果如图4.98所示。

图4.98 最终效果

4.3.9 其他变换命令

前面讲解了各种变换工具的使用，但这些工具只是对图形作单一的变换。本节中介绍【分别变换】和【再次变换】。【分别变换】包括对对象的缩放、旋转和移动变换。【再次变换】是对图形对象重复使用前一个变换。

1. 分别变换

【分别变换】命令集中了缩放、移动、旋转和镜像等多个变换命令的功能，可以同时应用这些

功能。选中要进行变换的图形对象，执行菜单栏中的【对象】|【变换】|【分别变换】命令，将打开图4.99所示的【分别变换】对话框，在该对话框中设置需要的变换效果，该对话框中的命令与前面讲解过的用法相同，只要输入数值或拖动滑块来修改参数，就可以应用相关的变换。

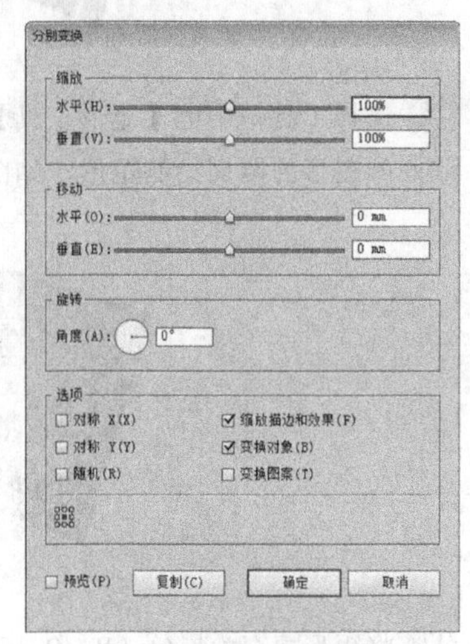

图4.99 【分别变换】对话框

技巧与提示

按"Alt"+"Shift"+"Ctrl"+"D"组合键，可以快速打开【分别变换】对话框。

2. 再次变换

在应用过相关的变换命令后，比如应用了一次旋转，需要重复进行相同的变换操作多次，这时可以执行菜单栏中的【对象】|【变换】|【再次变换】命令来重复进行变换，如再次旋转。

技巧与提示

按"Ctrl"+"D"组合键，可以重复执行与前一次相同的变换。这里还要重点注意的是，再次变换所执行的是刚应用的变换，即执行完一个变换命令后，立即使用该命令。

3. 重置定界框

在应用变换命令后，图形的定界框会随着图形的变换而变换，比如一个图形应用了旋转命令后，定界框也发生了旋转，如果想将定界框还原为初始的方向，可以执行菜单栏中的【对象】|【变换】|【重置定界框】命令，将定界框还原为初始的方向。操作效果如图4.100所示。

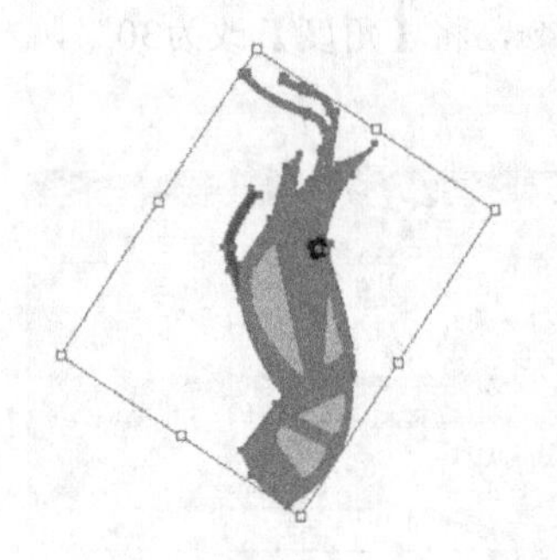
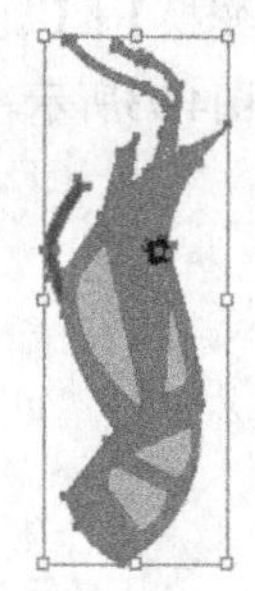

图4.100 重置定界框效果

4. 【变换】面板

除了使用变换工具变换图形，还可以使用【变换】面板精确变换图形。执行菜单栏中的【窗口】|【变换】命令，可以打开如图4.101所示的【变换】面板。【变换】面板中显示了选择对象的坐标位置和大小等相关信息，通过调整相关的参数，可以修改图形的位置、大小、旋转和倾斜角度。

技巧与提示

按"Shift"+"F8"组合键，可以快速打开【变换】面板。

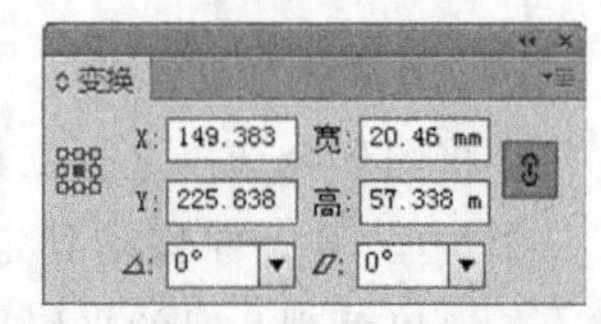

图4.101 【变换】面板

知识点：关于定界框

【变换】面板中显示的信息指的是所选择图形的定界框的位置及大小等信息，这些信息会根据选择的图形不同而变化，因为选择一个图形和多个图形显示的定界框不同。

【变换】面板各选项的含义说明如下。

- 【X值】和【Y值】：【X值】显示了选定对象在文档中的绝对水平位置，可以通过修改其数值来改变选定对象的水平位置。

  【Y值】显示了选定对象在文档中的绝对垂直位置，可以通过修改其数值来改变选定对象的垂直位置。

- 【参考点】：设置图形对象变换的参考点。只要用鼠标单击9个点中的任意一点就可以选定参考点，选定的参考点由白色方块变成黑色方块，这9个参考点代表图形对象的8个边框控制点和1个中心控制点。
- 【宽度值】、【高度值】和【约束宽度和高度比例】：【宽度值】显示选定对象的宽度值，【高度值】显示选定对象的高度值，可以通过修改其数值来改变选定对象的宽度和高度。单击【约束宽度和高度比例】按钮，可以等比缩放选定对象。
- 【旋转】：设置选定对象的旋转角度，可以在下拉列表框中选择旋转角度，也可以输入一个-360°~360°的数值。
- 【倾斜】：设置选定对象倾斜变换的倾斜角，同样可以在下拉列表框中选择旋转角度，也可以输入一个-360°~360°的数值。

5. 【变换】面板菜单

另外，在进行变换的时候，还可以通过【变换】面板菜单中的相关选项来设置变换和变换的内容。单击【变换】面板右上角的按钮，将弹出图4.102所示的面板菜单。菜单中的命令在前面已经讲解过，这里不再赘述。

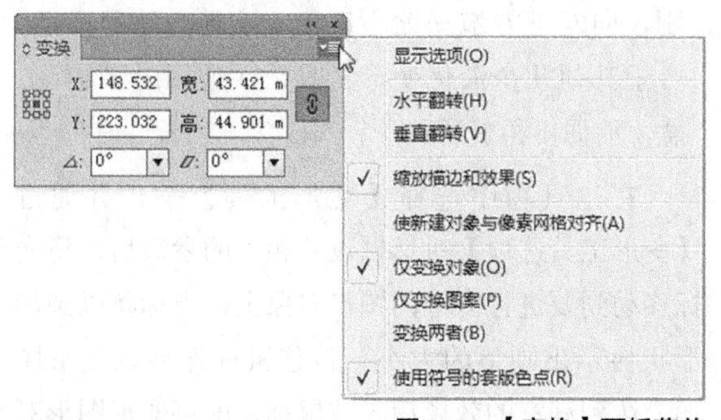

图4.102　【变换】面板菜单

> **技巧与提示**
> 在使用变换工具时，在工具【控制栏】中将显示对应的变换参数，通过这些参数也可以变换对象。

4.4 液化变形工具

液化变形工具是近几个新版本中新增加的变形工具，通过这些工具可以对图形对象进行各种类似液化的变形处理，使用的方法也很简单，只需选择相应的液化变形工具，在图形对象上拖动即可使用该工具进行变形。

Illustrator CS6为用户提供了8种液化变形工具，包括【宽度工具】、【变形工具】、【旋转扭曲工具】、【缩拢工具】、【膨胀工具】、【扇贝工具】、【晶格化工具】和【皱褶工具】。

> **技巧与提示**
> 液化变形工具不能在文字、图表、符号和位图上使用。

本节重点知识概述

工具/命令名称	作用	快捷键	重要程度
【宽度工具】	增加路径的宽度	Shift + W	高
【变形工具】	对图形推拉变形	Shift + R	高
【旋转扭曲工具】	创建涡流形状的变形效果		中
【缩拢工具】	将图形收缩成形		中
【膨胀工具】	将图形扩张膨胀变形		中
【扇贝工具】可	在图形边缘创建随机的扇贝形状		中
【晶格化工具】	在图形边缘创建随机锯齿形状		中
【皱褶工具】	在图形边缘创建随机皱褶效果		中

4.4.1 宽度工具

使用【宽度工具】可以增加路径的宽度和形状，在路径上双击鼠标可以打开图4.103所示的【宽度点数编辑】对话框，在该对话框中可以对【宽度工具】的参数进行详细的设置。

技巧与提示

按“Shift”+“W”组合键可以快速选择【宽度工具】。

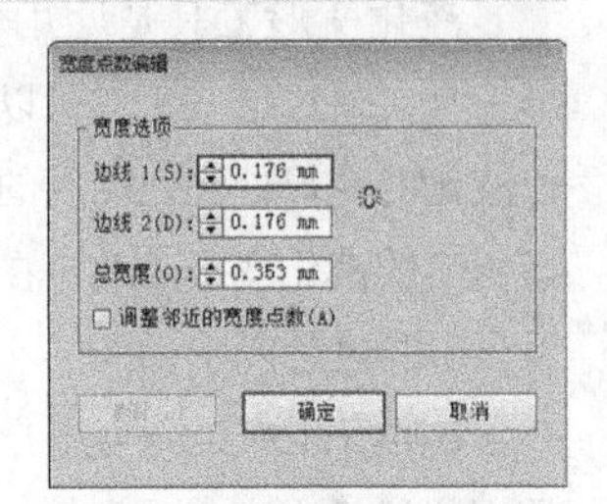

图4.103 【宽度点数编辑】对话框

选中路径，再选择工具箱中的【宽度工具】，在路径上按住鼠标向外拖动，达到满意的效果后释放鼠标，即可看到路径增宽后的效果，如图4.104所示。

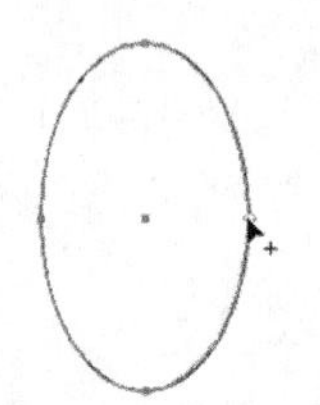
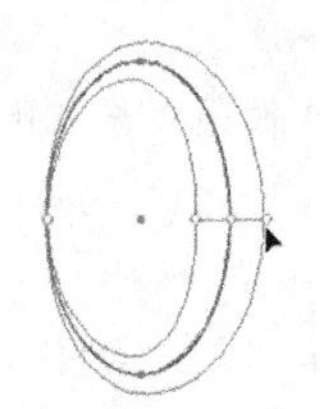
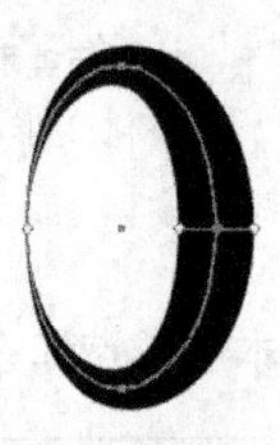

图4.104 使用【宽度工具】变宽

技巧与提示

【宽度工具】只能对路径使用，不管将路径多宽也是路径，它不能编辑填充。

4.4.2 变形工具

使用【变形工具】可以对图形进行推拉变形，在使用该工具前，可以在工具箱中双击该工具，打开图4.105所示的【变形工具选项】对话框，对【变形工具】的画笔尺寸和变形选项进行详细的设置。

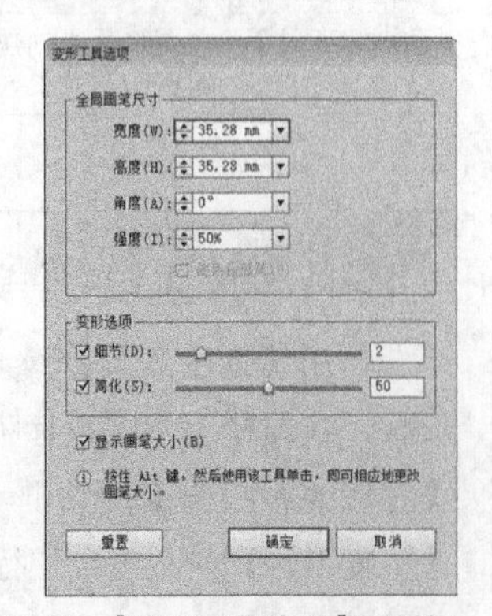

图4.105 【变形工具选项】对话框

【变形工具选项】对话框各选项的含义说明如下。

- 【全局画笔尺寸】：指定变形笔刷的大小、角度和强度。【宽度】和【高度】用来设置笔刷的大小；【角度】用来设置笔刷的旋转角度。在【宽度】和【高度】值不相同时，即笔刷显示为椭圆型笔刷时，利用【角度】参数可以控制绘制时的图形效果；【强度】用来指定笔刷使用时的变形强度，值越大表示变形的强度就越大。如果安装有数字板或数字笔，勾选【使用压感笔】复选框，可以控制压感笔的强度。
- 【变形选项】：设置变形的细节和简化效果。【细节】指定对象轮廓在变形时各点间的间距大小，值越高，间距越小；【简化】指定减少多余点的数量，而不致影响形状的整体外观。
- 【显示画笔大小】：勾选该复选框，光标将呈现画笔大小形状显示，如果不勾选该复选框，光标将显示为十字线效果。

知识点：关于【变型工具】改变笔刷的大小

在使用【变形工具】时，如果不想通过【变形工具选项】对话框修改笔刷的大小，可以按住“Alt”键的同时在文档的空白处拖动鼠标来改变笔刷的大小，向右上方拖动放大笔刷，向左下方拖动缩小笔刷。这种方法同样适合于其他几个液化变形工具，在使用时多加注意，后面不再赘述。

在工具箱中选择【变形工具】，并通过【变形工具选项】对话框设置相关的参数后，将光标移动到要进行变形的图形对象上，光标将以圆形形状显示出画笔的大小，按住鼠标拖动以变形图形，达到满意的效果后释放鼠标，即可变形图形对象，如图4.106所示。

图4.106 使用【变形工具】拖动变形

4.4.3 旋转扭曲工具

使用【旋转扭曲工具】可以创建类似于涡流形状的变形效果，它不但可以像【变形工具】一样对图形拖动变形，还可以将光标放置在图形的某个位置，按住鼠标不放的情况下使图形变形。在工具箱中双击【旋转扭曲工具】图标，可以打开图4.107所示的【旋转扭曲工具选项】对话框，对【旋转扭曲工具】的相关属性进行详细的设置。

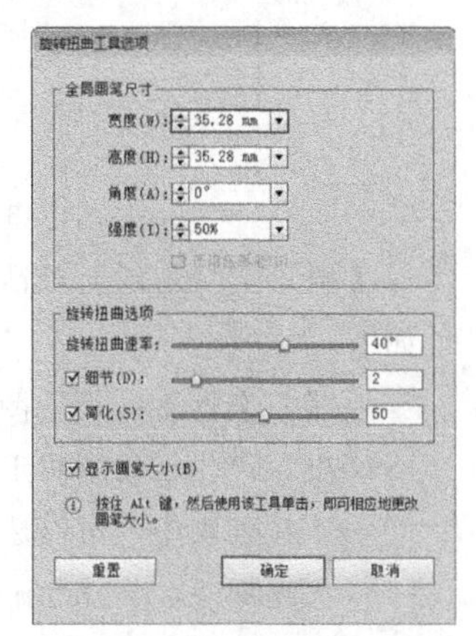

图4.107 【旋转扭曲工具选项】对话框

【旋转扭曲工具选项】对话框中有很多选项与【变形工具选项】对话框相同，使用方法也相同，所以这里不再赘述，只讲解不同的部分。

技巧与提示

其他液化工具选项对话框中，参数设置也有与【变形工具选项】对话框参数相同的部分，在后面不再赘述，相同部分可参考【变形工具选项】对话框各选项的含义说明。

- 【旋转扭曲速率】：设置旋转扭曲的变形速度。取值范围为-180°~180°。当数值越接近-180°或180°时，对象的扭转速度越快。越接近0°，扭转的速度越平缓。负值以顺时针方向扭转图形，正值则会以逆时针方向扭转图形。

在工具箱中选择【旋转扭曲工具】，并通过【旋转扭曲工具选项】对话框设置相关的参数后，将光标移动到要进行变形的图形对象上，光标将以圆形形状显示出画笔的大小，按住鼠标静止不动或拖动以变形图形，达到满意的效果后释放鼠标，即可旋转扭曲图形对象，如图4.108所示。

图4.108 使用【旋转扭曲工具】拖动变形

4.4.4 缩拢工具

使用【缩拢工具】主要将图形对象进行收缩变形。不但可以根据鼠标拖动的方向将图形对象向内收缩变形，还可以在原地按住鼠标不动将图形对象向内收缩变形。在工具箱中双击该工具，可以打开如图4.109所示的【收缩工具选项】对话框，对【缩拢工具】的参数进行详细设置。该工具的参数选项与【变形工具】相同，这里不再赘述，可参考【变形工具】参数讲解。

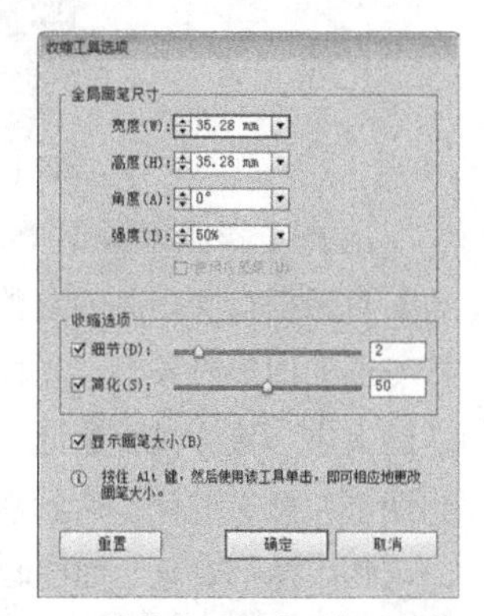

图4.109 【收缩工具选项】对话框

在工具箱中选择【缩拢工具】，并通过【收缩工具选项】对话框设置相关的参数后，将光标移动到要进行变形的图形对象上，光标将以圆形形状显示出画笔的大小，按住鼠标向上拖动，达到满意的效果后释放鼠标，即可收缩图形对象，如图4.110所示。

图4.110 使用【缩拢工具】拖动变形

4.4.5 膨胀工具

【膨胀工具】与【缩拢工具】的作用正好相反，主要将图形对象进行扩张膨胀变形。它也可以原地按鼠标膨胀图形或拖动鼠标膨胀图形。双击工具箱中的该按钮，可以打开如图4.111所示的【膨胀工具选项】对话框，对【膨胀工具】的参数进行详细的设置。该工具的参数选项与【变形工具】相同，这里不再赘述，可参考【变形工具】参数讲解。

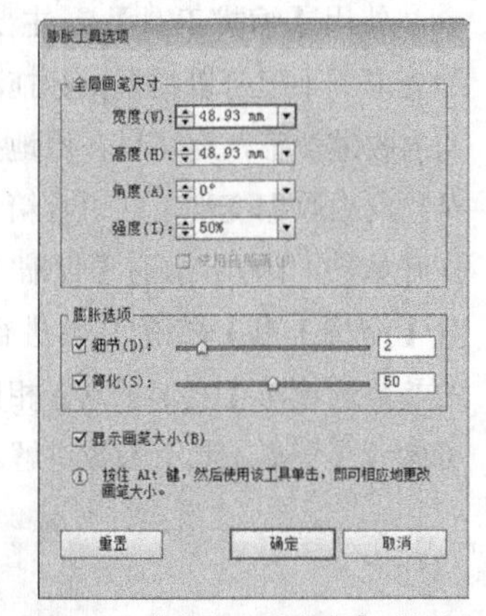

图4.111 【膨胀工具选项】对话框

选择【膨胀工具】，并通过【膨胀工具选项】对话框设置相关的参数后，将光标移动到要进行变形的图形对象上，光标将以圆形形状显示出画笔的大小，按住鼠标原地不动稍等一会儿，可以看到图形在急速变化，达到需要的效果后释放鼠标，即可膨胀图形对象，如图4.112所示。

图4.112 使用【膨胀工具】变形

4.4.6 扇贝工具

【扇贝工具】可以在图形对象的边缘位置创建随机的三角扇贝形状效果，特别是向图形内部拖动时效果最为明显。在工具箱中双击该工具，可以打开如图4.113所示的【扇贝工具选项】对话框，在该对话框中可以对【扇贝工具】的参数进行详细的设置。

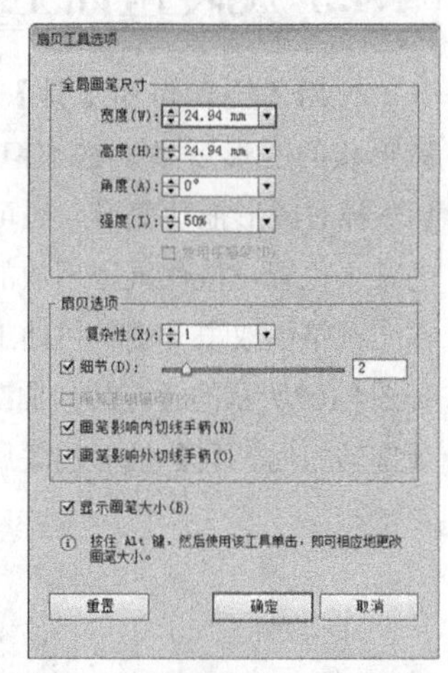

图4.113 【扇贝工具选项】对话框

【扇贝工具选项】对话框中各选项的含义说明如下。

- 【复杂性】：设置图形对象变形的复杂程度，产生三角扇贝形状的数量。从右侧的下拉列表中，可以选择1~15的数值，值越大越复杂，产生的扇贝状变形越多。
- 【画笔影响锚点】：勾选该复选框，变形的图形对象每个转角位置都将产生相对应的锚点。
- 【画笔影响内切线手柄】：勾选该复选框，变形的图形对象将沿三角形正切方向变形。
- 【画笔影响外切线手柄】：勾选该复选框，变形的图形对象将沿反三角正切的方向变形。

在工具箱中选择【扇贝工具】，并通过【扇贝工具选项】对话框设置相关的参数后，将光标移动到要进行变形的图形对象上，光标将以圆形形状显示出画笔的大小，按住鼠标拖动，达到满意的效果后释放鼠标，即可在图形的边缘位置创建随机的三角扇贝形状效果，如图4.114所示。

图4.114 使用【扇贝工具】拖动变形

4.4.7 晶格化工具

【晶格化工具】可以在图形对象的边缘位置创建随机锯齿状效果。在工具箱中双击该工具，可以打开如图4.115所示的【晶格化工具选项】对话框，该对话框中的选项与【扇贝工具】参数选项相同，这里不再赘述。

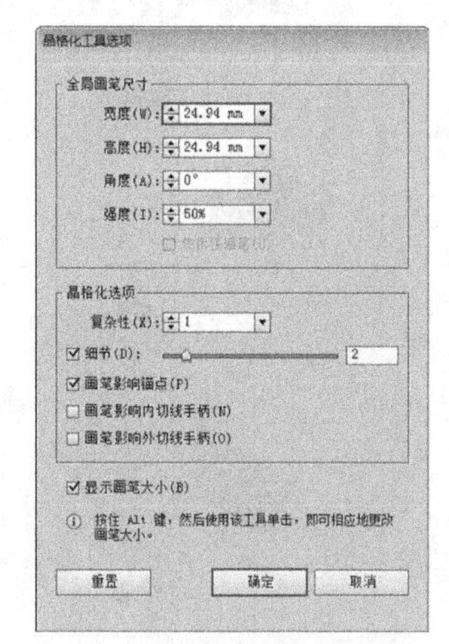

图4.115 【晶格化工具选项】对话框

在工具箱中选择【晶格化工具】，并通过【晶格化工具选项】对话框设置相关的参数后，将光标移动到要进行变形的图形对象上，光标将以圆形形状显示出画笔的大小，按住鼠标拖动，达到满意的效果后释放鼠标，即可在图形的边缘位置创建随机的锯齿状效果，如图4.116所示。

图4.116 使用【晶格化工具】拖动变形

4.4.8 皱褶工具

【皱褶工具】可以在图形对象的边缘位置创建随机皱褶效果。在工具箱中双击【皱褶工具】，可以打开如图4.117所示的【皱褶工具选项】对话框，在该对话框中可以对【皱褶工具】的参数进行详细的设置。

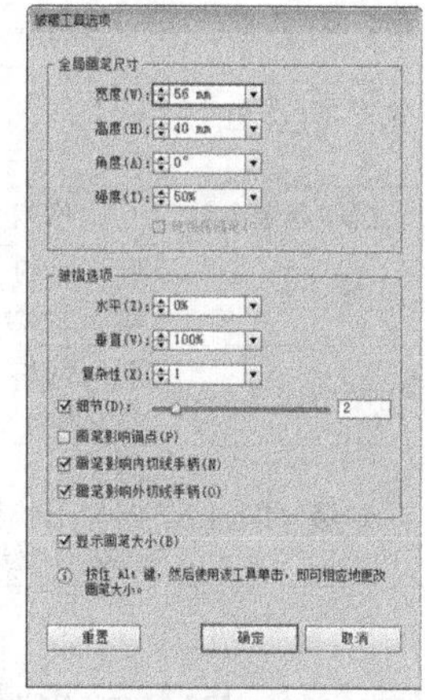

图4.117 【皱褶工具选项】对话框

【皱褶工具选项】对话框各选项的含义说明如下。

- 【水平】：指定水平方向的皱褶数量。值越大产生的皱褶效果越强烈。如果不想在水平方向上产生皱褶，可以将其值设置为0。
- 【垂直】：指定垂直方向的皱褶数量。值越大产生的皱褶效果越强烈。如果不想在垂直方向上产生皱褶，可以将其值设置为0。

在工具箱中选择【皱褶工具】，并通过【皱褶工具选项】对话框设置相关的参数后，将光标移动到要进行变形的图形对象上，光标将以圆形形状显示出画笔的大小，按住鼠标拖动，达到满意的效果后释放鼠标，即可在图形的边缘位置创建类似皱纹或是折叠的凸状变形效果，如图4.118所示。

图4.118 使用【皱褶工具】拖动变形

4.5 封套扭曲

封套扭曲是Illustrator CS6中一个特色扭曲功能，它除了提供多种默认的扭曲功能外，还可以通过建立网格和使用顶层对象的方式来创建扭曲效果，有了封套扭曲功能，使扭曲变得更加灵活。

本节重点知识概述

工具/命令名称	作用	快捷键	重要程度
用变形建立	利用预设功能对图形变形	Alt + Shift + Ctrl + W	高
用网格建立	利用网格对图形变形	Alt + Ctrl + M	中
用顶层对象建立	以对象上方的路径形状为基础进行变形	Alt + Ctrl + C	中

4.5.1 用变形建立

【用变形建立】命令是Illustrator CS6为用户提供的一项预设的变形功能，可以利用这些现有的预设功能并通过相关的参数设置达到变形的目的。执行菜单栏中的【对象】|【封套扭曲】|【用变形建立】命令，即可打开如图4.119所示的【变形选项】对话框。

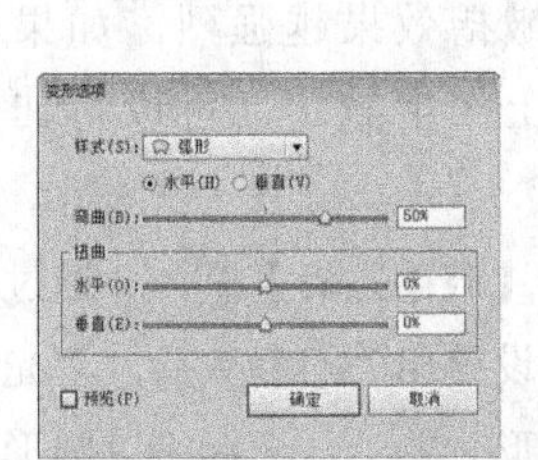

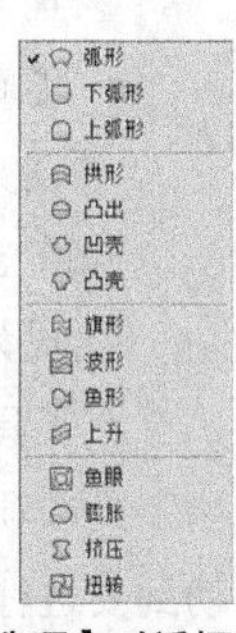

图4.119 【变形选项】对话框

【变形选项】对话框各选项的含义说明如下。

- 【样式】：可以从右侧的下拉列表中，选择一种变形的样式。总共包括15种变形样式，不同的变形效果如图4.120所示。
- 【水平】、【垂直】和【弯曲】：指定在水平还是垂直方向上弯曲图形，并通过修改【弯曲】的值设置变形的强度大小，值越大图形的弯曲也就越大。
- 【扭曲】：设置图形的扭曲程度，可以指定水平或垂直扭曲程度。

原图

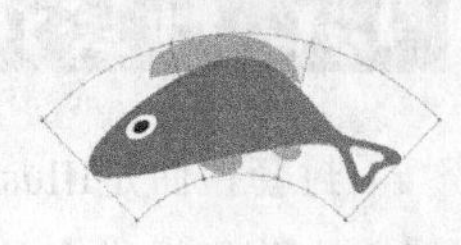

弧形

图4.120 15种预设变形效果

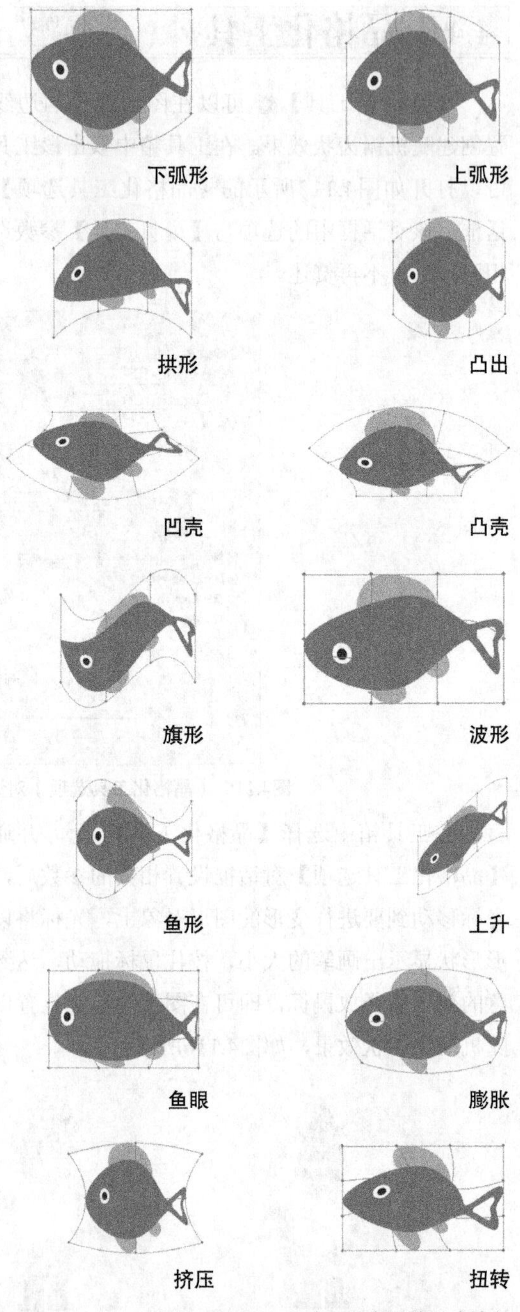

图4.120 15种预设变形效果（续）

技巧与提示

按“Alt”+“Shift”+“Ctrl”+“W”组合键，可以快速打开【变形选项】对话框。

4.5.2 用网格建立

封套扭曲除了使用预设的变形功能，还可以使用自定义网格来修改图形。首先选择要变形的对

象，然后执行菜单栏中的【对象】|【封套扭曲】|【用网格建立】命令，打开如图4.121所示的【封套网格】对话框，在该对话框中可以设置网格的【行数】和【列数】，以添加变形网格效果。

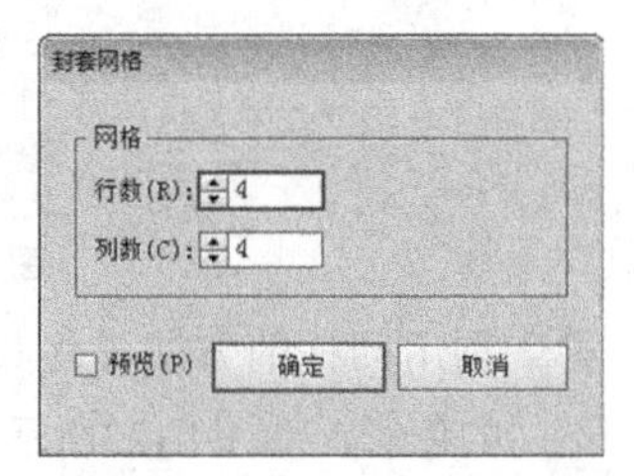

图4.121 【封套网格】对话框

技巧与提示

按“Alt”+“Ctrl”+“M”组合键，可以快速打开【封套网格】对话框。

在【封套网格】对话框中设置合适的行数和列数，单击【确定】按钮，即可为所选图形对象创建一个网格状的变形封套效果，可以利用【直接选择工具】像调整路径那样调整封套网格，还可以同时修改一个网格点，也可以选择多个网格点进行修改。

使用【直接选择工具】选择要修改的网格点，然后将光标移动到选中的网格点上，当光标变成状时，按住鼠标拖动网格点，即可对图形对象进行变形。利用网格变形效果如图4.122所示。

图4.122 利用网格变形效果

4.5.3 用顶层对象建立

使用该命令可以将选择的图形对象以该对象上方的路径形状为基础进行变形。首先在扭曲变形的图形对象的上方，绘制一个任意形状的路径作为封套变形的参照物，然后选择要变形的图形对象及路径参照物，执行菜单栏中的【对象】|【封套扭曲】|【用顶层对象建立】命令，即可将选择的图形对象以其上方的形状为基础进行变形。变形操作如图4.123所示。

技巧与提示

按“Alt”+“Ctrl”+“C”组合键，可以快速使用【用顶层对象建立】命令。

图4.123 【用顶层对象建立】变形效果

技巧与提示

使用【用顶层对象建立】命令创建扭曲变形后，如果对变形的效果不满意，还可以通过执行菜单栏中的【对象】|【封套扭曲】|【释放】命令还原图形。

4.5.4 课堂案例——制作炫彩线条

案例位置　案例文件\第4章\制作炫彩线条.ai
视频位置　多媒体教学\4.5.4.avi
实用指数　★★★★☆

本例主要讲解【用顶层对象建立】命令制作炫彩线条。最终效果如图4.124所示。

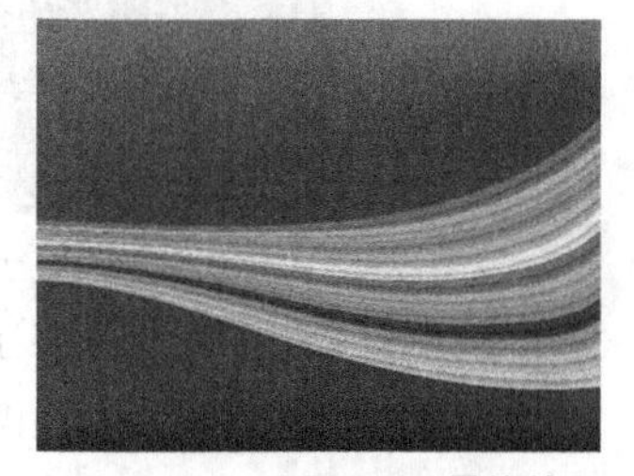

图4.124 最终效果

01 选择工具箱中的【矩形工具】，在绘图区拖动鼠标绘制1个矩形，将其填充为红色（C：0；M：100；Y：100；K：0），描边为无，如图4.125所示。

图4.125 填充颜色

02 选择工具箱中的【网格工具】，在矩形的右侧边缘的中心处单击，建立网格，如图4.126

所示。

图4.126 建立网格

03 使用【网格工具】，在右侧边缘下方矩形的中心处再单击1次，如图4.127所示。

图4.127 再次添加网格

04 选择【直接选择工具】，按由上向下的顺序选择左侧与右侧的第3个锚点，如图4.128所示。

图4.128 选择锚点

05 将选择的两个锚点填充为深红色（C：0；M：100；Y：100；K：40），其他颜色不发生改变，如图4.129所示。

图4.129 填充颜色

06 选择工具箱中的【选择工具】，选择矩形，按住“Alt”键的同时再按住“Shift”键垂直向下拖动鼠标将其复制1个，然后按10次“Ctrl”+“D”组合键多重复制，如图4.130所示。

图4.130 多次复制

07 选择工具箱中的【选择工具】，按由上到下的顺序选择第2个矩形，如图4.131所示。

图4.131 选择矩形

08 然后再执行菜单栏中的【编辑】|【编辑颜色】|【调整色彩平衡】命令，弹出【调整颜色】对话框，修改CMYK的取值，【青色】为60%，【洋红】为-100%，【黄色】为-100%，如图4.132所示。

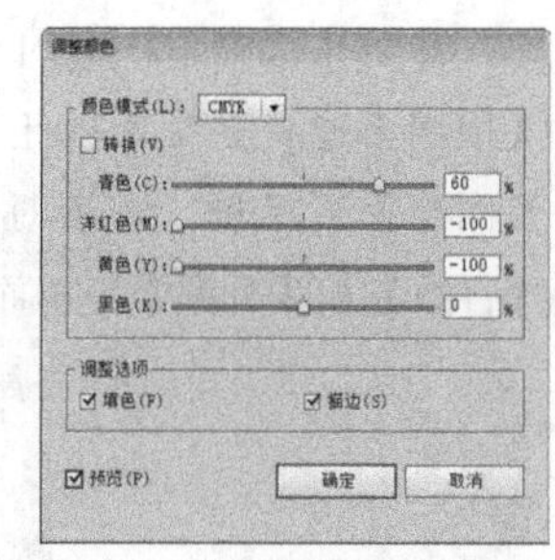

图4.132 【调整颜色】对话框

09 利用同样的方法，将其他矩形的颜色调整为不同的色彩，如图4.133所示。

图4.133 调整颜色

10 选择工具箱中的【钢笔工具】，在绘图区绘制多边形，使左侧与右侧的线为垂直，上方与下方的线为弯曲，然后随意地为其填充一种颜色，如图4.134所示。

图4.134 填充颜色

11 选择工具箱中的【选择工具】，选择多边形，将多边形移动到已绘制好的矩形的中心，如图4.135所示。

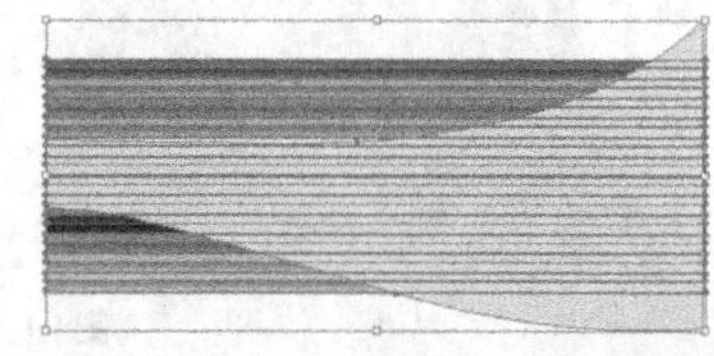

图4.135 移动图形

12 将图形全选，执行菜单栏中的【对象】|【封套扭曲】|【用顶层对象建立】命令，效果如图4.136所示。

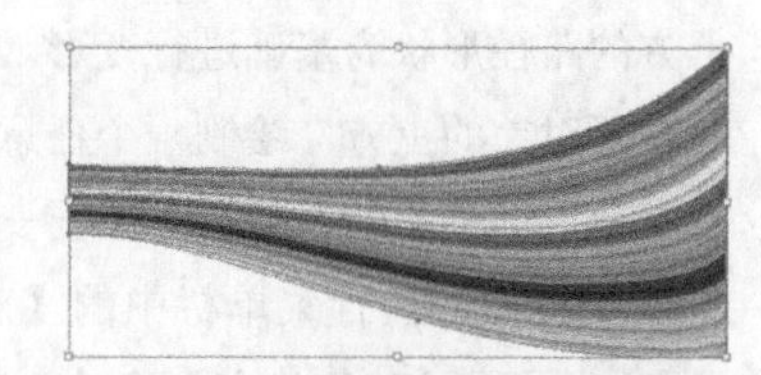

图4.136 执行【封套扭曲】命令后的效果

⑬ 选择工具箱中的【矩形工具】，在绘图区沿着图形的左右边缘拖动鼠标绘制1个矩形，如图4.137所示。

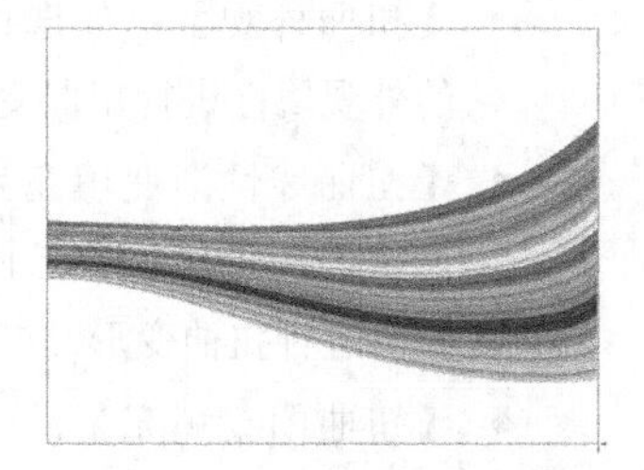
图4.137 绘制矩形

⑭ 将矩形填充为蓝色（C：100；M：80；Y：0；K：0），描边为无，如图4.138所示。

图4.138 填充颜色

⑮ 选择工具箱中的【网格工具】，在矩形上方边缘的中心偏右处单击建立网格，如图4.139所示。

图4.139 建立网格

⑯ 在矩形中心偏下处单击建立网格，然后向下移动鼠标到离矩形左下角相近的位置再次建立网格，共添加3条网格线，如图4.140所示。

图4.140 建立网格

⑰ 选择工具箱中的【直接选择工具】，选择已绘制好的网格线上的锚点，如图4.141所示。

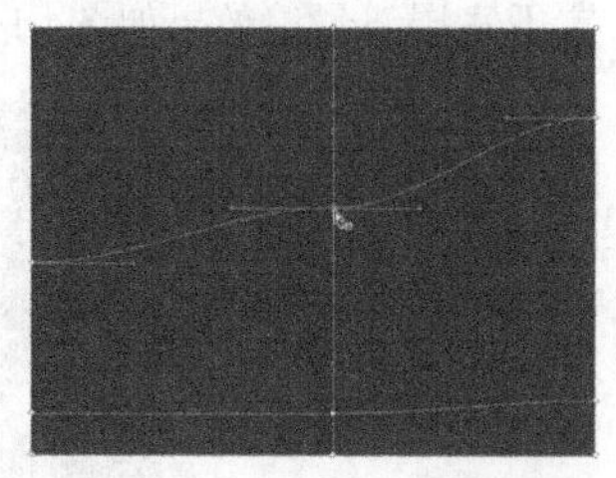
图4.141 选择锚点

⑱ 按住“Shift”键垂直向上或向下移动锚点并调整，使其水平的两条直线变为曲线，垂直的线保持不变，如图4.142所示。

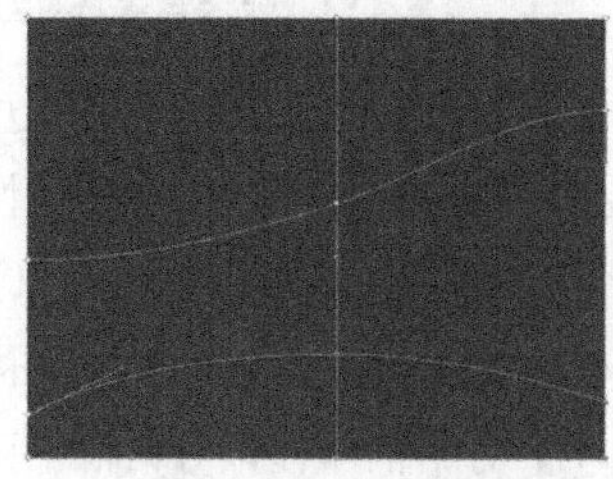
图4.142 调整锚点

⑲ 选择工具箱中的【直接选择工具】，选择矩形上方边缘处水平的3个锚点，将其填充为浅蓝色（C：100；M：40；Y：0；K：0），如图4.143所示。

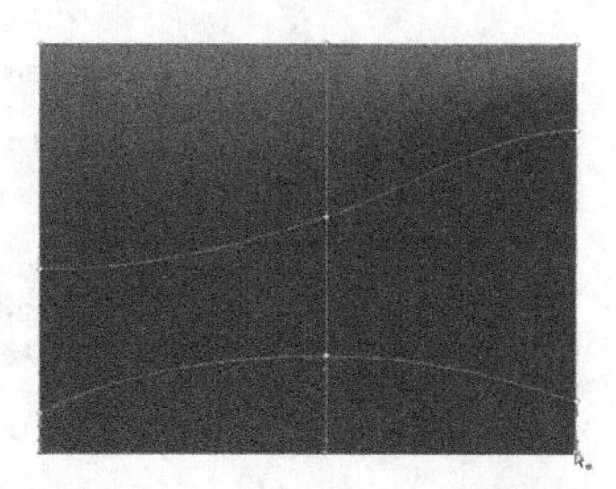
图4.143 填充颜色

⑳ 选择矩形下方边缘处水平方向的3个锚点，将其填充为深蓝色（C：100；M：80；Y：0；K：70），效果如图4.144所示。

图4.144 填充颜色

21 选择工具箱中的【选择工具】，选择蓝色网格矩形，按“Ctrl”+“Shift”+“[”组合键将其置于底层，最终效果如图4.145所示。

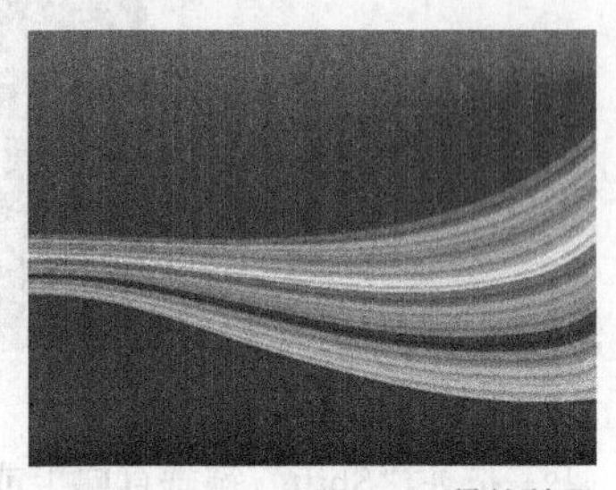

图4.145 最终效果

4.5.5 封套选项

对于封套变形的对象，可以修改封套的变形效果，比如扭曲外观、扭曲线性渐变和扭曲图案填充等。执行菜单栏中的【对象】|【封套扭曲】|【封套选项】命令，可以打开图4.146所示的【封套选项】对话框，在该对话框中可以对封套进行详细的设置，还可以在使用封套变形前修改选项参数，也可以在变形后选择图形来修改变形参数。

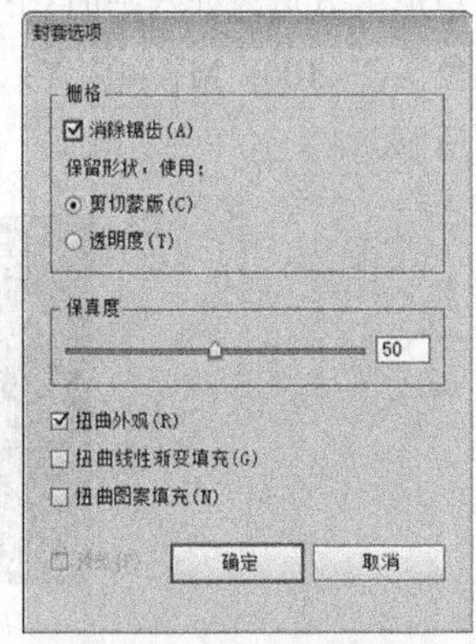

图4.146 【封套选项】对话框

【封套选项】对话框各选项的含义说明如下。

- 【消除锯齿】：勾选该复选框，在进行封套变形时可以消除锯齿现象，产生平滑过渡效果。
- 【保留形状，使用：】：勾选【剪切蒙版】单选框，可以使用路径的遮罩蒙版形式创建变形，可以保留封套的形状；勾选【透明度】单选框，可以使用位图式的透明通道来保留封套的形状。
- 【保真度】：指定封套变形时的封套内容保真程度，值越大封套的节点越多，保真度也就越大。
- 【扭曲外观】：勾选该复选框，将对图形的外观属性进行扭曲变形。
- 【扭曲线性渐变填充】：勾选该复选框，在扭曲图形对象时，同时对填充的线性渐变也进行扭曲变形。
- 【扭曲图案填充】：勾选该复选框，在扭曲图形对象时，同时对填充的图案进行扭曲变形。

知识点：关于【封套选项】

在使用相关的封套扭曲命令后，在图形对象上将显示出图形的变形线框，如果感觉这些线框妨碍其他操作，可以执行菜单栏中的【对象】|【封套扭曲】|【扩展】命令，将其扩展为普通的路径效果。如果想返回到变形前的图形，修改原图形或封套路径，可以执行菜单栏中的【对象】|【封套扭曲】|【编辑内容】命令，对添加封套前的图形进行修改。如果想回到封套变形效果，可以执行菜单栏中的【对象】|【封套扭曲】|【编辑封套】命令，返回到封套变形效果。

4.6 本章小结

在前面的章节中讲解了Illustrator的基本图形的绘制，但在实际创作中，不可能一次绘制就得到所要的效果，更多的创作工作表现在对图形对象的编辑过程中，本章对图形的选择与编辑进行了全面的阐述。

4.7 课后习题

本章安排了4个课堂案例和3个课后习题，通过这些实战的操作，掌握图形的选择与编辑技巧，为提高整体设计能力提供支持。

4.7.1 课后习题1——制作胶片

案例位置　案例文件\第4章\制作胶片.ai
视频位置　多媒体教学\4.7.1.avi
实用指数　★★★★☆

本例主要讲解通过【多重复制】命令制作胶片效果。最终效果如图4.147所示。

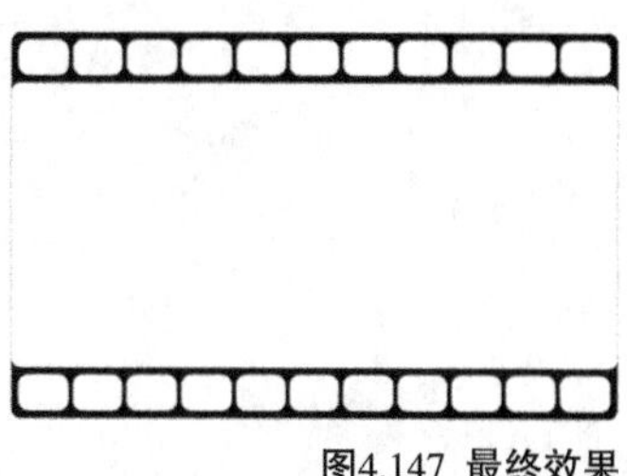

图4.147 最终效果

步骤分解如图4.148所示。

图4.148 步骤分解图

4.7.2 课后习题2——制作斜纹背景

案例位置　案例文件\第4章\制作斜纹背景.ai
视频位置　多媒体教学\4.7.2.avi
实用指数　★★★★☆

本例主要讲解使用【旋转】命令完成斜切效果。最终效果如图4.149所示。

图4.149 最终效果

步骤分解如图4.150所示。

图4.150 步骤分解图

4.7.3 课后习题3——制作五彩缤纷的图案

案例位置 案例文件\第4章\制作五彩缤纷的图案.ai
视频位置 多媒体教学\4.7.3.avi
实用指数 ★★★★☆

本例主要讲解使用【用网格建立】建立五彩缤纷的图案。最终效果如图4.151所示。

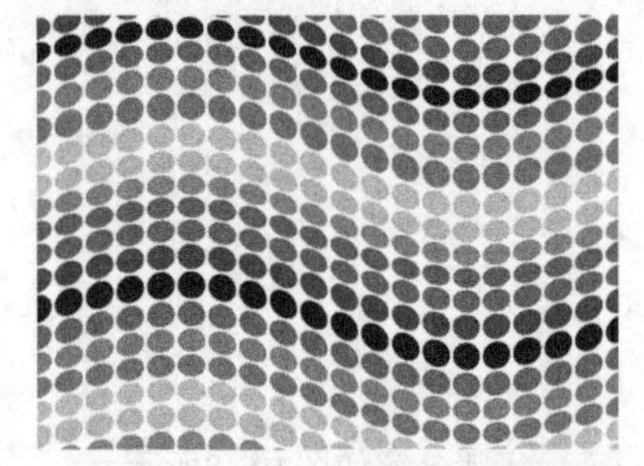

图4.151 最终效果

步骤分解如图4.152所示。

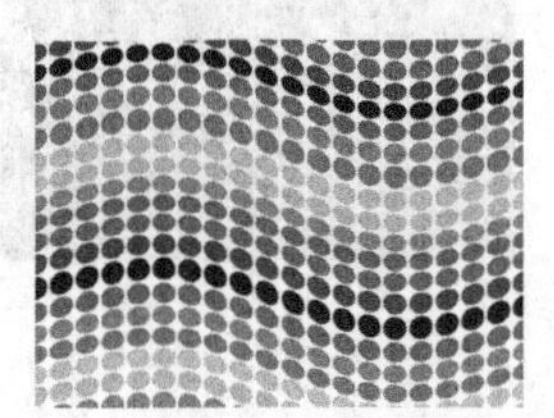

图4.152 步骤分解图

第5章 修剪、对齐与图层

内容摘要

本章对Illustrator CS6的修剪与管理进行了讲解，内容包括图形的修剪、对齐与分布、锁定与隐藏、标尺与参考线、图层面板等。通过本章的学习，读者能够掌握各种图形的修剪技巧，并且能够通过对齐与分布、图层、群组等命令对图形进行快速的管理。

教学目标

学习图形的修剪技术
掌握图形的对齐与分布
掌握对象的锁定与隐藏
掌握标尺、参考线和网格的使用方法
掌握图层的各种使用技巧

5.1 图形的修剪

【路径查找器】面板可以对图形对象进行各种修剪操作，通过组合、分割、相交等方式对图形进行修剪造型，可以通过简单的图形修改出复杂的图形效果。熟悉它的用法将会对多元素的控制能力大大增强，使复杂图形的设计变得更加得心应手。执行菜单栏中的【窗口】|【路径查找器】命令，即可打开图5.1所示的【路径查找器】面板。

本节重点知识概述

工具/命令名称	作用	快捷键	重要程度
路径查找器	打开或关闭【路径查找器】面板	Shift + Ctrl + F9	中

技巧与提示

按“Shift”+“Ctrl”+“F9”组合键，可以快速打开或关闭【路径查找器】面板。

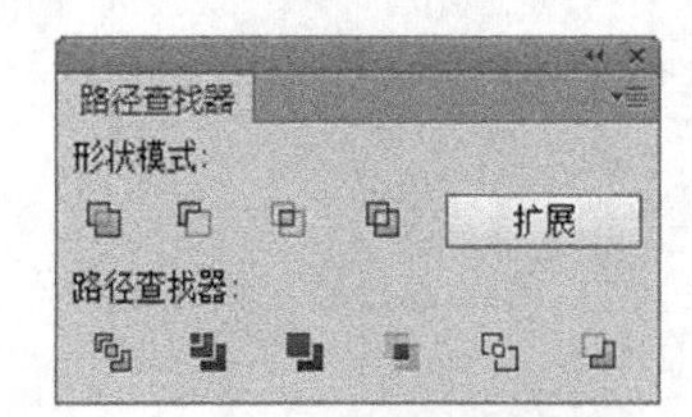

图5.1 【路径查找器】面板

5.1.1 形状模式

【形状模式】按钮组是通过相加、相减、相交和重叠对象来创建新的图形的，该组按钮创建后的图形是独立的图形。直接单击【形状模式】中的按钮，被修剪的图形路径将变为透明，而且每个对象都可以单独地编辑，如果按住“Alt”键单击【形状模式】中的按钮，或在修剪后单击【扩展】按钮，可以将修改的图形扩展，只保留修剪后的图形，其他图形将被删除。

该按钮组包括【联集】、【减去顶层】、【交集】和【差集】4个按钮。

1. 联集

该按钮可以将选择的所有对象合并成一个对象，被选对象内部的所有对象都被删除掉。相加后的新对象最前面一个对象的填充颜色与着色样式应用到整体联合的对象上来，后面的按钮也都遵循这个原则。

选择要进行相加的图形，单击【路径查找器】面板中的【联集】按钮，操作前后效果如图5.2所示。

图5.2 联集操作前后效果

知识点：关于扩展和不扩展的区别

在使用【路径查找器】面板中的命令时，要特别注意图形修剪扩展与不扩展的区别，不扩展的图形还可以利用直接选择工具进行修剪编辑，而如果扩展了就不可以进行修剪编辑了。

2. 减去顶层

该按钮可以从选定的图形对象中减去一部分，使用前面对象的轮廓为界线，减去下面图形与之相交的部分。

全部选中要进行相减的图形，单击【路径查找器】面板中的【减去顶层】按钮，减去顶层操作前后效果如图5.3所示。

图5.3 减去顶层操作前后效果

3. 交集

该按钮可以将选定的图形对象中相交的部分保留，将不相交的部分删除，如果有多个图形，则保留的是所有图形的相交部分。

选中要进行相交的全部图形，单击【路径查找器】面板中的【交集】按钮，交集操作前后效果如图5.4所示。

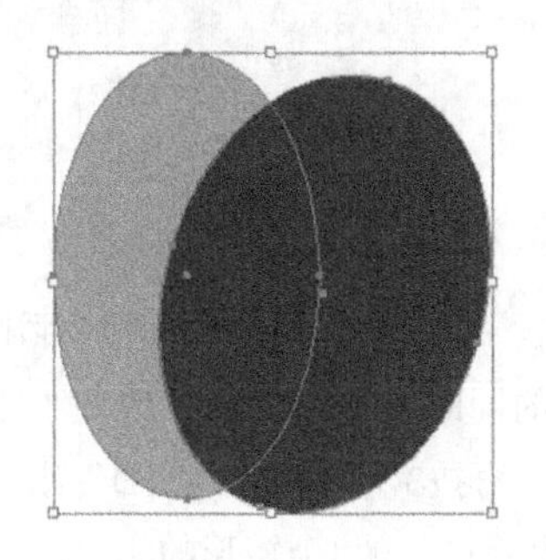

图5.4 交集操作前后效果

4. 差集

该按钮与【交集】按钮产生的效果正好相反，可以将选定的图形对象中不相交的部分保留，而将相交的部分删除。如果选择的图形重叠个数为偶数那么重叠的部分将被删除；如果重叠个数为奇数，那么重叠的部分将被保留。

选择要应用差集的图形，单击【路径查找器】面板中的【差集】按钮，差集操作前后效果如图5.5所示。

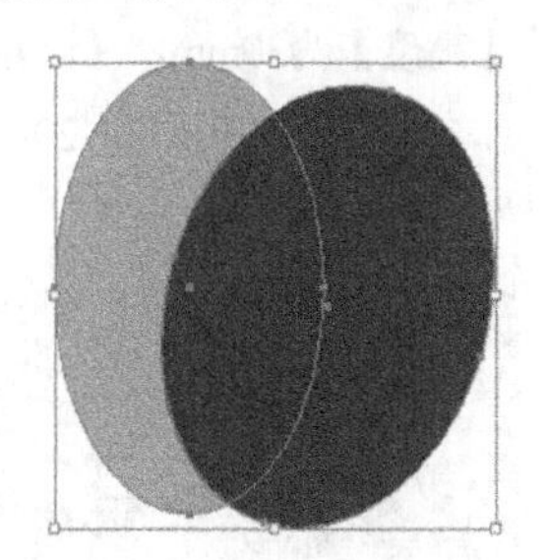
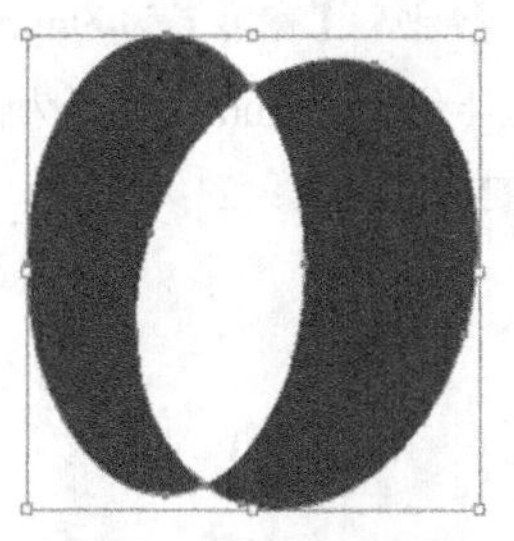

图5.5 差集操作前后效果

5.1.2 课堂案例——绘制线条背景

案例位置　案例文件\第5章\绘制线条背景.ai
视频位置　多媒体教学\5.1.2.avi
实用指数　★★★★☆

本例主要讲解使用【差集】与【联集】绘制线条背景。最终效果如图5.6所示。

图5.6 最终效果

01 选择工具箱中的【椭圆工具】，在绘图区单击，弹出【椭圆】对话框，设置圆形的参数，【宽度】为20mm，【高度】为20mm，将其填充为黄色（C：0；M：39；Y：96；K：0），描边为无，如图5.7所示。

02 按“Ctrl”+“C”组合键，将圆形复制，按“Ctrl”+“F”组合键，将复制的圆形粘贴在原图形的前面，按“Alt”+“Shift”组合键以中心等比例缩小圆形，如图5.8所示。

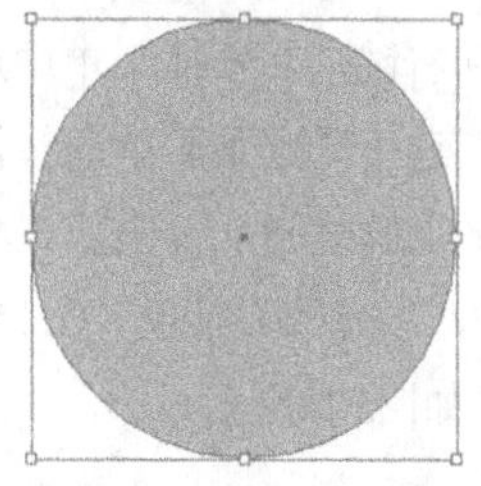

图5.7 填充颜色

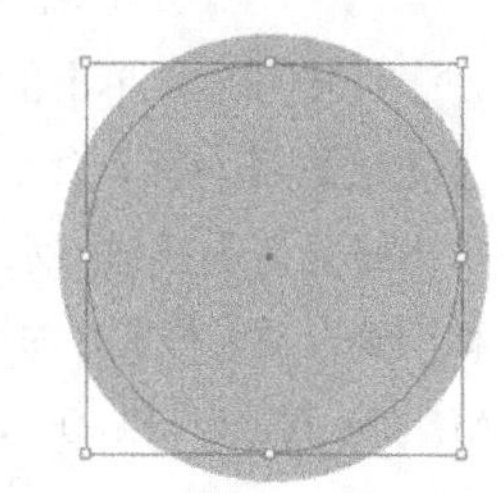

图5.8 复制圆形

03 选择两个圆形，单击【路径查找器】面板中的【差集】按钮，效果如图5.9所示。

04 选择工具箱中的【美工刀工具】，在环形右侧的两个锚点和下方的两个锚点处各切一下，如图5.10所示。

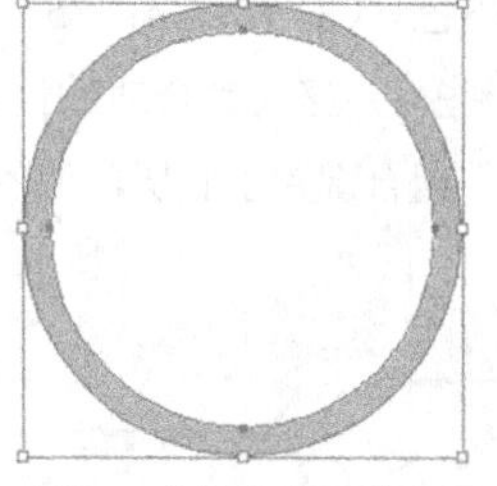

图5.9 【差集】后的效果

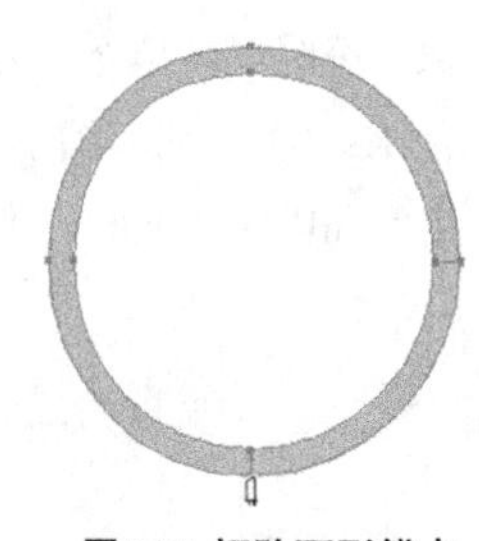

图5.10 切除环形锚点

05 然后选择1/4圆环按“Delete”键将其删除，如图5.11所示。

06 选择工具箱中的【矩形工具】，在绘图区单击，弹出【矩形】对话框，设置矩形的参数，【宽度】为50mm，【高度】为1.23mm（矩形的高度根据圆环切口处的高度而定），如图5.12所示。

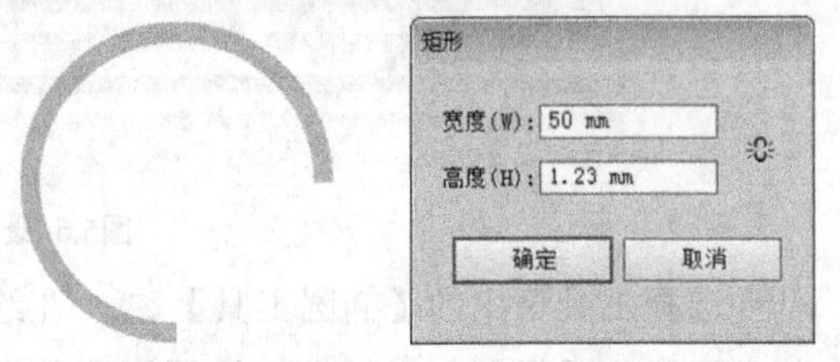

图5.11 删除后的效果　　图5.12 【矩形】对话框

07 绘制好了的矩形与圆环的底部切口处相接，再选择圆环与矩形，单击【路径查找器】面板中的【联集】按钮，如图5.13所示。

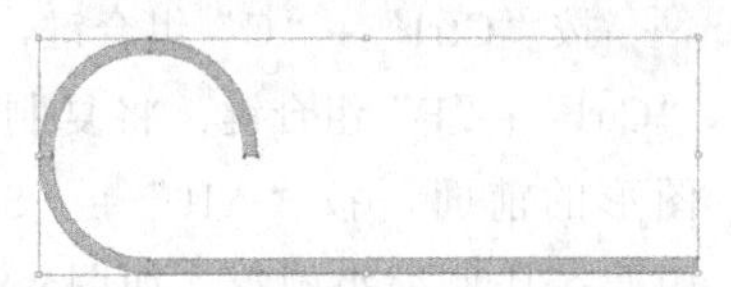

图5.13 执行【联集】命令

08 选中图形，单击鼠标右键，从快捷菜单中选择【变换】|【对称】命令，选中【水平】单选按钮，单击【复制】按钮，水平镜像复制一份图形，将其移动到合适的位置并缩小，填充改为紫色（C：58；M：79；Y：0；K：0），如图5.14所示。

图5.14 复制图形

09 利用同样的方法选择【对称】命令，选中【垂直】单选按钮，单击【复制】按钮，将其垂直镜像复制一份图形，填充改为粉色（C：18；M：85；Y：0；K：0），将其缩小一些，并移动到合适的位置，按“Ctrl”+“Shift”+“[”组合键置于底层，如图5.15所示。

图5.15 复制图形

10 选择工具箱中的【矩形工具】，在绘图区单击，弹出【矩形】对话框，设置矩形的参数，【宽度】为50mm，【高度】为1.2mm，填充为蓝色（C：85；M：75；Y：0；K：0），描边为无，如图5.16所示。

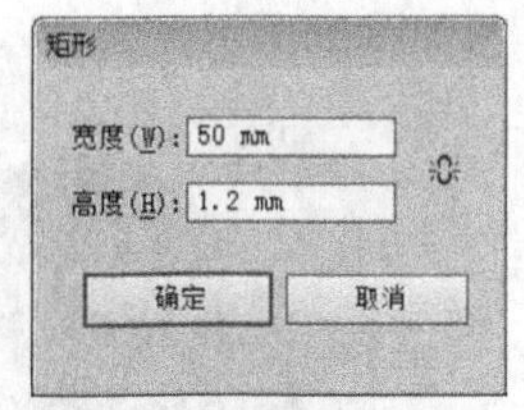

图5.16 【矩形】对话框

11 按住“Alt”键的同时按下“Shift”键向下拖动垂直复制1个矩形，再按3次“Ctrl”+“D”组合键将其多重复制，然后将其他4个矩形的填充改为不同的颜色并合理摆放，最后选择紫色的组合图形，按“Ctrl”+“Shift”+“]”组合键置于顶层，如图5.17所示。

图5.17 将紫色矩形置于顶层

12 选择工具箱中的【圆角矩形工具】，在绘图区单击，弹出【圆角矩形】对话框，设置矩形的参数，【宽度】为49mm，【高度】为30mm，【圆角半径】为2mm，填充为白色，描边为灰色（C：29；M：22；Y：23；K：0），如图5.18所示。

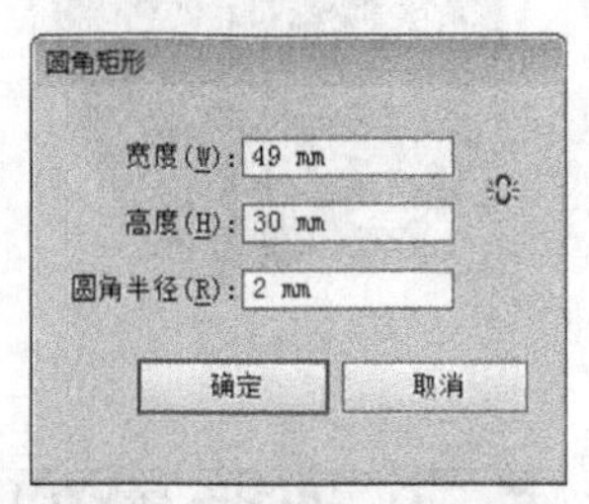

图5.18 【圆角矩形】对话框

13 将已绘制好的矩形移动到已摆放好的图形上方，再按“Ctrl”+“Shift”+“[”组合键将其置于底层，如图5.19所示。

图5.19 移动矩形

⑭ 选中底部的矩形，按“Ctrl”+“C”组合键，将矩形复制，按“Ctrl”+“F”组合键，将复制的矩形粘贴在原图形的前面，如图5.20所示。

图5.20 复制矩形

⑮ 按“Ctrl”+“Shift”+“]”组合键将刚才复制的矩形置于顶层，如图5.21所示。

图5.21 将矩形置于顶层

⑯ 将图形全部选中，执行菜单栏中的【对象】|【剪切蒙版】|【建立】命令，为对象建立剪切蒙版，将多出来的部分剪掉，最终效果如图5.22所示。

图5.22 建立剪切蒙版

5.1.3 路径查找器

【路径查找器】按钮组主要通过分割、裁剪和轮廓对象来创建新的对象。该组按钮创建后的图形是一个组合集，要想对它们进行单独的操作，首先要将它们取消组合。

该按钮组包括【分割】、【修边】、【合并】、【裁剪】、【轮廓】和【减去后方对象】6个按钮。

1. 分割

该按钮可以把所有选定对象的轮廓线重叠区域分离，从而生成多个独立的对象，并删除每个对象被其他对象所覆盖的部分，而且分割后的图形填充和颜色都保持不变，各个部分保持原始的对象属性。如果分割的图形带有描边效果，分割后的图形将按新的分割轮廓进行描边。

选择要进行分割的图形，然后单击【路径查找器】面板中的【分割】按钮，分割操作前后效果如图5.23所示。

图5.23 分割操作前后效果

2. 修边

该按钮利用上面对象的轮廓来剪切下面所有对象，将删除图形相交时看不到的图形部分。如果图形带有描边效果，将删除所有图形的描边。

选择要进行修边的图形，然后单击【路径查找器】面板中的【修边】按钮，修边操作前后效果如图5.24所示。

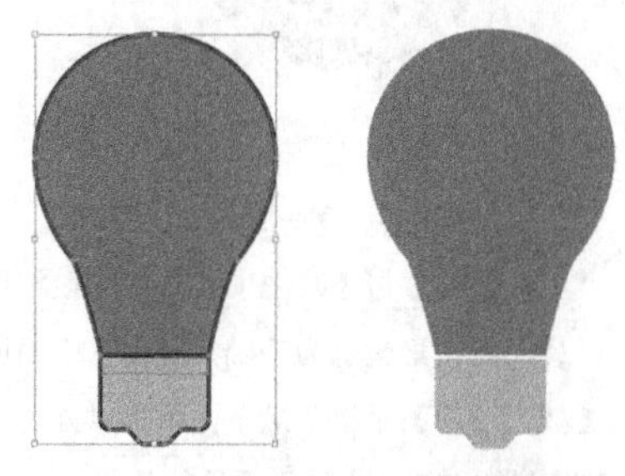

图5.24 修边操作前后效果

3. 合并

该按钮与【分割】相似，可以利用上面的图形对象将下面的图形对象分割成多份。但它与【分割】不同的是，【合并】会将颜色相同的重叠区域合并成一个整体。如果图形带有描边效果，将删除所有图形的描边。

选择要进行合并的图形，然后单击【路径查找器】面板中的【合并】按钮，合并操作前后效果如图5.25所示。

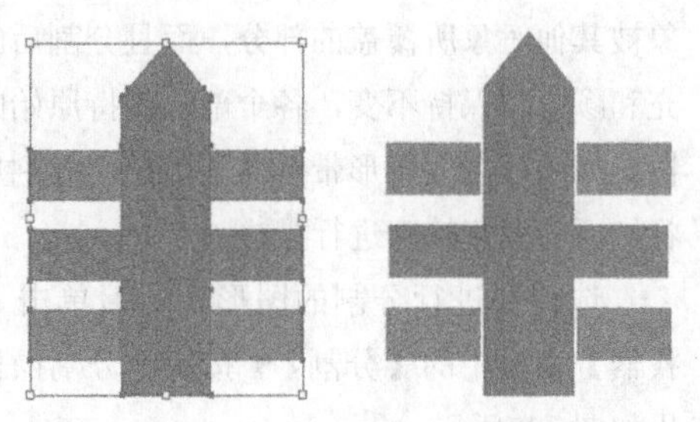

图5.25 合并操作前后效果

4. 裁剪

该按钮利用选定对象以最上面图形对象轮廓为基础，裁剪所有下面图形对象，与最上面图形对象不重叠的部分填充颜色变为无，可以将与最上面对象相交部分之外的对象全部裁剪掉。如果图形带有描边效果，将删除所有图形的描边。

选择要进行裁剪的图形，然后单击【路径查找器】面板中的【裁剪】按钮，裁剪操作前后效果如图5.26所示。

图5.26 裁剪操作前后效果

技巧与提示

【裁剪】与【减去顶层】用法很相似，但【裁剪】是以最上面图形轮廓为基础，裁剪它下面所有的图形对象；【减去顶层】是以除最下面图形以外的上面所有图形为基础，减去与最下面图形重叠的部分。

5. 轮廓

该按钮将所有选中图形对象的轮廓线按重叠点裁剪为多个分离的路径，并对这些路径按照原图形的颜色进行着色，而且不管原始图形的描边粗细为多少，执行【轮廓】命令后描边的粗细都将变为0。

选择要进行轮廓的图形，然后单击【路径查找器】面板中的【轮廓】按钮，轮廓操作前后效果如图5.27所示。

图5.27 轮廓操作前后效果

技巧与提示

在应用【轮廓】命令时，如果原始图形的填充为渐变或图案，则应用该命令后，轮廓线将变为无色。

6. 减去后方对象

该命令与前面讲解过的【减去顶层】用法相似，只是该命令使用最后面的图形对象修剪前面的图形对象，保留前面没有与后面图形产生重叠的部分。

选择要进行减去后方对象的图形，然后单击【路径查找器】面板中的【减去后方对象】按钮，减去后方对象操作前后效果如图5.28所示。

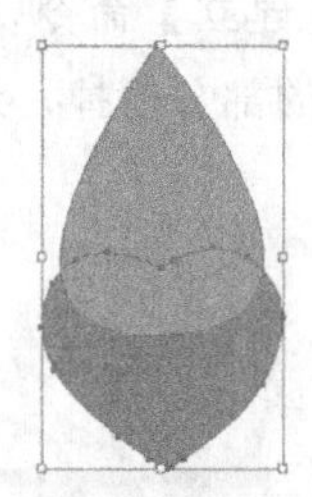

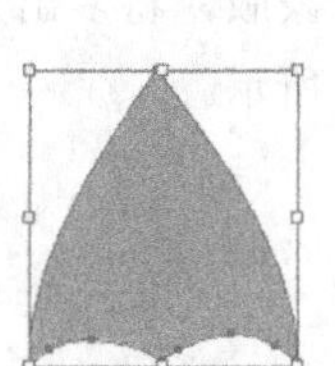

图5.28 减去后方对象操作前后效果

知识点：【减去后方对象】与【减去顶层】在应用上有哪些不同

【减去后方对象】与【减去顶层】在用法上正好相反，【减去后方对象】使用最后面的图形修剪前面的图形，保留前面图形没有与后面图形产生重叠的部分；而【减去顶层】则是使用前面的图形修剪后面的图形。区别如图5.29所示。

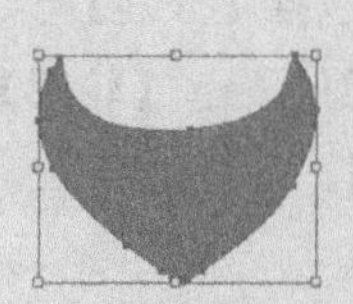

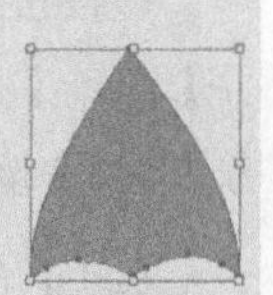

原图　　减去顶层　　减去后方对象

图5.29 【减去后方对象】与【减去顶层】的区别

5.1.4 课堂案例——制作圆形重合效果

案例位置　案例文件\第5章\制作圆形重合效果.ai
视频位置　多媒体教学\5.1.4.avi
实用指数　★★★★★

本例主要讲解使用【分割】制作圆形重合效果。最终效果如图5.30所示。

图5.30 最终效果

01 选择工具箱中的【矩形工具】，在页面中单击鼠标，在出现的【矩形】对话框中设置矩形【宽度】为120mm，【高度】为70mm，如图5.31所示。

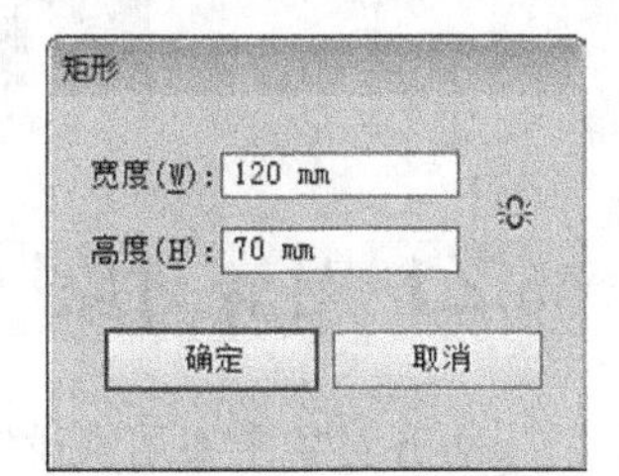

图5.31 【矩形】对话框

02 选择工具箱中的【渐变工具】，在【渐变】面板中设置从灰色（C：9；M：7；Y：7；K：0）到白色的渐变，渐变【类型】为线性，如图5.32所示。

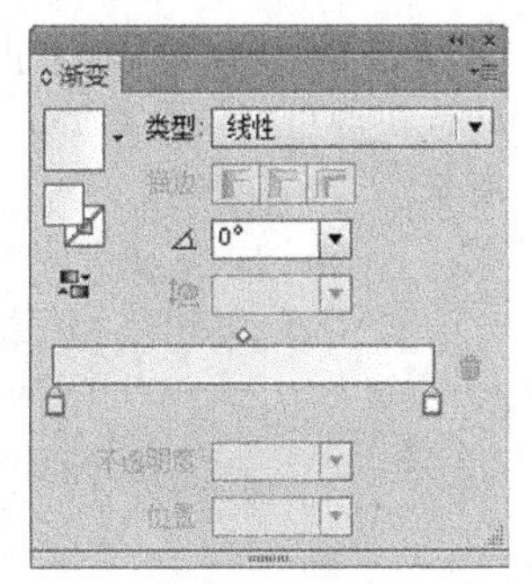

图5.32 【渐变】面板

03 选择【椭圆工具】，并按住"Shift"键绘制正圆，填充为蓝色（C：70；M：15；Y：0；K：0），按住"Alt"键拖动将圆形复制一份并放大，为其填充绿色（C：50；M：0；Y：100；K：0），如图5.33所示。

04 选中两个圆形，执行菜单栏中的【窗口】|【路径查找器】|【分割】命令，最后执行菜单栏中的【对象】|【取消编组】命令，图形成为3个个体，单击两个图形相交的部分，将其填充改为浅蓝色（C：46；M：0；Y：0；K：0），如图5.34所示。

图5.37 绘制正圆并复制　　图5.34 【分割】命令

技巧与提示

由于【路径查找器】按钮组中按钮操作后图形为一个组合集，所以要移动他们首先要按"Shift"+"Ctrl"+"G"组合键取消组合。

05 用以上同样的方法再绘制两个正圆，如图5.35所示。

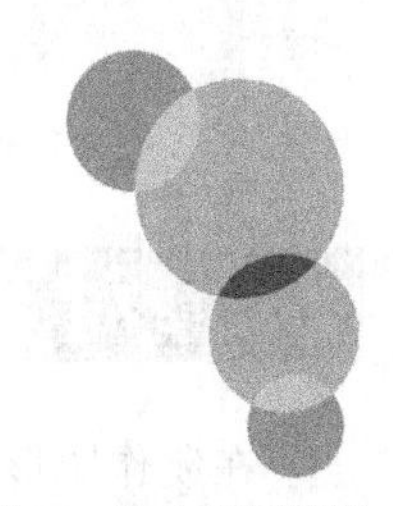

图5.35 再次绘制正圆

06 选择工具箱中的【选择工具】，将圆形全选，单击鼠标右键，从快捷菜单中选择【变换】|【对称】命令，选中【垂直】单选按钮，将图形镜像复制并缩小，将图形全选移动到背景上调整其位置，如图5.36所示。

图5.36 将图形镜像复制并缩小

07 选中底部的矩形，按"Ctrl"+"C"组合键，将矩形复制，再按"Ctrl"+"F"组合键，将复制的矩形粘贴在原图形的前面，然后按

“Ctrl” + “Shift” + “]”组合键置于顶层，效果如图5.37所示。

图5.37 复制矩形并置于顶层

08 将图形全部选中，执行菜单栏中的【对象】|【剪切蒙版】|【建立】命令，为所选对象创建剪切蒙版，最终效果如图5.38所示。

图5.38 最终效果

5.2 对齐与分布对象

在制作图形过程中经常需要将图形对齐，在前面的章节中介绍了辅助线和网格的应用，它们能够准确确定对象的绝对定位，但是对于大量图形的对齐与分布来说，应用起来就显得麻烦了许多。Illustrator CS6为用户提供了【对齐】面板，利用该面板中的相关命令，可以轻松完成图形的对齐与分布处理。

本节重点知识概述

工具/命令名称	作用	快捷键	重要程度
对齐	打开或关闭【对齐】面板	Shift+F7	中

要使用【对齐】面板，可以执行菜单栏中的【窗口】|【对齐】命令，打开图5.39所示的【对齐】面板。利用该面板中的相关命令，可以对图形进行对齐和分布处理。

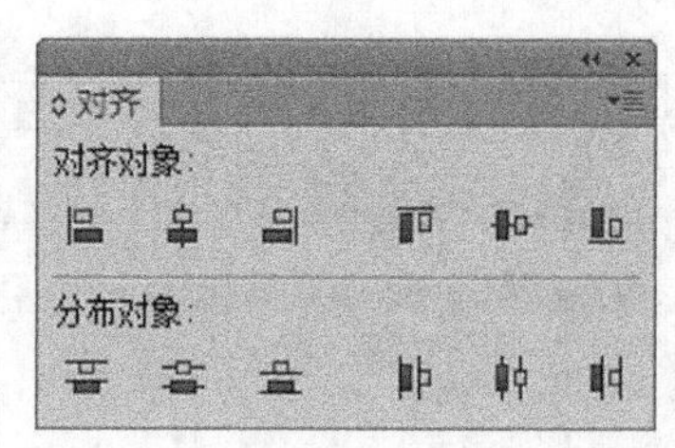

图5.39 【对齐】面板

如果想显示更多的对齐选项，可以在【对齐】面板菜单中，选择【显示选项】命令，将【对齐】面板中的其他选项全部显示出来，如图5.40所示。

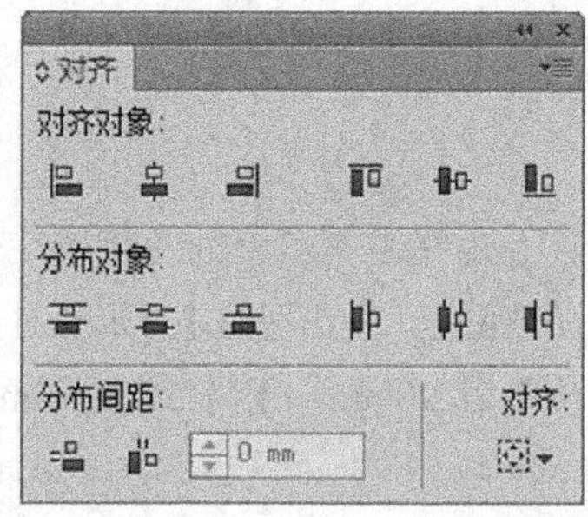

图5.40 分布

5.2.1 对齐对象

对齐对象主要用来设置图形的对齐，包括水平左对齐、水平居中对齐、水平右对齐、垂直顶对齐、垂直居中对齐和垂直底对齐6种对齐方式，对齐命令一般需要至少两个对象才可以使用。

在文档中选择要进行对齐操作的多个图形对象，然后在【对齐】面板中，单击需要对齐的按钮即可将图形对齐。各种对齐效果如图5.41所示。

图5.41　各种对齐效果

知识点：关于对齐基准点

在【对齐】面板的右下角位置，有一个【对齐】选项，通过该菜单可以指定不同的对齐基准点。包括【对齐所选对象】、【对齐关键对象】和【对齐画板】选项，默认状态为【对齐所选对象】；如果选择要对齐的图形后，在任意一个图形上单击鼠标，可以指定【对齐关键对象】，设置一个基准对齐图形，以确定以某个图形为基准来对齐对象；如果选择【对齐画板】，可以将图形以当前的画板（即绘图区）为基础进行对齐。该功能对于分布对象和分布间距同样适用。

5.2.2 分布对象

分布对象主要用来设置图形的分布，以确定图形以指定的位置进行分布。包括垂直顶分布、垂直居中分布、垂直底分布、水平左分布、水平居中分布和水平右分布6种分布方式。分布一般至少三个对象才可以使用。

在文档中选择要进行分布操作的多个图形对象，然后在【对齐】面板中，单击需要分布的按钮即可将图形分布处理。各种分布效果如图5.42所示。

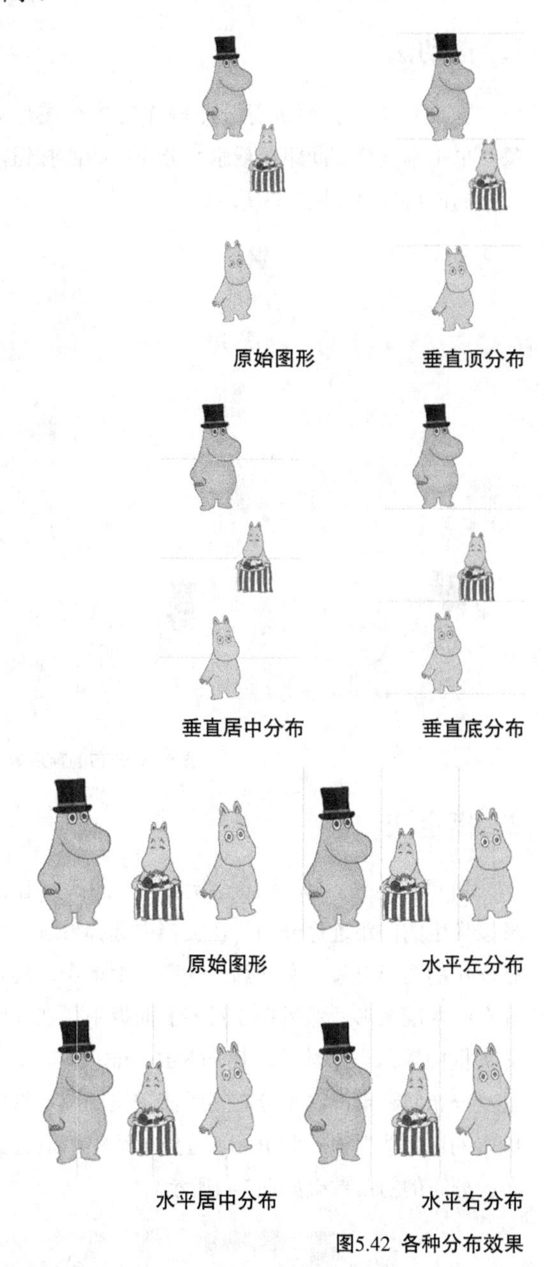

图5.42　各种分布效果

5.2.3 分布间距

分布间距与分布对象命令的使用方法相同，只是分布的依据不同。分布间距主要是对图形间的间距进行分布对齐，包括垂直分布间距和水平分布间距。

下面以水平分布间距为例讲解分布间距的应用方法。分布间距分为两种方法：一种是自动法；另一种是指定法。

1. 自动法

在文档中选择要进行分布操作的多个图形对象，单击垂直分布间距或水平分布间距按钮，分布的前后效果如图5.43所示。

图5.43 分布的前后效果

2. 指定法

所谓指定法，就是自己指定一个间距，让图形按指定的间距进行分布。在文档中选择要进行分布操作的图形对象，在任意一个图形上单击，确定分布的基准图形，然后在【对齐】面板中，在间距文本框中输入一个数值，比如为10mm，然后单击垂直分布间距或水平分布间距按钮，图形将以单击的图形为基准，以10mm为分布间距，进行分布。分布的前后效果如图5.44所示。

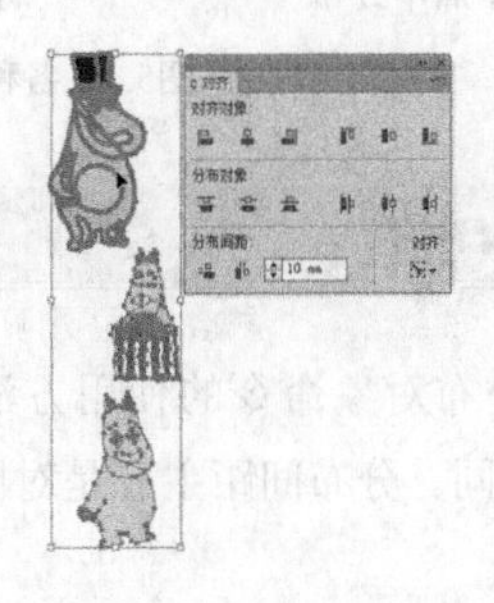

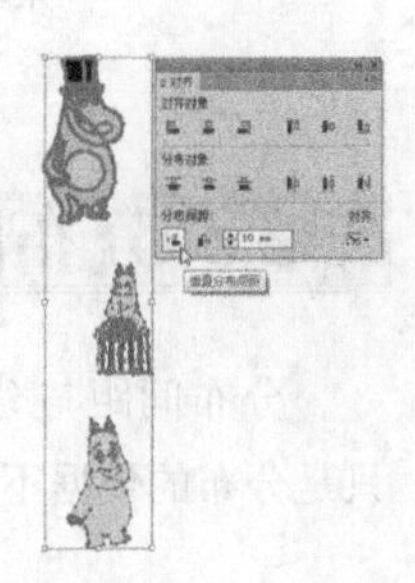

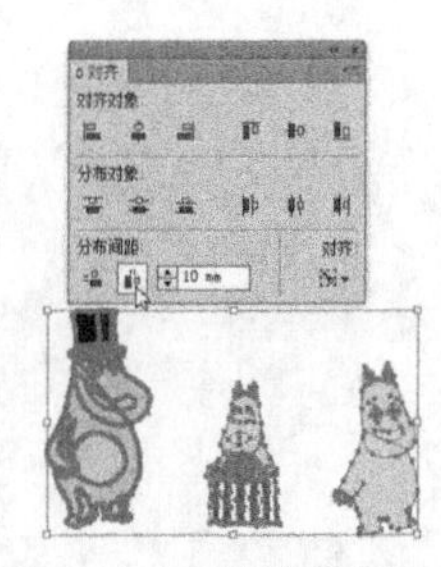

图5.44 分布的前后效果

知识点：关于自动法和指定法

自动法和指定法不但可以应用在【分布间距】组命令中，还可以应用在【分布对象】组命令中，操作的方法是一样的。在分布间距时，如果单击【对齐画板】按钮，还可以将图形以当前的画板（即绘图区）为基础进行间距的分布。

5.3 锁定与隐藏对象

编辑和处理图形时，可以将图形对象锁定或隐藏，以方便操作，下面来讲解这些功能的使用。

本节重点知识概述

工具/命令名称	作用	快捷键	重要程度
锁定所选对象	锁定选中的图形	Ctrl + 2	高
全部解锁	解除所有图形的锁定	Alt + Ctrl + 2	高
隐藏所选对象	隐藏选中的图形	Ctrl + 3	高
显示全部	显示所有隐藏的图形	Alt + Ctrl + 3	高

5.3.1 锁定对象

在处理图形的过程中，由于有时图形对象过于复杂，经常会出现误操作，这时，可以应用锁定命令将其锁定，以避免对其误操作。

要锁定图形对象，可以执行菜单栏中的【对象】|【锁定】子菜单中的相关命令，锁定需要的图形对象。【锁定】子菜单包括3个命令：【所选对象】、【上方所有图稿】和【其他图层】，下面讲解它们的使用方法。

1. 所选对象

该命令主要锁定文档中选择的图形对象。如果想锁定某些图形对象，首先要选择这些对象，然后执行菜单栏中的【对象】|【锁定】|【所选对象】命令，就可以将文档中选择的图形对象锁定了。

> **技巧与提示**
> 选择图形对象后，按“Ctrl + 2”组合键，可以快速将选择的图形锁定。

2. 上方所有图稿

该命令可以将选择图形的上方所有图形对象锁定。首先在文档中选择位于要锁定图形对象下方的图形，然后执行菜单栏中的【对象】|【锁定】|【上方所有图稿】命令，可以将该层上方的所有图形对象锁定。

3. 其他图层

该命令可以将位于其他图层上的所有图形对象锁定。当创建的图形对象位于不同的图层上时，使用该命令非常方便锁定其他图形对象，选择不需要锁定的图形对象，然后执行菜单栏中的【对象】|【锁定】|【其他图层】命令，即可将该层以外的其他层上的所有对象锁定。

> **技巧与提示**
> 锁定后的图形还会显示出来，只是无法选择和编辑。对于打印和输出没有任何影响。
> 如果想将锁定的图形对象取消锁定，可以执行菜单栏中的【对象】|【全部解锁】命令，即可将所有的锁定对象全部取消锁定。

> **技巧与提示**
> 按“Alt”+“Ctrl”+“2”组合键，可以快速取消所有图形的锁定。

5.3.2 隐藏对象

如果觉得锁定图形对象后编辑仍然不方便，如图层之间颜色的互相干扰、遮挡住后面图层的对象等，可以执行菜单栏中的【对象】|【隐藏】子菜单中的相关命令，将图形隐藏。【隐藏】子菜单中也包含3个命令：【所选对象】、【上方所有图稿】和【其他图层】。这3个命令与【锁定】子菜单中的3个命令相同，使用方法也一样，只是锁定和隐藏的区别，所以这里不再赘述，详细的使用方法可参考锁定对象的相关说明。图5.45所示为使用【所选对象】命令隐藏图形的前后效果。

图5.45 隐藏图形前后效果

> **知识点：关于隐藏对象**
>
> 有的时候由于需要将图像隐藏，并不是删除，所以虽然隐藏的图形在文档中是看不到的，但当打印图形对象或是使用复杂的滤镜等效果工具时，应该将不需要的隐藏对象显示出来，并将其删除，以提高工作效率。隐藏的对象在印刷中不会显示。

> **技巧与提示**
> 按“Ctrl”+“3”组合键可以快速将选择的图形对象隐藏。

如果想将隐藏的图形对象再次显示出来，可以执行菜单栏中的【对象】|【显示全部】命令，即可将所有隐藏的图形对象再次显示出来。

> **技巧与提示**
> 按“Alt”+“Ctrl”+“3”组合键可以快速将所有的隐藏图形对象再次显示出来。

5.4 标尺、参考线和网格

Illustrator CS6提供了很多参考处理图像的工具，包括标尺、参考线和网格。它们都用于精确定位图形对象，这些命令大多在【视图】菜单中。这些工具对图像不做任何修改，但是在处理图像时可以用来参考。熟练应用可以提高处理图像的效率。

在实际应用中，有时一个参考命令不够灵活，可以同时应用多个参考功能来完成图形。本节详细讲解有关标尺、参考线和网格的使用方法。

本节重点知识概述

工具/命令名称	作用	快捷键	重要程度
显示/隐藏标尺	切换显示或隐藏标尺	Ctrl + R	中
隐藏/显示参考线	切换隐藏和显示参考线	Ctrl + ;	高
锁定参考线	锁定或解锁参考线	Ctrl+Alt+;	高
建立参考线	将路径转换为参考线	Ctrl + 5	中
释放参考线	将参考线转换为图形	Alt + Ctrl + 5	中
智能参考线	启用或关闭智能参考线	Ctrl + U	高
显示网络	显示或隐藏网格	Ctrl + "	中
对齐网格	启用或关闭对齐网格	Shift + Ctrl + "	中
对齐点	启用或关闭对齐点	Alt + Ctrl + "	中

5.4.1 标尺

标尺不但可以用来显示当前鼠标指针所在位置的坐标，还可以更准确地查看图形的位置，以便精确地移动或对齐图形对象。

1. 显示标尺

执行菜单栏中的【视图】|【显示标尺】命令，即可启动标尺，此时【显示标尺】命令将变成【隐藏标尺】命令。标尺有两个，其中一个在文档窗口的顶部叫水平标尺，另外一个在文档窗口的左侧叫垂直标尺，如图5.46所示。

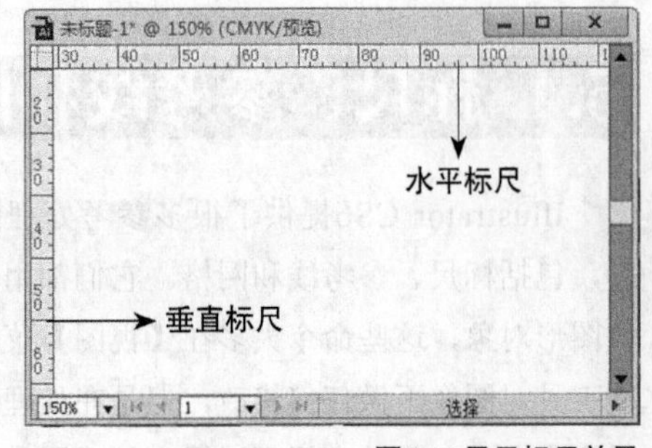

图5.46 显示标尺效果

2. 隐藏标尺

当标尺处于显示状态时，单击菜单【视图】|【隐藏标尺】命令，可以看到【隐藏标尺】命令变成【显示标尺】命令，表示标尺隐藏。

技巧与提示

按"Ctrl"+"R"组合键，可以快速在【显示标尺】和【隐藏标尺】命令中切换。

3. 更改标尺零点

Illustrator提供的两个标尺相当于一个平面直角坐标系。顶部标尺相当于这个坐标系的*X*轴，左侧标尺相当于这个坐标系的*Y*轴，虽然标尺上没有说明有负坐标值，但是实际上有正负之分，水平标尺零点往左为正往右为负；垂直标尺零点往上为正往下为负。

使用鼠标时在标尺上会出现一个虚线称为指示线，表示这时光标所指示的当前位置。当移动光标时，标尺上的指示线也随之改变。

标尺零点也叫标尺原点，类似于数学中的原点，标尺的默认零点，位于文档页面左下角（0，0）的位置。在水平标尺和垂直标尺的交界处，即文档窗口的左上角处与文档形成一个框，叫零点框。如果要修改标尺零点的位置，可以将光标移动到零点框内按住鼠标拖动将出现一个交叉的十字线，在适当的位置释放鼠标，即可修改标尺零点的位置，如图5.47所示。

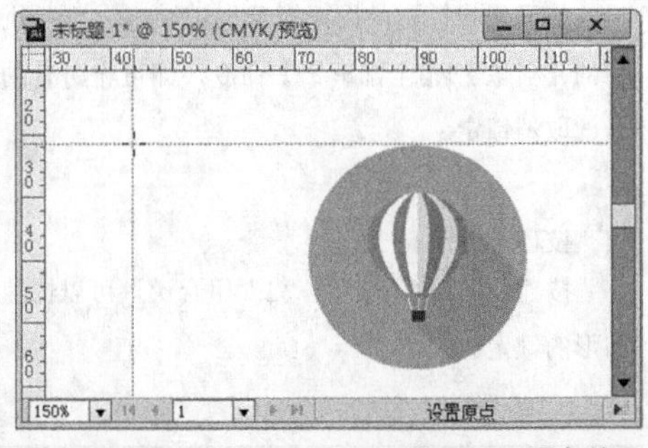

图5.47 修改标尺零点效果

4. 还原标尺零点

如果要恢复Illustrator默认的文档页面左下角的标尺零点位置，在零点框内双击鼠标即可。

5. 修改标尺单位

如果想快捷地修改水平和垂直标尺的单位，可以在水平或垂直标尺上单击鼠标右键，从弹出的快捷菜单中，选择需要的单位即可，如图5.48所示。

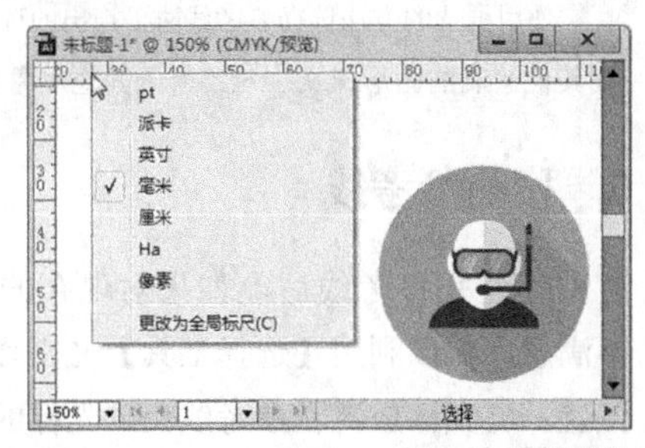

图5.48 快捷菜单

5.4.2 参考线

参考线是精确绘图时用来作为参考的线，它只是显示在文档画面中方便对齐图像，并不参加打印。可以移动或删除参考线，也可以锁定参考线，以免不小心移动它。它的优点在于可以任意设定它的位置。

创建参考线，可以直接从标尺中拖动来创建，也可以将现有的路径，如矩形、椭圆等图形制作成参考线，利用这些路径创建的参考线有助于在一个或多个图形周围设计和创建其他图形对象。

技巧与提示
文字路径不能用来制作参考线。

1. 创建标尺参考线

创建标尺参考线的方法很简单，将光标移动到水平标尺位置，按住鼠标向下拖动可拉出一条线，拖动到达目标位置后释放鼠标，即可创建一条水平参考线。将光标移动到垂直标尺位置，鼠标向右拖动可拉出一条线，拖动到达目标位置后释放鼠标，即可创建一条垂直参考线，创建出的水平和垂直参考线如图5.49所示。

技巧与提示
按住“Shift”键的同时，从标尺位置创建参考线，可以使参考线与标尺刻度吸附对齐。

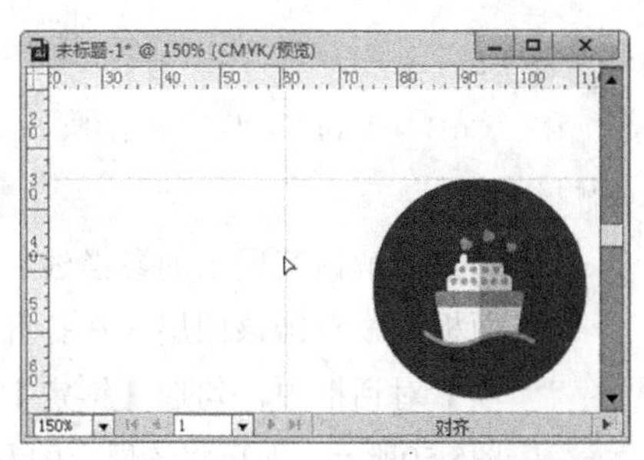

图5.49 创建参考线

技巧与提示
从标尺拖动参考线时，如果按住“Alt”键的同时拖动，可以从水平标尺中创建垂直参考线，从垂直标尺中创建水平参考线。

2. 隐藏参考线

当创建完参考线后，如果暂时用不到参考线，又不想将其删除，为了不影响操作，可以将参考线隐藏。执行菜单栏中的【视图】|【参考线】|【隐藏参考线】命令，即可将其隐藏。此时，【隐藏参考线】命令将变为【显示参考线】命令。

3. 显示参考线

将参考线隐藏后，如果想再次应用参考线，可以将隐藏的参考线再次显示出来。执行菜单栏中的【视图】|【参考线】|【显示参考线】命令，即可显示隐藏的参考线。此时，【显示参考线】命令将变为【隐藏参考线】命令。

技巧与提示
按“Ctrl”+“；”组合键，可以在隐藏参考线和显示参考线命令间转换。

4. 锁定和解锁参考线

为了避免在操作中误移动或删除参考线，可以将参考线锁定，锁定的参考线将不能再进行编辑操作。具体的操作方法如下。

- 锁定或解锁参考线：执行菜单栏中的【视图】|【参考线】|【锁定参考线】命令，该命令的左侧出现✓对号，表示锁定了参考线；再次应用该命令，取消命令的左侧出现✓对号显示，将解锁参考线。

技巧与提示

按“Ctrl”+“Alt”+“；”组合键，可以快速锁定或解锁参考线。

- 锁定或解锁某层上的参考线：在【图层】面板中，双击该图层，在打开的【图层选项】对话框中，勾选【锁定】复选框，如图5.50所示，即可将该层上的参考线锁定。同样的方法，取消【锁定】复选框，即可解锁该层上的参考线。但是它也将该图层上的其他所有对象锁定了。

技巧与提示

除了使用【图层选项】来锁定参考线，也可以在【图层】面板中，单击该层名称左侧的空白框出现锁形标志，即可将其锁定。

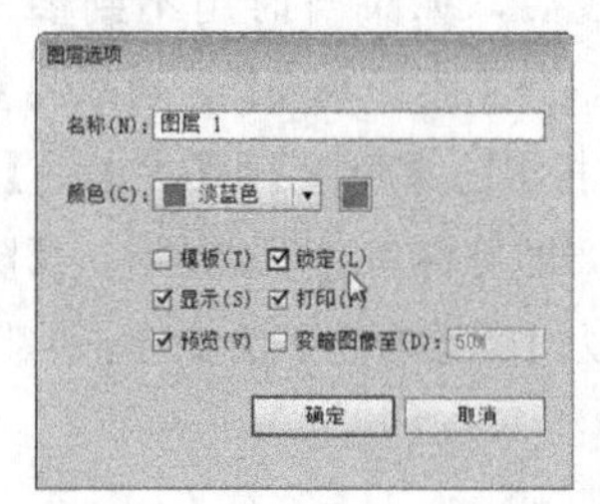

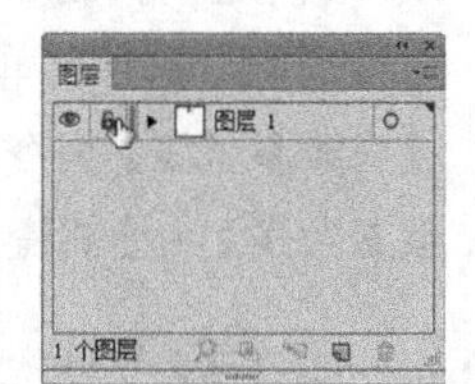

图5.50 【图层选项】对话框

技巧与提示

使用【图层选项】锁定或解锁参考线，只对当前层中的参考线起作用，不会影响其他层中的参考线。但因为锁定了该层参考线的同时也锁定了该层的其他所有图形的编辑，所以该方法对于锁定参考线来说不太实用。

5. 选择参考线

要想对参考线进行编辑，首先要选择参考线。在选择参考线前，确认菜单【视图】|【参考线】|【锁定参考线】命令处于取消状态，选择参考线的方法如下。

- 选择单条参考线：使用【选择工具】，将光标移动到要选择的参考线上，光标的右下角将出现一个方块，此时单击鼠标，即可选择该参考线，选中后的参考线显示为蓝色。
- 选择多条参考线：按住“Shift”键的同时，使用选择单条参考线的方法，分别单击要选择的参考线，即可选择多条参考线。还可以使用框选的形式，使用鼠标拖动一个矩形框进行框选，与矩形框交叉的参考线都可以被选中。

技巧与提示

使用框选的方法选择参考线时，拖出的选择框如果接触到其他绘制的图形或文字对象，则其他对象也将被选中。

6. 移动参考线

创建完参考线后，如果对现存的参考线位置不满意，可以利用【选择工具】来移动参考线的位置。将光标放置在参考线上，光标的右下角将出现一个方块，按住鼠标拖动到合适的位置，释放鼠标即可移动该参考线，如图5.51所示。

技巧与提示

如果想移动多个参考线，可以利用“Shift”键选取多个参考线，然后拖动其中的一条参考线即可移动多个参考线。

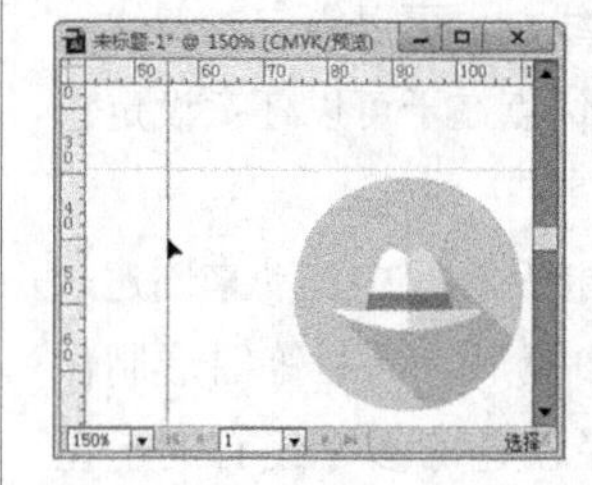

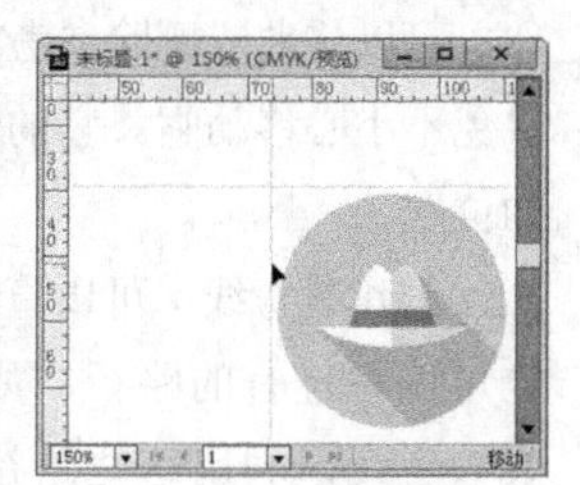

图5.51 移动参考线

知识点：精确移动参考线

如果想精确移动参考线，可以使用【变换】面板中的X（水平）、Y（垂直）坐标值来精确移动参考线。

7. 图形化参考线

上面讲解的参考线，都是水平或垂直方向的，有时在绘图时需要不规则的参考线，此时可以应用【制作参考线】命令来将路径转换为参考线，这种方法也叫图形化参考线。

首先选择要制作成为参考线的路径，然后执行菜单栏中的【视图】|【参考线】|【建立参考线】命令，即可将选择的路径转换为参考线，而原来的路径对象的全部属性将消失，该路径只作为参考线存在，而且不能被打印出来。

技巧与提示

选择路径，按“Ctrl”+“5”组合键，可以快速将选择的路径转换为参考线。

当然，对于现有的参考线，如果想转换为路径，也是可以的，选择参考线后，执行菜单栏中的【视图】|【参考线】|【释放参考线】命令，可以将选择的参考线转换为图形对象，原来的参考线属性消失，该图形对象将作为路径存在，而且具有了路径的一切属性。

技巧与提示

选择参考线按“Alt”+“Ctrl”+“5”组合键，可以快速将选择的参考线转换为路径图形。

8. 清除参考线

创建了多个参考线后，如果想清除其中的某条或多条参考线，可以使用以下方法进行操作。

- 清除指定参考线：选择要清除的参考线后，按键盘上的“Delete”键，即可将指定的参考线删除。
- 清除所有参考线：要清除所有参考线，可以执行菜单栏中的【视图】|【参考线】|【清除参考线】命令，即可将所有参考线清除。

9. 设置参考线

执行菜单栏中的【编辑】|【首选项】|【参考线和网格】命令，可以打开【首选项】|【参考线和网格】对话框，通过【颜色】右侧的下拉列表，选择一种颜色来修改参考线的颜色；如果这里的颜色不能满足要求，可以单击右侧的颜色块，打开【颜色】对话框，自行设置颜色；还可以通过【样式】右侧的下拉列表修改参考线的样式，如直线或点线。如图5.52所示。

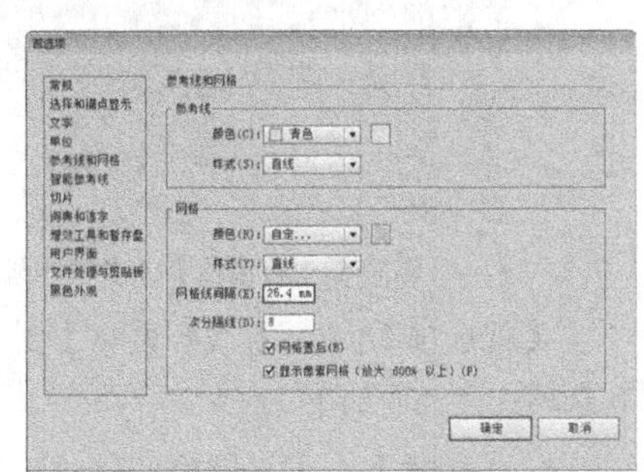

图5.52 【首选项】|【参考线和网格】对话框

5.4.3 智能参考线

智能参考线是Illustrator对图形对象显示的临时的贴紧参考线，它给图形对象的创建、对齐、编辑和变换带来极大的方便。当移动、选择、旋转、比例缩放、倾斜对象时，智能参考线将出现不同的提示信息，以方便操作。

执行菜单栏中的【视图】|【智能参考线】命令，即可启用智能参考线。当移动光标经过图形对象时，Illustrator将在光标处显示相应的图形信息，比如位置、路径、锚点、交叉等，这些信息的提示，大大方便了用户的操作。

技巧与提示

按“Ctrl”+“U”组合键，可以快速启用或关闭智能参考线。

启用智能参考线后，将光标移动到路径上时，Illustrator会自动在光标位置显示“路径”字样，当光标移动到路径的锚点上时，则会显示“锚点”字样，而且在路径上将以“×”来显示当前光标所在的位置。图5.53所示为光标移动到路径上的显示效果。

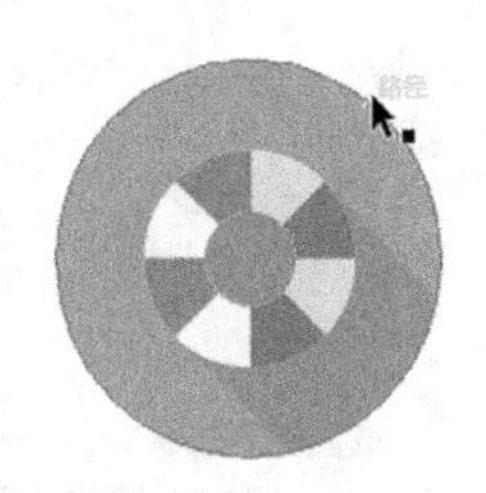

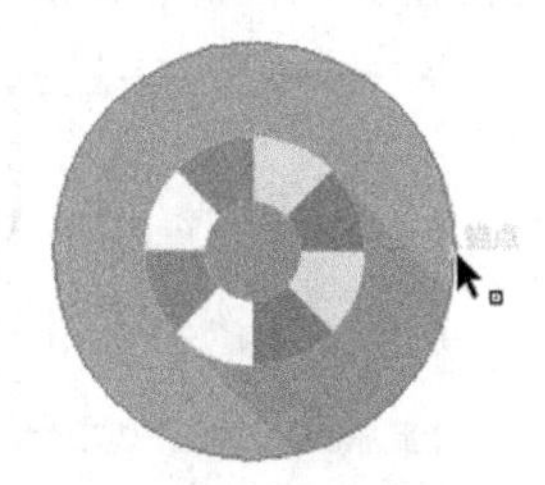

图5.53 智能显示效果

知识点：为什么有的时候不能使用智能参考线

在启用智能参考线时，如果菜单栏中的【视图】|【对齐网格】处于启用状态，则不能使用智能参考线。

利用智能参考线移动对象，在路径上选定一点并拖动鼠标，可以沿着智能参考线移动图形对象，智能参考线上将显示线条或文字表示对象的当前位置，如图5.54所示。

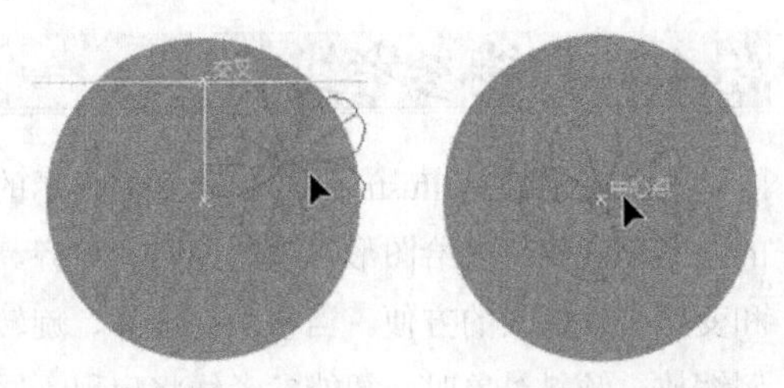

图5.54 移动效果

除了上面讲解的智能效果，智能应用还有很多，这里就不再赘述了，读者可以自行操作，感受一下智能参考线的强大之处。

5.4.4 网格

网格能有效地帮助确定图形的位置和大小，以便在操作中对齐物体，方便图形位置摆放的准确操作。它可以显示为直线，也可以以点线来显示，它不会被打印出来，只是作为一种辅助元素出现。

1. 显示网格

执行菜单栏中的【视图】|【显示网格】命令，即可启用网格。此时，【显示网格】命令将变成【隐藏网格】命令。网格以灰色网格状显示，网格的显示效果如图5.55所示。

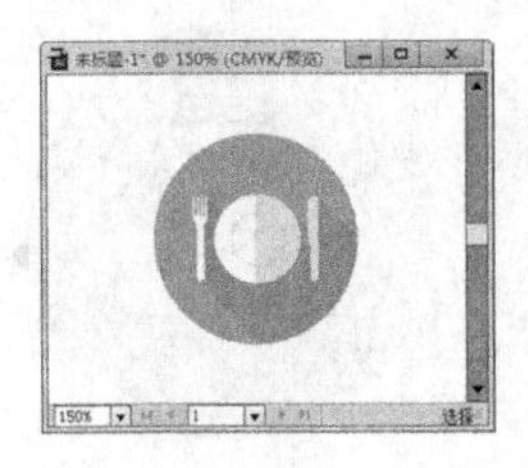

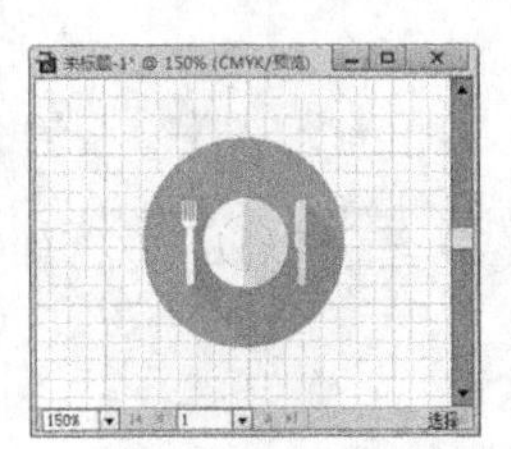

图5.55 网格效果

2. 隐藏网格

执行菜单栏中的【视图】|【隐藏网格】命令，即可隐藏网格。此时，【隐藏网格】命令将变成【显示网格】命令。

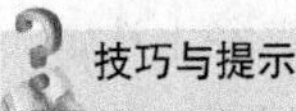

技巧与提示

按“Ctrl”+“ ” ”组合键，可以快速在显示网格和隐藏网格命令间切换。

3. 对齐网格

执行菜单栏中的【视图】|【对齐网格】命令，即可启用网格的吸附功能。在该命令的左侧将出现一个✓对号标志，取消✓对号标志即取消了相应网格的对齐。在绘制图形和移动图形时，图形将自动沿网格吸附，以方便图形的对齐操作。

技巧与提示

按“Shift”+“Ctrl” + “ ” ”组合键，可以快速启用或关闭对齐网格功能。

4. 对齐点

执行菜单栏中的【视图】|【对齐点】命令，即可启用对齐点功能。在该命令的左侧将出现一个✓对号标志，取消✓对号标志即取消了相应点的对齐。启用该功能后，在移动锚点时，靠近另一个锚点时将自动对齐。

技巧与提示

按“Alt”+“Ctrl”+“ ” ”组合键，可以快速启用或关闭对齐点功能。

5. 设置网格

如果使用默认的网格不能满足排版的需要，还可以通过首选项命令，对网格进行更加详细的自定义设置。

执行菜单栏中的【编辑】|【首选项】|【参考线和网格】命令，可以打开【首选项】|【参考线和网格】对话框，在这里可以对网格进行详细的设置。如图5.56所示。

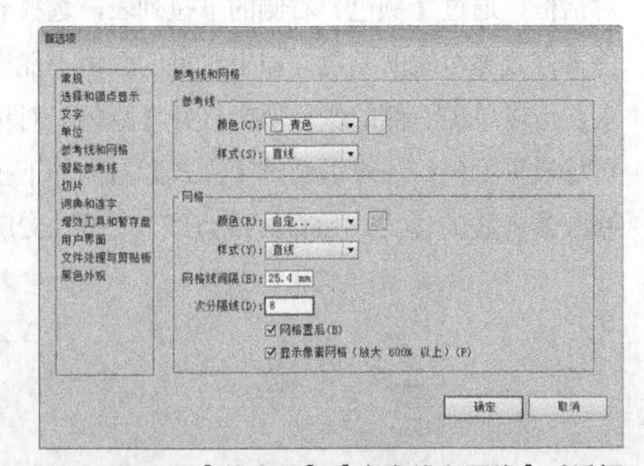

图5.56 【首选项】|【参考线和网格】对话框

【首选项】|【参考线和网格】对话框中网格各选项含义说明如下。

- 【颜色】：设置网格的颜色。可以选择现有的颜色，也可以选择【其他】命令，打开【颜色】对话框，设置自己需要的颜色。

- 【颜色块】：单击该颜色块，也可以打开【颜色】对话框，自行设置网格颜色。
- 【样式】：通过【样式】右侧的下拉列表选项，修改网格线的显示样式，如直线或点线。
- 【网格线间隔】：直接在右侧的文本框中输入数值，用来修改粗线网格间的距离。
- 【次分隔线】：直接在右侧的文本框中输入数值，用来修改粗网格内细方格的数量。
- 【网格置后】：勾选该复选框，网格将显示在所有图形的后面，以免影响其他图形的显示。

5.5 管理图层

前面讲解了锁定和隐藏，主要用来帮助设计图形，以免误操作。其实使用图层更加方便复杂图形的操作，可以将复杂的图形操作变得轻松无比。

本节重点知识概述

工具/命令名称	作用	快捷键	重要程度
图层	打开或关闭【图层】面板	F7	中
贴在前面	将图形粘贴到原图形的前面	Ctrl + F	高
贴在后面	将图形粘贴到原图形的后面。	Ctrl + B	高
显示全部	显示所有隐藏的图形	Alt + Ctrl + 3	高

执行菜单栏中的【窗口】|【图层】命令，打开图5.57所示的【图层】面板。在默认情况下，【图层】面板中只有一个【图层1】图层，可以通过【图层】面板下方的相关按钮和【图层】面板菜单中的相关命令对图层进行编辑。在同一个图层内的对象不但可以进行对齐、组合和排列等处理，还可以进行创建、删除、隐藏、锁定、合并图层等处理。

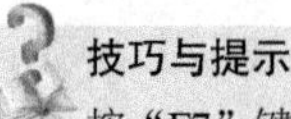

技巧与提示

按“F7”键可以快速打开或关闭【图层】面板。

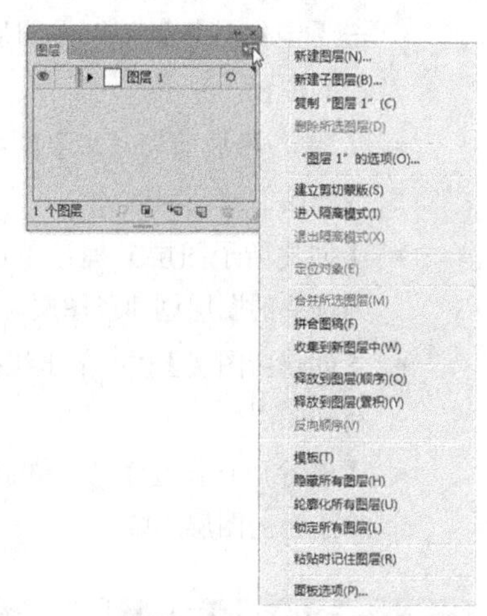

图5.57 【图层】面板

【图层】面板中各选项的含义说明如下。

- 【切换可视性】：控制图层的可见性。单击眼睛图标，眼睛图标将消失，表示图层隐藏；再次单击该区域，眼睛图标显示，表示图层可见。如果按住“Ctrl”键单击该区域，可以将该层图形的视图在轮廓和预览间进行切换。

知识点：关于图层面板切换视图

按住“Ctrl”键单击切换视图时，视图只影响当前图层的图形对象，对其他图层的图形对象不造成任何影响。按“Ctrl”键单击切换视图效果如图5.58所示。

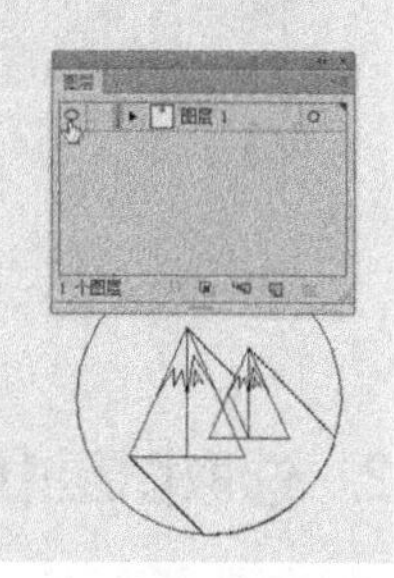

图5.58 图层面板切换视图

- 【切换锁定】：控制图层的锁定。单击该空白区域，将出现一个锁形图标，表示锁定了该层图形；再次单击该区域，锁形图标消失，表示解除该层的锁定。
- 【图层数量】：显示当前【图层】面板中的图层数量。
- 【定位对象】：选择文档中的对象，单

击【定位对象】可以在图层中快速找到所在的位置。

- 【建立/释放剪切蒙版】：用来创建和释放图层的剪切蒙版。
- 【创建新子图层】：单击该按钮，可以为选择的图层创建子图层。
- 【创建新图层】：单击该按钮，可以创建新的图层。
- 【删除所选图层】：单击该按钮，可以将选择的图层删除。

5.5.1 选取图层

要想使用某个图层，首先要选择该图层，同时，还可以利用【图层】面板来选择文档中的相关图形对象。

1. 选取图层

在Illustrator CS6中，选取图层的操作方法非常简单，直接在要选择的图层名称处单击，即可将其选取。选中的图层将显示为蓝色底。按“Shift”键单击图层的名称可以选取邻近的多个图层。按“Ctrl”键单击图层的名称可以选中或取消选取任意的图层。选取图层效果如图5.59所示。

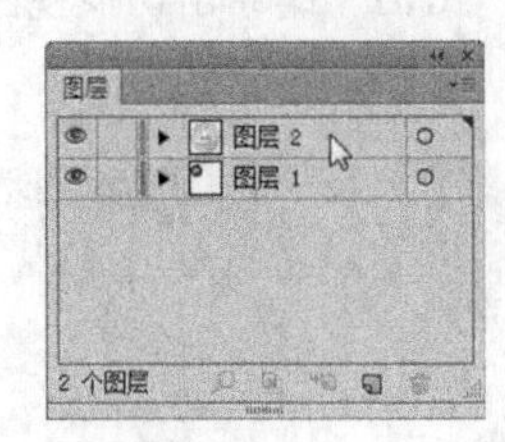

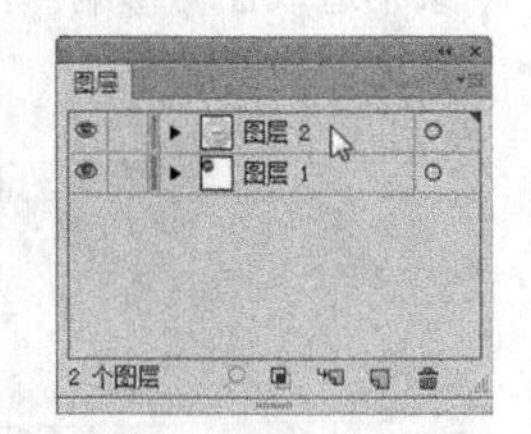

图5.59 选取图层

2. 选取图层中的对象

选择图层与选取图层内的图形对象是不同的，如果某图层在文档中有图形对象被选中，在该图层名称的右侧会显示出一个彩色的方块，表示该层有对象被选中。

除了使用【选择工具】在文档中直接单击来选择图形外，还可以使用【图层】面板中的图层来选择图形对象，非常方便选择复杂的图形对象。而且不管图层是父层还是子图层，只要当前层中有一个对象被选中，在该层的父层中都将显示一个彩色的方块。

要选择某个图层上的对象，可以在按住“Alt”键的同时单击该层，即可将该层上的所有对象选中，并在【图层】面板中该层的右侧出现一个彩色的方块。利用图层选择对象的操作效果如图5.60所示。

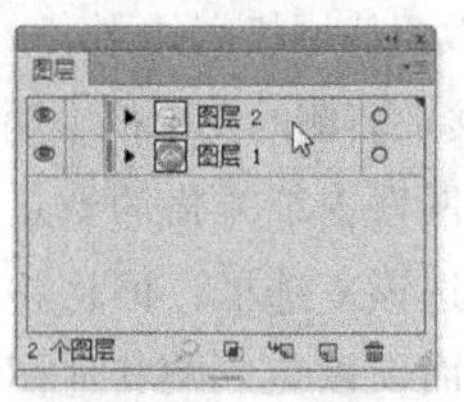

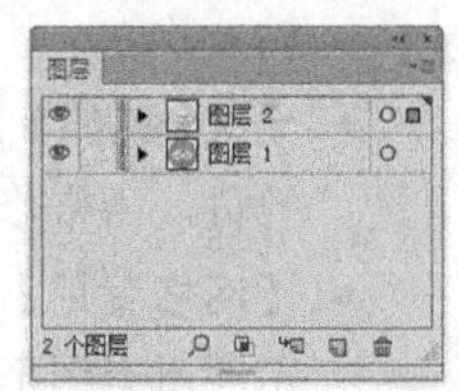

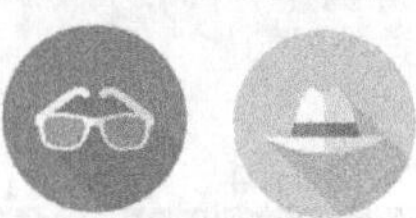

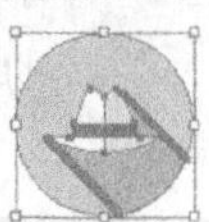

图5.60 选择图形对象操作效果

技巧与提示

在选择图层对象时，如果单击的层是父层，将选择该层中的所有子层对象；如果单击的是子层，则只选择该层中的对象。

5.5.2 锁定与隐藏图层

在编辑图形对象的过程中，利用图层的锁定和隐藏可以大大提高工作效率，比起前面的锁定和隐藏对象使用起来更加方便，且含义有相似之处，锁定图层可以将该层上的所有对象全部锁定，该层上的所有对象将不能进行选择和编辑，但可以打印；而隐藏图层可以将该层上的所有对象全部隐藏，但隐藏的所有对象将不参加打印，所以在图形设计完成后，可以将辅助图形隐藏，有利于打印修改。

1. 锁定/解锁图层

如果要锁定某个图层，首先将光标移动到该图层左侧的【切换锁定】区域，此时光标将变成手形标志，并弹出一个提示信息，此时单击鼠标，可以看到一个锁形图标，表示该层被锁定。锁定图层的操作效果如图5.61所示。

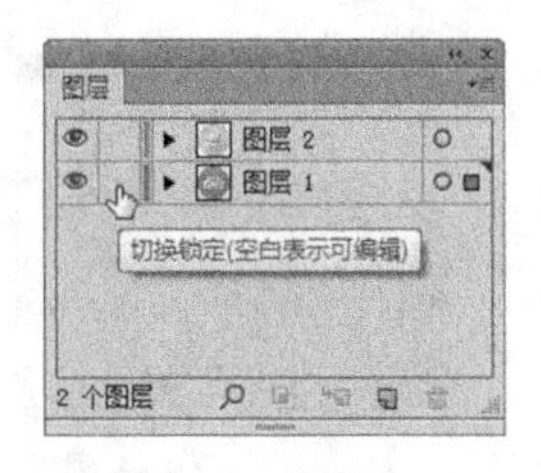

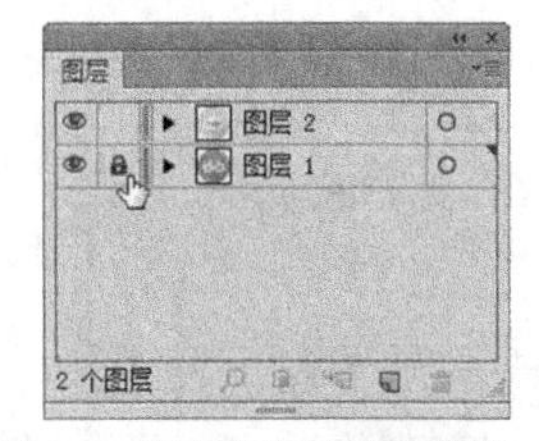

图5.61 锁定图层的操作效果

如果要解除图层的锁定，可以单击该图层左侧的锁形图标，锁形图标消失，表示该图层解除了锁定。如果要解除所有图层的锁定，可以在【图层】面板菜单中，选择【解锁所有图层】命令。

技巧与提示

如果想一次锁定或解锁相邻的多个图层，可以按住鼠标在【切换锁定】区域上下拖动。如果想锁定当前层以外的其他所有图层，可以从【图层】面板菜单中，选择【锁定其他图层】命令，就能将除当前层以外的其他图层锁定。

2. 隐藏/显示图层

隐藏图层与隐藏对象一样，主要是将暂时不需要的图形对象隐藏起来，以方便复杂图形的编辑。

如果要隐藏某个图层，首先将光标移动到该图层左侧的【切换可视性】区域，在眼睛图标上单击鼠标，使眼睛图标消失，这样就将该图层隐藏了，同时位于该图层上的图形也被隐藏。隐藏图层的操作效果如图5.62所示。

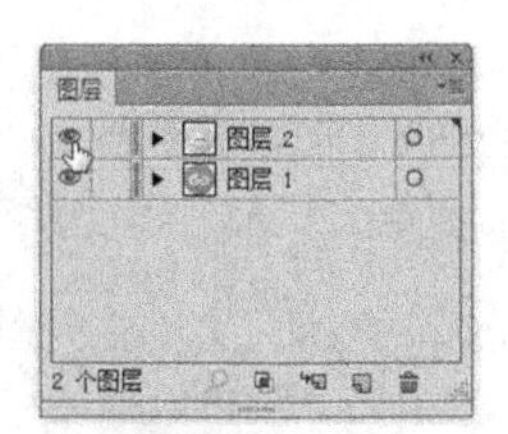

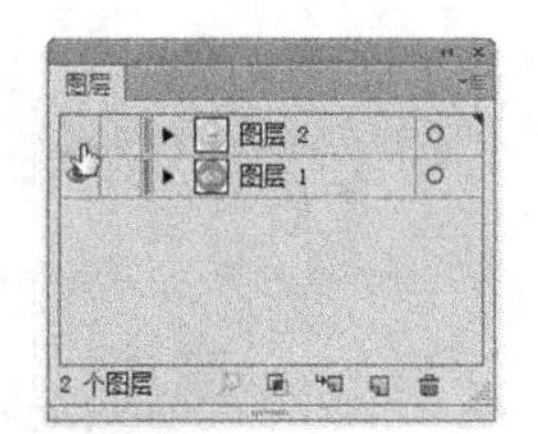

图5.62 隐藏图层的操作效果

技巧与提示

如果想快速隐藏当前层以外的其他所有图层，可以从【图层】面板菜单中，选择【隐藏其他图层】命令，就可将除当前层以外的其他图层隐藏。

5.5.3 新建/删除图层

在Illustrator CS6中，图层可分为两种：父层与子层。所谓父层，就是平常所见的普通的图层；所谓子层，就是父层下面包含的图层。如果有不需要的图层，还可以应用相关的命令将其删除。

1. 创建图层

在【图层】面板中，单击面板底部的【创建新图层】按钮，或从【图层】面板菜单中，选择【新建图层】命令，即可在当前图层的上方创建一个新的图层。在创建图层时，系统会根据创建图层的顺序自动将图层命名为“图层1、图层2……”，依次类推。图层的数量不受限制。创建新图层的操作效果如图5.63所示。

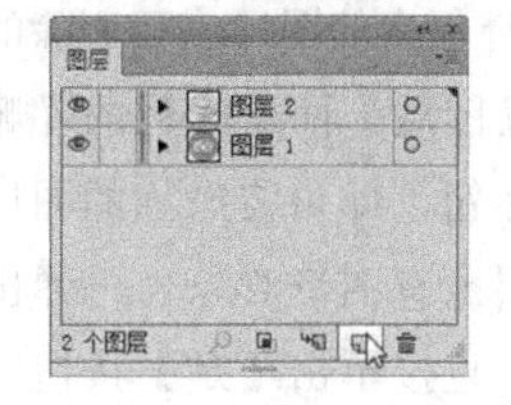

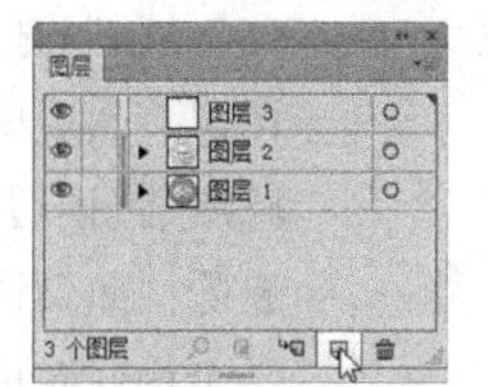

图5.63 创建新图层的操作效果

知识点：关于创建新图层

如果按住“Ctrl”+“Alt”组合键单击面板底部的【创建新图层】按钮，可以在当前图层的下方创建一个新图层；如果按住“Ctrl”键单击面板底部的【创建新图层】按钮，可以在所有图层的上方创建一个新图层，如图5.64所示。

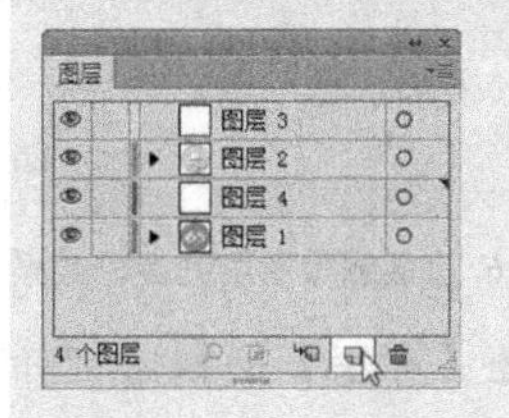

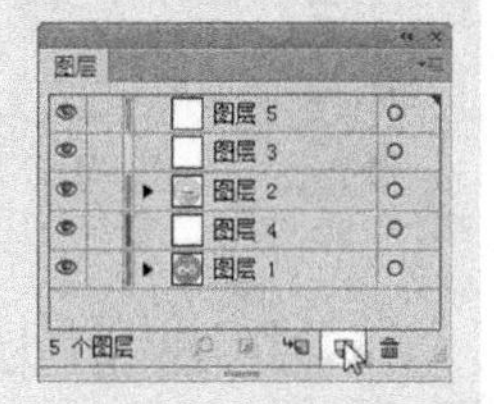

图5.64 关于创建新图层

2. 新建子图层

要想新建子图层，首先确认在当前的【图层】面板中选择一个图层，以作为父层，然后单击【图层】面板底部的【创建新子图层】按钮，也可以从【图层】面板菜单中，选择【新建子图层】命令，即可为当前图层创建一个子图层。新建子图层的操作效果如图5.65所示。

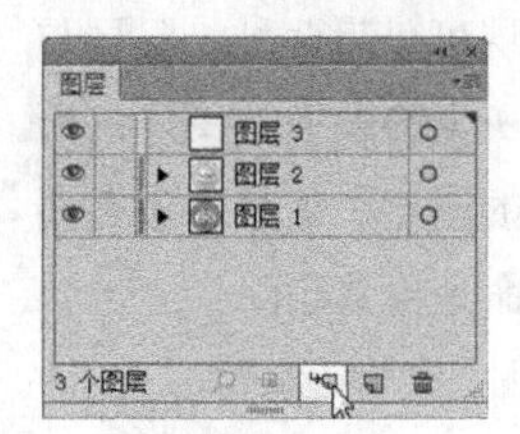

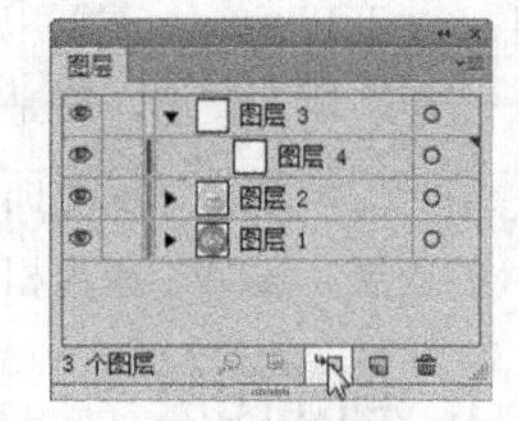

图5.65 新建子图层的操作效果

3. 删除图层

删除图层主要是将不需要的或误创建的图层删除，要删除图层可以通过两种方法来完成，具体介绍如下。

- 方法1：直接删除法。在【图层】面板中选择（在选择图层时，可以使用“Shift”键或“Ctrl”键来选择更多的图层）要删除的图层，然后单击【图层】面板底部的【删除所选图层】按钮，即可将选择的图层删除；如果该图层上有图形对象，将弹出一个询问对话框，直接单击【是】按钮即可，删除图层时该图层上的所有图形对象也将被删除。直接删除图层的操作效果如图5.66所示。

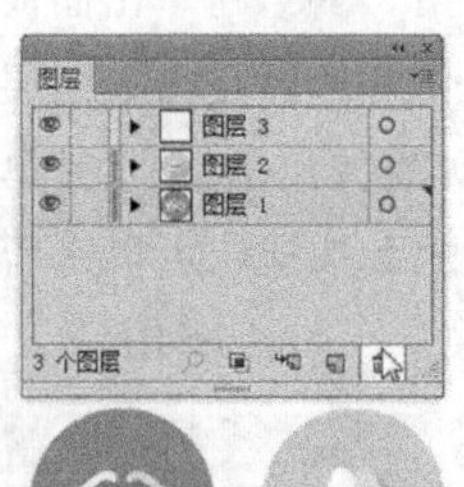

图5.66 直接删除图层的操作效果

- 方法2：拖动法。在【图层】面板中选择要删除的图层，然后将其拖动到【图层】面板底部的【删除所选图层】按钮上释放鼠标，即可将选择的图层删除。删除图层时该图层上的所有图形对象也将被删除。拖动法删除图层的操作效果如图5.67所示。

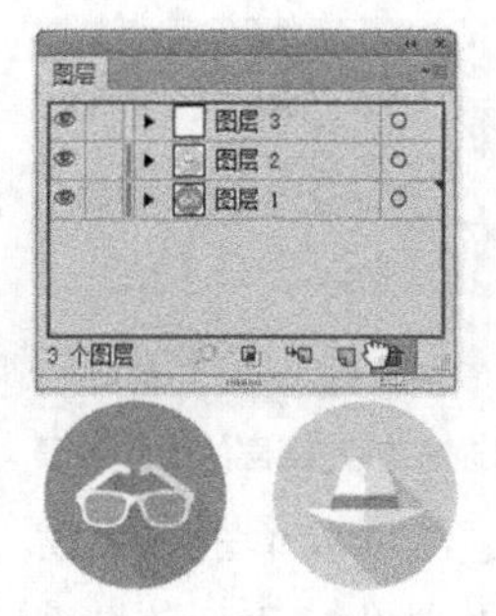

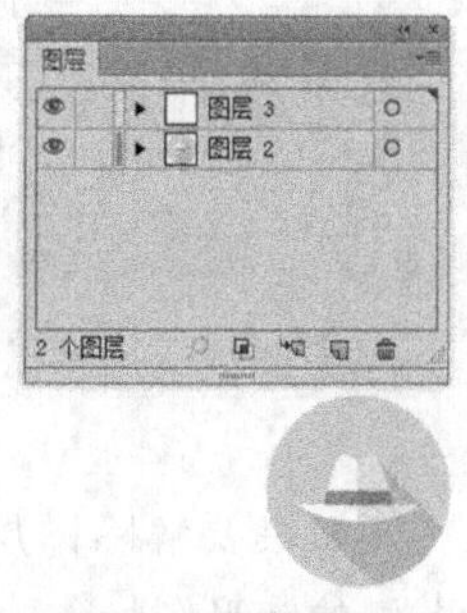

图5.67 拖动法删除图层的操作效果

技巧与提示

在删除图层时，如果删除的是父级图层，则该层所有的子图层都将被删除。对于删除图层，最少要保留一个图层。

5.5.4 图层与面板选项

图层与面板选项，分别用来设置图层属性与面板属性，下面来讲解图层选项与面板选项的相关命令的含义。

1. 图层选项

图层选项主要用来设置图层的相关属性，例如图层的名称、颜色、显示、锁定、是否可以打开等属性设置。双击某个图层，或选择某个图层后，在【图层】面板菜单中，选择【“当前图层名称”的选项】命令，打开【图层选项】对话框，如图5.68所示。

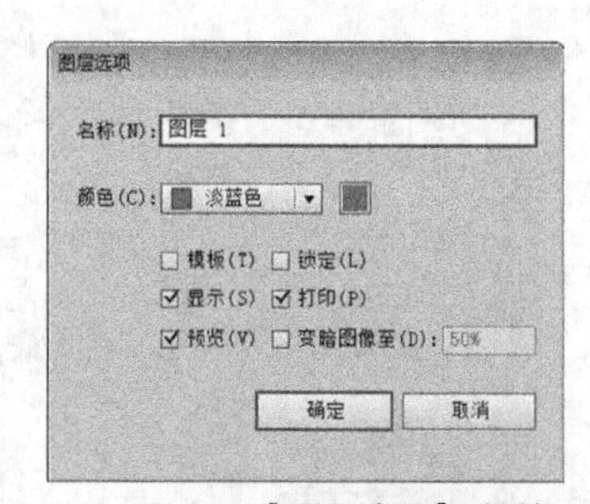

图5.68 【图层选项】对话框

【图层选项】对话框中各选项的含义说明如下。

- 【名称】：设置当前图层的名称。
- 【颜色】：设置当前图层的颜色，可以从右侧的下拉列表中选择一种颜色，也可以单击右侧的【颜色块】，打开【颜色】面板自定义颜色。当选择该图层时，该层上图形对象的所有锚点和路径以及定界框都将显示这种颜色。

- 【模板】：勾选该复选框，可以将当前图层转换为模板图层。模板图层不但被锁定，而且在各种视图模式中，模板都以预览的方式清晰显示。如果勾选了【模板】复选框，除了【变暗图像至】选项可用，其他的选项都将不能选择。在【图层】面板中，模板图标将代替眼睛图标。
- 【锁定】：勾选该复选框，该图层将被锁定。
- 【显示】：勾选该复选框，该图层上的所有对象将显示在文档中；如果取消该复选框，该图层将被隐藏。
- 【打印】：控制该图层对象是否可以打印。勾选该复选框，该图层图形对象将可以打印出来，否则不能打印出来。
- 【预览】：控制图层的视图模式。勾选该复选框，图层对象将以预览的模式显示；如果取消该复选框，图层对象将以轮廓化的形式显示。勾选和取消【预览】复选框图形效果分别如图5.69、图5.70所示。

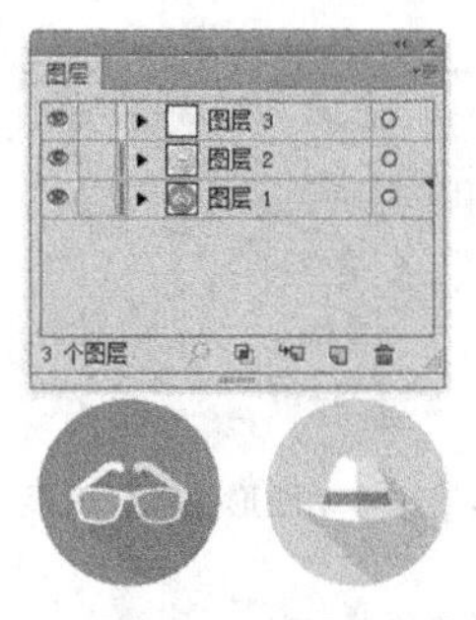

图5.69 勾选【预览】

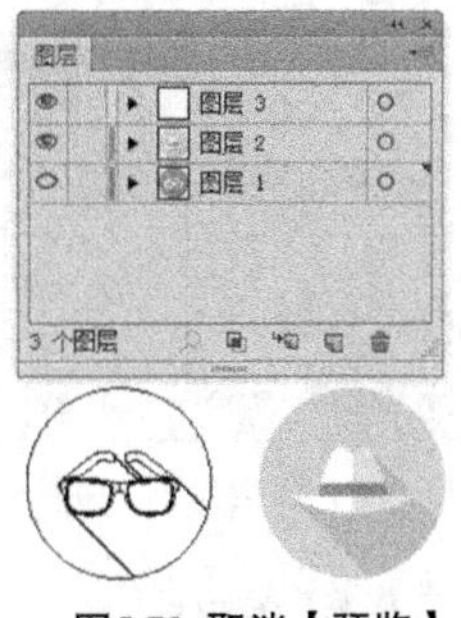

图5.70 取消【预览】

技巧与提示

如果想快速轮廓化当前层以外的其他所有图层，可以从【图层】面板菜单中，选择【轮廓化其他图层】命令，就可将除当前层以外的其他图层轮廓化。

- 【变暗图像至】：勾选该复选框，可以将置入或栅格化的图形进行暗化处理。并可以通过右侧的文本框修改，取值范围为0~100%，值越大，图形越清楚；值越小，图形越淡。利用该项可以将图形变淡，以用来作为模板便于描画图形。

2. 面板选项

【面板选项】主要用来控制整个图层面板的属性，例如图层的大小显示和缩览图等设置。在【图层】面板菜单中，选择【面板选项】命令，可打开图5.71所示的【图层面板选项】对话框。

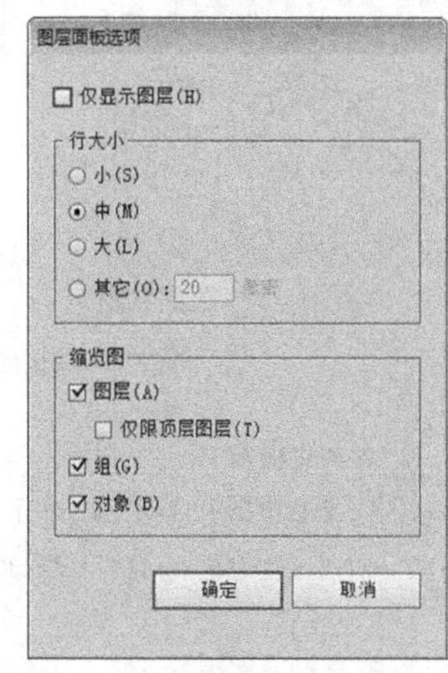

图5.71 【图层面板选项】对话框

【图层面板选项】对话框中各选项的含义说明如下。

- 【仅显示图层】：勾选该复选框后，在【图层】面板中，只显示父级图层，子图层将不再显示。
- 【行大小】：设置图层显示的大小，可以选择小、中、大或在其他右侧的文本框中，输入显示的值，默认情况下显示为中。不同行大小显示效果如图5.72所示。

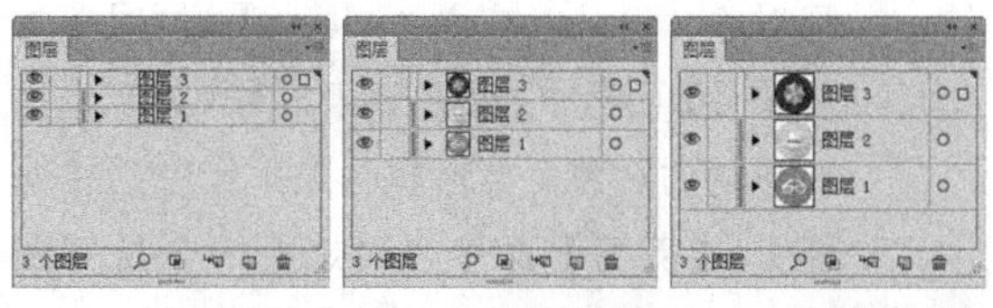

勾选【小】　勾选【中】　勾选【大】

图5.72 不同行大小显示效果

- 【缩览图】：控制缩览图的显示类型，包括【图层】、【组】和【对象】3个选项。默认情况下图层名称带有图层字样的表示的就是图层；带有编组字样的就是组；带有路径字样的就是对象。默认显示效果及不同的显示效果如图5.73所示。

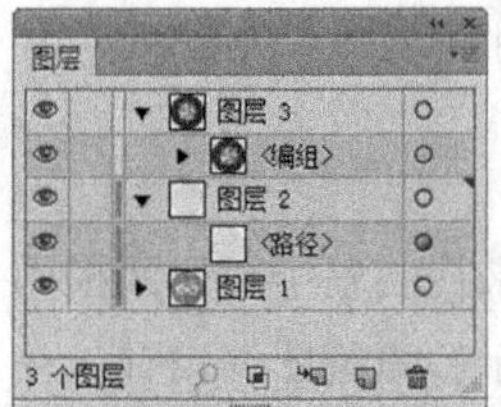

默认缩览图

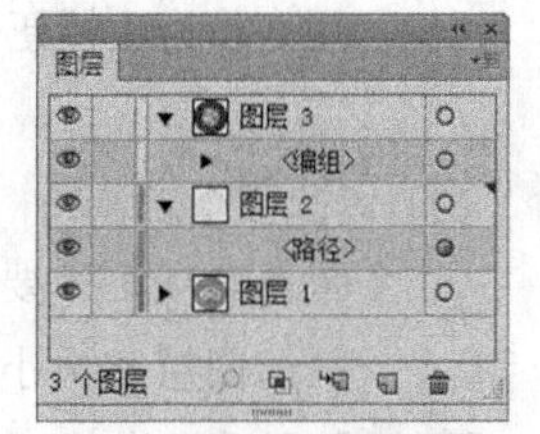

图层缩览图

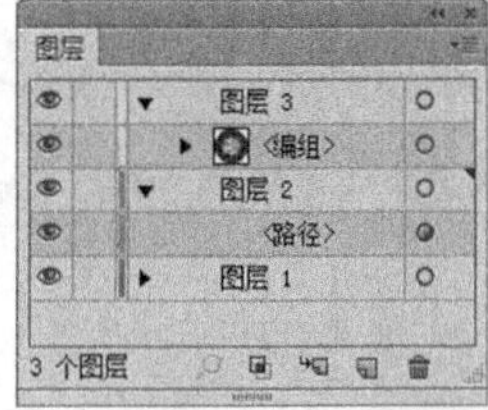

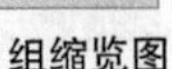
组缩览图

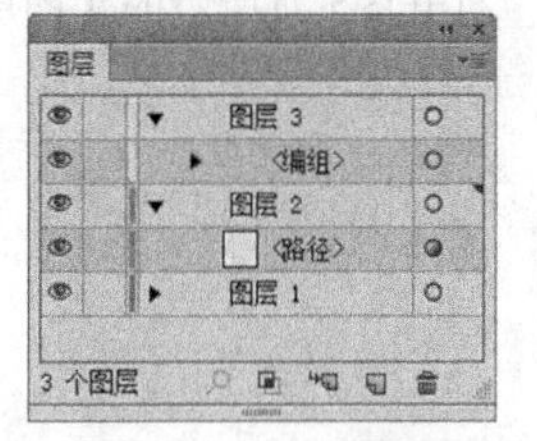

对象缩览图

图5.73 默认显示效果及不同的显示效果

技巧与提示

在【缩览图】选项中，还有一项【仅限顶层图层】选项，勾选该复选框，只显示父级顶层图层的缩览图。

5.5.5 编辑图层

1. 移动或复制图层间对象

利用【图层】面板可以将一个对象的不同部分分置在不同图层上，以方便复杂图形的管理。由于图形位于不同的图层上，有时需要在不同图层间移动对象。下面来讲解两种不同图层间移动对象的方法：一种是命令法；另一种是拖动法。

- 方法1：命令法。在文档中选择要移动的图形对象，也可以按住“Alt”键的同时单击【图层】面板中的图层、组或对象，以选择要移动的对象，然后执行菜单栏中的【编辑】|【剪切】命令，再选择一个目标图层，执行菜单栏中的【编辑】|【粘贴】命令，即可将图形对象移动到目标图层中。

技巧与提示

执行菜单栏中的【编辑】|【复制】命令，或按“Ctrl”+“C”组合键，然后利用粘贴命令可以将图形复制到目标图层中。

知识点：关于粘贴复制位置

使用粘贴命令会将图形对象粘贴到目标图层的最前面，而且是当前文档的中心位置。这样有时会打乱原图形的整体效果，这时可以应用【贴在前面】和【贴在后面】命令。【贴在前面】表示将图形粘贴到原图形的前面；【贴在后面】表示将图形粘贴到原图形的后面。如果在【图层】面板菜单中，选择了【粘贴时记住图层】命令，则不管选择的目标图层为哪个层，都将粘贴到它原来所在的图层上。剪切的快捷键为“Ctrl”+“X”；粘贴的快捷键为“Ctrl”+“V”；贴在前面的快捷键为“Ctrl”+“F”；贴在后面的快捷键为“Ctrl”+“B”。

- 方法2：拖动法。首先选择要移动的图形对象（如果要选择某层上的所有对象，可以按住“Alt”键的同时单击该图层），可以在【图层】面板中当前图形所在层的右侧看到一个彩色的方块，将光标移动到该彩色方块上，然后按住鼠标拖动彩色方块到目标图层上，当看到一个彩色方块时释放鼠标，即可将选择的图形对象移动到目标图层上。拖动法移动图形的操作效果如图5.74所示。

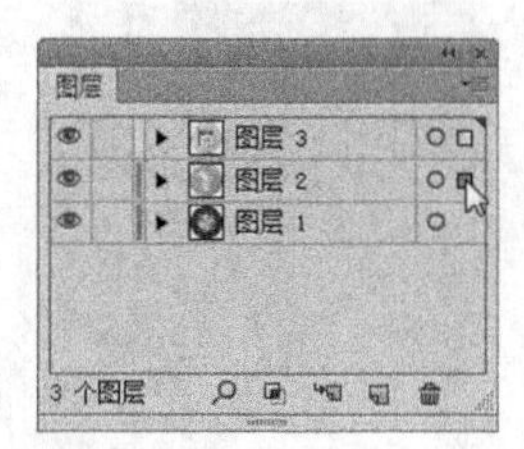

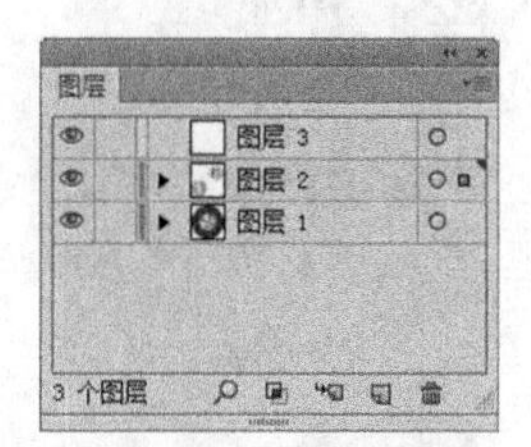

图5.74 拖动法移动图形的操作效果

技巧与提示

使用拖动法移动图形对象时，如果按住“Alt”键拖动彩色方块，可以将对象复制到目标图层中。

2. 改变图层顺序

在前面的章节中，曾经讲解过图形层次顺序的调整方法，但那些调整方法的前提是在同一个图层中，如果在不同的图层中，利用【对象】|【排列】子菜单中的命令就无能为力了。对于不同图层

之间的排列顺序，可以通过图层的调整来改变。

在【图层】面板中，在该图层名称位置按住鼠标，向上或向下拖动，当拖动到合适的位置时，会在当前位置显示一条黑色的线条，释放鼠标即可修改图层的顺序。修改图层顺序的操作效果如图5.75所示。

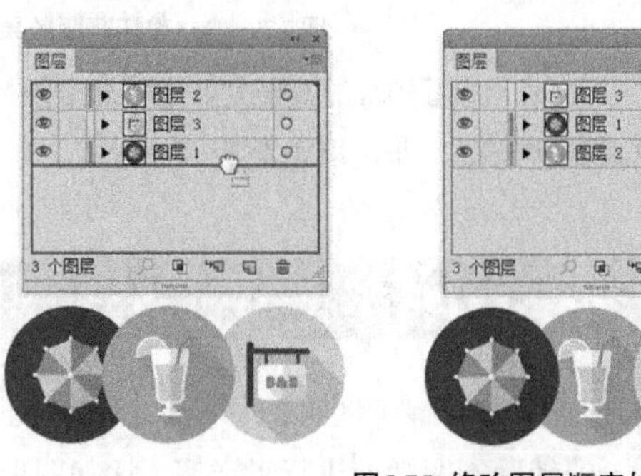

图5.75 修改图层顺序的操作效果

5.5.6 复制、合并与拼合图层

要设计处理图形时，不但可以在文档中复制图形对象，还可以通过图层来复制图形。拼合图层主要是将多个图形对象进行拼合，以将选中图层中的内容合并到一个现有的图层中，合并图层可以减小图层的复杂度，方便图层的操作。

1. 复制图层

复制图层可以通过两种方法来实现：一种是菜单命令法；另一种是拖动复制法。复制图层不但将图形对象全部复制，还将图层的所有属性与图形的所有属性全部复制一个副本。

方法1：菜单命令法。在【图层】面板中，选择要复制的单个图层，然后执行【图层】面板菜单中的【复制“当前层名称”】命令，即可将当前图层复制一个副本。如果选择的是多个图层，则【图层】面板菜单中的【复制“当前层名称”】命令将变成【复制所选图层】命令。

方法2：拖动复制法。在【图层】面板中，选择要复制的图层，然后在选择的图层上按住鼠标，将其拖动到【图层】面板底部的【创建新图层】按钮上，当光标变成状时，释放鼠标即可复制一个图层副本。拖动复制图层的操作效果如图5.76所示。

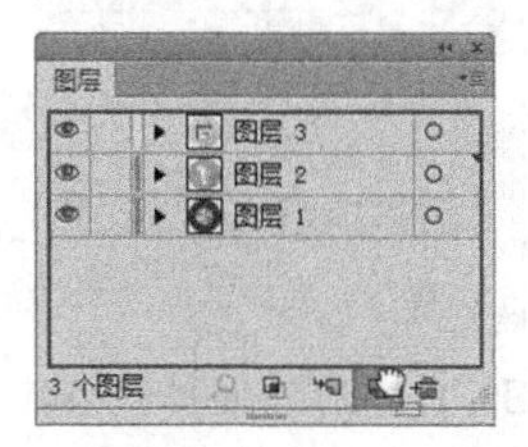

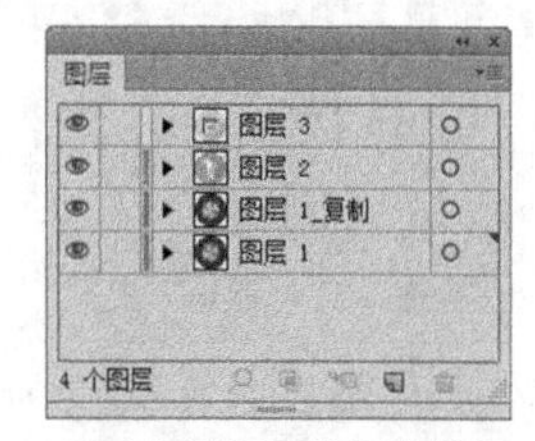

图5.76 拖动复制图层的操作效果

2. 合并图层

合并图层可以将选择的多个图层合并成一个图层，在合并图层时，所有选中的图层中的图形都将合并到一个图层中，并保留原来图形的堆放顺序。

在【图层】面板中，选择要合并的多个图层，然后从【图层】面板菜单中，选择【合并所选图层】命令，即可将选择的图层合并为一个图层。合并图层的操作效果如图5.77所示。

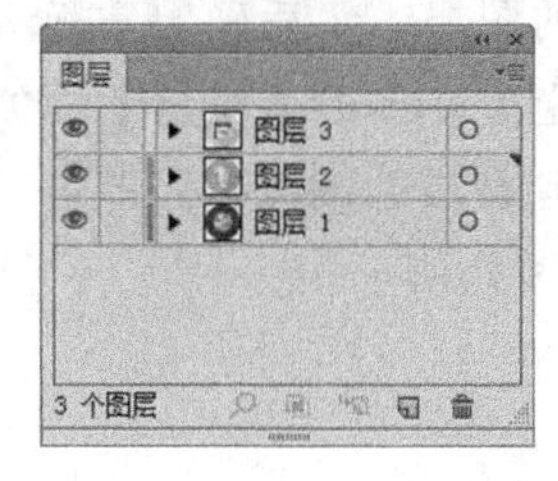

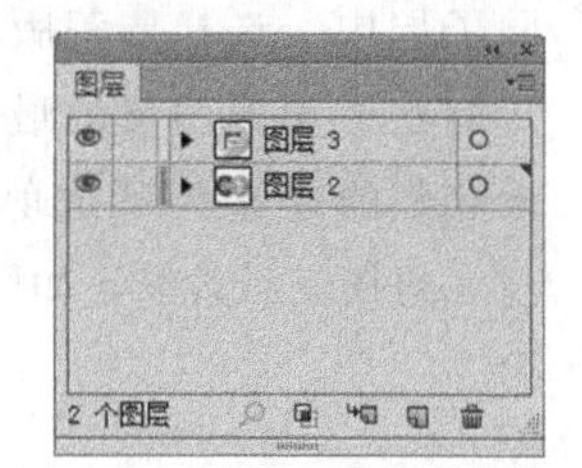

图5.77 合并图层的操作效果

知识点：关于合并图层

在合并图层时，所有可见的图层将被合并到当前选中的图层中，如果选择图层中有被锁定或隐藏的图层，图层将合并到没有被锁定和隐藏的选中图层中最上面的那个图层，同时隐藏的图层中的图形将显示出来。

3. 拼合图稿

拼合图稿是将所有可见的图层合并到选中的图层中。如果选择的图层中有隐藏的图层，系统将弹出一个询问对话框，提示是否删除隐藏的图层，如果单击【是】按钮，将删除隐藏的图层，并将其他图层合并。如果单击【否】按钮，将把隐藏图层和其他图层同时合并成一个图层，并将隐藏的图层对象显示出来。拼合图稿的操作效果如图5.78所示。

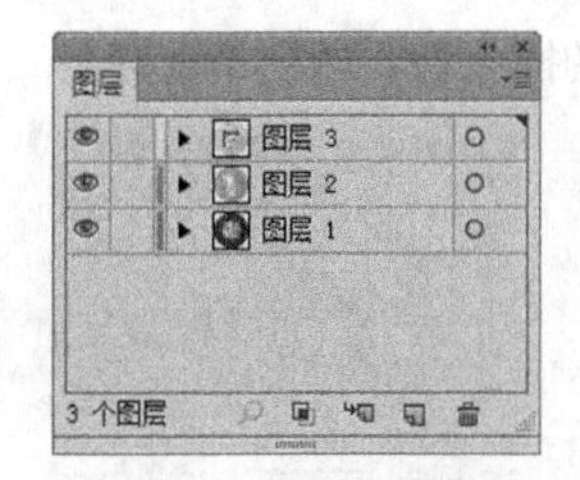
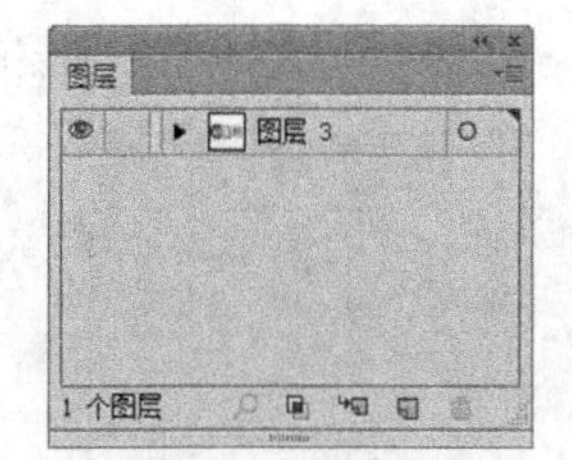

图5.78 拼合图稿的操作效果

5.5.7 建立剪切蒙版

剪切蒙版与前面讲解的蒙版效果非常相似。剪切蒙版可以将一些图形或图像需要显示的部分显示出来，而将其他部分遮住。蒙版图形可以是开放、封闭或复合路径，但必须位于被蒙版对象的前面。

要使用剪切蒙版，必须保证蒙版轮廓与被蒙版对象位于同一图层中，或是同一图层的不同子层中。选择要蒙版的图层，然后确定蒙版轮廓在被蒙版图层的最上方，单击【图层】面板底部的【建立/释放剪切蒙版】按钮，即可建立剪切蒙版效果。如图5.79所示。

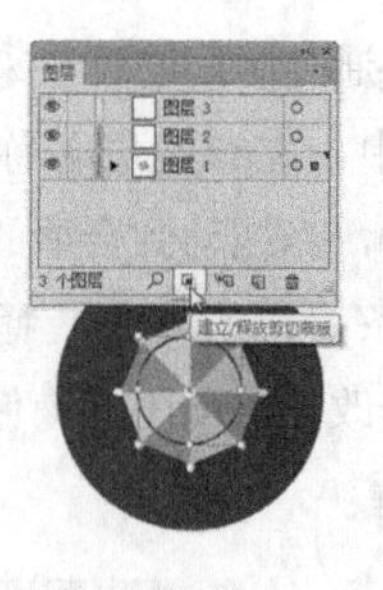
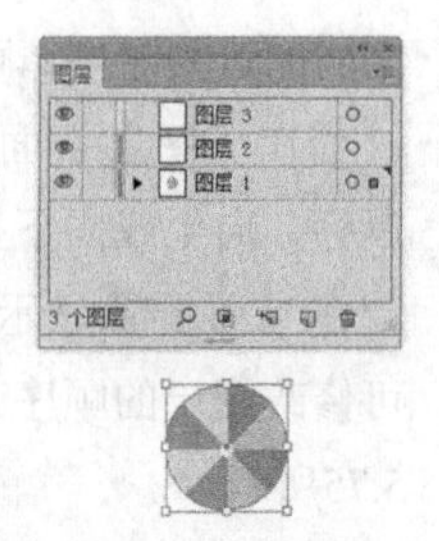

图5.79 建立剪切蒙版效果

如果要取消当前蒙版，可再次单击【创建/释放剪切蒙版】按钮，即可取消蒙版。

5.6 本章小结

本章除了详细讲解了图形的修剪功能外，还将Illustrator的辅助制图功能进行了详解，比如图形的对齐、分布、锁定、图层等，掌握了这些辅助功能，就可以更加方便地进行设计工作了。

5.7 课后习题

本章安排了两个课后习题，希望读者通过这两个习题，加深对图形修剪及管理的认识，掌握辅助功能的使用方法和技巧。

5.7.1 课后习题1——制作梦幻五角星

案例位置 案例文件\第5章\制作梦幻五角星.ai
视频位置 多媒体教学\5.7.1.avi
实用指数 ★★★★★

本例主要讲解使用【减去顶层】工具制作梦幻五角星。最终效果如图5.80所示。

图5.80 最终效果

步骤分解如图5.81所示。

图5.81 步骤分解图

5.7.2 课后习题2——制作巧克力

案例位置　案例文件\第5章\制作巧克力.ai
视频位置　多媒体教学\5.7.2.avi
实用指数　★★★★☆

本例主要讲解使用【剪刀工具】✂制作巧克力效果。最终效果如图5.82所示。

图5.82 最终效果

步骤分解如图5.83所示。

图5.83 步骤分解图

第6章

高级艺术工具的使用

内容摘要

Illustrator CS6提供了丰富的艺术图案资源，本章主要讲解艺术工具的使用。首先讲解了画笔艺术，包括画笔面板和各种画笔的创建与编辑方法以及画笔库的使用。然后讲解了符号艺术，包括符号面板和各种符号工具的使用与编辑方法，利用画笔库和符号库中的图形会使你的图形更加绚丽多姿。最后讲解了混合的艺术，讲解了混合的建立与编辑，混合轴的替换、混合的释放与扩展。通过本章艺术工具的讲解，读者能够快速掌握艺术工具的使用方法，并利用这些种类繁多的艺术工具提高创建水平，设计出更加丰富的艺术作品。

教学目标

学习画笔面板的使用
学习符号面板的使用
掌握画笔的创建及使用技巧
掌握符号艺术工具的使用技巧
掌握混合艺术工具的使用技巧

6.1 画笔艺术

Illustrator CS6为用户提供了一种特殊的工具——画笔，而且为其提供了相当多的画笔库，方便了用户的使用，利用画笔工具可以制作出许多精美的艺术效果。

本节重点知识概述

工具/命令名称	作用	快捷键	重要程度
【画笔】面板	打开或关闭【画笔】面板	F5	中

6.1.1 使用【画笔】面板

使用【画笔】面板可以管理画笔文件。比如进行创建新画笔、修改画笔和删除画笔等操作。Illustrator CS6提供了预设的画笔样式效果，可以打开并使用这些预设的画笔样式绘制更加丰富的图形。执行菜单栏中的【窗口】|【画笔】命令，或按“F5”键，即可打开图6.1所示的【画笔】面板。

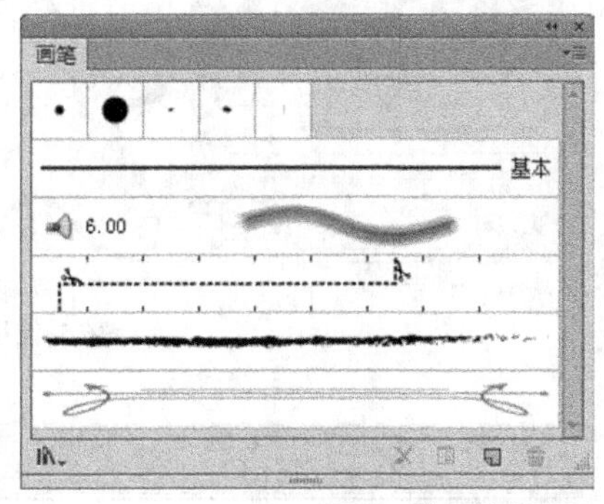

图6.1 【画笔】面板

1. 打开画笔库

Illustrator CS6为用户提供了默认的画笔库，要打开画笔库可以通过3种方法来实现，具体的操作方法如下。

- 方法1：执行菜单栏中的【窗口】|【画笔库】命令，然后在其子菜单中选择所需要打开的画笔库即可。
- 方法2：单击【画笔】面板右上角的菜单按钮，打开【画笔】面板菜单，从菜单命令中选择【打开画笔库】命令，然后在其子菜单中，选择需要打开的画笔库即可。
- 方法3：单击【画笔】面板左下方的【画笔库菜单】按钮，在弹出的菜单中选择需要打开的画笔库即可。

2. 选择画笔

打开画笔库后，如果想选择某一种画笔，直接单击该画笔即可将其选择。如果想选择多个画笔，可以按住“Shift”键选择多个连续的画笔，也可以按住“Ctrl”键选择多个不连续的画笔。如果要选择未使用的所有画笔，可以在【画笔】面板菜单中选择【选择所有未使用的画笔】命令。

3. 画笔的显示或隐藏

为了方便选择，可以将画笔按类型显示。在【画笔】面板菜单中，选择相关的选项即可，如【显示书法画笔】、【显示散点画笔】、【显示毛刷画笔】、【显示图案画笔】和【显示艺术画笔】，显示相关画笔后，在该命令前将出现一个对号✓，如果不想显示某种画笔，可以再次单击，将对号取消即可。

4. 删除画笔

如果不想保留某些画笔，可以将其删除。首先在【画笔】面板中选择要删除的一个或多个画笔，然后单击【画笔】面板底部的【删除画笔】按钮，将弹出一个询问对话框，询问是否删除选定的画笔，单击【是】按钮，即可将选定的画笔删除。删除画笔操作效果如图6.2所示。

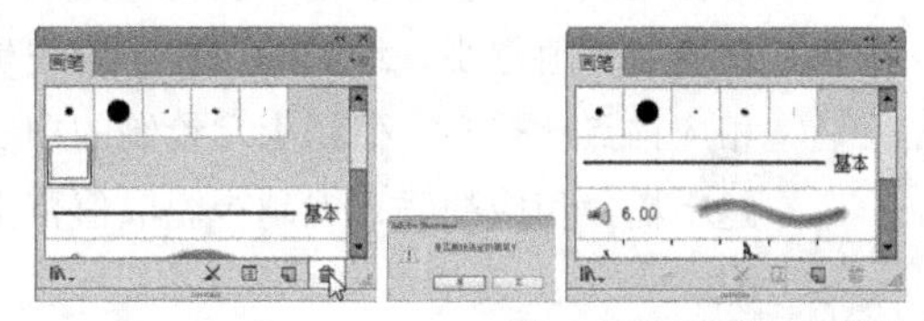

图6.2 删除画笔操作效果

知识点：关于删除画笔

如果不想在删除画笔时弹出对话框，可以选择要删除的画笔，然后将其拖动到【删除画笔】按钮上释放鼠标即可，如图6.3所示。

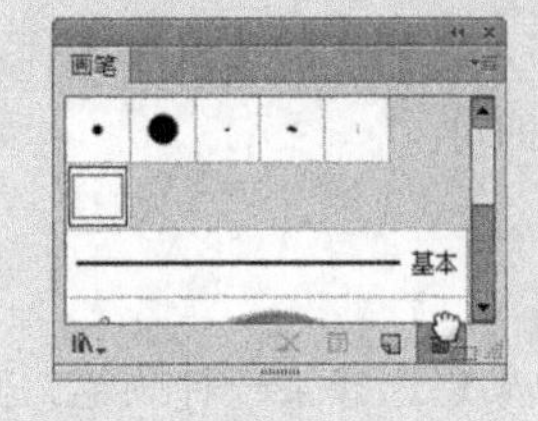
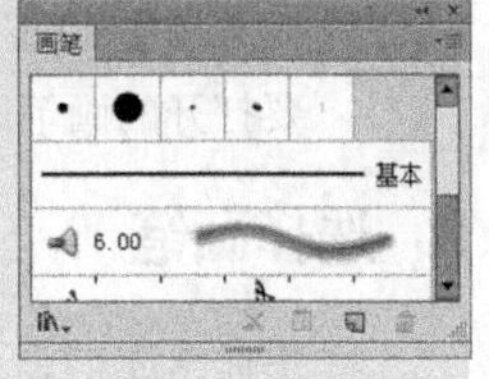

图6.3 关于删除画笔

6.1.2 画笔工具

【画笔】面板中所提供的画笔库一般是结合【画笔工具】来应用的，在使用【画笔工具】前，可以在工具箱中双击【画笔工具】，打开图6.4所示的【画笔工具选项】对话框，对画笔进行详细的设置。

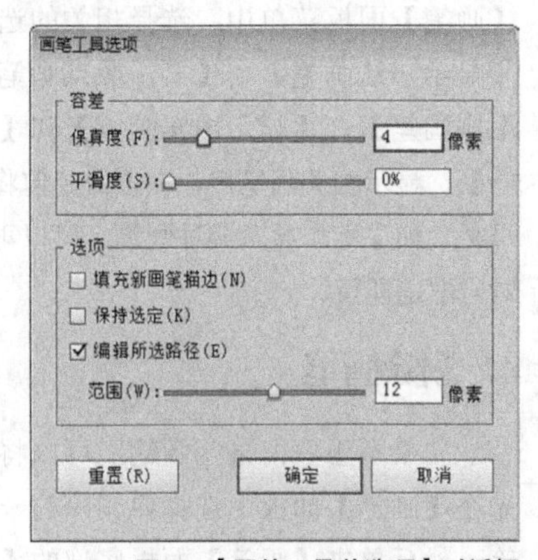

图6.4 【画笔工具首选项】对话框

【画笔工具选项】对话框中各选项的含义说明如下。

- 【保真度】：设置画笔绘制路径曲线时的精确度，值越小，绘制的曲线就越精确，相应锚点就越多。值越大，绘制的曲线就越粗糙，相应的锚点就越少。取值范围为0.5~20。
- 【平滑度】：设置画笔绘制曲线的平滑程度。值越大，绘制的曲线越平滑。取值范围为0~100。
- 【填充新画笔描边】：勾选该复选框，当使用画笔工具绘制曲线时，将自动为曲线内部填充颜色；如果不勾选该复选框，则绘制的曲线内部将不填充颜色。
- 【保持选定】：勾选该复选框，当使用画笔工具绘制曲线时，绘制出的曲线将处于选中状态；如果不勾选该复选框，绘制的曲线将不被选中。
- 【编辑所选路径】：勾选该复选框，则可编辑选中的曲线的路径，使用画笔工具来改变现有选中的路径。并可以在【范围】设置文本框中设置编辑范围，当画笔工具与该路径之间的距离接近设置的数值时，即可对路径进行编辑修改。

设置好画笔工具的参数后，就可以使用画笔工具进行绘图了。选择画笔工具后，在【画笔】面板中，选择一个画笔样式，然后设置需要的描边颜色，在文档中按住鼠标随意地拖动即可绘图，如图6.5所示。

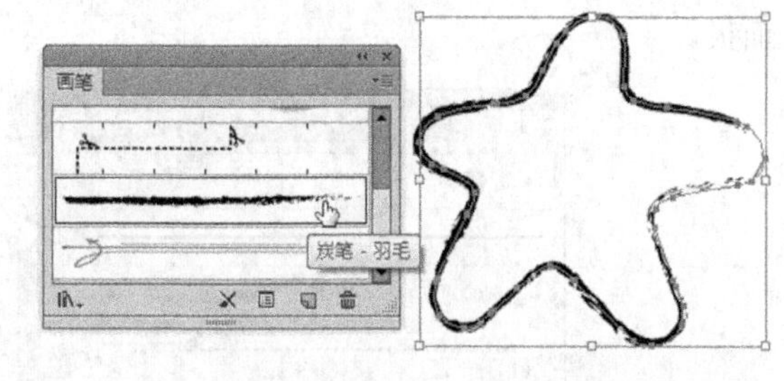

图6.5 使用画笔工具绘图

6.1.3 画笔样式

画笔库中的画笔样式，不但可以应用画笔工具绘制出来，也可以直接应用到现有的路径中，应用过画笔的路径，还可以利用其他画笔样式来替换。具体的操作方法如下。

1. 应用画笔到路径

首先选择一个要应用画笔样式的图形对象，然后在【画笔】面板中，单击要应用到路径的画笔样式，即可将画笔样式应用到选择图形的路径上。应用画笔到路径的操作效果如图6.6所示。

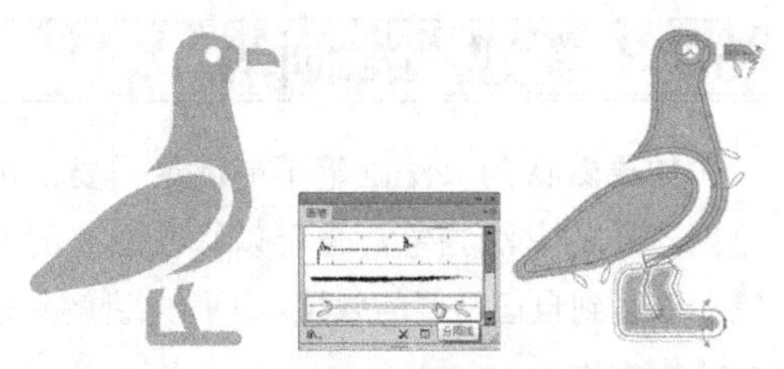

图6.6 应用画笔到路径的操作效果

2. 替换画笔样式

应用过画笔的路径，如果觉得应用的画笔效果并不满意，还可以使用其他的画笔样式来替换当前的画笔样式，这样可以更加方便查看其他画笔样式的应用效果，以选择最适合的画笔样式。

首先选择该图形，然后在【画笔】面板中，打开其他的画笔库，选择需要替换的画笔样式，即可将原来的画笔样式替换。操作效果如图6.7所示。

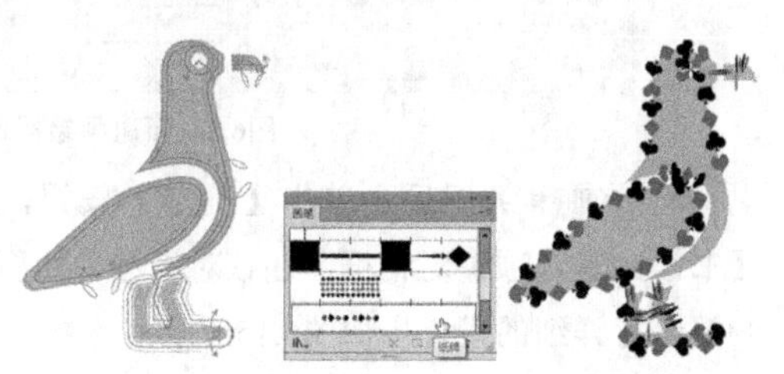

图6.7 替换画笔样式

知识点：恢复画笔样式

路径应用画笔样式后，如果想恢复到画笔描边效果，可以选择图形对象后，单击【画笔】面板下方的【移去画笔描边】按钮，就可将其恢复到正常描边效果。如图6.8所示。

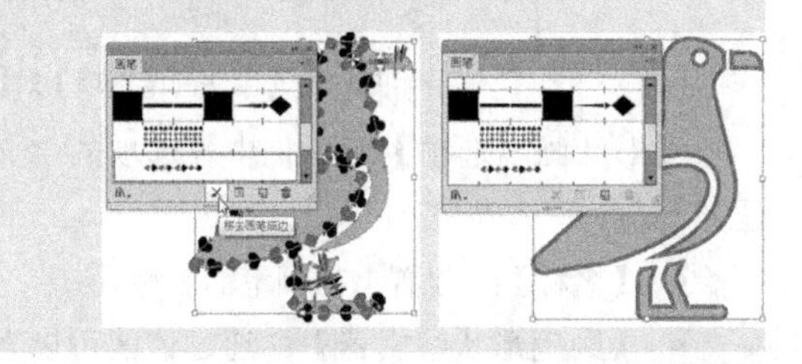

图6.8 恢复画笔样式

6.2 画笔的新建与编辑

Illustrator CS6为用户提供了5种类型的画笔，并提供了相当多的画笔库，但这并不能满足用户的需要，所以系统还提供了画笔的新建功能，用户可以根据自己的需要创建属于自己的画笔库，方便了不同用户的使用。在创建画笔前，首先了解画笔的类型及说明。

6.2.1 画笔类型简介

【画笔】面板提供了丰富的画笔效果，可以利用【画笔】工具来绘制这些图案样式，总体来说，画笔的类型包括书法画笔、散点画笔、毛刷画笔、图案画笔和艺术画笔5种。

1. 书法画笔

书法画笔是这几种画笔中与现实中的画笔最接近的一种画笔，像生活中使用的蘸水笔一样，直接拖动绘制就可以了，而且可以根据绘制的角度产生粗细不同的笔画效果。书法画笔效果如图6.9所示。

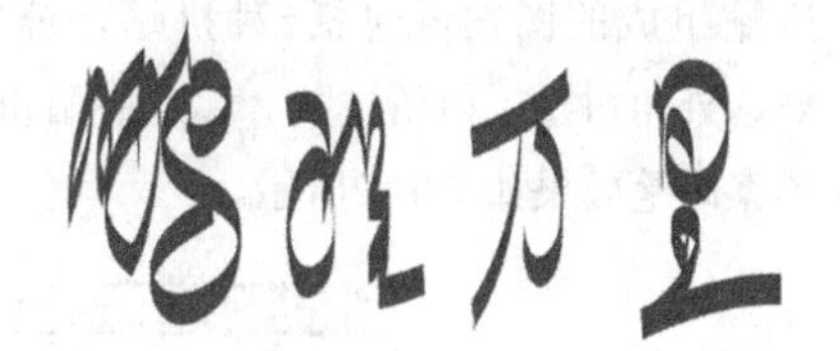

图6.9 书法画笔

2. 散点画笔

该画笔可以将画笔样式沿着路径散布，产生分散分布的效果，而且画笔的样式保持整体效果。选择该画笔后，直接拖动绘制，画笔样式将沿路径自动分布，散点画笔效果如图6.10所示。

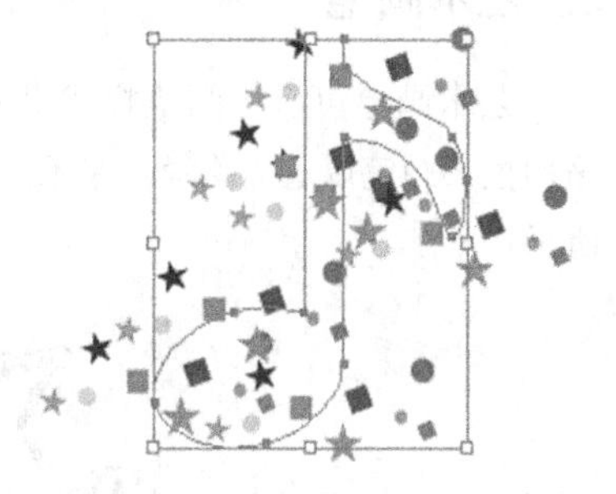

图6.10 散点画笔

3. 毛刷画笔

毛刷画笔可以模拟毛刷画笔的绘图效果，使

用与自然媒体的毛刷笔触相似的矢量进行绘图，控制毛刷特点并进行不透明上色。与艺术画笔有些类似，但毛刷画笔更适合绘画。毛刷画笔效果如图6.11所示。

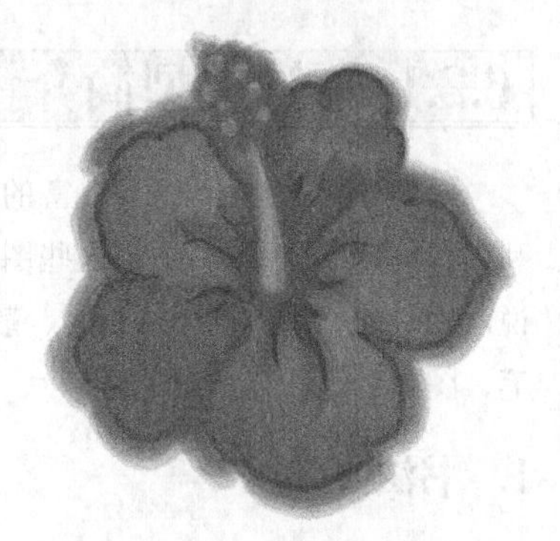

图6.11 毛刷画笔

4. 图案画笔

图案画笔可以沿路径重复绘制出由一个图形拼贴组成的图案，包括5种拼贴，分别是边线拼贴、外角拼贴、内角拼贴、起点拼贴和终点拼贴。图案画笔效果如图6.12所示。

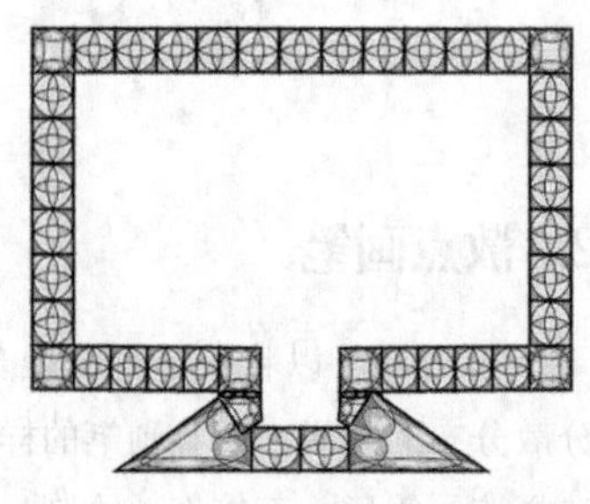

图6.12 图案画笔

5. 艺术画笔

艺术画笔可以将画笔样式沿着路径的长度，平均拉长画笔以适应路径。艺术画笔效果如图6.13所示。

图6.13 艺术画笔

6.2.2 新建书法画笔

如果默认的书法画笔不能满足需要，可以自己创建新的书法画笔，也可以修改原有的书法画笔，以达到自己需要的效果。下面来讲解新建书法画笔的方法。

01 在【画笔】面板中，单击面板底部的【新建画笔】按钮，打开【新建画笔】对话框，在该对话框中，选择【书法画笔】单选框，操作效果如图6.14所示。

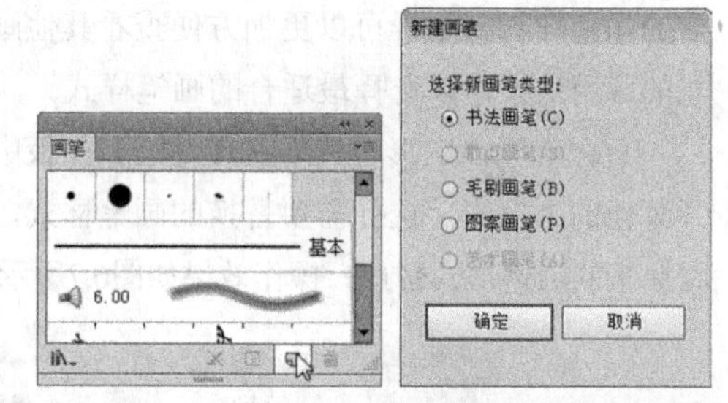

图6.14 新建画笔操作效果

02 选择画笔类型后，单击【确定】按钮，打开【书法画笔选项】对话框，在该对话框中对新建的画笔进行详细的设置，如图6.15所示。

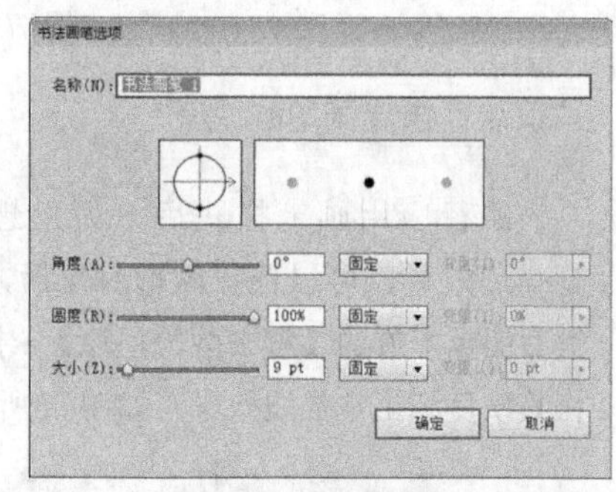

图6.15 【书法画笔选项】对话框

【书法画笔选项】对话框中各选项的含义说明如下。

- 【名称】：设置书法画笔的名称。
- 【画笔形状编辑器】：通过该区可以直观地调整画笔的外观。拖动图中黑色的小圆点，可以修改画笔的圆角度；拖动箭头可以修改画笔的角度，如图6.16所示。

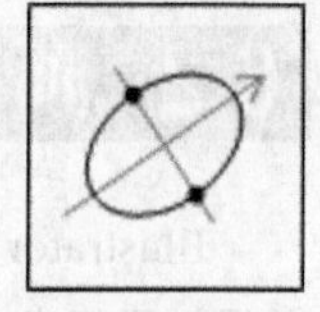

图6.16 画笔形状编辑器

- 【效果预览区】：在这里可以预览书法画笔修改后的应用效果。
- 【角度】：设置画笔旋转椭圆形角度。可以在【画笔形状编辑器】中拖动箭头修改角度，也可以直接在该文本框中输入旋转的数值。
- 【圆度】：设置画笔的圆角度，即长宽比例。可以在【画笔形状编辑器】中拖动黑色的小圆点来修改圆角度，也可以直接在该文本框中输入圆角度。
- 【大小】：设置画笔的大小。可以直接拖动滑块来修改，也可以在文本框中输入要修改的数值。
- 在【角度】、【圆度】和【大小】右侧下拉列表中可以选择希望控制角度、圆度和大小变量的方式。
- 【固定】：如果选择【固定】则会使用相关文本框中的数值作为画笔固定值。即角度、圆角和直径是固定不变的。
- 【随机】：使用指定范围内的数值，随机改变画笔的角度、圆度和直径。选择【随机】时，需要在【变量】文本框中输入数值，指定画笔变化的范围。对每个画笔而言，【随机】所使用的数值可以是画笔特性文本框中的数值加、减变化后所得值之间的任意数值。例：如果【直径】值为20、【变化】值为10，则直径可以是10或30，或是其间的任意数值。
- 【压力】、【光笔轮】、【倾斜】、【方位】和【旋转】：只有在使用数字板时才可使用此选项，使用的数值是由数字笔的压力所决定的。当选择【压力】时，也需要在【变化】文本框中输入数值。【压力】使用画笔特性文本框中的数值，减去“变化”值后所得的数值，当做数字板上最轻的压力；画笔特性文字框中的数值，加上“变化”值后所得的数值则是最重的压力。例：如果【圆度】为75%、【变化】为25%，则最轻的笔画为50%，最重的笔画为100%。压力越轻，则画笔笔触的角度越明显。

03 在【书法画笔选项】对话框中设置好参数后，单击【确定】按钮，即可创建一个新的书法画笔样式，新建的书法画笔样式将自动添加到【画笔】面板中，如图6.17所示。

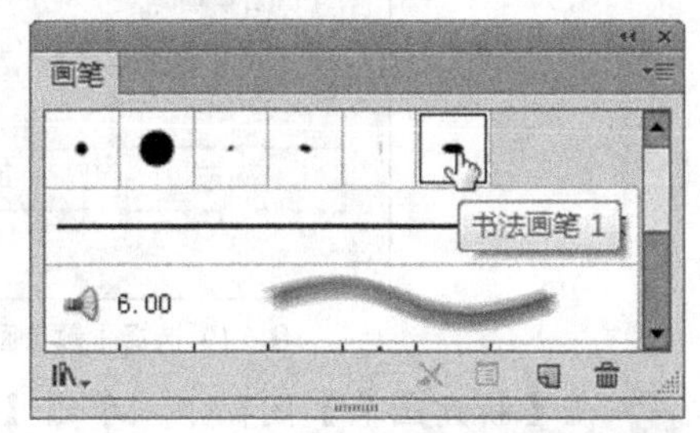

图6.17 新建书法画笔

6.2.3 新建散点画笔

散点画笔的新建与书法画笔有所不同，不能直接单击【画笔】面板下方的【新建画笔】按钮来创建，而需要先选择一个图形对象，然后将该图形对象创建成新的散点画笔。下面通过一个符号图形来讲解新建散点画笔的方法。

01 执行菜单栏中的【窗口】|【符号库】命令，打开【符号】面板，单击【符号】面板中右上角的面板菜单按钮，在弹出的菜单中选择【打开符号库】|【自然】符号面板，在该面板中选择蝴蝶符号，将其拖放到文档中，如图6.18所示。

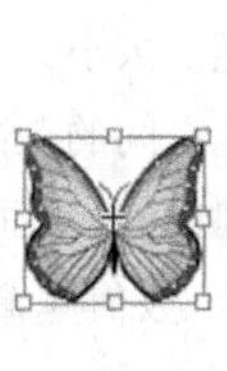
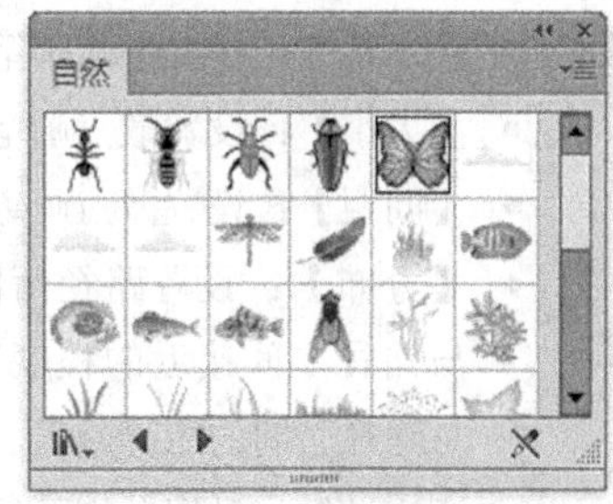

图6.18 拖动符号

02 确认选择蝴蝶符号，单击【画笔】面板底部的【新建画笔】按钮，打开【新建画笔】对话框，在对话框中，选择【散点画笔】单选框，操作效果如图6.19所示。

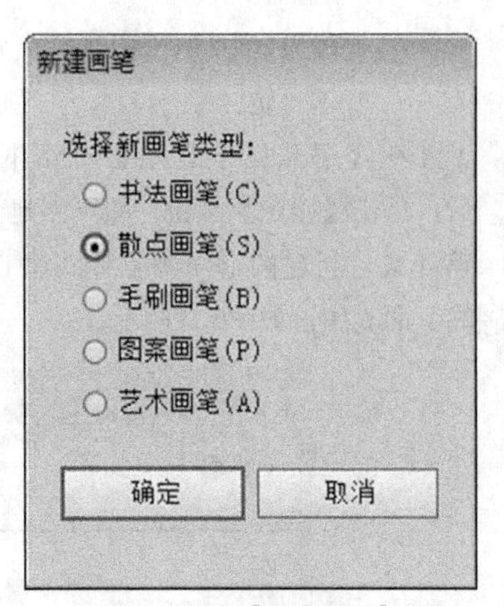

图6.19 选择【散点画笔】单选框

03 在【新建画笔】面板中，单击【确定】按钮，打开图6.20所示的【散点画笔选项】对话框，在对话框中，对散点画笔进行详细的设置。

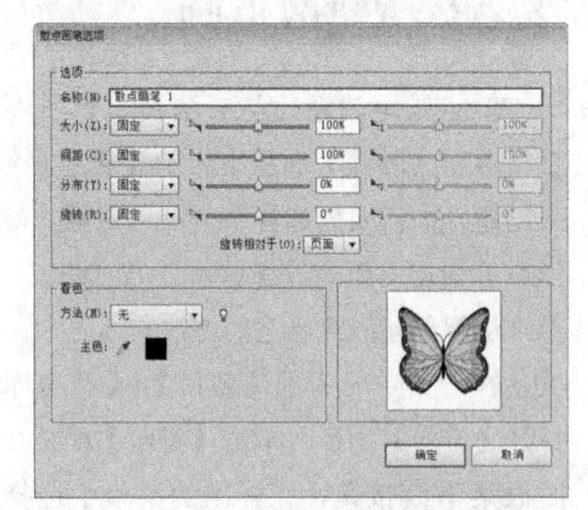

图6.20 【散点画笔选项】对话框

【散点画笔选项】对话框中各选项的含义说明如下。

- 【名称】：设置散点画笔的名称。
- 【大小】：设置散点画笔的大小。
- 【间距】：设置散点画笔之间的距离。
- 【分布】：设置路径两侧的散点画笔对象与路径之间接近的程度。数值越高，对象与路径之间的距离越远。
- 【旋转】：设置散点画笔的旋转角度。
- 【大小】、【间距】、【分布】和【旋转】后的下拉列表中可以选择希望控制大小、间距、分布和旋转变量的方式。
  - 【固定】：如果选择【固定】则会使用相关文本框中的数值作为散点画笔的固定值。即大小、间距、分布和旋转是固定不变的。
  - 【随机】：拖动每个最小值滑块和最大值滑块，或在每个项左边两个文本框中输入相应属性的范围。也可以在右侧的文本框中输入一个数值，对于每一个笔画，随机使用最大值和最小值之间的任意值。例如，当大小的最小值是 10%、最大值是 80% 时，对象的大小可以是 10% 或 80%，或它们之间的任意值。

技巧与提示

按“Shift”键拖动滑块，可以保持两个滑块之间值的范围相同。按“Alt”键拖动滑块，可以使两个滑块移动相同的数值。

- 【旋转相对于】：设置散点画笔旋转时的参照对象。选择【页面】选项，散点画笔的旋转角度是相对于页面的，其中0°指方向垂直于顶部；选择【路径】选项，散点画笔的旋转角度是相对于路径的，其中0°是指路径的切线方向。旋转相对于页面和路径的不同效果，分别如图6.21、图6.22所示。

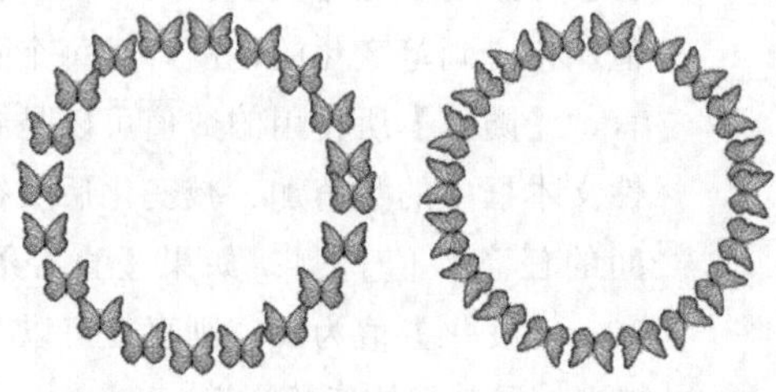

图6.21 相对于页面　　图6.22 相对于路径

- 【着色】：设置散点画笔的着色方式，可以在其下拉列表中选择需要的选项。
  - 【无】：选择该项，散点画笔的颜色将保持原本【画笔】面板中该画笔的颜色。
  - 【色调】：以不同浓淡的笔画颜色显示，散点画笔中的黑色部分变成笔画的颜色，不是黑色的部分变成笔画颜色的淡色，白色保持不变。
  - 【淡色和暗色】：以不同浓淡的画笔颜色来显示。散点画笔中的黑色和白色不变，介于黑白中间的颜色将根据不同灰度级别显示不同浓淡程度的笔画颜色。

- 【色相转换】：在散点画笔中使用主色颜色框中显示的颜色，散点画笔的主色变成画笔笔画颜色，其他颜色变成与笔画颜色相关的颜色，它保持黑色、白色和灰色不变。对使用多种颜色的散点画笔选择【色相转换】。

04 在【散点画笔选项】对话框中设置好参数后，单击【确定】按钮，即可创建一个新的散点画笔样式。新建的散点画笔样式将自动添加到【画笔】面板中，如图6.23所示。

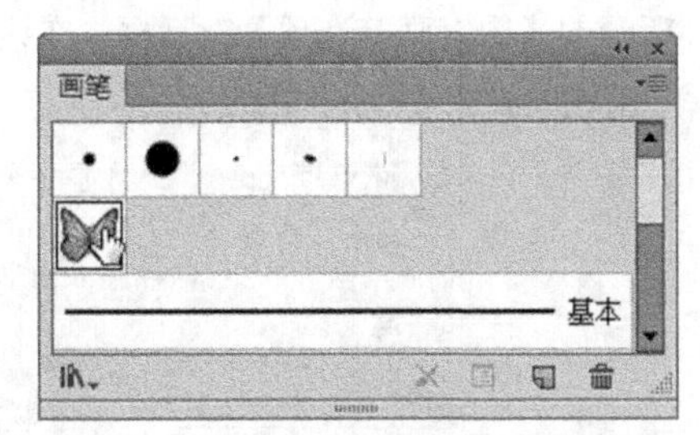

图6.23 新建散点画笔样式

6.2.4 创建毛刷画笔

毛刷画笔因为其特点，它的创建方法和书法画笔非常相似，直接新建即可。

01 在【画笔】面板中，单击面板底部的【新建画笔】按钮，打开【新建画笔】对话框，在对话框中选择【毛刷画笔】单选框。操作效果如图6.24所示。

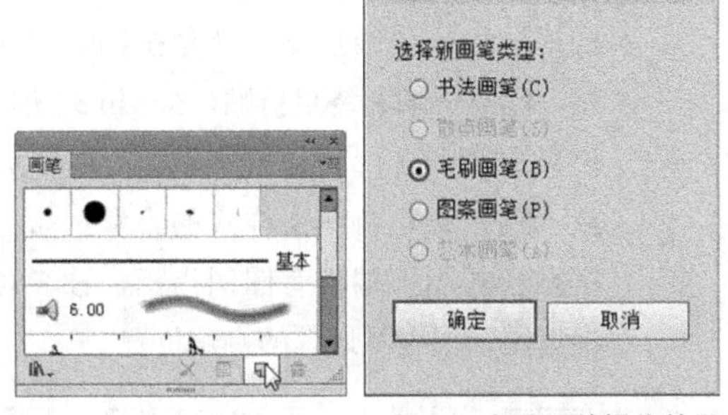

图6.24 新建画笔操作效果

02 选择画笔类型后，单击【确定】按钮，打开【毛刷画笔选项】对话框，在对话框中对新建的画笔进行详细的设置。如图6.25所示。

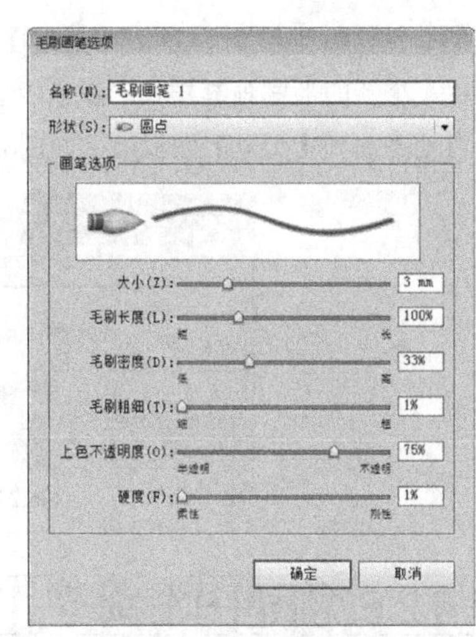

图6.25 【毛刷画笔选项】对话框

【毛刷画笔选项】对话框中各选项的含义说明如下。

- 【名称】：设置毛刷画笔的名称。
- 【形状】：从右侧的下拉菜单中，可以选择毛刷画笔的形状，包括圆点、圆钝形、圆曲线、圆角、团扇、平坦点、钝角、平曲线、平角和扇形10种，如图6.26所示。

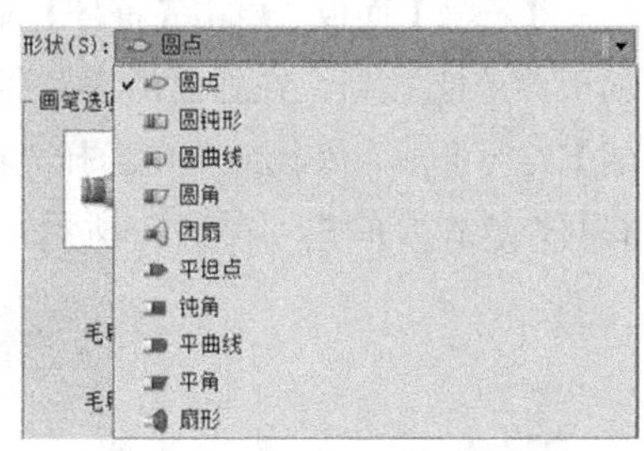

图6.26 毛刷画笔形状

- 【大小】：设置毛刷画笔的笔头大小。
- 【毛刷长度】：设置毛刷画笔的毛刷长度。值越大，绘图时笔触越宽颜色越重。
- 【毛刷密度】：设置毛刷画笔的毛刷浓密程度。值越大，密度越大。
- 【毛刷粗细】：设置毛刷画笔的毛刷粗细。值越大，毛刷越粗。
- 【上色不透明度】：设置毛刷画笔绘画时的颜色的不透明度。值越大，不透明度越高，颜色越深。
- 【硬度】：设置毛刷画笔的毛刷硬度。值越大，绘画的笔触越刚硬，值越小，绘画时的笔触越绵柔。

03 设置好参数后，单击【确定】按钮，即可创建一个新的毛刷画笔样式。新建的毛刷画笔样式将自动添加到【画笔】面板中，如图6.27所示。

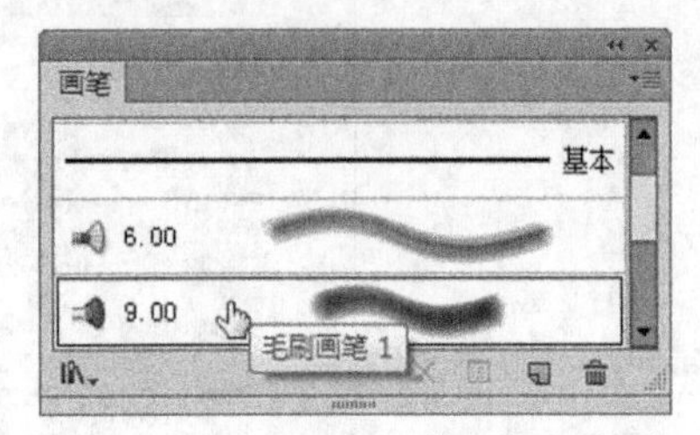

图6.27 新建的毛刷画笔

6.2.5 创建图案画笔

图案画笔的创建有两种方法，可以选择文档中的某个图形对象来创建图案画笔，也可以将某个图形先定义为图案，然后利用该图案来创建图案画笔。前一种方法与前面讲解过的书法和散点画笔的创建方法相同。下面来讲解先定义图案然后创建画笔的方法。

01 执行菜单栏中的【窗口】|【符号库】命令，打开【符号】面板，单击【符号】面板中右上角的面板菜单按钮，在弹出的快捷菜单中选择【自然】符号面板，在该面板中选择“植物1”符号，将其拖放到画布中，如图6.28所示。

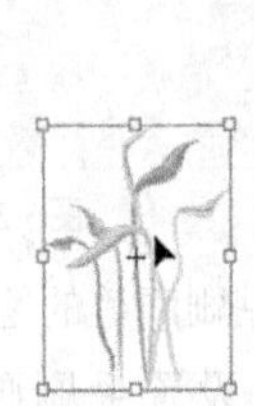

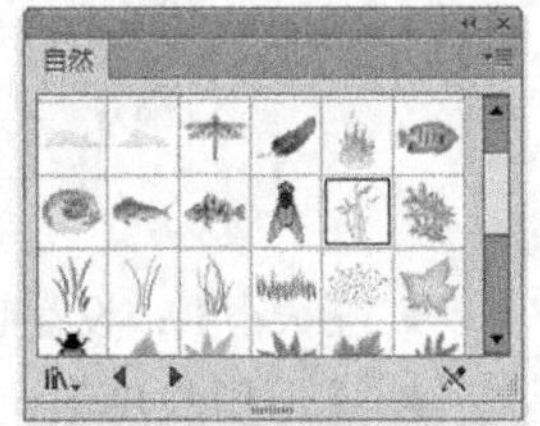

图6.28 拖动符号效果

02 将“植物1”符号直接拖动到色板中，这样就将其转换成了图案，在【色板】面板中，可以看到创建的甲壳虫图案效果，如图6.29所示。

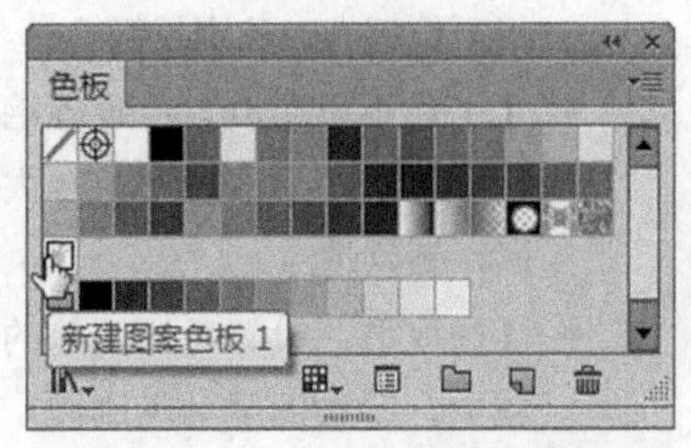

图6.29 创建的图案效果

知识点：关于创建图案画笔的技巧

创建图案画笔时，所有的图形都必须是由简单的开放和封闭路径的矢量图形组成的，画笔图案中不能包含渐层、混合、渐层网格、位图图像、图表、置入文件等，否则系统将弹出一个提示对话框，提示“所选图稿包含不能在图案画笔中使用的元素”。

03 单击【画笔】面板底部的【新建画笔】按钮，打开【新建画笔】对话框，在对话框中选择【图案画笔】单选框，然后单击【确定】按钮，打开图6.30所示的【图案画笔选项】对话框，在该对话框中可以对图案画笔进行详细的设置。

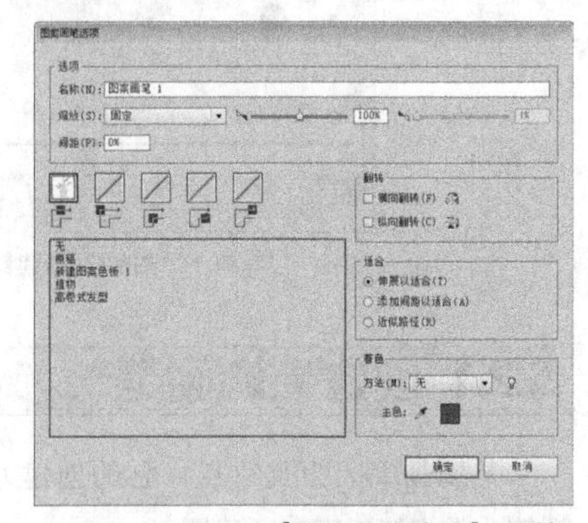

图6.30 【图案画笔选项】对话框

【图案画笔选项】对话框中的选项与前面讲解过的书法和散点画笔有很多相同之处，这里不再赘述，详情可参考前面的讲解，这里将不相同部分的含义说明如下。

- 【拼贴选项】：这里显示了5种图形的拼贴样式，包括边线拼贴、外角拼贴、内角拼贴、起点拼贴和终点拼贴，如图6.31所示。拼贴是对路径、路径的转角、路径起始点、路径终止点图案样式的设置，每一种拼贴样式图下端都有图例指示，读者可以根据图示很容易地理解拼贴位置。

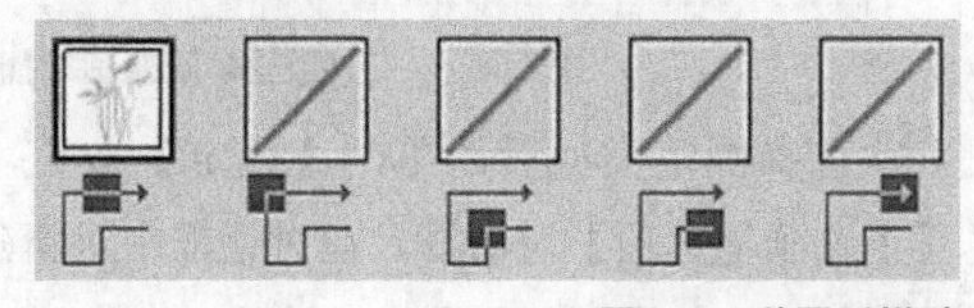

图6.31 5种图形拼贴

- 【拼贴图案框】：显示所有用来拼贴的图

案名称，在【拼贴选项】中单击某个拼贴，在下面的拼贴图案框中就可以选择图案样式了。若用户不想设置某个拼贴样式可以选择【无】选项；若用户想恢复原来的某个拼贴样式可以选择【原稿】选项。这些拼贴图案框中的图案样式实际上是【色板】面板中的图案，所以可以通过编辑【色板】面板中的图案来增加拼贴图案。

- 【缩放】：设置图案的大小和间距。在【缩放】文本框中输入数值，可以设置各拼贴图案样式的总体大小。
- 【间距】：在【间距】文本框中输入数值，可以设置每个图案之间的间隔。
- 【翻转】：指定图案的翻转方向。可以在选项中勾选【横向翻转】复选框，表示图案沿垂直轴向翻转；勾选【纵向翻转】复选框，表示图案沿水平轴向翻转。
- 【适合】：设置图案与路径的关系。勾选【伸展以适合】单选框，可以伸长或缩短图案拼贴样式以适应路径，这样可能会产生图案变形；勾选【添加间距以适合】单选框，将以添加图案拼贴间距的方式使图案适合路径；勾选【近似路径】单选框，在不改变拼贴样式的情况下，将拼贴样式排列成最接近路径的形式，为了保持图案样式不变形，图案将应用于路径的里边或外边一点。
- 【着色】：对图案上色。在【方法】下拉列表中设置有“无、色调、单色和暗色、色相转换”4种上色方法。【主色】设置颜色。

04 在【图案画笔选项】对话框中，设置好相关的参数后，单击【确定】按钮，即可创建一个图案画笔，新创建的图案画笔将显示在【画笔】面板中，如图6.32所示。

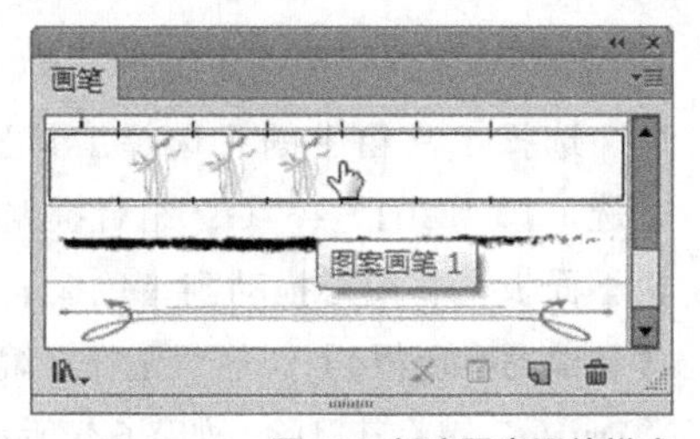

图6.32 新建图案画笔样式

技巧与提示

散点画笔和图案画笔有时可以做出相同的效果，但它们的用法是不同的，图案画笔只能沿路径分布，不能偏离路径，而散点画笔则可以偏离路径，并且可以分散地分布在路径以外的其他位置。

6.2.6 课堂案例——制作祥云背景

案例位置　案例文件\第6章\制作祥云背景.ai
视频位置　多媒体教学\6.2.6.avi
实用指数　★★★★★

本例主要讲解利用【定义图案】制作祥云背景。最终效果如图6.33所示。

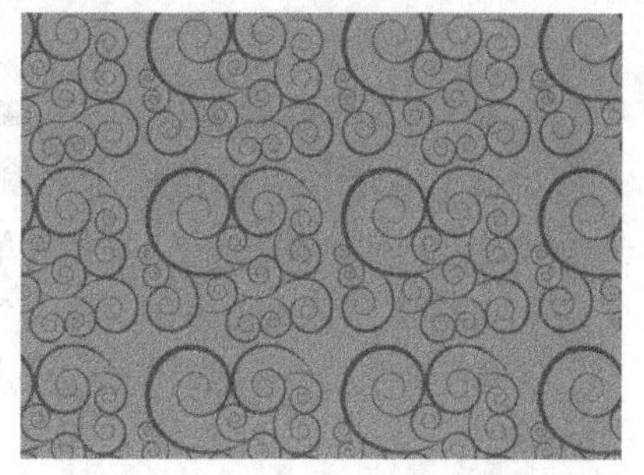

图6.33 最终效果

01 选择工具箱中的【螺旋线工具】，在绘图区的适当位置按住鼠标左键确定螺旋线的中心点，并向外拖动，当达到满意的位置时释放鼠标左键即可绘制一条螺旋线，如图6.34所示。

02 将其描边设置为深绿色（C：89；M：49；Y：99；K：14），粗细为1pt，如图6.35所示。

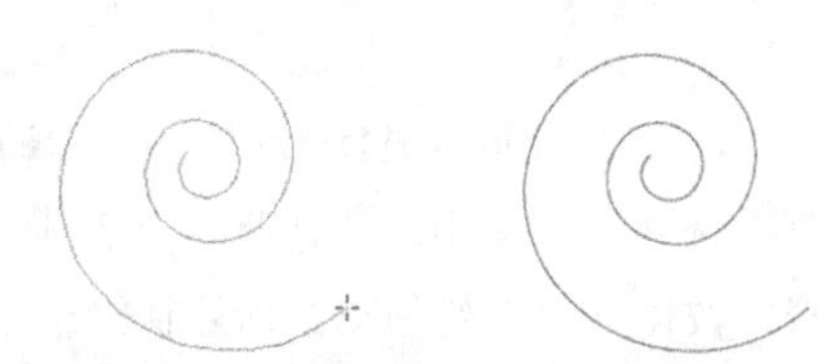

图6.34 绘制螺旋线　　图6.35 将其描边

03 选择工具箱中的【直接选择工具】，选择螺旋线内侧的1个锚点，然后按“Delete”键将其删除，如图6.36所示。

04 选择工具箱中的【选择工具】，选择螺旋线，按“Ctrl”+“C”组合键将螺旋线复制，如图6.37所示。

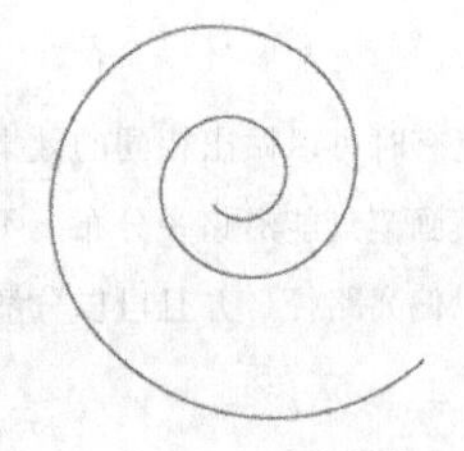
图6.36 删除锚点

图6.37 复制螺旋线

05 按“Ctrl”+“F”组合键，将复制的螺旋线粘贴在原螺旋线的前面，如图6.38所示。

06 将螺旋线放大、旋转再调整锚点，使两条螺旋线的起点与终点相交，如图6.39所示。

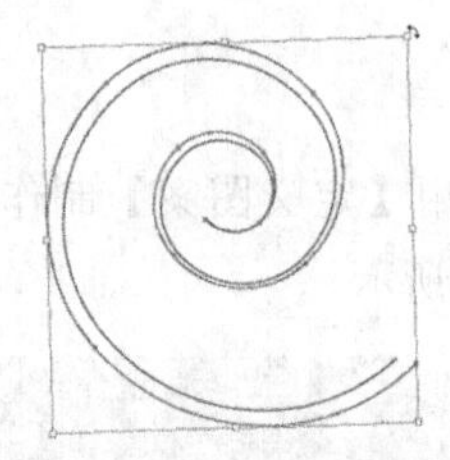
图6.38 变换螺旋线位置

图6.39 调整锚点

07 选择工具箱中的【直接选择工具】，选择两条螺旋线内侧的两个锚点，执行菜单栏中的【对象】|【路径】|【连接】命令，将两个锚点进行连接；外侧的两个点也使用同样的方法进行连接，如图6.40所示。

08 选择已连接好的螺旋形，将其填充为深绿色（C：89；M：49；Y：99；K：14），描边为无，如图6.41所示。

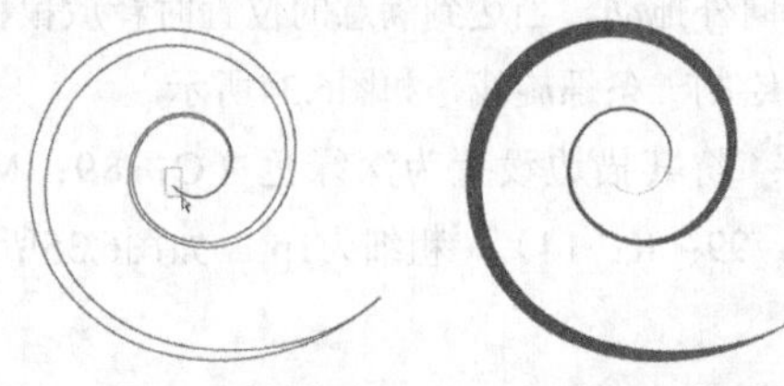
图6.40 选择锚点　　图6.41 填充颜色

09 选择工具箱中的【选择工具】，选择螺旋形，按住“Alt”键拖动鼠标复制1个，按住“Alt”键的同时再按住“Shift”键等比例缩小图形，然后将图形移动到大图形的右下角，如图6.42所示。

10 选择工具箱中的【选择工具】，选择螺旋形，用同样的方法将其复制并缩小，如图6.43所示。

图6.42 移动螺旋形　　图6.43 复制并缩小图形

11 将其移动到大图形的右下角，单击鼠标右键，从快捷菜单中选择【变换】|【对称】命令，选中【垂直】单选按钮，将图形垂直镜像，如图6.44所示。

图6.44 将图形垂直镜像

12 将图形复制1个并放大，摆放在合适的位置，使用【对称】命令，选中【水平】单选按钮，将图形水平镜像，再将其旋转并缩小，利用同样的方法复制多个图形，并摆放在原图形的周围，如图6.45所示。

图6.45 多次复制图形

13 选择工具箱中的【选择工具】，将图形全选，按“Ctrl”+“G”组合键编组，打开【色板】面板，将图形拖动到【色板】面板里，生成【新建图案色板4】。然后选择已编组的图形，按“Delete”键将其删除，如图6.46所示。

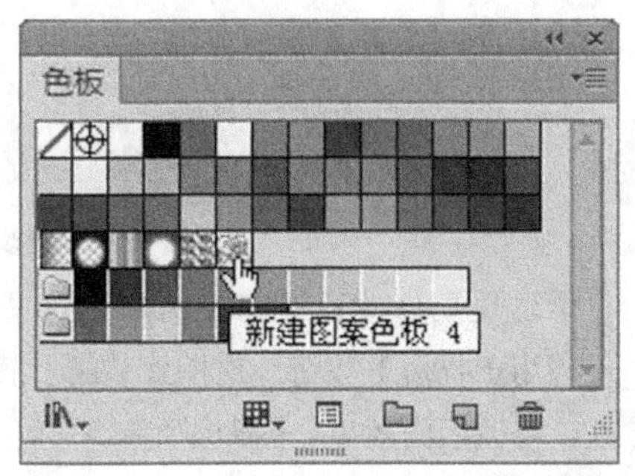

图6.46 生成图案色板

⑭ 选择工具箱中的【矩形工具】，在绘图区单击，弹出【矩形】对话框，设置矩形的参数，【宽度】为155mm，【高度】为110mm，然后将其填充为黄绿色（C：51；M：24；Y：97；K：0），如图6.47所示。

⑮ 选择背景矩形按“Ctrl”+“C”组合键，将矩形复制；按“Ctrl”+“F”组合键，将复制的矩形粘贴在原图形的前面，如图6.48所示。

图6.47 填充颜色

图6.48 复制矩形

⑯ 选择矩形单击【色板】面板中的【新建图案色板4】，图案将自动铺满整个矩形，最终效果如图6.49所示。

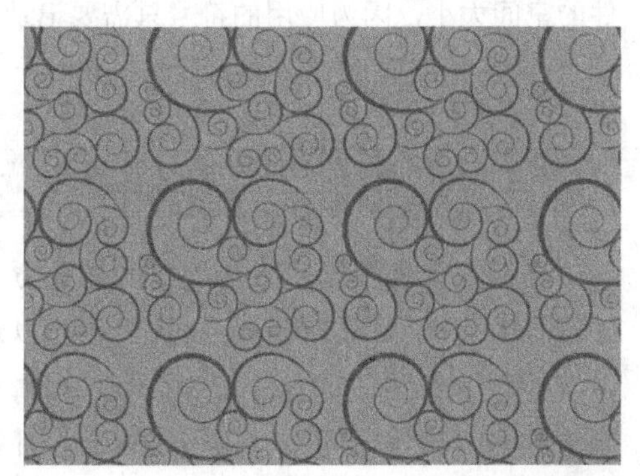

图6.49 最终效果

6.2.7 创建艺术画笔

艺术画笔的创建与其他画笔的创建方法相似，选择一个图形对象后，单击【画笔】面板底部的【新建画笔】按钮，打开【新建画笔】对话框，在对话框中，选择【艺术画笔】单选框，然后单击【确定】按钮，打开图6.50所示的【艺术画笔选项】对话框，在该对话框中可以对艺术画笔进行详细的设置。

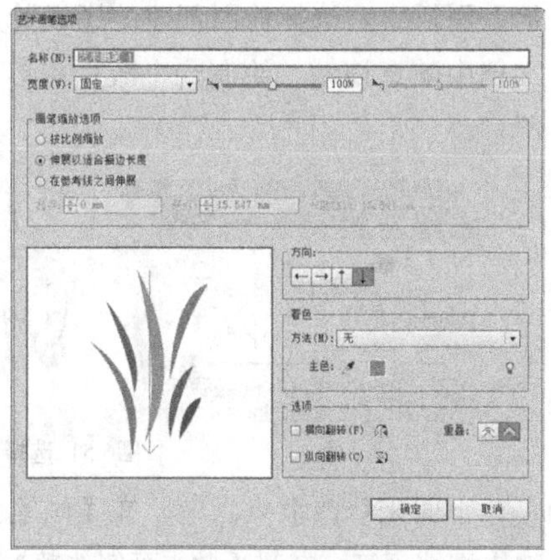

图6.50 【艺术画笔选项】对话框

【艺术画笔选项】对话框中的选项与前面讲解过的书法、散点和图案画笔有很多相同点，这里不再赘述，详情可参考前面的讲解，这里将不同部分的含义说明如下。

- 【方向】：设置绘制图形的方向显示。可以单击右侧的4个方向按钮来调整，同时在预览框中有一个蓝色的箭头图标，显示艺术画笔的方向效果。
- 【宽度】：设置艺术画笔样式的宽度。可以在右侧的文本框中输入新的数值来修改。如果勾选【按比例缩放】复选框，则设置的宽度值将等比缩放艺术画笔样式。

技巧与提示

艺术画笔可以将画笔样式沿着路径的长度伸展，平均拉长画笔以适应路径。

6.2.8 编辑画笔

使用画笔绘制图形后，如果对绘制的效果不满意，还可以对画笔的参数进行重新修改，以改变现有画笔的属性。

画笔可以在使用前修改，也可以在使用后进

行修改，修改的画笔参数将影响绘制的图形效果。因为这4种画笔的参数已经详细讲解过，它们的修改方法是相同的，所以这里以散点画笔为例，讲解画笔修改属性的方法。

01 在工具箱中选择【画笔工具】，在【画笔】面板中，选择前面创建的蝴蝶散点画笔，在文档中随意拖动，绘制一个散点图形，如图6.51所示。

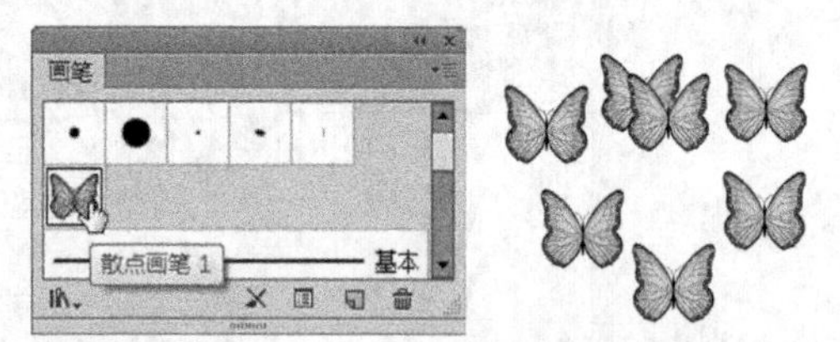

图6.51 选择画笔绘制图形

02 下面来修改散点画笔。在【画笔】面板中，双击蝴蝶画笔，打开【散点画笔选项】对话框，设置【大小】的值为40%，【间距】的值为30%，如图6.52所示。

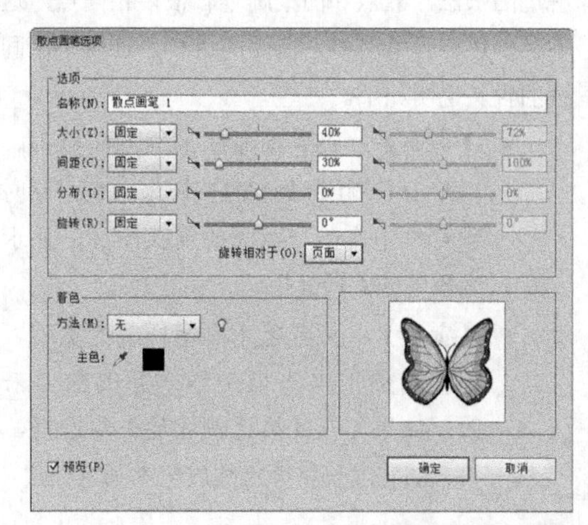

图6.52 【散点画笔选项】对话框

03 设置好参数后，单击【确定】按钮，将弹出图6.53所示的画笔更改警告对话框，在该对话框中可以设置正在使用的画笔是否更改。如果单击【应用于描边】按钮，将改变已经存在的应用该画笔的图形，而且画笔属性也将同时改变，再绘制的画笔效果将保持修改后的效果；如果单击【保留描边】按钮，则保留已经存在的图案画笔样式，只将修改后的画笔应用于新的图案画笔中；单击【取消】按钮将取消画笔的修改。

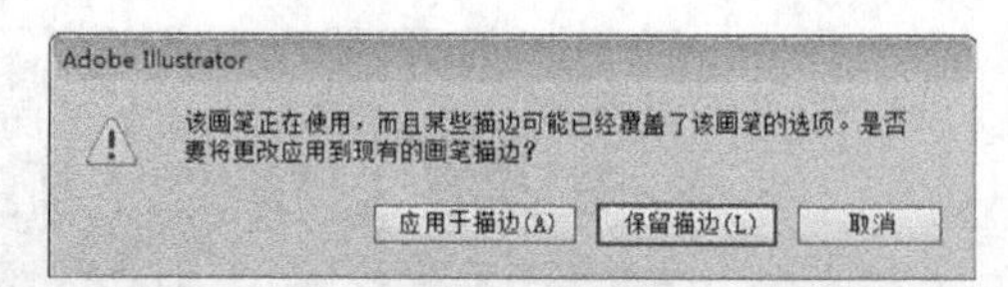

图6.53 【画笔更改警告】对话框

04 这里要修改已经存在的画笔效果，所以单击【应用于描边】按钮，这样就完成了散点画笔的修改，修改后的效果如图6.54所示。

图6.54 修改后的散点画笔效果

6.3 符号艺术

符号是Illustrator CS6的又一大特色，符号具有很大的方便性和灵活性，它不但可以快速创建很多相同的图形对象，还可以利用相关的符号工具对这些对象进行相应的编辑，比如移动、缩放、旋转、着色和使用样式等。符号的使用还可以大大节省文件的空间大小，因为应用的符号只需要记录其中的一个符号即可。

6.3.1 使用【符号】面板

【符号】面板是用来放置符号的地方，使用【符号】面板可以管理符号文件，也可以进行新建符号、重新定义符号、复制符号、编辑符号和删除符号等操作。同时，还可以通过打开符号库调用更多的符号。

本节重点知识概述

工具/命令名称	作用	快捷键	重要程度
【符号】面板	打开或关闭【符号】面板	Shift + Ctrl + F11	中

执行菜单栏中的【窗口】|【符号】命令，打开图6.55所示的【符号】面板，在【符号】面板中，可以通过单击来选择相应的符号。按住“Shift”键可以选择多个连续的符号；按住“Ctrl”键可以选择多个不连续的符号。

技巧与提示

按“Shift”+“Ctrl”+“F11”组合键，可以快速打开【符号】面板。

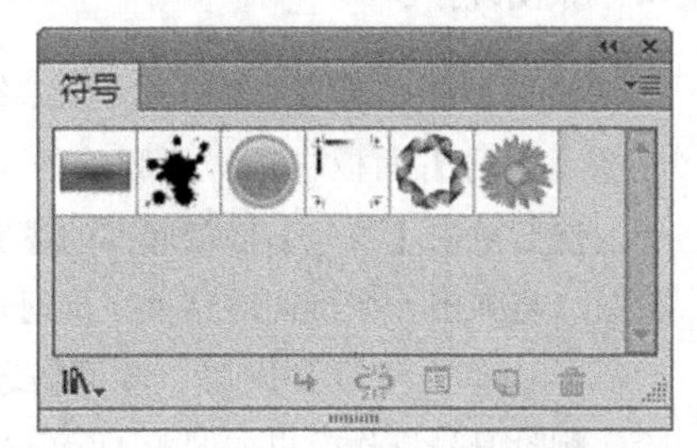

图6.55 【符号】面板

1. 打开符号库

Illustrator CS6为用户提供了默认的符号库，要打开符号库可以通过三种方法来实现，具体的操作方法如下。

- 方法1：执行菜单栏中的【窗口】|【符号库】命令，然后在其子菜单中选择所需要打开的符号库即可。
- 方法2：单击【符号】面板右上角的按钮，打开【符号】面板菜单，从菜单命令中选择【打开符号库】命令，然后在其子菜单中，选择需要打开的符号库即可。
- 方法3：单击【符号】面板左下方的【符号库菜单】按钮，在弹出的菜单中选择需要打开的符号库即可。

2. 放置符号

所谓放置符号就是将符号导入到文档中应用，放置符号可以使用三种方法来操作，具体使用如下。

- 方法1：菜单法。在【符号】面板中，单击选择一个要放置到文档中的符号，然后在【符号】面板菜单中，选择【放置符号实例】命令，即可将选择的符号导入到当前文档中。操作效果如图6.56所示。

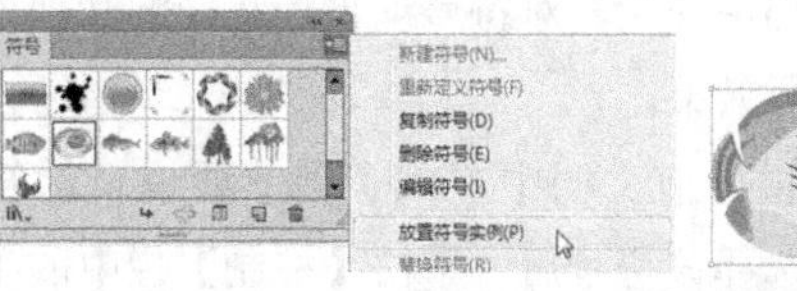

图6.56 菜单法放置符号操作

- 方法2：按钮法。在【符号】面板中，单击选择一个要放置到文档中的符号，单击【符号】面板底部的【置入符号实例】按钮，将符号实例置入到文档中。操作效果如图6.57所示。

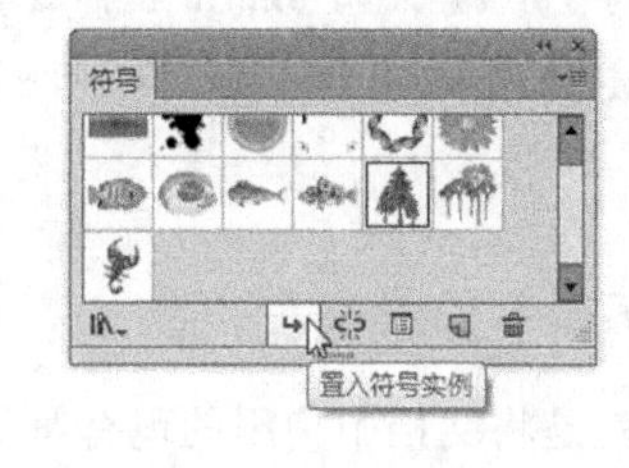

图6.57 按钮法放置符号操作

- 方法3：拖动法。在【符号】面板中，选择要放置的符号对象，然后将其直接拖动到文档中，当光标变成状时，释放鼠标即可将符号放置到文档中。操作效果如图6.58所示。

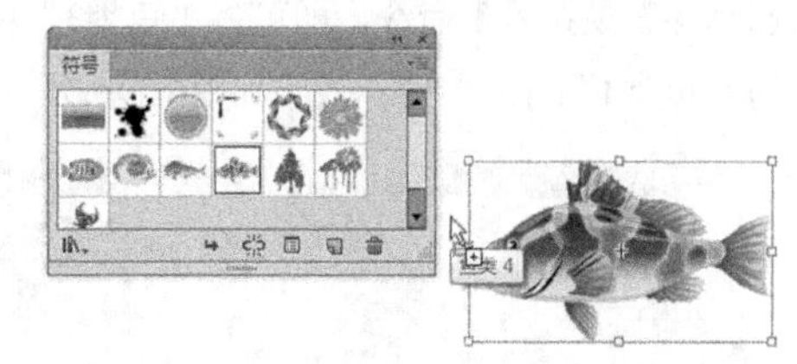

图6.58 拖动法放置符号操作

技巧与提示

不管使用的是菜单法还是拖动法，每次操作只能导入一个符号对象。如果想导入更多的符号对象，重复这两种操作方法的其中任意一种方法即可。

3. 编辑符号

Illustrator CS6还可以对现有的符号进行编辑处理，在【符号】面板中，选择要编辑的符号，执行【符号】菜单中的【编辑符号】命令，将打开符号编辑窗口，并在文档的中心位置显示当前符号，可以像编辑其他图形对象一样，对符号进行编辑处理，如缩放、旋转、填色和变形等。如果该符号已经在文档中使用，对符号编辑后将影响其他前面使用的符号效果。

如果当前文档中置入了当前要编辑的符号，也可以选择该符号后，单击【控制】栏中的【编辑符号】按钮，或直接在文档中双击该符号，都可以打开符号编辑窗口进行符号的修改。

技巧与提示

如果文档中有多个符号，而其中的某些符号不想随符号的修改而变化，可以选择这些符号，然后选择【符号】菜单中的【断开符号链接】命令，或单击【符号】面板底部的【断开符号链接】按钮，将其与原符号断开链接关系即可。

4. 替换符号

替换符号就是将文档中使用的现有符号用其他符号来代替，比如文档中的符号为“鱼类3”，现在要将其替换为“鱼类4”符号。

首先在文档中选择要替换的符号，比如这里选择“鱼类3”符号，然后在【符号】面板中单击选择要替换的“鱼类4”符号，再从【符号】面板菜单中选择【替换符号】命令，即可将“鱼类3”符号替换为“鱼类4”符号。操作效果如图6.59所示。

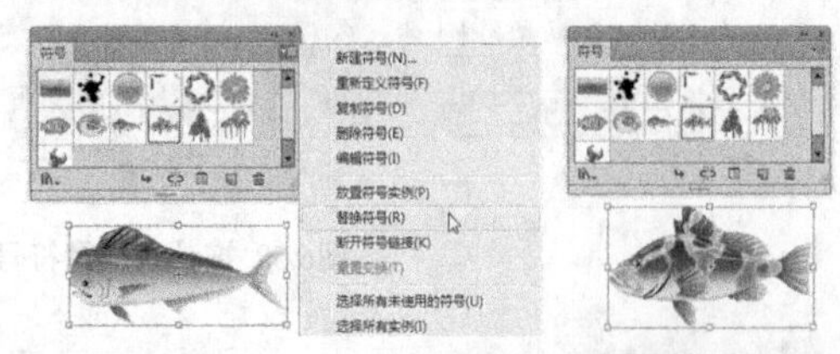

图6.59 替换符号操作效果

5. 查看符号

【符号】面板中的符号可以以不同的视图进行查看，方便不同的操作需要。要查看符号，可以从【符号】面板菜单中，分别选择【缩览图视图】、【小列表视图】和【大列表视图】命令，三种不同的视图效果如图6.60所示。

缩览图视图　　小列表视图　　大列表视图

图6.60 3种不同的视图效果

6. 删除符号

如果不想保留某些符号，可以将其删除。首先在【符号】面板中选择要删除的一个或多个符号，然后单击【符号】面板底部的【删除符号】按钮，将弹出一个询问对话框，询问是否删除选定的符号，单击【是】按钮，即可将选定的符号删除。删除符号操作效果如图6.61所示。

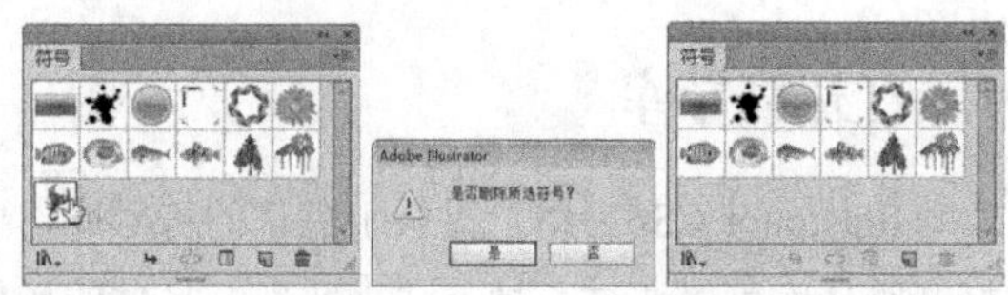

图6.61 删除符号操作效果

技巧与提示

如果在删除符号时，不想弹出对话框，可以将要删除的符号直接拖动到【删除符号】按钮上释放鼠标即可。

6.3.2 新建符号

符号的创建不同于画笔的创建，它不受图形对象的限制，可以说所有的矢量和位图对象都可以用来创建新符号。但不能使用链接的图形或Illustrator CS6的图表对象。新建符号的操作方法相当简单，下面讲解新建符号的操作方法。

01 选择要创建符号的图形，然后在【符号】面板中，单击面板底部的【新建符号】按钮，如图6.62所示。

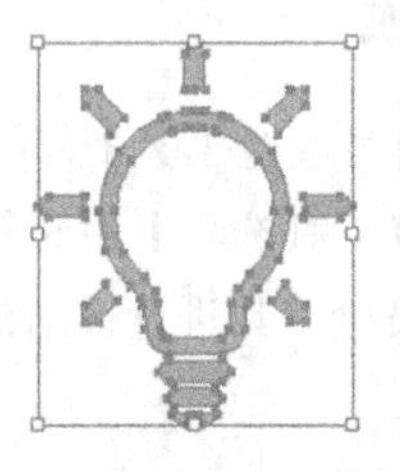

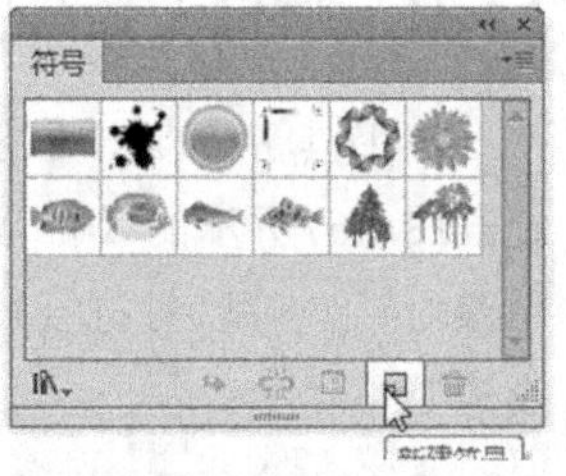

图6.62 选择图形并单击【新建符号】按钮

02 单击面板底部的【新建符号】按钮后，将打开图6.63所示的【符号选项】对话框，对新建的符号进行详细的设置。

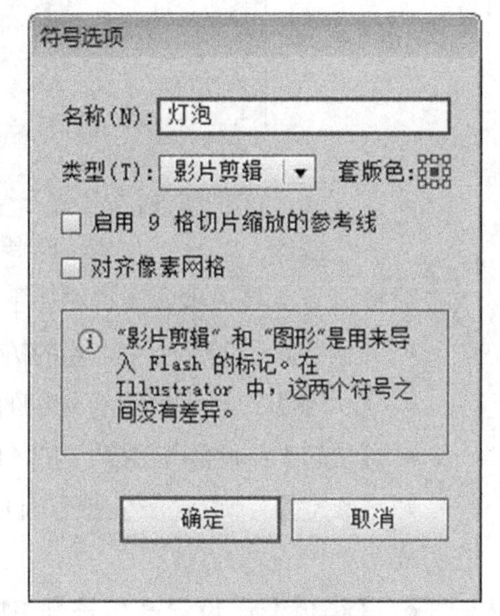

图6.63 【符号选项】对话框

【符号选项】对话框中各选项的含义说明如下。

- 【名称】：设置符号的名称。
- 【类型】：选择符号的类型。可以在符号输出到Flash后将符号设置为【图形】或【影片剪辑】。
- 【启用9格切片缩放的参考线】：只有在选择【影片剪辑】单选框时，此项才可以应用。勾选该复选框，当符号输出到Flash中时可以使用9格切片缩放功能。
- 【对齐像素网格】：若要创建像素对齐符号，请选择【符号选项】对话框中的"对齐像素网格"选项。对齐像素网格的符号将在画板的所有位置以其实际大小保留对齐像素网格。

03 设置好参数后，单击【确定】按钮，即可创建一个新的符号，在【符号】面板中，可以看到这个新创建的符号，效果如图6.64所示。

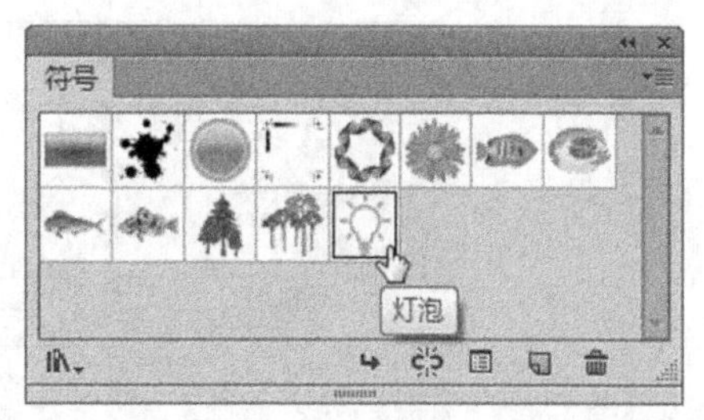

图6.64 新建符号效果

技巧与提示

选择要创建符号的图形后，可以在【符号】面板菜单中，选择【新建符号】命令，或直接拖动该图形到【符号】面板中，都可以新建符号。

6.4 使用符号工具

本节重点知识概述

工具/命令名称	作用	快捷键	重要程度
【符号喷枪工具】	喷出的是一系列的符号对象	Shift + S	中
【图形样式】面板	打开/关闭【图形样式】面板	Shift +F5	中

符号工具总共有8种，分别为【符号喷枪工具】、【符号移位器工具】、【符号紧缩器工具】、【符号缩放器工具】、【符号旋转器工具】、【符号着色器工具】、【符号滤色器工具】和【符号样式器工具】，符号工具栏如图6.65所示。

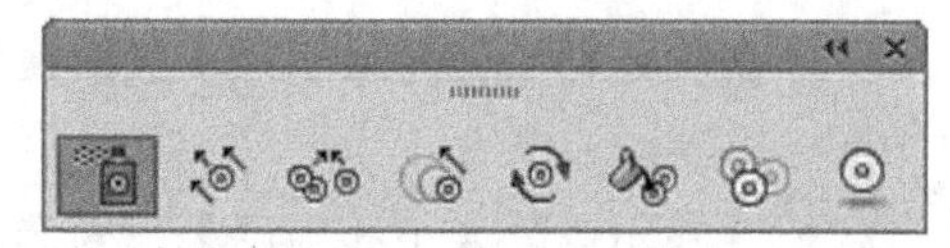

图6.65 符号工具栏

6.4.1 符号工具的相同选项

在这8种符号工具中，有5个选项命令是相同的，为了后面不重复介绍这些命令，在此先将相同的选项命令介绍一下。在工具箱中双击任意一个符号工具，打开符号工具选项对话框，比如双击【符号喷枪工具】，打开图6.66所示的【符号工具选项】对话框，对符号工具相同的选项进行详细介绍。

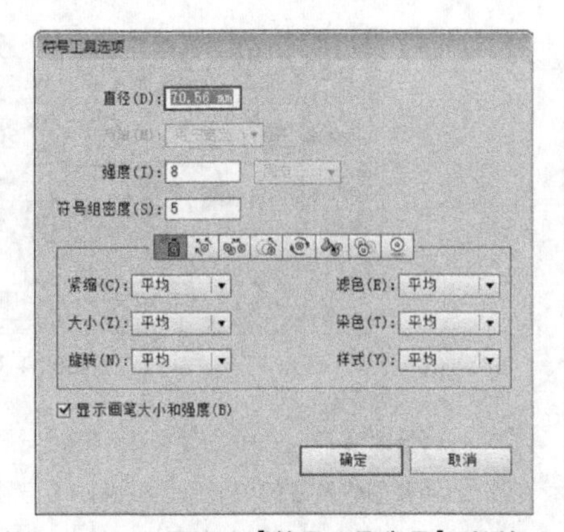

图6.66 【符号工具选项】对话框

相同符号工具选项含义说明如下。

- 【直径】：设置符号工具的笔触大小。也可以在选择符号工具后，按“]”键增加笔触的大小；按“[”键减小笔触的大小。
- 【方法】：选择符号的编辑方法。有3个选项供选择，【平均】、【用户定义】和【随机】，一般常用【用户定义】选项。
- 【强度】：设置符号变化的速度，值越大表示变化的速度越快。也可以在选择符号工具后，按“Shift”+“]”或“Shift”+“[”组合键增加或减少强度，每按一下增加或减少1个强度单位。
- 【符号组密度】：设置符号的密集度，它会影响整个符号组。值越大，符号越密集。
- 【工具区】：显示当前使用的工具，当前工具处于按下状态。可以单击其他工具来切换不同工具并显示该工具的属性设置选项。
- 【显示画笔大小和强度】：勾选该复选框，在使用符号工具时，可以直观地看到符号工具的大小和强度。

6.4.2 符号喷枪工具

【符号喷枪工具】像生活中的喷枪一样，只是喷出的是一系列的符号对象，利用该工具在文档中单击或随意地拖动，可以将符号应用到文档中。

1. 符号喷枪工具选项

在工具箱中双击【符号喷枪工具】，可以打开图6.67所示的【符号工具选项】对话框，利用该对话框可以对符号喷枪工具进行详细的属性设置。

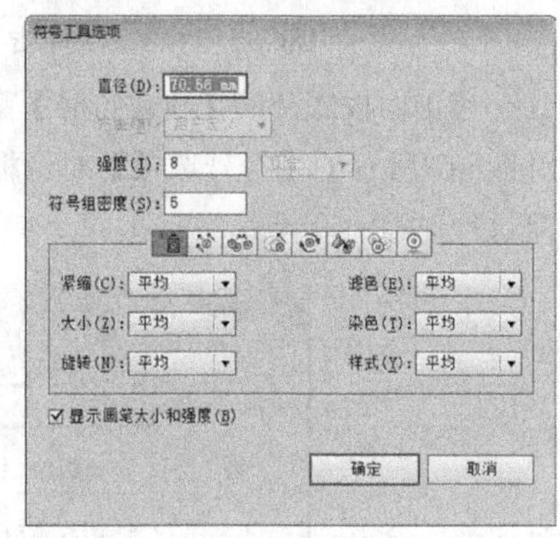

图6.67 喷枪符号工具选项

喷枪符号工具选项含义说明如下。

- 【紧缩】：设置产生符号组的初始收缩方法。
- 【大小】：设置产生符号组的初始大小。
- 【旋转】：设置产生符号组的初始旋转方向。
- 【滤色】：设置产生符号组使用100%的不透明度。
- 【染色】：设置产生符号组时使用当前的填充颜色。
- 【样式】：设置产生符号组时使用当前选定的样式。

2. 使用符号喷枪工具

在使用符号喷枪工具前，首先选择要使用的符号。执行菜单栏中的【窗口】|【符号库】|【自然】命令，打开符号库中的【自然】面板，选择“羽毛”符号，然后在工具箱中单击选择【符号喷枪工具】，在文档中按住鼠标随意拖动，拖动时可以看到符号的轮廓效果，拖动完成后释放鼠标即可产生很多的符号效果。操作效果如图6.68所示。

图6.68 符号喷枪创建符号操作效果

技巧与提示

在使用【符号喷枪工具】拖动绘制符号时，符号产生的数量、符号组的密度是根据拖动时的快慢和按住鼠标不动的时间长短而定的。一般来说，拖动的越慢产生的符号数量就越多；按住鼠标不动的时间越久，产生的符号组的密度就越大。其他的符号工具在应用时也跟鼠标拖动时的快慢和按住鼠标不动的时间长短有关，在操作中要特别注意。

3. 添加符号到符号组

利用【符号喷枪工具】可以在原符号组中添加其他不同类型的符号，以创建混合的符号组。

首先选择要添加其他符号的符号组，然后在符号面板中选择其他的符号，比如这里在【自然】面板中，选择“植物2”符号，然后使用【符号喷枪工具】在选择的原符号组中拖动，可以看到拖动时新符号的轮廓显示，达到满意的效果时释放鼠标，即可添加符号到符号组中。操作效果如图6.69所示。

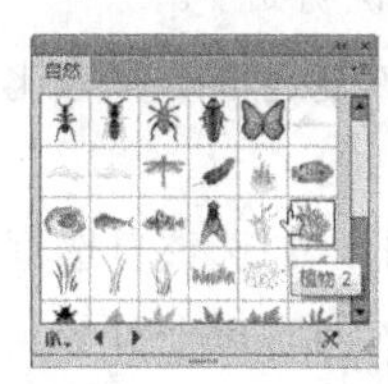

图6.69 添加符号到符号组操作效果

知识点：关于修改绘制符号

如果想删除新添加的符号或符号组，可以使用【符号喷枪工具】在按住“Alt”键的同时在新符号上单击或拖动，即可删除新添加的符号或符号组，如图6.70所示。要特别注意的是，该删除方法只能删除最后一次添加的符号或符号组，而不能删除前几次创建的符号或符号组。

图6.70 修改绘制符号

6.4.3 符号移位器工具

【符号移位器工具】主要用来移动文档中符号组中的符号实例，它还可以改变符号组中符号的前后顺序。因为【符号移位器工具】没有相应的参数修改，这里不再讲解符号工具选项。

1. 移动符号位置

要移动符号位置，首先要选择该符号组，然后使用【符号移位器工具】，将光标移动到要移动的符号上面，按住鼠标拖动，在拖动时可以看到符号移动的轮廓效果，达到满意的效果时释放鼠标，即可移动符号的位置。移动符号位置操作效果如图6.71所示。

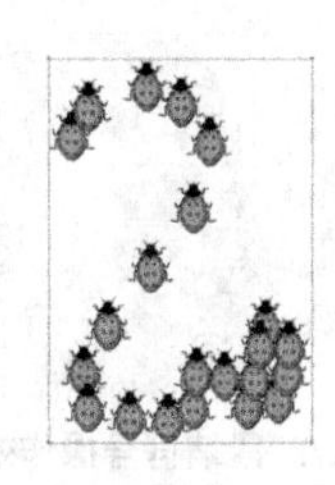
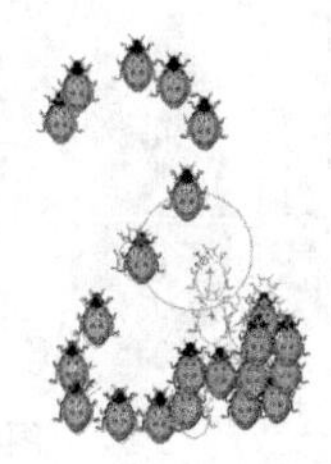
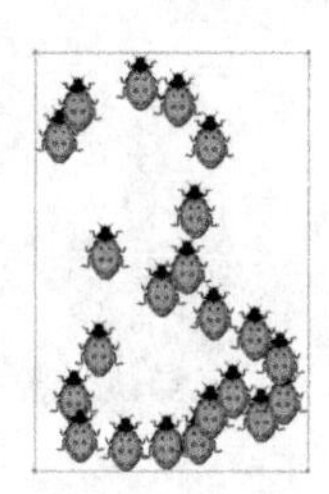

图6.71 移动符号位置操作效果

2. 修改符号的顺序

要修改符号的顺序，首先也要选择一个符号实例或符号组，然后使用【符号移位器工具】在要修改位置的符号实例上，按住“Shift”+“Alt”组合键将该符号实例后移一层；按住“Shift”键可以将该符号实例前移一层。这里是鸟类符号实例部分后移的前后效果对比，如图6.72所示。

图6.72 实例后移的前后效果对比

技巧与提示

使用【符号移位工具】位移符号前后位置的时候，必须有两种或两种以上的符号才能够起到位移的作用。如果只有一种符号不能起到位移的作用。

6.4.4 符号紧缩器工具

【符号紧缩器工具】可以将符号实例向鼠标处向内收缩或向外扩展。以制作紧缩与分散的符号组效果。

1. 收缩符号

要制作符号实例的收缩效果，首先选择要修改的符号组，然后选择【符号紧缩器工具】，在需要收缩的符号上按住光标不放或拖动鼠标，可以看到符号实例快速向光标处收缩的轮廓图效果，达到满意效果后释放鼠标，即可完成符号的收缩，紧缩符号操作效果如图6.73所示。

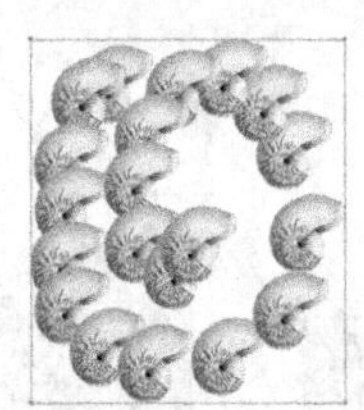
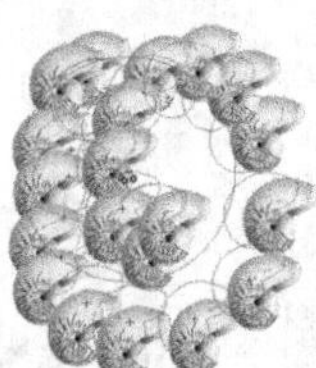
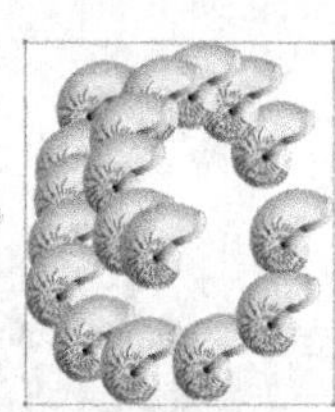

图6.73 紧缩符号操作效果

2. 扩展符号

要制作符号实例的扩展效果，首先选择要修改的符号组，然后选择【符号紧缩器工具】，在按住"Alt"键的同时，将光标移动到需要扩展的符号上，按住鼠标不放或拖动鼠标，可以看到符号实例快速从光标处向外扩散，达到满意效果后释放鼠标，即可完成符号的扩展，扩展符号操作效果如图6.74所示。

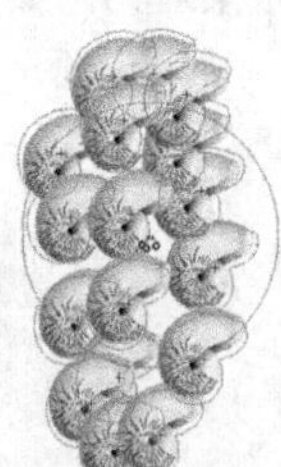

图6.74 扩展符号操作效果

6.4.5 符号缩放器工具

【符号缩放器工具】可以将符号实例放大或缩小，以制作出大小不同的符号实例效果，产生丰富的层次感觉。

1. 符号缩放器工具选项

在工具箱中双击【符号缩放器工具】，可以打开如图6.75所示的【符号工具选项】对话框，利用该对话框可以对符号缩放器工具进行详细的属性设置。

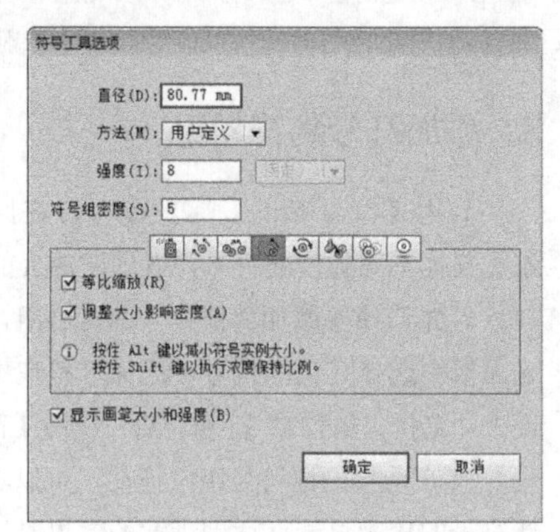

图6.75 符号缩放器工具选项

符号缩放器工具选项含义说明如下。

- 【等比缩放】：勾选该复选框，将等比缩放符号实例。
- 【调整大小影响密度】：勾选该复选框，在调整符号实例大小的同时调整符号实例的密度。

2. 放大符号

要放大符号实例，首先选择该符号组，然后在工具箱中选择【符号缩放器工具】，将光标移动到要放大的符号实例上方，单击鼠标，按住鼠标不动或按住鼠标拖动，都可以将光标下方的符号实例放大。放大符号实例操作效果如图6.76所示。

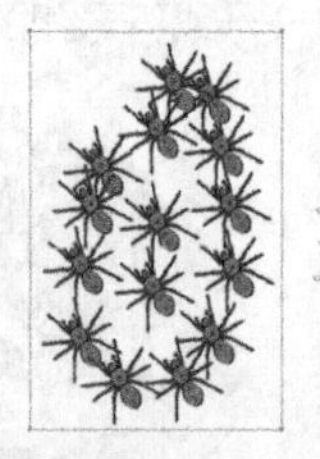

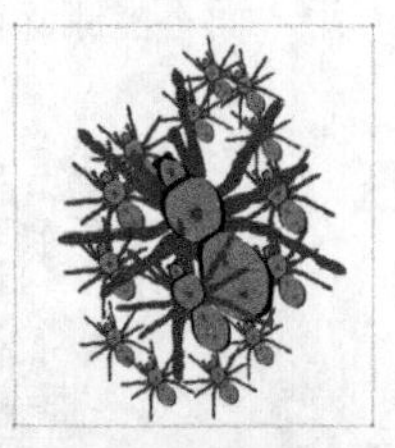

图6.76 放大符号实例操作效果

3. 缩小符号

要缩小符号实例，首先选择该符号组，然后在工具箱中选择【符号缩放器工具】，将光标移动到要缩小的符号实例上方，按住“Alt”键的同时单击鼠标，按住鼠标不动或按住鼠标拖动，都可以将光标下方的符号实例缩小。缩小符号实例操作效果如图6.77所示。

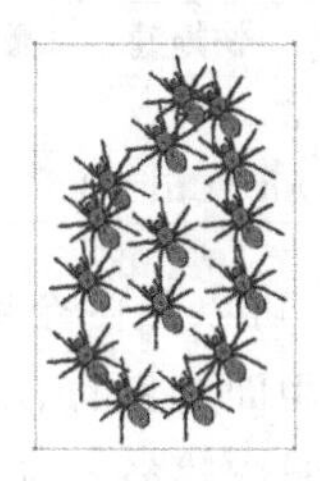
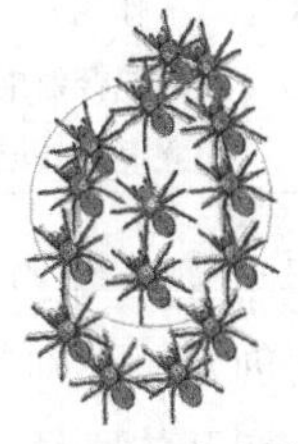
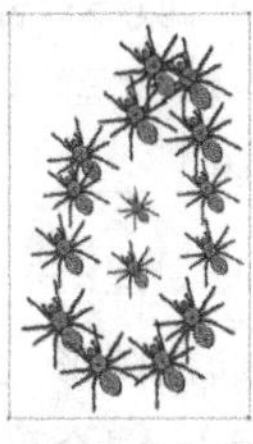

图6.77 缩小符号实例操作效果

6.4.6 符号旋转器工具

【符号旋转器工具】可以旋转符号实例的角度，制作出不同方向的符号效果。首先选择要旋转的符号组，然后在工具箱中选择【符号旋转器工具】，在要旋转的符号上按住鼠标拖动，拖动的同时在符号实例上将出现一个蓝色的箭头图标，显示符号实例旋转的方向效果，达到满意的效果后释放鼠标，即可将符号实例旋转一定的角度。旋转符号操作效果如图6.78所示。

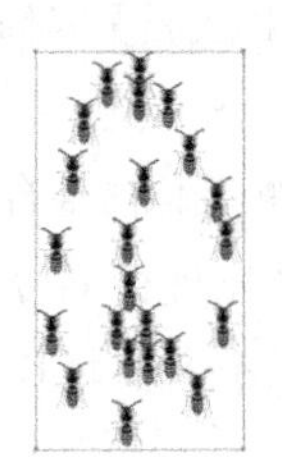

图6.78 旋转符号操作效果

6.4.7 符号着色器工具

使用【符号着色器工具】可以通过在选择的符号对象上单击或拖动对符号进行重新着色，以制作出不同颜色的符号效果，而且单击的次数和拖动的快慢将影响符号的着色效果。单击的次数越多，拖动的时间越长，着色的颜色越深。

要进行符号着色，首先选择要进行着色的符号组，然后在工具箱中选择【符号着色器工具】，设置进行着色所使用的颜色，比如这里设置颜色为黄色（C：0；M：35；Y：85；K：0），然后将光标移动到要着色的符号上单击或拖动鼠标，如果想产生较深的颜色，可以多次单击或重复拖动鼠标，释放鼠标后就可以看到着色后的效果。符号着色操作效果如图6.79所示。

技巧与提示

如果释放鼠标后，感觉颜色过深的话，可以在按住“Alt”键的同时，在符号上单击或拖动鼠标，可以将符号的着色变浅。

图6.79 符号着色操作效果

6.4.8 符号滤色器工具

【符号滤色器工具】可以改变文档中选择符号实例的不透明度，以制作出深浅不同的透明效果。

要制作不透明度，首先选择符号组，然后在工具箱中选择【符号滤色器工具】，将光标移动到要设置不透明度的符号上方，单击鼠标或按住鼠标拖动的同时可以看到受到影响的符号将显示出蓝色的边框效果。鼠标单击的次数和拖动鼠标的重复次数将直接影响符号的不透明度效果，单击的次数越多，重复拖动的次数越多，符号变的越透明。拖动修改符号不透明度效果如图6.80所示。

技巧与提示

如果释放鼠标后，感觉符号消失了，说明重复拖动的次数过多，使符号完全透明了，如果想将其修改回来，可以在按住“Alt”键的同时在符号上单击或拖动，可以减小符号的透明度。

图6.80 拖动修改符号不透明度效果

6.4.9 符号样式器工具

【符号样式器工具】需要配合【样式】面板使用，为符号实例添加各种特殊的样式效果，比如投影、羽化和发光等效果。

要使用符号样式器工具，首先选择要使用的符号组，然后在工具箱中选择【符号样式器工具】，执行菜单栏中的【窗口】|【图形样式】命令，或按“Shift”+“F5”组合键，打开【图形样式】面板，选择“投影”样式，然后在符号组中单击或按住鼠标拖动，释放鼠标即可为符号实例添加图形样式。添加图形样式的操作效果如图6.81所示。

技巧与提示

由于有些图形样式包含的特效较多或较复杂，单击或拖动后电脑会有一定的运行时间，所以有时需要稍等片刻才能看出效果。

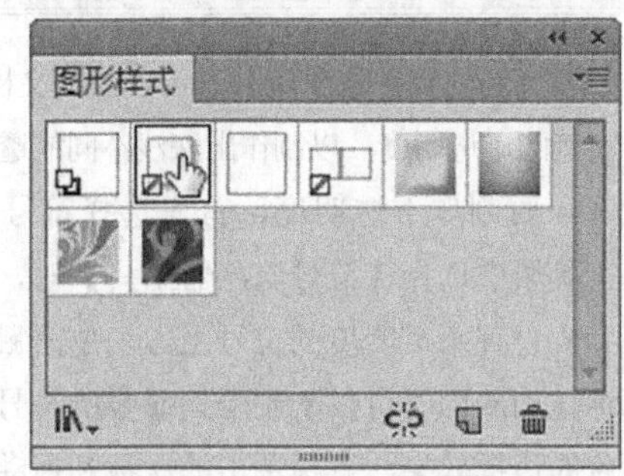

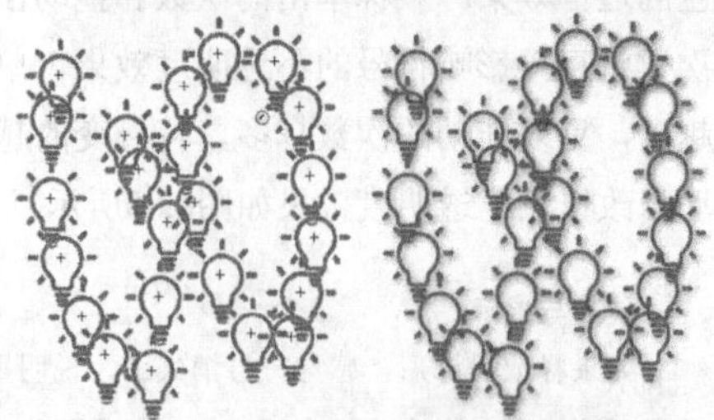

图6.81 添加图形样式的操作效果

技巧与提示

在符号实例上多次单击或拖动，可以多次应用图形样式效果，如果应用了过多的样式效果，想降低样式强度，在按住“Alt”键的同时，在符号实例上单击或拖动鼠标即可。

6.5 混合艺术

本节重点知识概述

工具/命令名称	作用	快捷键	重要程度
【混合工具】	创建混合效果	W	高
建立	建立混合效果	Alt + Ctrl + B	高

混合工具和混合命令，可以从两个或多个选定图形之间创建一系列的中间对象的形状和颜色。混合可以在开放路径、封闭路径、渐层、图案等之间进行。混合主要包括两个方面：形状混合与颜色混合。它将颜色混合与形状混合完美结合起来了。以下是应用在混合形状和其相关颜色的规则。

- 混合可以在数目不限的图形、颜色、不透明度或渐变之间进行；也可以在群组或复合路径的图形中进行。如果混合的图形使用的是图案填充，则混合时只发生形状的变化，图案填充不会发生变化。
- 混合图形可以像一般的图形那样进行编辑，如缩放、选择、移动、旋转和镜像等，还可以使用【直接选择工具】修改混合的路径、锚点、图形的填充颜色等，修改任何一个图形对象，将影响其他的混合图形。
- 混合时，填充与填充进行混合，描边与描边进行混合，尽量不要让路径与填充图形进行混合。

如果要在使用了混合模式的两个图形之间进行混合，则混合步骤只会使用上方对象的混合模式。

6.5.1 建立混合

建立混合分为两种方法：一种是使用混合建立菜单命令；另一种是使用【混合工具】。使用混合建立菜单命令，图形会按默认的混合方式进行混合过渡，而不能控制混合的方向。而使用【混合工具】建立混合过渡具有更大的灵活性，它可以创建出不同的混合效果。具体的操作方法讲解如下。

1. 使用混合建立命令

在文档中，使用【选择工具】选择要进行混合的图形对象，然后执行菜单栏中的【对象】|【混合】|【建立】命令，即可将选择的两个或两个以上的图形对象建立混合过渡效果，如图6.82所示。

> **技巧与提示**
> 选择要建立混合的图形对象后，按“Alt”+“Ctrl”+“B”组合键，可以快速建立混合过渡效果。

图6.82 混合建立命令创建混合

2. 使用混合工具

在工具箱中选择【混合工具】，将光标移动到第一个图形对象上，这时光标将变成状，单击鼠标，然后移动光标到另一个图形对象上，再次单击鼠标，即可在这两个图形对象之间建立混合过渡效果，制作完成的效果如图6.83所示。

图6.83 混合效果

> **技巧与提示**
> 在利用【混合工具】制作混合过渡时，可以在更多的图形中单击，以建立多图形喻义的混合过渡效果。

3. 使用混合工具控制混合方向

在使用【混合工具】建立混合时，特别是路径混合，根据单击点的不同，可以创建出不同的混合效果。不同侧和同侧建立混合的操作及效果如下。

- 不同侧混合建立：选择工具箱中的【混合工具】，在第1个路径上面路径端点处单击，然后在第2个路径下面路径端点处单击，创建出的混合效果如图6.84所示。
- 同侧混合建立：选择工具箱中的【混合工具】，在第1个路径上面路径端点处单击，然后在第2个路径上面路径端点处单击，创建出的混合效果如图6.85所示。

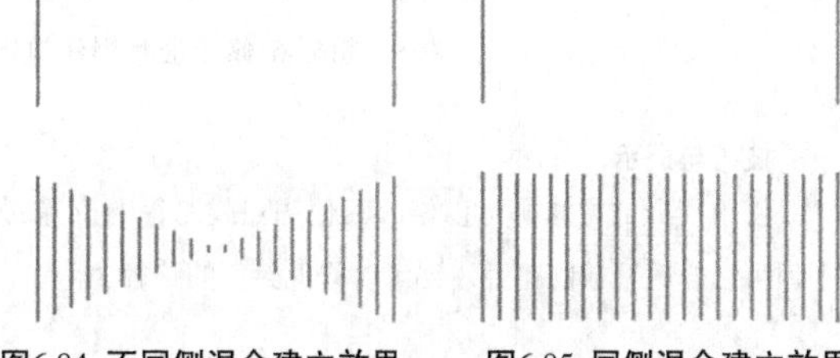

图6.84 不同侧混合建立效果　　图6.85 同侧混合建立效果

6.5.2 编辑混合对象

混合后的图形对象是一个整体，它像图形一样，可以进行整体的编辑和修改。也可以利用【直接选择工具】修改混合开始和结束的图形大小、位置、缩放和旋转等，还可以修改图形的路径、锚点或填充颜色。当对混合对象进行修改时，混合也会跟着变化，这样就大大提高了混合的编辑能力。

> **技巧与提示**
> 混合对象在没有释放之前，只能修改开始和结束的原始混合图形，即用来混合的两个原图形，中间混合出来的图形是不能直接使用工具修改的，但在修改开始和结束的图形时，中间的混合过渡图形将自动跟随变化。

1. 修改混合图形的形状

在工具箱中选择【直接选择工具】，选择混合图形的一个锚点，然后将其拖动到合适的位置，释放鼠标即可完成图形的修改，修改操作效果如图6.86所示。

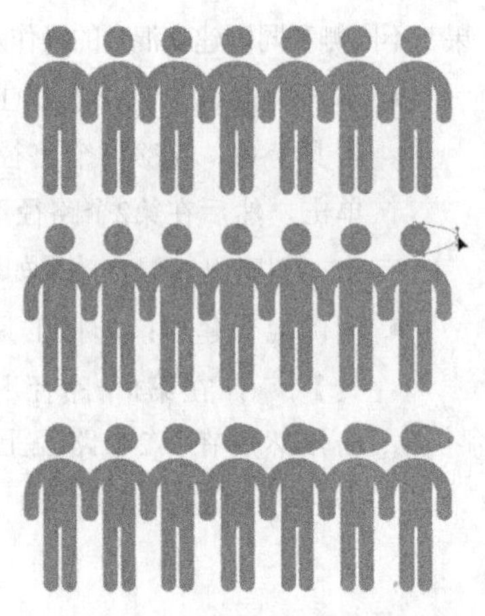

图6.86 修改形状操作效果

技巧与提示

使用同样的方法，可以修改其他锚点或路径的位置。不但可以修改开放的路径，还可以修改封闭的路径。

2. 其他修改混合图形的操作

除了修改图形锚点，还可以修改图形的填充颜色、大小、旋转和位置等，操作方法与基本图形的操作方法相同，不过在这里使用【直接选择工具】来选择，其他的修改效果如图6.87所示。

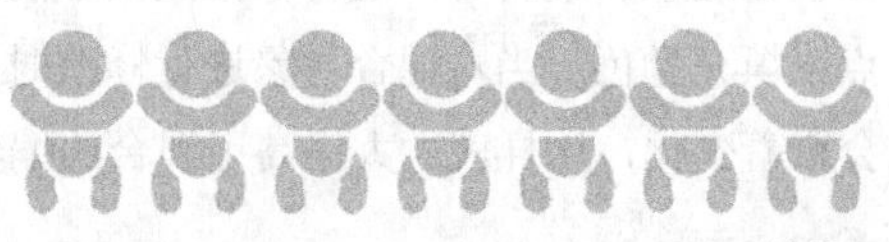

原始效果

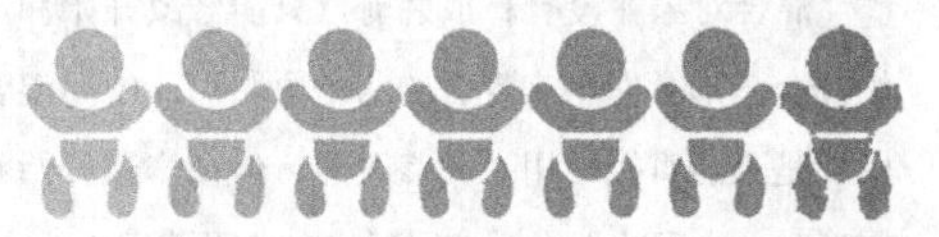

修改颜色

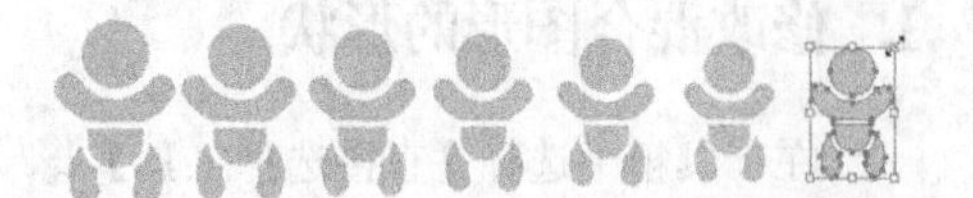

缩放大小

旋转

图6.87 不同修改效果

移动位置

图6.87 不同修改效果（续）

6.5.3 课堂案例——制作科幻线条

案例位置 案例文件\第6章\制作科幻线条.ai
视频位置 多媒体教学\6.5.3.avi
实用指数 ★★★★★

本例主要讲解利用【混合】与【封套扭曲】制作科幻线条。最终效果如图6.88所示。

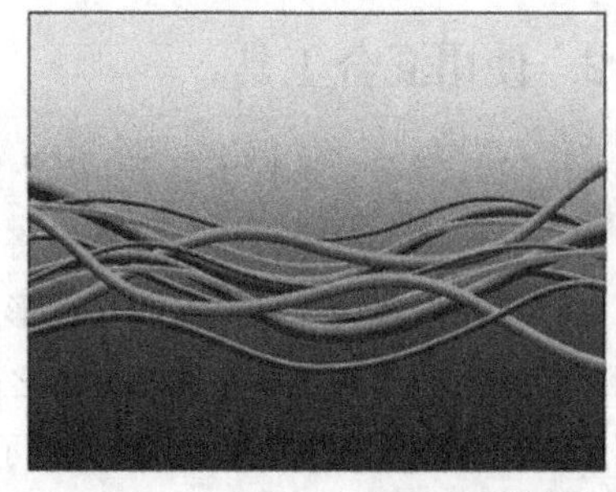

图6.88 最终效果

01 新建一个颜色模式为RGB的画布，选择工具箱中的【矩形工具】，在绘图区单击，弹出【矩形】对话框，设置矩形的参数，【宽度】为130mm，【高度】为100mm，如图6.89所示。

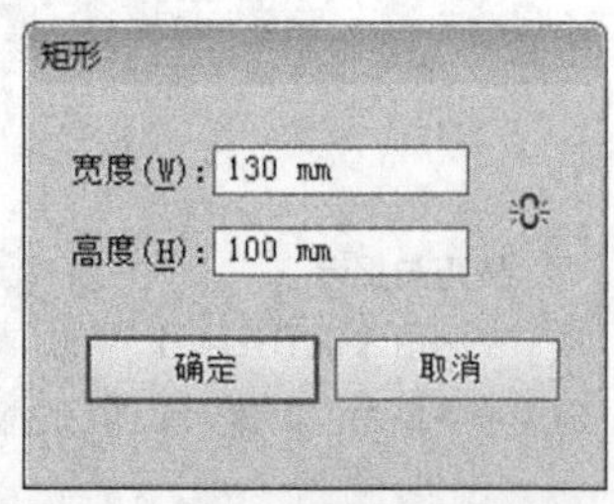

图6.89 【矩形】对话框

02 在【渐变】面板中设置渐变颜色为深蓝色（R：12；G：47；B：67）到墨蓝色（R：26；G：85；B：110）到水蓝色（R：105；G：211；B：227）再到银灰色（R：71；G：158；B：177）的线性渐变，

描边为黑色，粗细为2pt，如图6.90所示。

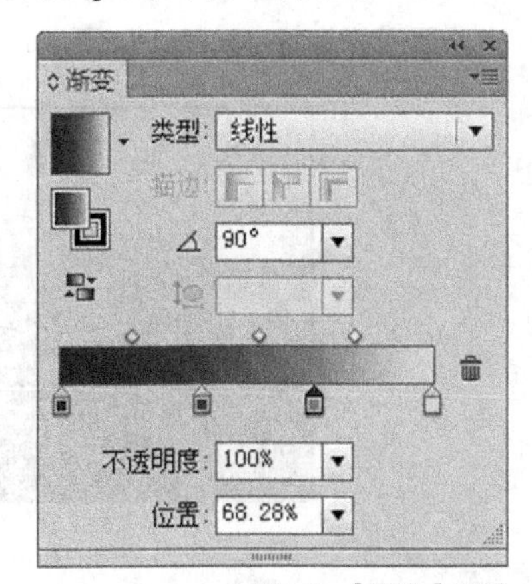

图6.90 【渐变】面板

03 为矩形填充渐变，渐变效果如图6.91所示。

图6.91 填充效果

04 选择工具箱中的【矩形工具】，在绘图区单击，弹出【矩形】对话框，设置矩形的参数，【宽度】为140mm，【高度】为2mm，如图6.92所示。

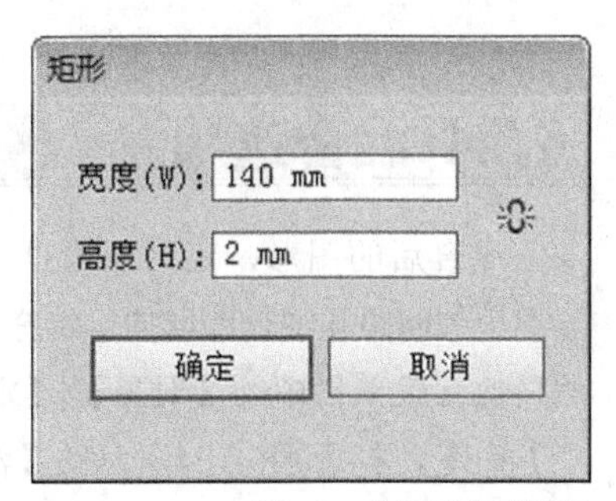

图6.92 【矩形】对话框

05 将矩形填充为浅蓝色（R：101；G：202；B：219），描边为无，如图6.93所示。

图6.93 填充颜色

06 选择工具箱中的【选择工具】，选择矩形，按住“Alt”+“Shift”组合键垂直向下拖动鼠标将其复制1个，将其填充为深蓝色（R：12；G：47；B：67），如图6.94所示。

图6.94 复制矩形并填充颜色

07 选择工具箱中的【选择工具】，选择两个矩形，执行菜单栏中的【对象】|【混合】|【建立】命令，再执行菜单栏中的【对象】|【混合】|【混合选项】命令，在弹出的【混合选项】对话框中，将【间距】|【指定的步数】改为30，如图6.95所示。

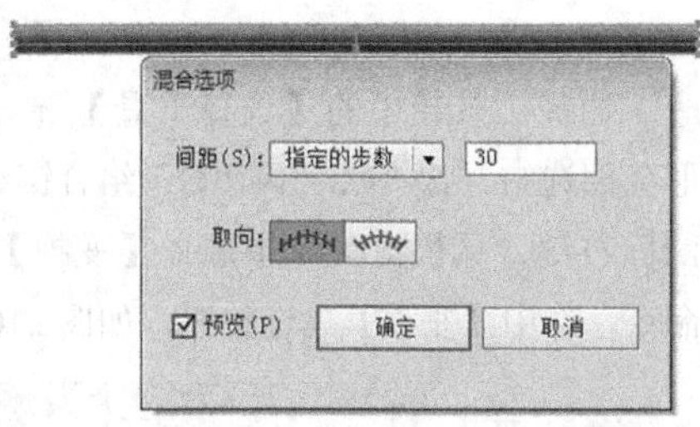

图6.95 更改效果

08 选择工具箱中的【选择工具】，选择混合图形，执行菜单栏中的【对象】|【封套扭曲】|【用网格建立】命令并修改数值，【行数】为4，【列数】为4，如图6.96所示。

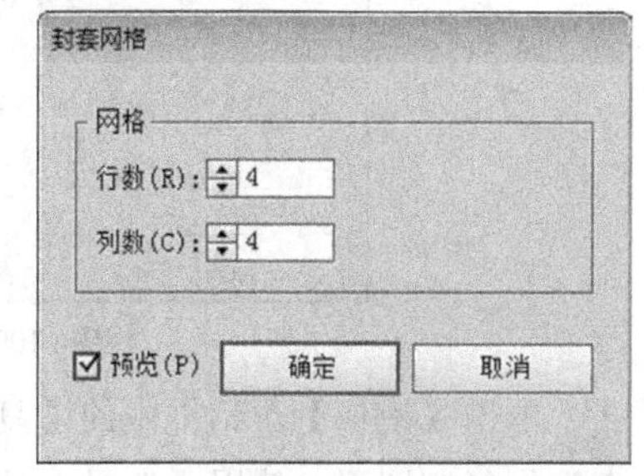

图6.96 【封套网格】对话框

09 选择工具箱中的【直接选择工具】，选择部分锚点对其进行调整，以达到满意效果，如图6.97所示。

图6.97 调整锚点

10 选择工具箱中的【选择工具】，选择混合图形，执行【用网格建立】命令，如图6.98所示。

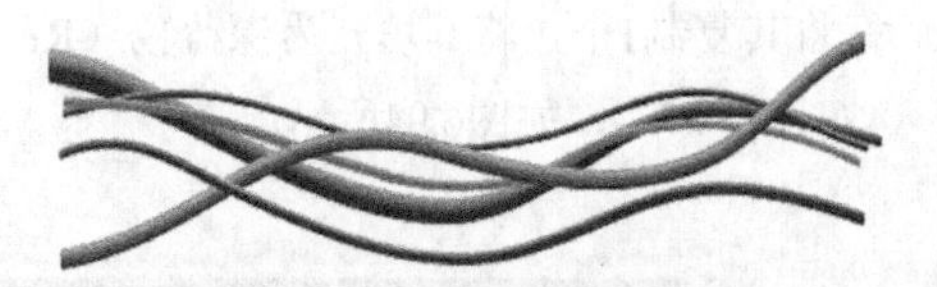

图6.98 用网格建立

⑪ 选择工具箱中的【直接选择工具】，选择部分锚点对其进行调整，将图形分别调整为不同的弯曲程度，如图6.99所示。

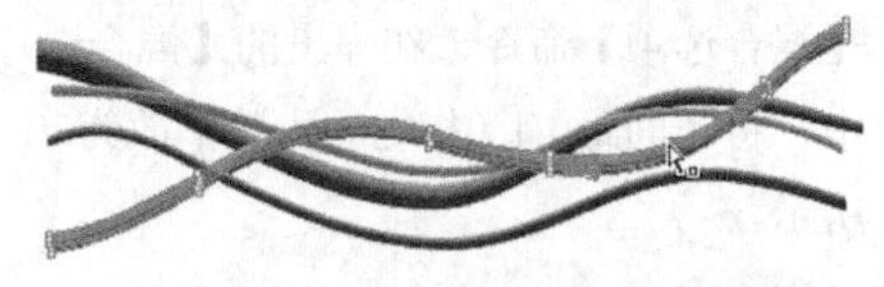

图6.99 调整锚点

⑫ 选择工具箱中的【选择工具】，将混合图形全部选中，按“Ctrl”+“G”组合键编组，单击鼠标右键，从快捷菜单中选择【变换】|【对称】命令，选中【垂直】单选按钮，如图6.100所示。

图6.100 【镜像】对话框

⑬ 单击【镜像】对话框中的【复制】按钮，垂直镜像复制图形。使用【选择工具】将镜像的图形向下移动，如图6.101所示。

图6.101 复制图形

⑭ 选择工具箱中的【选择工具】，将混合图形全部选中，将其移动到矩形背景的中心处。选择背景矩形，按“Ctrl”+“C”组合键，将矩形复制；按“Ctrl”+“F”组合键，将复制的矩形粘贴在原图形的前面，如图6.102所示。

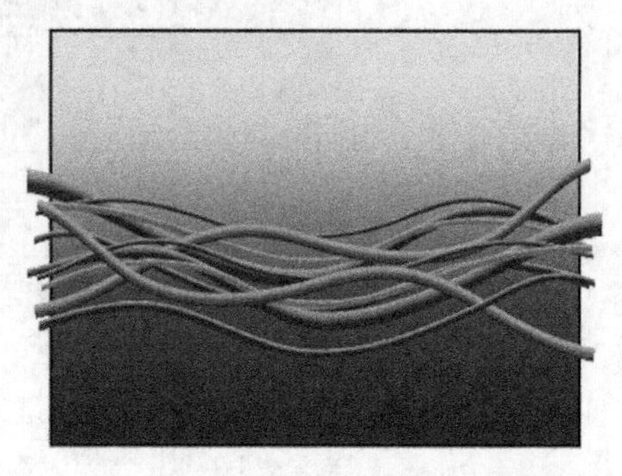

图6.102 复制矩形

⑮ 按“Ctrl”+“Shift”+“]”组合键将复制的矩形置于顶层。将图形全部选中，执行菜单栏中的【对象】|【剪切蒙版】|【建立】命令，为所选对象创建剪切蒙版，将多出来的部分剪掉，最终效果如图6.103所示。

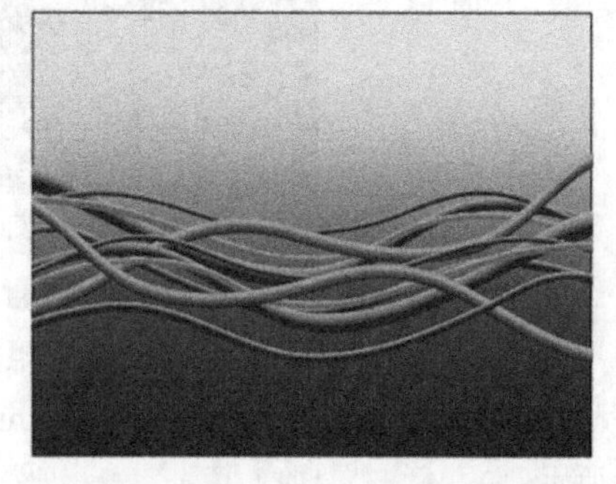

图6.103 最终效果

6.5.4 混合选项

混合后的图形，还可以通过【混合选项】设置混合的间距和混合的取向。选择一个混合对象，然后执行菜单栏中的【对象】|【混合】|【混合选项】命令，打开图6.104所示的【混合选项】对话框，利用该对话框对混合图形进行修改。

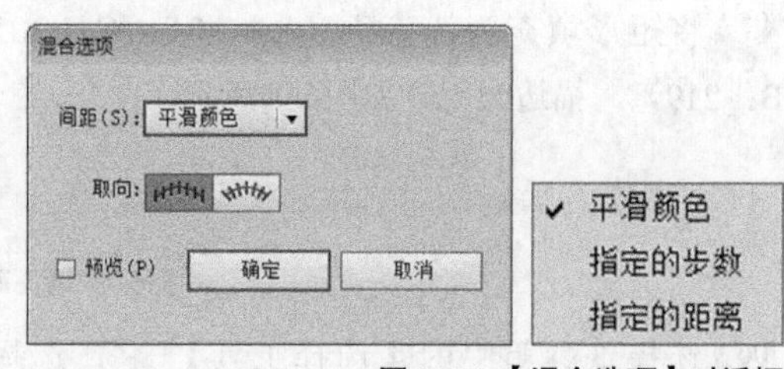

图6.104 【混合选项】对话框

【混合选项】对话框中各选项的含义说明如下。

1. 间距

用来设置混合过渡的方式。从右侧的下拉菜单中可以选择不同的混合方式，包括【平滑颜色】、【指定步数】和【指定的距离】3个选项。

- 【平滑颜色】：可以对不同颜色填充的图形对象，自动计算一个合适的混合的步数，达到最佳的颜色过渡效果。如果对象包含相同的颜色，或者包含渐层或图案，混合的步数根据两个对象定界框的边之间最长距离来设定。平滑颜色效果如图6.105所示。

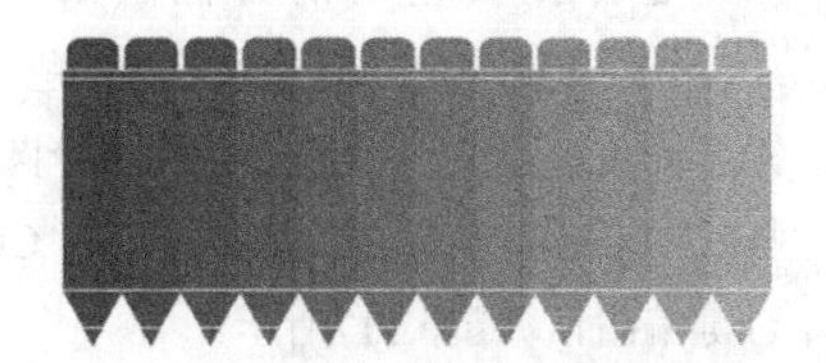

图6.105 平滑颜色效果

- 【指定的步数】：指定混合的步数。在右侧的文本框中输入一个数值指定从混合的开始到结束的步数，即混合过渡中产生几个过渡图形。图6.106所示为【指定步数】为6时的过渡效果。

图6.106 【指定步数】的过渡效果

- 【指定的距离】：指定混合图形之间的距离。在右侧的文本框中输入一个数值指定混合图形之间的间距，这个指定的间距按照一个对象的某个点到另一个对象的相应点来计算。图6.107所示为指定距离是30mm的混合过渡效果。

图6.107 指定距离的混合过渡效果

2. 取向

取向用来控制混合图形的走向，一般应用在非直线混合效果中，包括【对齐页面】和【对齐路径】两个选项。

- 【对齐页面】：指定混合过渡图形方向沿页面的X轴方向混合。对齐页面混合过渡效果如图6.108所示。
- 【对齐路径】：指定混合过渡图形方向沿路径方向混合。对齐路径混合过渡效果如图6.109所示。

图6.108 对齐页面　　图6.109 对齐路径

6.5.5 替换混合轴

默认的混合图形，在两个混合图形之间会创建一个直线路径。当使用【释放】命令将混合释放时，会留下一条混合路径。但不管怎么创建，默认的混合路径都是直线，如果要制作出不同的混合路径，可以使用【替换混合轴】命令来完成。

要应用【替换混合轴】命令，首先要制作一个混合，并绘制一个开放或封闭的路径，再将混合和路径全部选中，然后执行菜单栏中的【对象】|【混合】|【替换混合轴】命令，即可替换原混合图形的路径，操作效果如图6.110所示。

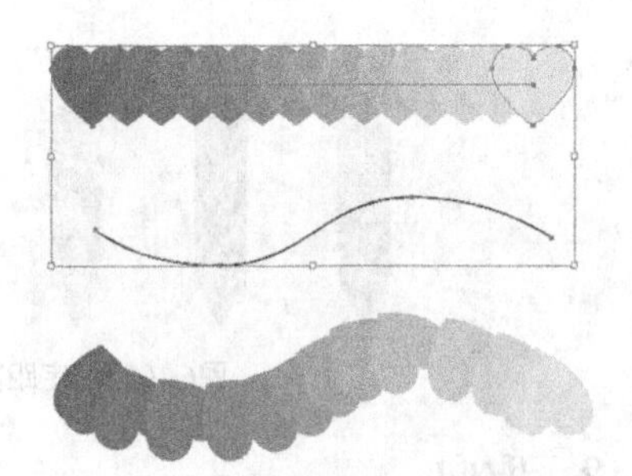

图6.110 替换混合轴操作效果

6.5.6 课堂案例——制作棒球

案例位置　案例文件\第6章\制作棒球.ai
视频位置　多媒体教学\6.5.6.avi
实用指数　★★★★★

本例主要讲解通过【替换混合轴】制作棒球。最终效果如图6.111所示。

图6.111 最终效果

01 选择工具箱中的【椭圆工具】 并按住“Shift”键绘制正圆，在【渐变】面板中设置渐变颜色为白色到黄色（C：2；M：5；Y：24；K：0）的径向渐变，描边为黑色，如图6.112所示。

02 为椭圆填充径向渐变，填充效果如图6.113所示。

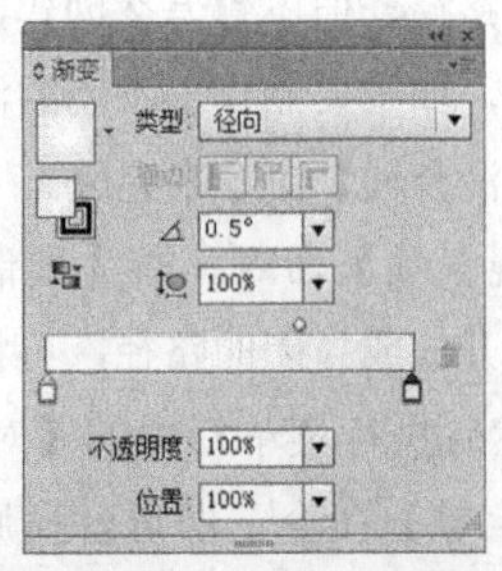

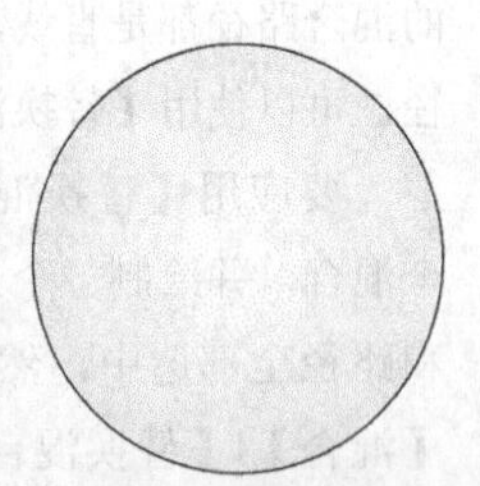

图6.112 【渐变】面板　图6.113 填充效果

03 选择工具箱中的【钢笔工具】 ，在圆形上绘制一条弧线，描边为黑色，粗细为1pt，选择弧线，按住“Alt”键拖动鼠标复制一条弧线，如图6.114所示。

04 将复制的那条弧线旋转，并移动到与原弧线相对称的位置，如图6.115所示。

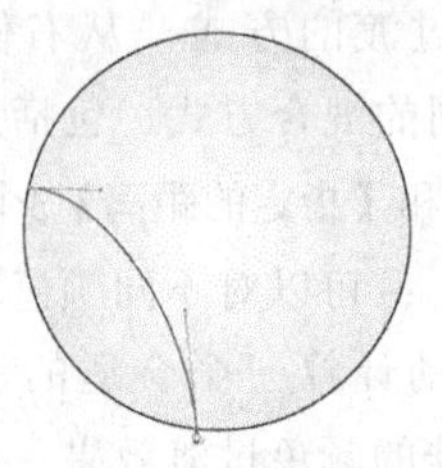

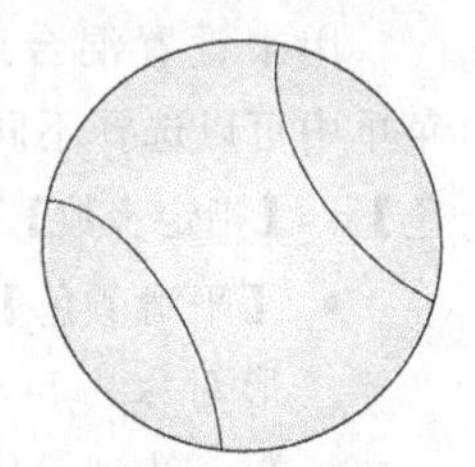

图6.114 绘制弧线　图6.115 移动弧线

05 选择工具箱中的【钢笔工具】 ，在绘图区绘制一条折线，描边为红色（C：0；M：100；Y：100；K：0），填充为无，如图6.116所示。

06 选择工具箱中的【椭圆工具】 并按住“Shift”键绘制正圆，填充为黑色，按住“Alt”键拖动鼠标复制一个圆形，将两个圆形分别移动到折线的两端，将图形全部选中按“Ctrl”+“G”组合键编组，如图6.117所示。

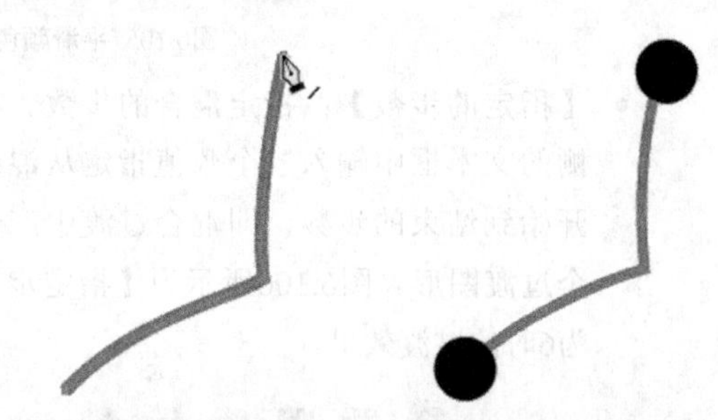

图6.116 绘制折线　图6.117 绘制正圆并编组

07 选择图形，按住“Alt”键拖动鼠标将其复制一个，并移动到其右下方，然后执行菜单栏中的【对象】|【混合】|【建立】命令，再执行菜单栏中的【对象】|【混合】|【混合对象】命令，打开【混合选项】对话框如图6.118所示。

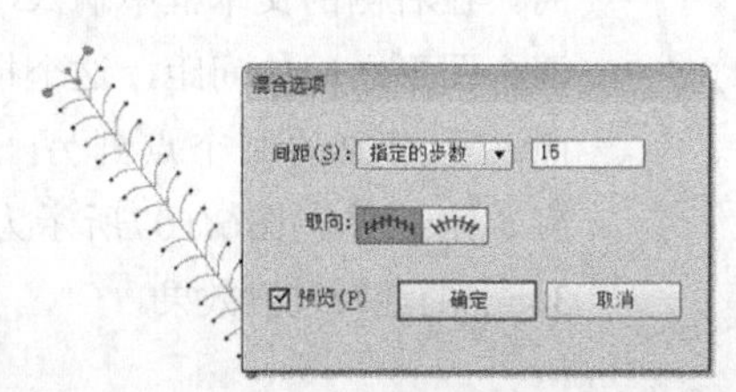

图6.118 【混合选项】对话框

08 选择弧线，按“Ctrl”+“C”组合键，将弧线复制，按“Ctrl”+“F”组合键，将复制的弧线粘贴在原弧线的前面，再选择已混合好的图形，执行

菜单栏中的【对象】|【混合】|【替换混合轴】命令，按“Ctrl”+“Shift”+“]”组合键置于顶层，如图6.119所示。

09 使用【选择工具】旋转图形，使其与弧线相融合，如图6.120所示。

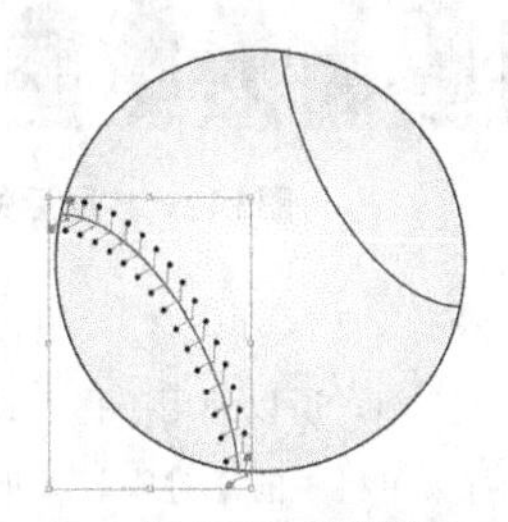

图6.119 复制弧线

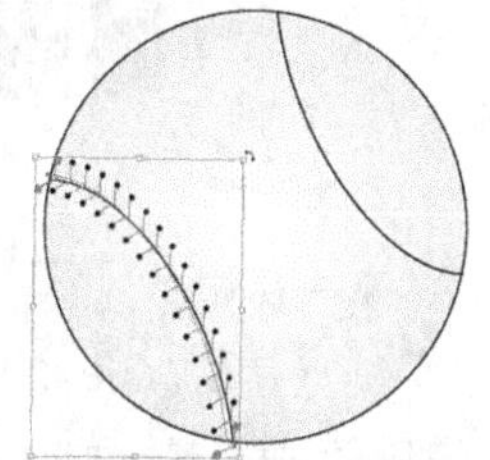

图6.120 与弧线融合

10 选择已混合的图形，执行菜单栏中的【对象】|【混合】|【扩展】命令，再执行菜单栏中的【对象】|【取消编组】命令，将其分成个体，如图6.121所示。

11 使用【选择工具】，选择弧线两端的两个图形，按“Delete”键删除，选择接缝处的图形按“Ctrl”+“G”组合键编组，如图6.122所示。

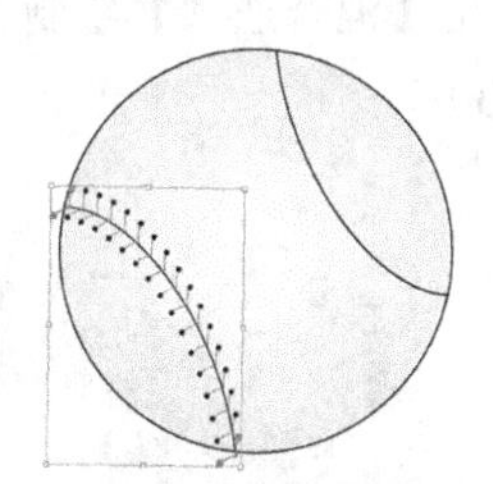

图6.121 取消编组

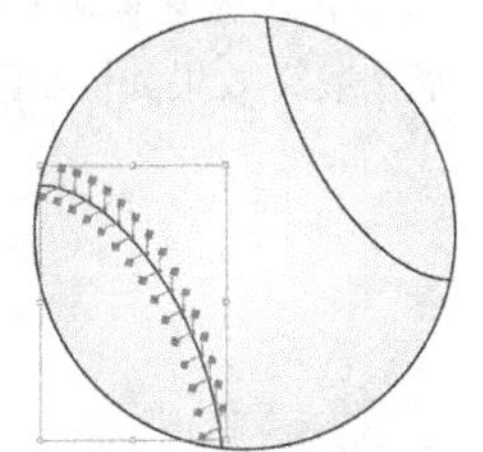

图6.122 将图形编组

12 选择接缝，按住“Alt”键拖动鼠标复制1组，将光标移动到图形的右上角，将其旋转，然后将其移动到与原图形相对称的位置，如图6.123所示。

13 选择工具箱中的【矩形工具】，在绘图区绘制一个比棒球大的矩形作为背景，主要目的是为了突出棒球，填充为绿色（C：60；M：0；Y：50；K：0），描边为无，如图6.124所示。

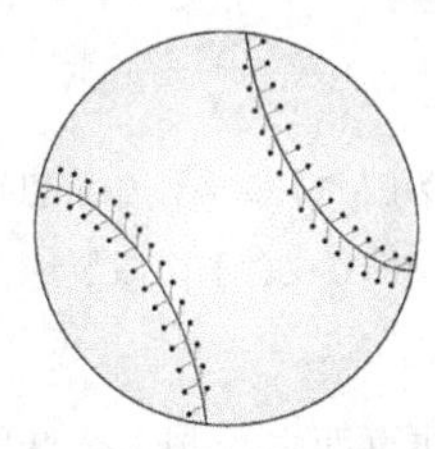

图6.123 移动图形

图6.124 绘制矩形

14 选择矩形按住“Ctrl”+“Shift”+“]”组合键，将矩形置于底层，最终效果如图6.125所示。

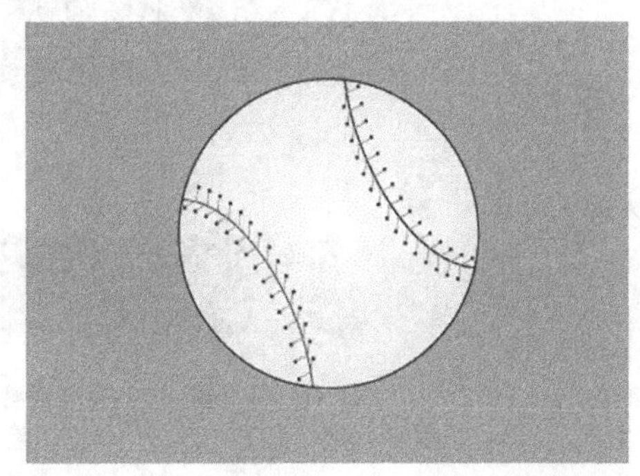

图6.125 最终效果

6.5.7 反向混合轴和反向堆叠

利用【反向混合轴】和【反向堆叠】命令，可以修改混合路径的混合顺序和混合层次，下面来讲解具体的含义和使用方法。

1. 反向混合轴

【反向混合轴】命令可以将混合的图形首尾对调，混合的过渡图形也跟着对调。选择一个混合对象，然后执行菜单栏中的【对象】|【混合】|【反向混合轴】命令，即可将图形的首尾进行对调，对调前后效果如图6.126所示。

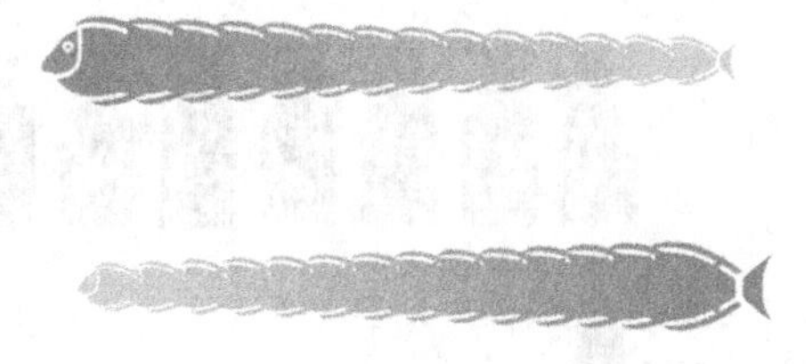

图6.126 反向混合轴前后效果

2. 反向堆叠

【反向堆叠】命令可以修改混合对象的排列顺序，将从前到后调整为从后到前的效果。选择一个混合对象，然后执行菜单栏中的【对象】|【混合】|【反向堆叠】命令，即可将混合对象的排列顺序调整，调整的前后效果如图6.127所示。

图6.127 反向堆叠前面效果

6.5.8 释放和扩展

混合的图形还可以进行释放和扩展，以恢复混合图形或将混合的图形分解出来，进行更细致的编辑和修改。

1. 释放

【释放】命令可以将混合的图形恢复到原来的状态，只是多出一条混合路径，而且混合路径是无色的，要特别注意。如果对混合的图形不满意，可以选择混合对象，然后执行菜单栏中的【对象】|【混合】|【释放】命令，即可将混合释放，混合的中间过渡效果将消失，只保留初始混合图形和一条混合路径。释放后的效果如图6.128所示。

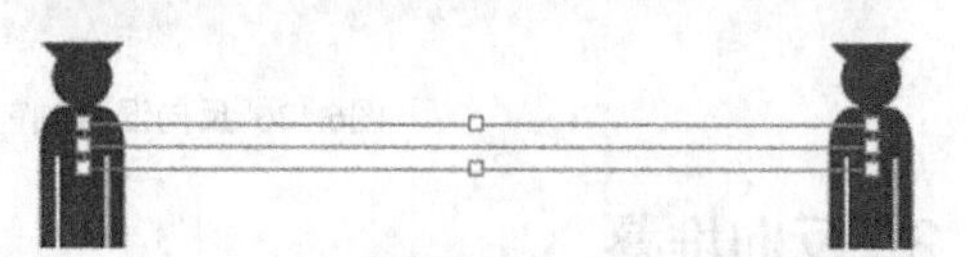

图6.128 释放后的效果

2. 扩展

【扩展】命令与【释放】命令不同，它不会将混合过渡中间的效果删除，而是将混合后的过渡图形分解出来，使它们变成单独的图形，可以使用相关的工具对中间的图形进行修改。扩展后的效果如图6.129所示。

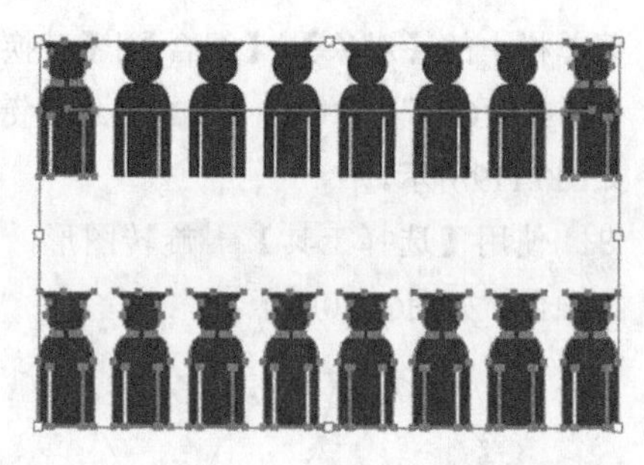

图6.129 扩展后的效果

技巧与提示

扩展后的混合图形是一个组，所以使用选择工具选择时会一起选择，可以执行菜单栏中的【对象】|【取消编组】命令，或按“Shift”+“Ctrl”+“G”组合键，将其取消编组后进行单独的调整。

6.5.9 课堂案例——绘制大红灯笼

案例位置 案例文件\第6章\绘制大红灯笼.ai
视频位置 多媒体教学\6.5.9.avi
实用指数 ★★★★☆

本例主要讲解利用【混合选项】绘制大红灯笼。最终效果如图6.130所示。

图6.130 最终效果

01 执行菜单栏中的【文件】|【新建】命令，或按下“Ctrl”+“N”组合键，打开【新建文档】对话框，设置【名称】为“大红灯笼”，大小为A4，颜色模式为【CMYK颜色】，单击【确定】按钮，此时，页面中就新建了一个新文档。

技巧与提示

在新建时设置的颜色模式为CMYK颜色，如果想修改为RGB颜色，可以执行菜单栏中的【文件】|【文档颜色模式】|【RGB颜色】命令，反之也可以。

02 利用【椭圆工具】在页面中绘制一个椭圆，然后填充为红色（C：0；M：100；Y：100；K：

0），并设置描边颜色为纯黄色（C：0；M：0；Y：100；K：0），粗细为1pt，效果如图6.131所示。

03 选中刚绘制的椭圆，双击【比例缩放工具】按钮，打开【比例缩放】对话框，勾选【不等比】单选框，设置【水平】为10%，如图6.132所示。

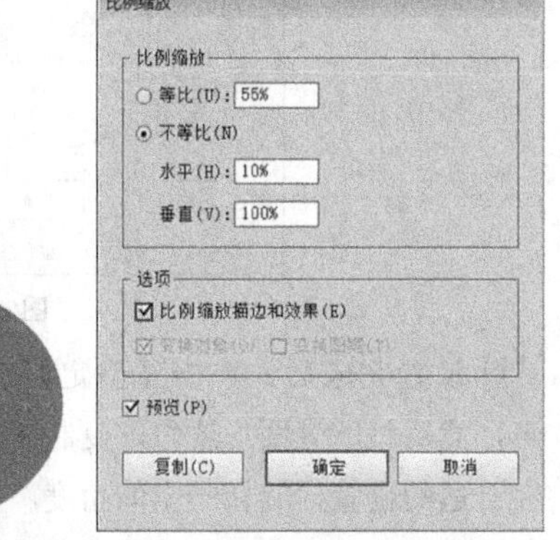

图6.131 椭圆效果　　图6.132 设置比例参数

04 设置完成后，单击【复制】按钮，然后将复制并缩小后的椭圆填充为黄色（C：0；M：10；Y：100；K：0），效果如图6.133所示。

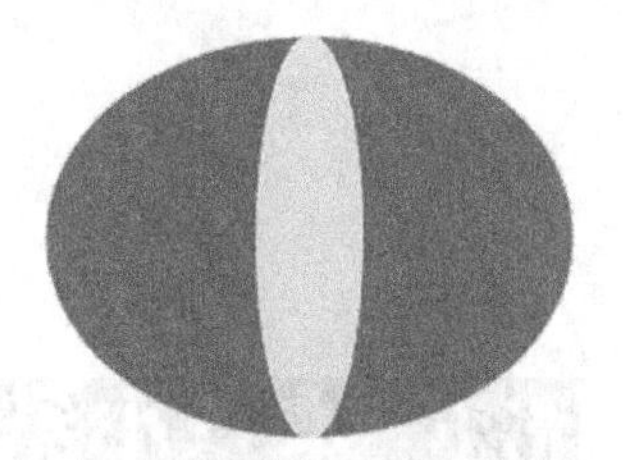

图6.133 复制并缩小

05 将页面中的椭圆选中，执行菜单栏中的【对象】|【混合】|【建立】命令，然后再执行菜单栏中的【对象】|【混合】|【混合选项】命令，打开【混合选项】对话框，设置【间距】步数为4，如图6.134所示。

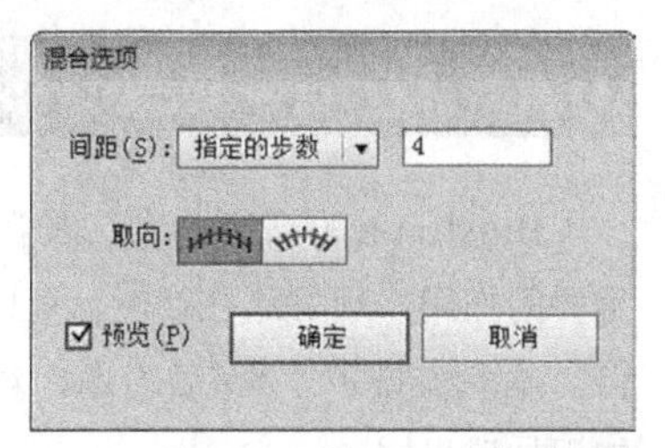

图6.134 【混合选项】对话框

06 设置完成后，单击【确定】按钮，此时，两个椭圆混合后的效果如图6.135所示。

07 利用【矩形工具】在页面中绘制一个矩形，然后填充为黄色（C：0；M：0；Y：80；K：0）到红色（C：0；M：100；Y：100；K：0）的径向渐变，并设置描边为无，效果如图6.136所示。

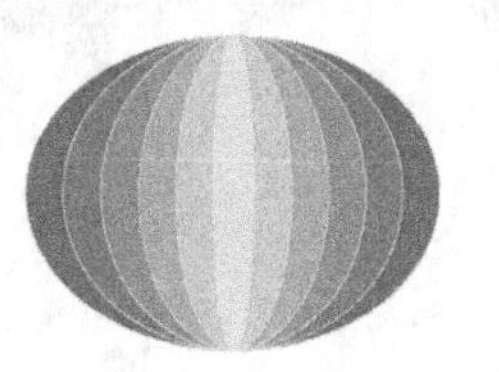

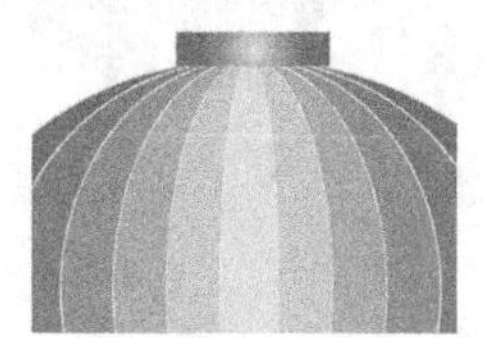

图6.135 混合效果　　图6.136 矩形效果

08 利用【钢笔工具】在页面中绘制一条曲线，设置描边颜色为纯黄色（C：0；M：0；Y：100；K：0），描边粗细为3像素，如图6.137所示。

09 选中刚绘制的曲线，执行菜单栏中的【对象】|【排列】|【后移一层】命令，此时，曲线就自动后移到矩形的后方，效果如图6.138所示。

图6.137 曲线效果　　图6.138 后移效果

10 将步骤（7）所绘制的矩形复制一份，然后将复制出的图像垂直向下移动放置到合适的位置，效果如图6.139所示。

11 利用【钢笔工具】在页面中绘制一条曲线，设置描边颜色为纯黄色（C：0；M：0；Y：100；K：0），描边粗细为1像素，如图6.140所示。

图6.139 复制并移动　　图6.140 曲线效果

⑫ 将刚绘制的曲线复制一份，然后将复制出的曲线水平向右移动放置到合适的位置，效果如图6.141所示。

⑬ 重复步骤（5）、（6）的操作，给刚绘制的曲线建立混合，其间距步骤为10，效果如图6.142所示。

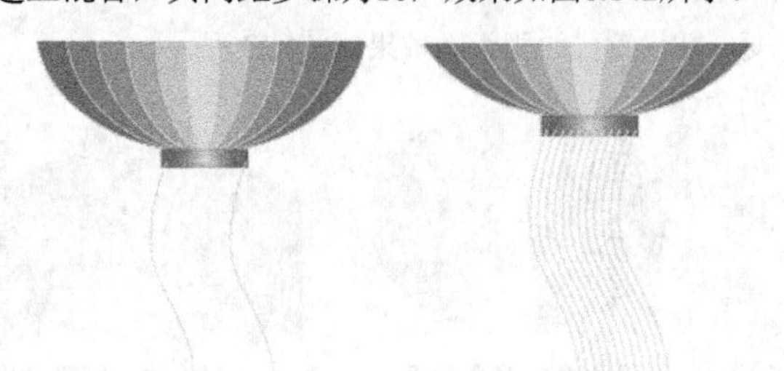

图6.141 复制并移动　　图6.142 混合效果

⑭ 利用【直接选择工具】，对混合后的图像稍加调整，调整后的图像效果，如图6.143所示。

⑮ 将调整后的图像选中，执行菜单栏中的【对象】|【排列】|【置于底层】命令，此时，曲线就自动后移到图像的后面，效果如图6.144所示。

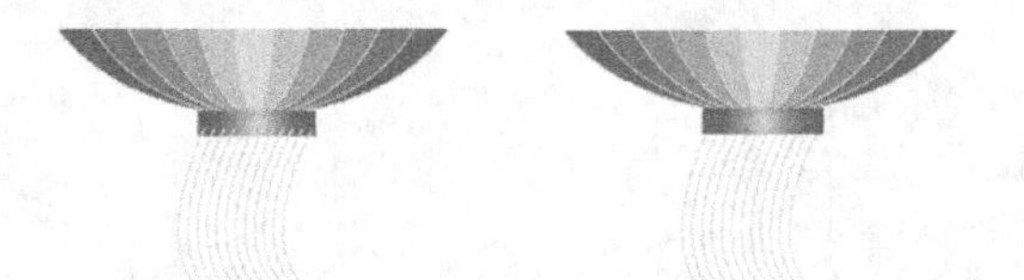

图6.143 调整效果　　图6.144 后移效果

⑯ 单击工具箱中的【文字工具】T按钮，在页面中输入“福”字，设置字体为“华文行楷”，大小为90像素，填充颜色为红色（C：0；M：100；Y：100；K：0），描边颜色为黄色（C：0；M：0；Y：100；K：0），描边的粗细为2pt，效果如图6.145所示。

图6.145 添加文字

⑰ 选中所有图形，按“Ctrl”+“G”组合键将所选择图形编组。执行菜单栏中的【对象】|【变换】|【旋转】命令，打开【旋转】对话框，设置【角度】为340°，参数如图6.146所示。

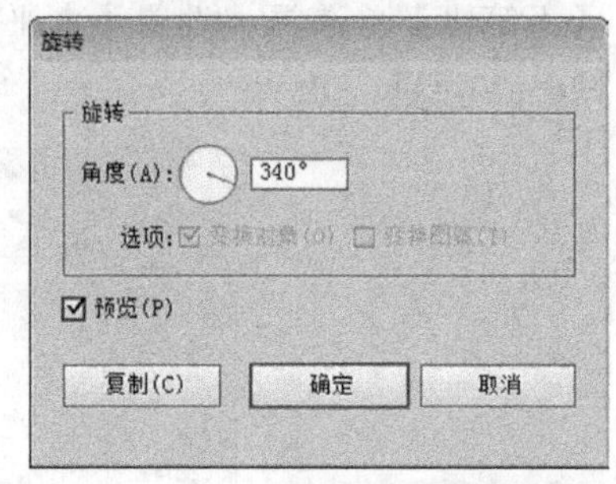

图6.146 设置变形参数

⑱ 设置完成后，单击【确定】按钮，对文字变形，然后将所有图形选中，复制一份，并将其放置在合适的位置，旋转一定的角度，完成大红灯笼的制作，完成的最终效果如图6.147所示。

图6.147 最终效果

6.6 本章小结

本章对Illustrator高级艺术工具的使用进行了详细的讲解，高级艺术工具包括画笔、符号、混合等，通过本章的学习，加深了读者对高级工具的认知。

6.7 课后习题

Illustrator的高级艺术工具在设计中起到非常重要的作用，用好这些功能，可以在设计中事半功倍，本章安排了3个课后习题，对以上所学的基础知识加以巩固。

6.7.1 课后习题1——制作旋转式曲线

案例位置　案例文件\第6章\制作旋转式曲线.ai
视频位置　多媒体教学\6.7.1.avi
实用指数　★★★★☆

本例主要讲解使用【混合】命令制作旋转式曲线。最终效果如图6.148所示。

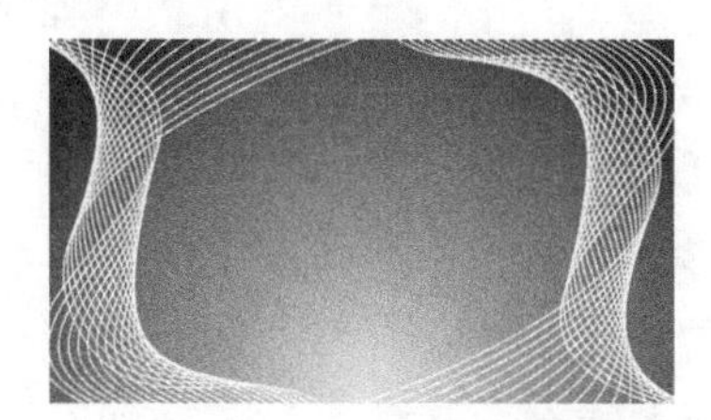

图6.148 最终效果

步骤分解如图6.149所示。

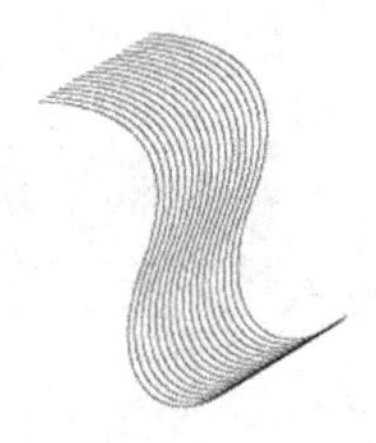
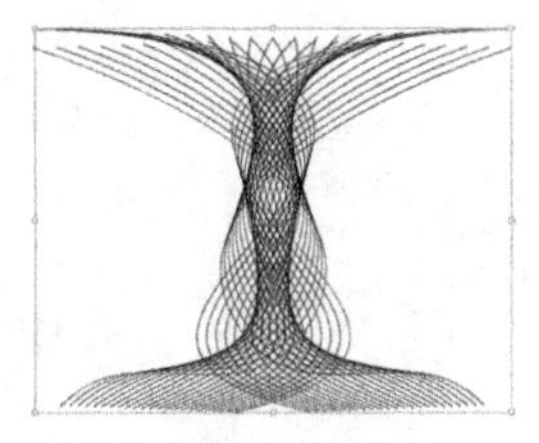
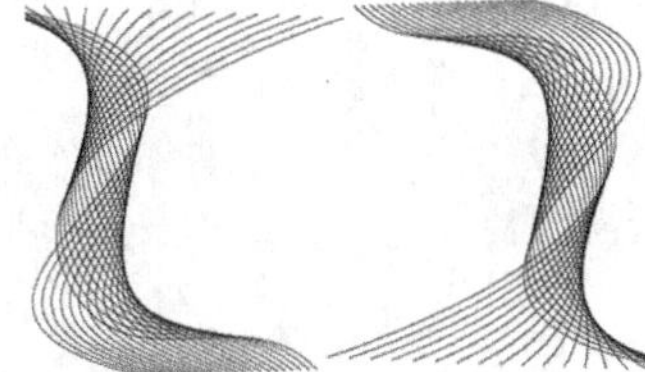
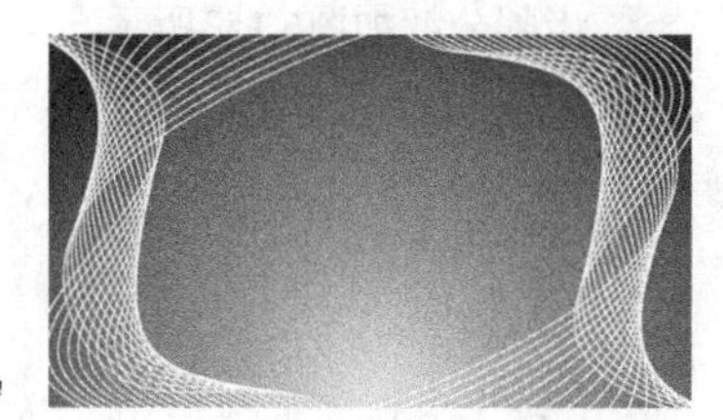

图6.149 步骤分解图

6.7.2 课后习题2——制作心形背景

案例位置　案例文件\第6章\制作心形背景.ai
视频位置　多媒体教学\6.7.2.avi
实用指数　★★★★☆

本例主要讲解使用【混合扩展】命令制作心形背景。最终效果如图6.150所示。

图6.150 最终效果

步骤分解如图6.151所示。

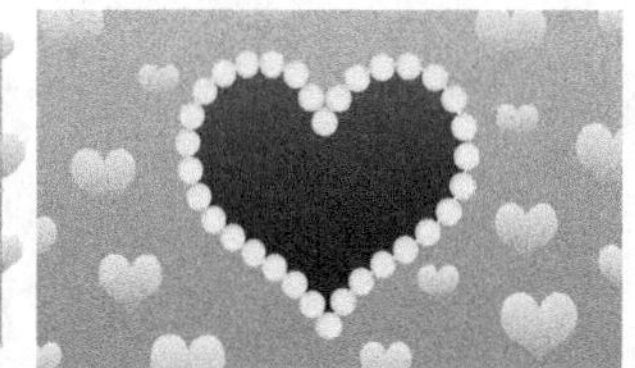

图6.151 步骤分解图

6.7.3 课后习题3——制作海底水草

案例位置 案例文件\第6章\制作海底水草.ai
视频位置 多媒体教学\6.7.3.avi
实用指数 ★★★★★

本例主要讲解利用【混合】与【替换混合轴】制作海底水草。最终效果如图6.152所示。

图6.152 最终效果

步骤分解如图6.153所示。

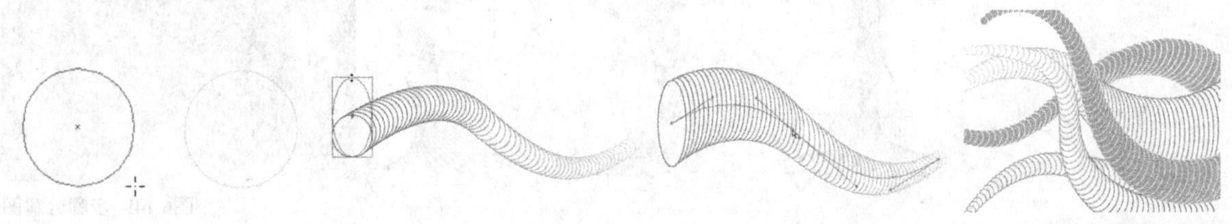

图6.153 步骤分解图

第7章

格式化文字处理

内容摘要

Illustrator最强大的功能之一就是文字处理，虽然在某些方面不如文字处理软件，如Word、WPS，但是它的文字能与图形自由地结合，十分方便灵活。用户不但可以快捷地更改文本的尺寸、形状以及比例，将文本精确地排入任何形状的对象，还可以使用Illustrator 中的文字工具将文本沿路径排列，如沿圆形或不规则的路径排列，也可以对文字进行图案填充，并可以将文字轮廓化，以创建出精美的艺术文字效果。通过本章的学习，读者能够熟练地掌握各种文字的编辑技巧，并应用文字进行版式排版、制作艺术字。

教学目标

学习直排和横排文字的创建
学习路径和区域文字的使用
掌握文字的选取和编辑
掌握文字的填充设置
掌握文字的艺术化处理

7.1 认识文字工具

本节重点知识概述

工具/命令名称	作用	快捷键	重要程度
【文字工具】	创建横排或直排文字	T	高

文字工具是Illustrator CS6的一大特色，它提供了多种类型的文字工具，包括【文字工具】、【区域文字工具】、【路径文字工具】、【直排文字工具】、【直排区域文字工具】和【直排路径文字工具】，利用这些文字工具可以自由地创建和编辑文字。文字工具栏如图7.1所示。

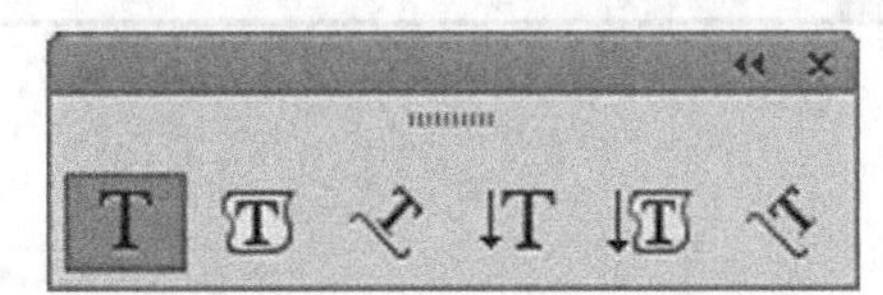

图7.1 文字工具栏

7.1.1 文字的创建

【文字工具】和【直排文字工具】两种工具的使用是相同的，只不过创建的文字方向不同。【文字工具】创建的文字方向是水平的；【直排文字工具】创建的文字方向是垂直的。利用这两种工具创建文字可分为两种：一种是点文字；另一种是段落文字。

1. 创建点文字

在工具箱中选择【文字工具】，这时光标将变成横排文字光标呈状，在文档中单击看到一个快速闪动的光标输入效果后，直接输入文字即可。【直排文字工具】工具的使用与【文字工具】相同，只不过光标将变成直排文字光标呈状。这两种文字工具一般适合少量文字输入时使用。两种文字工具创建的文字效果如图7.2所示。

图7.2 两种文字工具创建的文字效果

2. 创建段落文字

使用【文字工具】和【直排文字工具】还可以创建段落文字，适合创建大量的文字信息。选择这两种文字工具的任意一种，在文档中合适的位置按下鼠标，在不释放鼠标的情况下拖动出一个矩形文字框，如图7.3所示。然后输入文字即可创建段落文字。在文字框中输入文字时，文字会根据拖动的矩形文字框大小进行自动换行，如果改变文字框的大小，文字也会随文字框一起改变。创建的横排与直排文字效果分别如图7.4、图7.5所示。

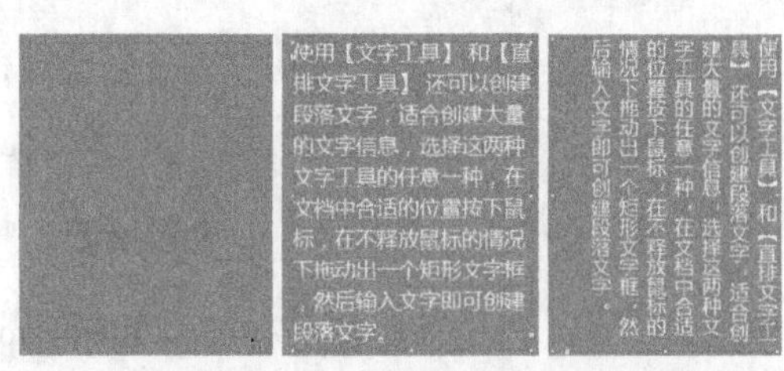

图7.3 拖动矩形　图7.4 横排文字　图7.5 直排文字

7.1.2 创建区域文字

区域文字是一种特殊的文字，需要使用【区域文字工具】创建。【区域文字工具】不能直接在文档空白处输入文字，需要借助一个路径区域才可以使用。路径区域的形状不受限制，可以是任意的路径区域，而且在添加文字后，还可以修改路径区域的形状。【区域文字工具】和【直排区域文字工具】在用法上是相同的，只是输入的文字方向不同，这里以【区域文字工具】为例进行讲解。

要使用【区域文字工具】，首先绘制一个路径区域，再选择工具箱中的【区域文字工具】，将光标移动到要输入文字的路径区域的路径上，然后在路径处单击鼠标，这时可以看到路径区域的左上角位置出现一个闪动的光标符号，直接输入文字即可。如果输入的文字超出了路径区域的大小，在区域文字的末尾处，将显示一个红色“田”字形标志。区域文字的输入操作如图7.6所示。

图7.6 区域文字效果

知识点：使用【区域文字工具】应该注意什么

在使用【区域文字工具】时，所使用的路径区域不能是复合或蒙版路径，而且单击时必须在路径区域的路径上面，如果单击有误，系统将弹出一个提示错误的对话框。在单击路径时，路径区域如果本身有填充或描边颜色，将变成无色。

7.1.3 创建路径文字

路径文字就是沿路径排列的文字，可以借助【路径文字工具】来创建。【路径文字工具】不但可以沿开放路径排列，也可以沿封闭的路径排列，而且路径可以是规则的或不规则的。在路径上输入文字时，使用【路径文字工具】输入的文字，字符走向将会与基线平行；【直排路径文字工具】输入的文字，字符走向将与基线垂直。两种文字工具创建的文字效果如图7.7所示。

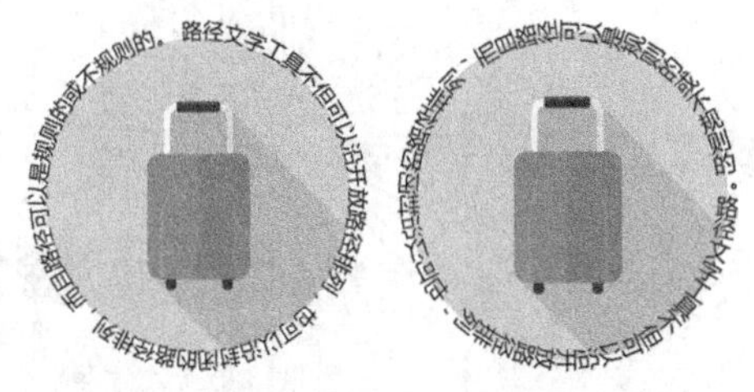

图7.7 两种文字工具创建的文字效果

【路径文字工具】和【直排路径文字工具】的使用方法是相同的，只是文字的走向不同，这里以【路径文字工具】为例讲解路径文字的使用方法。

（1）首先要保证文档中有一条开放或封闭的路径。

（2）选择工具箱中的【路径文字工具】，将光标移动到路径上方，然后单击鼠标，可以看到在路径上出现一个闪动的文字输入符号，此时输入文字即可制作出路径文字效果。创建路径文字操作效果如图7.8所示。

图7.8 创建路径文字效果

提示与技巧

在使用路径文字时，所选路径的绘制方式非常重要，文字会沿路径的起点开始输入，如果单击处的路径位于绘制时的结束位置，那么输入的文字可能会看不到，只显示了一个溢出标记。

7.1.4 课堂案例——制作文字放射效果

案例位置　案例文件\第7章\制作文字放射效果.ai
视频位置　多媒体教学\7.1.4.avi
实用指数　实用指数：★★★★★

本例主要讲解利用【路径文字工具】制作文字放射效果。最终效果如图7.9所示。

图7.9 最终效果

01 选择工具箱中的【矩形工具】，在绘图区单击，弹出【矩形】对话框，设置矩形的参数，【宽度】为150mm，【高度】为120mm，将其填充为深蓝色（C：93；M：89；Y：67；K：56），描边为无，如图7.10所示。

图7.10 填充颜色

02 选择工具箱中的【网格工具】，在矩形的中心单击，建立网格，将其填充改为蓝色（C：76；M：21；Y：0；K：0），如图7.11所示。

图7.11 建立网格及填充颜色

03 选择工具箱中的【钢笔工具】，在绘图区绘制三角形，如图7.12所示，将其填充为浅蓝色（C：60；M：15；Y：12；K：0），填充效果如图7.13所示。

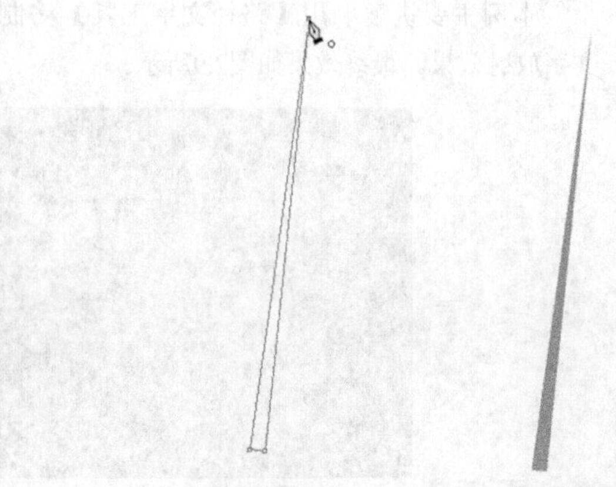

图7.12 绘制三角形　　图7.13 填充效果

04 选择工具箱中的【旋转工具】，将光标移动到三角形的底部位置单击，将旋转中心点调整到三角形的底部位置，如图7.14所示，然后按住“Alt”键的同时拖动，将三角形旋转一定的角度，如图7.15所示。

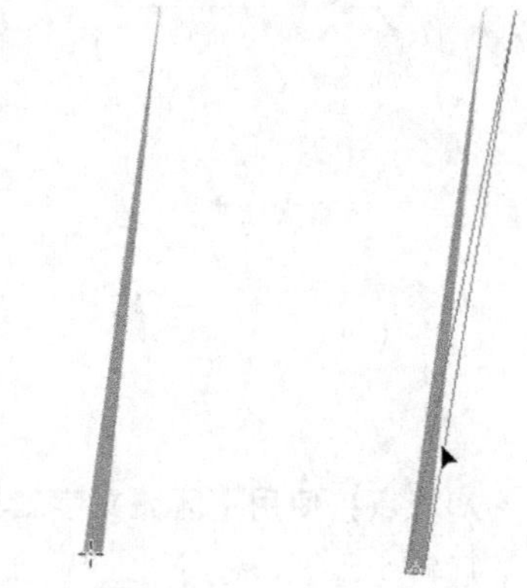

图7.14 设置中心点　　图7.15 复制图形

05 旋转复制三角形后，多次按“Ctrl”+“D”组合键，将三角形复制多个直到完成整个图形，如图7.16所示。

图7.16 多重复制

06 将三角形全部选中，执行菜单栏中的【窗口】|【路径查找器】|【联集】命令，如图7.17所示。

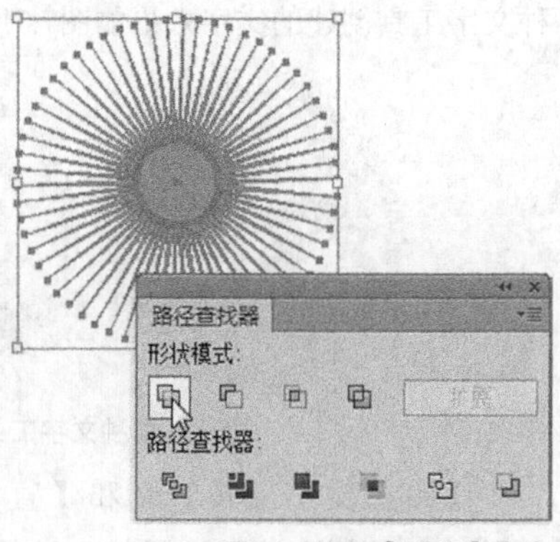

图7.17 执行【联集】命令

07 在【渐变】面板中设置渐变颜色为浅蓝色（R：101；G：176；B：209）到蓝色（R：21；G：107；B：168）再到深蓝色（R：17；G：26；B：42）的径向渐变，如图7.18所示。

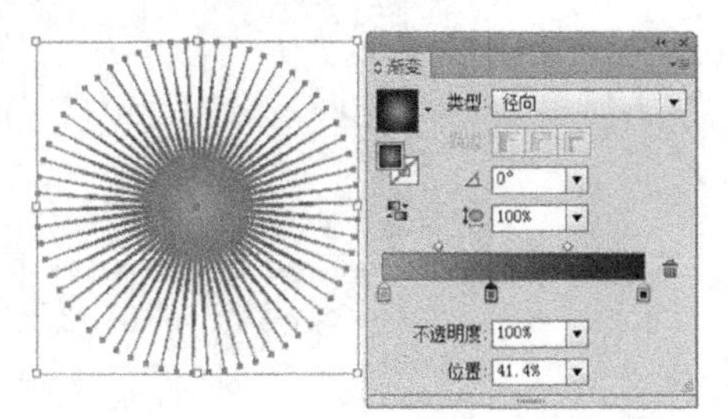

图7.18 【渐变】面板

08 为图形填充渐变，填充效果如图7.19所示。

图7.19 填充效果

09 选择工具箱中的【选择工具】，选择放射状线条，将图形全选移动到已绘制好的矩形背景上，放射状背景线条就制作完成了，如图7.20所示。

图7.20 移动图形

10 选择工具箱中的【椭圆工具】，按住“Shift”键的同时拖动鼠标绘制一个大型正圆，填充颜色可随意，如图7.21所示。

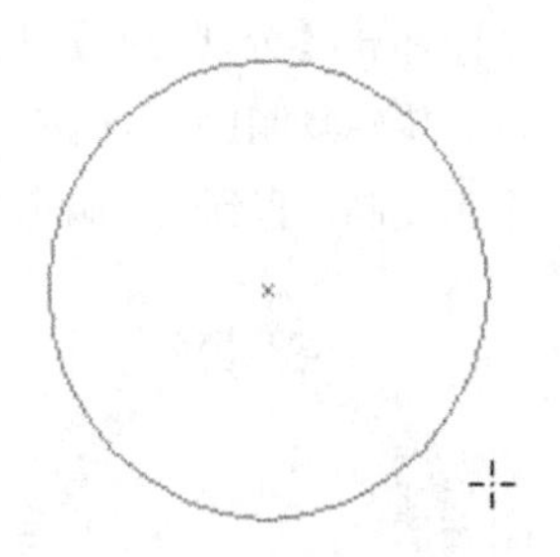

图7.21 绘制正圆

11 选择工具箱中的【路径文字工具】，将光标移动到圆形路径的上方，单击可以看到在路径上出现一个闪动的文字输入符号，打开【字符】面板，设置文字的【字体】为Arial，【字体大小】为24pt，输入文字并完成整个路径，如图7.22所示。

图7.22 输入文字

12 选择工具箱中的【选择工具】，选择文字，执行菜单栏中的【对象】|【变换】|【分别变换】命令，弹出【分别变换】对话框，修改其参数，【缩放】|【水平】为85%，【缩放】|【垂直】为85%，【角度】为30°，如图7.23所示。

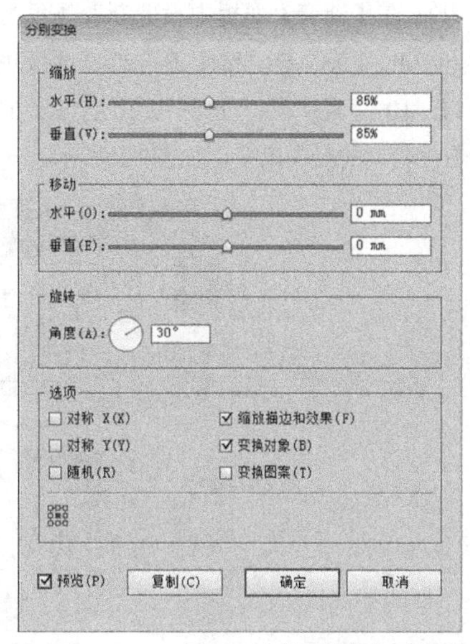

图7.23 【分别变换】对话框

⑬ 单击【分别变换】里的【复制】按钮，将其缩放、旋转复制1个，再按多次“Ctrl”+“D”组合键多重复制，直到效果满意为止，如图7.24所示。

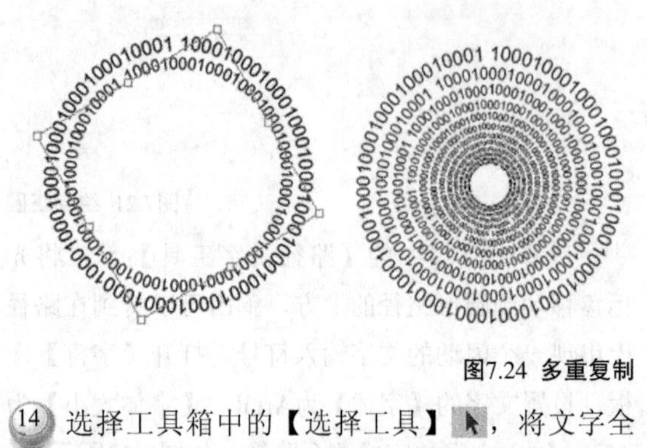

图7.24 多重复制

⑭ 选择工具箱中的【选择工具】，将文字全选，再按“Ctrl”+“G”组合键编组，执行菜单栏中的【文字】|【创建轮廓】命令，将文字创建轮廓，如图7.25所示。

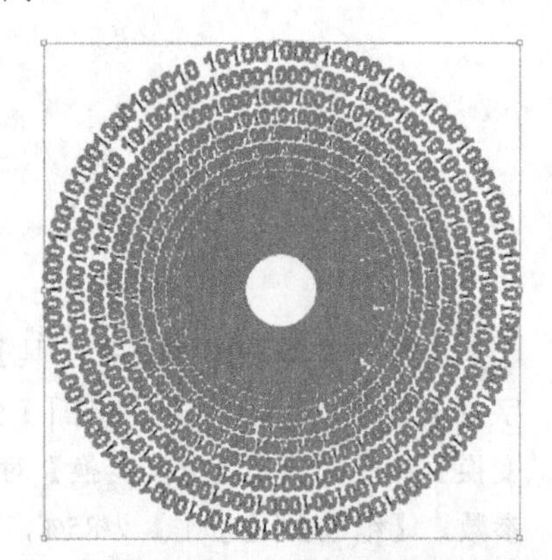

图7.25 创建轮廓

⑮ 在【渐变】面板中设置渐变颜色为白色到浅蓝色（R：193；G：224；B：229）到蓝色（R：21；G：107；B：168）再到深蓝色（R：17；G：26；B：42）的径向渐变，如图7.26所示。

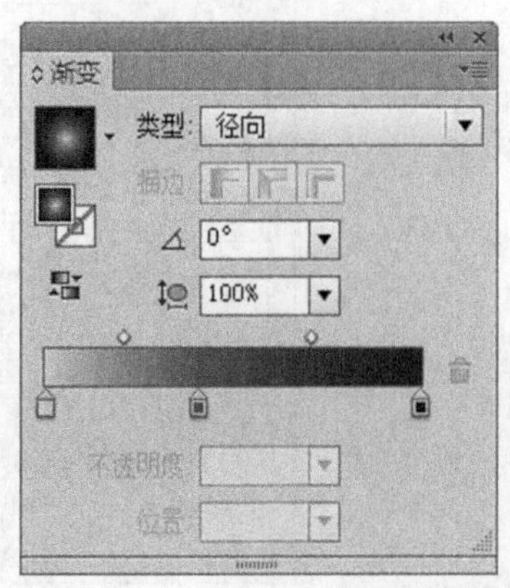

图7.26 【渐变】面板

⑯ 将文字填充渐变，填充效果如图7.27所示。

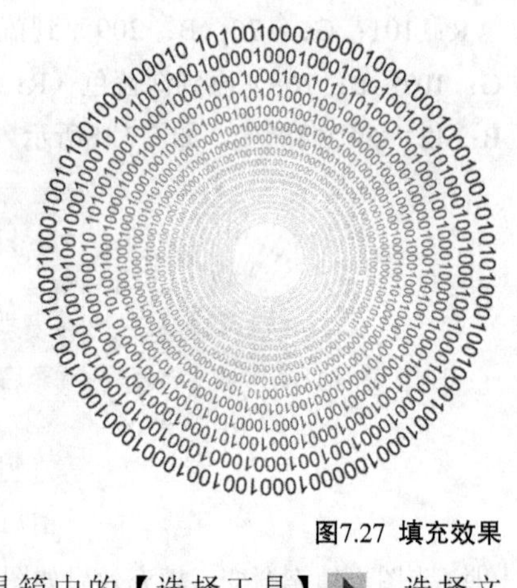

图7.27 填充效果

⑰ 选择工具箱中的【选择工具】，选择文字，将其移动到刚才已绘制好的背景中心上，如图7.28所示。

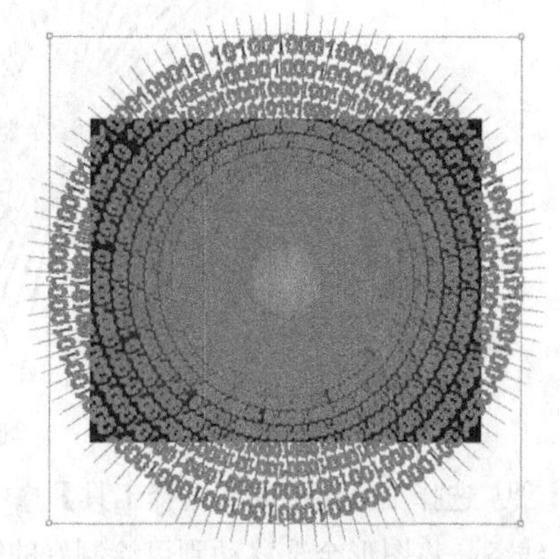

图7.28 移动矩形

⑱ 选择工具箱中的【矩形工具】，绘制1个与背景矩形等大的矩形，【宽度】为150mm，【高度】为120mm，与背景完全重合，如图7.29所示。

图7.29 绘制矩形

19 将图形全部选中，执行菜单栏中的【对象】|【剪切蒙版】|【建立】命令，将多出来的部分剪掉，最终效果如图7.30所示。

图7.30 最终效果

7.2 文字的编辑

本节重点知识概述

工具/命令名称	作用	快捷键	重要程度
创建轮廓	将文字轮廓化	Shift+Ctrl+O	高

前面讲解了各种文字的创建方法，接下来讲解文字的相关编辑方法，比如文字的选取、变换、区域文字和路径文字的修改等。

7.2.1 文字的选择

要想编辑文字，首先要选择文字，当创建了文字对象后，可以任意选择一个文字工具去选择文字，选择文字有多种方法，下面来详细讲解。

1. 拖动法选择文字

任意选择一个文字工具，将光标移动到要选择文字的前面，光标将呈现“I”状，按住鼠标拖动，可以看到拖动经过的文字呈现反白颜色效果，达到满意的选择后，释放鼠标即可选择文字。选择文字操作效果如图7.31所示。

提示与技巧

由于拖动法灵活性较强，所以它是选择文字时最常用的一种方法。

图7.31 选择文字操作效果

2. 其他选择方法

除了使用拖动法选择文字外，还可以使用文字工具在文字上双击，可以选择以标点符号为分隔点的一句话，选择效果如图7.32所示。三击可以选择一个段落，选择效果如图7.33所示；如果要选择全部文字，可以先使用文字工具，在文字中单击确定光标，然后执行菜单栏中的【选择】|【全部】命令，或按“Ctrl”+“A”组合键。

图7.32 双击选择效果

图7.33 三击选择效果

7.2.2 区域文字的编辑

对于区域文字，不但可以选择单个的文字进行修改，也可以直接选择整个区域文字进行修改，还可以修改区域的形状。

区域文字可以看成是一个整体，像图形一样进行随意的变换、排列等基本的编辑操作，区域文字也可以在选中状态下拖动文字框上的8个控制点，修改区域文字框的大小。还可以使用菜单栏中的【对象】菜单中的【变换】和【排列】子菜单中的命令，对区域文字进行变换。如果要修改区域文字的文字框形状，可以使用【直接选择工具】来完成，它不但可以修改文字框的形状，还可以为文字框进行填充和描边。

1. 修改文字框外形

使用【直接选择工具】在文字框边缘位置单击，可以激活文字框，激活状态下某些锚点呈空白的方块状显示，然后选择其中的锚点并拖动，即可修改文字框的外形。修改文字框操作效果如图7.34所示。

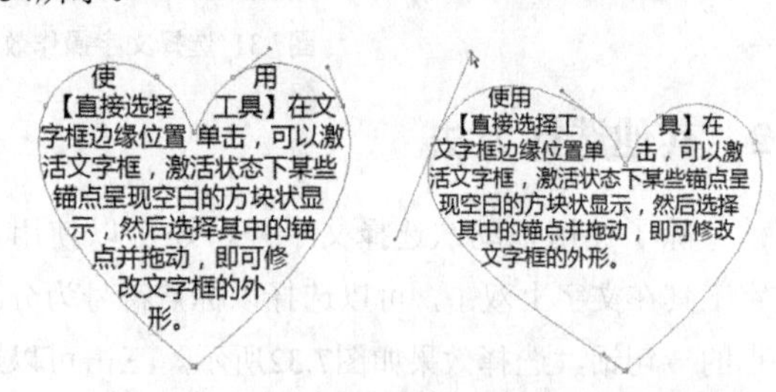

图7.34 修改文字框操作效果

2. 为文字框填充和描边

使用【直接选择工具】在文字框的边缘位置单击，可以激活文字框，激活状态下某些锚点呈空白的方块状显示，然后设置填充为渐变色，描边为紫色，填充和描边后的效果如图7.35所示。

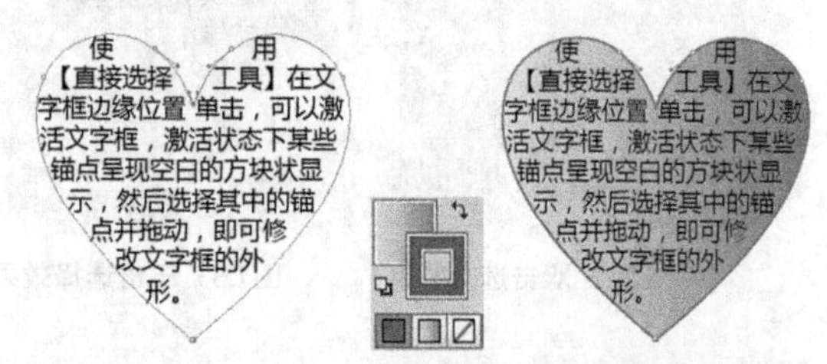

图7.35 填充和描边后的效果

提示与技巧

填充和描边文字框时，如果选择文字框后，修改填充和描边后文字框没有变化，而文字发生了变化，那么就说明文字框选择不正确，文字框没有处于激活状态，可以重新选择。

7.2.3 路径文字的编辑

输入路径文字后，选择路径文字，可以看到在路径文字上出现3个用来移动文字位置的标记，起点、终点和中心标记，如图7.36所示。起点标记一般用来修改路径文字的文字起点；终点标记用来修改路径文字的文字终点；中心标记不但可以修改路径文字的文字起点和终点位置，还可以改变路径文字的文字排列方向。

图7.36 文字移动标记

1. 修改路径文字的位置

要修改路径文字的位置，首先在工具箱中选取【选择工具】或【直接选择工具】，然后在路径文字上单击选择路径文字，接着将光标移动到路径文字的起点标记位置，此时光标将变成状；也可以将光标移动到中心标记位置，光标将变成状，按住鼠标拖动，可以看到文字沿路径移动的效果，移动到满意的位置后释放鼠标，即可修改路径文字的位置。修改路径文字位置操作效果如图7.37所示。

图7.37 修改路径文字位置操作效果

2. 修改路径文字的方向

要修改路径文字的方向，首先在工具箱中选取【选择工具】或【直接选择工具】，然后在路径文字上单击选择路径文字，接着将光标移动到中心标记位置，光标将变成状，按住鼠标向路径另一侧拖动，可以看到文字反转到路径的另外一个方向了，此时释放鼠标，即可修改文字的方向。修改文字方向操作效果如图7.38所示。

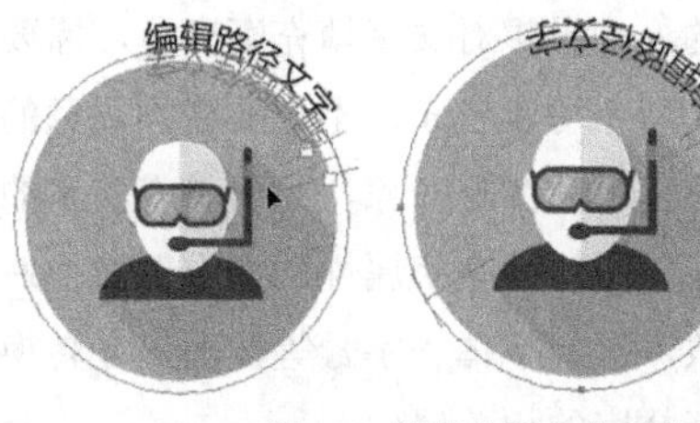

图7.38 修改文字方向操作效果

知识点：为什么在使用【路径文字工具】创建路径文字时总提示错误？

【路径文字工具】必须是在路径上才可以使用。选择路径文字后要在路径上单击创建文字，不能在其他地方单击创建文字。

3．使用路径文字选项

路径文字除了上面显示的沿路径排列方式外，Illustrator CS6还提供了几种其他的排列方式。执行菜单栏中的【文字】|【路径文字】|【路径文字选项】命令，打开图7.39所示的【路径文字选项】对话框，利用该对话框可以对路径文字进行更详细的设置。

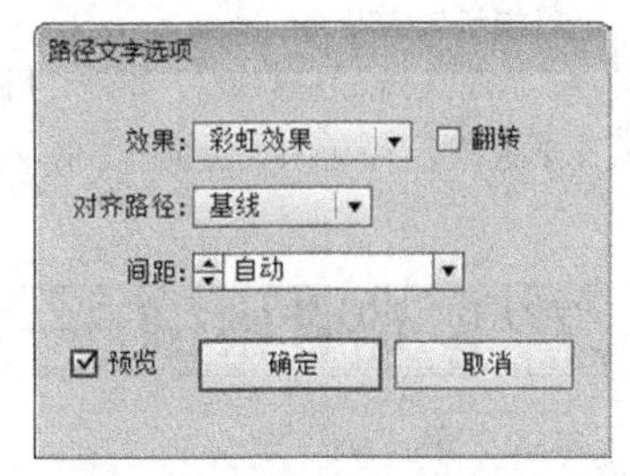

图7.39 【路径文字选项】对话框

【路径文字选项】对话框中各选项的含义说明如下。

- 【效果】：设置文字沿路径排列的效果，包括彩虹效果、倾斜效果、3D带状效果、阶梯效果和重力效果5种，这5种效果如图7.40所示。

图7.40 5种不同的效果

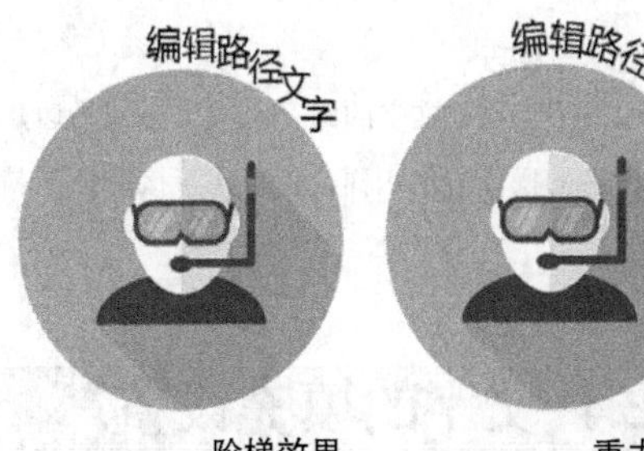

图7.40 5种不同的效果（续）

- 【对齐路径】：设置路径与文字的对齐方式。包括字母上缘、字母下缘、居中和基线。不同的对齐路径效果如图7.41所示。

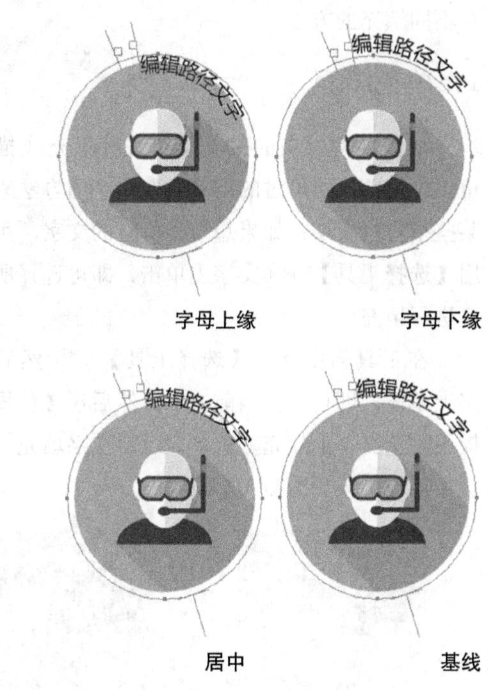

图7.41 不同对齐路径效果

- 【间距】：设置路径文字的文字间距。值越大，文字间离的也就越远。
- 【翻转】：勾选该复选框，可以改变文字的排列方向，即沿路径反转文字。勾选【翻转】前后效果对比如图7.42所示。

图7.42 勾选【翻转】前后效果对比

提示与技巧

如果想为路径文字的路径区域填充或描边，也可以像区域文字的操作方法一样，使用【直接选择工具】进行操作。

7.2.4 文字的填充设置

文字可以像其他的图形对象一样进行填充或描边，可以对文字填充实色或图案，但不能对文字使用渐变颜色填充。如果想对文字填充渐变颜色，首先要将文字转换，才能进行渐变填充，下面来讲解不同填充的方法。

1. 单色填充

如果要对其中的某些文字进行填充或描边，可以使用前面讲解过的拖动选取文字的方法来选择某些指定的文字；如果想填充所有的文字，可以使用【选择工具】在文字上单击，即可选择所有文字进行填充。

在工具箱中选择【选择工具】，然后在文字上单击，即可选择当前文字，然后在【色板】面板中设置文字的填充颜色，即可将文字填充。填充文字操作效果如图7.43所示。

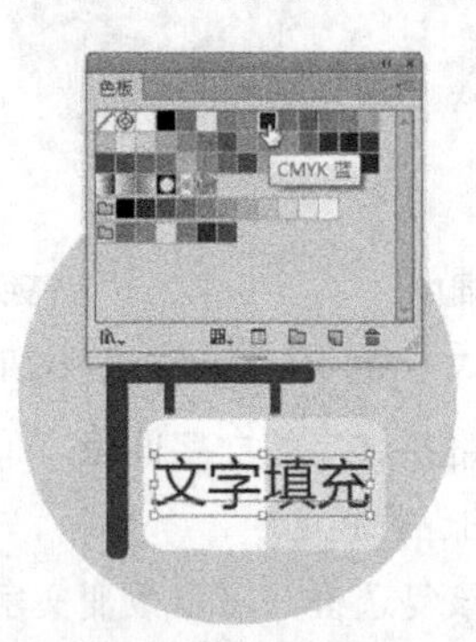

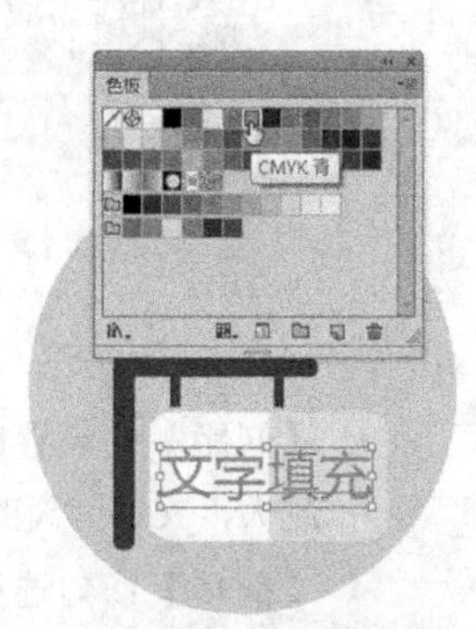

图7.43 填充文字操作效果

提示与技巧

利用这种方法，还可以对区域文字和路径文字进行填充。如果要描边文字，可以直接为文字设置描边颜色，还可以通过【描边】面板修改文字的描边粗细程度。

2. 渐变填充

前面已经讲过，文字本身是不能进行渐变填充的，如果想对文字填充渐变色，需要将文字进行转换后才可以填充，不过要特别注意的是，文字转换后变形的图形对象，不再具有文字的相关属性，不能使用修改文字属性的命令对转换后的文字进行修改，比如字体、字号等，所以在转换前要注意设置好文字的相关属性。

使用【选择工具】在文档中选择要填充渐变色的文字，然后执行菜单栏中的【文字】|【创建轮廓】命令，可以看到文字创建轮廓后出现很多的锚点效果，编辑一种渐变填充对其填充，即可将其填充为渐变色。文字创建轮廓填充渐变操作效果如图7.44所示。

图7.44 文字创建轮廓填充渐变操作效果

提示与技巧

这里选择文字转换时，不能使用拖动选择某些文字，而要选择文字的整体，否则就不能应用创建轮廓命令。

7.2.5 课堂案例——制作描边字

案例位置 案例文件\第7章\制作描边字.ai
视频位置 多媒体教学\7.2.5.avi
实用指数 ★★★★☆

本实例首先输入文字，再通过【路径查找器】面板将文字合并，然后使用【偏移路径】命令将文字偏移，通过多次的偏移并填充为不同的颜色，制作出描边字效果。最终效果如图7.45所示。

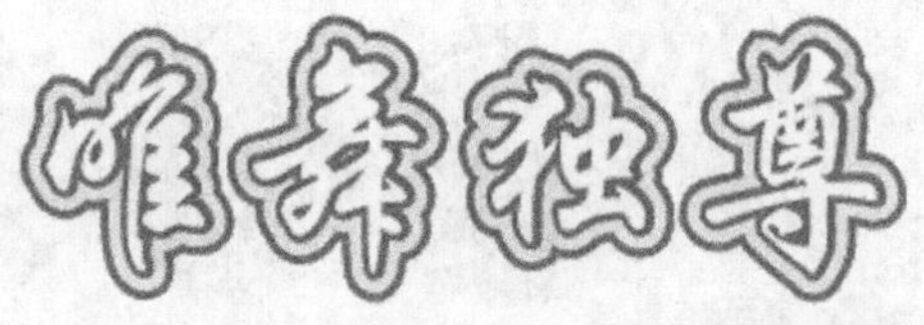

图7.45 最终效果

01 创建一个新文档，然后单击【文字工具】

T，在文档中输入文字，设置字体为“方正行楷简体”，设置合适的大小，并填充为黑色，效果如图7.46所示。

图7.46 输入文字

02 选择文字，然后执行菜单栏中的【文字】|【创建轮廓】命令，将文字转化为图形，效果如图7.47所示。

图7.47 轮廓化效果

03 打开【路径查找器】面板，按住“Alt”键的同时单击【路径查找器】面板中的【联集】按钮，如图7.48所示。

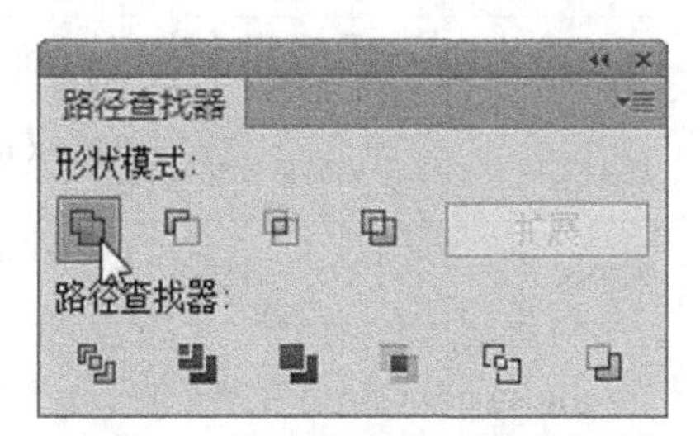

图7.48 单击【与形状区域相加】按钮

04 将文字合并为一个整体图形，效果如图7.49所示。

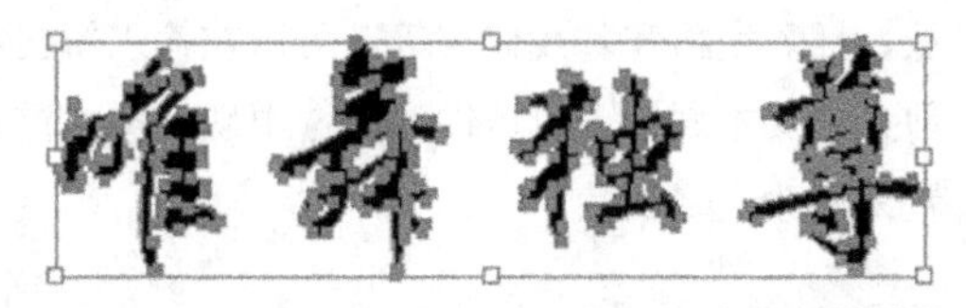

图7.49 相加后的效果

05 执行菜单栏中的【对象】|【路径】|【偏移路径】命令，打开【偏移路径】对话框，设置【位移】的值为1mm，【连接】为圆角，其他参数设置如图7.50所示。

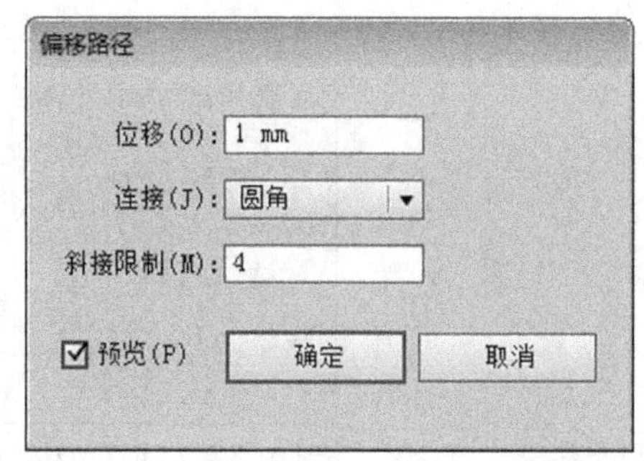

图7.50 设置位移路径参数

06 设置完成后，单击【确定】按钮，将文字偏移，新图形将在原图形基础上向外扩展1mm，生成的新图形效果如图7.51所示。

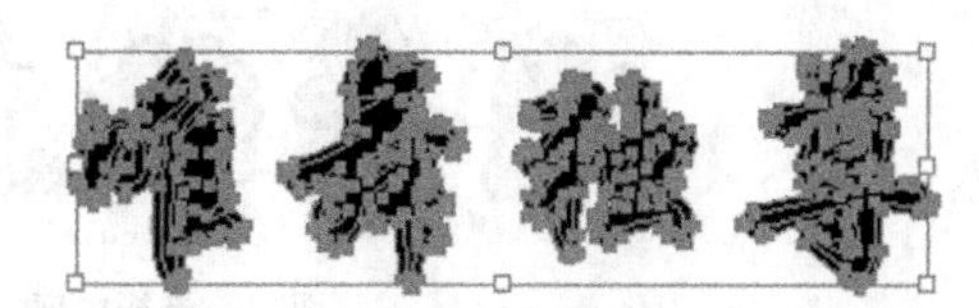

图7.51 扩展的效果

07 执行菜单栏中的【对象】|【取消编组】命令，或按“Shift”+“Ctrl”+“G”组合键，将图形取消编组，然后使用【选择工具】将内部的文字选中，并单击【路径查找器】面板中的【联集】按钮，将其合并，效果如图7.52所示。

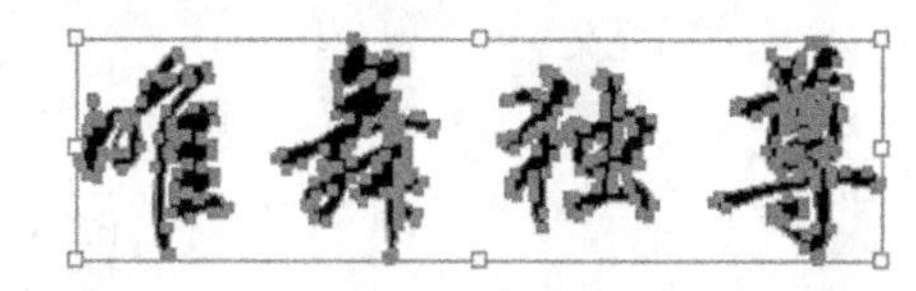

图7.52 选择并合并

08 执行菜单栏中的【对象】|【隐藏】|【所选对象】命令，或按“Ctrl”+“3”组合键，将文字隐藏，然后选择文档中所有的图形，并单击【路径查找器】面板中的【联集】按钮，将其合并后填充为红色（C：0；M：100；Y：100；K：0），效果如图7.53所示。

图7.53 填充红色

09 再次执行菜单栏中的【对象】|【路径】|【偏移路径】命令，打开【偏移路径】对话框，设置【位移】的值为1.5mm，【连接】为圆角，其他

参数设置如图7.54所示。

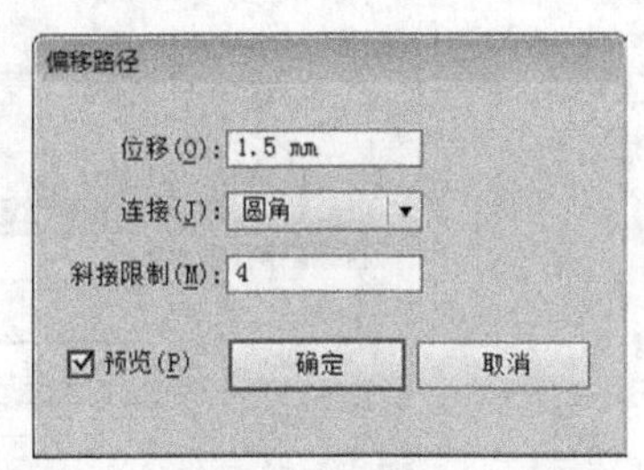

图7.54 【位移路径】对话框

⑩ 设置完成后，单击【确定】按钮，完成偏移，然后使用选择工具选择内部的文字图形，如图7.55所示。

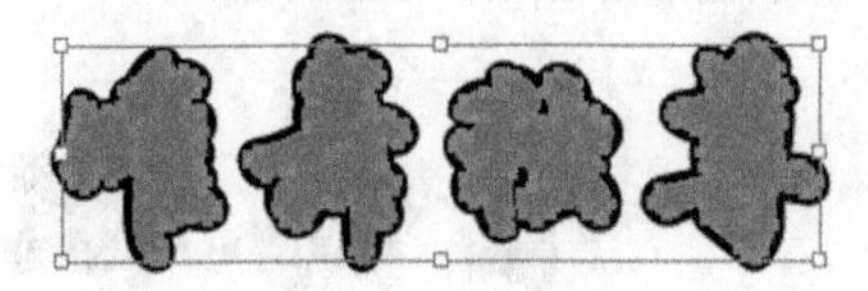

图7.55 选择内部文字图形

⑪ 按“Ctrl”+“3”组合键将其隐藏，然后使用选择工具选择偏移出来的文字图形，将其填充为黄色（C：0；M：0；Y：100；K：0），如图7.56所示。

图7.56 填充黄色

⑫ 再次执行菜单栏中的【对象】|【路径】|【偏移路径】命令，打开【位移路径】对话框，设置【位移】的值为1mm。然后选择偏移出来的路径图形，将其填充为红色（C：0；M：100；Y：100；K：0），效果如图7.57所示。

图7.57 填充红色

⑬ 执行菜单栏中的【对象】|【显示全部】命令，或按“Alt”+“Ctrl”+“3”组合键，将全部隐藏图形显示出来，效果如图7.58所示。

图7.58 显示全部

⑭ 选择中间的黑色文字图形，然后将其填充为白色，完成描边字的制作，完成的最终效果如图7.59所示。

图7.59 最终效果

7.3 编辑文本对象

本节重点知识概述

工具/命令名称	作用	快捷键	重要程度
【字符】面板	打开/关闭【字符】面板	Ctrl + T	高
【段落】面板	打开/关闭【段落】面板	Ctrl Alt + T	中
增大文字	将文字字号变大	Shift + Ctrl + >	中
缩小文字	将文字字号变小	Shift + Ctrl + <	

Illustrator CS6为用户提供了两个编辑文本对象的面板：【字符】和【段落】面板，通过这些面板可以对文本属性进行精确的设置，如文字的字体、样式、大小、行距、字距调整、水平及垂直大小缩放、插入空格和基线偏移等。可以在输入新文本之前设置文本属性，也可以通过选中现有文本重新设置来修改文字属性。

7.3.1 格式化字符

设置字符属性可以使用【字体】菜单，也可以选择文字后在【控制】栏中进行设置，不过一般常用【字符】面板来修改。

执行菜单栏中的【窗口】|【文字】|【字符】命令，打开如图7.60所示的【字符】面板，如果打开的

【字符】面板与图中显示的不同，可以在【字符】面板菜单中选择【显示选项】命令，将【字符】面板其他的选项显示出来即可。

提示与技巧

按“Ctrl”+“T”组合键，可以快速打开或关闭【字符】面板。

1．设置字体

通过【设置字体系列】下拉列表，可以为文字设置不同的字体，一般比较常用的字体有宋体、仿宋、黑体等。

要设置文字的字体，首先选择要修改字体的文字，然后在【字符】面板中单击【设置字体系列】右侧的下三角按钮，从弹出的字体下拉菜单中，选择一种合适的字体，即可将文字的字体修改。修改字体操作效果如图7.61所示。

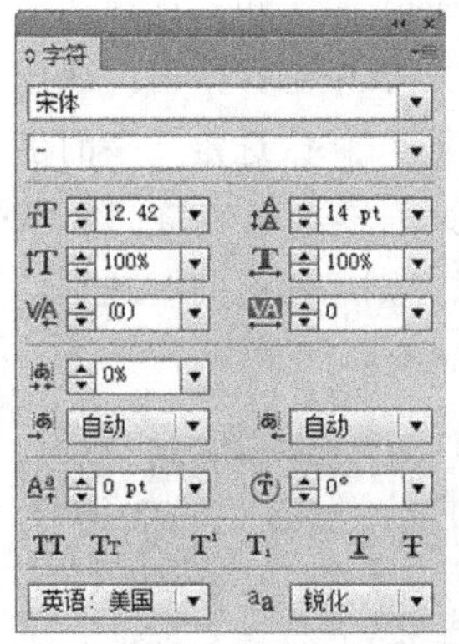

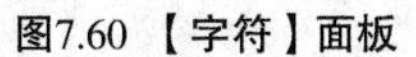

图7.60 【字符】面板　　图7.61 修改字体操作效果

除了修改字体外，还可以在同种字体之间选择不同的字体样式，如Regular（常规）、Italic（倾斜）或Bold（加粗）等。可以在【字符】面板的【设置字体样式】下拉列表中选择字体样式。当某种字体没有其他样式时会出现“-”字符表示没有字符样式。

知识点：关于安装字体

Illustrator CS6默认为用户提供了几十种字体和样式，但这并不能满足设计的需要，用户可以安装自己需要的字库，安装后会自动显示在【字符】面板的【设置字体系列】下拉菜单中。

2．设置字体大小

通过【字符】面板中的【设置字体大小】文本框，可以设置文字的大小，文字的大小取值范围为0.1点到1296点，默认的文字大小为12点。可以从下拉列表中选择常用的字符尺寸，也可以直接在文本框中输入所需要的字符尺寸大小。不同字体大小如图7.62所示。

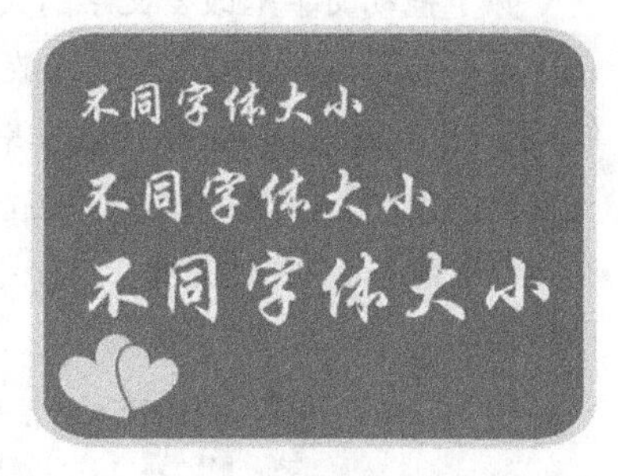

图7.62 不同字体大小

知识点：关于修改文字的大小

选择文字后，按“Shift”+“Ctrl”+“>”组合键可以增大文字的大小；按“Shift”+“Ctrl”+“<”组合键，可以减小文字的大小。

3．设置行距

行距就是相邻两行基线之间的垂直纵向间距。可以在【字符】面板中的【设置行距】文本框中设置行距。

选择一段要设置行距的文字，然后在【字符】面板中的【设置行距】下拉列表中，选择一个行距值，也可以在文本框中输入新的行距数值，以修改行距。下面是将原行距为14pt修改为20pt的操作效果，如图7.63所示。

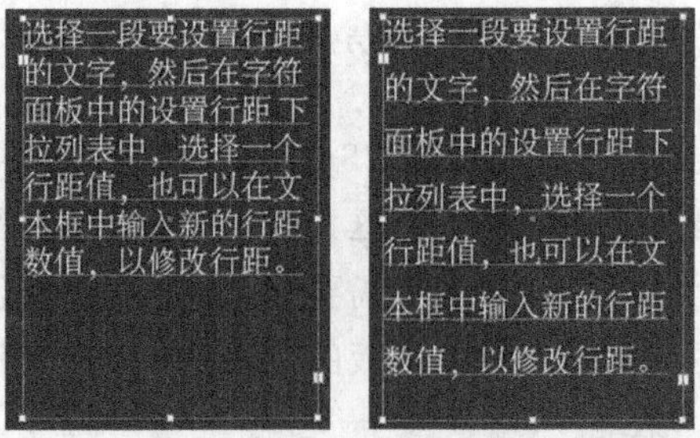

图7.63 修改行距操作效果

知识点：关于修改文字的行距

选择文字后，按“Alt”+“↑”组合键来减小行距；按“Alt”+“↓”组合键来增加行距，每按一次行距的变化量为2pt。

4．水平/垂直缩放文字

除了拖动文字框改变文字的大小外，还可以使用【字符】面板中的【水平缩放】和【垂直缩放】，来调整文字的缩放效果，可以从下拉列表中选择一个缩放的百分比数值，也可以直接在文本框中输入新的缩放数值。文字不同缩放效果如图7.64所示。

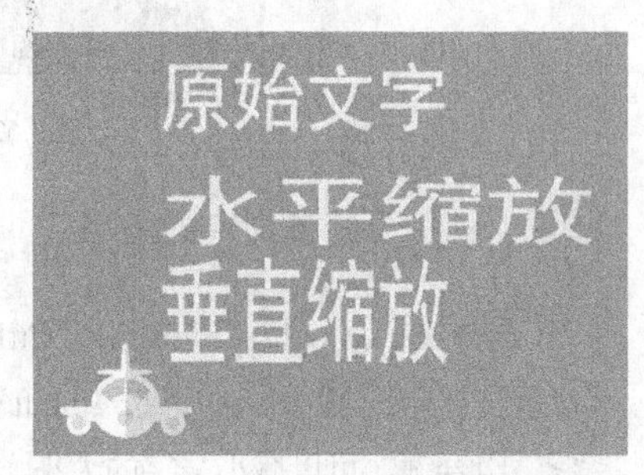

图7.64 文字不同缩放效果

5．字距微调

【字距微调】用来设置两个字符之间的距离，与【字距调整】的调整相似，但不能直接调整选择的所有文字，而只能将光标定位在某两个字符之间，调整这两个字符之间的间距。可以从下拉列表中选择相关的参数，也可以直接在文本框中输入一个数值，即可修改字距。当输入的值为大于零时，字符的间距变大；当输入的值小于零时，字符的间距变小。修改字距操作效果如图7.65所示。

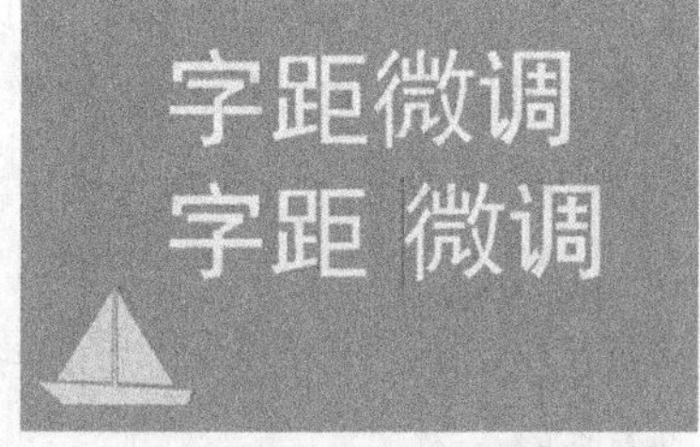

图7.65 字距微调操作效果

知识点：关于修改文字间距的大小

将光标定位在两个字符之间后，按“Alt”+“←”组合键，可以减小字符的间距，使字符间靠得更近；按“Alt”+“→”组合键，可以增加字符的间距，使字符间离得更远。如果按“Alt”+“Ctrl”+“←”组合键，可以使字符靠得更近；按“Alt”+“Ctrl”+“→”组合键，使字符离得更远，每按一次，数值将减小或增加100pt。

6．设置字距调整

在【字符】面板中，通过【字距调整】可以设置选定字符的间距，与【字距微调】相似，只是这里不是定位光标位置，而是选择文字，而且可以一次修改所有选中的文字字距。选择文字后，在【字距调整】下拉列表中选择数值，或直接在文本框中输入数值，即可修改选定文字的字符间距。如果输入的值大于零，则字符间距增大；如果输入的值小于零，则字符的间距减小。不同字距调整效果如图7.66所示。

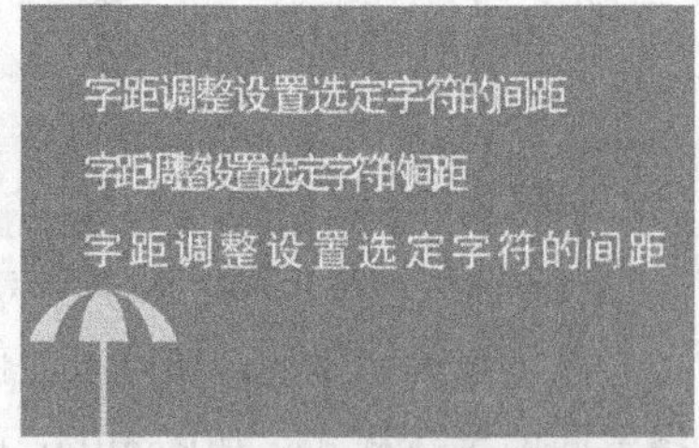

图7.66 不同字符间距效果

提示与技巧

选择文字后，可以使用与【字距微调】相同的快捷键来修改字符的间距。它与【字距微调】不同的只是选择的方式不同，一个是定位光标，另一个是选择文字。

知识点：关于比例间距的大小

在【字距微调】的下方有一个【比例间距】设置，其用法与【字距调整】的用法相似，也是选择文字后通过修改数值来修改字符的间距。但【比例间距】输入的数值越大，字符间的距离就越小，它的取值范围为0~100%。

7．插入空格

插入空格（左）和插入空格（右），可以在选择的文字前或后插入多种形式的全角空格，包括1/8全角空格、1/4全角空格和1/2全角空格等选项。要插入空格，需要首先选择相关的文字，这种选择不同于使用【选择工具】的选择，而是使用相关的文字工具以拖动的形式选择，选择的文字呈现反白效果。为文字添加空格操作效果如图7.67所示。

图7.67　为文字添加空格操作效果

8．设置基线偏移

通过【字符】面板中的【设置基线偏移】选项，可以调整文字的基线偏移量，一般利用该功能来编辑数学公式和分子式等表达式。默认的文字基线位于文字的底部位置，通过调整文字的基线偏移，可以将文字向上或向下调整位置。

要设置基线偏移，首先选择要调整的文字，然后在【设置基线偏移】选项下拉列表中，或在文本框中输入新的数值，即可调整文字的基线偏移大小。默认的基线位置为0，当输入的值大于零时，文字向上移动；当输入的值小于零时，文字向下移动。设置文字基线偏移的操作效果如图7.68所示。

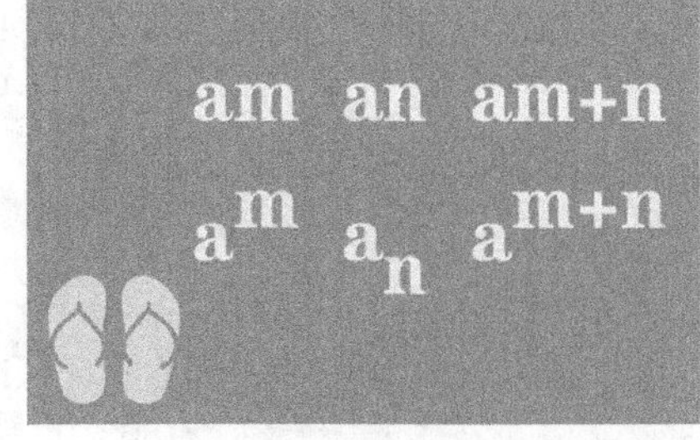

图7.68　设置文字基线偏移的操作效果

提示与技巧

选择要调整基线的文字后，按“Shift”+“Alt”+“↑”组合键，可以将文字向上偏移；按“Shift”+“Alt”+“↓”组合键，可以将文字向下偏移。每按一次，文字将移动2pt。

9．旋转字符

通过【字符】面板中的【字符旋转】选项，可以将选中的文字按照各自文字的中心点进行旋转。首先选择要旋转的字符，然后从【字符旋转】下拉列表中选择一个角度，如果这些不能满足旋转需要，用户可以在文本框中输入一个需要的旋转角度数值，但数值必须介于-360°~360°。如果输入的数值为正值，文字将按逆时针方向旋转；如果输入的数值为负值，文字将按顺时针方向旋转。图7.69所示是将选择文字旋转45°的操作效果。

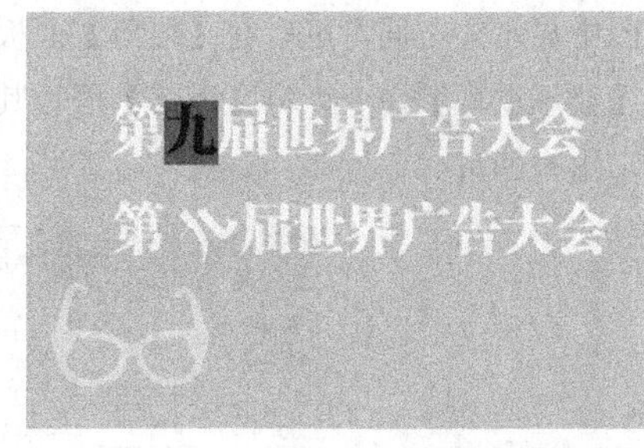

图7.69　旋转文字操作效果

10．下划线和删除线

通过【字符】面板中的【下划线】按钮和【删除线】按钮，可以为选择的字符添加下划线或删除线。操作方法非常的简单，只需要选择要添加下划线或删除线的文字，然后单击【下划线】或【删除线】按钮，即可为文字添加下划线或删除线。添加下划线和删除线的文字效果如图7.70所示。

图7.70 添加下划线和删除线的文字效果

7.3.2 格式化段落

前面主要是介绍格式化字符操作，但如果使用较多的文字进行排版、宣传品制作等操作时，格式化字符中的选项就显得有些无力了，这时就要应用Illustrator CS6提供的【段落】面板了，【段落】面板中包括大量的功能，可以用来设置段落的对齐方式、缩进、段前和段后间距以及使用连字符功能等。

要应用【段落】面板中各选项，不管选择的是整个段落还是只选取该段中的任意一个字符，又或在段落中放置插入点，修改的都是整个段落的效果。执行菜单栏中的【窗口】|【文字】|【段落】命令，可以打开图7.71所示的【段落】面板。与【字符】面板一样，如果打开的【段落】面板与图中显示的不同，可以在【段落】面板菜单中选择【显示选项】命令，将【段落】面板其他的选项显示出来即可。

图7.71 【段落】面板

提示与技巧

按“Ctrl”+“Alt”+“T”组合键，可以快速打开或关闭【字符】面板。

1. 设置段落对齐

【段落】面板中的对齐主要控制段落中的各行文字的对齐情况，主要包括左对齐、居中对齐、右对齐、两端对齐|末行左对齐、两端对齐|末行居中对齐、两端对齐|末行右对齐和全部两端对齐 7种对齐方式。在这7种对齐方式中，左、右和居中对齐比较容易理解，末行左、右和居中对齐是将段落文字除最后一行外，其他的文字两端对齐，最后一行按左、右或居中对齐。全部两端对齐是将所有文字两端对齐，如果最后一行的文字过少而不能达到对齐时，可以适当地将文字的间距拉大，以匹配两端对齐。7种对齐方法的不同显示效果如图7.72所示。

左对齐　居中对齐

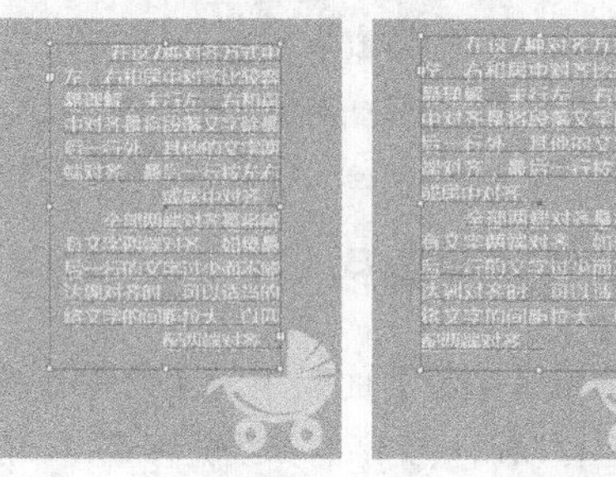

右对齐　末行左对齐

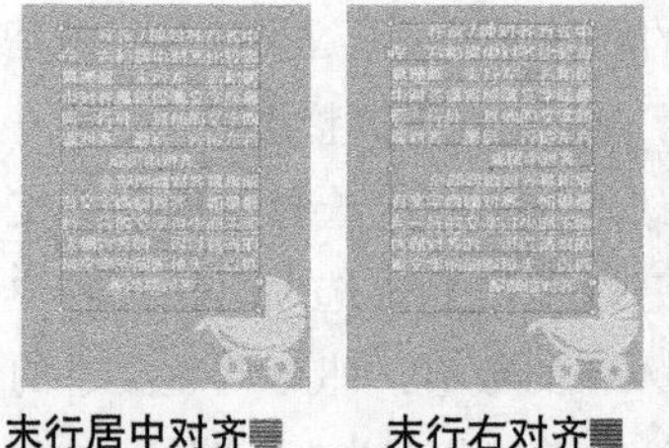

末行居中对齐　末行右对齐　全部两端对齐

图7.72 7种对齐方法的不同显示效果

2. 设置段落缩进

缩进是指文本行两端与文本框之间的间距。

可以从文本框的左边或右边缩进，也可以设置段落的首行缩进。可以利用左缩进和右缩进来制作段落的缩进。左、右缩进的效果如图7.73所示。

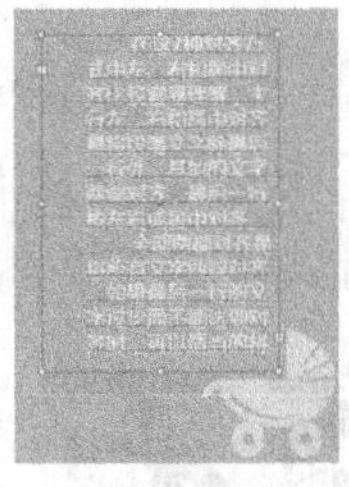

原始效果　　左缩进值为20　　右缩进值为20

图7.73 左、右缩进的效果

知识点：关于对齐的快捷方法

按“Shift”+“Ctrl”+“L”组合键，可以快速将选择文字进行左对齐或顶对齐。

按“Shift”+“Ctrl”+“C”组合键，可以快速将选择文字进行居中对齐。

按“Shift”+“Ctrl”+“R”组合键，可以快速将选择文字进行右对齐或底对齐。

按“Shift”+“Ctrl”+“J”组合键，可以快速将选择文字进行两端对齐或末行左对齐。

3. 设置首行缩进

首行缩进就是为第一段的第一行文字设置缩进，缩进只影响选中的段落，因此可以给不同的段落设置不同的缩进效果。选择要设置首行缩进的段落，在首行左缩进文本框中输入缩进的数值即可完成首行缩进。首行缩进操作效果如图7.74所示。

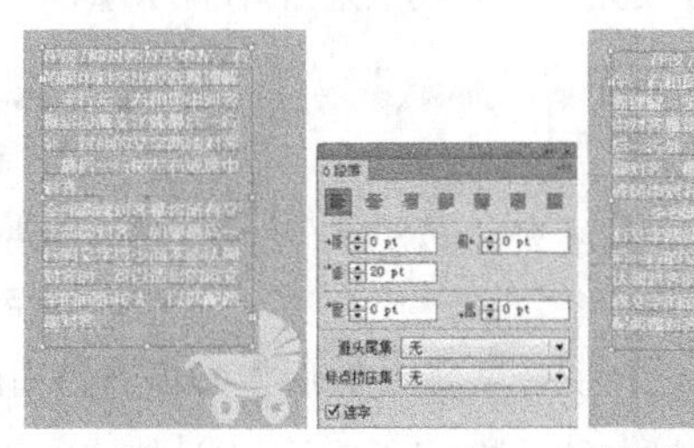

图7.74 首行缩进操作效果

4. 设置段落间距

段落间距用来设置段落与段落之间的间距。包括段前间距和段后间距，段前间距主要用来设置当前段落与上一段之间的间距；段后间距用来设置当前段落与下一段之间的间距。设置的方法很简单，只需要选择一个段落，然后在相应的文本框中输入数值即可。段前和段后间距设置的不同效果如图7.75所示。

选择文字　段前间距值为30pt　段后间距值为30pt

图7.75 段前和段后间距设置的不同效果

7.3.3 课堂案例——制作金属字

案例位置　案例文件\第7章\制作金属字.ai

视频位置　多媒体教学\7.3.3.avi

实用指数　★★★★★

本例主要讲解利用【创建轮廓】制作金属字。最终效果如图7.76所示。

图7.76 最终效果

01 新建一个页面。选择【文字工具】T，在页面中输入文字“点石成金”，设置字体为“方正大黑简体”，设置合适的大小，并将其填充为黑色，效果如图7.77所示。执行菜单栏中的【文字】|【创建轮廓】命令，将文字转化为图形。

提示与技巧

选择文字后，按“Shift”+“Ctrl”+“O”组合键，可以快速为文字创建轮廓。

点石成金

图7.77 输入文字

02 执行菜单栏中的【对象】|【路径】|【偏移路径】命令，打开【位移路径】对话框，设置【位移】的值为2mm，【连接】为斜接，其他参数设置如图7.78所示。

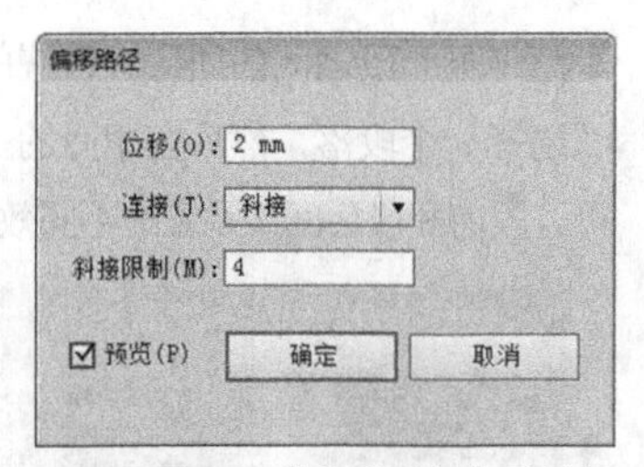

图7.78 【位移路径】对话框

03 单击【确定】按钮，文字将在原文字图形基础上向外扩展2mm的边缘路径，效果如图7.79所示。

图7.79 偏移路径效果

04 将文字选中，执行菜单栏中的【对象】|【取消编组】命令，取消文字的编组，然后在按住“Shift”键的同时将偏移出的路径选择，如图7.80所示。

图7.80 选择效果

05 打开【渐变】面板，设置渐变为从古铜色（C：0；M：100；Y：100；K：50）到橘黄色（C：0；M：50；Y：100；K：0）再到古铜色（C：0；M：100；Y：100；K：50）的线性渐变，如图7.81所示。

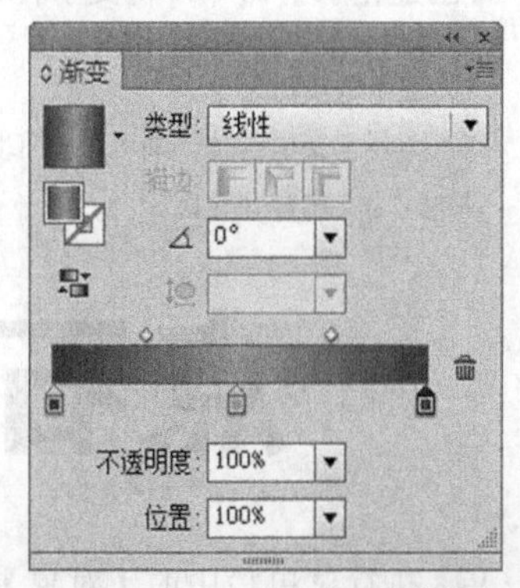

图7.81 编辑渐变

06 将编辑的线性渐变填充在选择的偏移文字上，填充后的效果如图7.82所示。

图7.82 填充文字

07 执行菜单栏中的【对象】|【隐藏】|【所选对象】命令，或按“Ctrl”+“3”组合键，将选择的偏移文字隐藏，隐藏后的效果如图7.83所示。

图7.83 隐藏后的效果

08 为了区分，可以将所有的文字填充为橙色。选择【直线段工具】，在文档中绘制多条直线，设置其颜色为黑色，粗细为1pt，效果如图7.84所示。

图7.84 绘制直线

09 同时选取文档中所有对象，单击【路径查找器】面板中的【分割】按钮，如图7.85所示。

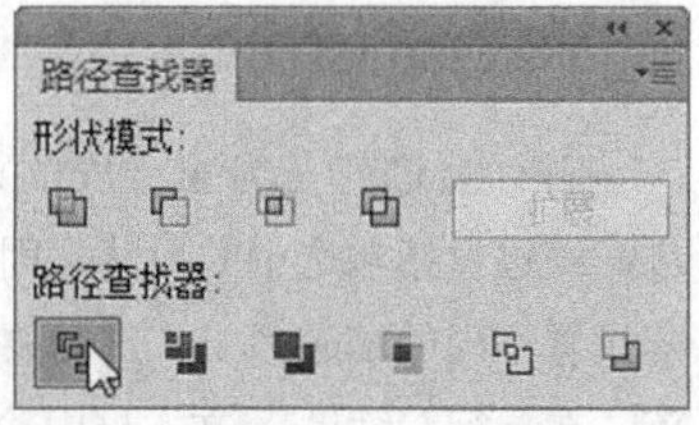

图7.85 单击【分割】按钮

10 将图形进行分割后的效果如图7.86所示。

图7.86 分割效果

11 确认选择所有文字，然后将其填充为橘红色（C：0；M：50；Y：100；K：0）到黄色（C：0；M：0；Y：100；K：0）再到橘红色（C：0；M：50；Y：100；K：0）的线性渐变，填充效果如图7.87所示。

图7.87 填充渐变效果

⑫ 执行菜单栏中的【对象】|【取消编组】菜单命令，取消编组，然后将文字中多余的部分选择并将其删除，删除后的效果如图7.88所示。

图7.88 删除后的效果

⑬ 执行菜单栏中的【对象】|【显示全部】命令，显示所有图形，得到最终效果，如图7.89所示。

提示与技巧

按“Alt”+“Ctrl”+“3”组合键，可以快速将隐藏的文字显示出来。

图7.89 最终效果

7.4 本章小结

文字是设计的灵魂，文字不只应用于排版方面，在平面设计与图像编辑中也占有非常重要的地位，本章详细讲解了Illustrator文字的各种创建及使用方法。

7.5 课后习题

本章通过3个课后习题，将文字的多种应用以实例的形式表现出来，让读者对文字在设计中的应用技巧有更深入的了解。

7.5.1 课后习题1——制作趣味立体字

案例位置　案例文件\第7章\制作趣味立体字.ai
视频位置　多媒体教学\7.5.1.avi
实用指数　★★★★★

利用【矩形网格工具】制作出漂亮的背景，然后再通过【移动】命令，制作出文字的文体效果。最终效果如图7.90所示。

图7.90 最终效果

步骤分解如图7.91所示。

图7.91 步骤分解图

7.5.2 课后习题2——制作凹槽立体字

案例位置　案例文件\第7章\制作凹槽立体字.ai
视频位置　多媒体教学\7.5.2.avi
实用指数　★★★★★

本例通过套用【3D 凸出和斜角】滤镜，轻松制作出凹槽立体字效果。最终效果如图7.92所示。

图7.92 最终效果

步骤分解如图7.93所示。

图7.93 步骤分解图

7.5.3 课后习题3——制作彩条文字

案例位置　案例文件\第7章\制作彩条文字.ai
视频位置　多媒体教学\7.5.3.avi
实用指数　★★★★★

利用【矩形工具】绘制矩形并对其建立混合效果，通过运用【路径查找器】面板对图像和文字进行修剪，完成漂亮的彩条文字效果。最终效果如图7.94所示。

图7.94 最终效果

步骤分解如图7.95所示。

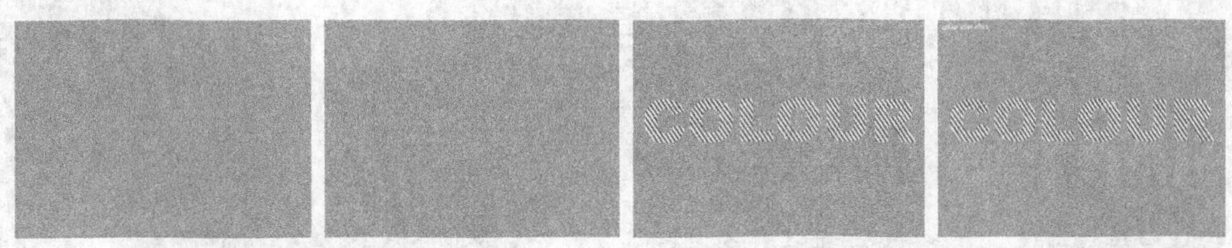

图7.95 步骤分解图

第8章

图表的艺术应用

内容摘要

图表工具的使用在Illustrator中是比较独立的一块。在统计和比较各种数据时，为了获得更为直观的视觉效果，以更好地说明和发现问题，通常采用图表来表达数据。Adobe Illustrator CS6和以前的版本一样，非常周全地考虑了这一点，提供了丰富的图表类型和强大的图表功能，将图表与图形、文字对象结合起来。本章详细讲解了9种不同类型图形的创建和编辑方法，并结合实例来讲解图表设计的应用，以制作出更加精美的图表效果。通过本章的学习，读者不但可以根据数据来创建所需要的图表，而且可以自己设计图表的艺术效果，以制作出更为直观的报表、计划或海报中的图表效果。

教学目标

了解图表的种类

学习图表工具的使用

掌握图表的选取与修改技术

掌握图表数据的修改

掌握图形的设计应用

8.1 图表的创建

本节重点知识概述

工具/命令名称	作用	快捷键	重要程度
【柱形图工具】	创建柱形图表	J	中

在统计和比较各种数据时，为了获得更为直观的视觉效果，以更好地说明和发现问题，通常采用图表来表达数据。Illustrator CS6提供了丰富的图表类型和强大的图表功能，将图表与图形、文字对象结合起来，使它成为制作报表、计划和海报等强有力的工具。

8.1.1 认识图表工具

Illustrator CS6为用户提供了9种图表工具，创建图表的各种工具都在工具箱中，图表工具栏如图8.1所示。

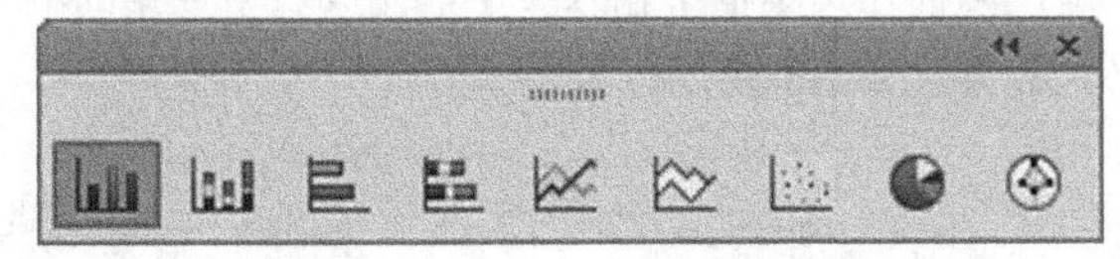

图8.1 图表工具栏

图表工具的使用说明简单介绍如下。

- 柱形图工具：用来创建柱形图表。使用一些并列排列的不同长度的矩形来表示各种数据，矩形的长度与数据大小成正比，矩形越长相对应的值就越大。
- 堆积柱形图工具：用来创建堆积柱形图表。堆积柱形图按类别堆积起来，而不是像柱形图表那样并列排列，而且它们能够显示数量的信息。建堆积柱形图表用来显示全部数据的总数，而普通柱形图表可用于每一类中单个数据的比较，所以堆积柱形图更容易看出整体与部分的关系。
- 条形图工具：用来创建条形图表。与柱形图表相似，但它使用水平放置的矩形而不是垂直矩形来表示各种数据。
- 堆积条形图工具：用来创建堆积条形图表。与堆积柱形图表相似，只是排列的方式不同，堆积的方向是水平而不是垂直。
- 折线图工具：用来创建折线图表。折线图表用一系列相连的点来表示各种数据，多用来显示一种事物发展的趋势。
- 面积图工具：用来创建面积图表。与折线图表类似，但线条下面的区域会被填充，多用来强调总数量的变化情况。
- 散点图工具：用来创建散点图表。它能够创建一系列不相连的点来表示各种数据。
- 饼图工具：用来创建饼形图表。使用不同大小的扇形来表示各种数据，扇形的面积与数据的大小成正比。扇形面积越大，该对象所占的百分比就越大。
- 雷达图工具：用来创建雷达图表。使用圆来表示各种数据，方便比较某个时间点上的数据参数。

8.1.2 使用图表工具

使用图表工具可以轻松创建图表，创建的方法有两种：一种是直接在文档中拖动一个矩形区域来创建图表；另一种是直接在文档中单击鼠标来创建图表。下面来讲解这两种方法的具体操作。

1. 拖动法创建图表

下面来详细讲解拖动法创建图表的操作过程。

01 在工具箱中选择任意一种图表工具，比如选择【柱形图工具】，在文档中合适的位置按下鼠标，然后在不释放鼠标的情况下拖动鼠标以设定所要创建的图表的外框大小，拖动效果如图8.2所示。

图8.2 拖动效果

技巧与提示

在使用图表工具拖动图表外框时，按住“Shift”键可以绘制正方形外框；按住“Alt”键可以以鼠标单击点为中心绘制矩形外框；按住“Shift”+“Alt”组合键，可以以鼠标单击点为中心绘制正方形外框。

02 达到满意的效果时释放鼠标，将弹出图8.3所示的图表数据对话框。在数据对话框中可以完成图表数据的设置。

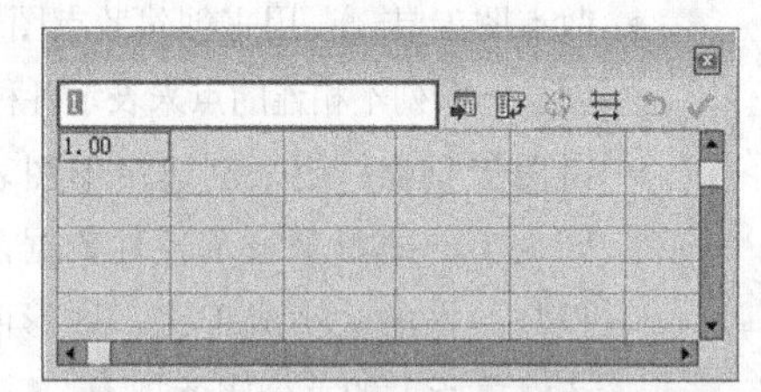

图8.3 图表数据对话框

图表数据对话框中各选项的含义说明如下。

- 【文本框】：输入数据和显示数据。在向文本框输入文字时，该文字将被放入电子表当前选定的单元格中。还可以通过选择现在文字的单元格，利用【文本框】修改原有的文字。
- 【当前单元格】：当前选定的单元格，选定的单元格周围将出现一个加粗的边框效果。当前单元格中的文字与【文本框】中的文字相对应。
- 【导入数据】：单击该按钮，将打开【导入图表数据】对话框，可以从其他位置导入表格数据。
- 【换位行/列】：用于转换横向和纵向的数据。
- 【切换x/y】：用来切换x轴和y轴的位置，可以将x轴和y轴进行交换。只在散点图表中可以使用。
- 【单元格样式】：单击该按钮，将打开图8.4所示的【单元格样式】对话框，在【小数位数】右侧的文本框中输入数值，可以指定小数点位数；在【列宽度】右侧的文本框中输入数值，可以设置表格列宽度大小。

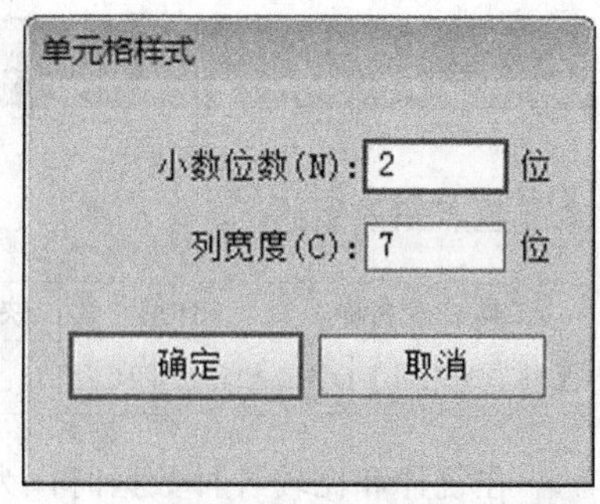

图8.4 【单元格样式】对话框

技巧与提示

【小数点位数】表示小数点后面保持几位。

- 【恢复】：单击该按钮，可以将表格恢复到默认状态，以重新设置表格内容。
- 【应用】：单击该按钮，表示确定表格的数据设置，应用输入的数据生成图表。

03 使用鼠标在要输入文字的单元格中单击，选定该单元格，然后在文本框中输入该单元格要填入的文字。接下来在其他要填入文字的单元格中单击，同样在文本框中输入文字，完成表格数据的输入效果，如图8.5所示。

客户名称

客户名称	本期金额	余额
玉龙集团	2600.00	1200.00
农夫家园	5200.00	900.00
佑华电子	2200.00	820.00
安科公司	3700.00	780.00
虎跃集团	3100.00	1150.00
铭华公司	4200.00	3300.00

图8.5 完成表格数据的输入效果

知识点：单元格的切换

在选定单元格输入文字后，按“Enter（回车）”键，可以将选定单元格切换到同一列中的下一个单元格；按“Tab”键，可以将选定单元格切换到同一行中的下一个单元格。使用鼠标单击的方法可以随意选定单元格。

04 完成数据输入后，先单击图表数据对话框右上角的【应用】按钮，然后单击【关闭】按钮，完成柱形图表的制作，完成的效果如图8.6所示。

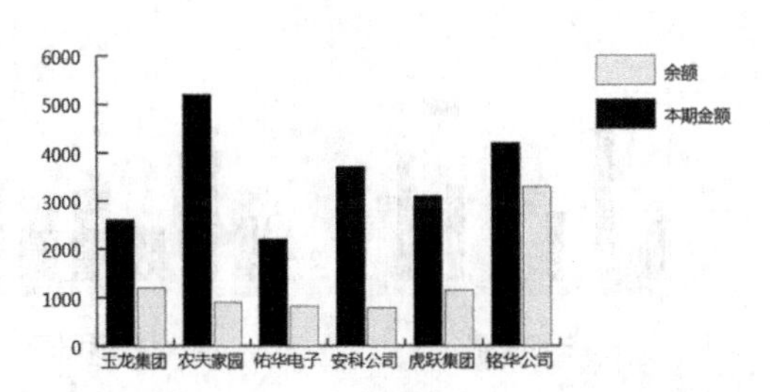

图8.6 完成的柱形图表效果

2. 单击鼠标创建图表

在工具箱中选择任意一种图表工具，然后在文档的适当位置单击鼠标，确定图表左上角的位置，将弹出图8.7所示的【图表】对话框。在该对话框中设置图表的【宽度】和【高度】，以指定图表的外框大小，然后单击【确定】按钮，将弹出图表数据对话框，利用前面讲过的方法输入数值即可创建一个指定的图表。

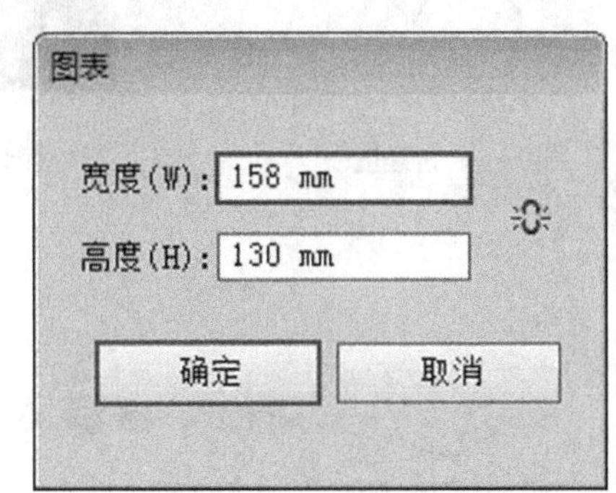

图8.7 【图表】对话框

技巧与提示

由于图表数据对话框的数据输入及图表创建前面已经详细讲解过，这里不再赘述，只学习单击创建图表的操作方法即可。

8.1.3 图表的选取与修改

图表可以像图形对象一样，使用选择工具选取后进行修改，比如修改图表文字的字体、图表颜色、图表坐标轴和刻度等。但为了图表修改的统一性，对于图表的修改主要应用【编组选择工具】，因为利用该工具可以选择相同类组进行修改，不能因为修改图表而改变图表的表达意义。

使用【编组选择工具】选择图表中的相关组，操作方法很简单，这里以柱形图为例进行讲解。

要选择柱形图中某组柱形并修改，首先在工具箱中选择【编组选择工具】，然后在图表中单击其中的一个柱形，选择该柱形；如果双击该柱形，可以选择图表中该组所有的柱形图；如果三击该柱形，可以选择图表中该组所有的柱形图和该组柱形图的图例。三击选择柱形图及图例后，可以通过【颜色】或【色板】面板，也可以使用其他的颜色编辑方法，编辑颜色进行填充或描边。选择及修改效果如图8.8所示。

知识点：关于图标工具

由于图表具有一定的技术说明作用，所以最好不要将一个组中的元素修改成不同的效果，如不同的颜色、不同描边等，因为这样就失去了表格的数据说明性。

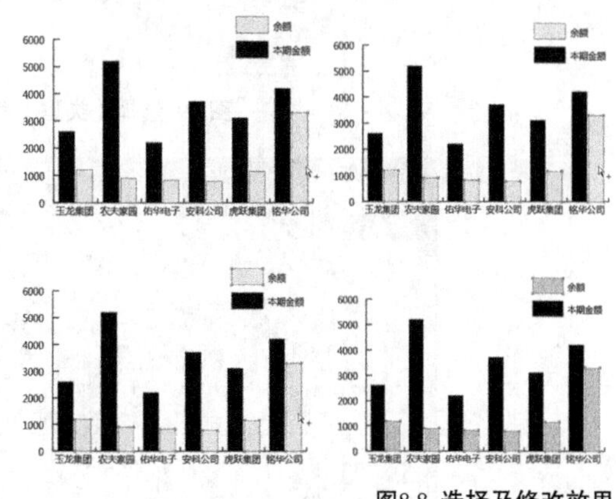

图8.8 选择及修改效果

技巧与提示

利用上面讲解的方法，还可以修改图表中其他的组，比如文字、刻度值、数值轴和刻度线等，只是要注意图表的整体性，不要为了美观而忽略了表格的特性。

8.2 图表的编辑

Illustrator CS6通过【类型】命令，可以对已经生成的各种类型的图表进行编辑，比如修改图表的数值轴、投影、图例、刻度值和刻度线等，还可以转换不同的图表类型。这里以柱形图表为例讲解编辑图表类型。

8.2.1 图表选项

要想修改图表选项，首先利用【选择工具】选择图表，然后执行菜单栏中的【对象】|【图表】|【类型】命令，或在图表上单击鼠标右键，从弹出的快捷菜单中选择【类型】命令，如图8.9所示。系统将打开如图8.10所示的【图表类型】|【图表选项】对话框。

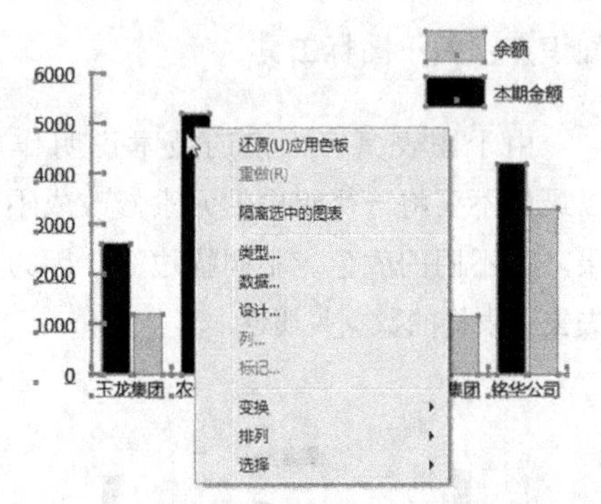

图8.9 选择【类型】命令

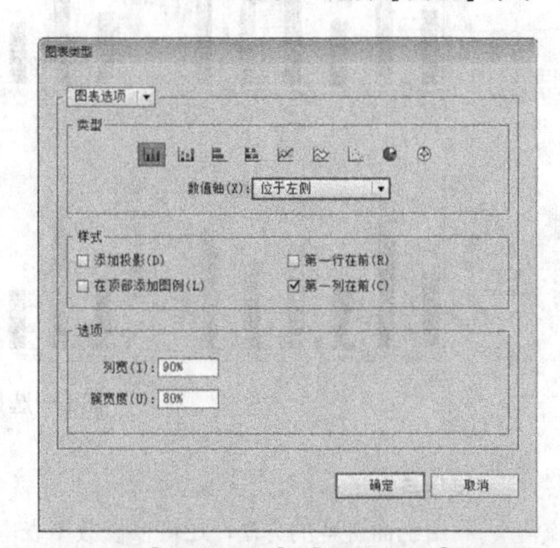

图8.10 【图表类型】|【图表选项】对话框

【图表类型】对话框中各选项的含义说明如下。

- 【图表选项】：在该下拉列表中，可以选择不同的修改类型，包括图表类型、数值轴和类别轴3种。
- 【类型】：通过单击下方的图表按钮，可以转换不同的图表类型。9种图表类型的显示效果如图8.11所示。

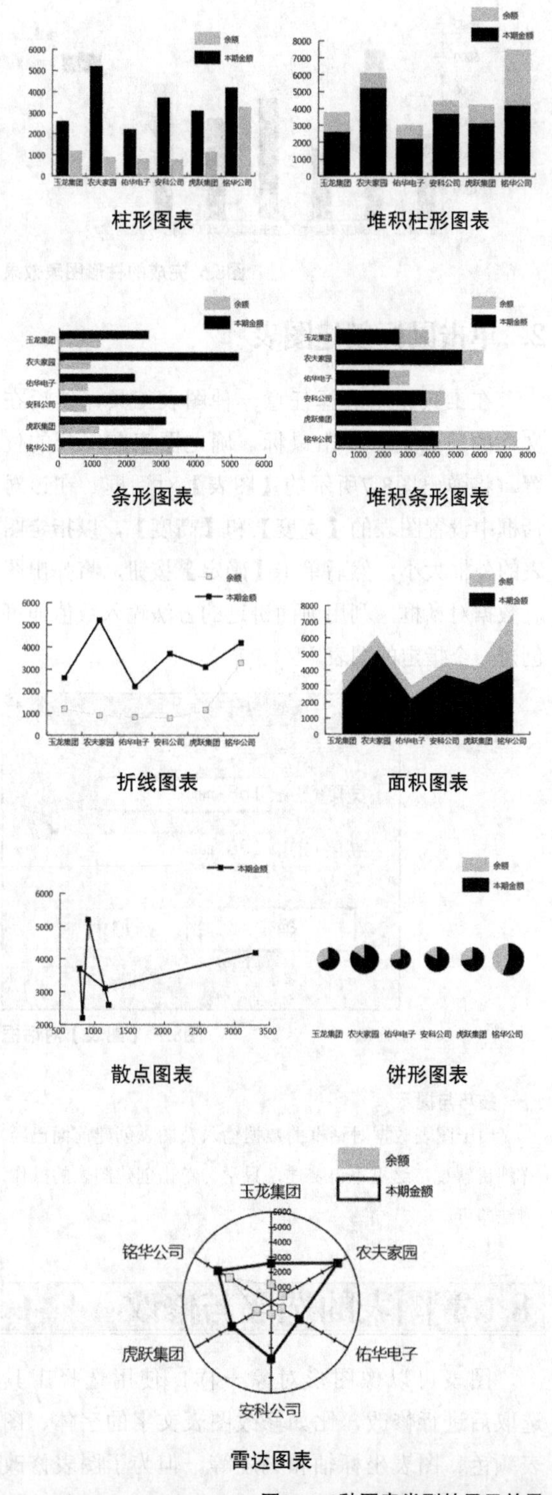

图8.11 9种图表类型的显示效果

- 【数值轴】：控制数值轴的位置，有【位于左侧】、【位于右侧】和【位于两侧】3个选项供选择。选择【位于左侧】，数值轴将出现在图表的左侧；选择【位于右侧】，数值轴将出现在图表的右侧；选择【位于两侧】，数值轴将在图表的两侧出现。不同的选项效果如图8.12所示。

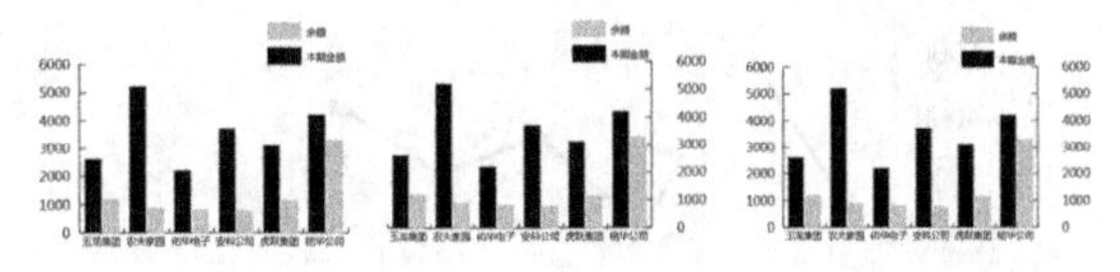

图8.12 数值轴不同显示效果

该列表框用来指定图表中显示数值坐标轴的位置。一般来说，Illustrator CS6可以将图表的数值坐标轴放于左侧、右侧，或者将它们对称地放于图表的两侧。但是，对于条状图表来说，可以将数值坐标轴放于图表的顶部、底部或者将它们对称地放于图表的上、下侧。此外，对饼状图表和雷达图表则没有这个选项。

技巧与提示

【数值轴】主要用来控制数值轴的位置。对于条形图来说，【数值轴】的3个选项为【位于上侧】、【位于下侧】和【位于两侧】。而对于雷达图表则只有【位于每侧】一个选项。

- 【样式】：该选项中有4个复选框。勾选【添加投影】复选框，可以为图表添加投影，如图8.13所示。

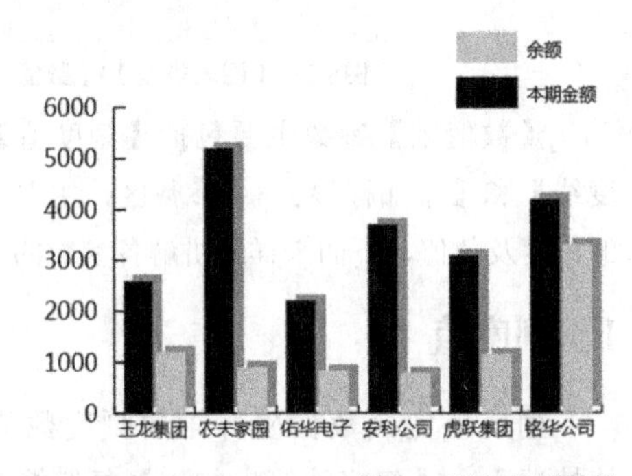

图8.13 添加投影效果

- 勾选【在顶部添加图例】复选框，可以将图例添加到图表的顶部而不是集中在图表的右侧。如图8.14所示。【第一行在前】和【第一列在前】主要设置柱形图表的柱形叠放层次，需要和【选项】中的【列宽】或【群集宽度】配合使用，只有当【列宽】或【群集宽度】的值大于100%时，柱形图才能出现重叠现象，这时才可以利用【第一行在前】和【第一列在前】来调整柱形图的叠放层次。

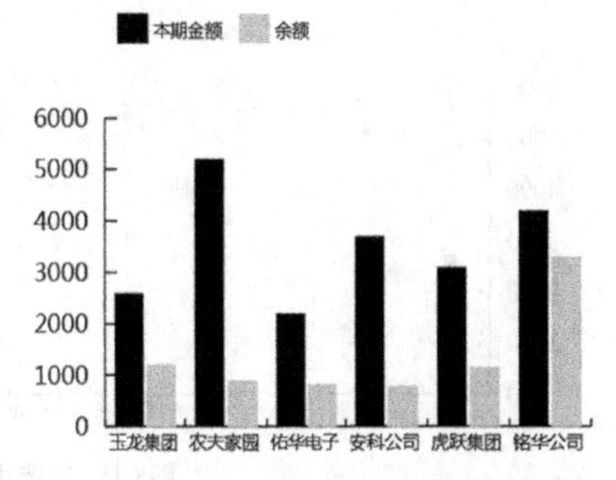

图8.14 在顶部添加图例

- 【选项】：该选项包括【列宽】和【群集宽度】两个参数，【列宽】表示柱形图各柱形的宽度；【群集宽度】表示的是柱形图各簇的宽度。下面是将【列宽】和【群集宽度】都设置为110%时的显示效果，分别如图8.15、图8.16所示。

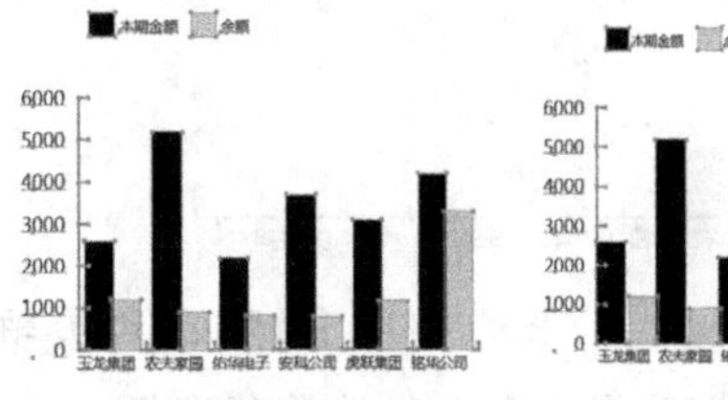

图8.15 列宽效果　　图8.16 群集宽度效果

柱形、堆积柱形、条形和堆积条形图表的参数设置非常相似，这里不再详细讲解，读者可以自己练习一下。但折线、散点和雷达图表的【选项】参数区是不同的，如图8.17所示。下面再讲解一下这些不同参数的应用。

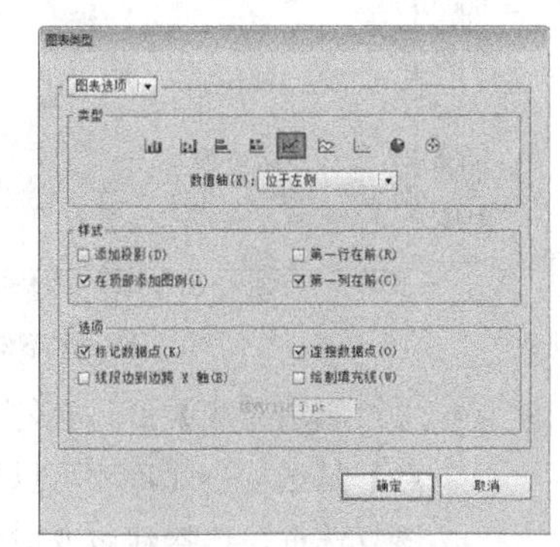

图8.17 不同的【选项】参数区

不同的【选项】参数区各选项的含义说明如下。

- 【标记数据点】：勾选该复选框，可以在数值位置出现标记点，以便更清楚地查看数值。勾选效果如图8.18所示。

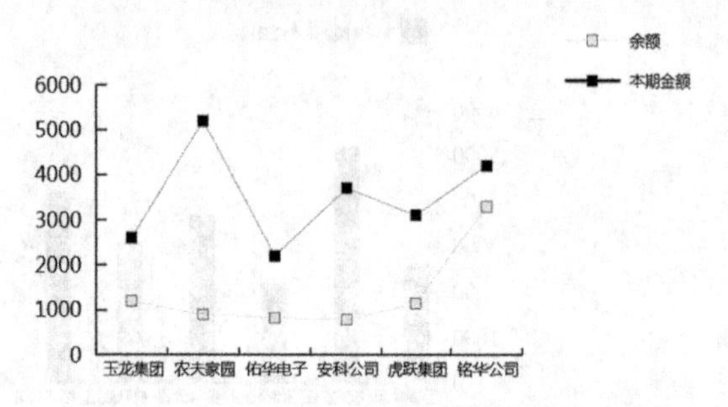

图8.18 勾选【标记数据点】

- 【线段边到边跨X轴】：勾选该复选框，可以将线段的边缘延伸到X轴上，否则将远离X轴。勾选效果如图8.19所示。

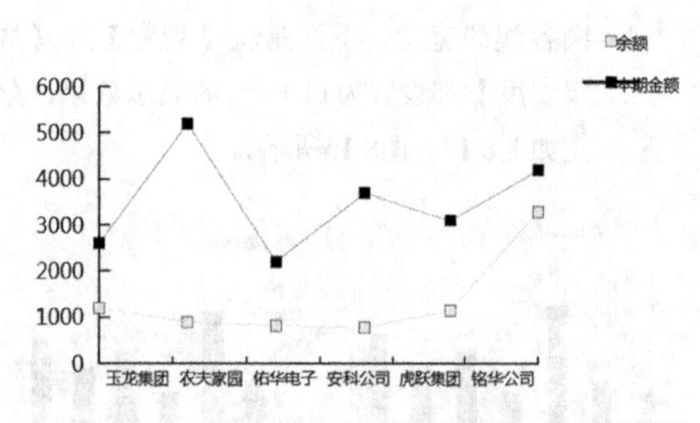

图8.19 勾选【线段边到边跨X轴】

- 【连接数据点】：勾选该复选框，会在数据点之间使用线连接起来，否则不连接数据线。不勾选该复选框效果如图8.20所示。

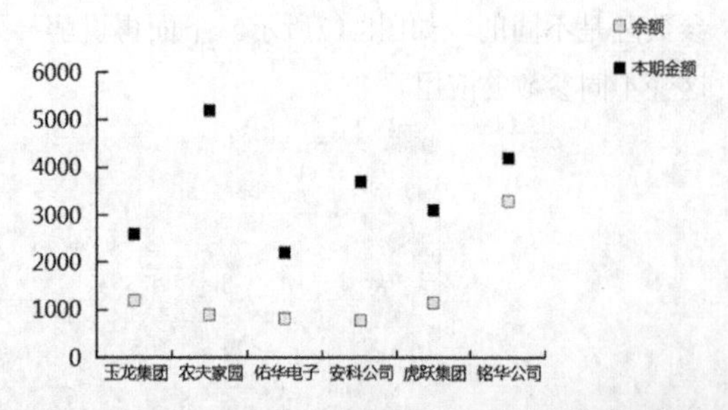

图8.20 不勾选【连接数据点】

- 【绘制填充线】：只有勾选了【连接数据点】复选框，此项才可以看到效果，勾选该复选框，连接线将变成填充效果，可以在【线宽】右侧的文本框中输入数值，以指定线宽。将【线宽】设置为1pt的效果如图8.21所示。

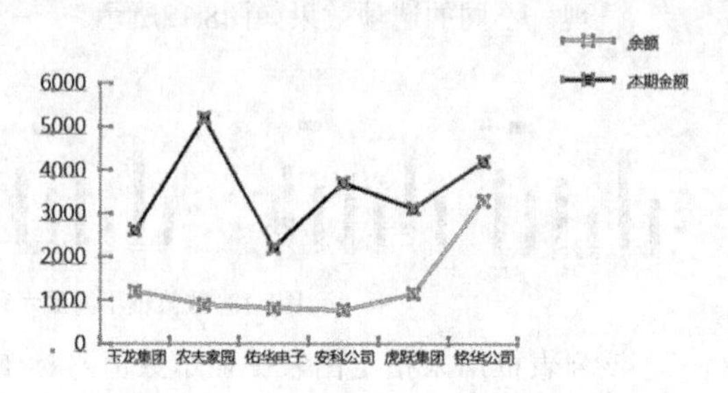

图8.21 【线宽】设置为3pt的效果

8.2.2 设置数值轴

在【图表类型】下拉列表中，选择【数值轴】选项，显示出图8.22所示的【数值轴】参数区，可以对图表数值轴参数进行详细的设置。

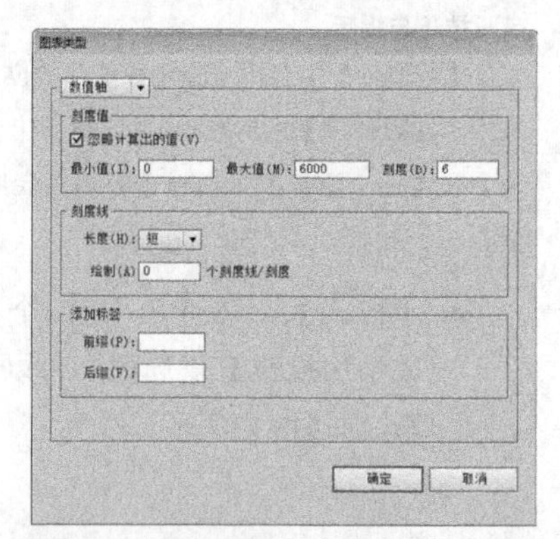

图8.22 【图表类型】|【数值轴】对话框

【数值轴】参数主要包括【刻度值】、【刻度线】和【添加标签】3个参数区，主要设置图表的刻度及数值，下面来详细讲解各参数的应用。

1. 刻度值

刻度值定义数据坐标轴的刻度数值。在默认情况下，【忽略计算出的值】复选框并不被勾选，其他的3个选项处于不可用状态；勾选【忽略计算出的值】复选框的同时激活其他的3个选项。图8.23所示为【最小值】为500，【最大值】为8000，【刻度】值为5的图表显示效果。

- 【最小值】：指定图表最小刻度值，也就是原点的数值。

- 【最大值】：指定图表最大刻度值。
- 【刻度】：指定在最大值与最小值之间分成几部分。这里要特别注意输入的数值如果不能被最大值减去最小值得到的数值整除，将出现小数。

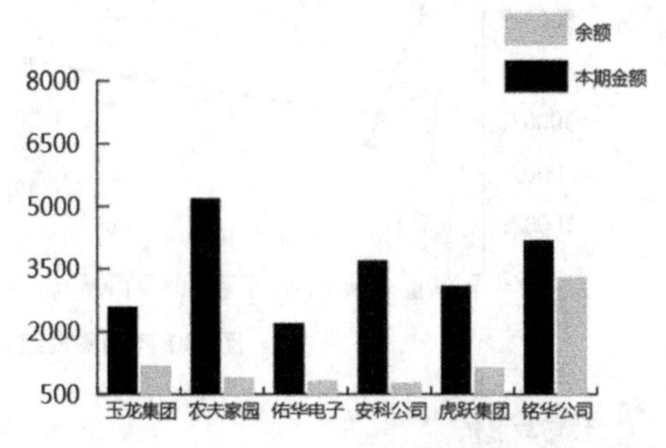

图8.23 图表显示效果

2. 刻度线

在【刻度线】参数区，【长度】下拉列表选项控制刻度线的显示效果，包括【无】、【短】和【全宽】3个选项。【无】表示在数值轴上没有刻度线；【短】表示在数值轴上显示短刻度线；【全宽】表示在数值轴上显示贯穿整个图表的刻度线。还可以在【绘制】右侧的文本框中输入一个数值，将数值主刻度分成若干的刻度线。不同刻度线设置效果如图8.24所示。

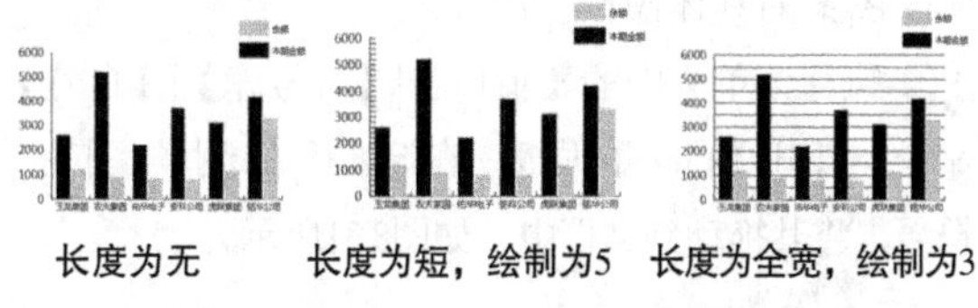

图8.24 不同刻度线设置效果

3. 添加标签

通过在【前缀】和【后缀】文本框中输入文字，可以为数值轴上的数据加上前缀或后缀。添加前缀和后缀效果分别如图8.25、图8.26所示。

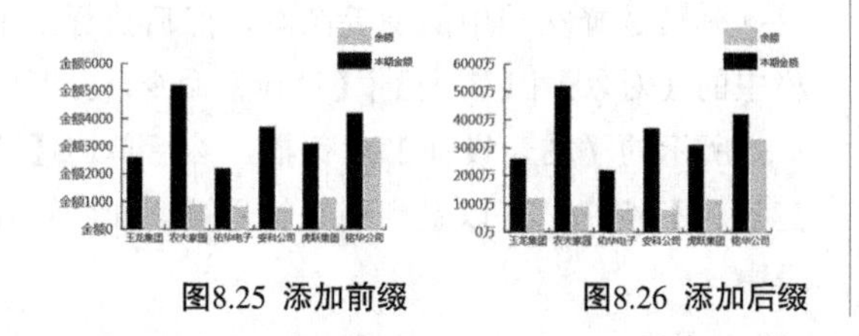

图8.25 添加前缀　　图8.26 添加后缀

> **技巧与提示**
>
> 在【图表类型】下拉列表中，还有【类别轴】选项，它与【数值轴】选项中的【刻度线】参数设置方法相同，所以这里不再赘述。

8.3 图表数据的修改

要编辑已经生成的图表中的数据，可以首先使用【选择工具】选择该图表，然后执行菜单栏中的【对象】|【图表】|【数据】命令，或在图表上单击鼠标右键，在弹出的菜单中选择【数据】命令，打开图表数据对话框，对数据进行重新的编辑修改。打开图表数据对话框操作效果如图8.27所示。

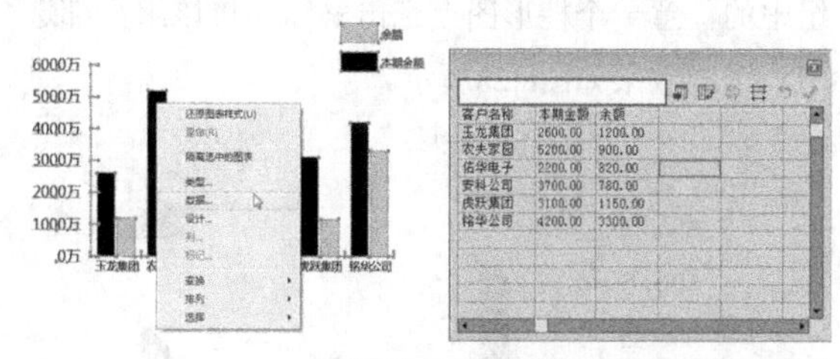

图8.27 打开图表数据对话框操作效果

- 要输入新的数据，可以选取一个空白单元，再向【文本框】中输入新的数据，按“Enter（回车）”键确定向单元格中输入数据并且下移一个单元。
- 如果要移动某个单元格中的数据，可以单击选取该单元格，再按“Ctrl”+“X”组合键，将内容剪切，然后在需要的单元格中单击并按“Ctrl”+“V”组合键，将内容粘贴过来。
- 如果要修改某个单元格中的数据，可以单击选取该单元格，然后在【文本框】中进行修改即可。
- 要从一个单元格中删除数据，可以单击选取该单元格，然后在【文本框】中删除文本框中的数据。
- 要删除多个单元格中的数据，可以首先用拖动的方法选取这些单元格，再执行菜单栏中的【编辑】|【清除】命令即可。
- 如果表格数据修改完成，单击【应用】按钮，可以将数据修改应用到图表中。

8.4 图表设计的应用

图表不但可以显示为单一的柱形或条形图，还可以组合成不同的显示。而且图表还可以通过设计制作，显示其他的形状或图形效果。

8.4.1 使用不同图表组合

可以在一个图表中组合使用不同类型的图表以达到特殊效果。比如可以将柱形图表中的某组数据显示为折线图，制作出柱形图表与折线图表组合的效果。下面就将柱形图表中的预计支出数据组制作成折线图表，具体操作如下。

01 选择【编组选择工具】，在计划销售数据组中的任意一个柱形图上三击鼠标，将该组全部选中。选中效果如图8.28所示。

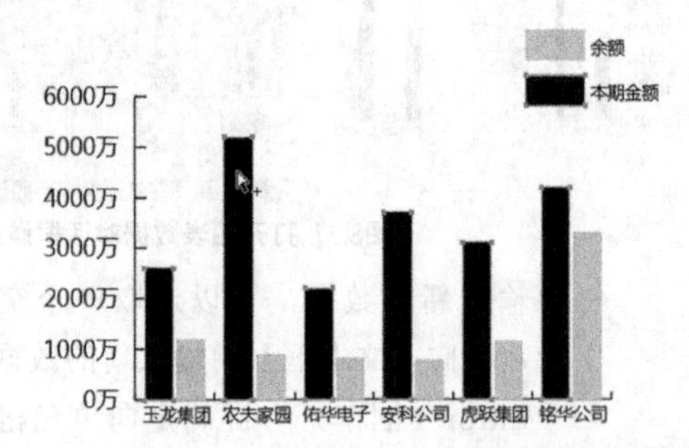

图8.28 选择效果

02 执行菜单栏中的【对象】|【图表】|【类型】命令，打开【图表类型】对话框，在【类型】选项组中，单击【散点图】按钮，如图8.29所示。

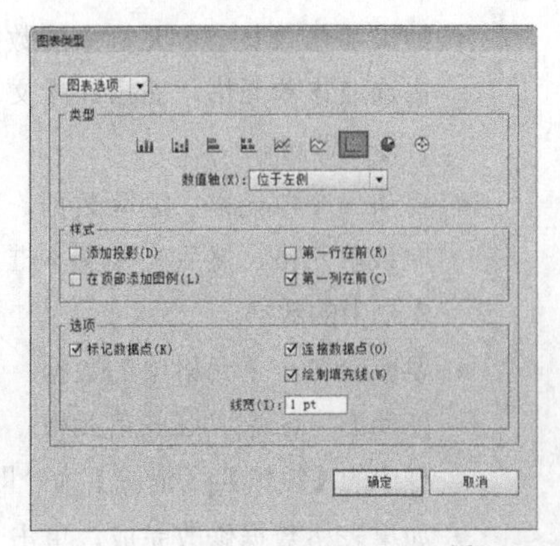

图8.29 单击【散点图】按钮

03 设置好参数后，单击【确定】按钮，完成图表的转换，转换后的不同图表组合效果如图8.30所示。

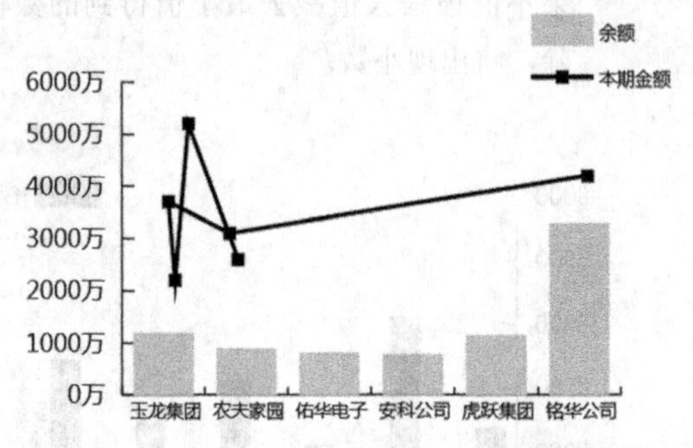

图8.30 不同图表组合效果

技巧与提示

要创建图表组合，必须选择一组数据中的所有对象，否则应用【类型】命令进行转换时，将不会发生任何变化。

8.4.2 设计图表图案

Illustrator CS6不仅可以使用图表的默认柱形、条形或线形显示，还可以任意地设计图形，比如将柱形改变成实体图形显示，这样可以使设计的图表更加形象、直观、艺术，使图表看起来不会那么单调。下面以【符号】面板中的羽毛为例，讲解设计图表图案的具体操作方法。

01 执行菜单栏中的【窗口】|【符号库】|【自然】命令，打开【自然】面板，在该面板中选择“羽毛”符号，将其拖动到文档中。如图8.31所示。

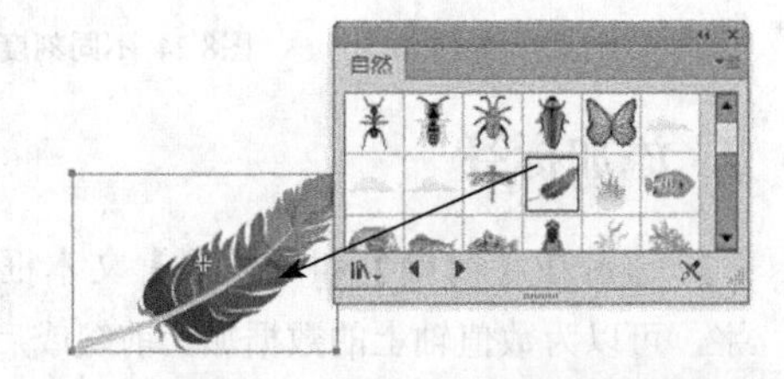

图8.31 拖动符号到文档中

02 确认选择文档中的羽毛图案，然后执行菜单栏中的【对象】|【图表】|【设计】命令，打开图8.32所示的【图表设计】对话框，然后单击【新建设计】按钮，可以看到羽毛符号被添加到设计框中。

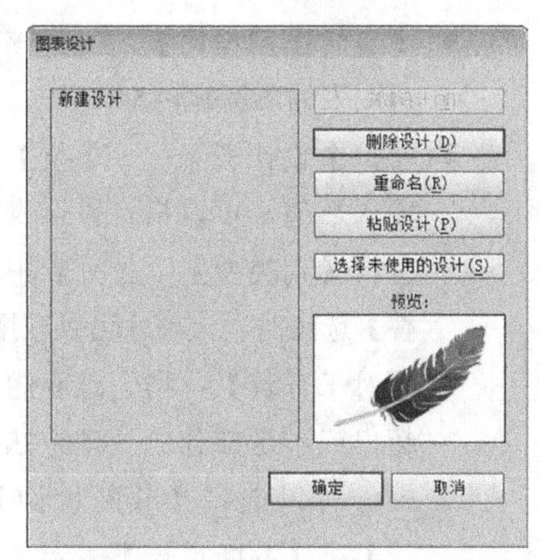

图8.32 【图表设计】对话框

【图表设计】对话框中各选项的含义说明如下。

- 【新建设计】：单击该按钮，可以将选择的图形添加到【图表设计】对话框中，如果当前文档中没有选择图形，该按钮将不可用。
- 【删除设计】：选择某个设计然后单击该按钮，可以将设计删除。
- 【重命名】：用来为设计重命名。选择某个设计后，单击该按钮将打开【重命名】对话框，在【名称】文本框中输入新的名称，单击【确定】按钮即可。
- 【粘贴设计】：单击该按钮，可以将选择的设计粘贴到当前文档中。
- 【选择未使用的设计】：单击该按钮，可以选择所有未使用的设计图案。

8.4.3 课堂案例——将设计应用于柱形图

案例位置　案例文件\第8章\将设计应用于柱形图.ai
视频位置　多媒体教学\8.4.3.avi
实用指数　★★★★★

本例主要讲解将设计图案应用在柱形图表中的方法。最终效果如图8.33所示。

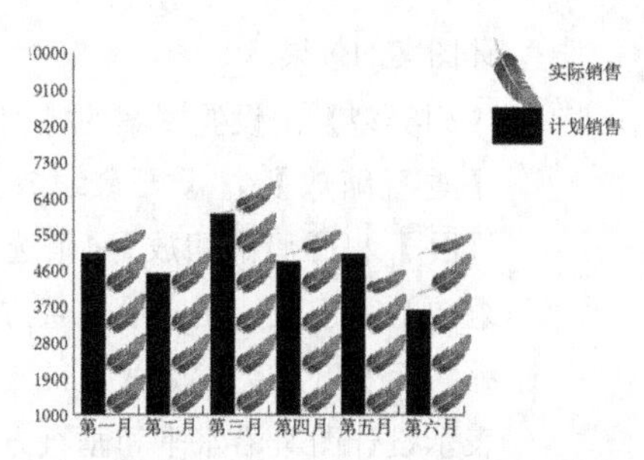

图8.33 最终效果

01 利用【编组选择工具】在应用设计的柱形图中三击鼠标，选择柱形图中的该组柱形及图例，如图8.34所示。

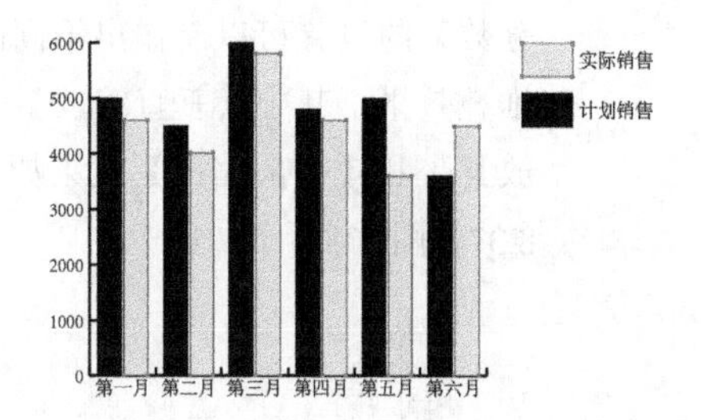

图8.34 选择柱形图

02 执行菜单栏中的【对象】|【图表】|【柱形图】命令，打开图8.35所示的【图表列】对话框，在【选取列设计】中选择要应用的设计，并利用其他参数设计需要的效果。设置完成后，单击【确定】按钮，即可将设计应用于柱形图中。

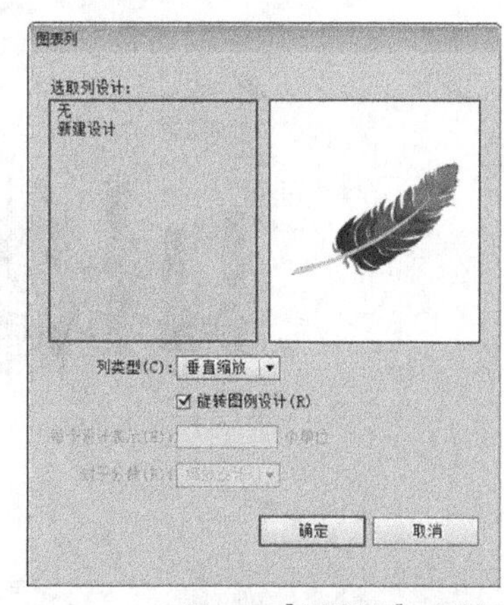

图8.35 【图表列】对话框

【图表列】对话框中各选项的含义说明如下。

- 【选择列设计】：在下方的列表框中，可以选择要应用的设计。
- 【设计预览】：当在【选择列设计】列表框中选择某个设计时，可以在这里预览设计图案的效果。

- 【列类型】：设置图案的排列方式。包括【垂直缩放】、【一致缩放】、【重复堆叠】和【局部缩放】4个选项。【垂直缩放】表示设计图案沿垂直方向拉伸或压缩，而宽度不会发生变化；【一致缩放】表示设计图案沿水平和垂直方向同时等比缩放，而且设计图案之间的水平距离不会随不同的宽度而调整；【重复堆叠】表示将设计图案重复堆积起来充当列，通过【每个设计表示……单位】和【对于分数】的设置可以制作出不同的设计图案堆叠效果。其中【垂直缩放】、【一致缩放】、和【局部缩放】效果如图8.36、图8.37、图8.38所示。

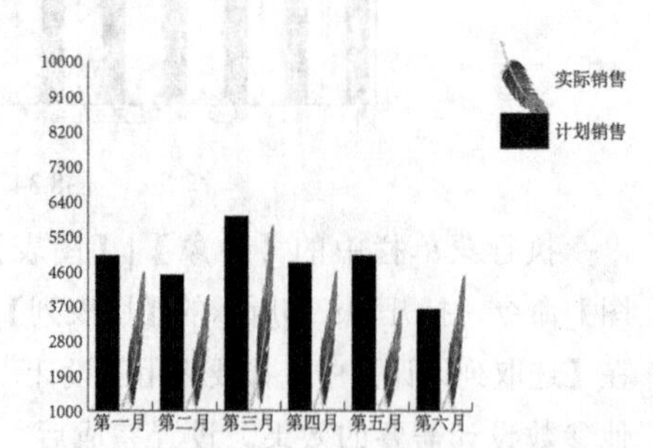

图8.36 垂直缩放

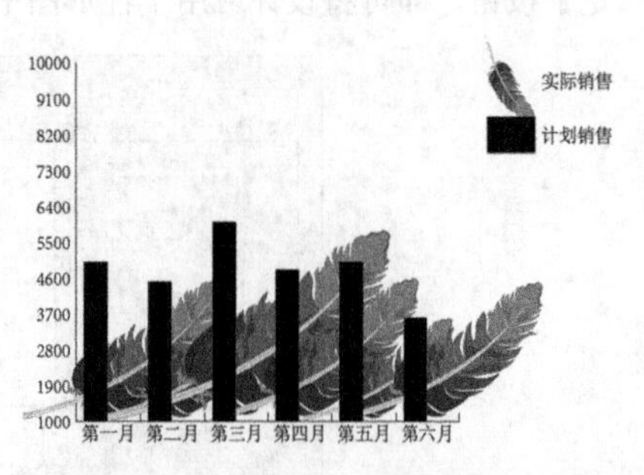

图8.37 一致缩放

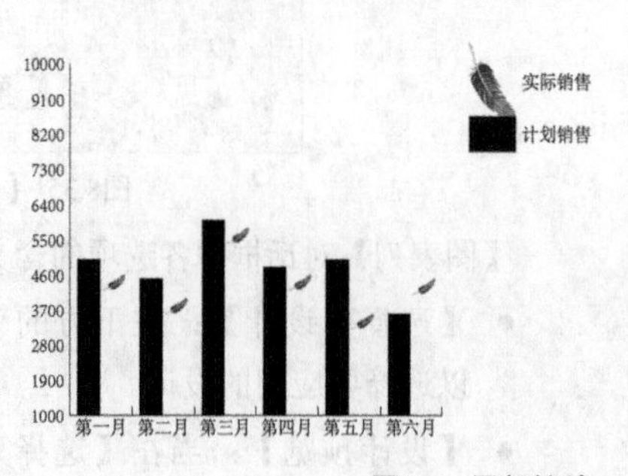

图8.38 局部缩放

- 【旋转图例设计】：勾选该复选框，可以将图表的图例旋转-90°。
- 【每个设计表示……单位】：在文本框中输入数值，可以指定设计表示的单位。只有在【列类型】下拉列表中选择【重复堆叠】选项时，该项才可以应用。
- 【对于分数】：指定堆叠图案设计出现的超出或不足部分的处理方法。在下拉列表中，可以选择【截断设计】和【缩放设计】。【截断设计】表示如果图案设计超出数值范围，将多余的部分截断；【缩放设计】表示如果图案设计有超出或不足部分，可以将图案放大或缩小以匹配数值。只有在【列类型】下拉列表中选择【重复堆叠】选项时，该项才可以应用。

因为【重复堆叠】的设计较复杂些，所以这里详细讲解【重复堆叠】选项的应用。选择【重复堆叠】选项后，设置每个设计表示1000单位，将【对于分数】分别设置为【截断设计】和【缩放设计】的效果时，图表显示分别如图8.39、图8.40所示。

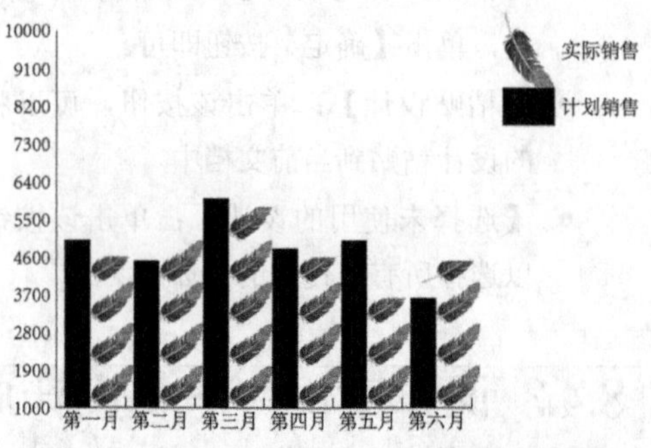

图8.39 截断设计

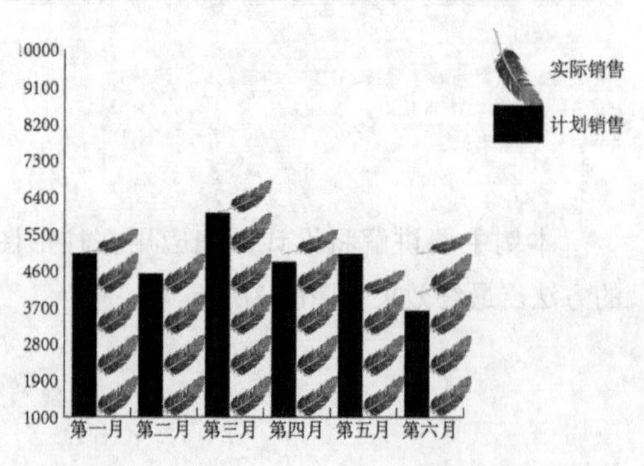

图8.40 缩放设计

8.4.4 课堂案例——将设计应用于标记

案例位置　无
视频位置　多媒体教学\8.4.4.avi
实用指数　★★★★★

将设计应用于标记不能应用在柱形图中，只能应用在带有标记点的图表中，如折线图表、散点图表和雷达图表，下面以折线图表为例讲解设计应用于标记的方法。最终效果如图8.41所示。

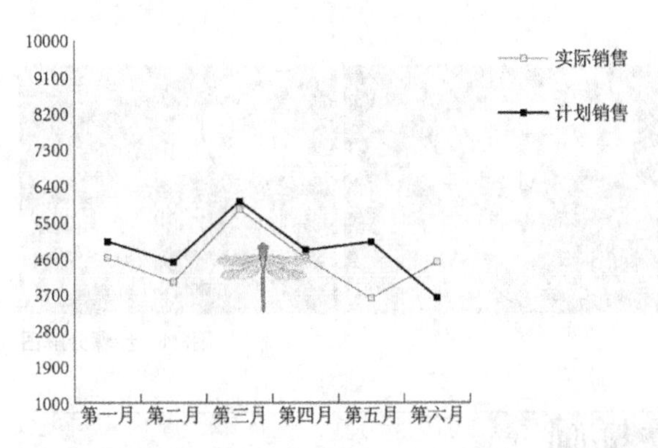

图8.41 最终效果

01 利用【编组选择工具】在折线图表的标记点上三击鼠标，选择折线图中的该组折线图标记和图例，如图8.42所示。

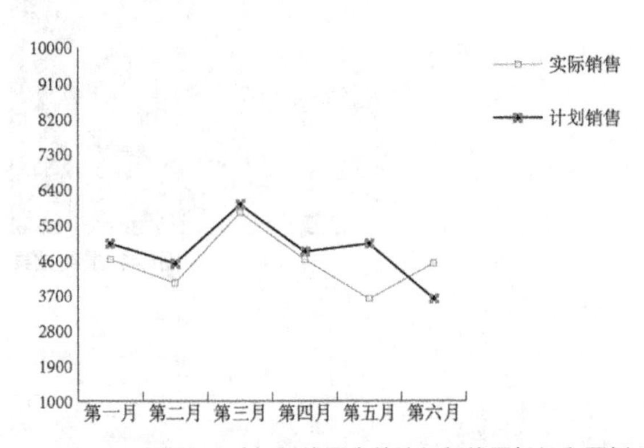

图8.42 选择折线图中的该组折线图标记和图例

02 执行菜单栏中的【对象】|【图表】|【标记】命令，打开图8.43所示的【图表标记】对话框，在【选择标记设计】列表框中，选择一个设计，在右侧的标记设计预览框中，可以看到当前设计的预览效果。

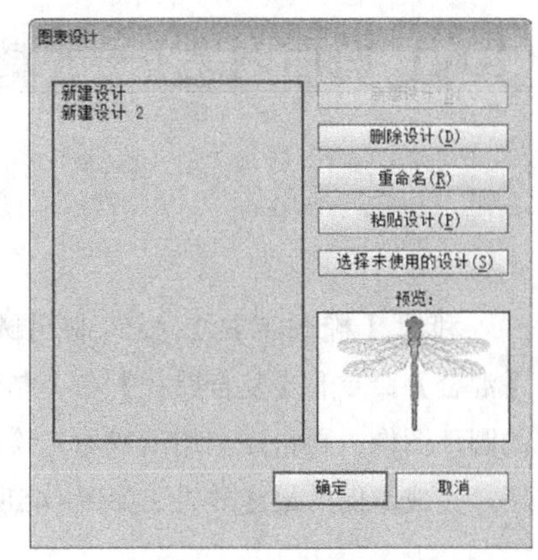

图8.43 【图表标记】对话框

03 选择标记设计后，单击【确定】按钮，即可将设计应用于标记了，应用后的效果如图8.44所示。

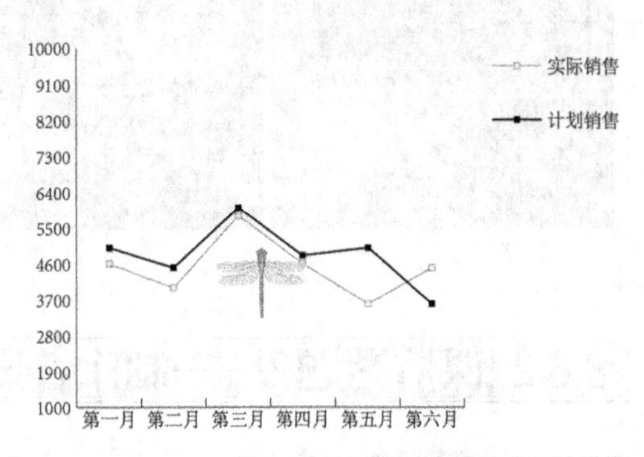

图8.44 应用图表标记设计后的效果

8.5 本章小结

本章对Illustrator的图表进行了详细的应用讲解，让读者掌握9种图表的创建及应用方法，为设计中图表的应用打下坚实基础。

8.6 课后习题

本章安排了两个课后习题，讲解了Illustrator的强大绘图及编辑能力，希望读者勤加练习，快速掌握Illustrator的绘图功能。

8.6.1 课后习题1——制作电脑网络插画

案例位置　案例文件\第8章\制作电脑网络插画.ai
视频位置　多媒体教学\8.6.1.avi
实用指数　★★★★☆

利用【椭圆工具】绘制出圆形，并通过【混合】命令和【复合路径】命令制作出体现网络的圆环图像，再搭配利用渐变填充绘制出的箭头按钮，完成本例的最终效果。如图8.45所示。

图8.45 最终效果

步骤分解如图8.46所示。

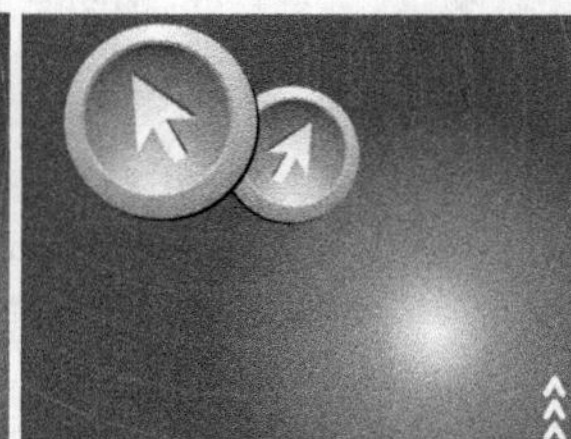

图8.46 步骤分解图

8.6.2 课后习题2——制作叠影影像插画

案例位置　案例文件\第8章\制作叠影影像插画.ai
视频位置　多媒体教学\8.6.2.avi
实用指数　★★★★★

通过对图像执行“复制并移动”操作，再接合扭转变形的图像，制作出唯美的叠影效果。最终效果如图8.47所示。

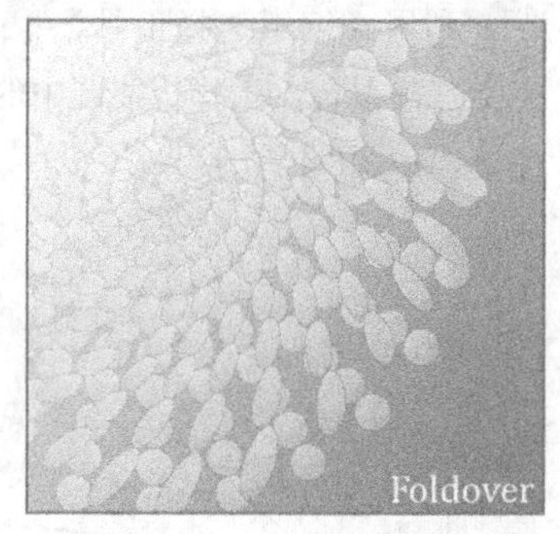

图8.47 最终效果

步骤分解如图8.48所示。

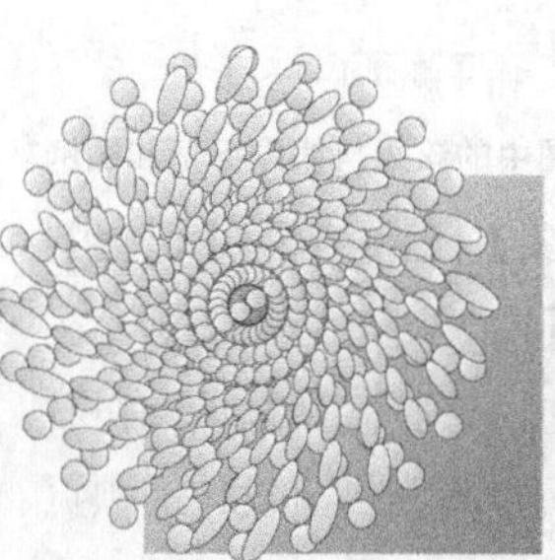
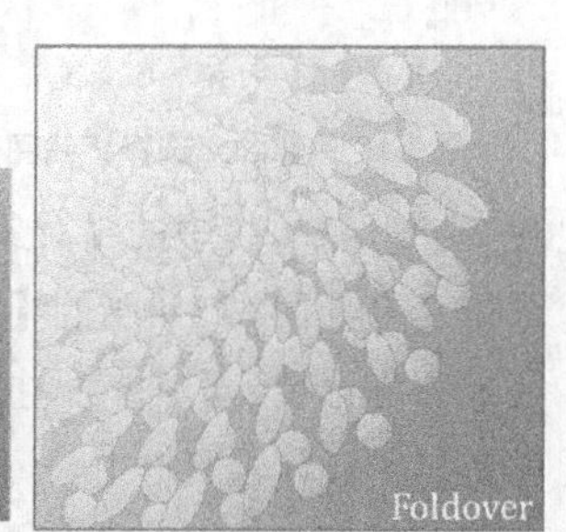

图8.48 步骤分解图

第9章

强大的效果菜单

内容摘要

本章介绍了效果菜单命令的使用方法，详细讲解了常用效果命令的使用，比如3D效果、扭曲和变换效果、风格化效果等各种各样的效果。只有对每个效果的功能都比较熟悉，才能恰到好处地运用这些效果。通过本章的学习，读者可以使用效果中的相关命令来处理、编辑位图图像与矢量图形，同时为位图图像和矢量图形添加一些特殊效果。

教学目标

了解效果菜单
掌握各种效果的使用
掌握效果处理位图图像的方法
掌握效果处理矢量图形的方法

9.1 关于效果菜单

效果为用户提供了许多特殊功能，使得Illustrator处理图形的方法更加丰富。【效果】菜单大体可以根据分隔条分为3部分。第1部分由两个命令组成，前一个命令是重复使用上一个效果命令，后一个命令是打开上次应用的效果对话框进行修改；第2部分主要是针对适量图形的Illustrator效果；第3部分主要是类似Photoshop的效果，主要应用在位图中，也可以应用在矢量图形中。效果菜单如图9.1所示。

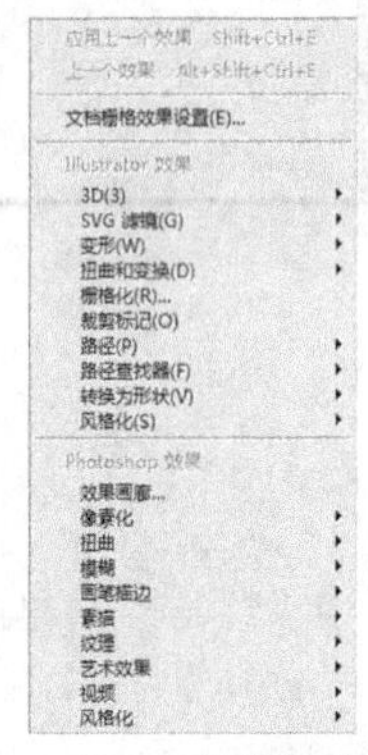

图9.1 效果菜单

知识点：关于效果

应用效果命令后，效果将自动添加到【外观】面板中，方便随时修改。

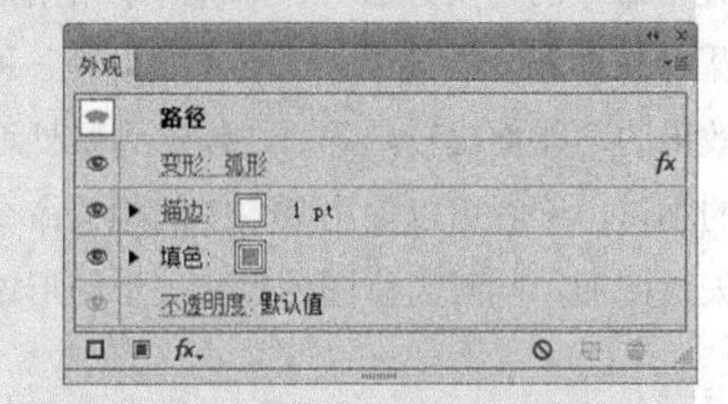

这里要特别注意【效果】菜单中的大部分命令不但可以应用于矢量图形，还可以应用于位图，【效果】菜单中的命令应用后会在【外观】面板中出现，方便再次打开相关的命令进行修改。

9.2 3D效果

3D效果是Illustrator软件推出的立体效果，包括【凸出和斜角】、【绕转】和【旋转】3种特效，利用这些命令可以将2D平面对象制作成三维立体效果。

9.2.1 凸出和斜角

【凸出和斜角】效果主要是应用增加二维图形的Z轴纵深来创建三维效果，也就是将二维平面图形以增加厚度的方式制作出三维图形效果。

要应用【凸出和斜角】效果，首先要选择一个二维图形，如图9.2所示。然后执行菜单栏中的【效果】|【3D】|【凸出和斜角】命令，打开图9.3所示的【3D凸出和斜角选项】对话框，对凸出和斜角进行详细的设置。

图9.2 原始形图

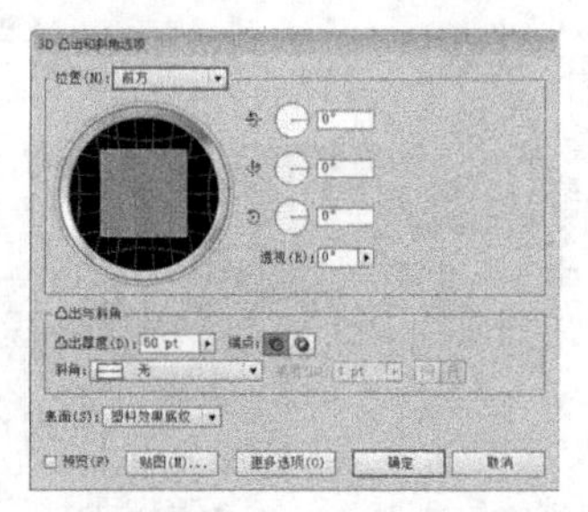

图9.3 3D凸出和斜角选项

1. 位置

【位置】参数区主要用来控制三维图形的不同视图位置，可以使用默认的预设位置，也可以手动修改不同的视图位置。【位置】参数区如图9.4所示。

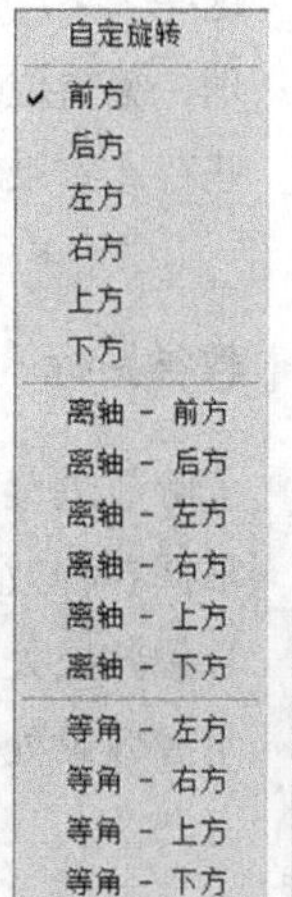

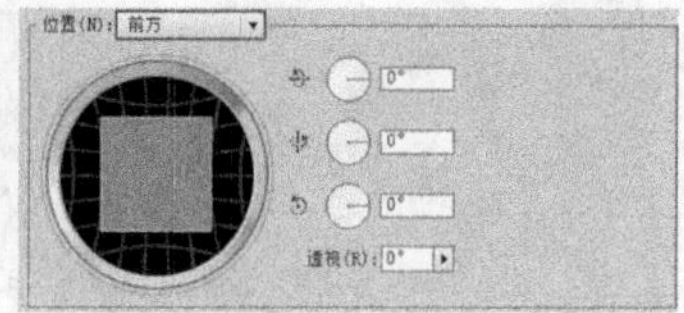

图9.4 【位置】参数区

【位置】参数区各选项的含义说明如下。

- 【位置预设】：从该下拉列表中，可以选择一些预设的位置，共包括16种，16种默认位置显示效果如图9.5所示。如果不想使用默认的位置，可以选择【自定旋转】选项，然后修改其他的参数来自定旋转。

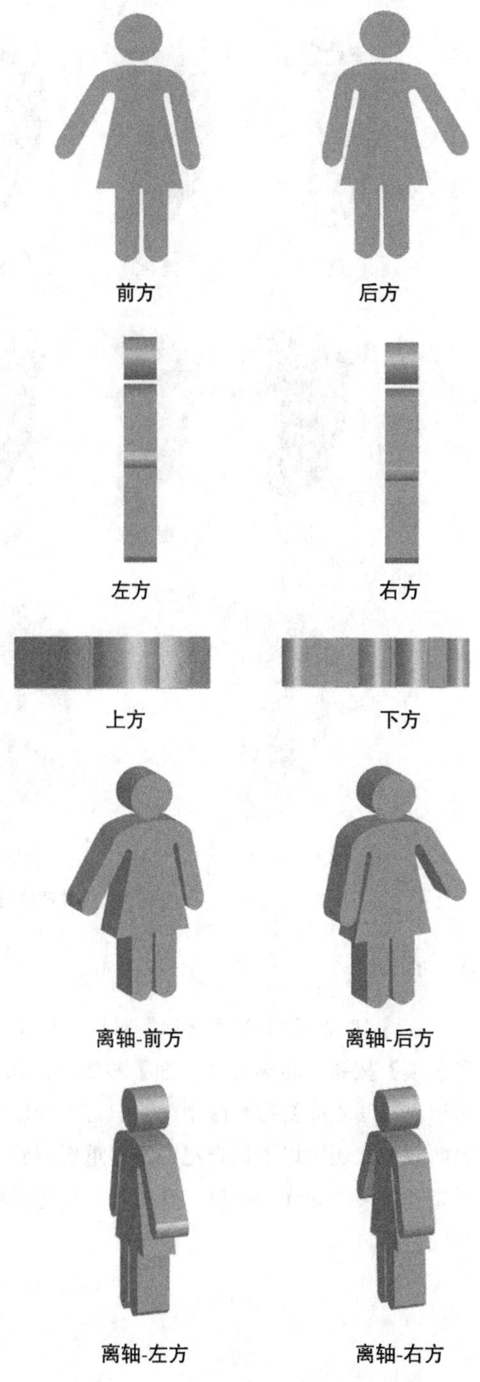

图9.5　16种默认位置显示效果

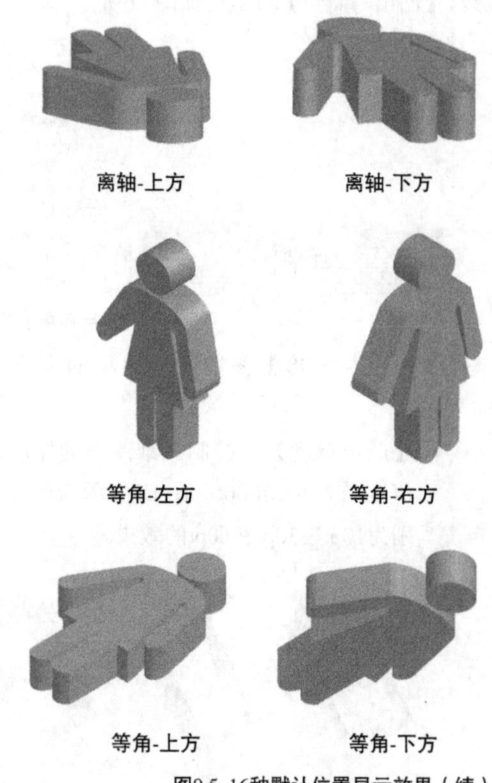

图9.5　16种默认位置显示效果（续）

- 【拖动控制区】：将光标放置在拖动控制区的方块上，光标将会有不同的变化，根据光标的变化拖动，可以控制三维图形的不同视图效果，制作出16种默认位置显示以外的其他视图效果。当拖动图形时，*X*轴、*Y*轴和*Z*轴区域将会发生相应的变化。
- 【指定绕*X*轴旋转】：在右侧的文本框中，指定三维图形沿X轴旋转的角度。
- 【指定绕*Y*轴旋转】：在右侧的文本框中，指定三维图形沿Y轴旋转的角度。
- 【指定绕*Z*轴旋转】：在右侧的文本框中，指定三维图形沿*Z*轴旋转的角度。
- 【透视】：指定视图的方位，可以从右侧的下拉列表中选择一个视图角度，也可以直接输入一个角度值。

2. 凸出和斜角

【凸出和斜角】参数区主要用来设置三维图形的凸出厚度、端点、斜角和高度等数值，制作出不同厚度的三维图形或带有不同斜角效果的三维图形。【凸出与斜角】参数区如图9.6所示。

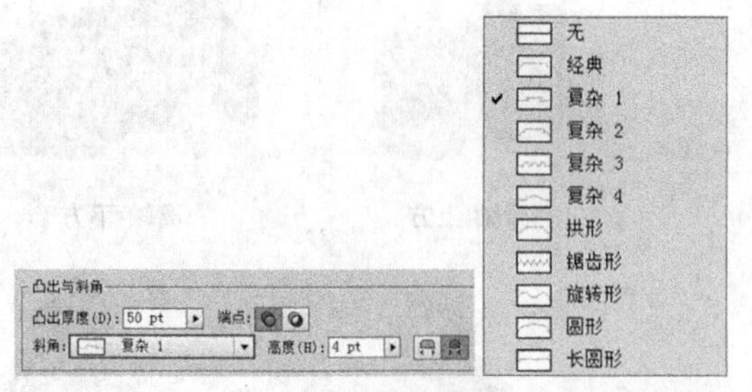

图9.6 【凸出与斜角】参数区

【凸出与斜角】参数区各选项的含义说明如下。

- 【凸出厚度】：控制三维图形的厚度，取值范围为0~2000pt。图9.7所示为厚度值分别为10pt、30pt和60pt的效果。

图9.7 不同凸出厚度效果

- 【端点】：控制三维图形为实心还是空心效果。单击【开启端点以建立实心外观】按钮，可以制作实心图形，如图9.8所示；单击【关闭端点以建立空心效果】按钮，可以制作空心图形，如图9.9所示。

图9.8 实心图形效果　　图9.9 空心图形效果

- 【斜角】：可以为三维图形添加斜角效果。在右侧的下拉列表中，预设提供了11种斜角，不同的显示效果如图9.10所示。同时，可以通过【高度】的数值来控制斜角的高度，还可以通过【斜角外扩】按钮，将斜角添加到原始对象；或通过【斜角内缩】按钮，从原始对象减去斜角。

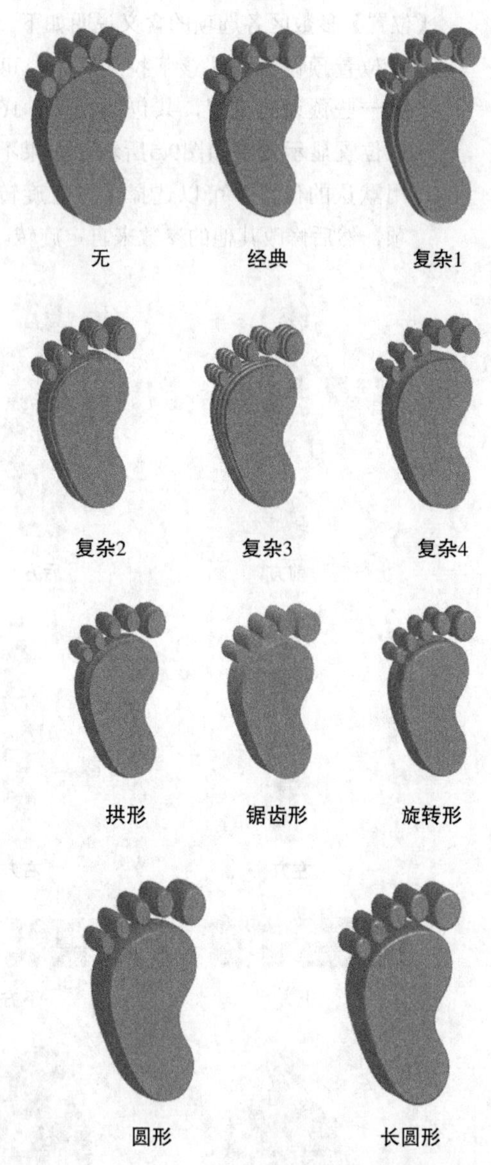

图9.10 11种预设斜角效果

3. 表面

在【3D 凸出和斜角选项】对话框中单击【更多选项】按钮，将展开【表面】参数区，如图9.11所示。在【表面】参数区中，不但可以应用预设的表面效果，还可以根据自己的需要重新调整三维图形显示效果，如光源强度、环境光、高光强度和底纹颜色等。

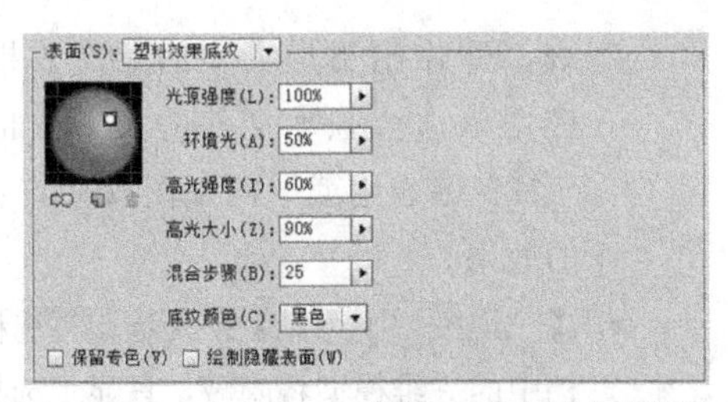

图9.11 【表面】参数区

【表面】参数区各选项的含义说明如下。

- 【表面预设】：在右侧的下拉列表中，提供了4种表面预设效果。包括【线框】、【无底纹】、【扩散底纹】和【塑料效果底纹】。【线框】表示将图形以线框的形式显示；【无底纹】表示三维图形没有明暗变化，整体图形颜色灰度一致，看上去图是平面效果；【扩散底纹】表示三维图形有柔和的明暗变化，但并不强烈，可以看出三维图形效果；【塑料效果底纹】表示为三维图形增加强烈的光线明暗变化，让三维图形显示一种类似塑料的效果。4种不同的表面预设效果如图9.12所示。

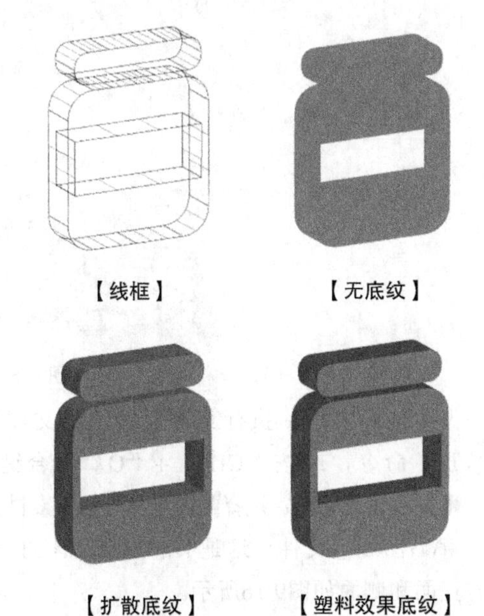

图9.12 4种不同的表面预设效果

- 【光源控制区】：该区域主要用来手动控制光源的位置，添加或删除光源等，如图9.13所示。使用鼠标拖动光源，可以修改光源的位置。单击按钮，可以将所选光源移动到对象后面；单击【新建光源】按钮，可以创建一个新的光源；选择一个光源后，单击【删除光源】按钮，可以将选取的光源删除。

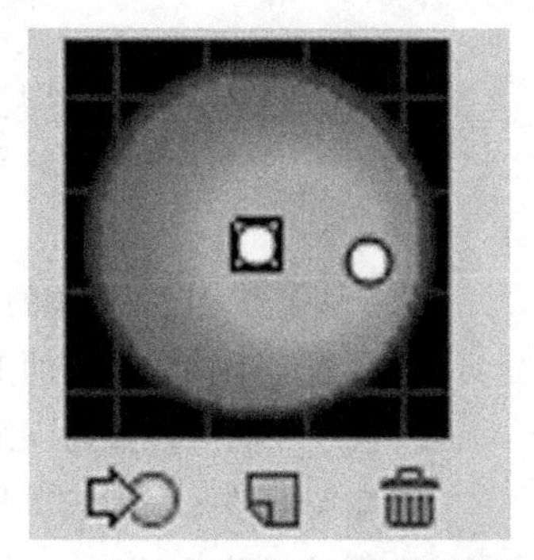

图9.13 光源控制区

- 【光源强度】：控制光源的亮度。值越大，光源也就越亮。
- 【环境光】：控制周围环境光线的亮度。值越大，周围的光线越亮。
- 【高光强度】：控制对象高光位置的亮度。值越大，高光越亮。
- 【高光大小】：控制对象高光点的大小。值越大，高光点就越大。
- 【混合步骤】：控制对象表面颜色的混合步数。值越大，表面颜色越平滑。
- 【底纹颜色】：控制对象背阴的颜色，一般常用黑色。
- 【保留专色】和【绘制隐藏表面】：勾选这两个选项，可以保留专色和绘制隐藏的表面。

4. 贴图

贴图就是为三维图形的面贴上一个图片，以制作出更加理想的三维图形效果，这里的贴图使用的是符号，所以要使用贴图命令，首先要根据三维图形的面设计好不同的贴图符号，以便使用。

要对三维图形进行贴图，首先选择一个图形，然后打开【3D 凸出和斜角选项】对话框，在该对话框中，单击【贴图】按钮，将打开图9.14所示的【贴图】对话框，利用该对话框对三维图形进行贴图设置。

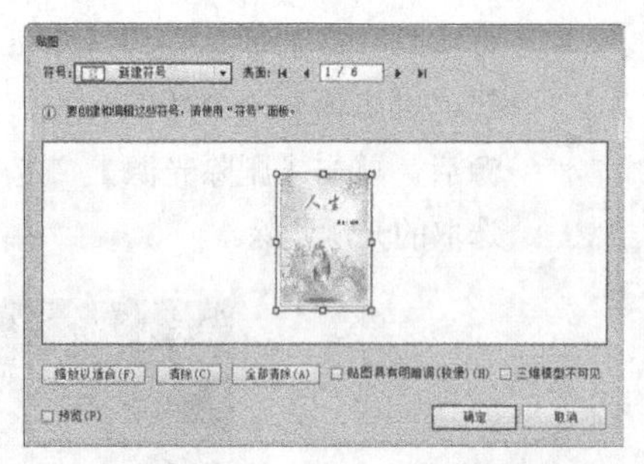

图9.14 【贴图】对话框

【贴图】参数区各选项的含义说明如下。

- 【符号】：从右侧的下拉菜单中，可以选择一个符号，作为三维图形当前选择面的贴图。该区域的选项与【符号】面板中的符号相对应，所以，如果要使用贴图，首先要确定【符号】面板中含有该符号。
- 【表面】：指定当前选择面以进行贴图。在该项的右侧文本框中，显示当前选择的面和三维对象的总面数。比如显示1/4，表示当前三维对象的总面为4个面，当前选择的面为第1个面。如果想选择其他的面，可以单击【第一个表面】、【上一个表面】、【下一个表面】和【最后一个表面】按钮来切换，在切换时，如果勾选了【预览】复选框，可以在当前文档中的三维图形中，看到选择的面，该选择面将以红色的边框突出显示。
- 【贴图预览区】：用来预览贴图和选择面的效果，可以像变换图形一样，在该区域对贴图进行缩放和旋转等操作，以制作出更加适合选择面的贴图效果。
- 【缩放以适合】：单击该按钮，可以强制贴图大小与当前选择面的大小相同。也可以直接按“F”键。
- 【清除】和【全部清除】：单击【清除】按钮，可以将当前面的贴图效果删除，也可以按“C”键；如果想删除所有面的贴图效果，可以单击【全部清除】按钮，或直接按“A”键。
- 【贴图具有明暗调】：勾选该复选框，贴图会根据当前三维图形的明暗效果自动融合，制作出更加真实的贴图效果。不过应用该项会强加文件的大小。也可以按“H”键应用或取消贴图具有的明暗调整的效果。
- 【三维模型不可见】：勾选该复选框，在文档中的三维模型将隐藏，只显示选择面的红色边框效果，这样可以加快计算机的显示速度。但会影响查看整个图形的效果。

9.2.2 课堂案例——制作立体封面效果

案例位置　案例文件\第9章\制作立体封面效果.ai
视频位置　多媒体教学\9.2.2.avi
实用指数　★★★★☆

本例主要讲解利用【贴图】制作立体封面效果。最终效果如图9.15所示。

图9.15 最终效果

01 打开素材。执行菜单栏中的【文件】|【打开】命令，或按“Ctrl”+“O”组合键，打开【打开】对话框，选择配套光盘中的“素材文件\第9章\贴图.ai”文件。这是书的封面设计的一部分，正面和侧面如图9.16所示。

02 执行菜单栏中的【窗口】|【符号】命令，可按“Shift”+“Ctrl”+“F11”组合键，打开【符号】面板，然后分别选择打开素材的正面和侧面，将其创建为符号，并命名为“正面”和“侧面”。符号创建后的效果如图9.17所示。

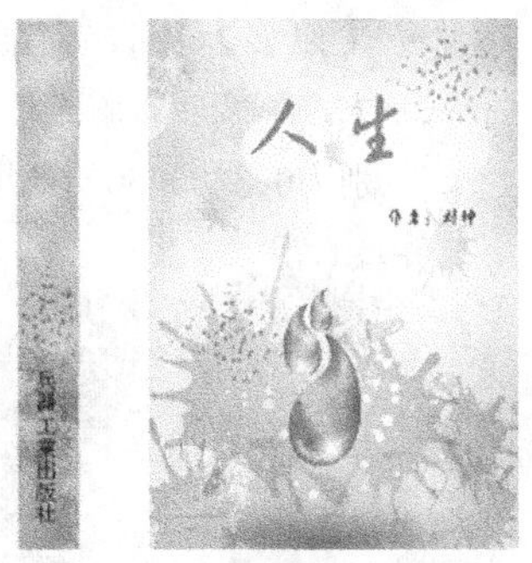

图9.16 打开的素材

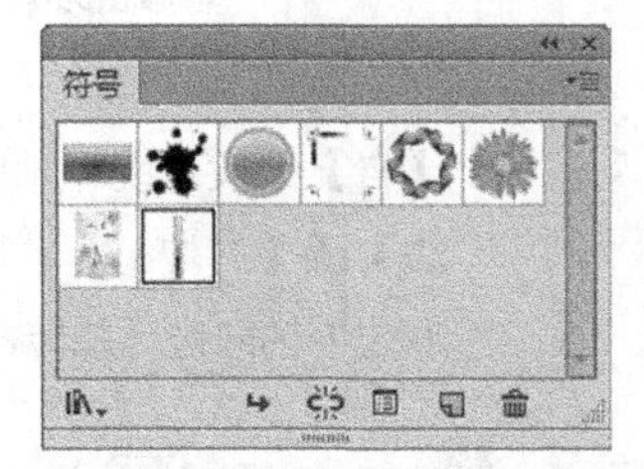

图9.17 创建的符号效果

03 因为书本的外形为长方体，所以首先利用【矩形工具】，在文档中拖动绘制一个与正面大小差不多的矩形，并将其填充为灰色（C：0，M：0，Y：0，K：20）。

04 选择新绘制的矩形，然后执行菜单栏中的【效果】|【3D】|【凸出和斜角】命令，打开如图所示的【3D 凸出和斜角选项】对话框，参数设置及图形效果如图9.18所示。

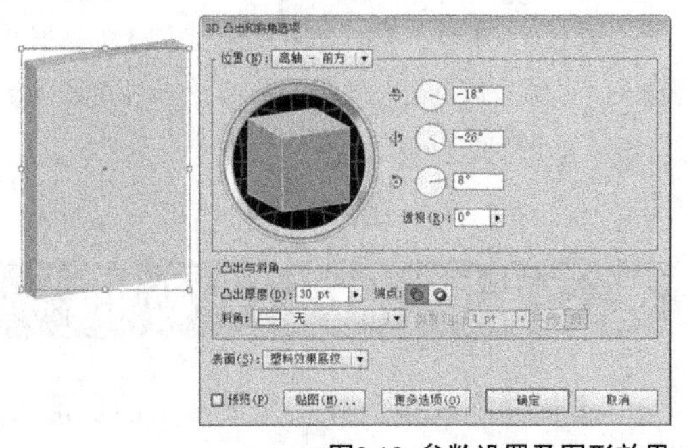

图9.18 参数设置及图形效果

05 在【3D 凸出和斜角选项】对话框中，单击右上角的【贴图】按钮，打开【贴图】对话框，勾选【预览】复选框，在文档中查看图形当前选择的面是否为需要贴图的面，如果确定为贴图的面，从【符号】下拉菜单中，选择刚才创建的【正面】符号贴图，如图9.19所示。

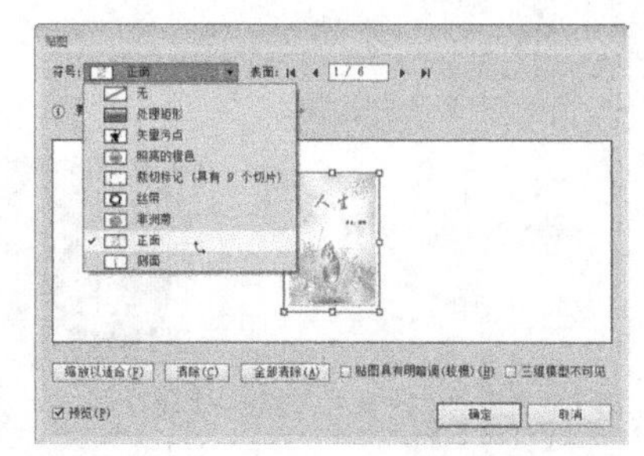

图9.19 选择【正面】贴图

06 通过【表面】右侧的按钮，将三维图形的选择面切换到需要贴图的面上，在【符号】下拉列表中，选择【侧面】符号贴图，在【贴图预览区】可以看到贴图与表面的方向不对应，可以将贴图选中旋转一定的角度，以匹配贴图面，然后进行适当的缩放，如图9.20所示。

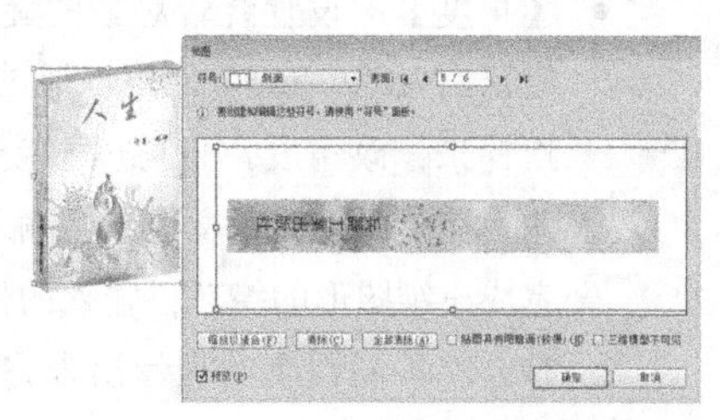

图9.20 侧面贴图效果

07 完成贴图后，单击【确定】按钮，返回到【3D 凸出和斜角选项】对话框，再次单击【确定】按钮，完成三维图形的贴图，完成后的效果如图9.21所示。

图9.21 完成贴图效果

9.2.3 绕转

【绕转】效果可以根据选择图形的轮廓，沿指定的轴向进行旋转，从而产生三维图形，绕转的对象可以是开放的路径，也可以是封闭的图形。要应用【绕转】效果，首先选择一个二维图形，如图9.22所示，然后执行菜单栏中的【效果】|【绕转】命令，打开图9.23所示的【3D 绕转选项】对话框，在该对话框中可以对绕转的三维图形进行详细的设置。

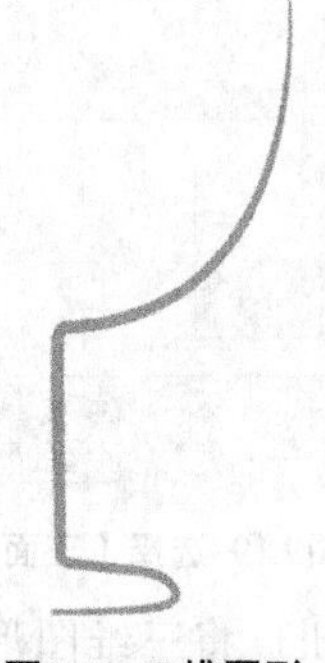

图9.22 二维图形

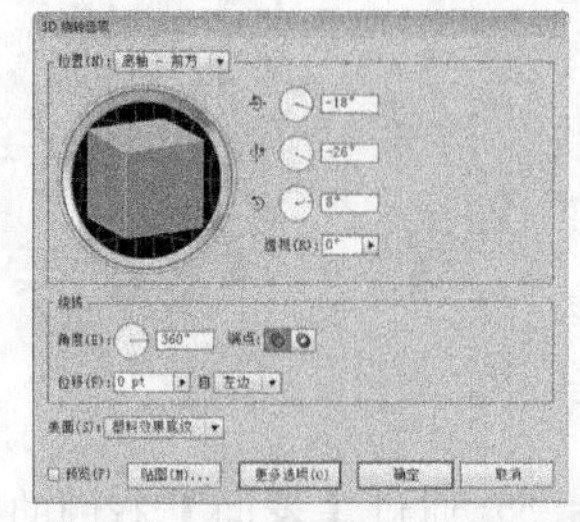

图9.23 【3D 绕转选项】对话框

【3D 绕转选项】对话框中【位置】和【表面】等选项在前面【3D 凸出和斜角选项】对话框中已经详细讲解过，这里只讲解前面没有讲到的部分，各选项的含义说明如下。

- 【角度】：设置绕转对象的旋转角度。取值范围为0°~360°。可以通过拖动右侧的指针来修改角度，也可以直接在文本框中输入需要的绕转角度值。当输入360°时，完成三维图形的绕转；输入的值小于360°时，将不同程度的显示出未完成的三维效果。图9.24所示为分别输入角度值为90°、180°、270°的不同显示效果。

角度值为90° 角度值为180° 角度值为270°

图9.24 不同角度值的图形效果

- 【端点】：控制三维图形为实心还是空心效果。单击【开户端点以建立实心外观】按钮，可以制作实心图形，如图9.25所示。单击【关闭端点以建立空心效果】按钮，可以制作空心图形，如图9.26所示。

图9.25实心图形 图9.26 空心图形

- 【偏移】：设置离绕转轴的距离，值越大，离绕转轴就越远。图9.27所示偏移值分别为0、30和50的效果显示。

偏移值为0 偏移值为30 偏移值为50

图9.27 不同偏移值效果

- 【自】：设置绕转轴的位置。可以选择【左边】或【右边】，分别以二维图形的左边或右边为轴向进行绕转，如图9.28所示。

图9.28 左边和右边旋转的效果

技巧与提示

3D效果中还有一个【旋转】命令，它可以将一个二维图形模拟在三维空间中变换，以制作出三维空间效果，它的参数与前面讲解的【3D 凸出和斜角选项】对话框中参数相同，读者可以自己选择二维图形，然后使用该命令感受一下，这里不再赘述。

9.3 扭曲和变换效果

【扭曲和变换】效果是最常用的变形工具，主要用来修改图形对象的外观。包括【变换】、【扭拧】、【扭转】、【收缩和膨胀】、【波纹效果】、【粗糙化】和【自由扭曲】7种效果。

9.3.1 变换

【变换】命令是一个综合性的命令，它可以同时对图形对象进行缩放、移动、旋转和对称等多项操作。选择要变换的图形后，执行菜单栏中的

图9.16 打开的素材

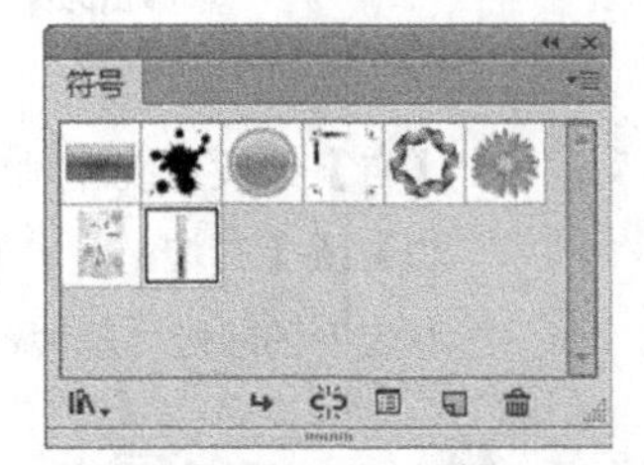

图9.17 创建的符号效果

03 因为书本的外形为长方体，所以首先利用【矩形工具】，在文档中拖动绘制一个与正面大小差不多的矩形，并将其填充为灰色（C：0，M：0，Y：0，K：20）。

04 选择新绘制的矩形，然后执行菜单栏中的【效果】|【3D】|【凸出和斜角】命令，打开如图所示的【3D凸出和斜角选项】对话框，参数设置及图形效果如图9.18所示。

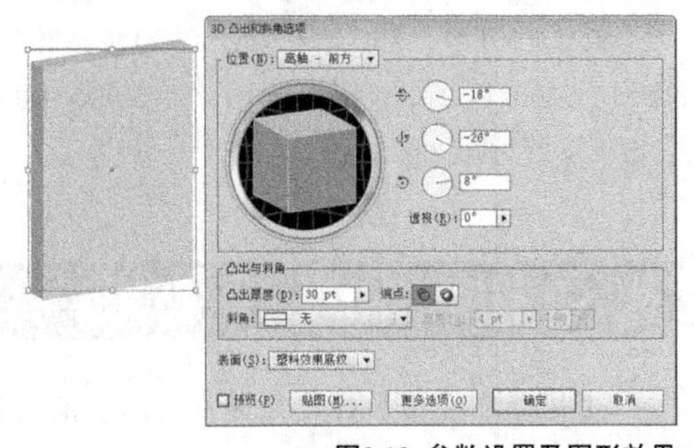

图9.18 参数设置及图形效果

05 在【3D凸出和斜角选项】对话框中，单击右上角的【贴图】按钮，打开【贴图】对话框，勾选【预览】复选框，在文档中查看图形当前选择的面是否为需要贴图的面，如果确定为贴图的面，从【符号】下拉菜单中，选择刚才创建的【正面】符号贴图，如图9.19所示。

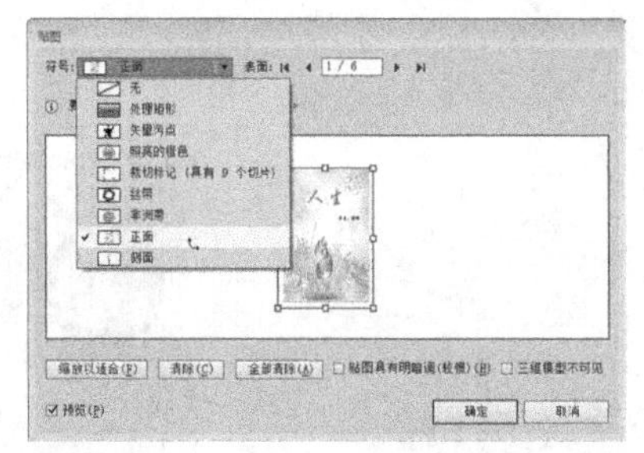

图9.19 选择【正面】贴图

06 通过【表面】右侧的按钮，将三维图形的选择面切换到需要贴图的面上，在【符号】下拉列表中，选择【侧面】符号贴图，在【贴图预览区】可以看到贴图与表面的方向不对应，可以将贴图选中旋转一定的角度，以匹配贴图面，然后进行适当的缩放，如图9.20所示。

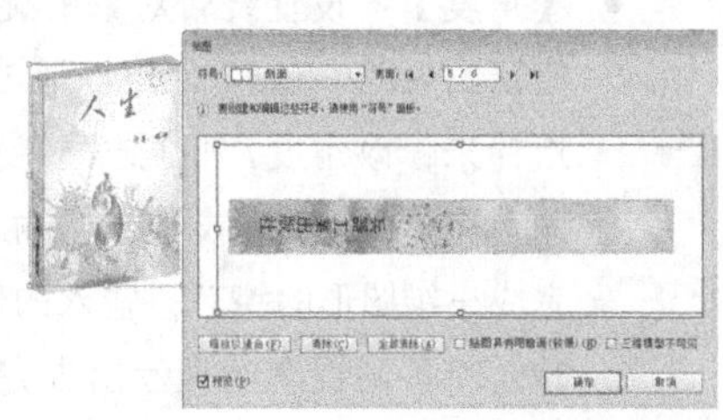

图9.20 侧面贴图效果

07 完成贴图后，单击【确定】按钮，返回到【3D凸出和斜角选项】对话框，再次单击【确定】按钮，完成三维图形的贴图，完成后的效果如图9.21所示。

图9.21 完成贴图效果

9.2.3 绕转

【绕转】效果可以根据选择图形的轮廓，沿指定的轴向进行旋转，从而产生三维图形，绕转的对象可以是开放的路径，也可以是封闭的图形。要应用【绕转】效果，首先选择一个二维图形，如图9.22所示，然后执行菜单栏中的【效果】|【绕转】命令，打开图9.23所示的【3D绕转选项】对话框，在该对话框中可以对绕转的三维图形进行详细的设置。

图9.22 二维图形

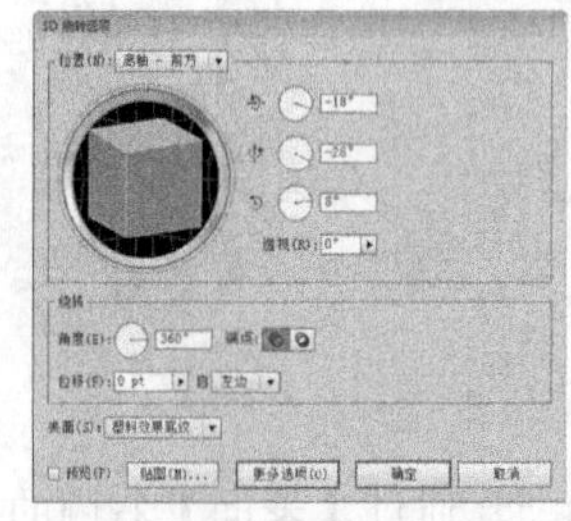

图9.23 【3D 绕转选项】对话框

【3D 绕转选项】对话框中【位置】和【表面】等选项在前面【3D 凸出和斜角选项】对话框中已经详细讲解过，这里只讲解前面没有讲到的部分，各选项的含义说明如下。

- 【角度】：设置绕转对象的旋转角度。取值范围为0°~360°。可以通过拖动右侧的指针来修改角度，也可以直接在文本框中输入需要的绕转角度值。当输入360°时，完成三维图形的绕转；输入的值小于360°时，将不同程度的显示出未完成的三维效果。图9.24所示为分别输入角度值为90°、180°、270°的不同显示效果。

角度值为90°　角度值为180°　角度值为270°

图9.24 不同角度值的图形效果

- 【端点】：控制三维图形为实心还是空心效果。单击【开户端点以建立实心外观】按钮，可以制作实心图形，如图9.25所示。单击【关闭端点以建立空心效果】按钮，可以制作空心图形，如图9.26所示。

图9.25实心图形

图9.26 空心图形

- 【偏移】：设置离绕转轴的距离，值越大，离绕转轴就越远。图9.27所示偏移值分别为0、30和50的效果显示。

偏移值为0　偏移值为30　偏移值为50

图9.27 不同偏移值效果

- 【自】：设置绕转轴的位置。可以选择【左边】或【右边】，分别以二维图形的左边或右边为轴向进行绕转，如图9.28所示。

图9.28 左边和右边旋转的效果

技巧与提示

3D效果中还有一个【旋转】命令，它可以将一个二维图形模拟在三维空间中变换，以制作出三维空间效果，它的参数与前面讲解的【3D 凸出和斜角选项】对话框中参数相同，读者可以自己选择二维图形，然后使用该命令感受一下，这里不再赘述。

9.3 扭曲和变换效果

【扭曲和变换】效果是最常用的变形工具，主要用来修改图形对象的外观。包括【变换】、【扭拧】、【扭转】、【收缩和膨胀】、【波纹效果】、【粗糙化】和【自由扭曲】7种效果。

9.3.1 变换

【变换】命令是一个综合性的命令，它可以同时对图形对象进行缩放、移动、旋转和对称等多项操作。选择要变换的图形后，执行菜单栏中的

【效果】|【扭曲和变换】|【变换】命令，打开图9.29所示的【变换效果】对话框，利用该对话框对图形进行变换操作。

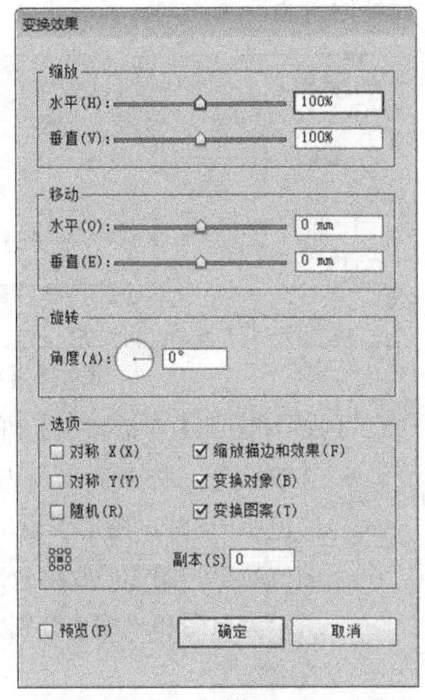

图9.29 【变换效果】对话框

【变换效果】对话框各选项的含义说明如下。

- 【缩放】：控制图形对象的水平和垂直缩放大小。可以通过【水平】或【垂直】参数来修改图形的水平或垂直缩放程度。
- 【移动】：控制图形对象在水平或垂直方向移动的距离。
- 【旋转】：控制图形对象旋转的角度。
- 【对称X】：勾选该复选框，图形将沿X轴镜像。
- 【对称Y】：勾选该复选框，图形将沿Y轴镜像。
- 【参考点】：设置图形对象变换的参考点。只要用鼠标单击9个点中的任意一点就可以选定参考点，选定的参考点由白色方块变为黑色方块，这9个参考点代表图形对象8个边框控制点和1个中心控制点。
- 【随机】：勾选该复选框，图形对象将产生随机的变换效果。
- 【缩放描边和效果】：勾选该复选框，在缩放图形时将同时缩放图形的描边和效果。
- 【变换对象】：勾选该复选框，应用缩放、移动或旋转时将变换图形对象。
- 【变换图案】：勾选该复选框，应用缩放、移动或旋转时将变换图形的图案填充效果。
- 【副本】：控制变形对象的复制份数。在左侧的文本框中，可以输入要复制的份数。比如输入2，就表示复制2个图形对象。

9.3.2 扭拧

【扭拧】效果以锚点为基础，将锚点从原图形对象上随机移动，并对图形对象进行随机的扭曲变换，因为这个效果应用于图形时带有随机性，所以每次应用所得到的扭拧效果会有一定的差别。选择要应用【扭拧】效果的图形对象，然后执行菜单栏中的【效果】|【扭曲和变换】|【扭拧】命令，打开图9.30所示的【扭拧】对话框。

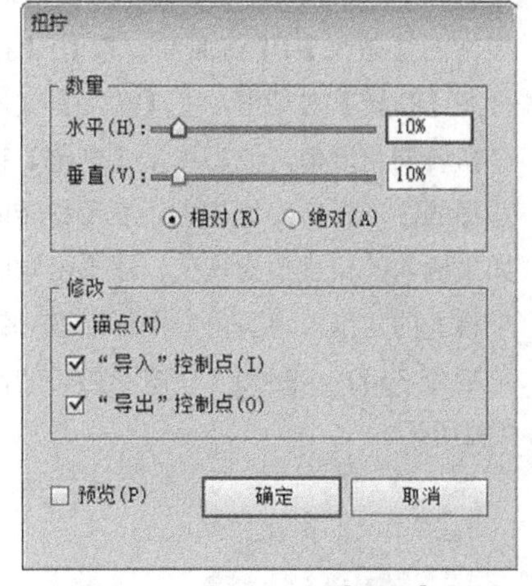

图9.30 【扭拧】对话框

【扭拧】对话框各选项的含义说明如下。

- 【数量】：利用【水平】和【垂直】两个滑块，可以控制沿水平和垂直方向的扭曲量大小。勾选【相对】单选框，表示扭曲量以百分比为单位，相对扭曲；勾选【绝对】单选框，表示扭曲量以绝对数值mm（毫米）为单位，对图形进行绝对扭曲。
- 【锚点】：控制锚点的移动。勾选该复选框，扭拧图形时将移动图形对象路径上的锚点位置；取消勾选扭拧图形时将不移动图形对象路径上的锚点位置。

- 【“导入”控制点】：勾选该复选框，移动路径上进入锚点的控制点。
- 【“导出”控制点】：勾选该复选框，移动路径上离开锚点的控制点。

应用【扭拧】命令产生变换的前后效果如图9.31所示。

图9.31 应用【扭拧】命令产生变换的前后效果

9.3.3 扭转

【扭转】命令沿选择图形的中心位置将图形进行扭转变形。选择要扭转的图形后，执行菜单栏中的【效果】|【扭曲和变换】|【扭转】命令，打开【扭转】对话框，在【角度】文本框中输入一个扭转的角度值，然后单击【确定】按钮，即可将选择的图形扭转。值越大，表示扭转的程度越大。如果输入的角度值为正值，图形沿顺时针扭转；如果输入的角度值为负值，图形沿逆时针扭转。取值范围为-3600°~3600°。图形扭转的操作效果如图9.32所示。

图9.32 图形扭转的操作效果

9.3.4 收缩和膨胀

【收缩和膨胀】命令可以使选择的图形以它的锚点为基础，向内或向外发生扭曲变形。选择要收缩和膨胀的图形对象，然后执行菜单栏中的【效果】|【扭曲和变换】|【收缩和膨胀】命令，打开图9.33所示的【收缩和膨胀】对话框，对图形进行详细的扭曲设置。

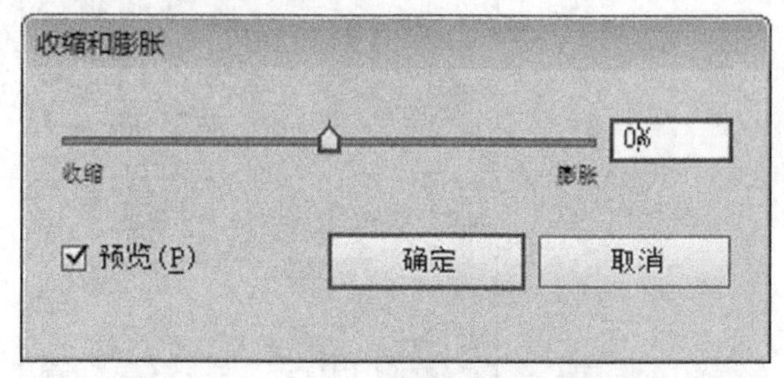

图9.33 【收缩和膨胀】对话框

【收缩和膨胀】对话框各选项的含义说明如下。

- 【收缩】：控制图形向内收缩量。当输入的值小于0时，图形表现出收缩效果，输入的值越小，图形的收缩效果越明显。图9.34所示为原图和收缩值分别为-20、-80的图形收缩效果。

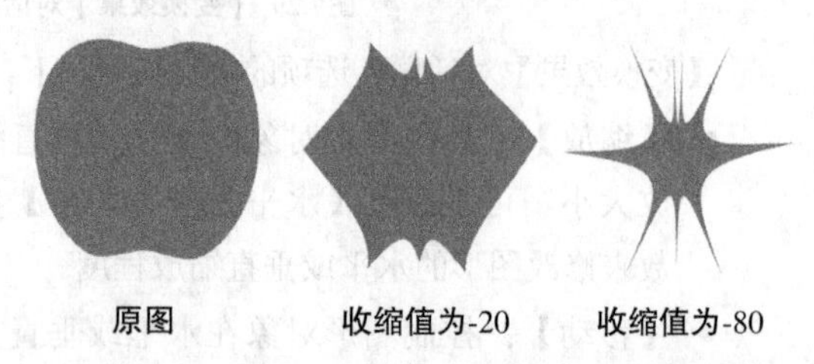

图9.34 不同收缩效果

- 【膨胀】：控制图形向外收缩量。当输入的值大于0时，图形表现出膨胀效果。输入的值越大，图形的膨胀效果越明显。图9.35所示为原图和膨胀值分别为20、80的图形膨胀效果。

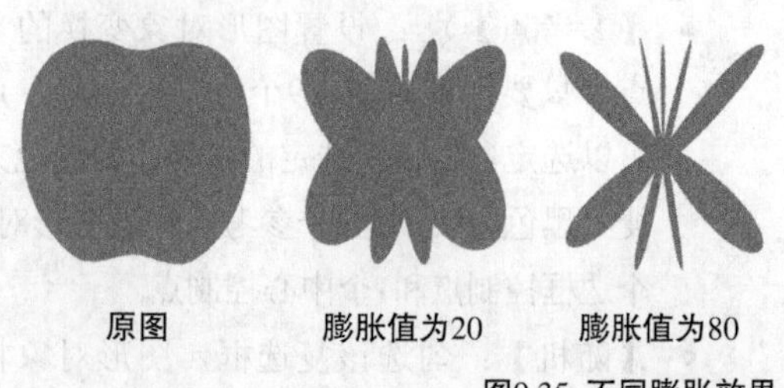

图9.35 不同膨胀效果

9.3.5 课堂案例——制作阳光下的气泡

案例位置　案例文件\第9章\制作阳光下的气泡.ai
视频位置　多媒体教学\9.3.5.avi
实用指数　★★★★★

本例主要讲解【收缩和膨胀】制作阳光下的气泡。最终效果如图9.36所示。

图9.36 最终效果

01 新建1个颜色模式为RGB的画布，选择工具箱中的【矩形工具】，在绘图区单击，弹出【矩形】对话框，设置矩形的参数，【宽度】为170mm，【高度】为120mm，描边为无，如图9.37所示。

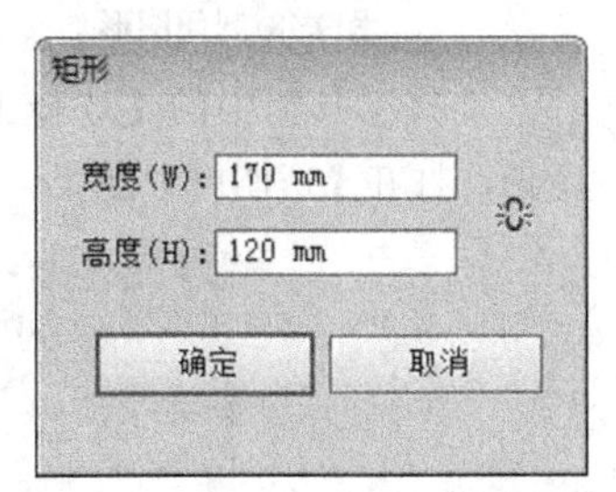

图9.37 【矩形】对话框

02 将创建的矩形填充为浅绿色（R：210；G：250；B：232）到墨蓝色（R：111；G：234；B：193）再到深绿色（R：49；G：164；B：144）的线性渐变，如图9.38所示。

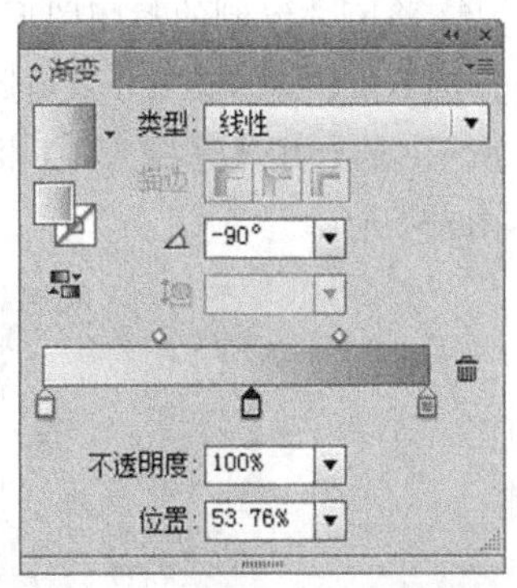

图9.38 【渐变】面板

03 为所创建的矩形填充渐变，填充效果如图9.39所示。

图9.39 填充效果

04 选择工具箱中的【椭圆工具】，在背景矩形的左下角，按住“Shift”键的同时拖动鼠标绘制小型正圆，将其填充为白色，描边为无，如图9.40所示。

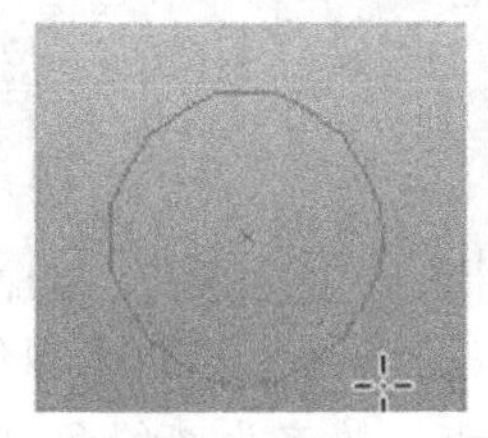

图9.40 绘制正圆并填充颜色

05 选择工具箱中的【网格工具】，在矩形左侧边缘单击3次（3点间的距离不相等），建立网格，如图9.41所示。

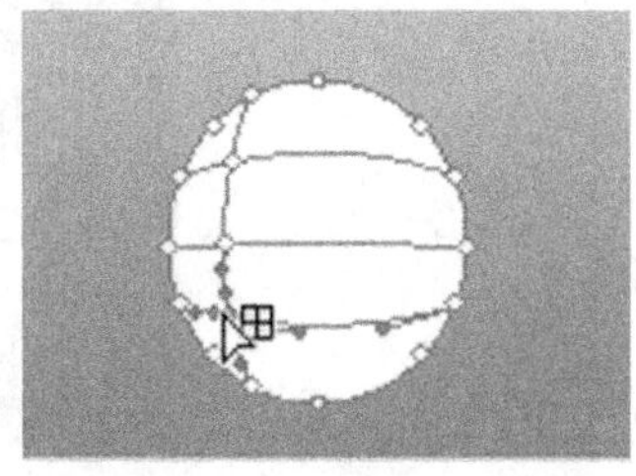
图9.41 建立网格

06 在矩形的上方边缘单击2次（2点间的距离不相等），共建立6条网格线，如图9.42所示。

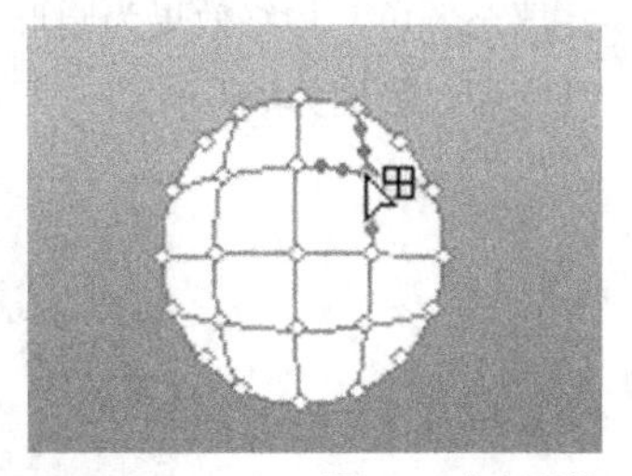
图9.42 建立网格

07 选择工具箱中的【直接选择工具】，选择锚点，对其进行调整，达到满意效果为止，如图

9.43所示。

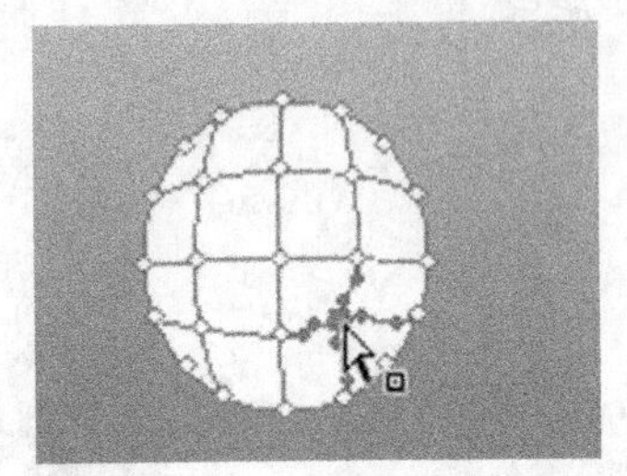

图9.43 调整锚点

08 选择工具箱中的【直接选择工具】，选择圆形左上角的交叉锚点，填充为水蓝色（R：210；G：248；B：252），如图9.44所示。

图9.44 填充颜色

09 选择其右侧的锚点，填充为淡绿色（R：174；G：250；B：223），选择其右侧的第2个锚点，填充为淡紫色（R：197；G：210；B：224），如图9.45所示。

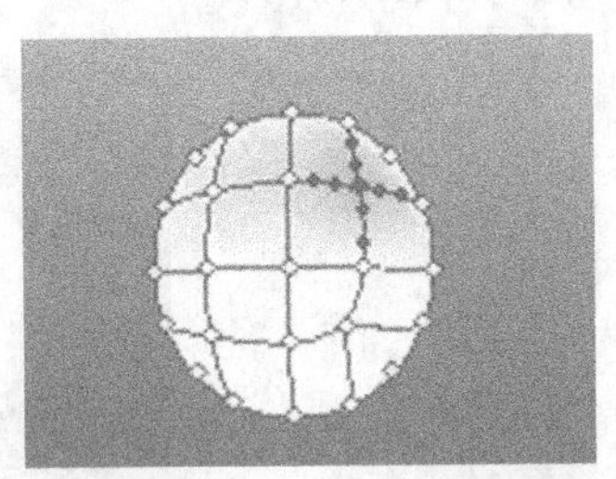

图9.45 填充颜色

10 选择其下方的锚点，填充为绿色（R：123；G：242；B：200），同样的方法选择其他锚点，并填充颜色，最终效果为圆形上方的颜色浅下方的颜色深，如图9.46所示。

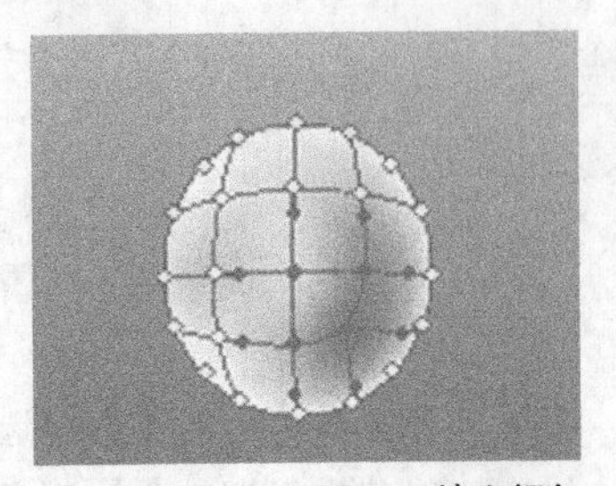

图9.46 填充颜色

11 选择工具箱中的【选择工具】，选择圆形，打开【透明度】面板，将【不透明度】改为70%，调整效果如图9.47所示。

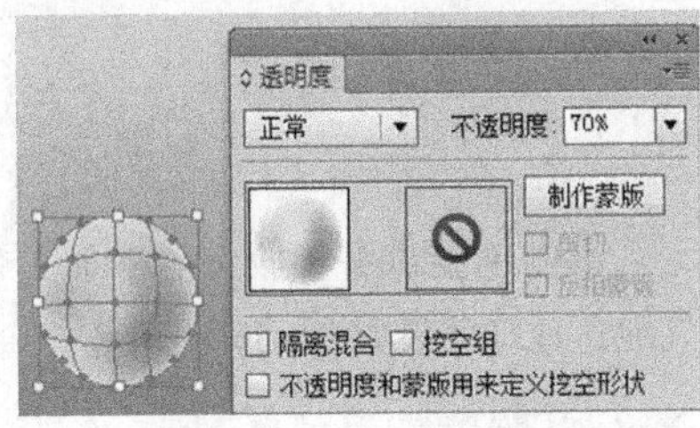

图9.47 【透明度】面板和调整效果

12 选择工具箱中的【钢笔工具】，在背景矩形上，绘制多个封闭式的图形，最终围成圆形即可，如图9.48所示，将其填充为白色，描边为无，如图9.49所示。

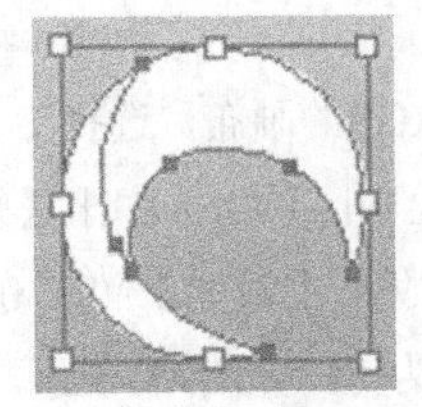

图9.48 封闭图形

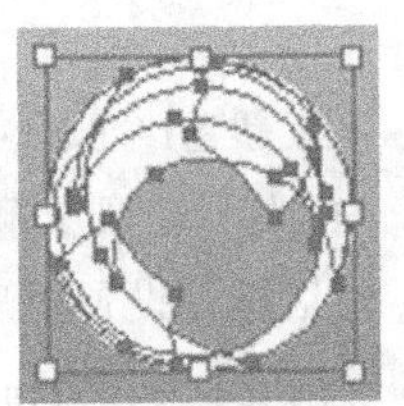

图9.49 填充颜色

13 选择工具箱中的【选择工具】，依次选择图形，打开【透明度】面板，如图9.50所示。

图9.50 【透明度】面板

14 将刚才绘制的封闭图形【不透明度】改为不同的数值，逐步调整使其看起来有层次，如图9.51所示。再使用【选择工具】将其移动到圆形上，如图9.52所示。

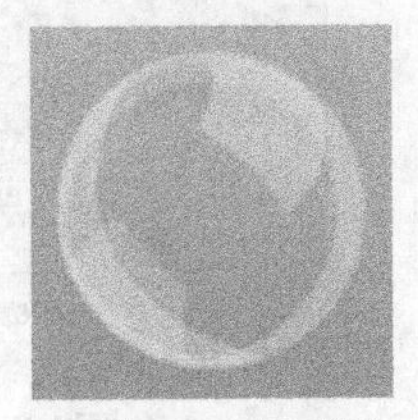

图9.51 不透明度

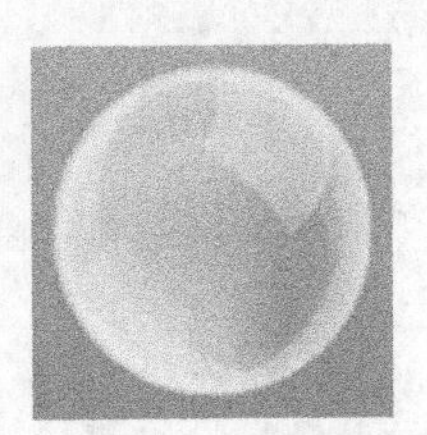

图9.52 移动图形

15 选择工具箱中的【选择工具】，选择除背景以外的所有图形，按“Ctrl”+“G”组合键编组，按住“Alt”键拖动鼠标复制1个，再按住“Alt”+“Shift”组合键等比例缩小圆形，如图9.53所示。

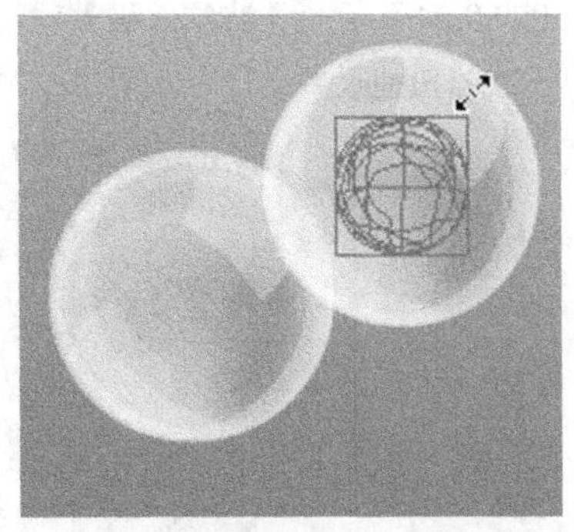

图9.53 复制图形并等比缩小图形

16 用以上同样的方法复制多个，并随意的摆放。可旋转一定的角度或改变不透明度，如图9.54所示。

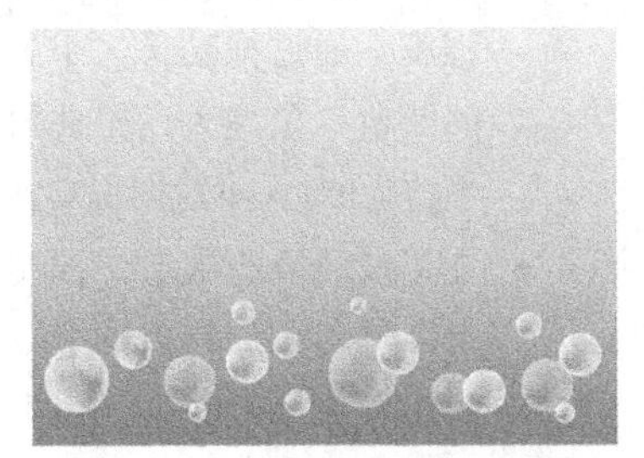

图9.54 多重复制圆形

17 选择工具箱中的【多边形工具】，在绘图区单击，弹出【多边形】对话框，设置多边形的参数，【选项】|【半径】为10mm，【边数】为24，描边为无，再将其填充为浅绿色（R：238；G：251；B：244），如图9.55所示。

18 选择工具箱中的【选择工具】，选择多边形，执行菜单栏中的【效果】|【扭曲和变换】|【收缩和膨胀】命令，弹出【收缩和膨胀】对话框，修改其参数值为-80%，更改效果如图9.56所示。

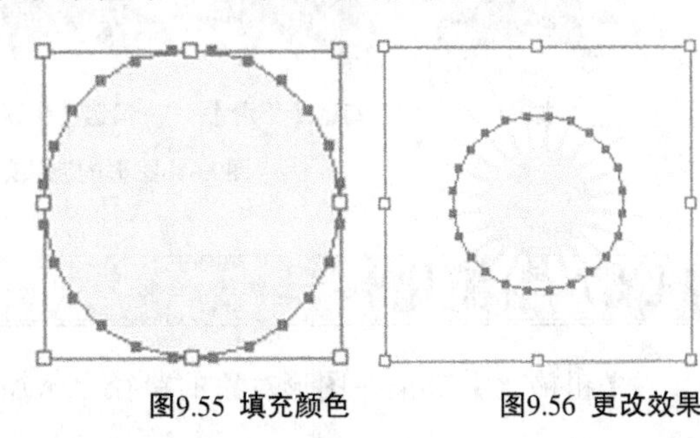

图9.55 填充颜色　　图9.56 更改效果

19 选择工具箱中的【选择工具】，选择多边形，如图所示，执行菜单栏中的【对象】|【扩展外观】命令，选择工具箱中的【添加锚点工具】，在图形1个边上的左右两侧分别添加1个锚点，如图9.57所示。

20 选择工具箱中的【直接选择工具】，选择顶点的锚点向外拖动使其拉长，如图9.58所示。

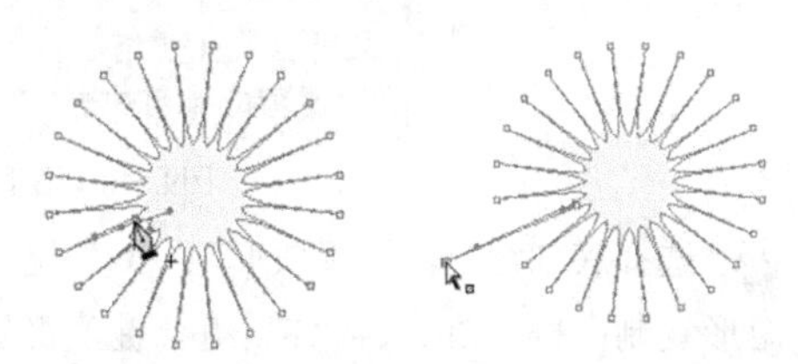

图9.57 添加锚点　　图9.58 将锚点拉长

21 使用同样的方法拉长其中的3到4条边，如图9.59所示。

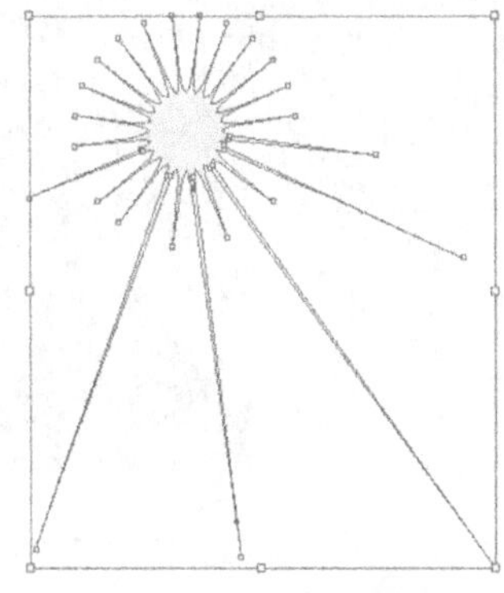

图9.59 将锚点拉长

22 选择工具箱中的【选择工具】，选择多边形，将其移动到背景矩形的上方中心位置，多边形1/3的部分在矩形的外侧，再按住“Alt”+“Shift”组合键等比例放大图形，如图9.60所示。

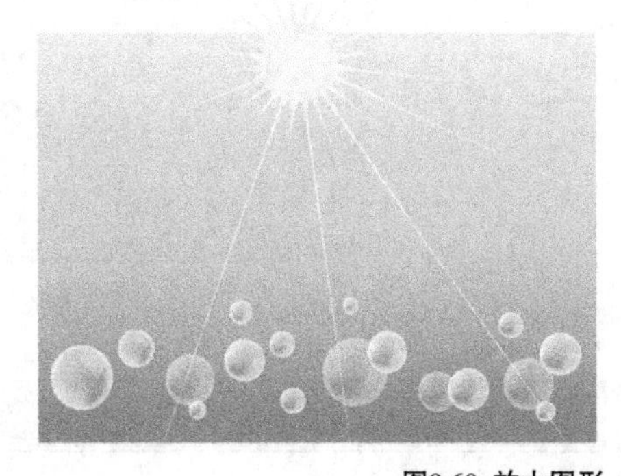

图9.60 放大图形

23 选择工具箱中的【选择工具】，选择多边形，打开【透明度】面板，将【不透明度】改为60%，如图9.61所示。

图9.61 【透明度】面板

(24) 选择底部矩形，按“Ctrl”+“C”组合键，将矩形复制；按“Ctrl”+“F”组合键，将复制的矩形粘贴在原图形的前面，再按“Ctrl”+“Shift”+“]”组合键置于顶层，如图9.62所示。

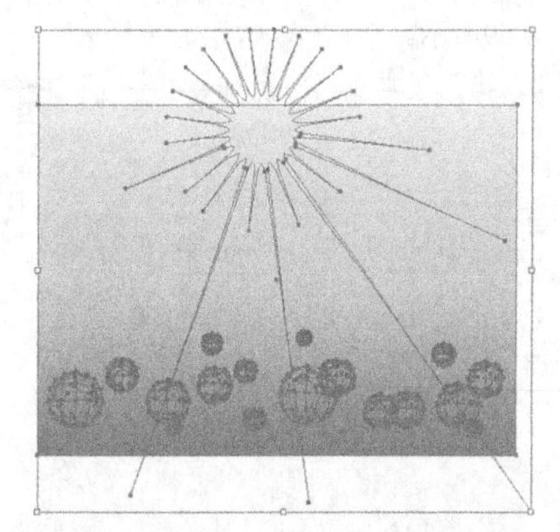

图9.62 复制矩形

(25) 将图形全部选中，执行菜单栏中的【对象】|【剪切蒙版】|【建立】命令，将多出来的部分剪掉，完成最终效果，如图9.63所示。

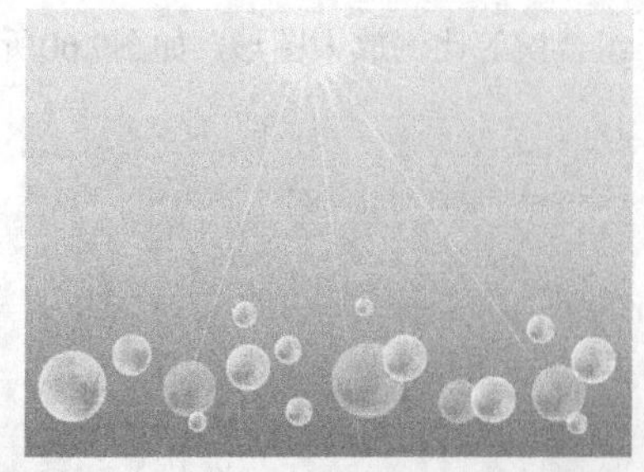

图9.63 最终效果

9.3.6 波纹效果

【波纹效果】在图形对象的路径上均匀的添加若干锚点，然后按照一定的规律移动锚点的位置，形成规则的锯齿波纹效果。首先选择要应用【波纹效果】的图形对象，然后执行菜单栏中的【效果】|【扭曲和变换】|【波纹效果】命令，打开图9.64所示的【波纹效果】对话框，对图形进行详细的扭曲设置。

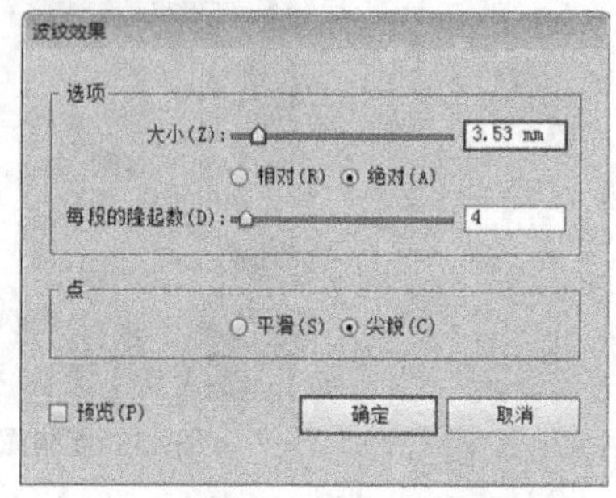

图9.64 【波纹效果】对话框

【波纹效果】对话框各选项的含义说明如下。

- 【大小】：控制各锚点偏离原路径的扭曲程度。通过拖动【大小】滑块来改变扭曲的数值，值越大，扭曲的程度也就越大。当值为0时，不对图形实施扭曲变形。
- 【每段的隆起数】：控制在原图形的路径上，均匀添加锚点的个数。通过拖动下方的滑块来修改数值，也可以在右侧的文本框中直接输入数值。取值范围为0~100。
- 【点】：控制锚点在路径周围的扭曲形式。勾选【平滑】单选框，将产生平滑的边角；勾选【尖锐】单选框，将产生锐利的边角效果。图9.65所示为原图和使用【平滑】与【尖锐】设置的效果。

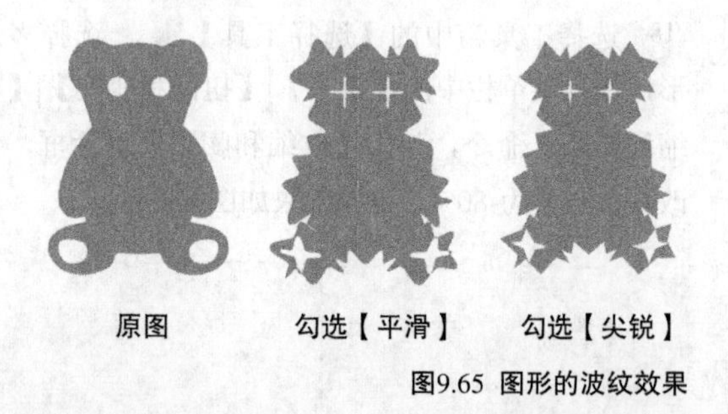

图9.65 图形的波纹效果

9.3.7 粗糙化

【粗糙化】效果在图形对象的路径上添加若

干锚点，然后随机将这些锚点移动一定的位置，以制作出随机粗糙的锯齿状效果。要应用【粗糙化】效果，首先选择应用该效果的图形对象，然后执行菜单栏中的【效果】|【扭曲和变换】|【粗糙化】命令，打开【粗糙化】对话框。在对话框中设置合适的参数，再单击【确定】按钮，即可对选择的图形应用粗糙化。粗糙化图形操作效果如图9.66所示。

图9.66 粗糙化图形操作效果

技巧与提示

【粗糙化】对话框中的参数与【波纹效果】对话框中的参数用法相同，这里不再赘述，详情请参考【波纹效果】对话框参数详解。

9.3.8 自由扭曲

【自由扭曲】工具与工具箱中的【自由变形工具】用法很相似，可以对图形进行自由扭曲变形。选择要自由扭曲的图形对象，然后执行菜单栏中的【效果】|【扭曲和变换】|【自由扭曲】命令，打开【自由扭曲】对话框。在对话框中，使用鼠标拖动控制框上的4个控制柄来调节图形的扭曲效果。如果对调整的效果不满意，想恢复默认效果，单击【重置】按钮，将其恢复到初始效果。扭曲完成后单击【确定】按钮，即可提交扭曲变形效果。自由扭曲图形的操作效果如图9.67所示。

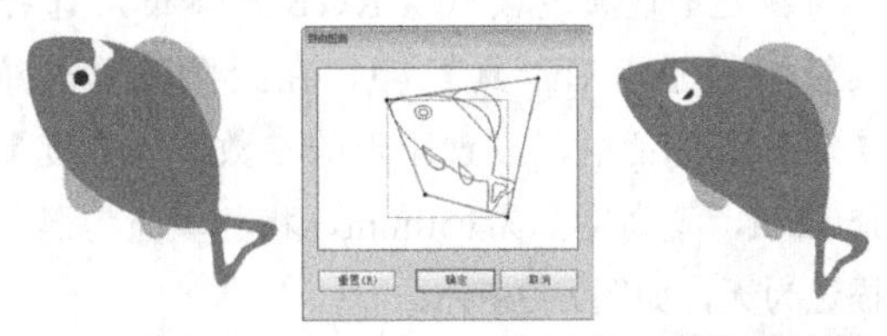

图9.67 自由扭曲图形的操作效果

9.4 风格化效果

【风格化】效果主要对图形对象添加特殊的图形效果。比如内发光、圆角、外发光、投影和添加箭头等。这些特效的应用可以为图形增添更加生动的艺术氛围。

9.4.1 内发光

【内发光】命令可以在选定图形的内部添加光晕效果，与【外发光】效果正好相反。选择要添加内发光的图形对象，然后执行菜单栏中的【效果】|【风格化】|【内发光】命令，打开图9.68所示的【内发光】对话框，对内发光进行详细的设置。

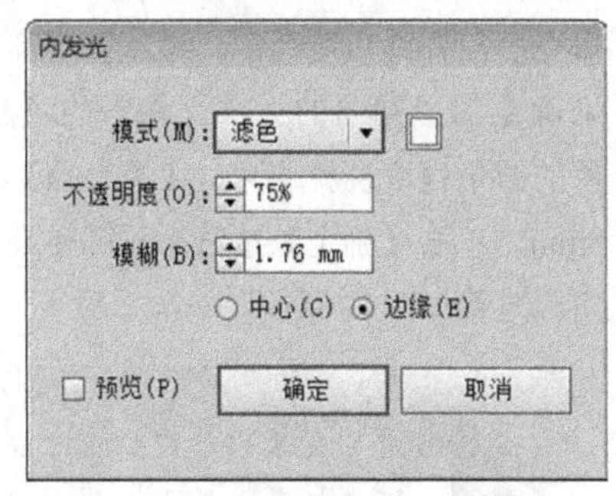

图9.68 【内发光】对话框

【内发光】对话框各选项的含义说明如下。

- 【模式】：从右侧的下拉菜单中，设置内发光颜色的混合模式。
- 【颜色块】：控制内发光的颜色。单击颜色块区域，可以打开【拾色器】对话框，用来设置发光的颜色。
- 【不透明度】：控制内发光颜色的不透明度。可以从右侧的下拉菜单中选择一个不透明度值，也可以直接在文本框中输入一个需要的值。取值范围为0~100%，值越大，内发光的颜色越不透明。
- 【模糊】：设置内发光颜色的边缘柔和程度。值越大，边缘柔和的程度也就越大。
- 【中心】和【边缘】：控制发光的位置。勾选【中心】单选框，表示发光的位置为图形的中心位置。勾选【边缘】单选框，表示发光的位置为图形的边缘位置。图

9.69所示为图形应用内发光后的不同显示效果。

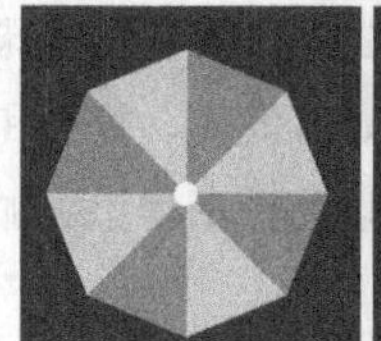
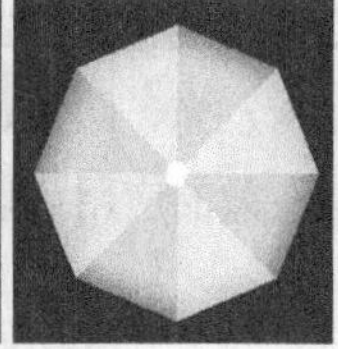
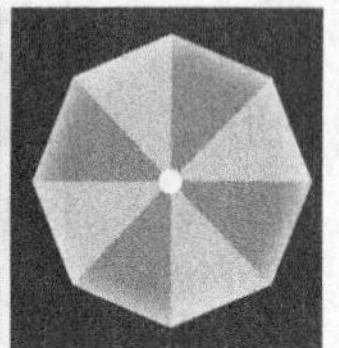

原图　勾选【中心】　勾选【边缘】

图9.69 应用内发光后的不同显示效果

9.4.2 圆角

【圆角】命令可以将图形对象的尖角变为圆角效果。选择要应用【圆角】效果的图形对象，然后执行菜单栏中的【效果】|【风格化】|【圆角】命令，打开圆角对话框。通过修改【半径】的值，来确定图形圆角的大小。输入的值越大，图形对象的圆角程度也就越大。在【半径】文本框中输入8mm，单击【确定】按钮，即可完成圆角效果的应用。过程如图9.70所示。

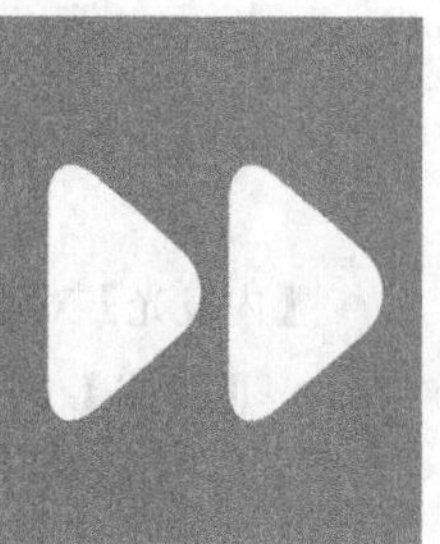

图9.70 圆角效果

9.4.3 外发光

【外发光】与【内发光】效果相似，只是【外发光】在选定图形的外部添加光晕效果。要使用外发光，首先选择一个图形对象，然后执行菜单栏中的【效果】|【风格化】|【外发光】命令，打开【外发光】对话框，在对话框中设置好外发光的相关参数，单击【确定】按钮，即可为选定的图形添加外发光效果。操作过程如图9.71所示。

图9.71 添加外发光效果

技巧与提示

【外发光】对话框中的相关参数应用与【内发光】参数应用相同，这里不再赘述，详情可参考【内发光】参数讲解。

9.4.4 课堂案例——制作精灵光线

案例位置　案例文件\第9章\制作精灵光线.ai
视频位置　多媒体教学\9.4.4.avi
实用指数　★★★★★

本例主要讲解使用【外发光】与【叠加】制作精灵光线。最终效果如图9.72所示。

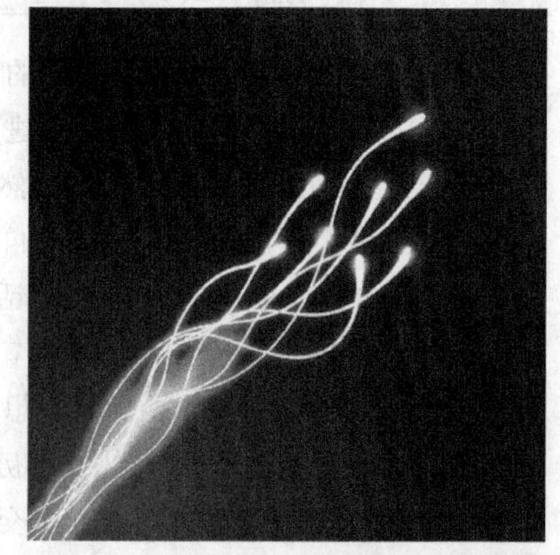

图9.72 最终效果

01 新建1个颜色模式为RGB的画布，选择工具箱中的【矩形工具】，在绘图区单击弹出【矩形】对话框，设置矩形的参数，【宽度】为150mm，【高度】为150mm，将其填充为黑色，描边为无，如图9.73所示。

图9.73 填充颜色

02 选择工具箱中的【钢笔工具】，在背景矩形上绘制1个弯曲的图形（形状如长尾巴的蝌蚪），将其填充为浅灰色（R：237；G：237；B：237），描边为无，如图9.74所示。

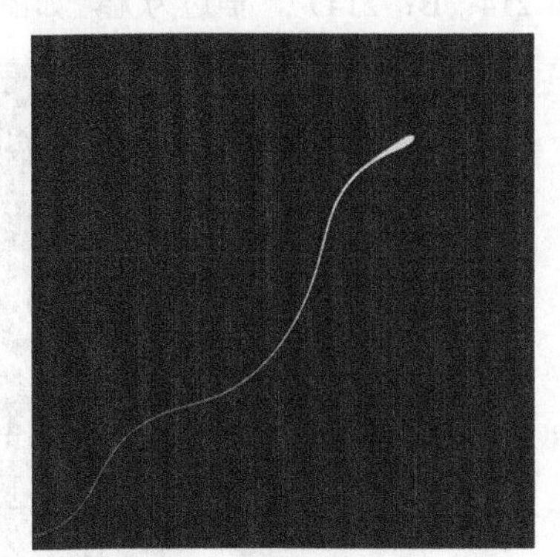

图9.74 绘制图形并填充颜色

03 选择工具箱中的【选择工具】，选择弯曲的图形，按住“Alt”键向下拖动鼠标复制1个，如图9.75所示。

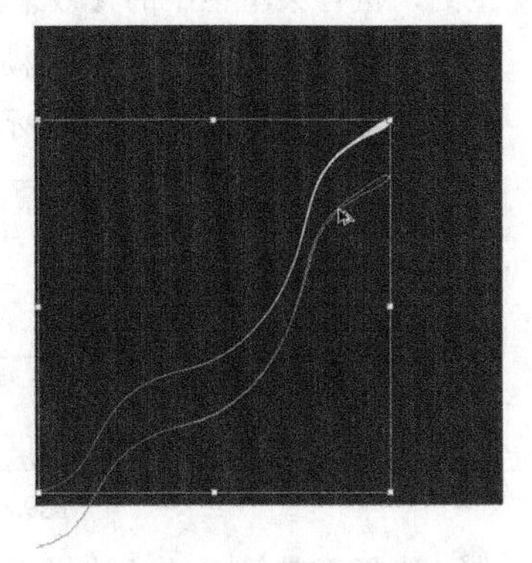

图9.75 复制图形

04 以同样的方法复制多份，并摆放在原图形的下方左右两侧。将光标移动到线框的上方单击并向下拖动鼠标，图形的高度缩小，如图9.76所示。

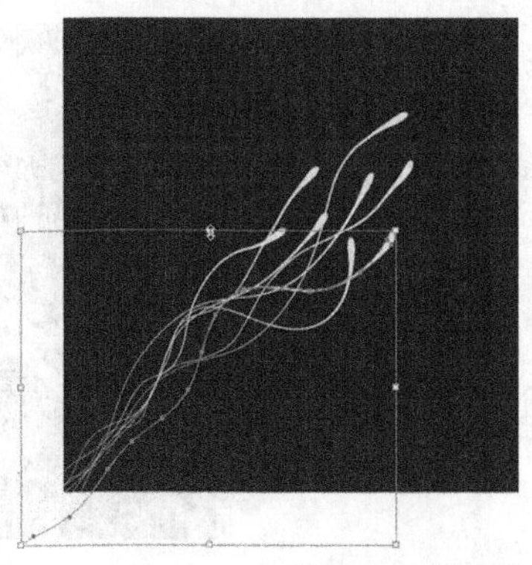

图9.76 多重复制

05 选择工具箱中的【选择工具】，将弯曲的图形全部选中，按“Ctrl”+“G”组合键编组，执行菜单栏中的【效果】|【风格化】|【外发光】命令，弹出【外发光】对话框，将【模式】改为【颜色减淡】，【模糊】改为1.08mm，更改效果如图9.77所示。

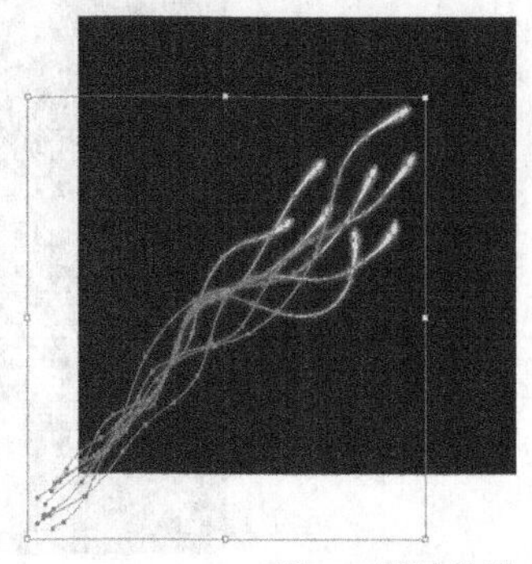

图9.77 更改效果

06 打开【透明度】面板，将【混合模式】改为【颜色减淡】，更改效果如图9.78所示。

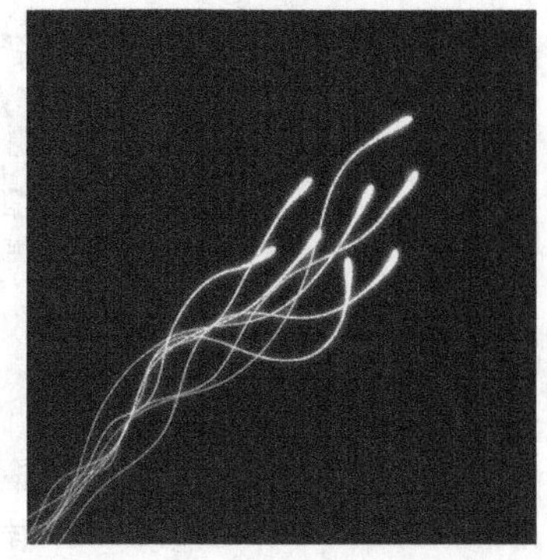

图9.78 更改效果

07 选择工具箱中的【钢笔工具】，在图形的左下角线条的内侧绘制不规则的图形，填充为浅灰色（R：214；G：214；B：214），描边为无，如图9.79所示。

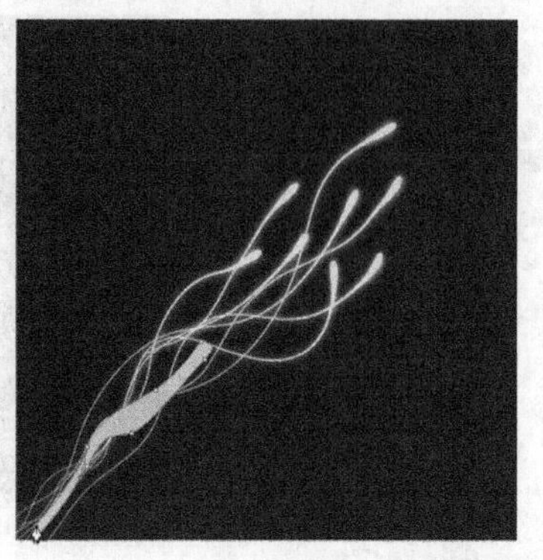

图9.79 绘制图形

08 选择工具箱中的【选择工具】，选择线条，执行菜单栏中的【效果】|【模糊】|【高斯模糊】命令，弹出【高斯模糊】对话框，将【半径】改为38像素，更改效果如图9.80所示。

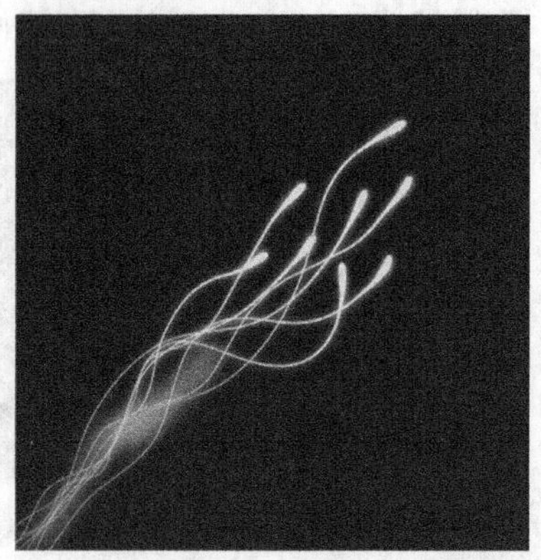

图9.80 更改效果

09 选择工具箱中的【选择工具】，选择不规则图形，打开【透明度】面板，将【混合模式】改为【颜色减淡】，如图9.81所示。

图9.81 【透明度】面板

10 用同样的方法再复制3个图形，按住“Alt”+“Shift”组合键等比例缩小图形，如图9.82所示。

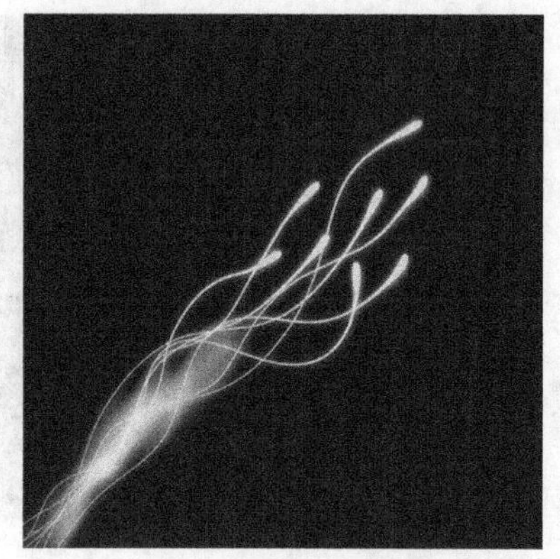

图9.82 复制图形并缩小

11 选择工具箱中的【椭圆工具】，在弯曲线条的右上角，按住“Shift”键的同时拖动鼠标绘制一个小型正圆，填充为浅灰色（R：214；G：214；B：214），描边为无，如图9.83所示。

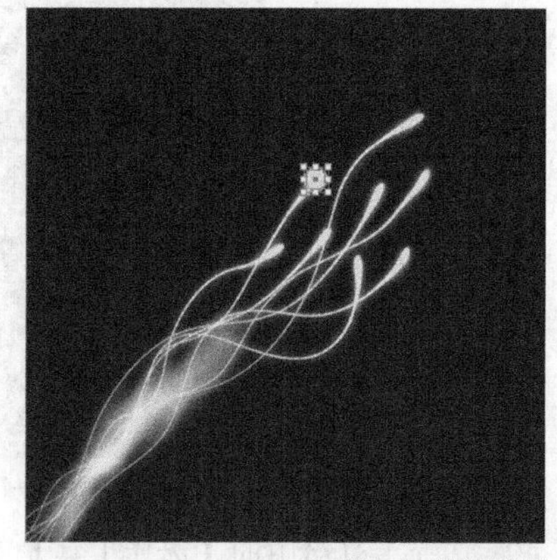

图9.83 绘制正圆

12 选择工具箱中的【选择工具】，选择小型正圆，执行菜单栏中的【效果】|【模糊】|【高斯模糊】命令，弹出【高斯模糊】对话框，将【半径】改为22像素，如图9.84所示。

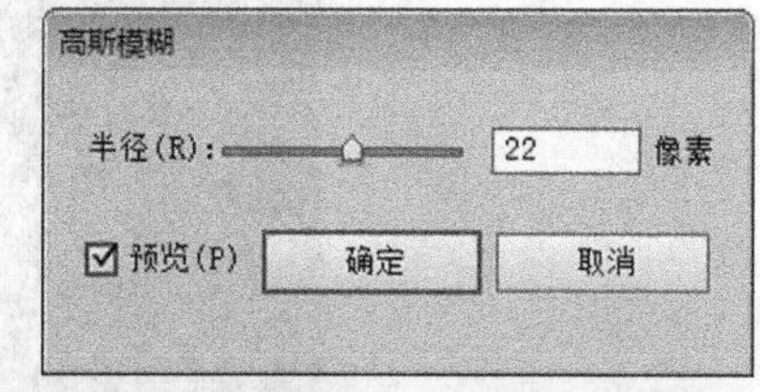

图9.84 【高斯模糊】对话框

13 选择工具箱中的【选择工具】，选择小型正圆，打开【透明度】面板，将【混合模式】改为【颜色减淡】，更改效果如图9.85所示。

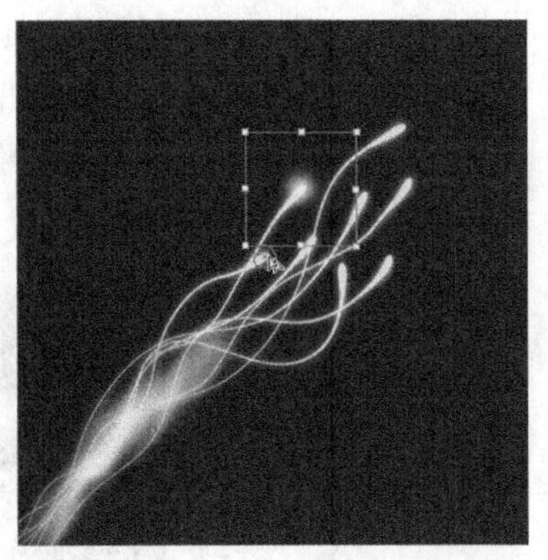

图9.85 更改效果

14 按住“Alt”键拖动鼠标到另一个弯曲线条的右上角复制1个，同样的方法复制6个，并摆放在不同的弯曲线条的右上角，如图9.86所示。

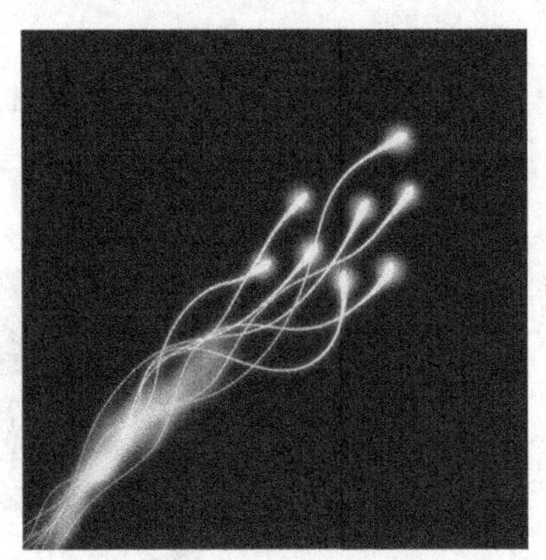

图9.86 复制多个圆形

15 选择工具箱中的【选择工具】，选择弯曲的图形，按“Ctrl”+“C”组合键，将图形复制，如图9.87所示。

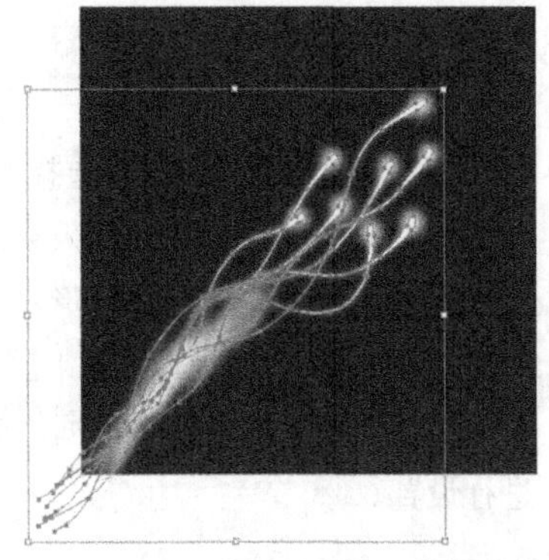

图9.87 复制图形

16 按“Ctrl”+“F”组合键，将复制的图形粘贴在原图形的前面，最后按“Ctrl”+“Shift”+“]”组合键置于顶层，填充为无，描边为白色，如图9.88所示。

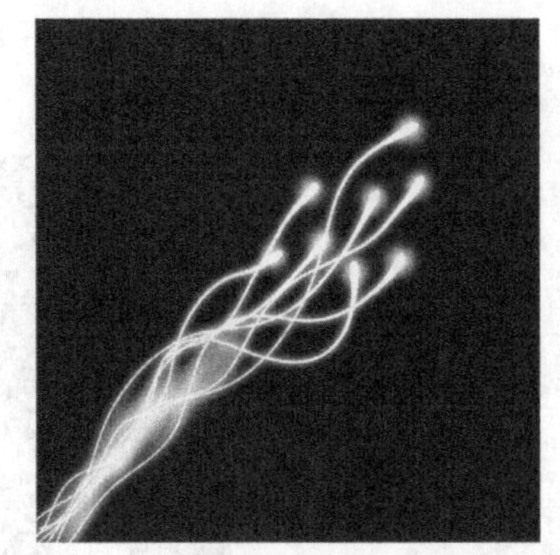

图9.88 填充颜色并描边

17 选择工具箱中的【选择工具】，选择背景矩形，按“Ctrl”+“C”组合键，将矩形复制；按“Ctrl”+“F”组合键，将复制的矩形粘贴在原图形的前面，最后按“Ctrl”+“Shift”+“]”组合键置于顶层，将其填充为橙黄色（R：240；G：138；B：110）到绿色（R：46；G：186；B：90）再墨蓝色（R：0；G：105；B：148）的径向渐变，描边为无。为所选图形填充渐变，如图9.89所示。

图9.89 填充渐变

18 打开【透明度】面板，将【混合模式】改为【叠加】，如图9.90所示。

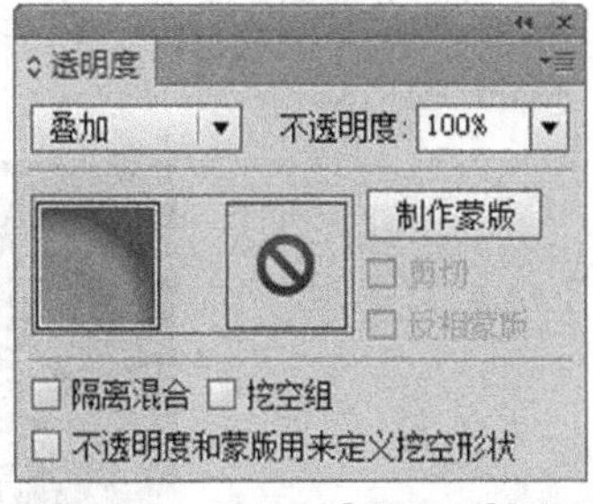

图9.90 【透明度】面板

19 使用【选择工具】选择复制的矩形，按“Ctrl”+“C”组合键，将矩形复制；按“Ctrl”+“F”组合键，将复制的矩形粘贴在原图形的前面，将其填充改为红色（R：240；G：56；B：

28）到深绿色（R：0；G：64；B：59）的径向渐变，更改效果如图9.91所示。

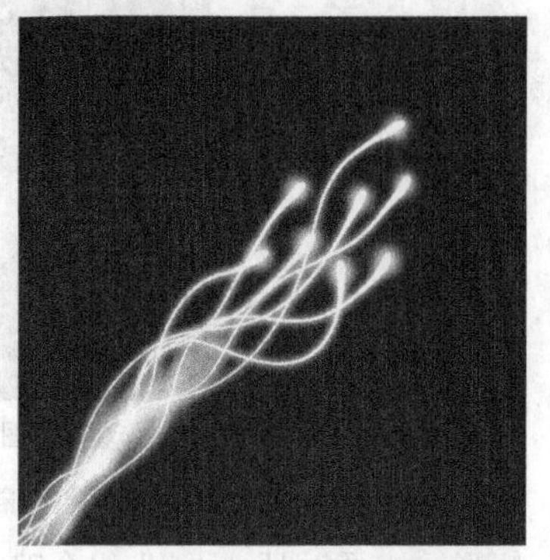

图9.91 更改效果

20 用同样的方法再复制1个矩形，将其填充为土黄色（R：156；G：99；B：36）到蓝色（R：0；G：64；B：255）的径向渐变，如图9.92所示。

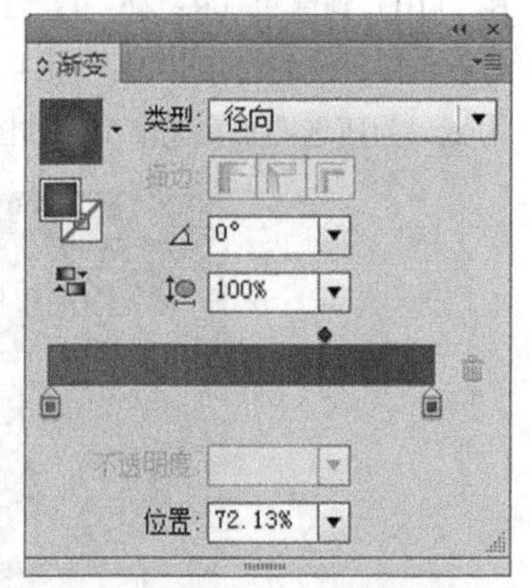

图9.92 【渐变】面板

21 使用【选择工具】选择最上层的矩形，按“Ctrl”+“C”组合键，将矩形复制；按“Ctrl”+“F”组合键，将复制的矩形粘贴在原图形的前面，使颜色看起来更深一层，完成最终光线效果，如图9.93所示。

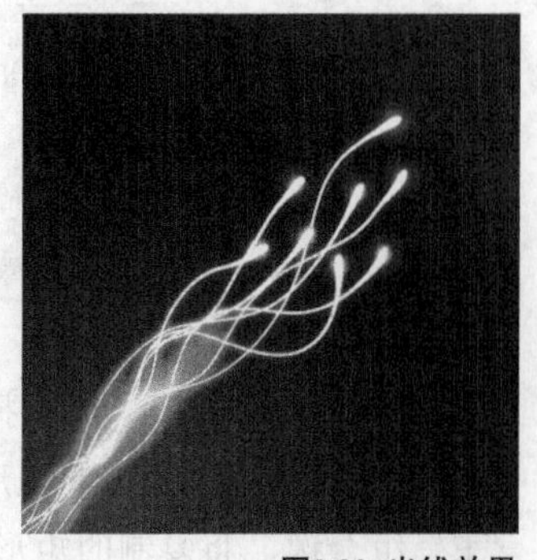

图9.93 光线效果

22 选择工具箱中的【选择工具】，选择最上层的矩形，按“Ctrl”+“C”组合键，将矩形复制；按“Ctrl”+“F”组合键，将复制的矩形粘贴在原图形的前面，如图9.94所示。

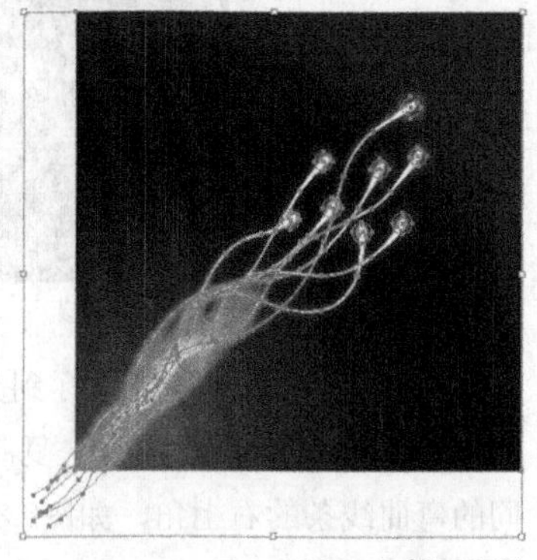

图9.94 复制矩形

23 将图形全部选中，执行菜单栏中的【对象】|【剪切蒙版】|【建立】命令，将多出来的部分剪掉，最终效果如图9.95所示。

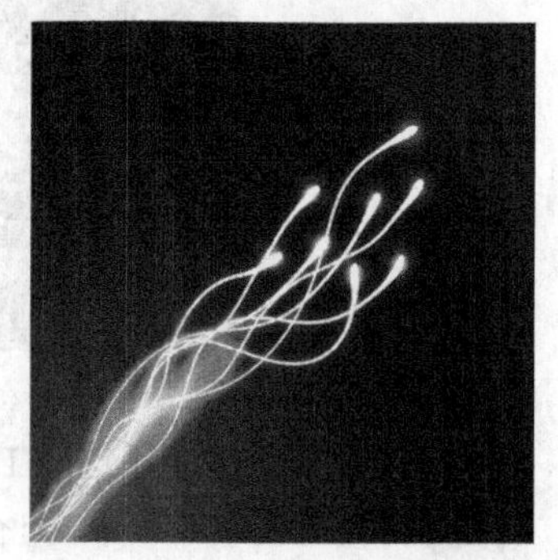

图9.95 最终效果

9.4.5 投影

【投影】命令可以为选择的图形对象添加一个阴影，以增加图形的立体效果。要为图形对象添加投影效果，首先选择该图形对象，然后执行菜单栏中的【效果】|【风格化】|【投影】命令，打开图9.96所示的【投影】对话框，对图形的投影参数进行设置。

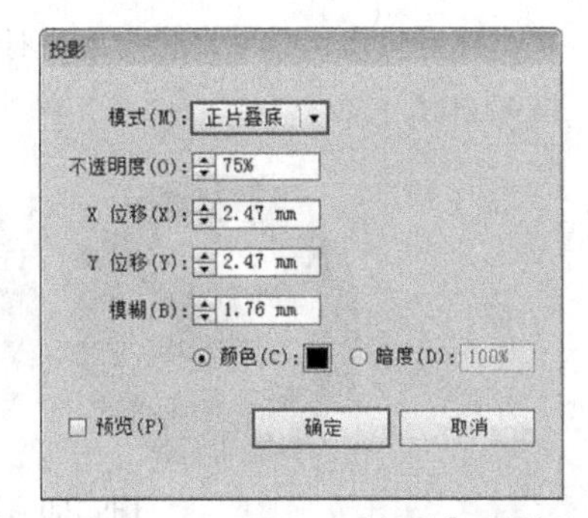

图9.96 【投影】对话框

【投影】对话框各选项的含义说明如下。

- 【模式】：从右侧的下拉菜单中，设置投影的混合模式。
- 【不透明度】：控制投影颜色的不透明度。可以从右侧的下拉菜单中选择一个不透明度值，也可以直接在文本框中输入一个需要的值。取值范围为0~100%，值越大，投影的颜色越不透明。
- 【X位移】：控制阴影相对于原图形在X轴上的位移量。输入正值阴影向右偏移；输入负值阴影向左偏移。
- 【Y位移】：控制阴影相对于原图形在Y轴上的位移量。输入正值阴影向下偏移；输入负值阴影向上偏移。
- 【模糊】：设置阴影颜色的边缘柔和程度。值越大，边缘柔和的程度也就越大。
- 【颜色】和【暗度】：控制阴影的颜色。勾选【颜色】单选框，可以单击右侧的颜色块，打开【拾色器】对话框来设置阴影的颜色。勾选【暗度】单选框，可以在右侧的文本框中，设置阴影的明暗程度。图9.97所示为图形添加投影的操作过程。

图9.97 图形添加投影的操作过程

9.4.6 涂抹

【涂抹】命令可以将选定的图形对象转换成类似手动涂抹的手绘效果。选择要应用【涂抹】的图形对象，然后执行菜单栏中的【效果】|【风格化】|【涂抹】命令，打开图9.98所示的【涂抹选项】对话框，对图形进行详细的涂抹设置。

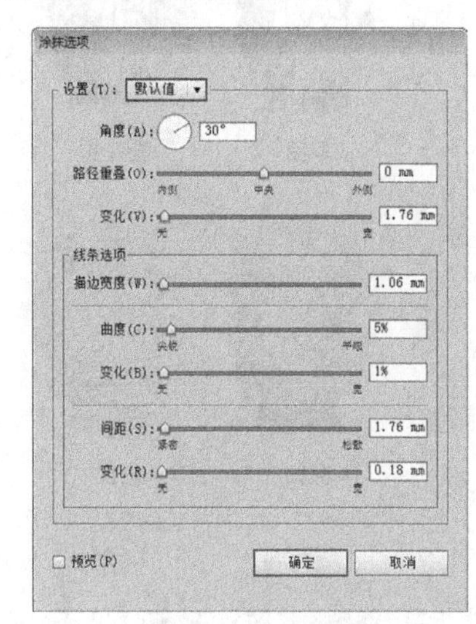

图9.98 【涂抹选项】对话框

【涂抹选项】对话框各选项的含义说明如下。

- 【设置】：从右侧的下拉菜单中，可以选择预设的涂抹效果。包括涂鸦、密集、松散、波纹、锐利、素描、缠结、泼溅、紧密和蜿蜒等多个选项。
- 【角度】：指定涂抹效果的角度。
- 【路径重叠】：设置涂抹线条在图形对象的内侧、中央或是外侧。当值小于0时，涂抹线条在图形对象的内侧；当值大于0时，涂抹线条在图形对象的外侧。如果想让涂抹线条重叠产生随机的变化效果，可以修改右侧的【变化】参数，值越大，重叠效果越明显。
- 【描边宽度】：指定涂抹线条的粗细。
- 【曲度】：指定涂抹线条的弯曲程度。如果想让涂抹线条的弯曲度产生随机的弯曲效果，可以修改右侧的【变化】参数，值越大，弯曲的随机化程度越明显。
- 【间距】：指定涂抹线条之间的间距。如果想让线条之间的间距产生随机效果，可以修改右侧的【变化】参数，值越大，涂抹线条的间距变化越明显。

图9.99所示为几种常见预设的涂抹效果。

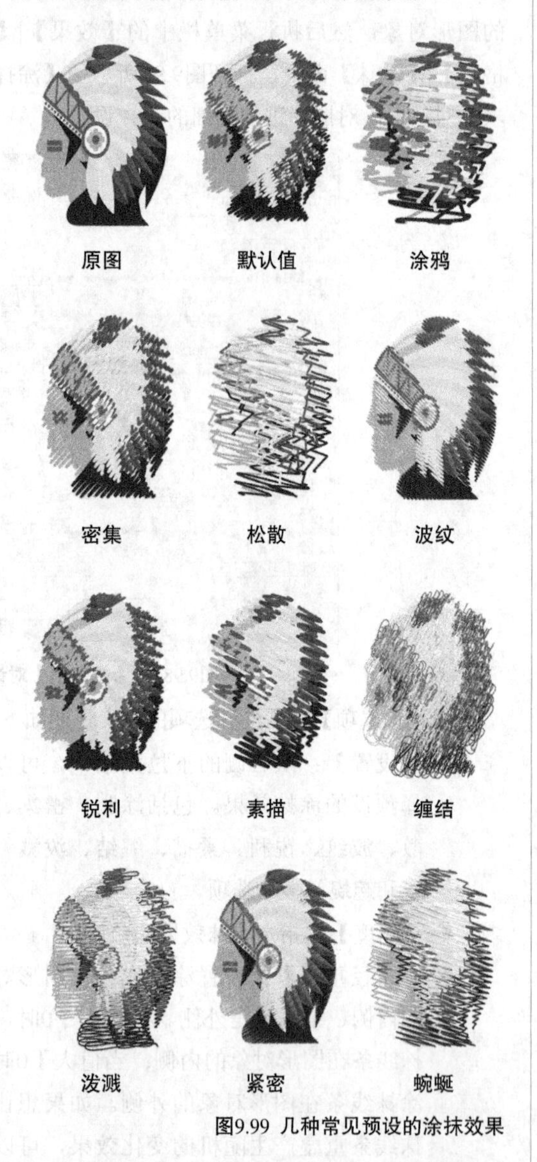

图9.99 几种常见预设的涂抹效果

9.4.7 羽化

【羽化】命令主要为选定的图形对象创建柔和的边缘效果。选择要应用【羽化】命令的图形对象，然后执行菜单栏中的【效果】|【风格化】|【羽化】命令，打开【羽化】对话框，在【羽化半径】文本框中输入一个羽化的数值，【羽化半径】的值越大，图形的羽化程度也越高。设置完成后，单击确定按钮，即可完成图形的羽化操作。效果如图9.100所示。

图9.100 羽化图形的操作效果

9.5 栅格化效果

【栅格化】命令主要是将矢量图形转化为位图，前面已经讲解过，有些滤镜和效果是不能应用在位图上的。如果想应用这些滤镜和效果，就需要将矢量图转换为位图效果。

要想将矢量图转换为位图，首先选择要转换的矢量图形，然后执行菜单栏中的【效果】|【栅格化】命令，打开如图9.101所示的【栅格化】对话框，对转换的参数进行设置。

技巧与提示

【效果】菜单中的【栅格化】命令与【对象】菜单中的【栅格化】命令是一样的。使用时要特别注意。

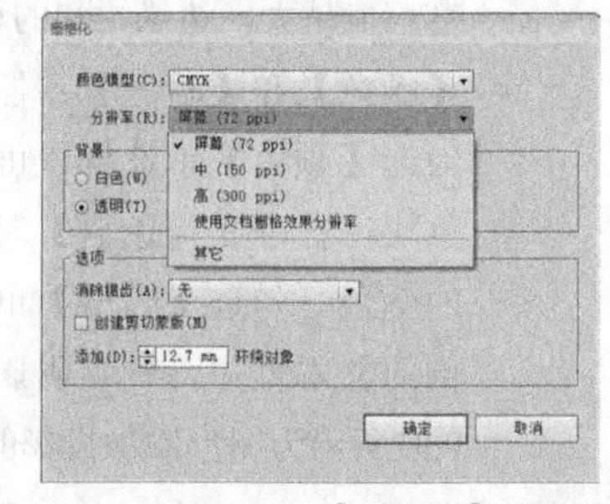

图9.101 【栅格化】对话框

【栅格化】对话框各选项的含义说明如下。

- 【颜色模型】：指定光栅化处理图形使用的颜色模式。包括RGB、CMYK和位图3种模式。
- 【分辨率】：指定光栅化图形中，第一寸图形中的像素数目。一般来说，网页图像的分辨率为72ppi；一般打印效果的图像分辨率为150ppi；精美画册的打印分辨率为300ppi；根据使用的不同，可以选择不同的分辨率，也可以直接在【其他】文本框中输入一个需要的分辨率值。

- 【背景】：指定矢量图形转换时空白区域的转换形式。勾选【白色】单选框，用白色来填充图形的空白区域；勾选【透明】单选框，将图形的空白区域转换为透明效果，并制作出一个Alpha通道，如果将图形转存到Photoshop软件中，这个alpha通道将被保留下来。
- 【消除锯齿】：指定在光栅化图形时，使用哪种方式来消除锯齿效果，包括【无】、【优化图稿（超像素取样）】和【优化文字（提示）】3个选项。选择【无】选项，表示不使用任何清除锯齿的方法；选择【优化图稿（超像素取样）】选项，表示以最优化线条图的形式消除锯齿现象；选择【优化文字（提示）】选项，表示以最适合文字优化的形式消除锯齿效果。
- 【创建裁切蒙版】：勾选该复选框，将创建一个光栅化图像为透明的背景蒙版。
- 【添加……环绕对象】：在右侧的文本框中输入数值，指定在光栅化后图形周围出现的环绕对象的范围大小。

9.6 像素化效果

使用【像素化】命令菜单中的命令，可以使所组成图像的最小色彩单位——像素点在图像中按照不同的类型进行重新组合或有机地分布，使画面呈现出不同类型的像素组合效果。其下包括4种效果命令。

9.6.1 彩色半调

【彩色半调】命令可以模拟在图像的每个通道上使用放大的半调网屏效果。图9.102所示为使用【彩色半调】命令的图像前后画面对比效果。

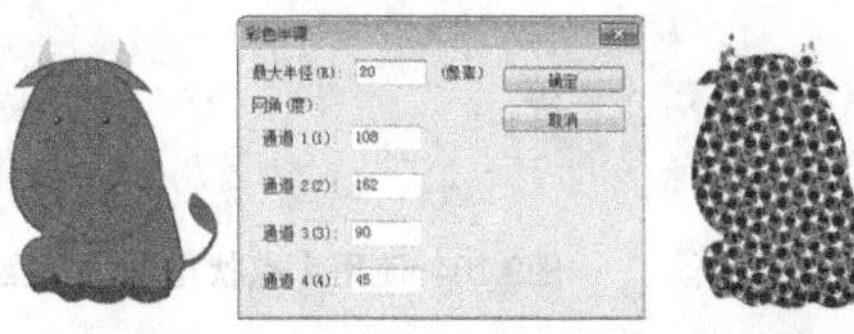

图9.102 使用【彩色半调】命令操作的效果

【彩色半调】对话框各选项的含义说明如下。

- 【最大半径】：输入半调网点的最大半径。
- 【网角】：决定每个通道所指定的网屏角度。对于灰度模式的图像，只能使用通道1；对于RGB图像，使用通道1为红色通道、2为绿色通道、3为蓝色通道；对于CMYK 图像，使用通道1为青色、2为洋红、3为黄色、4为黑色。

9.6.2 晶格化

选择要应用【晶格化】的图形对象，然后执行菜单栏中的【效果】|【像素化】|【晶格化】命令，打开【晶格化】对话框，通过修改【单元格大小】数值，确定晶格化图形的程度，数值越大，所产生的结晶体越大。图9.103所示为使用【晶格化】命令操作的效果。

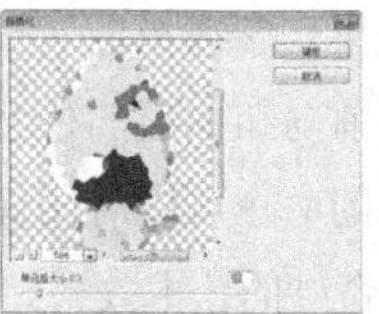
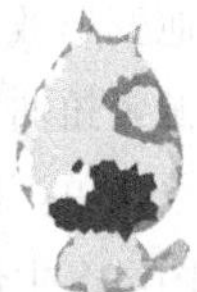

图9.103 使用【晶格化】命令操作的效果

9.6.3 点状化

【点状化】命令可以将图像中的颜色分解为随机分布的网点，如同点状化绘画一样。在【点状化】对话框中，可通过设置【单元格大小】数值来修改点块的大小。数值越大，产生的点块越大。图9.104所示为图形使用【点状化】命令操作的效果。

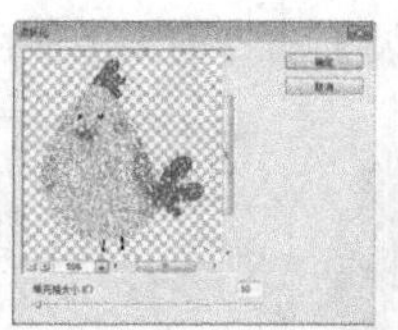

图9.104 使用【点状化】命令操作的效果

9.6.4 铜版雕刻

【铜版雕刻】命令可以对图形使用各种点状、线条或描边效果。可以从【铜版雕刻】对话框中的【类型】下拉列表中，选择铜版雕刻的类型。图9.105所示为图形使用【铜版雕刻】命令操作的效果。

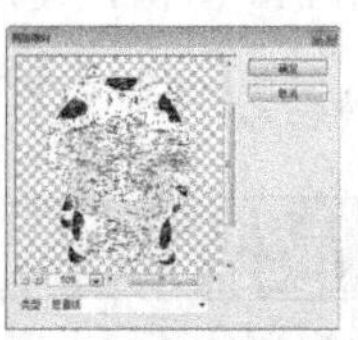

图9.105 使用【铜版雕刻】命令操作的效果

9.7 扭曲效果

【扭曲】效果主要功能是使图形产生扭曲效果。其中，既有平面的扭曲效果，也有三维或是其他变形效果。掌握扭曲效果的关键是搞清楚图像中像素扭曲前与扭曲后的位置变化，使用【扭曲】效果菜单下的命令可以对图像进行几何扭曲，从而使图像产生奇妙的艺术效果。其中包括3种扭曲命令。

9.7.1 扩散亮光

【扩散亮光】命令可以将图形渲染成如同透过一个柔和的扩散镜片来观看的效果。此命令将透明的白色杂色添加到图形中，并从中心向外渐隐亮光，还可以产生电影中常用的蒙太奇效果。【扩散亮光】对话框如图9.106所示。

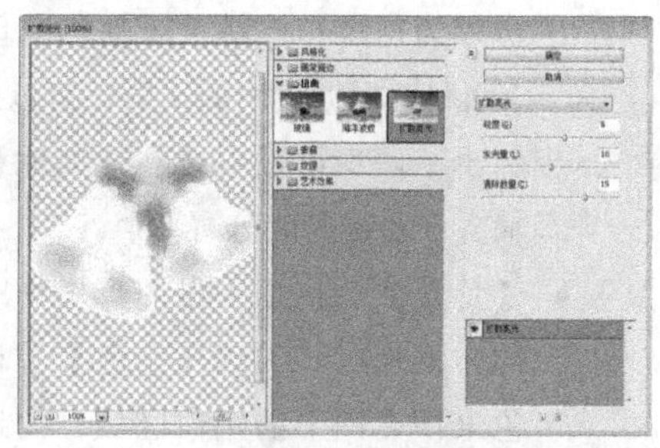

图9.106 【扩散亮光】对话框

【扩散亮光】对话框各选项的含义说明如下。

- 【粒度】：控制亮光中的颗粒密度。值越大，密度也就越大。
- 【发光量】：控制图形发光强度的大小。
- 【清除数量】：控制图形中受命令影响的范围。值越大，受到影响的范围越小，图形越清晰。

图9.107所示为使用【扩散亮光】命令的图形前后画面对比效果。

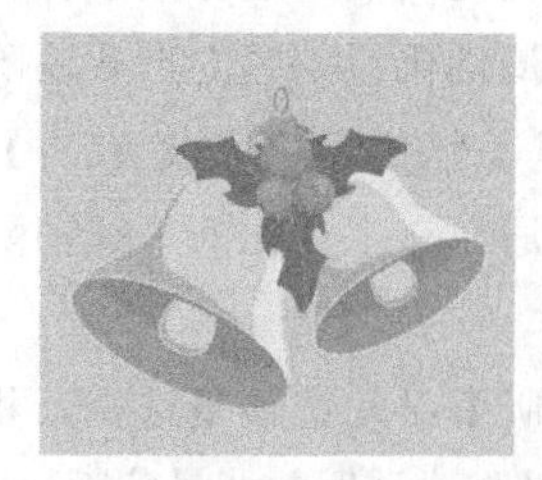
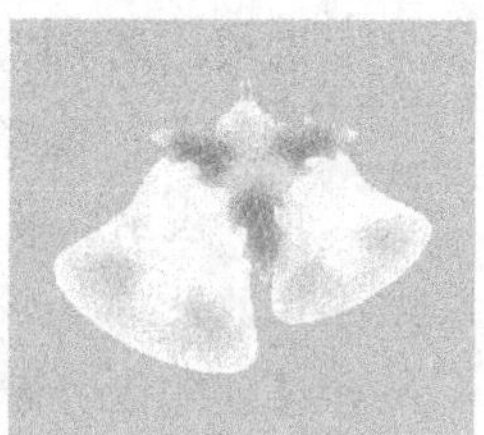

图9.107 前后画面对比效果

9.7.2 海洋波纹

【海洋波纹】效果可以模拟海洋表面的波纹效果，其波纹比较细小，且边缘有很多的抖动，【海洋波纹】对话框如图9.108所示。

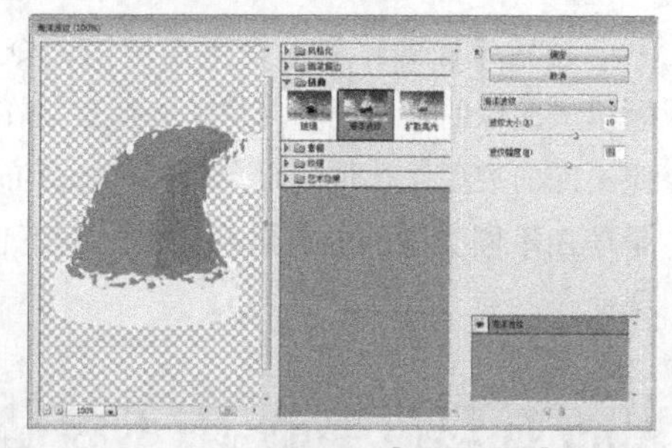

图9.108 【海洋波纹】对话框

【海洋波纹】对话框各选项的含义说明如下。

- 【波纹大小】：控制生成波纹的大小。值越大，生成的波纹越大。

- 【波纹幅度】：控制生成波纹的幅度和密度。值越大，生成的波纹幅度就越大。

图9.109所示为使用【海洋波纹】命令的图形前后画面对比效果。

图9.109 前后画面对比效果

9.7.3 玻璃

【玻璃】命令可以使图像生成看起来像毛玻璃的效果。【玻璃】对话框如图9.110所示。

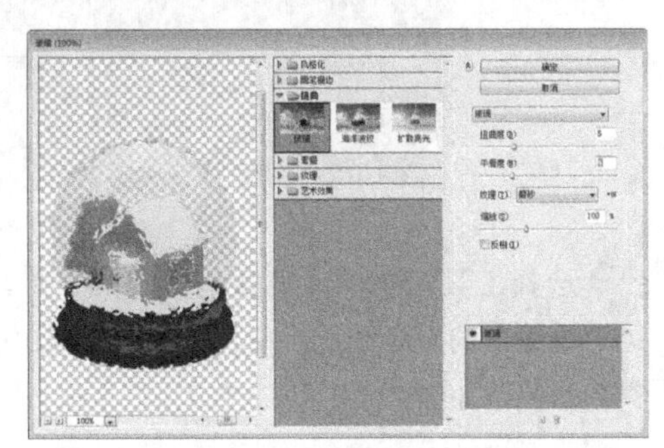

图9.110 【玻璃】对话框

【玻璃】对话框各选项的含义说明如下。

- 【扭曲度】：控制图形的扭曲程度。值越大，图形扭曲越强烈。
- 【平滑度】：控制图形的光滑程度。值越大，图形越光滑。
- 【纹理】：控制图形的纹理效果。在右侧的下拉列表中，可以选择不同的纹理效果，包括【块状】、【画布】、【磨砂】和【小镜头】4种效果
- 【缩放】：控制图形生成纹理的大小。值越大，生成的纹理也就越大。
- 【反相】：勾选该复选框，可以将生成的纹理的凹凸面进行反转。

图9.111所示为使用【玻璃】命令的图形前后画面对比效果。

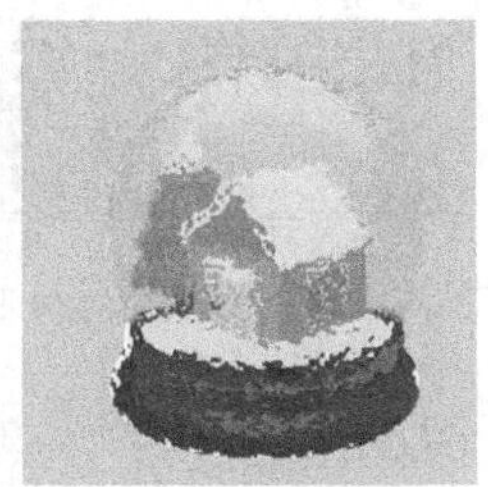

图9.111 前后画面对比效果

9.8 其他效果

9.8.1 模糊效果

【模糊】效果菜单下的命令可以对图形进行模糊处理，它通过平衡图形中已定义的线条和遮蔽区域清晰边缘旁边的像素，使其显得柔和，模糊效果在图形的设计中应用相当重要。模糊效果主要包括【径向模糊】、【特殊模糊】和【高斯模糊】3种，各种模糊应用后的效果，如图9.112所示。

图9.112 各种模糊效果

技巧与提示

由于效果菜单中的其他选项命令的应用方法与前面讲解过的方法相同，参数又非常容易理解，所以这里不再详细讲解其他的命令参数，读者可以自己调试感受一下。

9.8.2 课堂案例——制作虚幻背景

案例位置　案例文件\第9章\制作虚幻背景.ai
视频位置　多媒体教学\9.8.2.avi
实用指数　★★★★★

本例主要讲解使用网格渐变与【高斯模糊】完成虚幻背景。最终效果如图9.113所示。

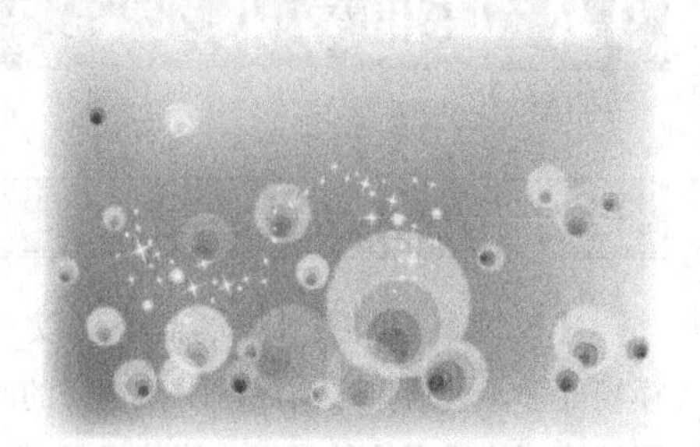
图9.113 最终效果

01 新建1个颜色模式为RGB的画布，选择工具箱中的【矩形工具】，在绘图区单击，弹出【矩形】对话框，设置矩形的参数，【宽度】为140mm，【高度】为90mm，描边为无，如图9.114所示。

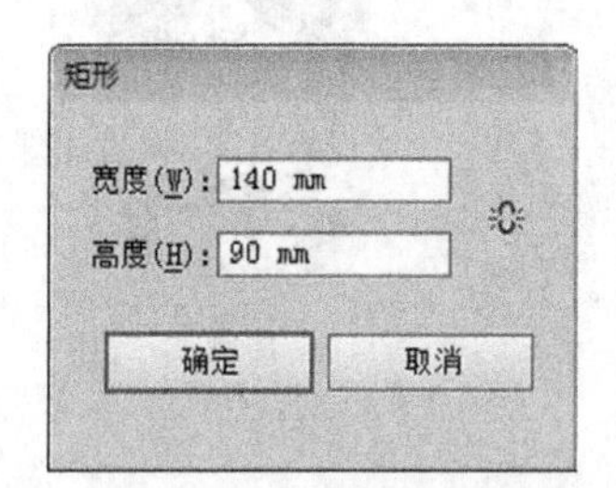

图9.114 【矩形】对话框

02 将所创建的矩形填充为浅粉色（R：223；G：121；B：226），如图9.115所示。

图9.115 填充颜色

03 选择工具箱中的【网格工具】，在矩形左侧边缘单击3次（3点间的距离不相等），建立网格，在矩形的上方边缘单击5次（5点间的距离不相等），共建立8条网格线，如图9.116所示。

图9.116 建立网格

04 选择工具箱中的【直接选择工具】，选择锚点，对其进行调整，使直线变为曲线，如图9.117所示。

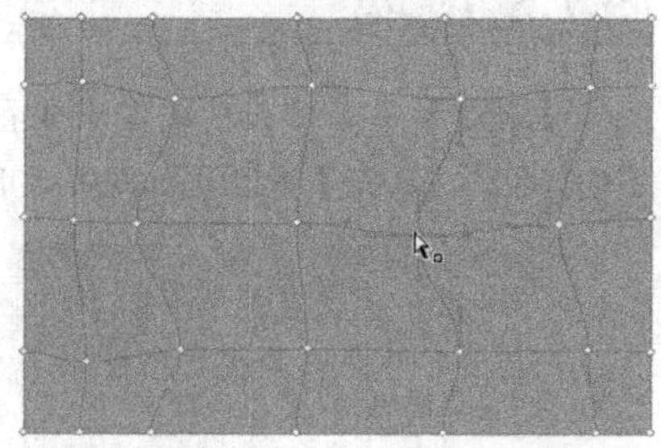
图9.117 调整锚点

05 选择工具箱中的【直接选择工具】，选择矩形边缘上的所有锚点，按住“Shift”键加选，填充为白色，如图9.118所示。

图9.118 选择加选锚点

06 由左向右的顺序，选择网格线上的第1个锚点，填充为水粉色（R：239；G：180；B：238），第2个锚点，填充为浅粉色（R：247；G：200；B：239），第3个锚点，填充为水粉色（R：247；G：196；B：238），填充效果如图9.119所示。

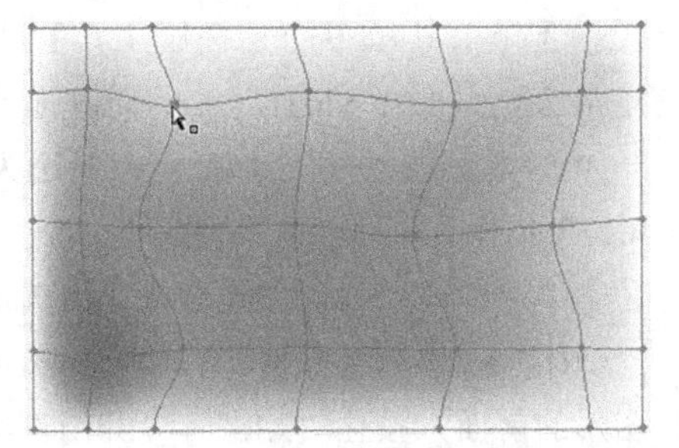

图9.119 填充效果

07 第4个锚点，填充为水粉色（R：244；G：176；B：232），第5个锚点，填充为水粉色（R：249；G：189；B：233），如图9.120所示。

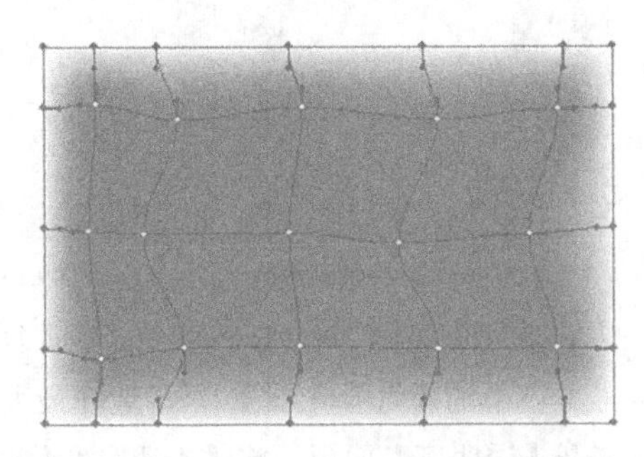

图9.120 填充颜色

08 用同样的方法选择其他锚点，并填充颜色，最终效果为中间深四周浅，如图9.121所示。

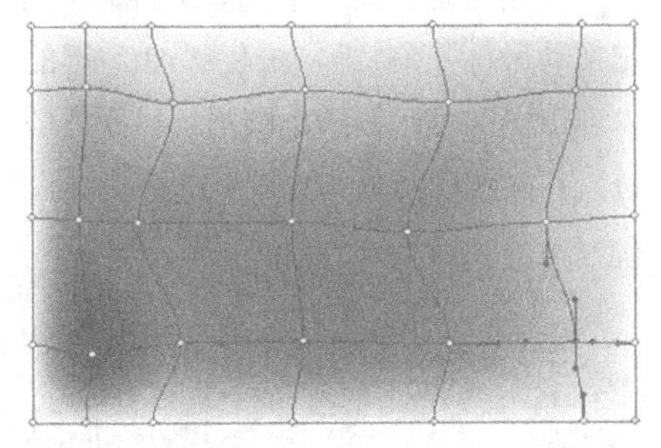

图9.121 填充颜色

09 选择工具箱中的【椭圆工具】，在绘图区按住“Shift”键的同时拖动鼠标绘制正圆，描边为无，将其填充为水粉色（R：248；G：203；B：240），如图9.122所示。

10 选择工具箱中的【选择工具】，选择正圆，按“Ctrl”+“C”组合键，将圆形复制；按“Ctrl”+“F”组合键，将复制的圆形粘贴在原图形的前面，按“Alt”+“Shift”组合键等比例缩小圆形，将其移动到正圆的下方中心位置，如图9.123所示。

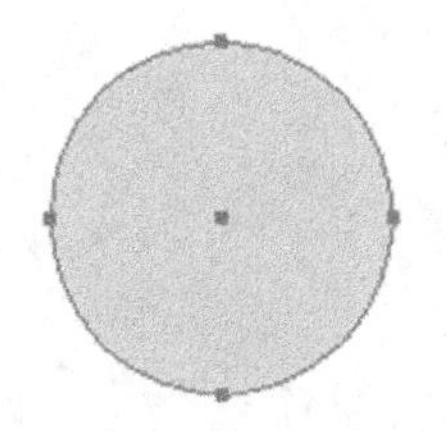

图9.122 填充颜色　　图9.123 复制圆形

11 将其填充为浅粉色（R：241；G：167；B：231），如图9.124所示。同样的方法再复制两个，缩小并填充颜色（颜色逐渐加深），如图9.125所示。

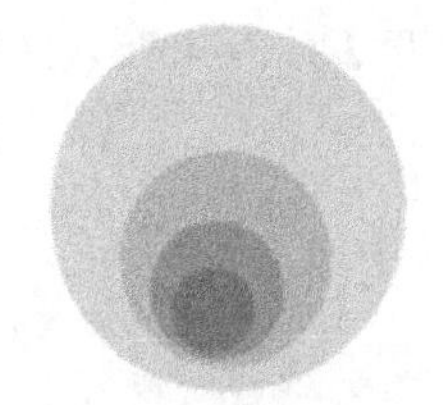

图9.124 填充颜色　　图9.125 填充颜色

12 选择工具箱中的【选择工具】，选择最大的正圆，执行菜单栏中的【效果】|【模糊】|【高斯模糊】命令，弹出【高斯模糊】对话框，数值为默认的即可，更改效果如图9.126所示。

13 选择工具箱中的【选择工具】，将圆形全选，按“Ctrl”+“G”组合键编组，按住“Alt”键拖动鼠标将其复制1个，按“Alt”+“Shift”组合键等比例缩小圆形，如图9.127所示。

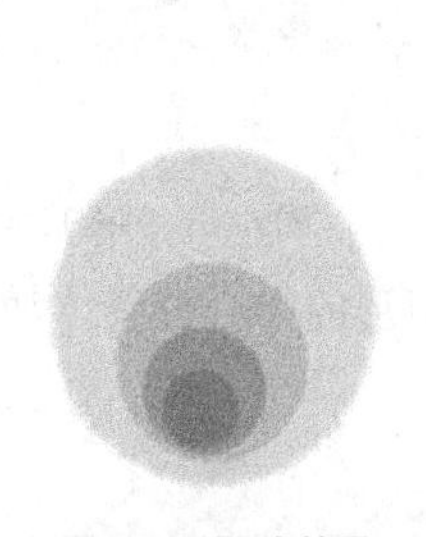

图9.126 更改效果　　图9.127 复制圆形

14 执行菜单栏中的【编辑】|【编辑颜色】|【调整色彩平衡】命令，弹出【调整颜色】对话框，修改RGB的取值，【红色】为14%，【绿色】为14%，【蓝色】为-100%，更改效果如图9.128所示。

15 选择工具箱中的【选择工具】，选择复制的圆形，打开【透明度】面板，将【不透明度】改为50%，更改效果如图9.129所示。

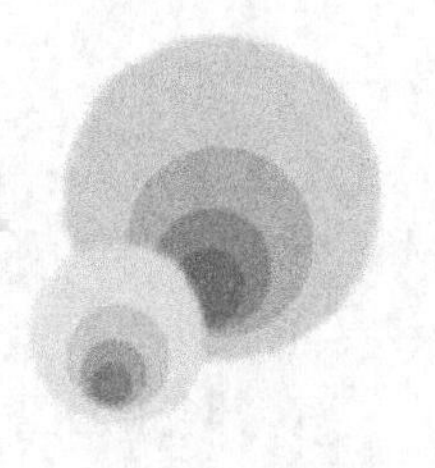

图9.128 调整颜色

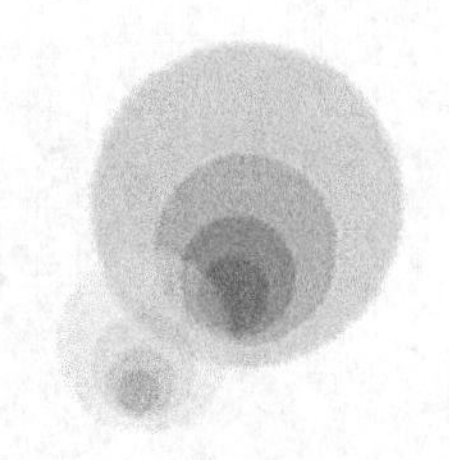

图9.129 更改效果

16 然后再复制多个相同的图形，对其随意的摆放、改变颜色与不透明度，并旋转一定的角度，使用【选择工具】选择圆形，单击鼠标右键，从快捷菜单中选择【变换】|【旋转】命令，将【角度】改为-45°，更改效果如图9.130所示。

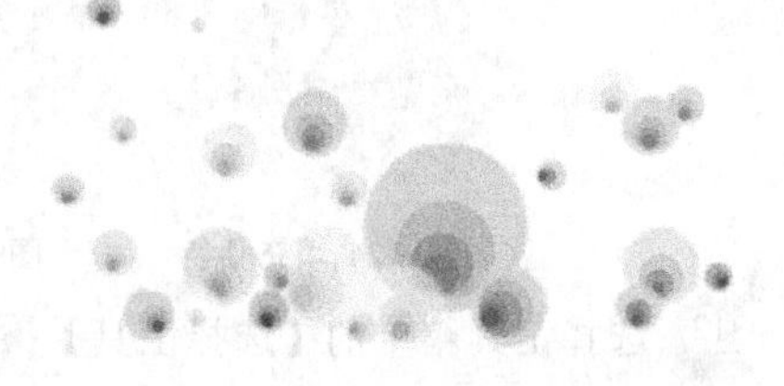

图9.130 更改效果

17 选择工具箱中的【选择工具】，将圆形全选，按“Ctrl”+“D”组合键编组，如图9.131所示。

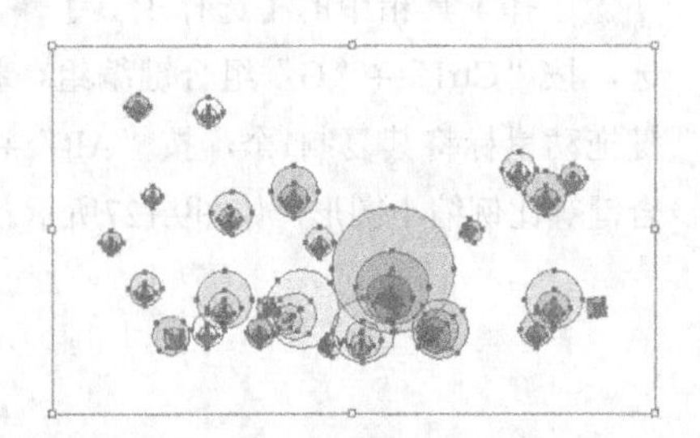

图9.131 将图形全选并编组

18 将其移动到背景矩形的中心位置，如图9.132所示。

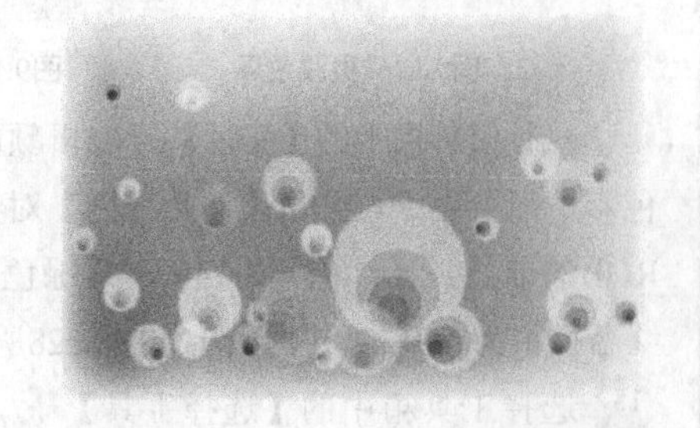

图9.132 移动图形

19 选择工具箱中的【椭圆工具】，在背景矩形上，按住“Shift”键的同时拖动鼠标绘制一个小型正圆，填充为白色，描边为无，如图9.133所示。

20 按“Ctrl”+“C”组合键，将圆形复制；按“Ctrl”+“F”组合键，将复制的圆形粘贴在原图形的前面，按住“Alt”+“Shift”组合键等比例缩小圆形，如图9.134所示。

图9.133 绘制正圆

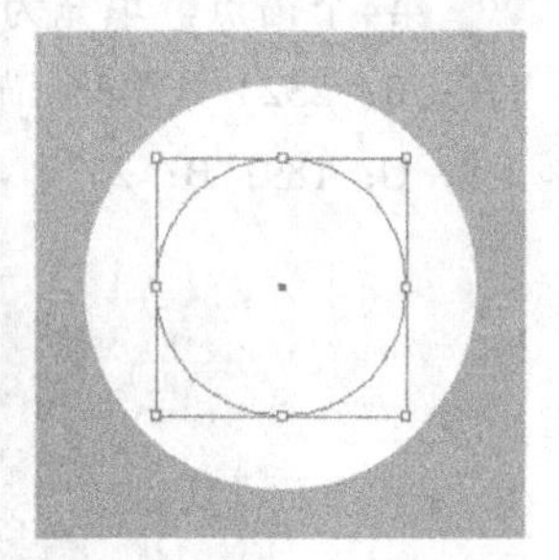

图9.134 复制正圆

21 按1次“Ctrl”+“D”组合键多重复制。选择工具箱中的【选择工具】，选择最大的圆形，打开【透明度】面板，将【不透明度】改为26%，中间圆形的【不透明度】改为48%，最小圆形的【不透明度】改为83%，如图9.135所示。

22 使用【选择工具】选择3个圆形，按住“Alt”键拖动鼠标复制1组，按住“Alt”键的同时再按住“Shift”键等比例缩小圆形，以同样的方法复制多份，并随意的摆放，如图9.136所示。

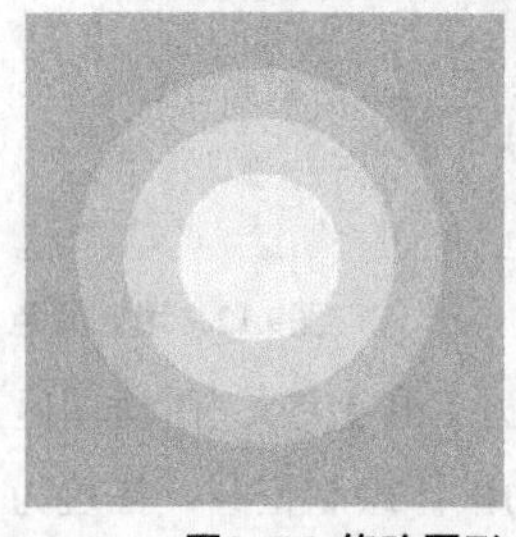

图9.135 修改圆形

图9.136 复制圆形

23 选择工具箱中的【星形工具】，在绘图区单击弹出【星形】对话框，修改参数【半径1】为3mm，【半径2】为0.2mm，【角点数】为4，如图9.137所示。

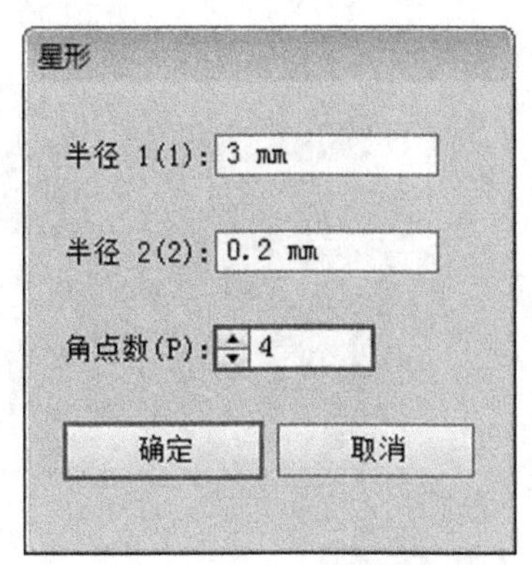

图9.137 【星形】对话框

24 将绘制的星形填充为白色，按“Ctrl”+“C”组合键，将星形复制；按“Ctrl”+“F”组合键，将复制的星形粘贴在原图形的前面，如图9.138所示。

25 选中星形按住“Alt”+“Shift”组合键等比例缩小星形，如图9.139所示。

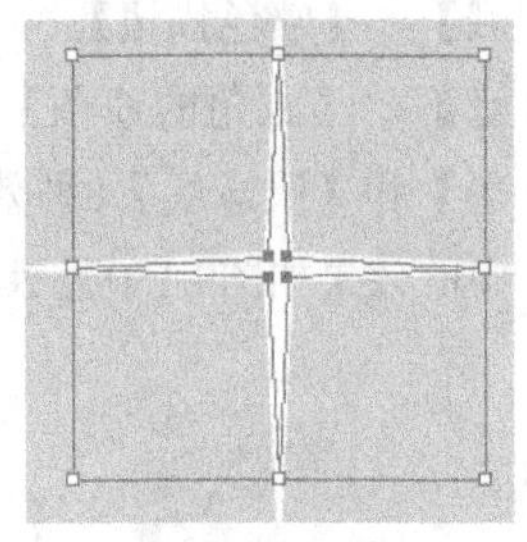

图9.138 复制星形　　图9.139 缩小星形

26 选择工具箱中的【选择工具】，选择稍大一点的星形，打开【透明度】面板，将【不透明度】改为24%，选择稍小一点的星形，将【不透明度】改为69%，如图9.140所示。

27 同样的方法再绘制1个【半径1】为1mm，【半径2】为0.5mm，【角点数】为4的星形，对其等比例复制并降低不透明度，如图9.141所示。

图9.140 不透明度　　图9.141 不透明度

28 将绘制的星形移动到最先绘制的星形的中心处。选择工具箱中的【椭圆工具】，绘制1个小型正圆，移动到星形的中心处，为其添加高斯模糊并降低其不透明度，更改效果如图9.142所示。

29 以上同样的方法复制多份，并随意的摆放，如图9.143所示。

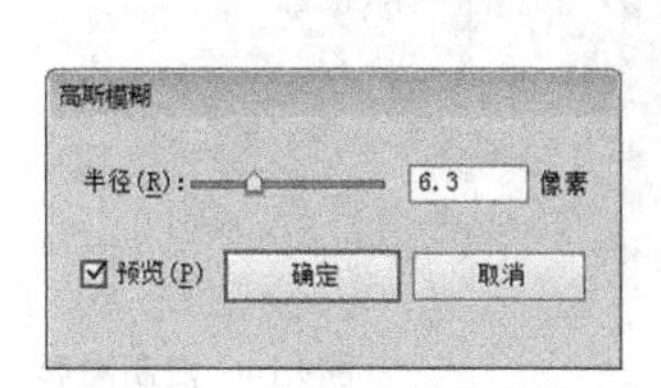

图9.142 对话框　　图9.143 复制多份

30 选择工具箱中的【选择工具】，分别选择小型正圆与小型点缀，按“Ctrl”+“G”组合键编组，将其移动到背景矩形的中心位置，如图9.144所示。

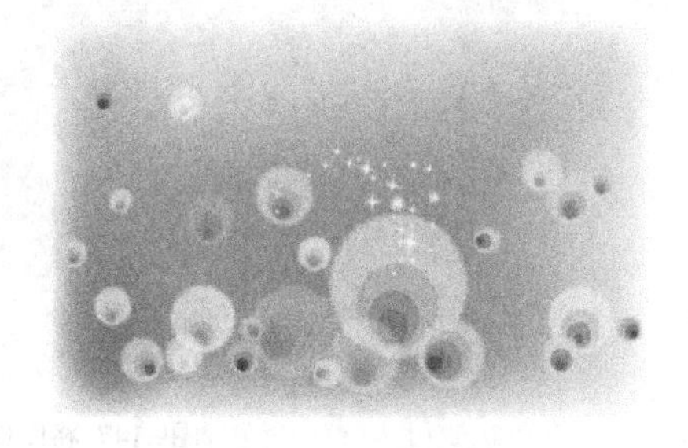

图9.144 将小型正圆编组并移动

31 将小型图形全部选中，单击鼠标右键，从快捷菜单中选择【变换】|【对称】命令，如图9.145所示。

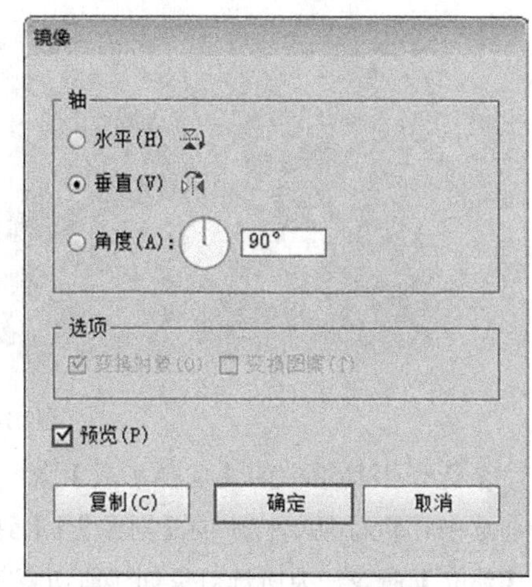

图9.145 【镜像】对话框

32 选中【垂直】单选按钮，单击【复制】按钮，垂直镜像复制图形，如图9.146所示。

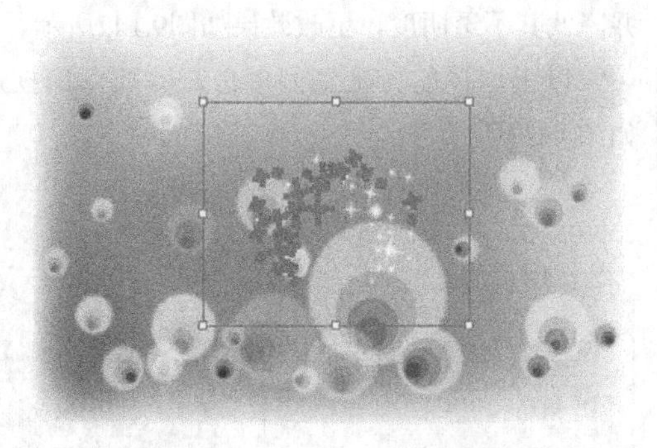

图9.146 复制图形

33 再执行【镜像】对话框【对称】命令，选中【水平】单选按钮，将图形水平镜像，并移动到原图形的左侧，如图9.147所示。

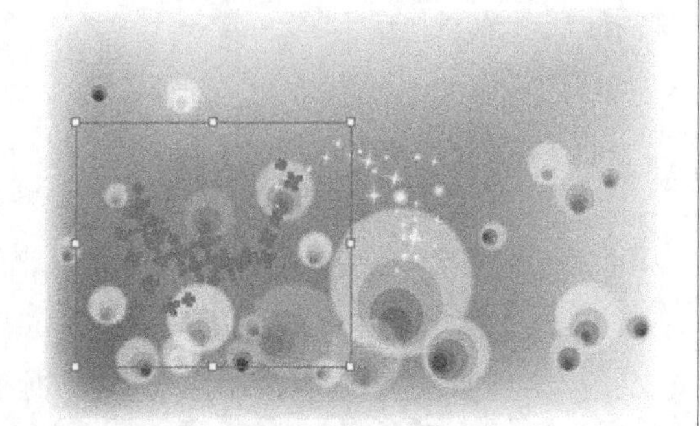

图9.147 将图形镜像并移动

34 选择工具箱中的【矩形工具】，沿着背景矩形的边缘绘制矩形，将其填充为白色，如图9.148所示。

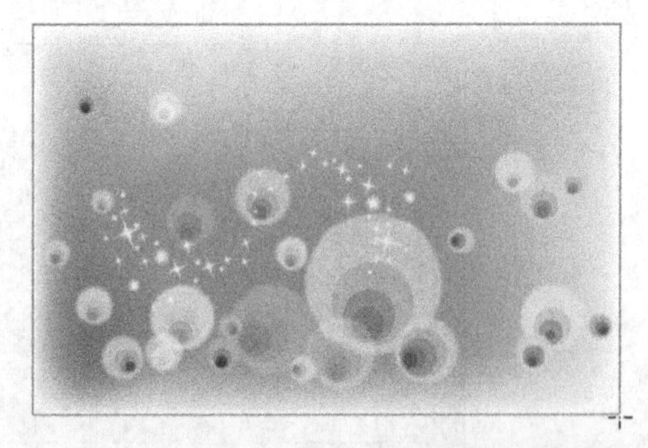

图9.148 绘制矩形

35 选择工具箱中的【选择工具】，将图形全部选中，执行菜单栏中的【对象】|【剪切蒙版】|【建立】命令，为所选对象创建剪切蒙版，最终效果如图9.149所示。

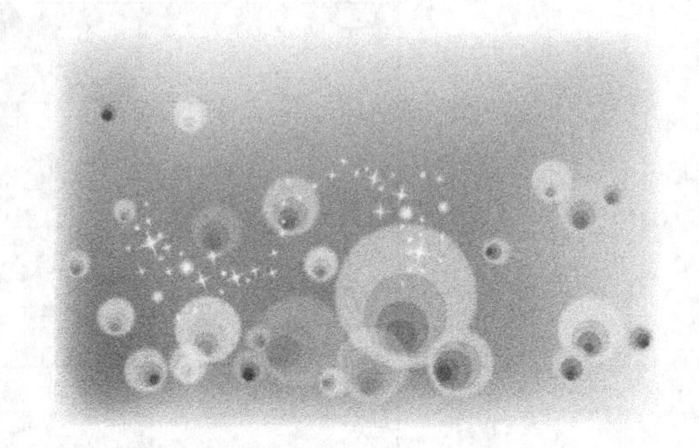

图9.149 最终效果

9.8.3 画笔描边效果

【画笔描边】菜单下的命令可以在图形中增加颗粒、杂色或纹理，从而使图像产生多样的绘画效果。创造出不同绘画效果的外观。包括【喷溅】、【喷色描边】、【墨水轮廓】、【强化的边缘】、【成角的线条】、【深色线条】、【烟灰墨】和【阴影线】8种效果，各种命令应用在图形中的效果如图9.150所示。

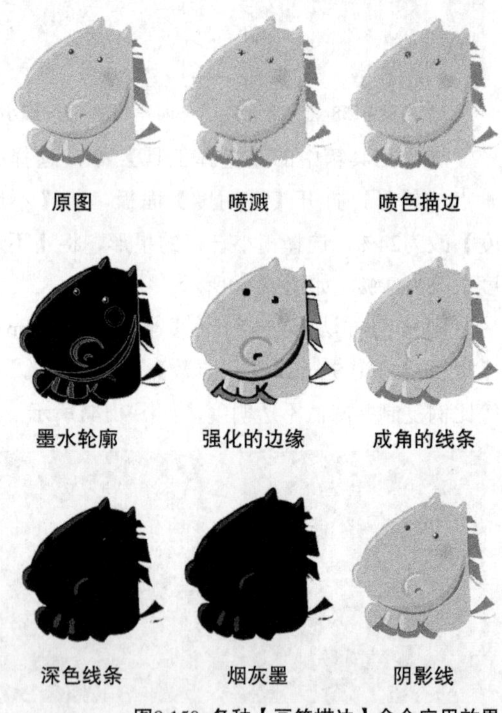

图9.150 各种【画笔描边】命令应用效果

9.8.4 素描效果

【素描】菜单命令主要用于给图形增加纹理，模拟素描、速写等艺术效果。包括【便条纸】、【半调图案】、【图章】、【基底凸现】、【影印】、【撕边】、【水彩画纸】、【炭笔】、【炭精笔】、【石膏效果】、【粉笔和炭笔】、【绘图笔】、【网状】和【铬黄】14种命令。各种【素描】菜单命令应用效果如图9.151所示。

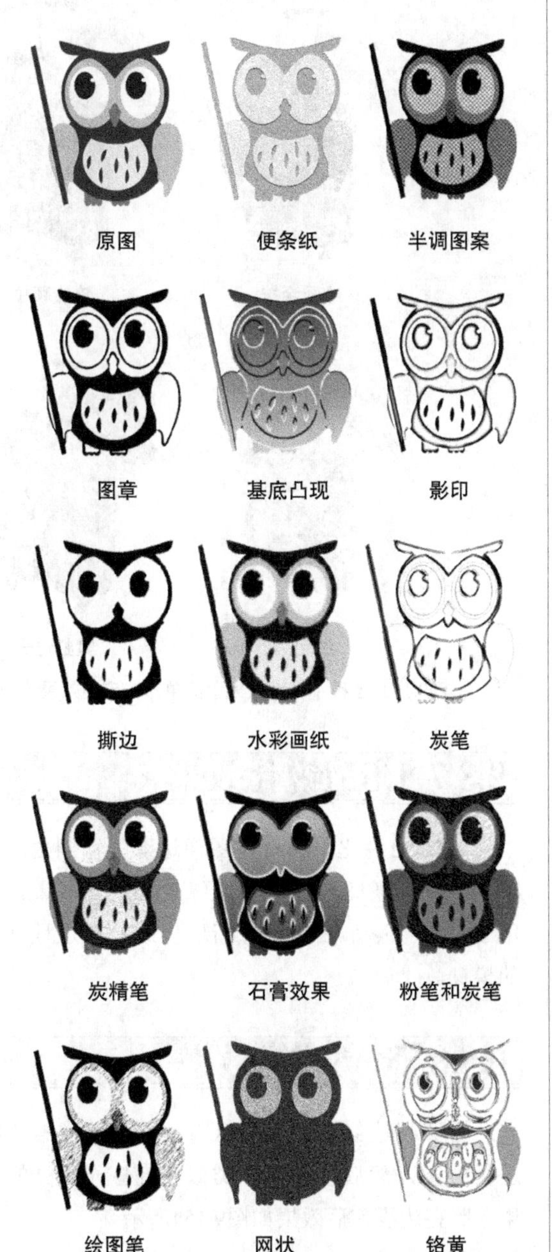

图9.151 各种【素描】菜单命令应用效果

9.8.5 纹理效果

使用【纹理】菜单下的命令可使图形表面产生特殊的纹理或材质效果。包括【拼缀图】、【染色玻璃】、【纹理化】、【颗粒】、【马赛克拼贴】和【龟裂缝】6种。各种【纹理】菜单命令应用效果如图9.152所示。

图9.152 各种【纹理】菜单命令应用效果

9.8.6 艺术效果

使用【艺术效果】菜单下的命令可以使图形产生多种不同风格的艺术效果。包括【塑料包装】、【壁画】、【干画笔】、【底纹效果】、【彩色铅笔】、【木刻】、【水彩】、【海报边缘】、【海绵】、【涂抹棒】、【粗糙蜡笔】、【绘画涂抹】、【胶片颗粒】、【调色刀】和【霓虹灯光】15种命令效果。各种【艺术效果】菜单命令应用效果如图9.153所示。

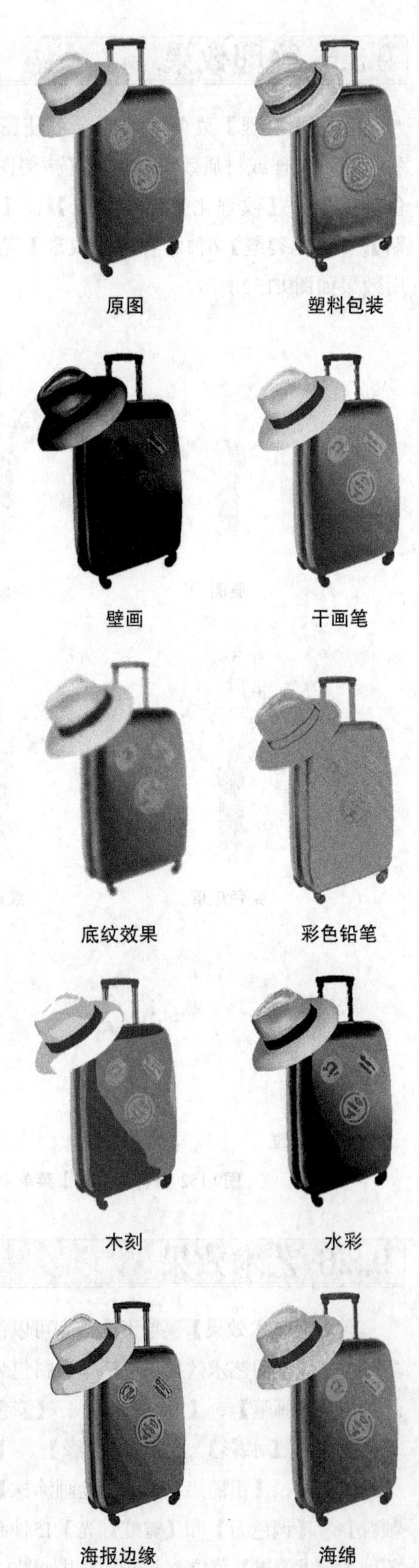

图9.153 各种【艺术效果】菜单命令应用效果

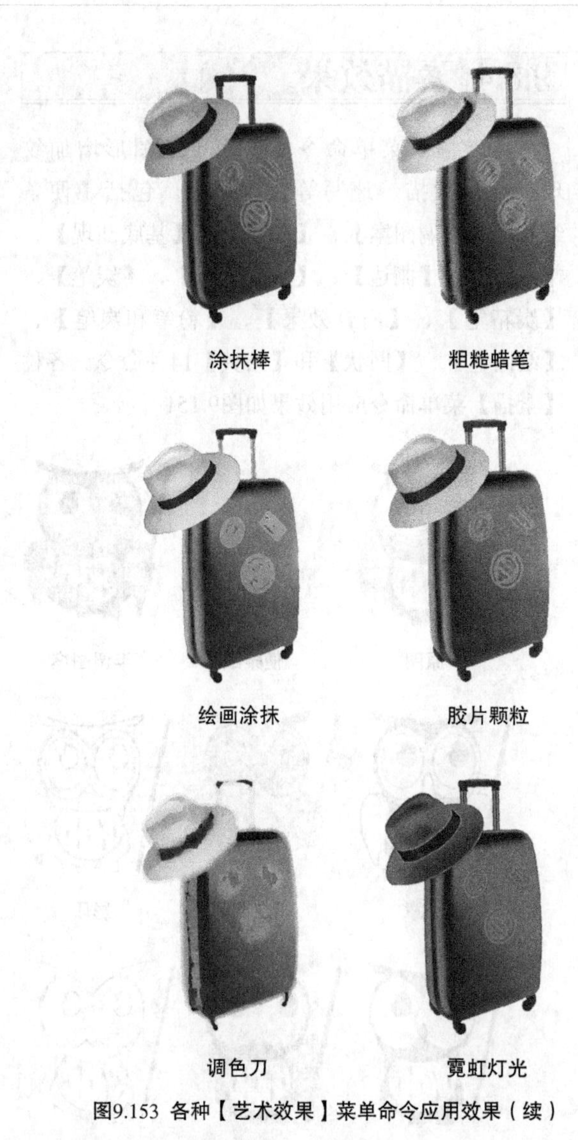

图9.153 各种【艺术效果】菜单命令应用效果（续）

9.8.7 USM锐化效果

【USM锐化】命令在图像边缘的每侧生成一条亮线和一条暗线，产生边缘轮廓锐化效果，可用于校正摄影、扫描、重新取样或打印过程产生的模糊。

9.8.8 照亮边缘效果

【照亮边缘】命令可以对画面中的像素边缘进行搜索，然后使其产生类似霓虹灯光照亮的效果。照亮边缘前后效果如图9.154所示。

图9.154 照亮边缘前后效果

9.9 本章小结

本章通过对效果菜单的讲解，详细说明了效果菜单中常见效果命令的使用方法，并通过几个具体的实例，将这些效果命令的实际应用方法展示给读者，通过基础与实战的学习，掌握效果命令的使用方法和技巧。

9.10 课后习题

效果菜单主要是Illustrator制作特效的一些命令，在特效制作中很常用，鉴于它的重要性，本章有针对性的安排了2个特效设计案例，作为课后习题以供练习，用于强化前面所学的知识，提升对效果菜单命令的认知能力。

9.10.1 课后习题1——制作立体字

案例位置　案例文件\第9章\制作立体字.ai
视频位置　多媒体教学\9.10.1.avi
实用指数　★★★★★

本例主要讲解利用3D效果制作立体字。最终效果如图9.155所示。

图9.155 最终效果

步骤分解如图9.156所示。

图9.156 步骤分解图

9.10.2 课后习题2——制作喷溅墨滴

案例位置　案例文件\第9章\制作喷溅墨滴.ai
视频位置　多媒体教学\9.10.2.avi
实用指数　★★★★☆

本例主要讲解【粗糙化】命令制作喷溅墨滴。最终效果如图9.157所示。

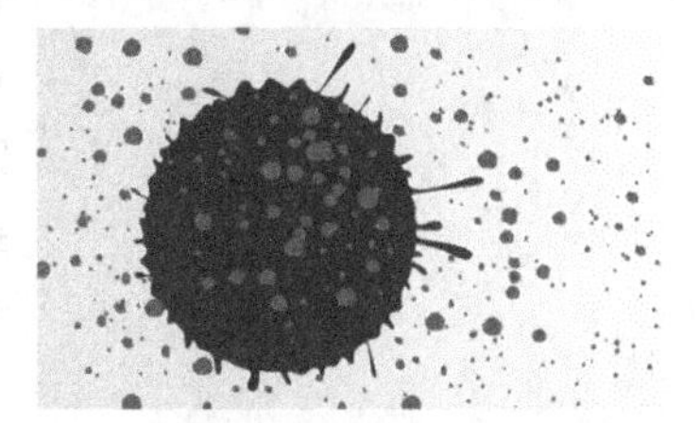

图9.157 最终效果

步骤分解如图9.158所示。

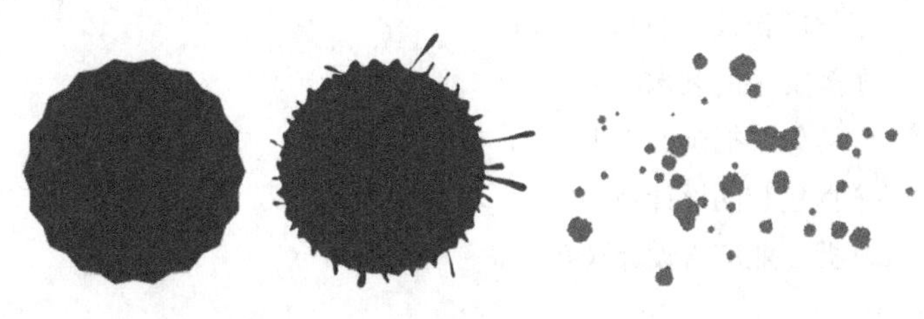

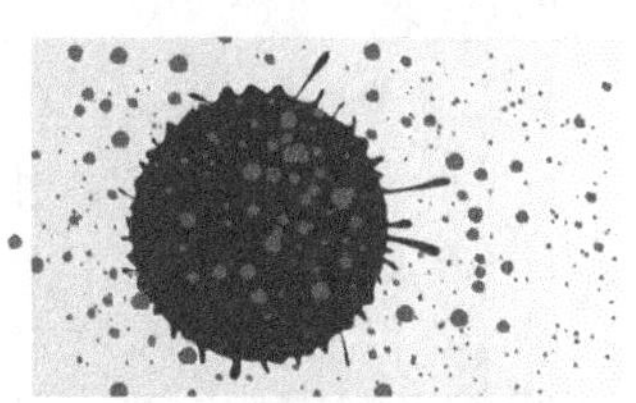

图9.158 步骤分解图

第10章 商业案例综合实训

内容摘要

随着计算机技术的发展及印刷技术的进步，广告设计在视觉感观领域的表现也越来越丰富，而计算机的应用更使广告设计发展到一个新高度，广告设计成为现代商品经济活动的重要组成部分。广告具有广泛性、快速性、针对性和宣传性等众多特性，商业广告是指商品经营者或服务提供者承担费用通过一定的媒介和形式直接或间接地介绍所推销的商品或提供的服务的广告。可以简单地把广告理解为商家以盈利为目的的有偿宣传活动。本章主要讲解各种商业案例制作的方法和技巧，学习广告设计的手法。

教学目标

了解广告设计的基础知识
了解文字的艺术应用
学习矢量插画的表现
掌握包装的设计技巧
掌握商业广告设计技巧

10.1 文字的艺术运用

10.1.1 课堂案例——锯齿文字

案例位置　案例文件\第10章\锯齿文字.ai
视频位置　多媒体教学\10.1.1.avi
实用指数　★★★★★

利用【扭曲和变换】效果中的【粗糙化】和【扭拧】命令，制作出锯齿文字效果。最终效果如图10.1所示。

图10.1 最终效果

01 选择工具箱中的【矩形工具】，在画布中单击，弹出【矩形】对话框，设置矩形的【宽度】为175mm、【高度】为130mm，如图10.2所示。

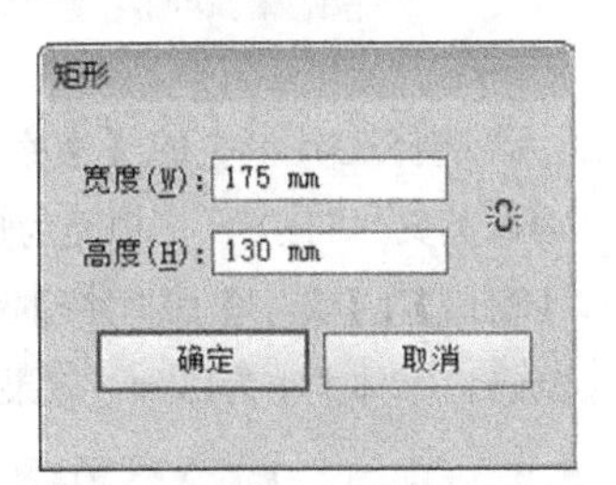

图10.2 【矩形】对话框

02 将矩形填充为绿色（C：60；M：28；Y：100；K：0），描边颜色为无，效果如图10.3所示。

图10.3 填充颜色

03 选择工具箱中的【多边形工具】，在画布中单击，弹出【多边形】对话框，设置多边形的参数半径为5mm，边数为3，并对其进行填充翠绿色（C：50；M：6；Y：100；K：0），描边为无。效果如图10.4所示。

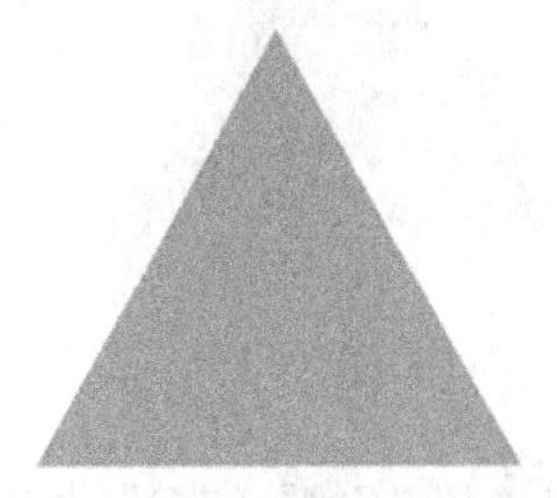

图10.4 填充颜色后的效果

04 选中刚绘制的三角形，执行菜单栏中的【效果】|【扭曲和变换】|【扭转】命令，在打开的【扭转】对话框中设置【角度】为45°。效果如图10.5所示。

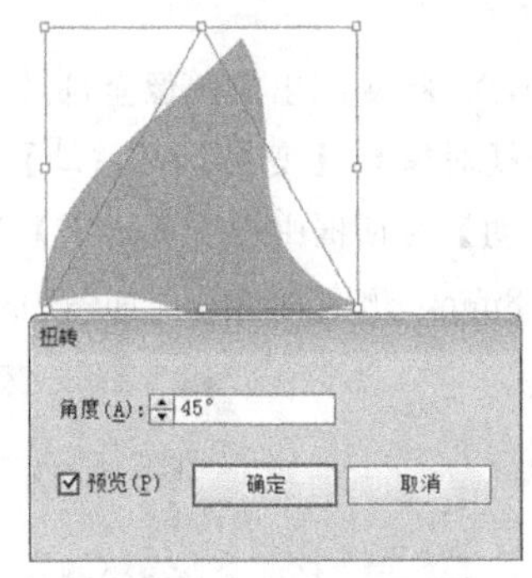

图10.5 扭转效果

05 执行菜单栏中的【对象】|【变换】|【移动】命令，在打开的【移动】对话框中设置【水平】为9mm、【垂直】为0mm、角度为0°，如图10.6所示。

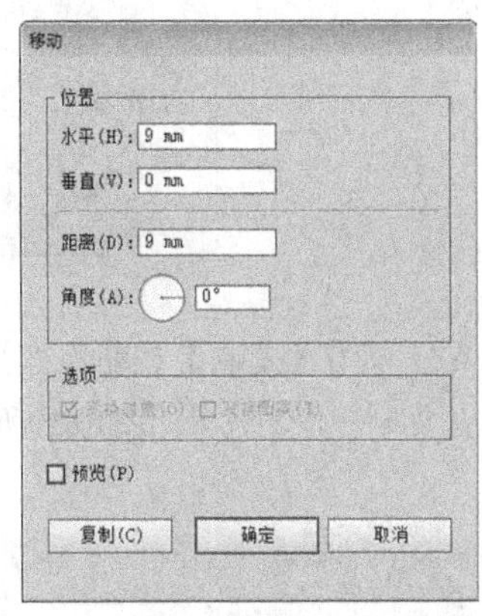

图10.6 【移动】对话框

06 单击【复制】按钮将变形后的图像向右移动

并复制一份。效果如图10.7所示。

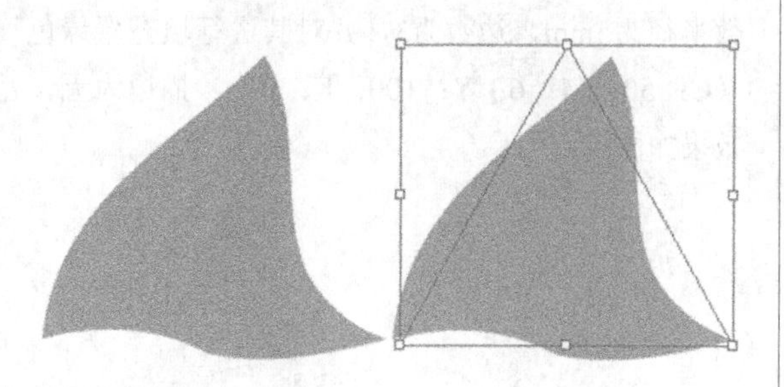

图10.7 复制一份

07 按“Ctrl”+“D”组合键17次，重复“移动并复制”操作，效果如图10.8所示。

图10.8 复制后的效果

08 将复制出的图像全部选中，执行菜单栏中的【对象】|【变换】|【移动】命令，在打开的【移动】对话框中设置【水平】为0mm、【垂直】为8mm、角度为-90°，如图10.9所示。

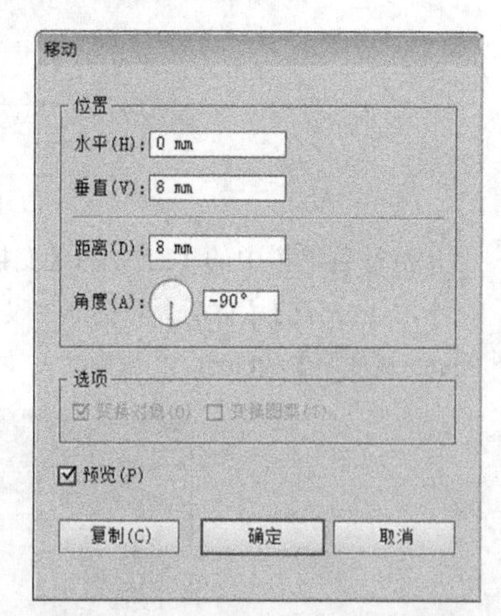

图10.9 【移动】对话框

09 单击【复制】按钮将变形后的图像向下移动并复制一份。效果如图10.10所示。

图10.10 复制后的效果

10 按“Ctrl”+“D”组合键14次，重复“移动并复制”操作。然后将图像全部选中并编组，最后再将其与之前制作的矩形进行重叠。效果如图10.11所示。

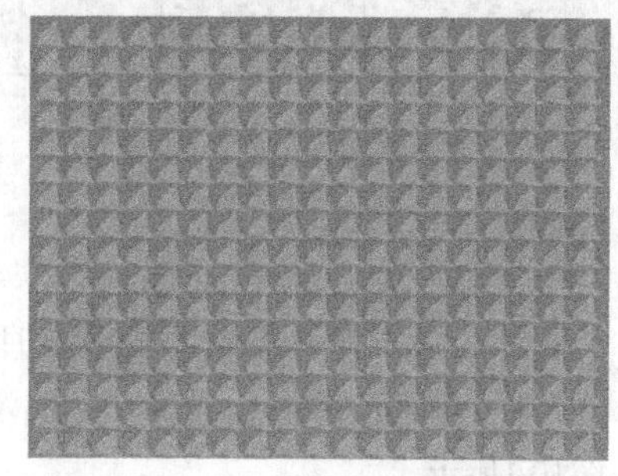

图10.11 重叠后的效果

11 选择编组后的图像，在打开的【透明度】面板中设置混合模式为柔光并降低不透明度为30%，如图10.12所示。

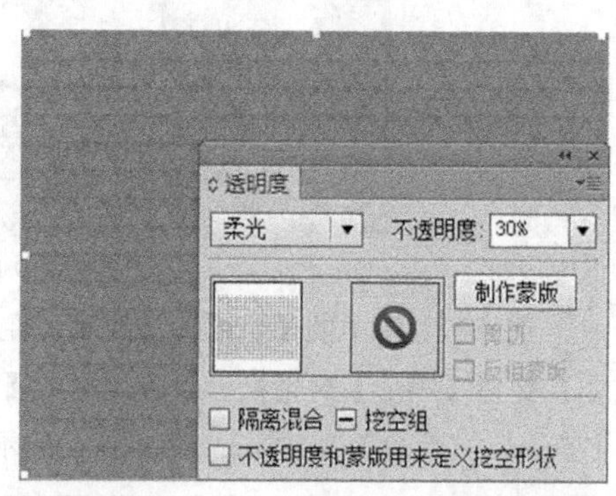

图10.12 【透明度】面板

12 选择工具箱中的【文字工具】T，在画布中输入英文“TINE”，填充为白色。执行菜单栏中的【窗口】|【文字】|【字符】命令，设置字体为Arial Black，字体大小为135pt，效果如图10.13所示。

图10.13 输入文字

13 执行菜单栏中的【效果】|【扭曲和变换】|【粗糙化】命令，在打开的【粗糙化】对话框中设置【大小】为4%、【细节】为45、选择【尖锐】单选按钮，如图10.14所示。

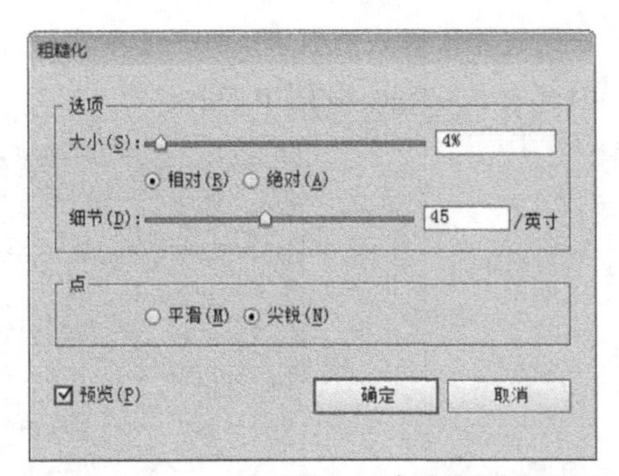

图10.14 【粗糙化】对话框

14 单击【确定】按钮，为文字添加粗糙化效果。效果如图10.15所示。

图10.15 添加粗糙化效果

15 执行菜单栏中的【效果】|【扭曲和变换】|【扭拧】命令，在打开的【扭拧】对话框中设置【水平】为12%，【垂直】为8%，选择【相对】单选按钮，勾选【“导入”控制点】复选框，如图10.16所示

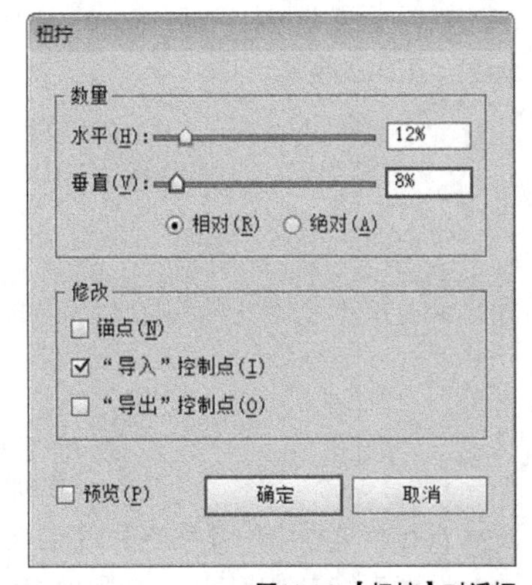

图10.16 【扭拧】对话框

16 单击【确定】按钮，为文字添加扭拧效果，效果如图10.17所示。

图10.17 添加【扭拧】后的效果

17 执行菜单栏中的【效果】|【风格化】|【投影】命令，设置【投影】对话框，为刚输入的文字添加投影效果。设置如图10.18所示。

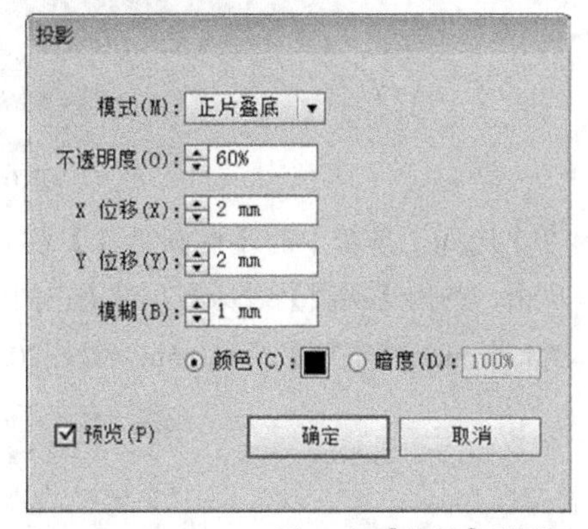

图10.18 【投影】对话框

18 单击【确定】按钮后再添加其他装饰文字，完成本案例的制作效果，如图10.19所示。

图10.19 最终效果

10.1.2 课堂案例——独特风格的数字影像

案例位置 案例文件\第10章\独特风格的数字影像.ai
视频位置 多媒体教学\10.1.2.avi
实用指数 ★★★★★

沿着路径输入数字“0”，然后对其制作混合图像效果，最后对图像添加相应的滤镜效果，做出独特风格的视觉影像效果。最终效果如图10.20所示。

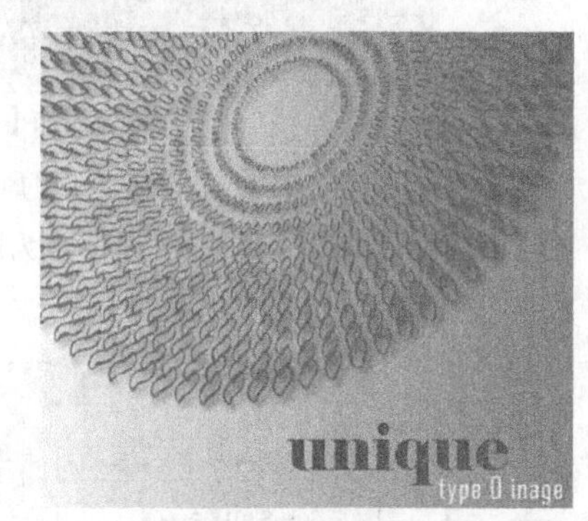

图10.20 最终效果

01 选择工具箱中的【椭圆工具】，在画布中单击，弹出【椭圆】对话框，设置正圆的【宽度】为130mm，【高度】为130mm，如图10.21所示。

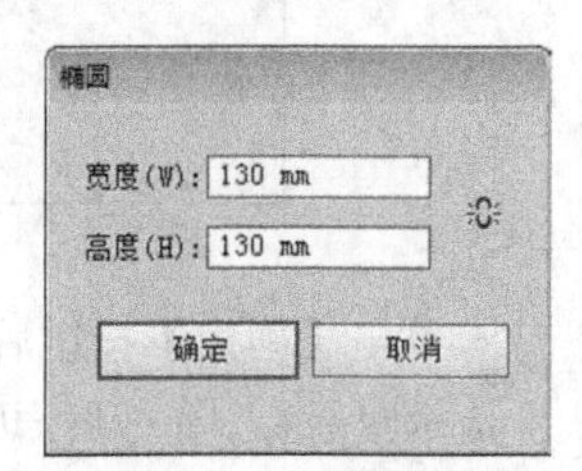

图10.21 【椭圆】对话框

02 利用【路径文字工具】，在刚绘制的正圆上输入数字“0”，如图10.22所示。

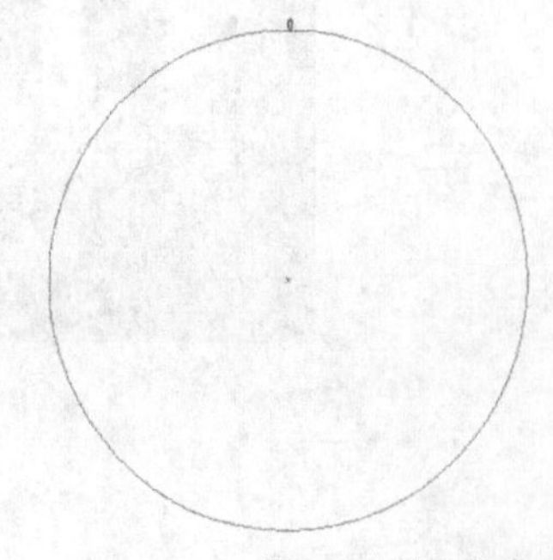

图10.22 输入数字

03 选中刚输入的数字，打开【字符】面板，设置其大小为35pt，如图10.23所示。

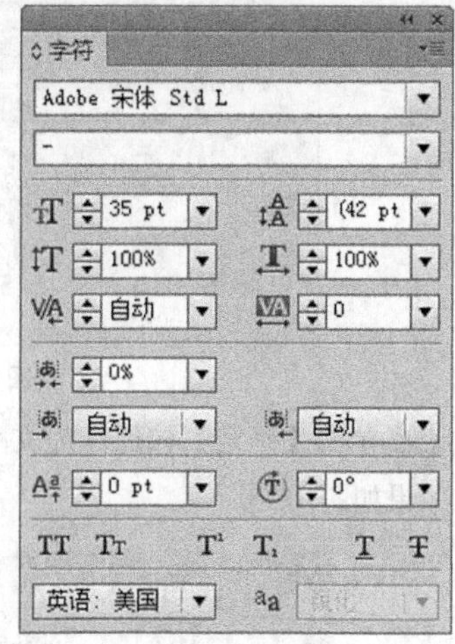

图10.23 【字符】面板

04 沿正圆输入一圈数字“0”，效果如图10.24所示。

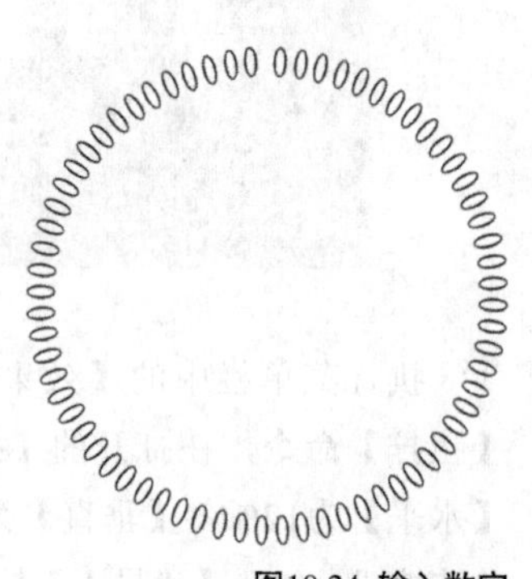

图10.24 输入数字

05 将所有的数字“0”全部选中并修改其填充颜色为红色（C：0；M：100；Y：0；K：0）。填充效果如图10.25所示。

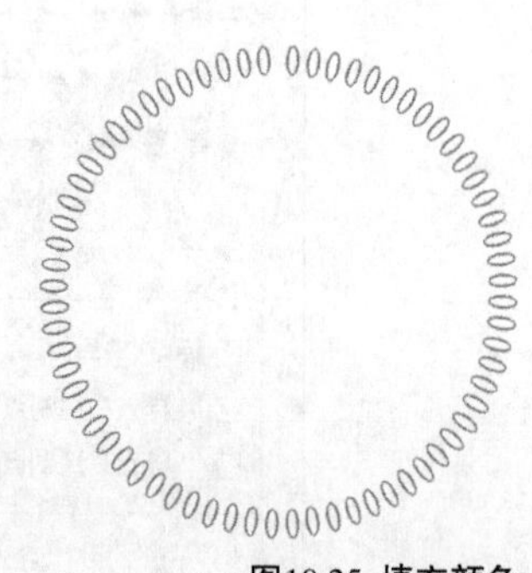

图10.25 填充颜色

06 执行菜单栏中的【文字】|【创建轮廓】命令，为数字“0”创建轮廓，如图10.26所示。

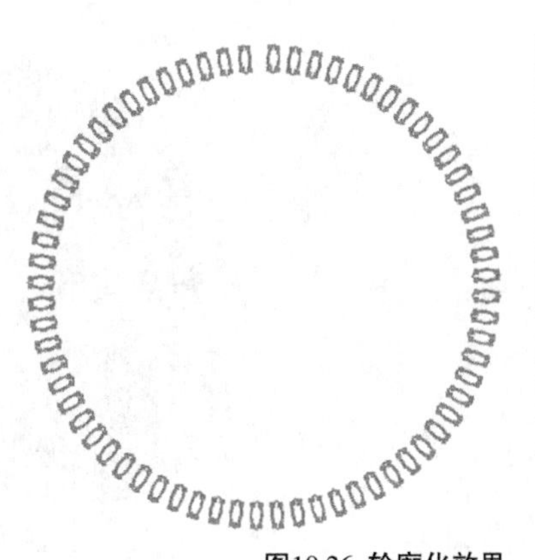

图10.26 轮廓化效果

07 执行菜单栏中的【对象】|【变换】|【缩放】命令，在打开的【比例缩放】对话框中，设置【比例缩放】为20%，如图10.27所示。

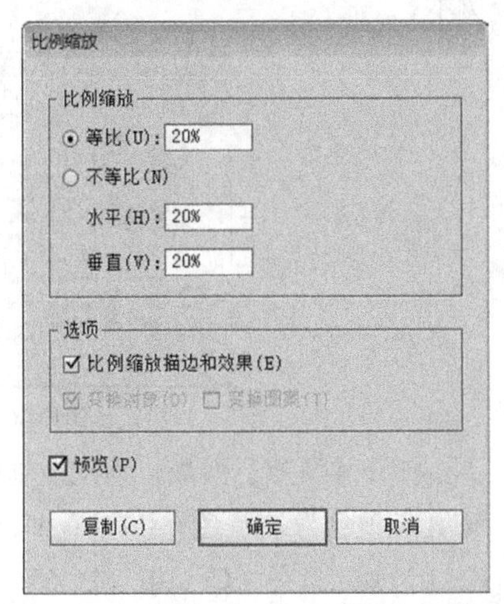

图10.27 【比例缩放】对话框

08 单击【复制】按钮，将图像复制一份并缩小，如图10.28所示。

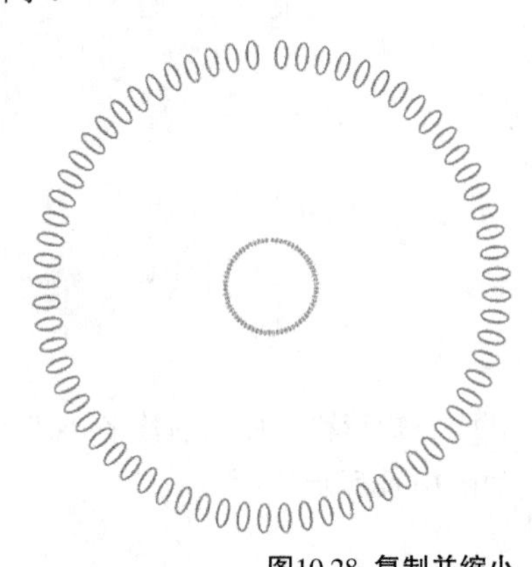

图10.28 复制并缩小

09 执行菜单栏中的【对象】|【混合】|【建立】命令，为图像创建混合效果，如图10.29所示。

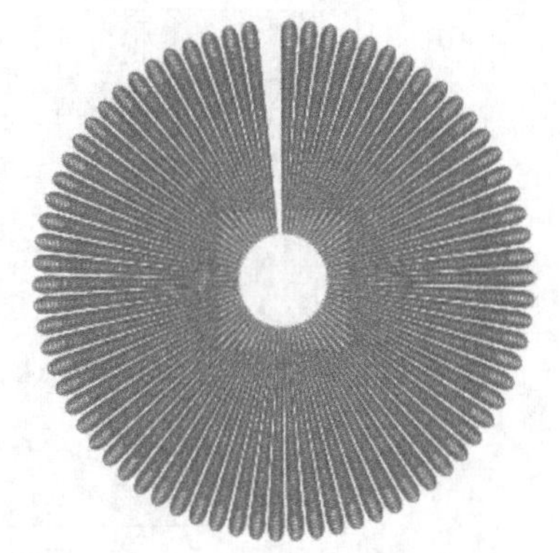

图10.29 建立混合对象

10 将画布中的两个路径文字选中，执行菜单栏中的【对象】|【混合】|【混合选项】命令，为图像设置混合步数“10”，如图10.30所示。

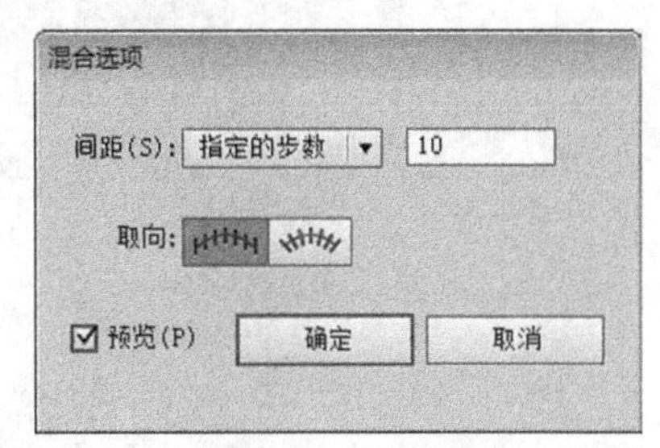

图10.36 【混合选项】对话框

11 执行菜单栏中的【效果】|【扭曲和变换】|【扭转】命令，在打开的【扭转】对话框中设置【角度】为60°，单击【确定】按钮将混合后的图像进行扭转，效果如图10.31所示。

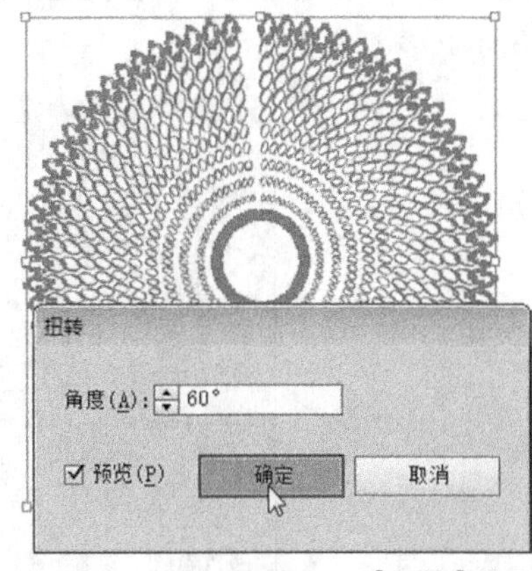

图10.31 【扭转】效果

12 执行菜单栏中的【效果】|【风格化】|【投影】命令，设置如图10.32所示。

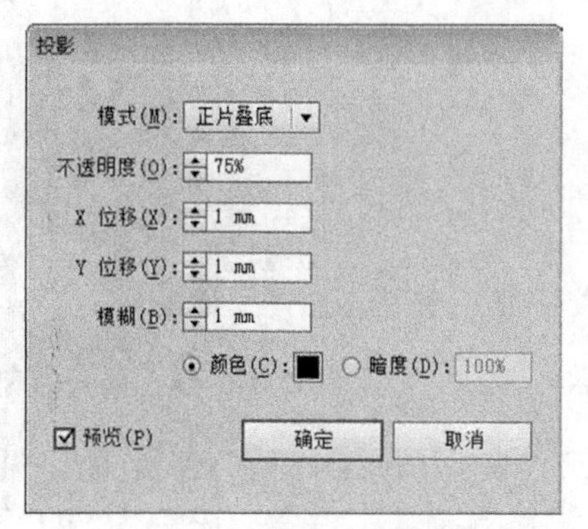

图10.32 【投影】对话框

⑬ 单击【确定】按钮，为刚扭转后的图像添加投影效果，如图10.33所示。

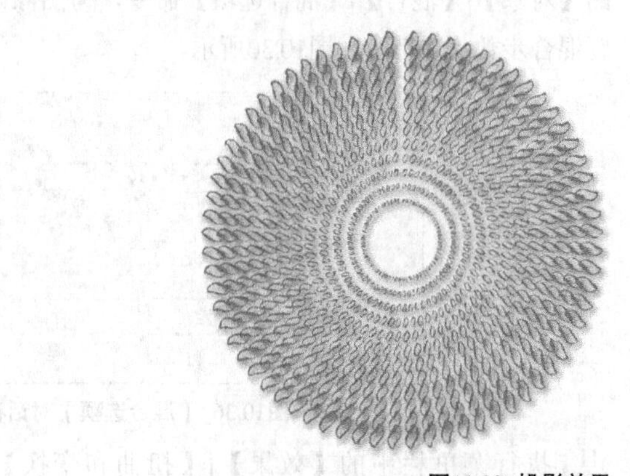

图10.33 投影效果

⑭ 执行菜单栏中的【对象】|【变换】|【倾斜】命令，在打开的【倾斜】对话框中设置【倾斜角度】为25°，勾选【水平】复选按钮，如图10.34所示。

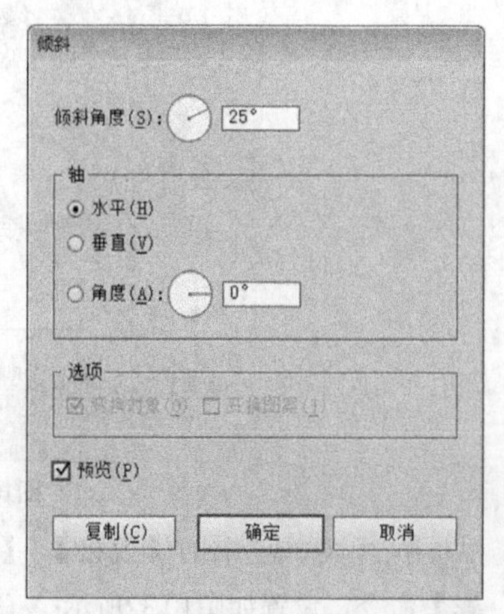

图10.34 【倾斜】对话框

⑮ 单击【确定】按钮，将图像稍加倾斜。效果如图10.35所示。

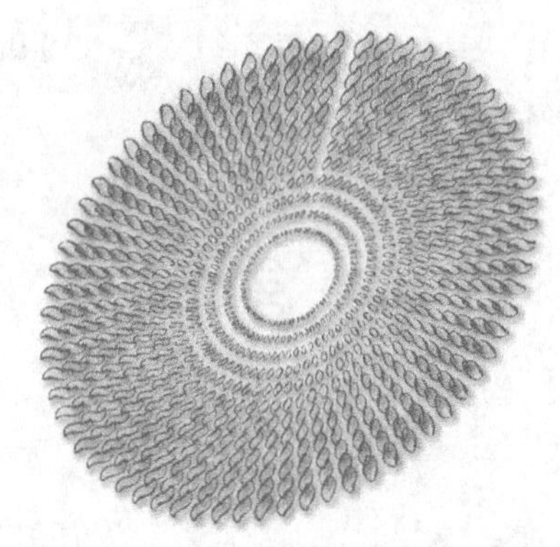

图10.35 倾斜后的效果

⑯ 选择工具箱中的【矩形工具】，在画布中单击，弹出【矩形】对话框，设置矩形的【宽度】为140mm，【高度】为120mm，如图10.36所示。

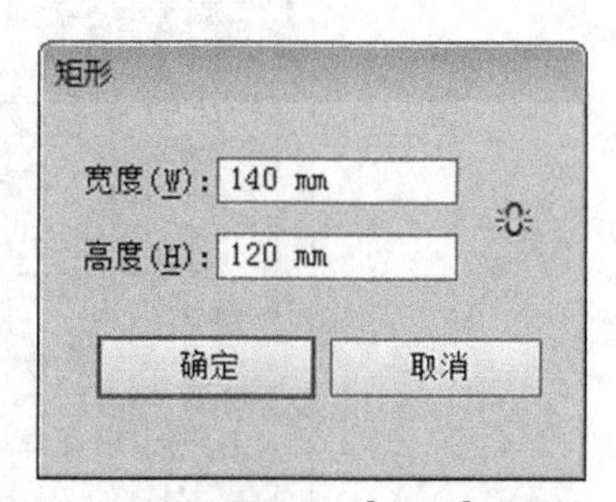

图10.36 【矩形】对话框

⑰ 打开【渐变】面板，为刚绘制的矩形设置渐变填充颜色为淡黄色（C：0；M：0；Y：15；K：0）到土黄色（C：10；M：65；Y：100；K：0），【类型】为线性，效果如图10.37所示。

图10.37 填充颜色

⑱ 将矩形移动放置到数字“0”图像的右下方，如图10.38所示。

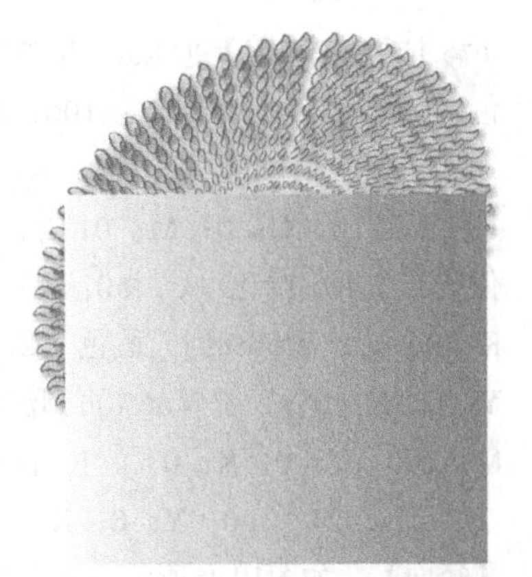

图10.38 移动数字

⑲ 按“Ctrl”+“C”组合键将矩形进行复制，在图像外面单击一下，再按“Ctrl”+“B”组合键将复制的矩形粘贴在底层，如图10.39所示。

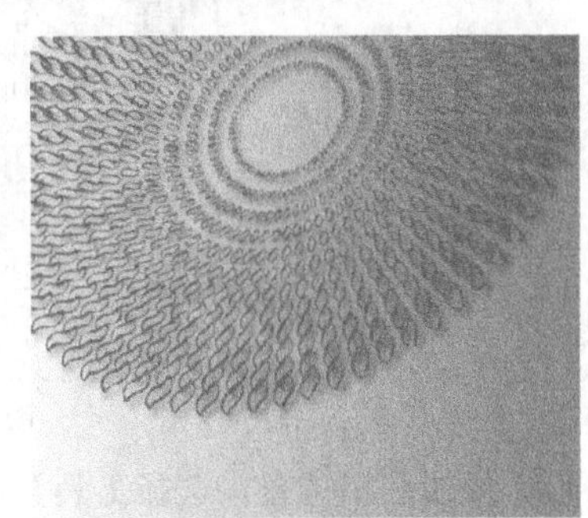

图10.39 粘贴到底层

⑳ 将顶层的矩形与数字“0”图像选中，执行菜单栏中的【对象】|【剪切蒙版】|【建立】命令，为选中的图像建立剪切效果。最后再配上其他装饰文字，完成本案例的制作。最后效果如图10.40所示。

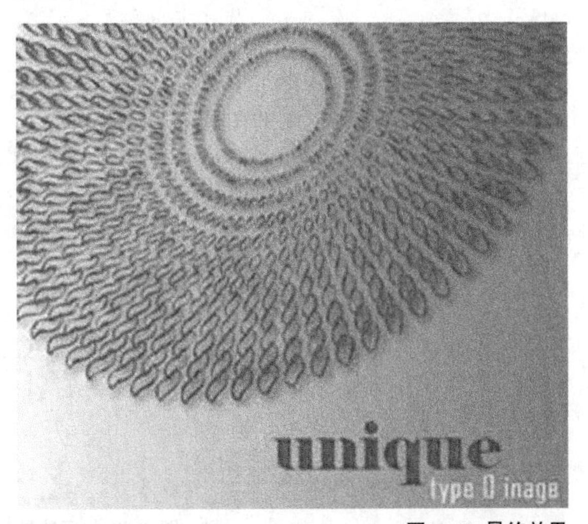

图10.40 最终效果

10.1.3 课堂案例——彩虹光圈文字

案例位置　案例文件\第10章\彩虹光圈文字.ai
视频位置　多媒体教学\10.1.3.avi
实用指数　★★★★★

将直线段与文字进行分割，再对文字进行渐变填充，制作出漂亮的彩虹光圈文字效果。最终效果如图10.41所示。

图10.41 最终效果

01 选择工具箱中的【矩形工具】，在画布中单击，弹出【矩形】对话框，设置矩形【宽度】为200mm，【高度】为140mm，如图10.42所示。

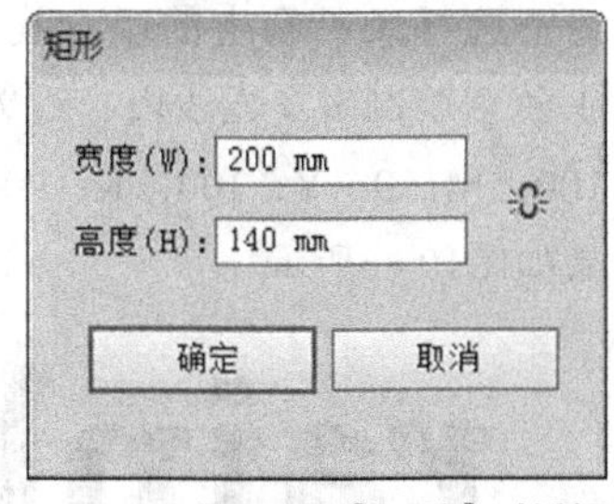

图10.42 【矩形】对话框

02 再将矩形填充为浅绿色（C：25；M：0；Y：20；K：0），描边为无。效果如图10.43所示。

图10.43 填充颜色

03 利用【文字工具】T输入英文“rainbow”，设置文字样式为“Chaparral Pro”，文字大小为150pt，如图10.44所示。

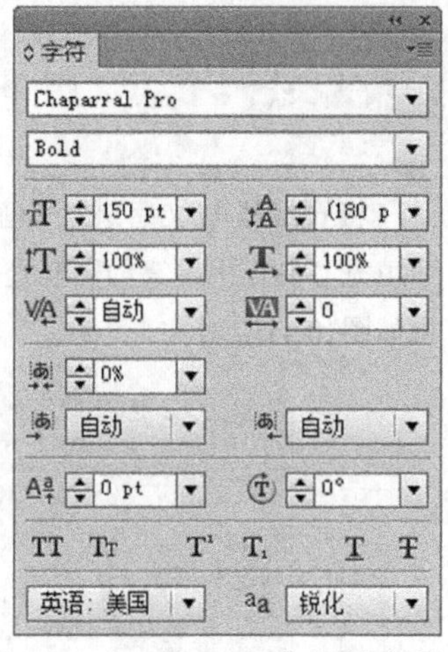

图10.44 【字符】面板

04 执行菜单栏中的【文字】|【创建轮廓】命令，将文字转换为轮廓。效果如图10.45所示。

图10.45 创建轮廓

05 选择工具箱中的【直线段工具】在文字上随意绘制多条直线段。设置描边为绿色（C：100；M：0；Y：100；K：0），填充色为无。效果如图10.46所示。

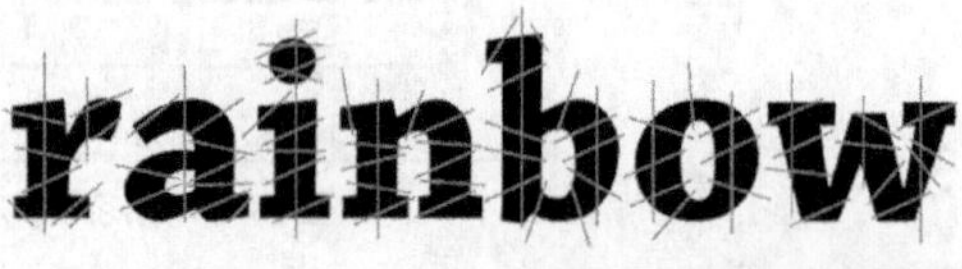

图10.46 绘制线性的效果

06 将文字和直线段选中，打开【路径查找器】面板，单击【分割】按钮，将文字和直线段进行分割，如图10.47所示。

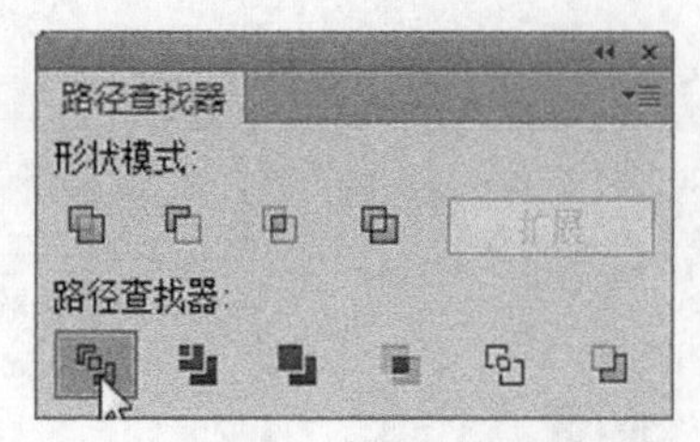

图10.47 【路径查找器】面板

07 打开【渐变】面板，为文字填充渐变由红色（C：0；M：100；Y：100；K：0）到土黄色（C：0；M：50；Y：100；K：0）、【位置】18%到黄色（C：0；M：0；Y：100；K：0）、位置35%再到绿色（C：50；M：100；Y：100；K：0）、位置50%到天蓝色（C：66；M：100；Y：0；K：0）、位置66%再到深蓝色（C：100；M：100；Y：0；K：0）、位置83%最后到暗红色（C：50；M：100；Y：0；K：0）。填充类型为【径向】，如图10.48所示。

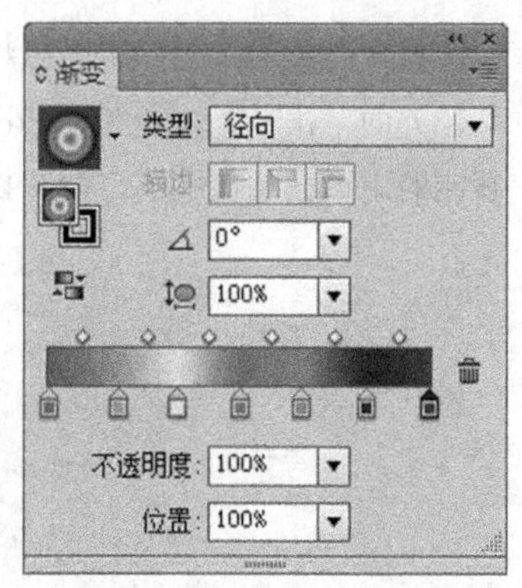

图10.48 【渐变】面板

08 最后利用【直接选择工具】将a、b、o字母中间多余的部分选中，并按“Delete”键删除。效果如图10.49所示。

图10.49 删除多余部分

09 将文字和步骤1所绘制的矩形选中，打开【对齐】面板，单击【水平居中对齐】和【垂直居中对齐】按钮，将选中的图像进行中心对齐。最后再配上相关的装饰，完成本例的制作，如图10.50所示。

图10.50 最后效果

10.2 矢量插画表现

10.2.1 课堂案例——海天相接的奇幻影像插画

案例位置　案例文件\第10章\海天相接的奇幻影像插画.ai
视频位置　多媒体教学\10.2.1.avi
实用指数　★★★★★

首先利用渐变颜色制作天空和海洋效果，再利用椭圆并添加投影制作出云朵效果，最后再将其搭配在一起，打造出海天相接的奇幻影像。最终效果如图10.51所示。

图10.51　最终效果

01 选择工具箱中的【矩形工具】，在画布中单击，弹出【矩形】对话框，设置矩形的【宽度】为178mm，【高度】为136mm，如图10.52所示。

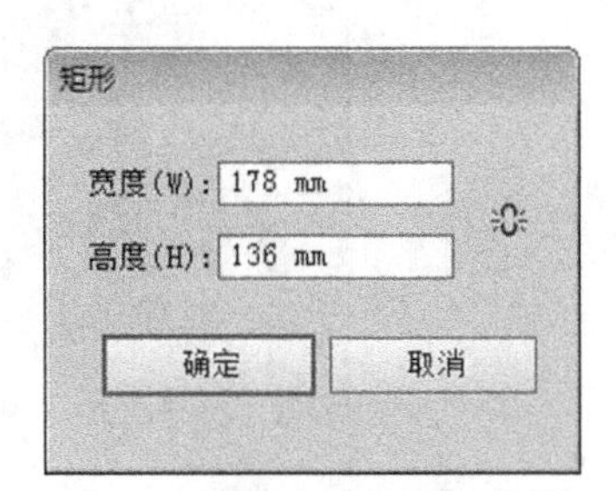

图10.52　【矩形】对话框

02 打开【渐变】面板，设置矩形的渐变填充为黄色（C：0；M：0；Y：100；K：0）到土黄色（C：0；M：50；Y：100；K：0）。在【类型】下拉栏中选择【径向】填充。如图10.53所示。

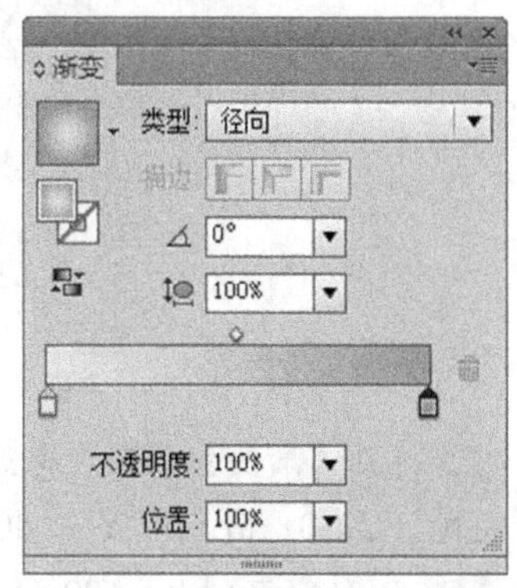

图10.53　【渐变】面板

03 选择工具箱中【渐变工具】，从矩形的中心向右侧拖动，效果如图10.54所示。

图10.54　渐变填充

04 选择工具箱中的【矩形工具】，在画布中单击，弹出【矩形】对话框，设置矩形的【宽度】为14mm，【高度】为121mm，如图10.55所示。

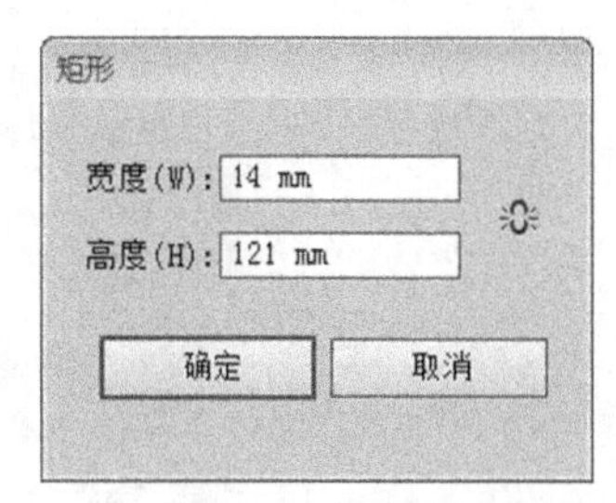

图10.55　【矩形】对话框

05 利用【直接选择工具】选中矩形底端的两个锚点，执行菜单栏中的【对象】|【变换】|【缩放】命令，将矩形变形，如图10.56所示。

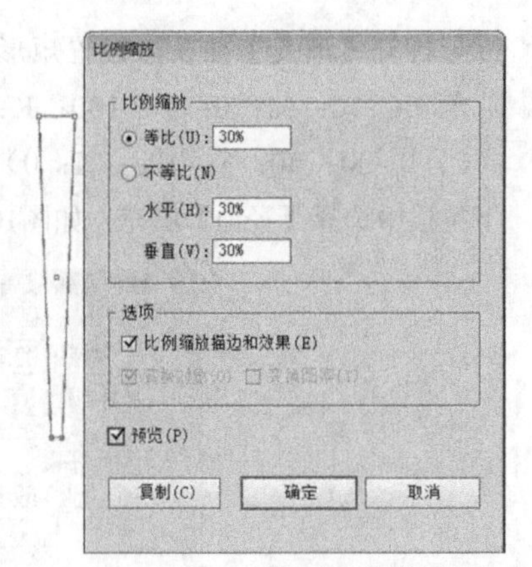

图10.56 【比例缩放】对话框

06 打开【渐变】面板，将变形后的图像填充为黄色（C：0；M：0；Y：100；K：0）到土黄色（C：0；M：30；Y：100；K：0），描边为无，如图10.57所示。

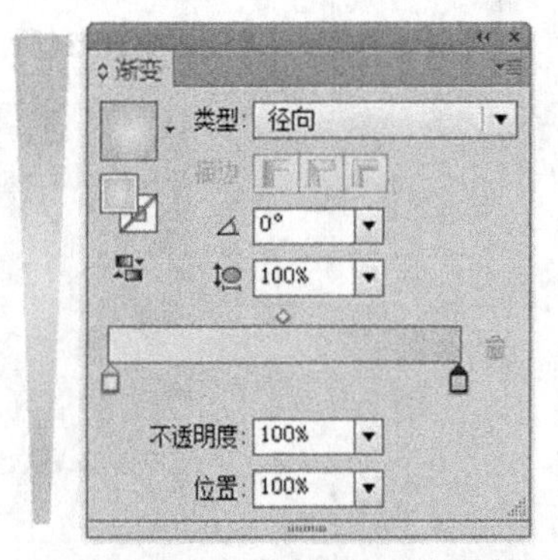

图10.57 填充效果

07 执行菜单栏中的【对象】|【变换】|【分别变换】命令，将变形后的图像进行镜像并复制一份，如图10.58所示。

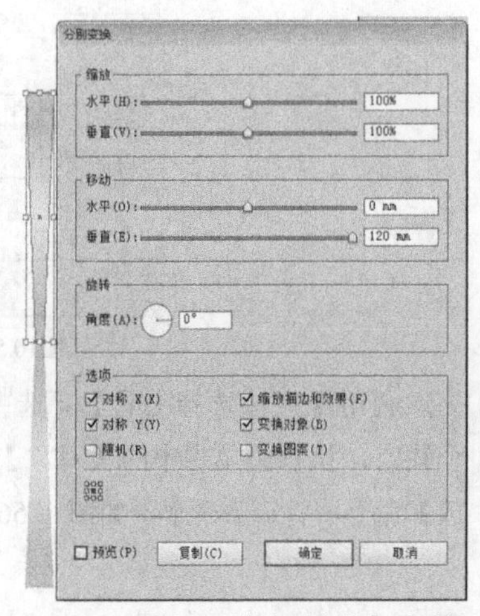

图10.58 【分别变换】对话框

08 将画布中这两个变形后的图像选中，执行菜单栏中的【对象】|【变换】|【旋转】命令，设置【角度】为20°，单击【复制】按钮，将选中的图像旋转并复制一份，如图10.59所示。

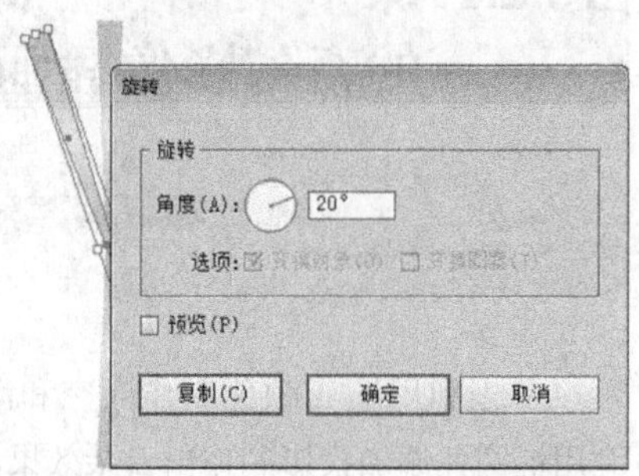

图10.59 旋转并复制

09 多次按“Ctrl”+“D”组合键重复“旋转并复制”操作，如图10.60所示。

图10.60 重复复制

10 将步骤9所绘制的图像全部选中并编组。再与步骤3所绘制的矩形进行重叠。效果如图10.61所示。

图10.61 重叠放置图形

11 利用【矩形工具】绘制一个与背景同样大小的矩形，选中全部图形执行菜单栏中【对

象】|【剪切蒙版】|【建立】命令，效果如图10.62所示。

图10.62 剪切蒙版效果

12 选择工具箱中的【椭圆工具】，在画布中单击，弹出【椭圆】对话框，设置椭圆的参数，如图10.63所示。

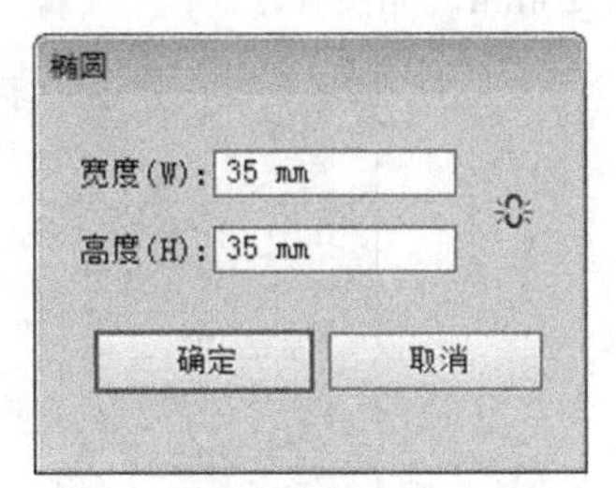

图10.63 【椭圆】对话框

13 打开【渐变】面板，设置正圆的渐变颜色为天蓝色（C：50；M：0；Y：0；K：0）到蓝色（C：80；M：30；Y：0；K：15），如图10.64所示。

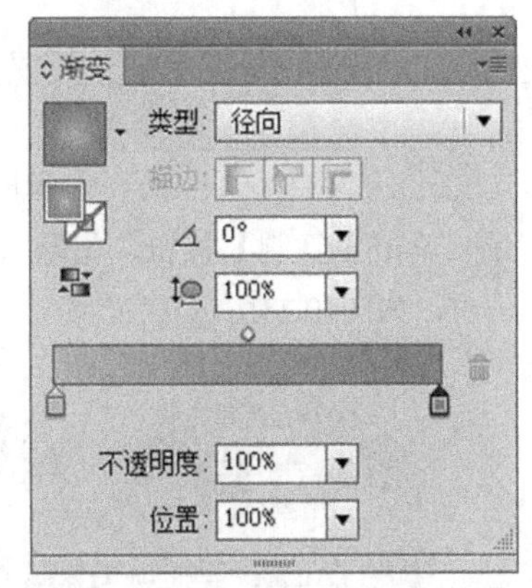

图10.64 【渐变】面板

14 利用【渐变工具】，从上往下拖动鼠标来改变渐变颜色的中心位置。效果如图10.65所示。

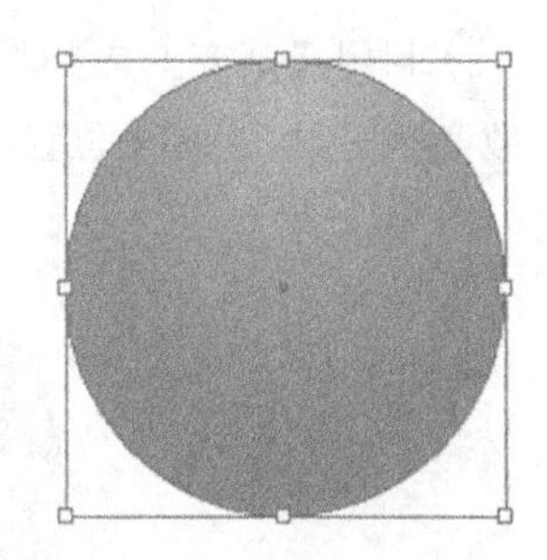

图10.65 填充效果

15 执行菜单栏中的【对象】|【变换】|【分别变换】命令，在打开的【分别变换】对话框中设置【缩放】中的【水平】和【垂直】都为90%，【角度】为180°，单击【复制】按钮，将正圆复制一份并缩小，如图10.66所示。

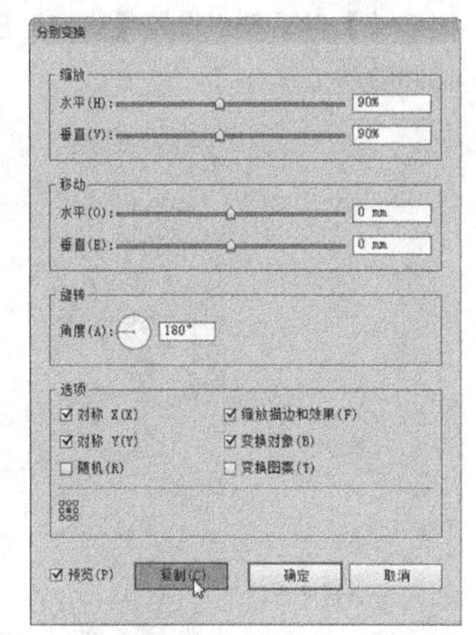

图10.66 【分别变换】对话框

16 打开【渐变】面板，修改复制出的正圆的渐变填充颜色为天蓝色（C：50；M：0；Y：0；K：0）到蓝色（C：80；M：20；Y：0；K：15），如图10.67所示。

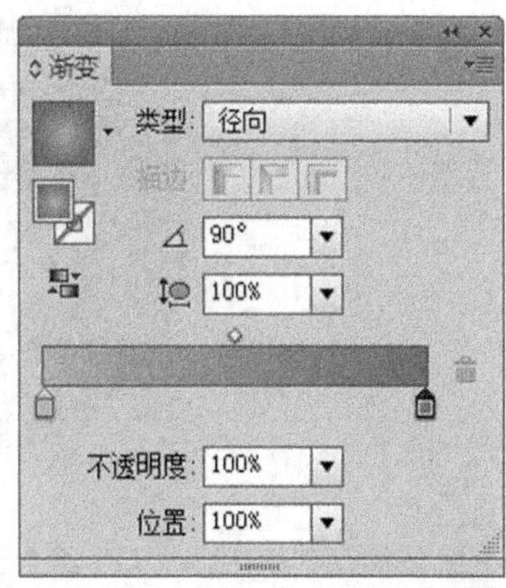

图10.67 【渐变】面板

⑰ 利用【渐变工具】，从下往上拖动鼠标来改变渐变颜色的中心位置。效果如图10.68所示。

图10.68 填充效果

⑱ 将刚绘制的两个正圆选中，执行菜单栏中的【对象】|【变换】|【缩放】命令，在打开的【比例缩放】对话框中设置【比例缩放】为70%，如图10.69所示。

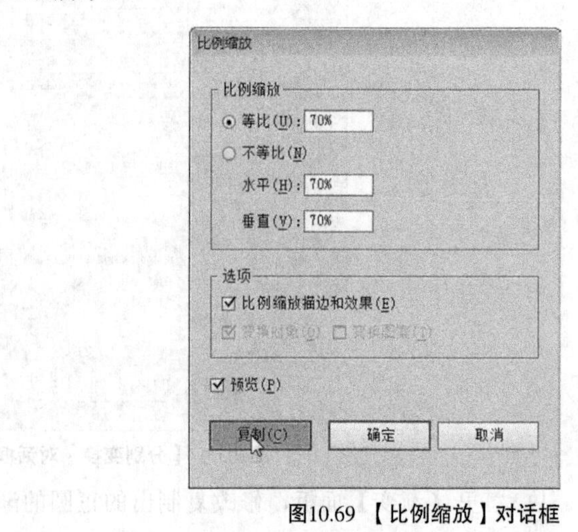

图10.69 【比例缩放】对话框

⑲ 单击【复制】按钮，将其复制一份并缩小，如图10.70所示。

图10.70 复制并缩小

⑳ 按两次“Ctrl”+“D”组合键，重复“复制并缩小”操作。最后再将其全部选中并进行编组，如图10.71所示。

图10.71 重复复制

㉑ 执行菜单栏中的【对象】|【变换】|【移动】命令，在打开的【移动】对话框中设置【水平】为20mm，如图10.72所示。

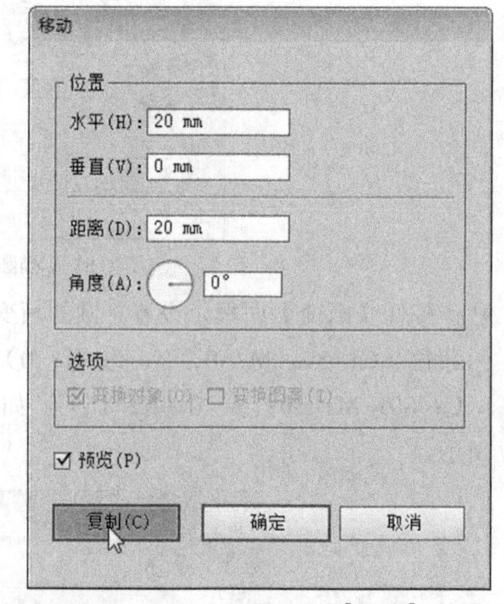

图10.72 【移动】对话框

㉒ 单击【复制】按钮，将圆形图像移动并复制一份，如图10.73所示。

图10.73 移动复制

㉓ 按8次“Ctrl”+“D”组合键重复“移动并复

制”操作。将圆形图像全部选中并进行编组，如图10.74所示。

图10.74 重复复制

24 执行菜单栏中的【对象】|【变换】|【移动】命令，在打开的【移动】对话框中设置【垂直】为-6mm，如图10.75所示。

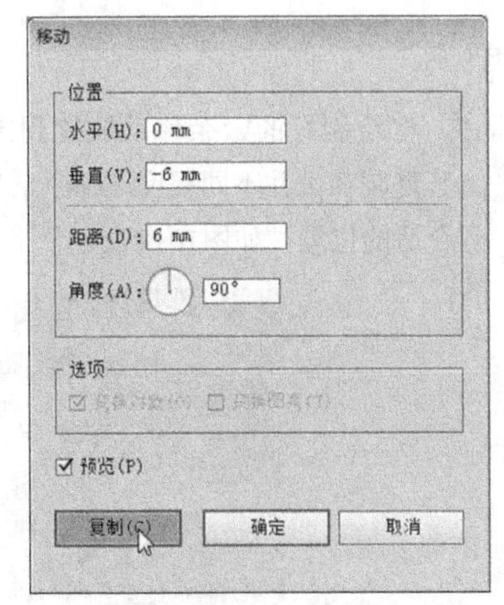

图10.75 【移动】对话框

25 单击【复制】按钮将圆形图像移动并复制一份，如图10.76所示。

图10.76 移动并复制

26 按6次“Ctrl”+“D”组合键重复“移动并复制”操作，如图10.77所示。

图10.77 重复复制

27 从上方开始算起，以交错的方式，按住“Shift”键连续点选2、4、6、8行这些双数行的图像，执行【对象】|【变换】|【移动】命令，在打开的【移动】对话框中设置【水平】为10mm，如图10.78所示。

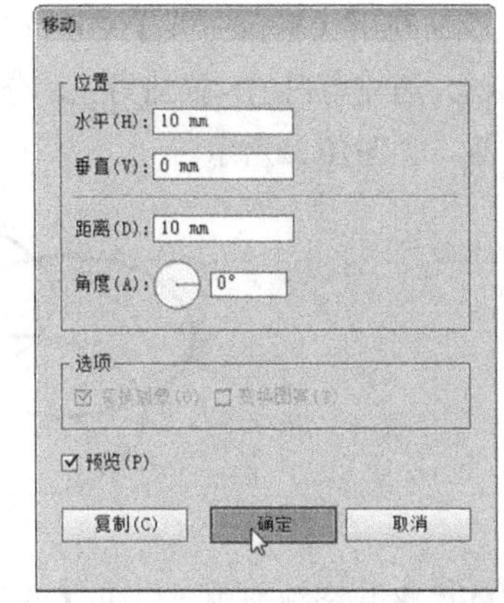

图10.78 【移动】对话框

28 单击【确定】按钮，将选中的图像向右稍加移动。最后再将全部的圆形图像进行编组，如图10.79所示。

图10.79 移动后的效果

29 将刚编组后的图像与之前绘制的图像进行重叠，如图10.80所示。

图10.80 重叠效果

30 选择工具箱中【矩形工具】绘制一个与背景同样大小的矩形。选中全部图像，执行菜单栏【对象】|【剪切蒙版】|【建立】命令，如图10.81所示。

图10.81 剪切蒙版效果

31 利用【椭圆工具】，在画布中绘制4个椭圆，填充为白色，描边为无。分别放置到合适的位置，如图10.82所示。

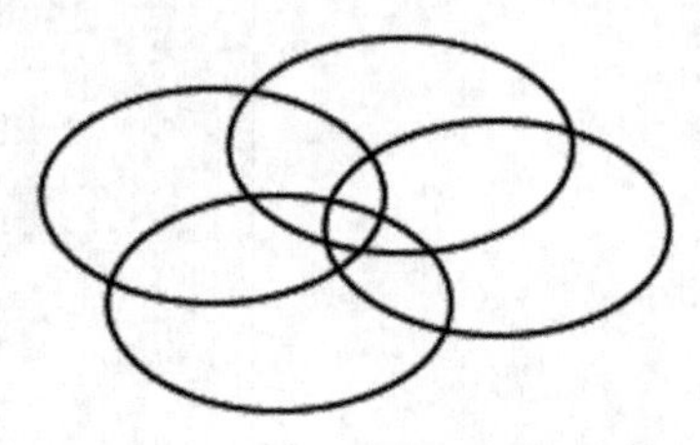

图10.82 椭圆效果

32 将其全部选中，打开【路径查找器】面板，单击【联集】按钮，将选中的图像进行合并，如图10.83所示。

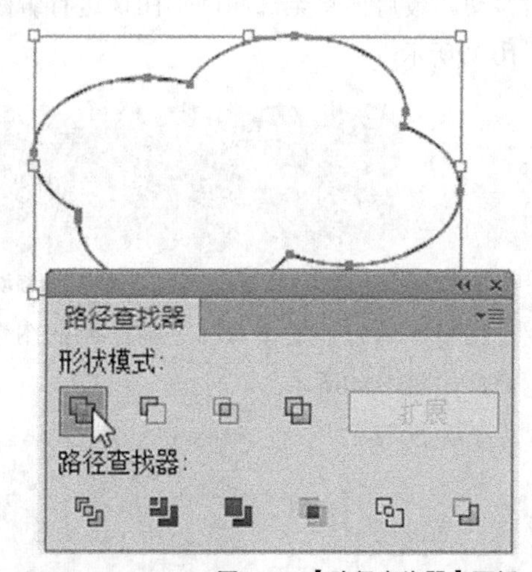

图10.83 【路径查找器】面板

33 执行菜单栏中的【效果】|【风格化】|【投影】命令，在打开的【投影】对话框中调整参数，如图10.84所示。

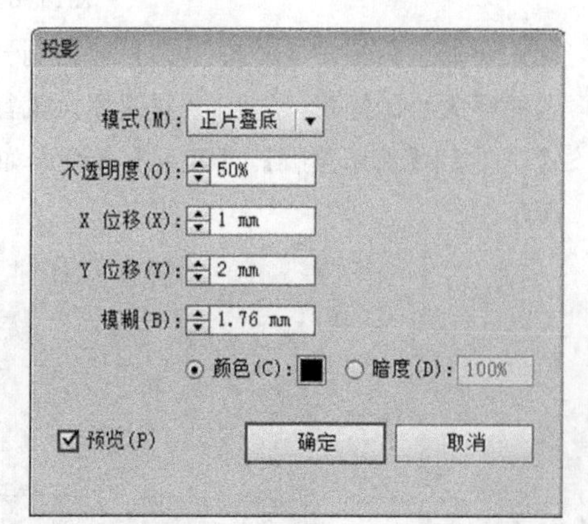

图10.84 【投影】对话框

34 单击【确定】按钮，为合并后的图像添加投影效果，如图10.85所示。

图10.85 投影效果

35 将绘制好的云朵移动放置到图像的左上角。将其复制多份并不同程度地缩小，然后再分别放置到合适的位置，如图10.86所示。

图10.86 复制缩小

36 最后再配上相关的装饰，完成本例的制作，如图10.87所示。

图10.87 最终效果

10.2.2 课堂案例——梦幻地球插画

案例位置 案例文件\第10章\梦幻地球插画.ai
视频位置 多媒体教学\10.2.2.avi
实用指数 ★★★★★

首先绘制一个多边形，接着多次将其复制并移动。然后利用变形效果中的鱼眼命令制作出地球的圆弧度，最后再稍加修饰，从而制作出梦幻地球效果。最终效果如图10.88所示。

图10.88 最终效果

01 选择工具箱中的【多边形工具】，在画布中单击，弹出【多边形】对话框，设置多边形的【半径】为4mm，【边数】为6，如图10.89所示。

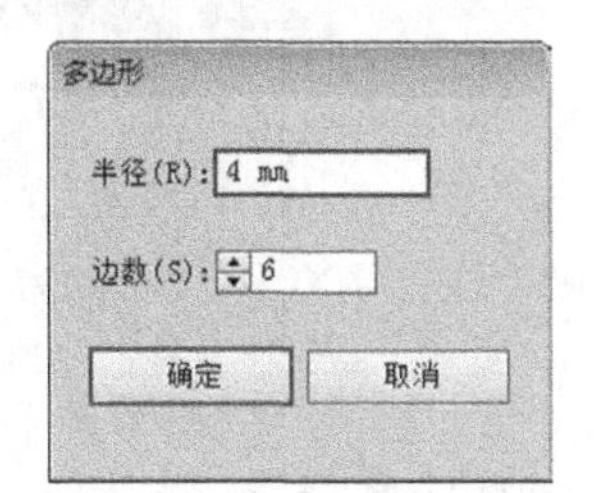

图10.89 【多边形】对话框

02 将多边形填充为黑色，执行菜单栏中的【对象】|【变换】|【移动】命令，在打开的【移动】对话框中设置【水平】为13mm，【垂直】为0mm如图10.90所示。

03 单击【复制】按钮，将多边形移动并复制一份，如图10.91所示。

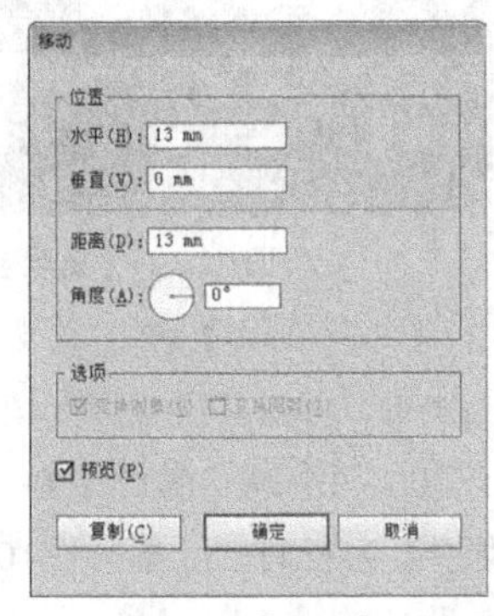

图10.90 【移动】对话框

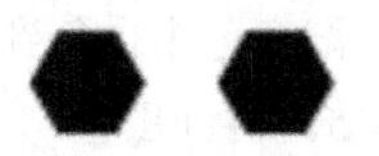

图10.91 移动复制

04 按12次“Ctrl”+“D”组合键重复移动并复制操作，将多边形复制多份。如图10.92所示。

图10.92 重复复制

05 将画布中的多边形全部选中，执行菜单栏中的【对象】|【变换】|【移动】命令，在打开的【移动】对话框中设置【水平】为0mm，【垂直】为7.5mm，如图10.93所示。

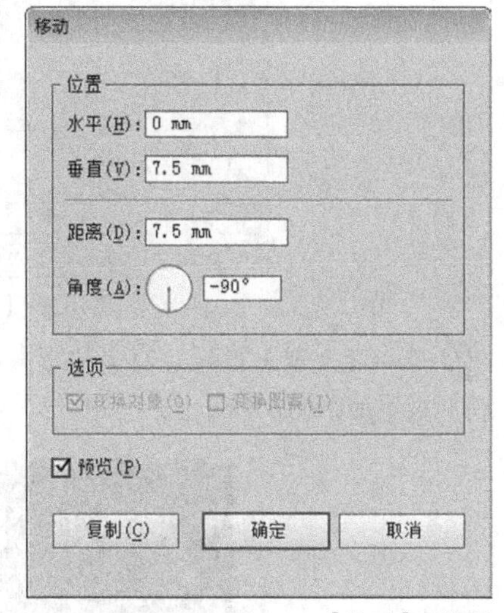

图10.93 【移动】对话框

06 单击【复制】按钮，将多边形移动并复制一份，效果如图10.94所示。

图10.94 移动复制

07 多次按“Ctrl”+“D”组合键重复“移动并复制”操作，将多边形复制多份，效果如图10.95所示。

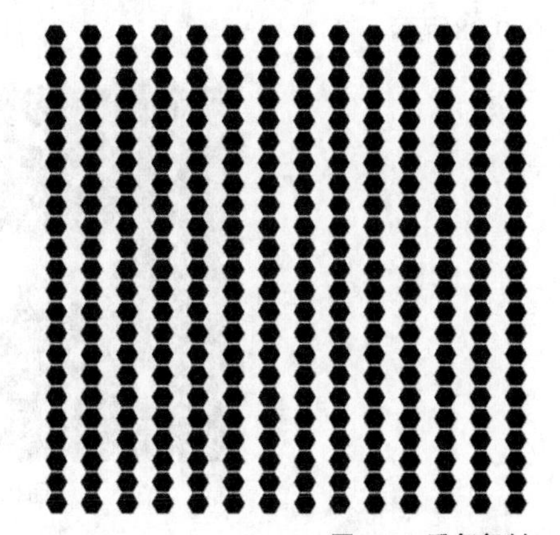

图10.95 重复复制

08 将画布中的多边形全部选中，再次执行菜单栏中的【对象】|【变换】|【移动】命令，在打开的【移动】对话框中设置【水平】为6.5mm，【垂直】为-3.5mm，如图10.96所示。

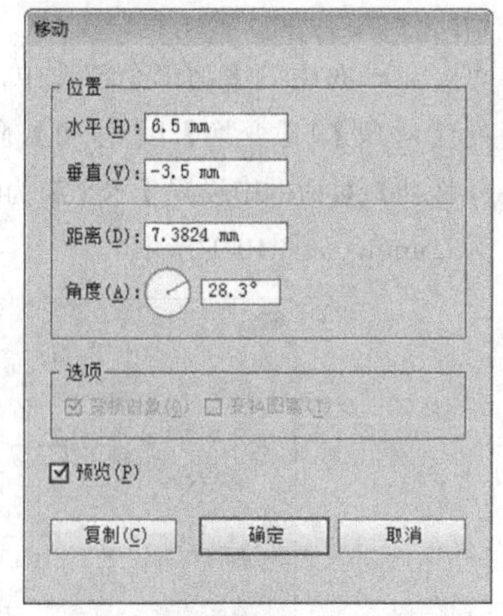

图10.96 【移动】对话框

09 单击【复制】按钮，将多边形移动并复制一份，效果如图10.97所示。

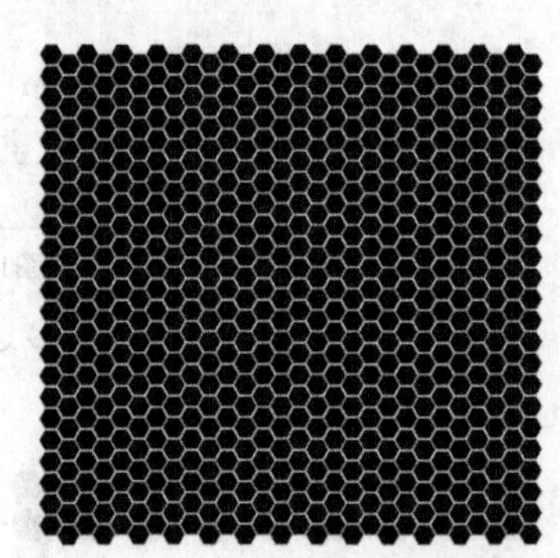

图10.97 移动复制

10 利用【选择工具】将图像中多余的多边形选中，并按“Delete”键将其删除，效果如图10.98所示。

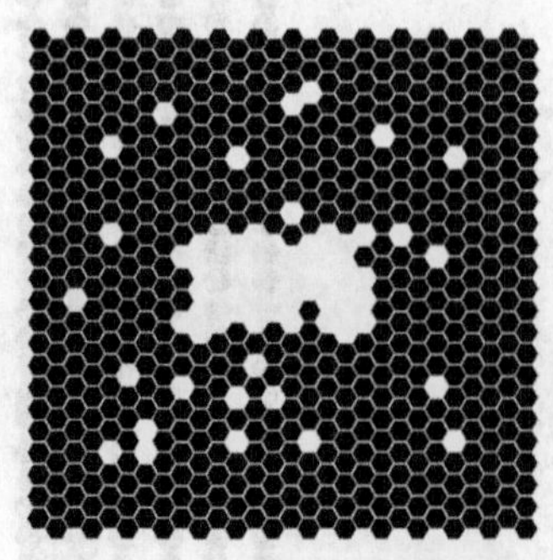

图10.98 删除效果

11 选择部分多边形，然后分别进行填充。效果如图10.99所示。

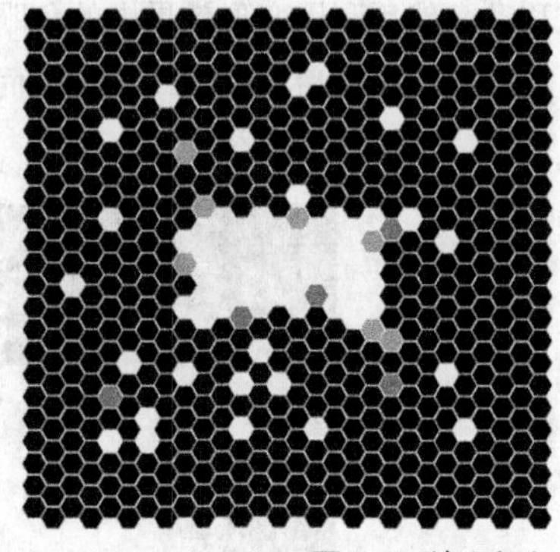

图10.99 填充颜色

12 将画布中的多边形全部选中并进行编组。执行菜单栏中的【效果】|【变形】|【鱼眼】命令，在打的【变形选项】对话框中设置【弯曲】为40%，如图10.100所示。

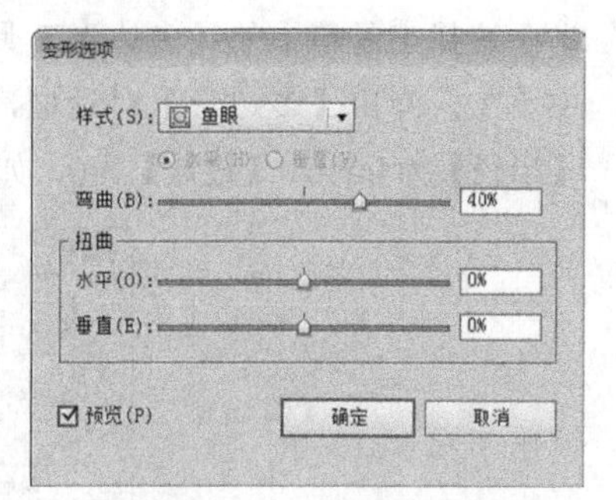

图10.100 【变形选项】对话框

13 单击【确认】按钮将图像变形，效果如图10.101所示。

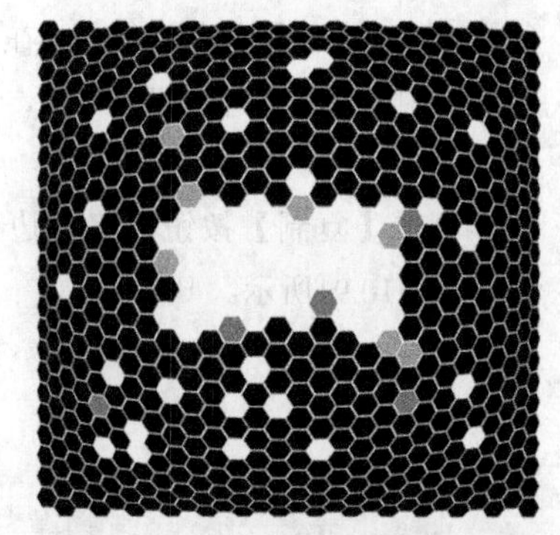

图10.101 【鱼眼】效果

14 选择工具箱中的【矩形工具】，在文档中绘制一个大小合适的矩形，并对其进行渐变填充，渐变色为白色到灰色（C：0；M：0；Y：0；K：5）再到黑色，【类型】为径向，效果如图10.102所示。

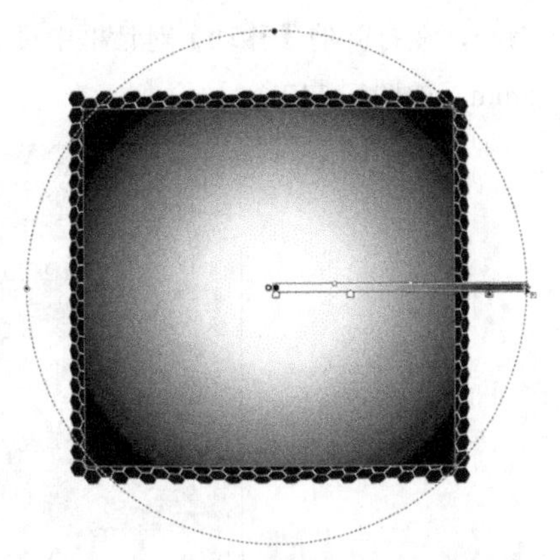

图10.102 填充渐变效果

15 执行菜单栏中的【对象】|【排列】|【置于底层】命令，将矩形后移，然后再按“Ctrl”+“C”组合键将矩形复制一份，效果如图10.103所示。

图10.103 移至底层

16 在图像外面单击一下，按“Ctrl”+“F”组合键将上述复制的矩形贴在顶层。将其与变形后的图像选中，执行菜单栏中的【对象】|【剪切蒙版】|【建立】命令对图像建立剪切蒙版，效果如图10.104所示。

图10.104 建立剪切蒙版

17 最后再配上相关的装饰，完成本案例的制作。最终效果如图10.105所示。

图10.105 最终效果

10.2.3 课堂案例——奇特的鳞状插画背景

案例位置 案例文件\第10章\奇特的鳞状插画背景.ai
视频位置 多媒体教学\10.2.3.avi
实用指数 ★★★★★

首先绘制一个圆形，接着多次将其复制并移动且将部分圆形填充为白色，再对其添加装饰制作出奇特的鳞状效果。最终效果如图10.106所示。

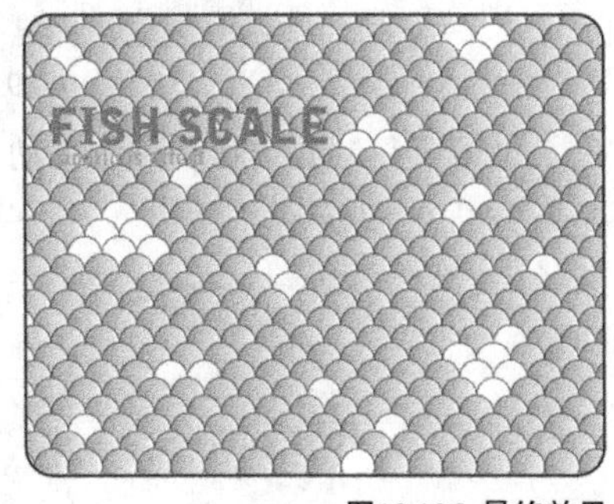

图10.106 最终效果

01 选择工具箱中的【椭圆工具】，在画布中单击，弹出【椭圆】对话框，设置正圆的【宽度】为10mm，【高度】为10mm，效果如10.107图示。

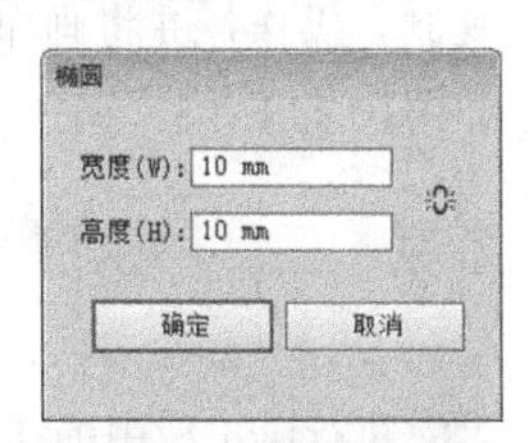

图10.107 【椭圆】对话框

02 设置圆形填充渐变颜色为蓝色（C：50；M：30；Y：0；K：0）到白色，描边颜色为黑色，描边粗细为0.5pt。如图10.108所示。

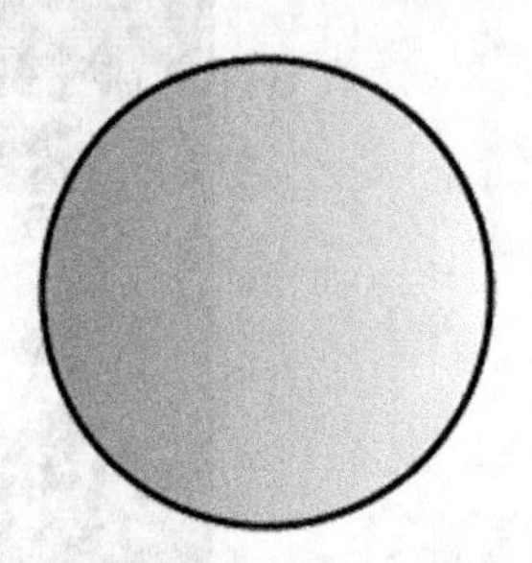

图10.108 填充颜色

03 执行菜单栏中的【对象】|【变换】|【移动】命令，在打开的【移动】对话框中设置【水平】为10mm，如图10.109所示。

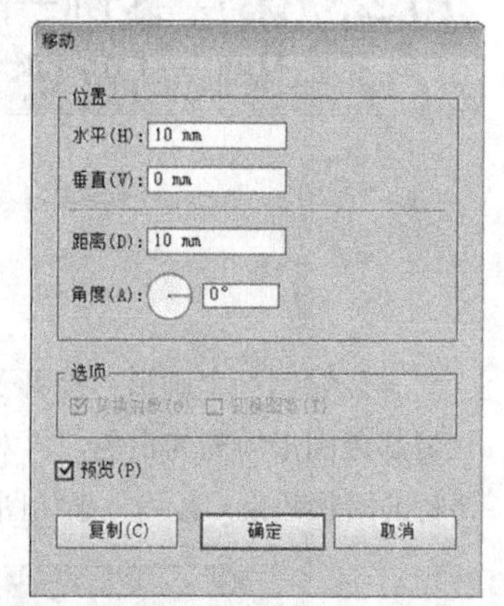

图10.109 【移动】对话框

04 单击【复制】按钮将图像移动并复制一份，效果如图10.110所示。

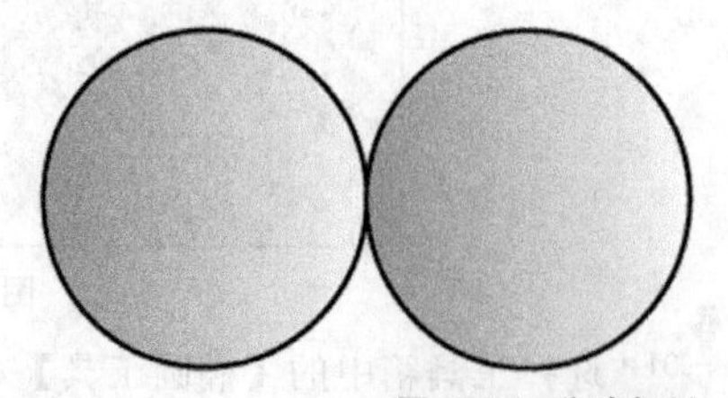

图10.110 移动复制

05 多次按“Ctrl”+“D”组合键重复“移动并复制”操作，并将画布中的圆形进行编组。效果如图10.111所示。

图10.111 重复复制

06 执行菜单栏中的【对象】|【变换】|【移动】命令，在打开的【移动】对话框中设置【垂直】为5mm，如图10.112所示。

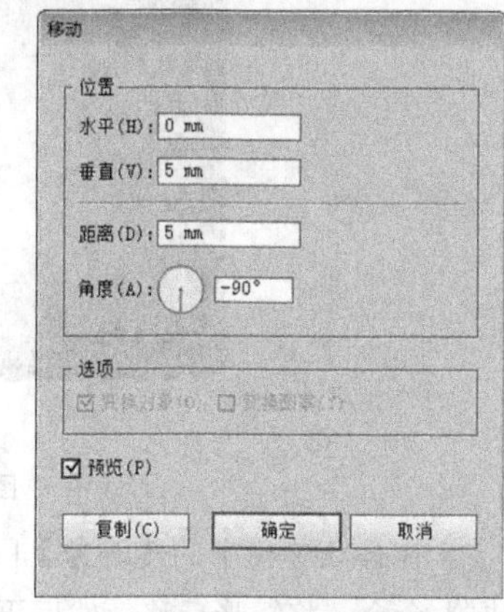

图10.112 【移动】对话框

07 单击【复制】按钮将图像移动并复制一份，如图10.113所示。

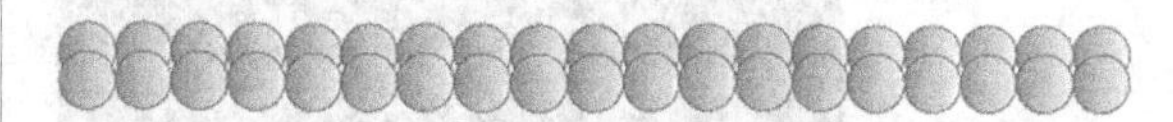

图10.113 移动复制

08 按“Ctrl”+“D”组合键重复“移动并复制”操作，如图10.114所示。

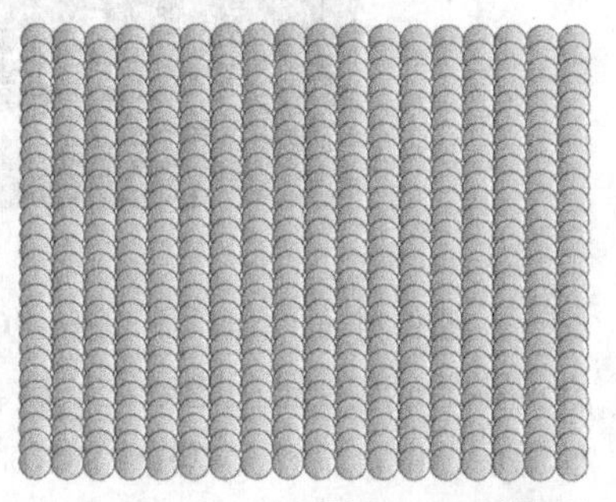

图10.114 重复复制

09 从上方开始算起，以交错的方式，按住“Shift”键连续点选2、4、6行这些双数行的图像，如图10.115所示。

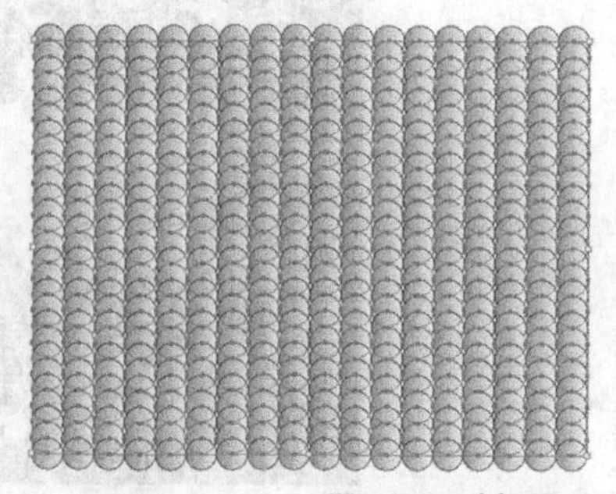

图10.115 选择图形

10 执行【对象】|【变换】|【移动】命令，在打开的【移动】对话框中设置【水平】为5mm，如图10.116所示。

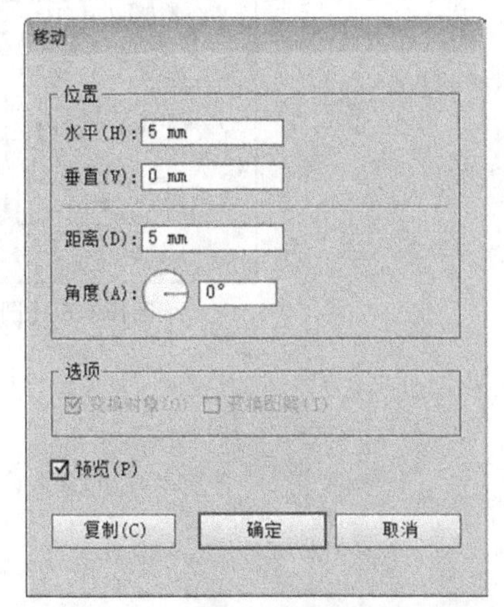

图10.116 【移动】对话框

11 单击【确定】按钮，将选中的图像向右稍加移动。效果如图10.117所示。

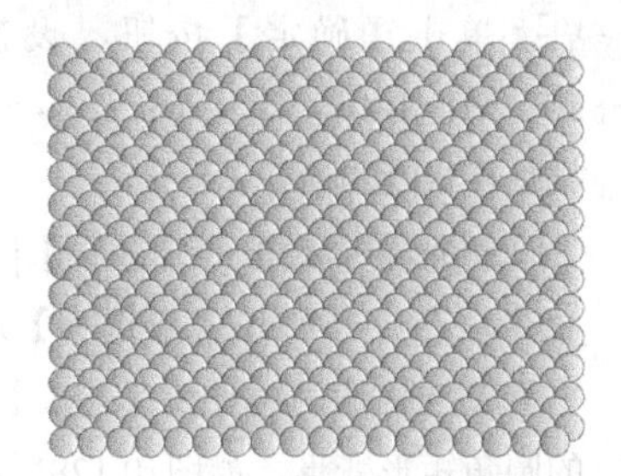

图10.117 移动效果

12 将画面中的图像全部选中并取消群组。然后利用【选择工具】将部分图像选中并修改填充颜色为白色。效果如图10.118所示。

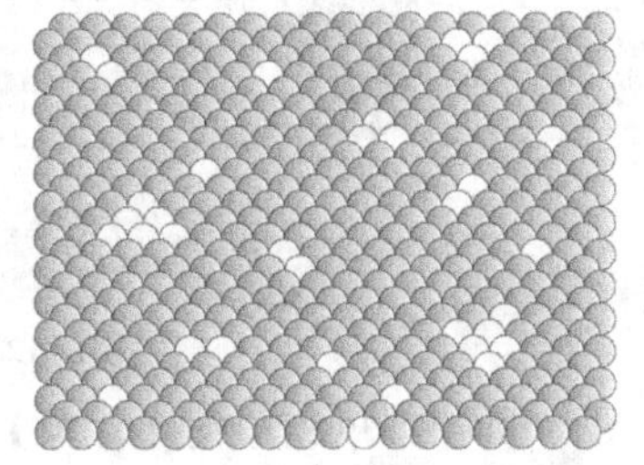

图10.118 填充白色

13 将画布中的图像全部选中并进行编组。选择工具箱中的【圆角矩形工具】，在画布中单击，弹出【圆角矩形】对话框，设置圆角矩形的【宽度】为170mm，【高度】为130mm，【圆角半径】为8mm，如图10.119所示。

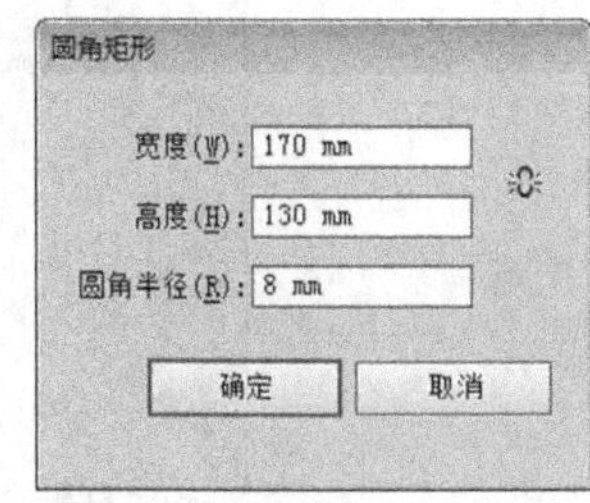

图10.119 【圆角矩形】对话框

14 将圆角矩形填充为黑色，按“Ctrl”+“C”组合键将圆角矩形复制一份。效果如图10.120所示。

图10.120 填充颜色

15 将圆角矩形和编组后的图像选中，执行菜单栏中的【对象】|【剪切蒙版】|【建立】命令，对图像进行剪切蒙版。如图10.121所示。

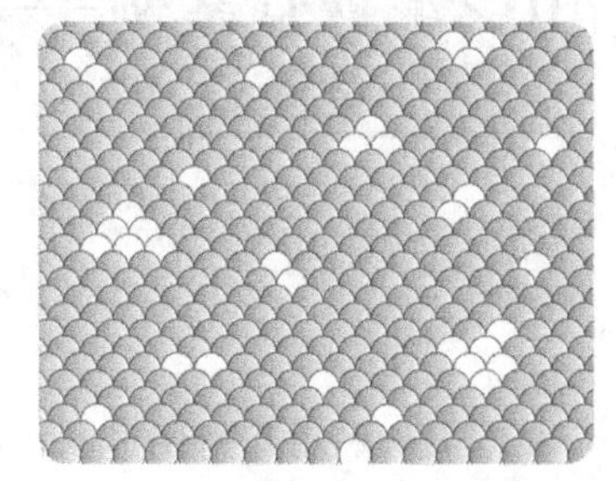

图10.121 建立剪切蒙版

16 在图像外面单击一下，按“Ctrl”+“F”组合键将上述复制的圆角矩形粘贴在顶层。打开【描边】面板对其进行描边设置，如图10.122所示。

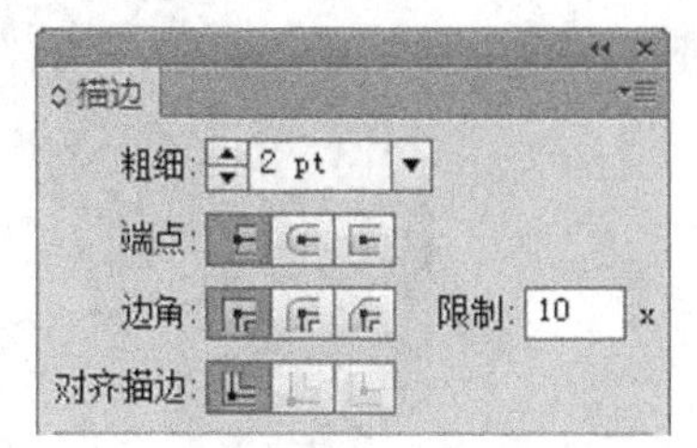

图10.122 【描边】面板

17 设置填充颜色为无，描边为黑色，如图10.123所示。

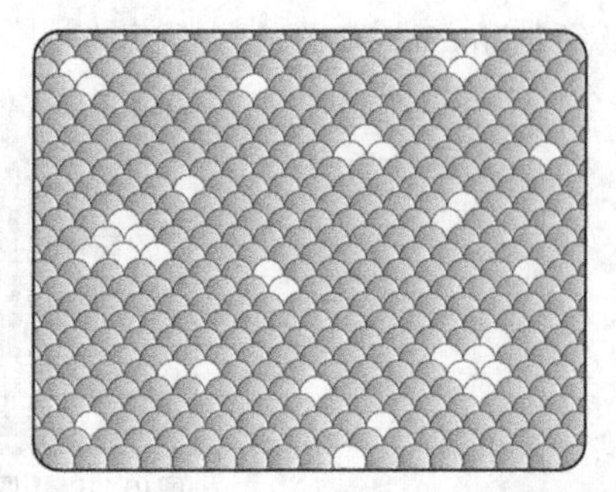

图10.123 设置描边

18 最后再配上相关的装饰，完成本例的制作。最终效果如图10.124所示。

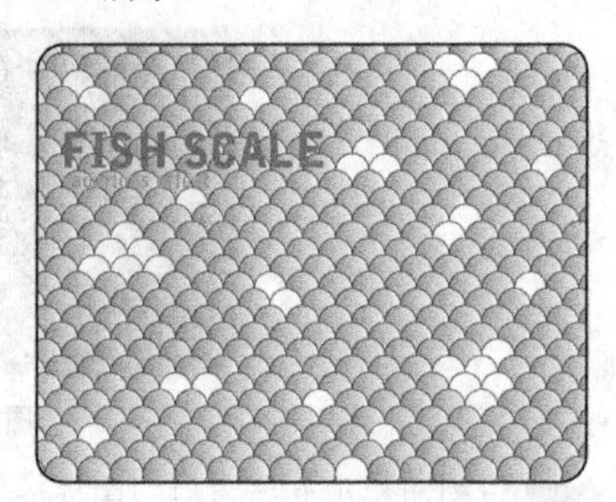

图10.124 最终效果

10.2.4 课堂案例——重叠状花朵海洋

案例位置 案例文件\第10章\重叠状花朵海洋.ai
视频位置 多媒体教学\10.2.4.avi
实用指数 ★★★★★

本案例利用几何图形制作出卡通的花朵效果，然后再将其复制多份并分别进行调整，使其呈现重叠效果。最终效果如图10.125所示。

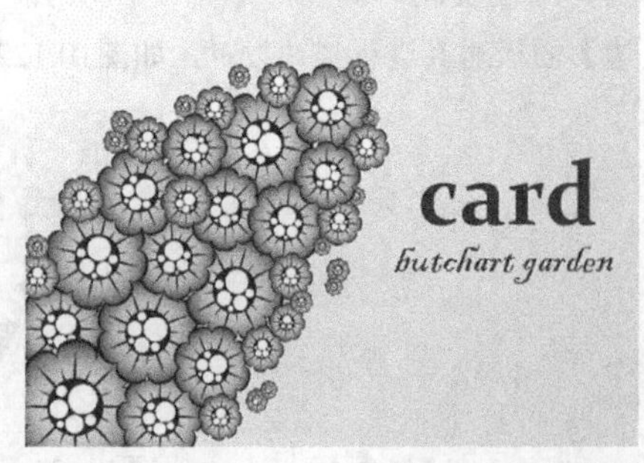

图10.125 最终效果

01 选择工具箱中的【圆角矩形工具】，在画布中单击，弹出【圆角矩形】对话框，设置圆角矩形的参数。如图10.126所示。

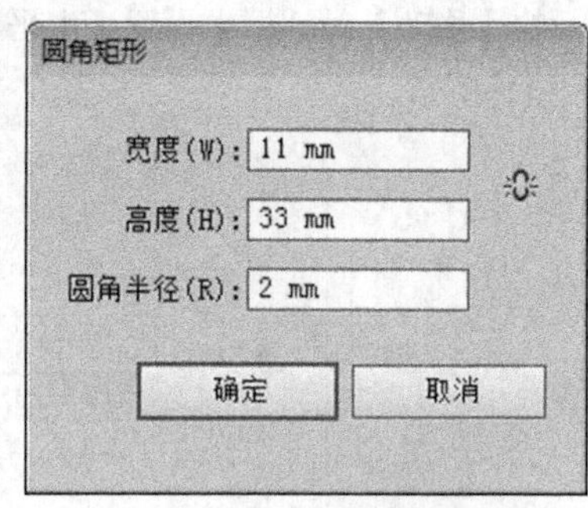

图10.126 【圆角矩形】对话框

图10.127 填充颜色

02 单击【确定】按钮，设置填充色为（C：50；M：100；Y：100；K：45），描边为无，效果如图10.127所示。

03 执行菜单栏中的【效果】|【变形】|【凸出】命令，在打开的【变形选项】对话框中选择【水平】单选按钮，再设置【弯曲】为40%，将刚绘制的圆角矩形变形，如图10.128所示。

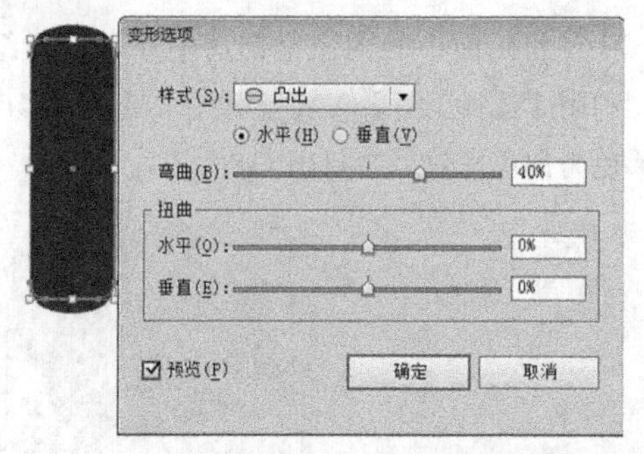

图10.128 【变形选项】对话框

04 执行菜单栏中的【对象】|【扩展外观】命令，将变形后的图像扩展。接着执行菜单栏中的【对象】|【变换】|【旋转】命令，在打开的【旋转】对话框中设置【角度】为45°，如图10.129所示。

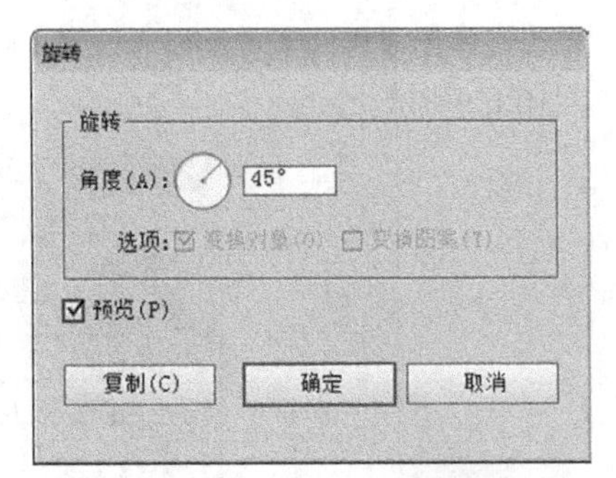

图10.129 【旋转】对话框

05 单击【确定】按钮，将扩展后的图像旋转并复制一份。效果如图10.130所示。

图10.130 旋转复制

06 再多次按“Ctrl”+“D”组合键，重复“旋转并复制”操作。效果如图10.131所示。

图10.131 重复复制

07 将上述图像全部选中，打开【路径查找器】面板，单击【联集】按钮，将选中的图像进行合并。效果如图10.132所示。

图10.132 合并效果

08 执行菜单栏中的【对象】|【变换】|【缩放】命令，在打开的【比例缩放】对话框中设置【等比】为95%，如图10.133所示。

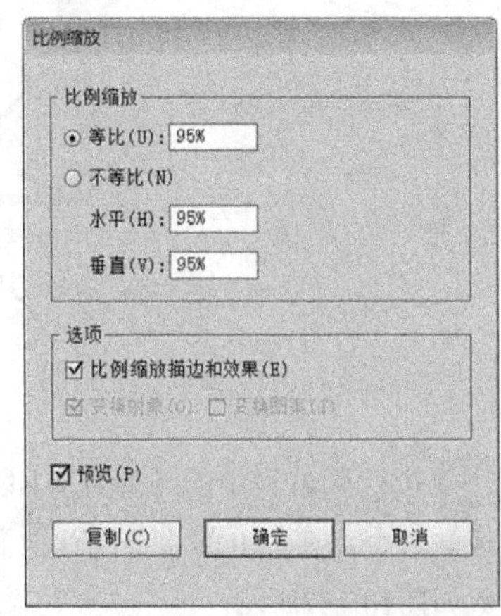

图10.133 【比例缩放】对话框

09 单击【复制】按钮，将刚合并后的图像复制一份并缩小。然后打开【渐变】面板，为复制出的图像设置渐变填充颜色为黄色（C：10；M：5；Y：80；K：0）到红色（C：30；M：100；Y：90；K：0）。填充效果如图10.134所示。

图10.134 渐变效果

10 选择工具箱中的【星形工具】，在画布中单击，弹出【星形】对话框，设置星形的参数。如图10.135所示。

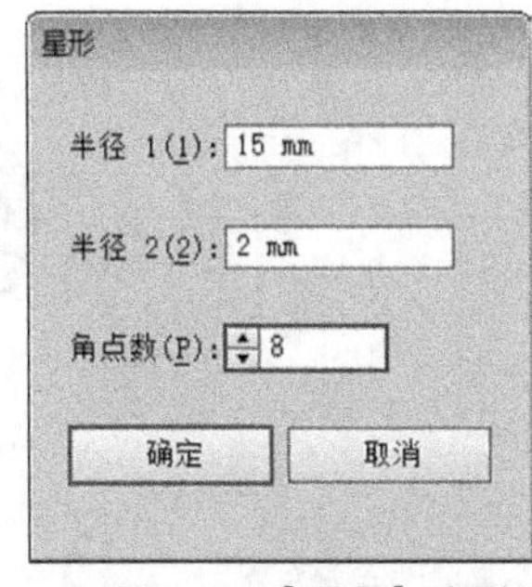

图10.135 【星形】对话框

11 单击【确定】按钮，设置填充颜色为（C：50；M：100；Y：100；K：45），描边为无，效果如图10.136所示。

图10.136 填充颜色

12 执行菜单栏中的【对象】|【变换】|【分别变换】命令，在打开的【分别变换】对话框中设置参数如图10.137所示。

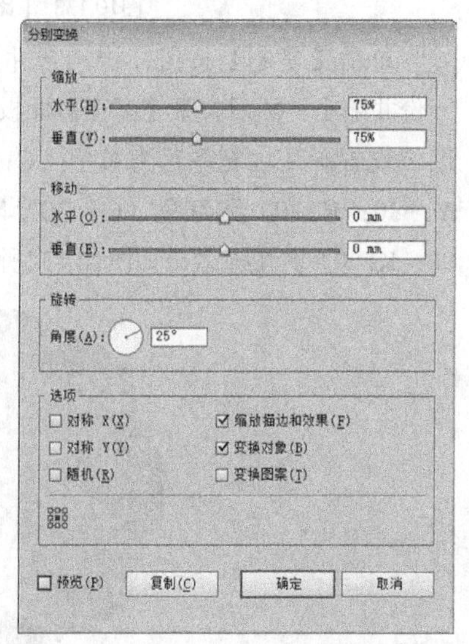

图10.137 【分别变换】对话框

13 单击【复制】按钮，将其缩小、旋转并复制一份。然后将星形图像放置到以上步骤所绘制完成的图像上。效果如图10.138所示。

图10.138 移动位置

14 选择工具箱中的【椭圆工具】，在画布中单击，弹出【椭圆】对话框，设置正圆的参数，如图10.139所示。

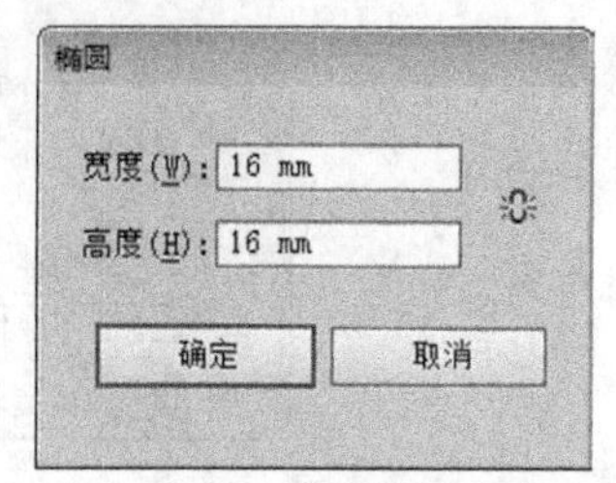

图10.139 【椭圆】对话框

15 单击【确定】按钮，设置填充颜色为（C：50；M：100；Y：100；K：45），设置描边颜色为无，效果如图10.140所示。

图10.140 填充颜色

16 将其复制多份并修改填充为白色。再分别不同程度地缩小并放置到合适的位置。然后将圆形图像全部选中并编组。效果如图10.141所示。

图10.141 复制缩小

17 再与以上步骤所绘制完成的图像进行重叠。最后将其全部选中并编组。效果如图10.142所示。

图10.142 移动位置

(18) 将刚编组后的图像复制多份，再分别调整其大小、角度和位置使其呈现重叠状效果，然后将其全部选中并编组。效果如图10.143所示。

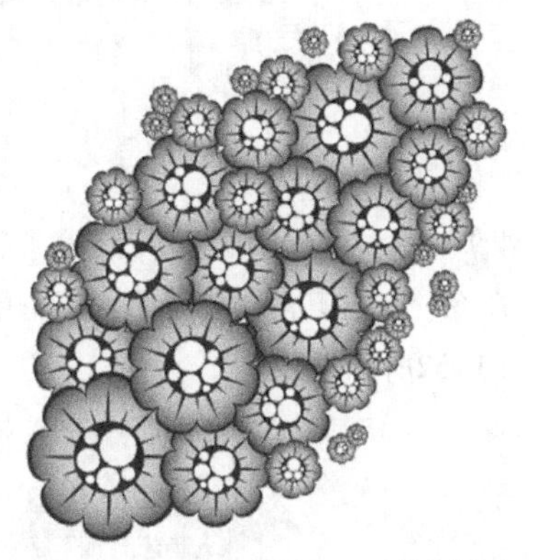

图10.143 复制缩小

(19) 利用工具箱中的【矩形工具】，在画面中绘制一个矩形，再打开【渐变】面板，为其设置渐变填充颜色为白色到黄色（C：10；M：5；Y：90；K：0）。效果如图10.144所示。

图10.144 矩形效果

(20) 执行菜单栏中的【对象】|【排列】|【置于底层】命令，将刚绘制的矩形移至底层。再将重叠状效果图像移动到矩形的左下角。选取矩形，按“Ctrl”+“C”组合键将其进行复制，在图像外面单击一下，接着按“Ctrl”+“F”组合键将复制的矩形粘贴在顶层。然后将其与重叠状效果图像选中，执行菜单栏中的【对象】|【剪切蒙版】|【建立】命令，为选中的图像进行剪切蒙版。最后配上相关的装饰，完成本例的制作。最终效果如图10.145所示。

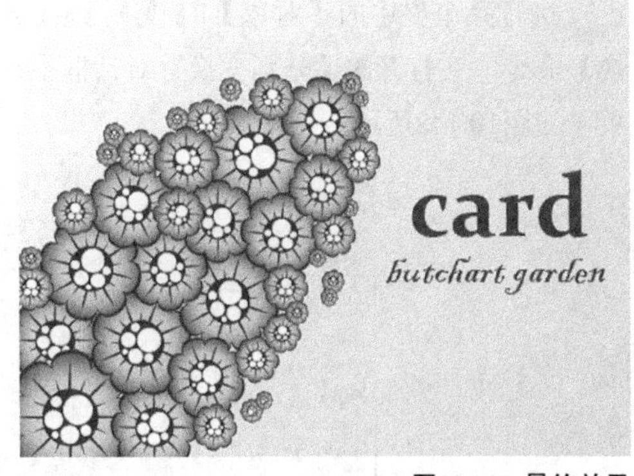

图10.145 最终效果

10.2.5 课堂案例——艺术拼贴照片插画

案例位置　案例文件\第10章\艺术拼贴照片插画.ai
视频位置　多媒体教学\10.2.5.avi
实用指数　★★★★☆

首先绘制多个矩形，再以单一的图像为素材，通过剪切蒙版命令的运用，制作出艺术拼贴照片效果。最终效果如图10.146所示。

图10.146 最终效果

(01) 选择工具箱中的【矩形工具】，在画布中单击，弹出【矩形】对话框，设置矩形的【宽度】为150mm，【高度】为80mm。绘制的矩形效果如图10.147所示。

图10.147 【矩形】对话框

02 执行菜单栏中的【对象】|【变换】|【分别变换】命令，在打开的【分别变换】对话框中设置参数，如图10.148所示。

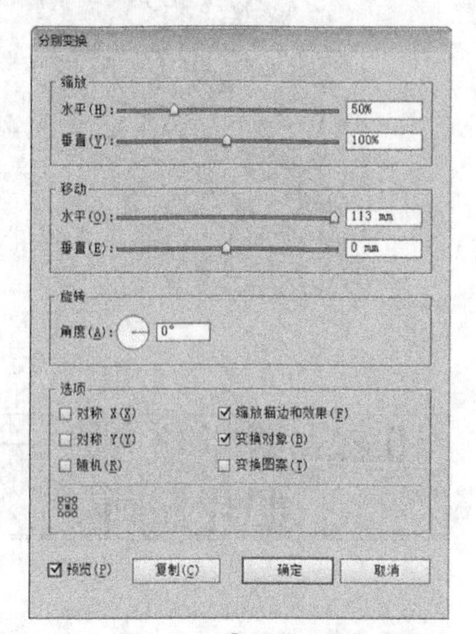

图10.148 【分别变换】对话框

03 单击【复制】按钮，将刚绘制的矩形复制一份并进行调整。效果如图10.149所示。

图10.149 复制变换

04 选取刚复制出的矩形，执行菜单栏中的【对象】|【变换】|【分别变换】命令，在打开的【分别变换】对话框中设置参数，如图10.150所示。

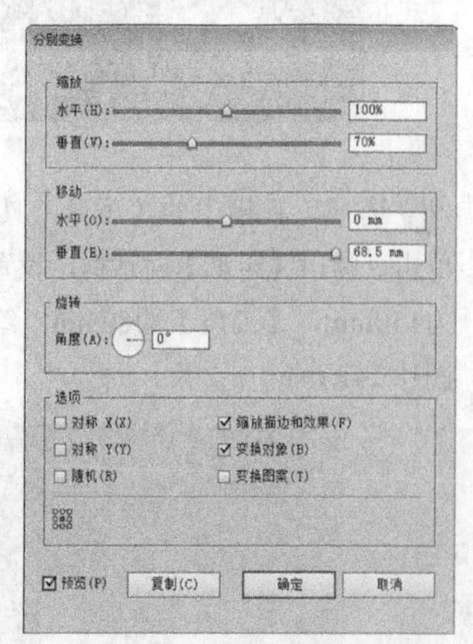

图10.150 【分别变换】对话框

05 单击【复制】按钮，将刚绘制的矩形复制一份并进行调整。效果如图10.151所示。

图10.151 复制变换

06 执行菜单栏中的【对象】|【变换】|【移动】命令，在打开的【移动】对话框中设置参数，如图10.152所示。

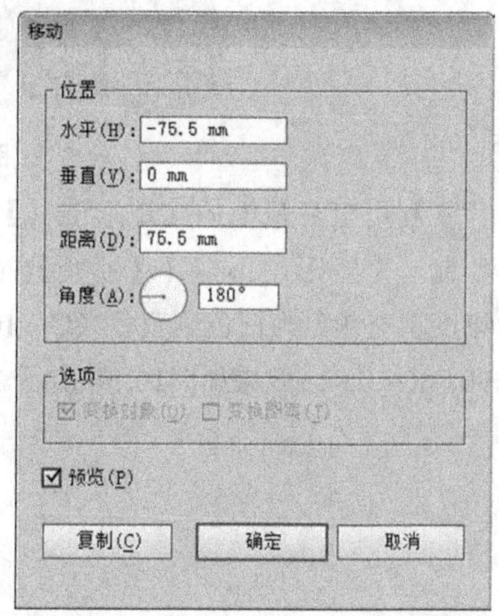

图10.152 【移动】对话框

07 单击【复制】按钮，将其复制一份并向左移动。效果如图10.153所示。

图10.153 移动复制

08 最后再按一次“Ctrl”+“D”组合键，重复“复制并移动”操作。效果如图10.154所示。

图10.154 重复复制

09 执行菜单栏中【文件】|【置入】命令，选择配套光盘中的“素材文件\第10章\摩托车.jpg”文件。再单击【控制】栏中的【嵌入】按钮，将置入的图像嵌入到画布中，如图10.155所示。

图10.155 置入效果

10 执行菜单栏中的【对象】|【排列】|【置于底层】命令，将其移至底层。再将其移到刚绘制完成的矩形中。最后按“Ctrl”+“C”组合键将置入的图像进行复制，如图10.156所示。

图10.156 移至底层

11 将置入的图像与左上方最大的矩形选中，执行菜单栏中的【对象】|【剪切蒙版】|【建立】命令，为选中的图像建立剪切图像效果，如图10.157所示。

图10.157 建立剪切效果

12 在图像外面单击，接着按“Ctrl”+“B”组合键将之前复制的图像贴在底层，并与相应的矩形建立剪切图像效果。再用同样的方法，对画布中的矩形全部建立剪切图像效果，如图10.158所示。

图10.158 建立剪切效果

13 将剪切后的图像全部选中，执行菜单栏中【效果】|【风格化】|【圆角】命令，在打开的【圆角】对话框中设置【半径】为2mm，如图10.159示。

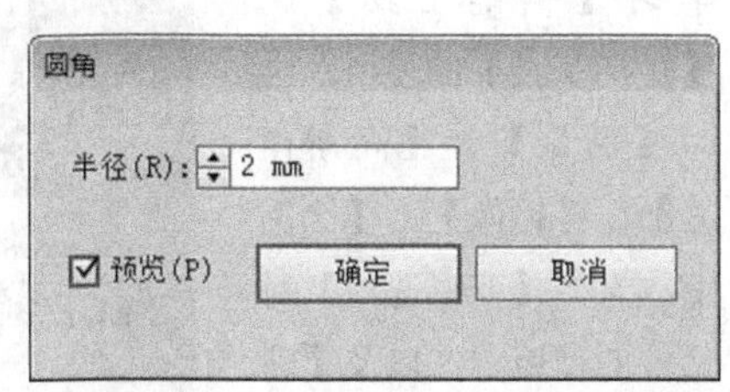

图10.159 【圆角】对话框

14 单击【确定】按钮，将长方形图像转换为圆角图像。效果如图10.160所示。

图10.160 转换为圆角效果

15 最后再添加其他装饰文字，完成本例的制作。最终效果如图10.161所示。

图10.161 最终效果

10.3 商业包装设计

10.3.1 课堂案例——红酒包装设计

案例位置 案例文件\第10章\红酒包装设计.ai
视频位置 多媒体教学\10.3.1.avi
实用指数 ★★★★★

通过本例的制作，学习【钢笔工具】、【矩形工具】的使用，学习【羽化】、【高斯模糊】、【镜像】、【比例缩放】、【变形选项】对话框的使用方法以及【路径查找器】面板的使用，掌握瓶式结构包装设计技巧。最终效果如图10.162所示。

图10.162 最终效果

01 在菜单栏中，单击【文件】|【新建】命令，或按“Ctrl”+“N”组合键，打开【新建】对话框，设置【名称】为“红酒包装设计”，设置【宽度】为188mm，【高度】为350mm，单击【确定】按钮。效果如图10.163所示。

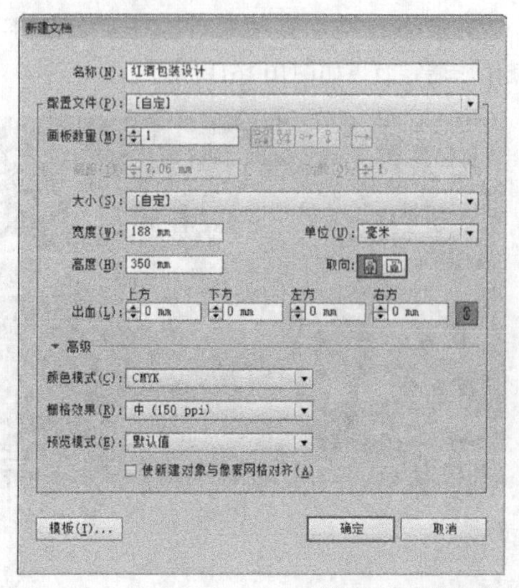

图10.163 新建文档

02 已知美纱红酒瓶身的尺寸是：（高）295mm，（直径）73mm。绘制酒瓶的轮廓图，需要借助辅助线，按图10.164所示拉出辅助线，为绘制包装展开面轮廓打下基础。

03 选择工具箱中的【钢笔工具】，在页面中绘制一个酒瓶的轮廓图，效果如图10.165所示。

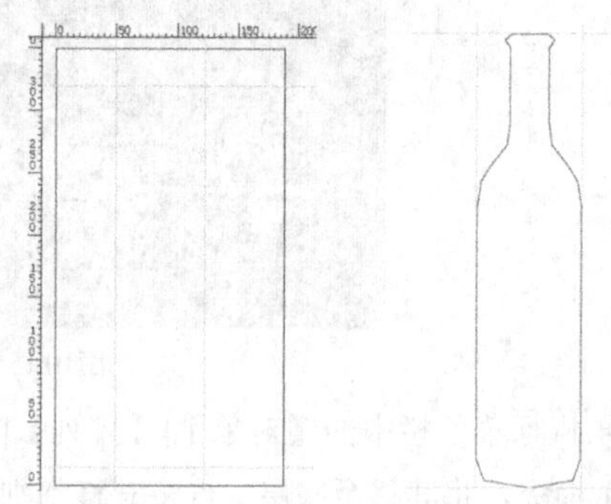

图10.164 拉辅助线　　图10.165 酒瓶轮廓图

04 选择工具箱中的【转换锚点工具】按钮，对刚绘制的酒瓶轮廓图进行调整，调整后的图形效果如图10.166所示。

05 将调整后的图形填充为黑色，再将其描边颜色设置为无，此时图形的填充效果如图10.167所示。

图10.166 调整效果　　图10.167 填充效果

06 选择工具箱中的【矩形工具】，在页面中绘制一个矩形，然后将其放置到图像的下方，效果如图10.168所示。

图10.168 矩形效果

07 将刚填充为黑色的图像复制一份，然后再将其和刚绘制的矩形选中，打开【路径查找器】面板，单击【减去顶层】按钮，如图10.169所示。

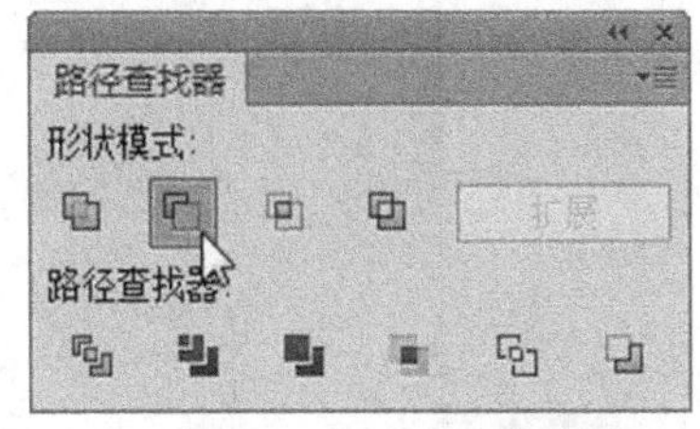

图10.169 【路径查找器】面板

08 在【路径查找器】面板中单击【扩展】按钮，然后再将相减的图像填充为深灰色（C：0；M：0；Y：0；K：90），效果如图10.170所示。

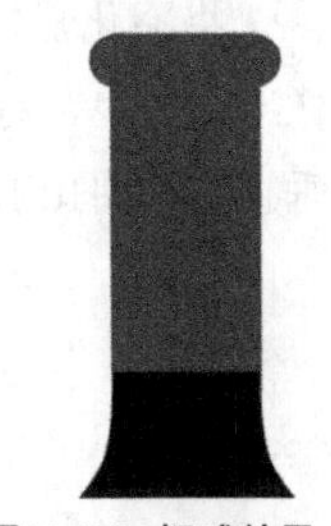

图10.170 相减效果

09 选择工具箱中的【矩形工具】，在页面中绘制一个矩形，将其填充为白色，然后放置到合适的位置，效果如图10.171所示。

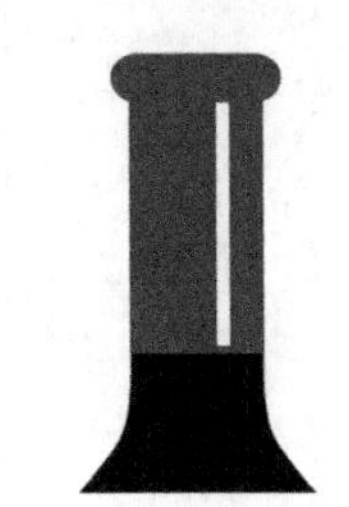

图10.171 绘制矩形

10 选择菜单栏中的【效果】|【模糊】|【高斯模糊】命令，打开【高斯模糊】对话框，设置【半径】为35像素，如图10.172所示。

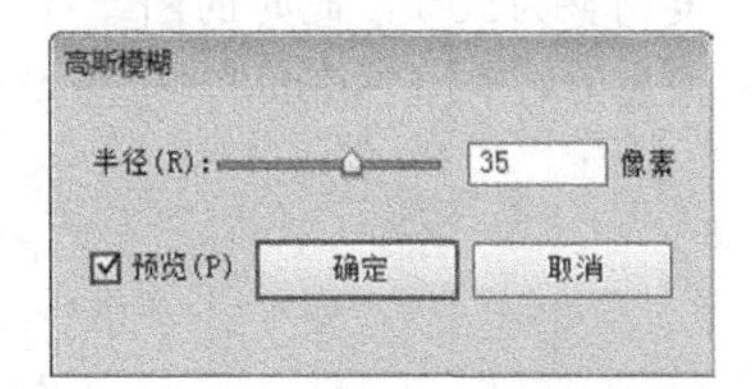

图10.172 【高斯模糊】对话框

11 高斯模糊的参数设置完成后，单击【确定】按钮，此时，矩形就添加了高斯模糊效果，如图10.173所示。

10.173 高斯模糊效

12 选中刚进行高斯模糊后的矩形，打开【透明度】面板，设置其【不透明度】为50%，此时的图像效果如图10.174所示。

图10.174 降低不透明度效果

13 将添加高斯模糊后的矩形复制一份，再调整其大小和位置，此时的图像效果，如图10.175所示。

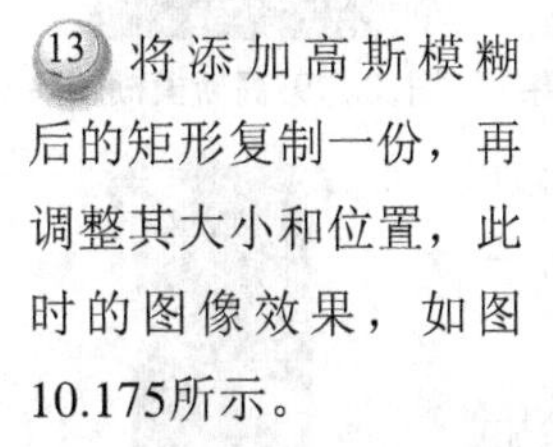

图10.175 复制并调整

14 选择工具箱中的【矩形工具】按钮，在页面中绘制一个矩形，将其填充为白色到泥黄色（C：30；M：50；Y：100；K：0）到白色再到泥黄色（C：30；M：50；Y：100；K：0）的线性渐变，设置其描边为无，效果如图10.176所示。

15 将刚填充渐变后的矩形复制一份并稍加缩小，然后将其垂直向上移动放置到合适的位置，效果如图10.177所示。

图10.176 渐变效果　图10.177 复制并调整

16 选择工具箱中的【直线段工具】按钮，在页面中绘制一条直线，然后设置其【粗细】为2像素，描边颜色为白色，将其放置到瓶口处，如图10.178所示。

17 选择菜单栏中的【效果】|【模糊】|【高斯模糊】命令，打开【高斯模糊】对话框，设置【半径】为8像素，单击【确定】按钮，此时的图像效果如图10.179所示。

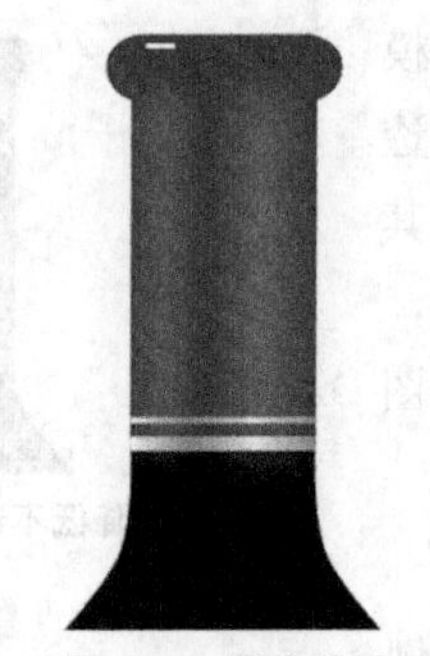
图10.178 直线效果

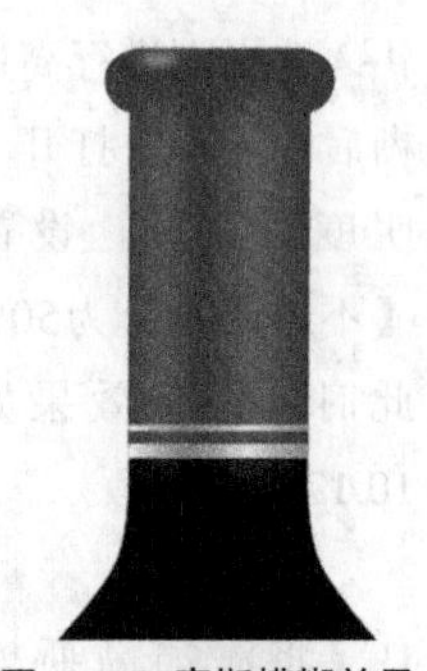
图10.179 高斯模糊效果

18 选择工具箱中的【椭圆工具】，在页面中绘制一个椭圆，将其填充为白色，描边为无，然后再为其添加10像素的高斯模糊，效果如图10.180所示。

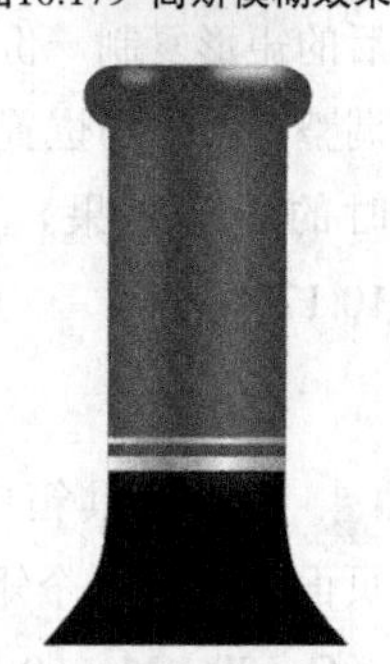
图10.180 图像效果

19 选择工具箱中的【钢笔工具】，在页面中绘制一个封闭图形，效果如图10.181所示。

20 将刚绘制的封闭图形填充为白色，设置其描边颜色为无，然后将其不透明度设置为80%，此时的图像效果如图10.182所示。

图10.181 封闭图形　图10.182 填充并降低不透明度

21 选择菜单栏中的【效果】|【风格化】|【羽化】命令，打开【羽化】对话框，设置【羽化半径】为8mm，如图10.183所示。

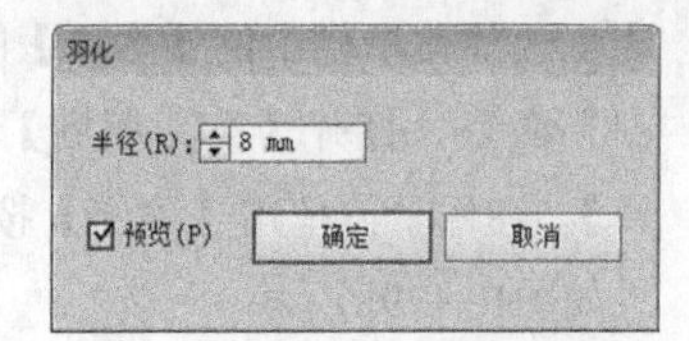

图10.183 设置羽化参数

22 羽化参数设置完成后，单击【确定】按钮，此时，图像就添加了羽化效果，如图10.184所示。

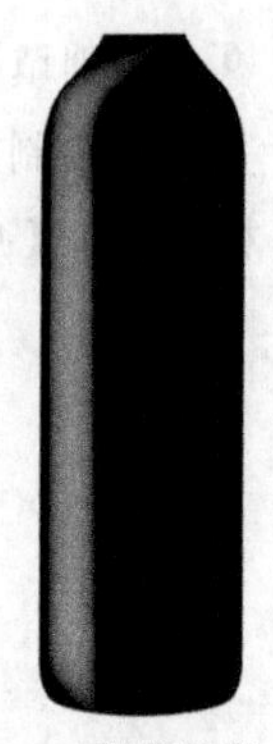
图10.184 羽化效果

23 将羽化后的图像选中，双击工具箱中的【镜像工具】，打开【镜像】对话框，设置【轴】为垂直，如图10.185所示。

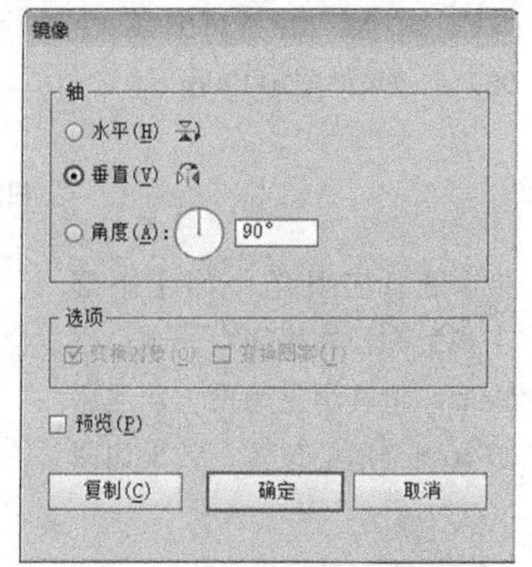

图10.185 【镜像】对话框

24 设置完成后，单击【复制】按钮，然后调整其大小和位置并将不透明度调整为50%，此时的图像效果如图10.186所示。

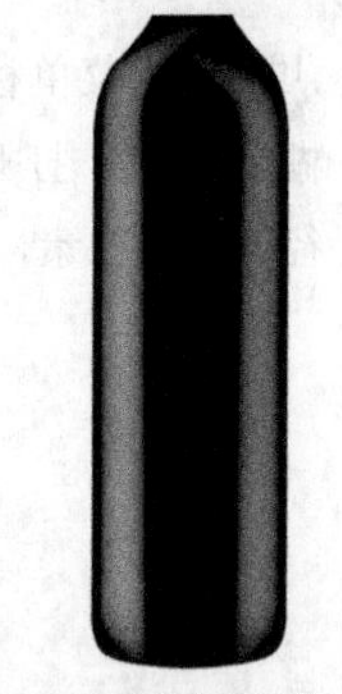
图10.186 复制并调整

25 根据酒瓶的实际尺寸及客户的要求，酒瓶的酒标高为114mm，宽高为73mm，再加上四个边各留出的出血3mm，所以酒瓶的酒标实际尺寸为120mm×79mm，如图10.187所示。

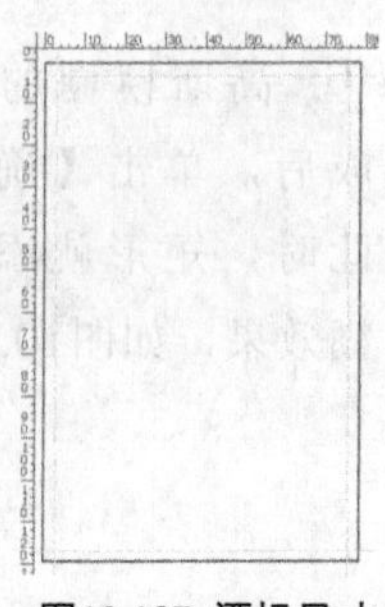
图10.187 酒标尺寸

26 单击【工具箱】中的【矩形工具】■按钮，在页面中绘制一个矩形，将其填充为泥黄色（C：30；M：50；Y：100；K：0）到淡黄色（C：0；M：0；Y：12；K：0）的线性渐变，描边为无，效果如图10.188所示。

图10.188 渐变填充

27 双击工具箱中的【比例缩放工具】按钮，打开【比例缩放】对话框，勾选【不等比】单选框，然后设置【水平】为88%，【垂直】为92%，如图10.189所示。

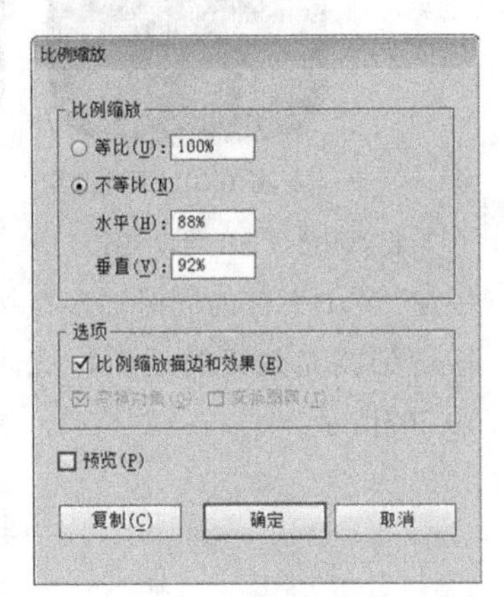

图10.189 设置比例缩放参数

28 比例缩放参数设置完成后，单击【复制】按钮。然后将复制并缩小后的图像的填充设置为无，描边颜色设置为深泥黄色（C：30；M：70；Y：100；K：18），效果如图10.190所示。

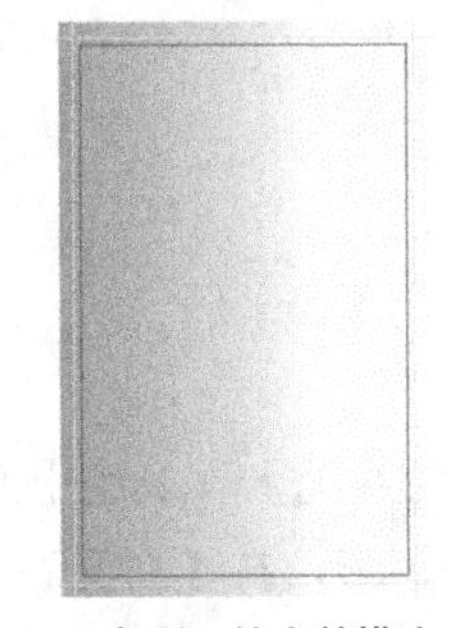

图10.190 复制、缩小并描边

29 选择工具箱中的【文字工具】T，在页面中输入拼音“MeiSha GanHong”，设置字体为“Monotype Corsiva”，大小为28像素，颜色为深泥黄色（C：30；M：70；Y：100；K：18），效果如图10.191所示。

图10.191 添加拼音

30 选择菜单栏中的【效果】|【变形】|【拱形】命令，打开【变形选项】对话框，勾选【水平】单选框，设置【弯曲】为22%，如图10.192所示。

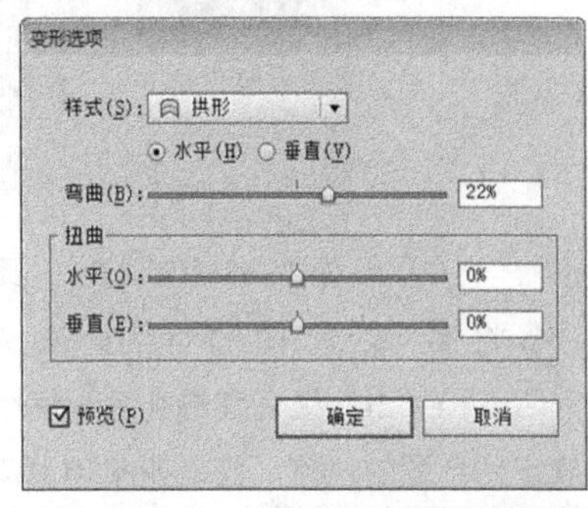

图10.192 设置拱形参数

31 拱形变形的各项参数设置完成后，单击【确定】按钮，此时，拼音就添加了拱形效果，如图10.193所示。

32 选择菜单栏中的【文件】|【置入】命令，打开【置入】对话框。选择配套光盘中的“素材文件\第10章\葡萄.tif”文件，单击【置入】按钮，此时，图像就显示到页面中，然后调整其大小和位置，效果如图10.194所示。

图10.193 拱形效果

图10.194 置入图片

33 将刚输入的拼音复制一份，将其颜色调整至深绿色（C：100；M：30；Y：100；K：0），并将拱形效果删除，然后再移动放置到合适的位置，效果如图10.195所示。

34 选择工具箱中的【文字工具】T，在页面中输入年份及酿酒公司的名称，然后再分别设置字体、大小及颜色，放置到合适的位置，效果如图10.196所示。

图10.195 复制拼音

图10.196 添加文字

35 将绘制好的酒标全部选中，按下“Ctrl”+“G”组合键将其进行编组，然后再移动放置到合适的位置，效果如图10.197所示。

36 选择工具箱中的【矩形工具】，在页面中绘制一个矩形，将其填充为深灰色（C：75；M：68；Y：67；K：100）到深泥黄色（C：30；M：70；Y：100；K：18）的线性渐变，描边为无，效果如图10.198所示。

图10.197 图像效果　　图10.198矩形效果

37 将输入的拼音再复制一份，将其颜色调整至暗绿色（C：34；M：31；Y：63；K：0），然后移动放置到合适的位置，效果如图10.199所示。

38 选择工具箱中的【矩形工具】，在页面中绘制一个矩形，将其填充为浅黄色（C：0；M：0；Y：23；K：0），描边为无，效果如图10.200所示。

图10.199 复制效果　　图10.200 绘制矩形

39 选择菜单栏中的【效果】|【风格化】|【羽化】命令，打开【羽化】对话框，设置【羽化半径】为1mm，单击【确定】按钮，此时，图像羽化后的效果如图10.201所示。

40 将刚绘制的矩形复制一份，然后将复制出的图像垂直向下移动放置到合适的位置，效果如图10.202所示。

图10.201 羽化效果　　10.202 绘制矩形

41 将步骤（2）到（6）所绘制的图像选中，按住“Ctrl”键的同时，多次按下“[”键，将其移动到高光效果的后面，此时的图像效果如图10.203所示。

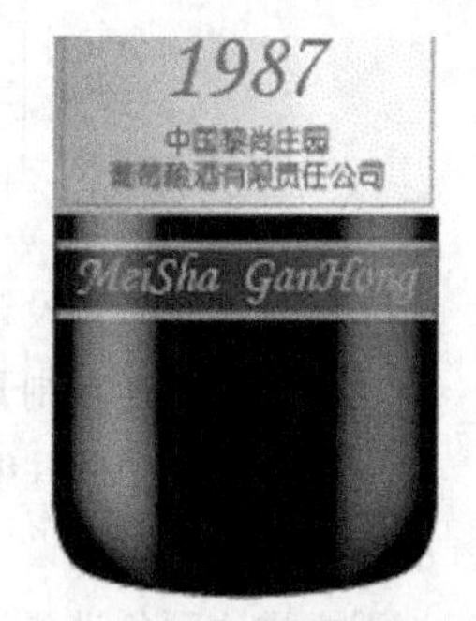

图10.203 羽化效果

42 选择工具箱中的【矩形工具】，绘制一个矩形，在【渐变】面板中设置渐变为蓝色（C：97；M：7；Y：0；K：0）到深蓝色（C：97；M：7；Y：0；K：93），设置【类型】为径向。填充效果如图10.204所示。

43 选中矩形按“Shift”+“Ctrl”+“[”组合键将矩形移至底层，在矩形左上角输入文字。最终效果如图10.205所示。

图10.204 填充渐变

图10.205 最终效果

10.3.2 课堂案例——米醋包装设计

案例位置 案例文件\第10章\米醋包装设计.ai
视频位置 多媒体教学\10.3.2.avi
实用指数 ★★★★★

通过本例的制作，学习【钢笔工具】、【矩形工具】、【画笔工具】的使用，学习【羽化】、【变形选项】对话框的使用方法以及色板的新建和改变符号的描边颜色的方法，掌握瓶式结构包装设计技巧。最终效果如图10.206所示。

图10.206 最终效果

01 选择菜单栏中的【文件】|【新建】命令，或按“Ctrl”+“N”组合键，打开【新建】对话框，设置【名称】为“米醋包装设计”，设置【大小】为A4，【取向】为横向，单击【确定】按钮。如图10.207所示。

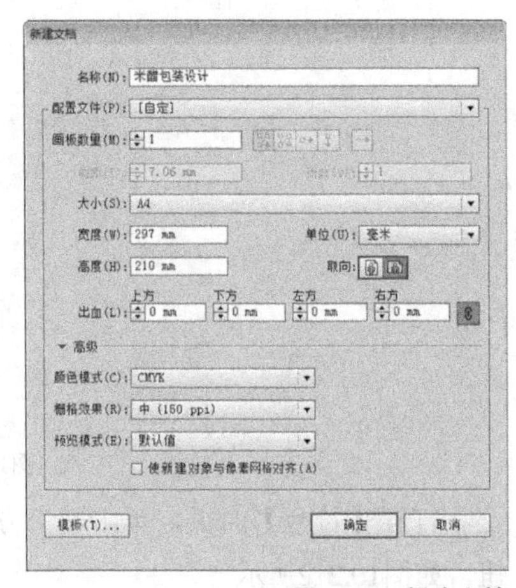

图10.207 新建文档

02 选择工具箱中的【矩形工具】，在页面中绘制多个矩形，然后分别放置到合适的位置，使其成为米醋包装的轮廓图，如图10.208所示。

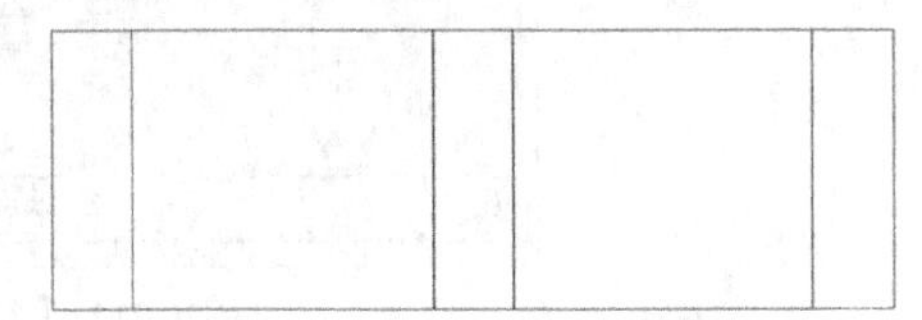

图10.208 米醋包装轮廓图

03 利用工具箱中的【添加锚点工具】和【转换锚点工具】按钮，对刚绘制的轮廓图进行调整，调整后的图形效果如图10.209所示。

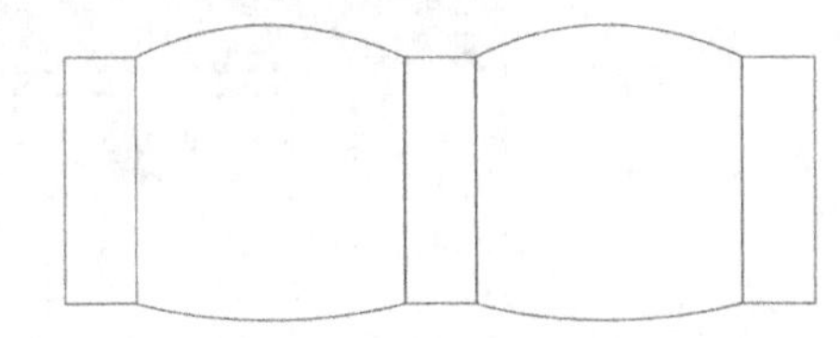

图10.209 调整后效果

04 选中图像中的矩形图形，将其填充为深红色（C：0；M：100；Y：100；K：70），再将其描边颜色设置为无，填充效果如图10.210所示。

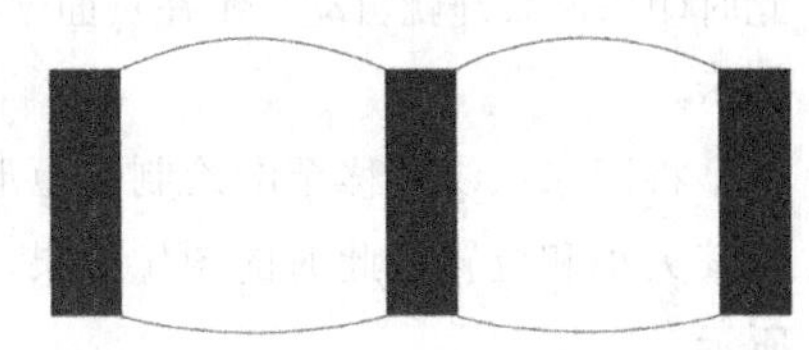

图10.210 填充效果

05 选择工具箱中的【矩形工具】，按住“Shift”键的同时，按下鼠标并拖动，在页面中绘制一个正方形，然后将其填充为黄色（C：0；M：0；Y：90；K：0），描边为无，效果如图10.211所示。

图10.211 矩形效果

06 打开【符号】面板，单击右上方的三角按钮，如图10.212所示。

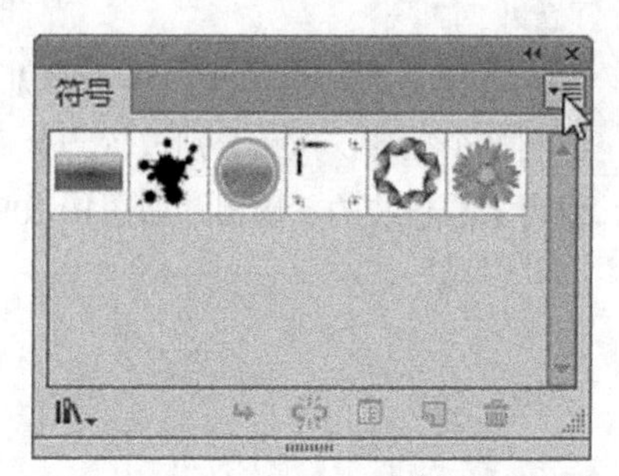

图10.212 【符号】面板

07 在打开的快捷菜单中选择【打开符号库】|【艺术纹理】命令。打开【艺术纹理】面板，选择面板中的“印象派”纹理，如图10.213所示。

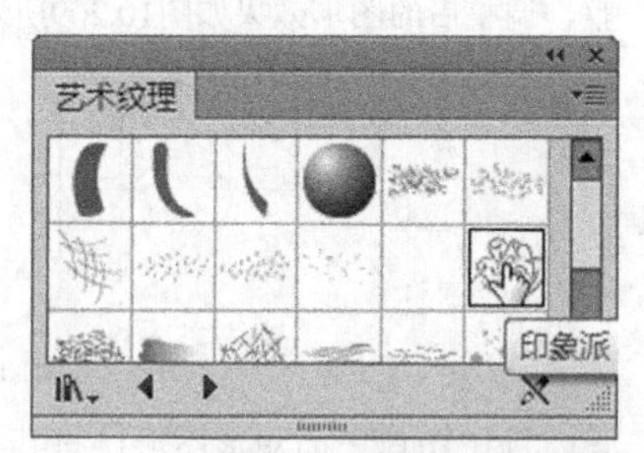

图10.213 【艺术纹理】面板

08 按下鼠标向“米醋包装设计”画布中拖动，此时印象派纹理就自动显示在页面中，如图10.214所示。

09 将印象派纹理移至刚绘制的矩形上，然后调整其大小和位置，此时的图像效果，如图10.215所示。

图10.214 印象派纹理图　　10.215 调整大小和位置

10 选中印象派纹理，单击【符号】面板下方的【断开符号链接】按钮，然后将其填充颜色设置为黄色（C：0；M：20；Y：100；K：0），效果如图10.216所示。

图10.216 调整填充颜色

11 将矩形和调整后的印象派纹理选中，然后将其拖至【色板】面板中，此时，【色板】面板中就生成了一个新的图案填充，如图10.217所示。

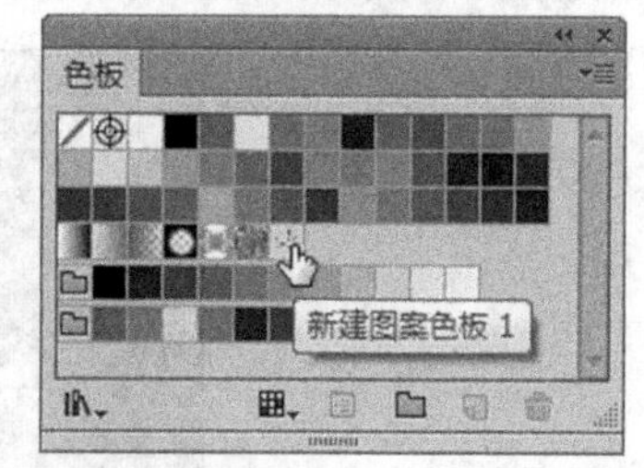

图10.217 【色板】面板

12 选择轮廓图中未填充的两个图形，在打开的【色板】面板中单击将要添加的图案，此时图形的填充效果如图10.218所示。

图10.218 图案填充效果

13 选择工具箱中的【钢笔工具】，在页面中绘制一条曲线，然后将其描边颜色设置为深红色（C：0；M：100；Y：100；K：70），放置到适合的位置，效果如图10.219所示。

14 选择工具箱中的【矩形工具】，在页面中绘制一个矩形，将其填充为红色（C：0；M：100；Y：100；K：0）到深红色（C：0；M：100；Y：100；K：50）的径向渐变，描边为无，然后将其放置到合适的位置，效果如图10.220所示。

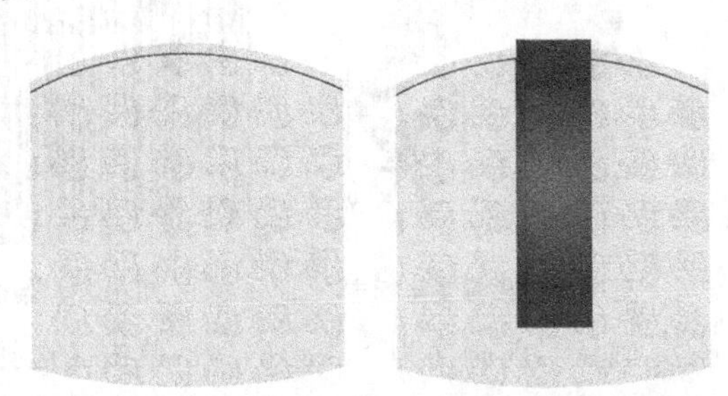

图10.219 曲线效果　　图10.220 矩形效果

15 将图案填充的图像复制一份，然后将复制出的图像和刚绘制的矩形选中，打开【路径查找器】面板，按住“Alt”键的同时，单击【交集】按钮，此时，图像相交后的效果如图10.221所示。

16 将修剪后的图像垂直向下移动放置到合适的位置，此时，图像的效果如图10.222所示。

图10.221 相交效果　　图10.222 垂直移动

17 选择工具箱中的【椭圆工具】，在页面中绘制一个椭圆，将其填充设置为无，描边颜色设置为泥黄色（C：20；M：40；Y：100；K：0），【描边粗细】为1像素。然后将其复制一份，并稍加缩小，效果如图10.223所示。

18 利用【椭圆工具】在页面中绘制一个正圆，将其填充为橙色（C：0；M：30；Y：100；K：0），描边为无，放置到合适的位置，效果如图10.224所示。

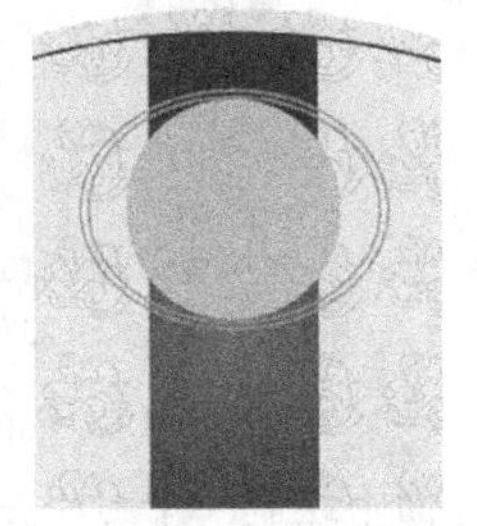

图10.223 描边效果　　图10.224 正圆效果

19 选择工具箱中的【钢笔工具】，在页面中绘制一个封闭图形，然后将其填充为红色（C：0；M：100；Y：100；K：0），描边颜色为深灰色（C：0；M：0；Y：0；K：65），效果如图10.225所示。

20 将刚绘制的图像复制一份，然后稍加调整并将其填充设置为橙色（C：0；M：85；Y：100；K：0）到黄色（C：0；M：0；Y：100；K：0）再到橙色（C：0；M：85；Y：100；K：0）的线性渐变，描边为无，效果如图10.226所示。

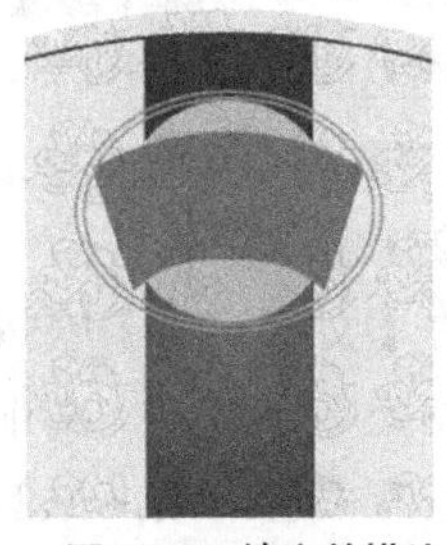

图10.225 填充并描边　　图10.226 渐变填充

21 将刚复制出的图像再复制一份，然后按下“Ctrl”+“B”组合键，将复制出的图像粘贴在原图像的后面，再将其填充颜色设置为黑色到白色的线性渐变，效果如图10.227所示。

22 将其再复制一份，然后设置填充颜色为无，描边颜色为白色。再单击工具箱中的【文字工具】按钮，在页面中输入文字“老升堂”，设置字体为“汉仪中隶书简”，大小为28像素，颜色为黑色，放置到合适的位置，效果如图10.228所示。

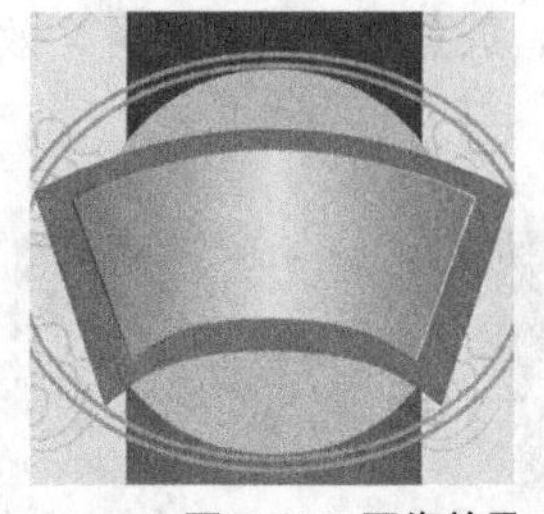

图10.227 图像效果　　图10.228 添加文字

23 单击工具箱中的【钢笔工具】按钮，在页面中绘制一个封闭图形，再将其填充为红色（C：0；M：100；Y：100；K：0）到深红色（C：0；M：100；Y：100；K：50）的径向渐变，描边为无，然后将其放置到合适的位置，效果如图10.229所示。

24 单击工具箱中的【文字工具】T按钮，在页面中输入文字，然后设置不同的字体、大小和颜色，其效果如图10.230所示。

图10.229 图像效果　　图10.230 添加文字

25 将正面的某些内容复制一份，移动放置到背面中，其效果如图10.231所示。

26 单击工具箱中的【文字工具】T按钮，在页面中输入文字，设置字体为“华文细黑”，大小为10像素，颜色为黑色，效果如图10.232所示。

图10.231 复制并移动　　图10.232 添加文字

27 选择菜单栏中的【文件】|【置入】命令，打开【置入】对话框。选择配套光盘中的“素材文件\第10章\质量安全标志.jpg”文件，单击【置入】按钮，然后调整其大小和位置，效果如图10.233所示。

28 选择菜单栏中的【文件】|【打开】命令，打开【打开】对话框。选择配套光盘中的“素材文件\第10章\条形码.ai”文件，单击【打开】按钮，此时，图像就显示到页面中，效果如图10.234所示。

图10.233 质量安全标志　　图10.234 条形码

29 确认当前画面为“条形码”。单击【选择工具】按钮，将光标移至图片并按下鼠标，将其拖到“米醋包装设计”画布上。然后再将其旋转90°，效果如图10.235所示。

30 选择工具箱中的【文字工具】T，在页面中输入文字“吃饺子就是香”，设置字体为“华文细黑”，大小为18像素，颜色为白色，效果如图10.236所示。

图10.235 旋转效果　　图10.236 添加文字

31 选择工具箱中的【矩形工具】，确定【色板】面板中的当前所选颜色是之前添加的图案填充。然后在页面中绘制一个矩形，效果如图10.237所示。

32 选择菜单栏中的【效果】|【风格化】|【圆角】命令，打开【圆角】对话框，设置【半径】为10mm，如图10.238所示。

图10.237 矩形效果

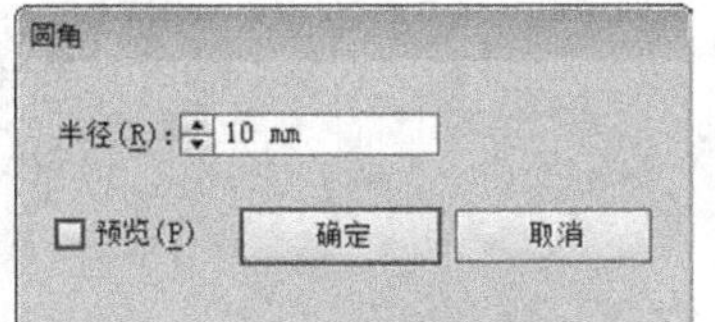

图10.238 设置圆角半径

33 设置完成后，单击【确定】按钮，此时，矩形圆角的效果如图10.239所示。

34 选择工具箱中的【直排文字工具】按钮，在页面中输入文字，设置字体为“汉仪小隶书简”，大小为13像素，颜色为黑色。然后将步骤（7）到（10）所绘制的图像选中，复制多份，分别移动放置到合适的位置，如图10.240所示。

图10.239 圆角效果　图10.240 添加文字

35 选择工具箱中的【钢笔工具】，在页面中绘制一个封闭图形，效果如图10.241所示。

36 选择工具箱中的【转换锚点工具】按钮，对刚绘制的封闭图形进行调整，然后将调整后的图形填充为黑色，描边为无，效果如图10.242所示。将其复制一份，并将复制出的图像粘贴在原图像的前面，留作备用。

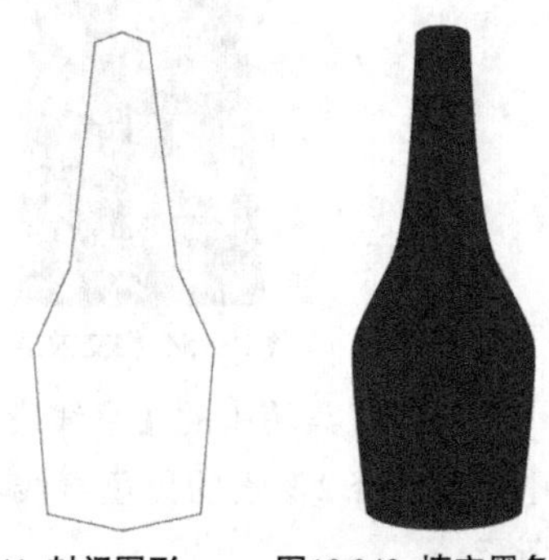

图10.241 封闭图形　图10.242 填充黑色

37 选择工具箱中的【钢笔工具】，在页面中绘制一个图形，然后填充为白色，描边为无，效果如图10.243所示。

38 选择菜单栏中的【效果】|【风格化】|【羽化】命令，在打开的【羽化】对话框中设置【羽化半径】为4.5mm，单击【确定】按钮，此时，图像的羽化效果如图10.244所示。

图10.243 图像效果　图10.244 羽化效果

39 将羽化后的图像复制一份，然后调整其大小和位置，再将其【羽化半径】改为3mm，效果如图10.245所示。

40 选择工具箱中【画笔工具】，在页面中绘制一条曲线，其描边颜色为白色，然后在【画笔】面板中单击“炭笔—变化”，效果如图10.246所示。

图10.245 复制并调整　图10.246 曲线效果

41 选中刚绘制的曲线，打开【描边】面板，设置【粗细】为10像素，此时的曲线效果如图10.247所示。

42 打开【羽化】对话框，设置【羽化半径】为3.5mm，单击【确定】按钮，此时，曲线的羽化效果如图10.248所示。

图14.247 画笔填充　图10.248 羽化效果

43 单击工具箱中的【矩形工具】按钮，在页面中绘制一个矩形，将其填充为深红色（C：0；M：100；Y：100；K：50）到红色（C：0；M：100；Y：100；K：0）再到深红色（C：0；M：100；Y：100；K：50）的线性渐变，描边为无，放置到瓶子的上方，如图10.249所示。

44 将步骤（2）复制出的图像和刚绘制的矩形选中，按住“Alt”键的同时，单击【交集】按钮，此时，图像相交后的效果如图10.250所示。

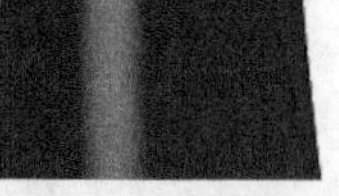

图10.249 矩形效果　图10.250 相交效果

45 选择菜单栏中【文件】|【置入】命令，打开【置入】对话框。选择配套光盘中的“素材文件\第10章\花纹.ai”文件，单击【置入】按钮，效果如图10.251所示。

46 选中“花纹”图形，然后将描边颜色调整为深棕色（C：0；M：100；Y：100；K：90），效果如图10.252所示。执行菜单栏中的【对象】|【路径】|【轮廓化描边】命令，再选择【对象】|【复合路径】|【建立】命令。

图10.251 花纹　图10.252 调整描边颜色

47 调整“花纹”图像的大小，移动放置到合适的位置，然后将瓶口红色渐变的图像复制一份。如图10.253所示。

图10.253 花纹位置

48 选中刚复制出的图像和“花纹”图像，按下“Alt”键的同时，单击【交集】，然后再将相交后图像的不透明度设置为25%，效果如图10.254所示。

49 选择工具箱中的【钢笔工具】，在页面中绘制一条1像素的曲线，然后将其填充设置为无，描边颜色设置为黄色（C：0；M：0；Y：100；K：0），效果如图10.255所示。

图10.254 相交效果　图10.255 曲线效果

50 选择工具箱中的【直线段工具】，在页面中绘制一条2像素的黑色直线，效果如图10.256所示。

51 选择工具箱中的【矩形工具】▭，在页面中绘制一个矩形，将其填充为橙色（C：0；M：50；Y：100；K：0）到黄色（C：0；M：0；Y：100；K：0）再橙色（C：0；M：50；Y：100；K：0）的线性渐变，描边为无，然后再将其复制一份并稍加调整，其效果如图10.257所示。

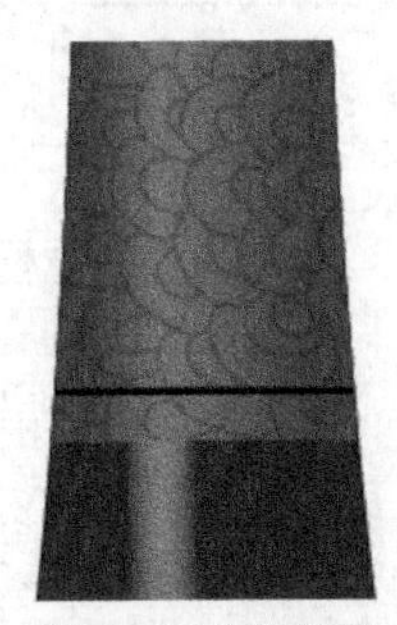

图10.256 直线效果

图10.257 图像效果

52 将展开面中的正面全部选中，复制一份，然后将其稍加缩小，并放置到合适的位置，效果如图10.258所示。

53 选择菜单栏中的【效果】|【变形】|【弧形】命令，打开【变形选项】对话框，设置【弯曲】为6%，如图10.259所示。

图10.258 复制并缩小

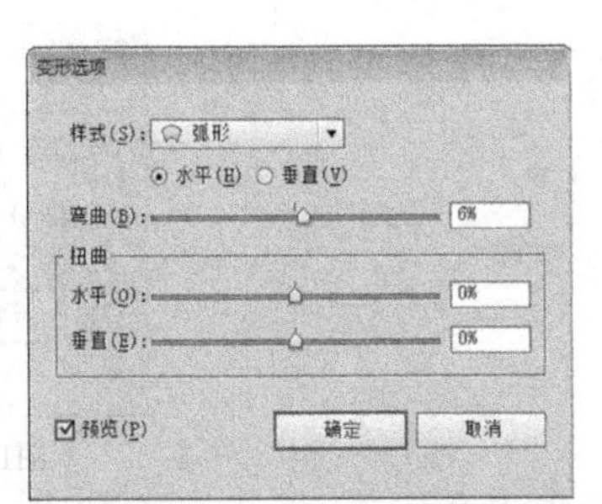

图10.259 【变形选项】对话框

54 设置完成后，单击【确定】按钮，此时，图像的变形效果如图10.260所示。

55 选择菜单栏中的【效果】|【变形】|【膨胀】命令，打开【变形选项】对话框，设置【弯曲】为8%，如图10.261所示。

图10.260 图形的弧形效果

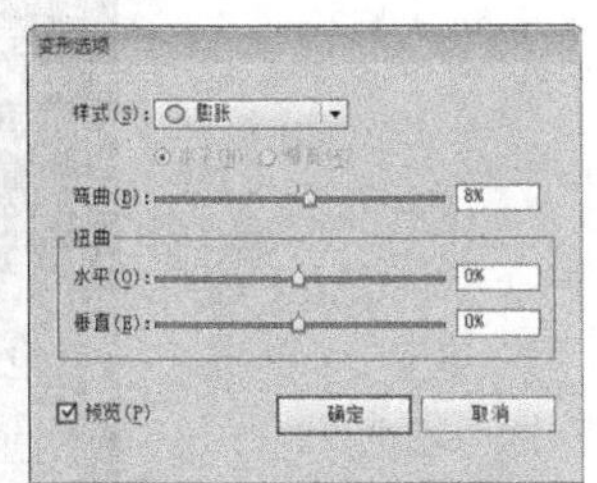

图10.261 设置膨胀弯曲参数

56 设置完成后，单击【确定】按钮，此时，图像的变形效果如图10.262所示。

图10.262 图形的膨胀效果

57 选择工具箱中的【矩形工具】▭，绘制一个矩形，在【渐变】面板中设置渐变为蓝色（C：97；M：7；Y：0；K：0）到深蓝色（C：97；M：7；Y：0；K：93），设置【类型】为径向。填充效果如图10.263所示。

图10.263 填充渐变

58 选中矩形按“Shift”+“Ctrl”+“[”组合键将矩形移至底层，在矩形左上角输入文字。最终效果如图10.264所示。

图10.264 最终效果

10.4 商业广告设计

10.4.1 课堂案例——音乐海报设计

案例位置 案例文件\第10章\音乐海报设计.ai
视频位置 多媒体教学\10.4.1.avi
实用指数 ★★★★★

利用【线段工具】制作出怀旧的绳子，利用【文字工具】和【旋转工具】制作出变动的字母及人物剪影来表现主题，使整个海报充满动感和激情，更能唤起人们心中那份对音乐的迷恋！最终效果如图10.265所示。

图10.265 最终效果

01 执行菜单栏中的【文件】|【新建】命令，打开【新建文档】对话框，设置文档的【名称】为“音乐海报”，【大小】为“A4”，【取向】为“横向”，如图10.266所示。

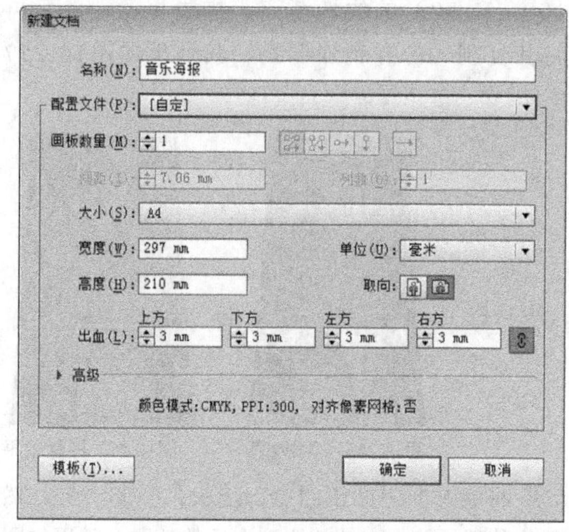

图10.266 【新建文档】对话框

技巧与提示

按“Ctrl”+“N”快捷键，可以快速打开【新建文档】对话框。

02 选择工具箱中的【矩形工具】，在页面中单击鼠标，此时将弹出【矩形】对话框，设置【宽度】的值为296mm，【高度】的值为210mm，如图10.267所示。

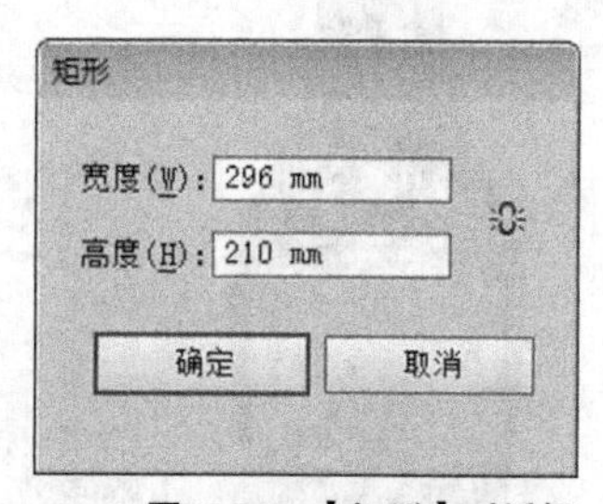

图10.267 【矩形】对话框

03 选择菜单栏中的【窗口】|【渐变】命令，打开【渐变】面板，设置从浅灰色（C：0；M：0；Y：0；K：6）到土黄色（C：0；M：0；Y：7；K：15）的径向渐变，如图10.268所示。

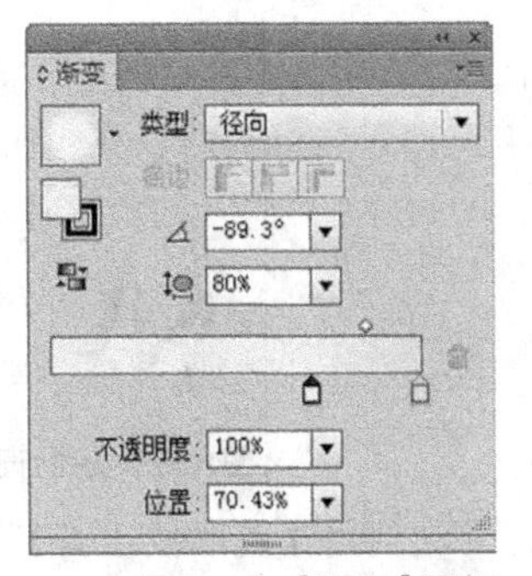

图10.268【渐变】面板

技巧与提示

按“Ctrl”+“F9”组合键，可以快速打开或关闭【渐变】面板。

04 选择工具箱中的【渐变工具】，从矩形的内部向外拖动鼠标填充渐变，填充效果如图10.269所示。

05 将矩形选中，按“Ctrl”+“C”组合键，将其复制一份，再按“Ctrl”+“F”组合键，将其粘贴在原图像的前面，然后将光标放置在复制矩形的上方中间控制点位置，当光标变成双箭头↕时，按住鼠标向下拖动，将复制的矩形适当缩小，如图10.270所示。

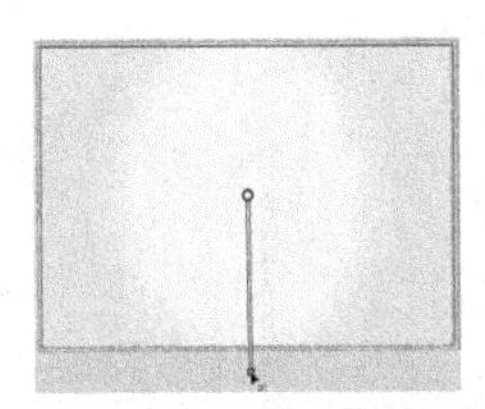

图10.269 拖动填充渐变　　图10.270 缩小矩形

06 打开【渐变】面板，设置从土灰色（C：0；M：0；Y：20；K：60）到土褐色（C：0；M：0；Y：20；K：80）线性渐变，如图10.271所示。

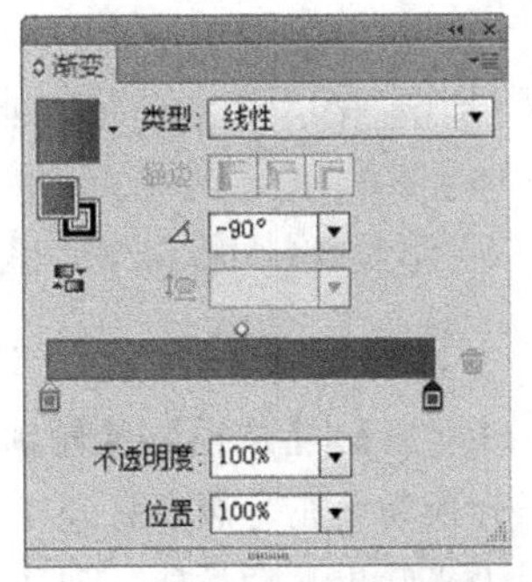

图10.271 编辑渐变

07 选择工具箱中的【渐变工具】，从矩形的下方向上方拖动光标并填充渐变，填充后的渐变效果如图10.272所示。

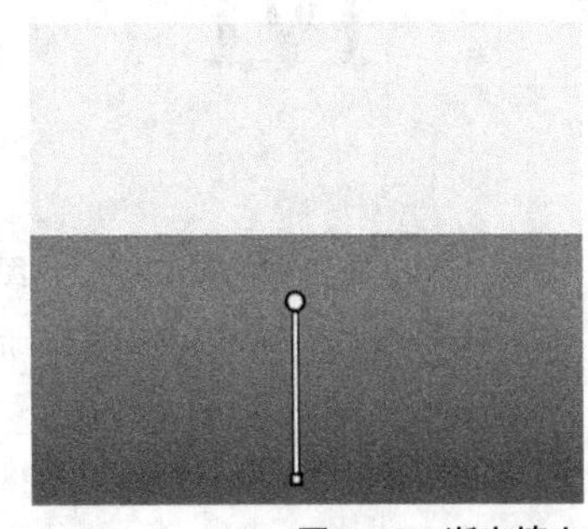

图10.272 渐变填充

08 选择工具箱中的【文字工具】T，在页面中单击输入大写字母“M”。执行菜单栏中的【窗口】|【文字】|【字符】命令，打开【字符】面板，设置字体为“华文中宋”，大小为134pt，文字参数设置如图10.273所示。

技巧与提示

按“Ctrl”+“T”组合键，可以快速打开或关闭【字符】面板。

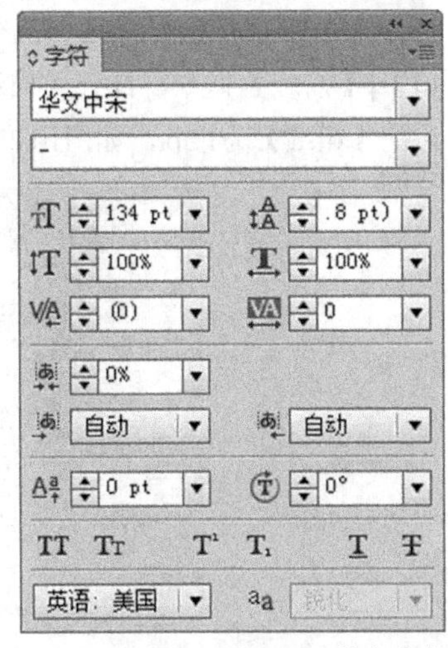

图10.273 输入文字

09 将文字的颜色设置为黑色，描边设置为无，如图10.274所示。

10 执行菜单栏中的【文字】|【创建轮廓】命令，将文字转换为轮廓，效果如图10.275所示。

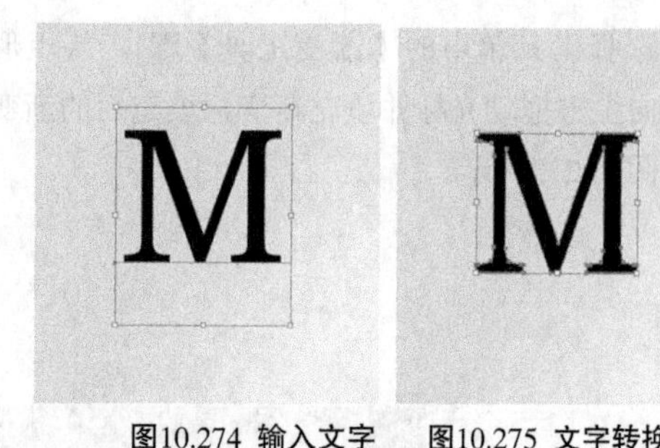

图10.274 输入文字　图10.275 文字转换轮廓

⑪ 将字母旋转一定的角度，放置到图形中间的位置，效果如图10.276所示。

图10.276 输入文字并旋转

⑫ 选择工具箱中的【直线段工具】╱，设置填充为无，描边颜色为黑色，执行菜单栏中的【窗口】|【描边】命令，打开【描边】面板，设置描边的【粗细】为1.5pt，如图10.277所示。

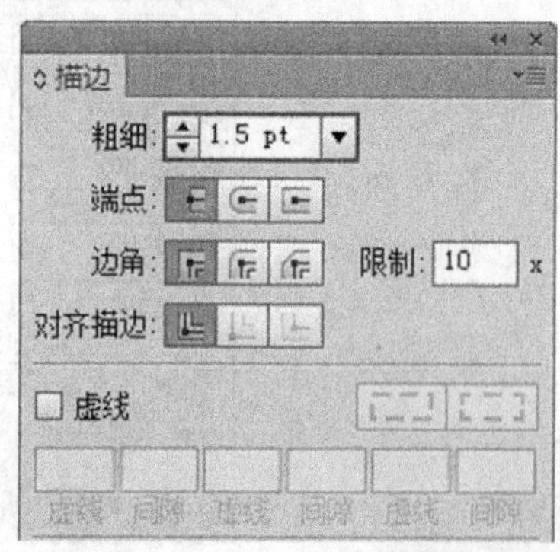

图10.277 【描边】面板

⑬ 在页面中从上向下拖动绘制一条直线，绘制好的直线效果如图10.278所示。

⑭ 按住“Alt”键将直线向右水平复制一份，复制后的直线效果如图10.279所示。

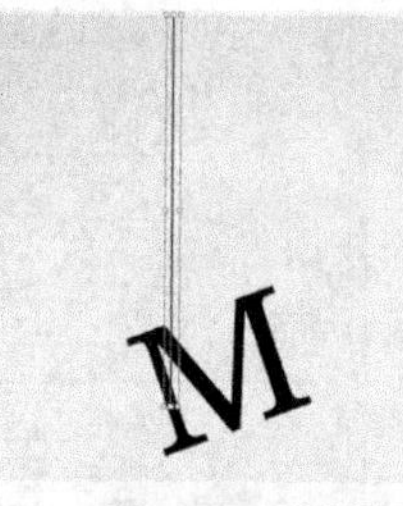

图10.278 绘制直线　图10.279 复制直线

⑮ 使用【直线段工具】╱在两条线的中间绘制一条斜线，描边粗细不变，颜色不变，绘制的效果如图10.280所示。

⑯ 按住“Alt”键将直线垂直向下复制一份，复制后的直线效果如图10.281所示。

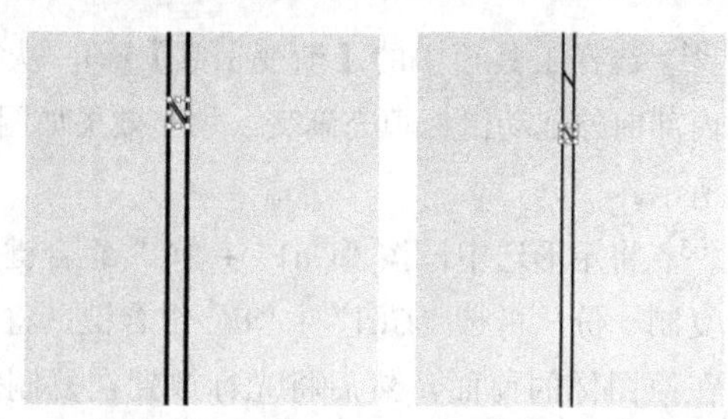

图10.280 绘制斜线　图10.281 复制效果

⑰ 多次执行菜单栏中的【对象】|【变换】|【再次变换】命令，将斜线垂直向下复制多份，复制后的效果如图10.282所示。

图10.282 复制多份

技巧与提示

按“Ctrl”+“D”组合键，可以快速执行【再次变换】命令。在本步操作中，也可以直接不执行菜单命令，而多次按该快捷键，达到快速复制的目的。

⑱ 将绘制好的线条全部选中，执行菜单栏中的【对象】|【路径】|【轮廓化描边】命令，将路径转换为填充，然后打开【路径查找器】面板，单击【联集】按钮，如图10.283所示，将其进行

联合。

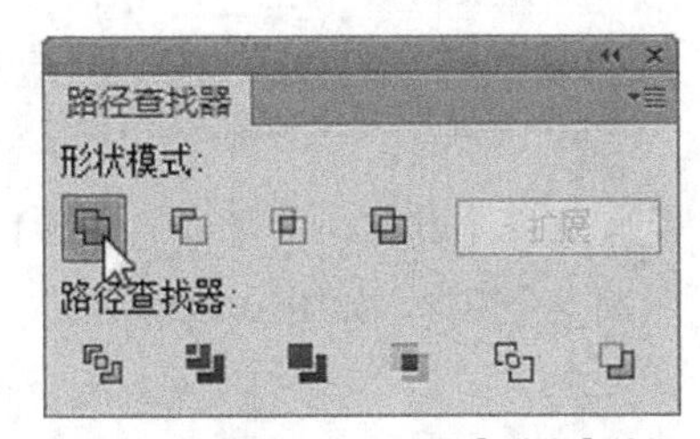

图10.283 单击【联集】按钮

技巧与提示

【轮廓化描边】命令可以将路径转换为填充，是出片中常用的一个命令。

19 使用【矩形工具】，沿格子线条绘制一个稍小的矩形，如图10.284所示。

20 将其填充为白色，执行菜单栏中的【对象】|【排列】|【后移一层】命令，将其移到格子线条的下方，如图10.285所示。

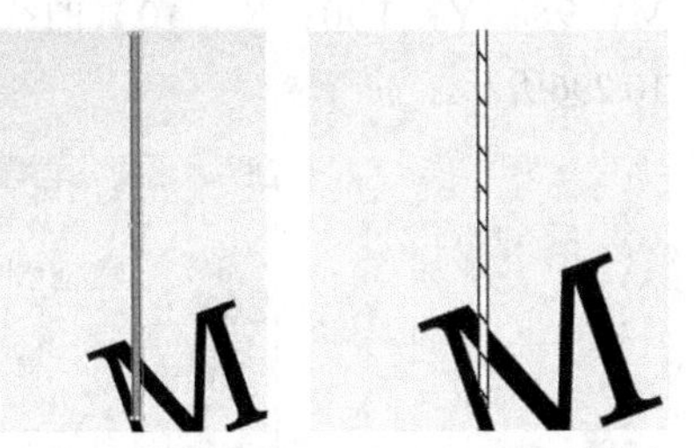

图10.284 绘制矩形　　图10.285 调整顺序

21 将格子线条及白色矩形选中，执行菜单栏中的【对象】|【编组】命令，将其编组。按住“Alt”键向右水平拖动将其复制一份，效果如图10.286所示。

图10.286 复制一份

技巧与提示

按“Ctrl”+“G”组合键，可以快速将选中的图形编组。

22 从图中可以看出，线条有些过长了，下面将多余部分修剪掉。选择工具箱中的【矩形工具】，绘制一个稍大的矩形，注意要将修剪的部分包括在矩形中，如图10.287所示。

图10.287 绘制矩形

23 选择格子线条，执行菜单栏中的【对象】|【取消编组】命令，将其取消编组，打开【路径查找器】面板，单击【减去顶层】按钮，如图10.288所示。

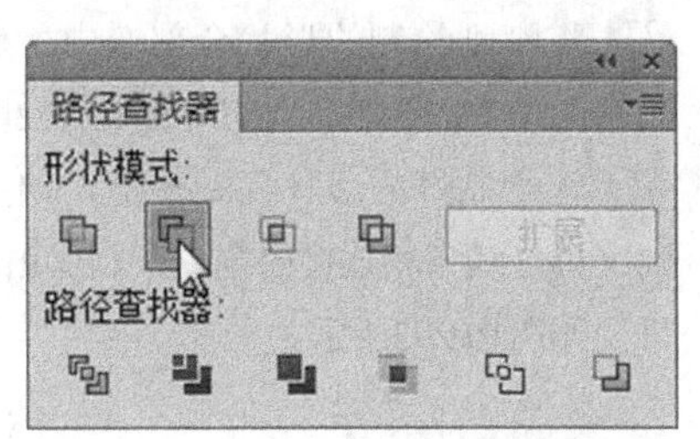

图10.288 减去顶层

24 将多余的部分修剪掉，修剪后的效果如图10.289所示。

技巧与提示

在应用【减去顶层】修剪前，要注意格子线条取消编组后分为格子线条和长条矩形，要分别与大矩形进行修剪，否则将出现不同的结果。

图10.289 修剪后的效果

技巧与提示

按“Shift”+“Ctrl”+“G”组合键，可以快速取消编组。

㉕ 选择工具箱中的【钢笔工具】，设置填充颜色为白色，描边颜色为黑色，描边粗细为1pt，在页面中绘制一个封闭的形状，效果如图10.290所示。

㉖ 按住“Alt”键将绘制的形状向下复制多份并调整角度，调整后的效果如图10.291所示。

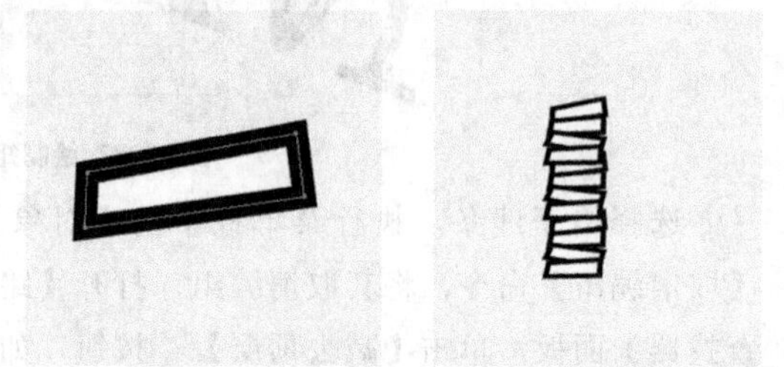

图10.290 绘制形状　　图10.291 复制并调整

㉗ 将刚刚绘制的形状全部选中，然后将其放置到右侧线条的上方，效果如图10.292所示。

㉘ 将绘制好的形状复制多份，调整后分别放置到字母与线条相连接的位置，制作出线条缠绕的效果，如图10.293所示。

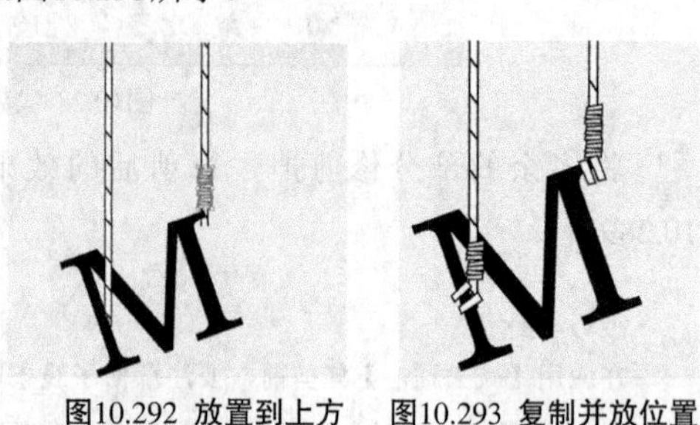

图10.292 放置到上方　　图10.293 复制并放位置

㉙ 将直线和形状复制多份，然后组合并缩放，放置到字母右侧的位置，效果如图10.294所示。

图10.294 复制多份

技巧与提示

在复制组合该图形时，如果有过长的情况出现，可以使用前面讲解的方法，将多余部分进行修剪操作。

㉚ 选择工具箱中的【钢笔工具】，在画布中绘制一个矩形，如图10.295所示。

图10.295 绘制一个矩形

㉛ 打开【渐变】面板，设置浅红色（C：0；M：98；Y：100；K：16）到深红色（C：21；M：98；Y：100；K：40）的线性渐变，如图10.296所示。

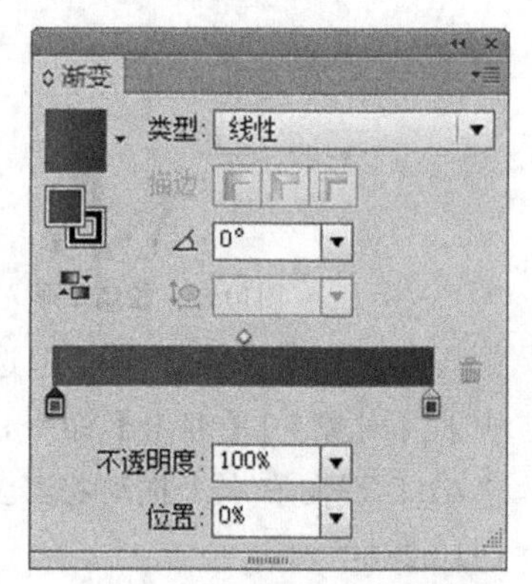

图10.296 渐变编辑

㉜ 选择工具箱中的【渐变工具】，从矩形的左侧向右侧拖动光标，将其填充渐变，如图10.297所示。

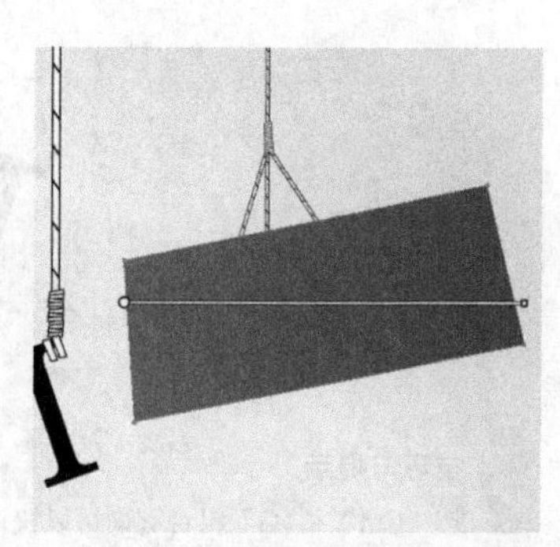

图10.297 填充渐变

33 将左侧字母上方的格子线条复制多份，缩放和旋转后放置到红色矩形上方，效果如图10.298所示。

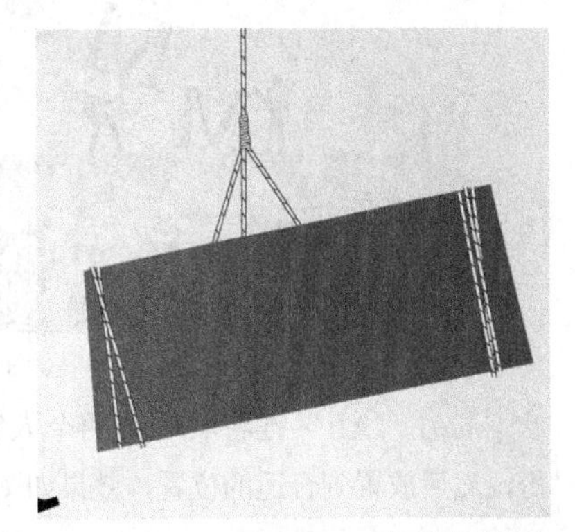

图10.298 复制格子线条

34 选择工具箱中的【矩形工具】，在页面中绘制一个矩形，将其填充为白色，描边设置为无，效果如图10.299所示。

图10.299 绘制矩形

35 将白色矩形旋转一定的角度，并放置到红色线条上方，效果如图10.300所示。

36 将白色矩形复制一份，将其沿垂直方向缩小，变成一条直线效果，并放置到白色矩形下方，如图10.301所示。

图10.300 旋转角度

图10.301 复制并缩小

37 将两个矩形选中，执行菜单栏中的【对象】|【变换】|【对称】命令，打开【镜像】对话框，选择【水平】单选按钮，如图10.302所示。

38 单击【复制】按钮，将其复制一份，然后将其移动到红色矩形的下方，并适当旋转，效果如图10.303所示。

图10.302 【镜像】对话框

图10.303 复制并旋转

39 选择工具箱中的【文字工具】T，在页面中单击输入文字，打开【字符】面板，设置字体为“Bodoni MT”，大小为43pt，行距为16pt，如图10.304所示。

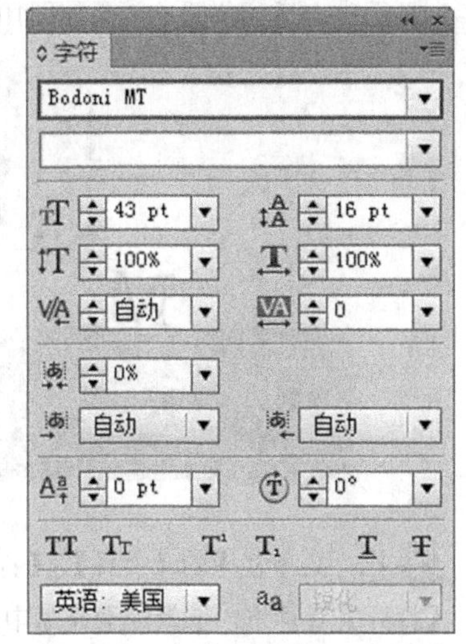

图10.304 字符设置

40 将文字填充为白色，描边设置为无，然后将其旋转一定的角度后放置到红色矩形上方，效果如图10.305所示。

图10.305 文字效果

41 将字母“M”复制两份，调整角度后分别放置到页面中合适的位置，效果如图10.306所示。

图10.306 复制字母

42 执行菜单栏中的【文件】|【打开】命令，打开【打开】对话框，选择配套光盘中的“素材文件\第10章\人物剪影.ai”，如图10.307所示。

图10.307 打开素材

43 使用【选择工具】，将打开的素材拖动到页面中缩小并放置到不同的位置，效果如图10.308所示。

图10.308 添加人物

44 按住“Alt”键将其中的两个人物分别复制一份，然后放置到合适的位置，效果如图10.309所示。

图10.309 复制效果

45 将除背景以外的上半部分的图形全部选中，按“Ctrl”+“C”组合键将其复制一份，然后按“Ctrl”+“F”组合键原位粘贴，将光标放置在变换框上方中间控制点上，当光标变成双箭头时，按住鼠标向下拖动，效果如图10.310所示。

图10.310 复制并调整

46 按“Ctrl”+“G”组合键，将复制的图形编组，然后将其填充为黑色，描边设置为无，如图10.311所示。

图10.311 填充黑色

47 执行菜单栏中的【窗口】|【透明度】命令，打开【透明度】面板，设置图形的【不透明度】为40%，如图10.312所示。

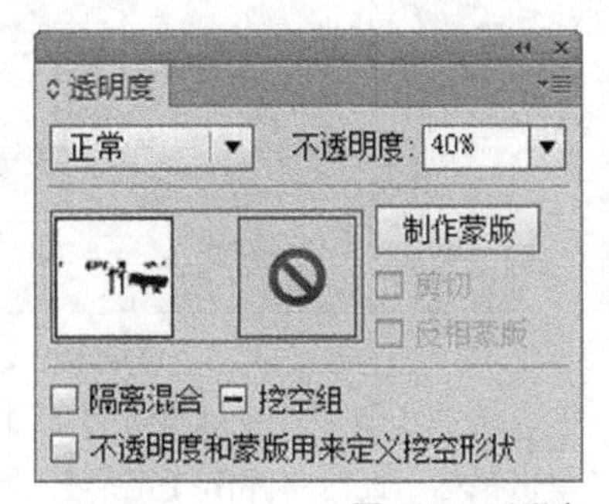

图10.312 透明度

48 调整后的效果如图10.313所示。

图10.313 调整不透明度后的效果

49 选择工具箱中的【矩形工具】，在下方绘制一个矩形，将该矩形填充为白色，描边设置为无，如图10.314所示。

图10.314 绘制矩形

50 将矩形复制一份并贴在前面，然后将其适当缩小，缩小时注意四个边距要保持一致，将其填充颜色修改为黑色，如图10.315所示。

图10.315 复制并更改颜色

51 选择工具箱中的【文字工具】T，在页面中输入文字，设置字体为“Castellar”，大小为30pt，垂直缩放设置为90%，如图10.316所示。

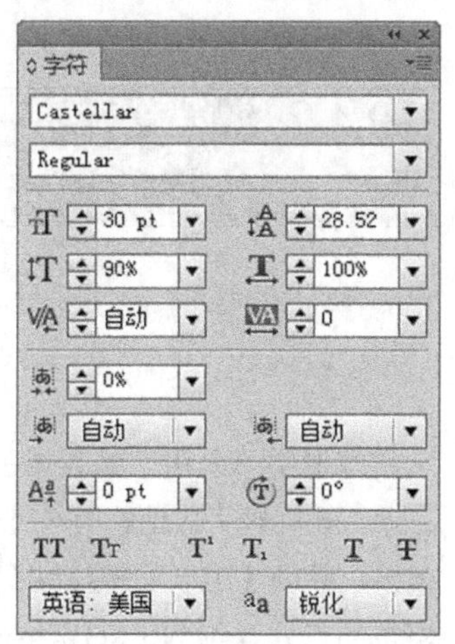

图10.316 文字设置

52 将文字的颜色设置为白色，放置到黑色矩形上方，效果如图10.317所示。

图10.317 文字效果

技巧与提示

这里设置的文字大小，是作者根据矩形调整的，如果读者的矩形绘制的大小不同，则可以根据矩形的大小来设置文字的参数。

53 使用同样的方法在页面中输入文字，设置字体为“Century Gothic”，大小为11pt，颜色为黑色，放置到矩形的下方，完成最终效果如图10.318所示。

图10.318 最终效果

10.4.2 课堂案例——3G网络宣传招贴设计

案例位置　案例文件\第10章\3G网络宣传招贴设计.ai
视频位置　多媒体教学\10.4.2.avi
实用指数　★★★★★

本例学习采用夸张表现手法设计3G网络宣传招贴，设计师大胆地将雨伞过分夸大，产生升空的效果，并以【矩形工具】和【粗糙化】命令制作出飘带的形式详细列出3G网络的应用，展现新奇与变化的。最终效果如图10.319所示。

图10.319 最终效果

01 执行菜单栏中的【文件】|【新建】命令，打开【新建文档】对话框，设置文档的【名称】为“3G网络宣传招贴”，【大小】为“A4”，【取向】为“纵向”，如图10.320所示。

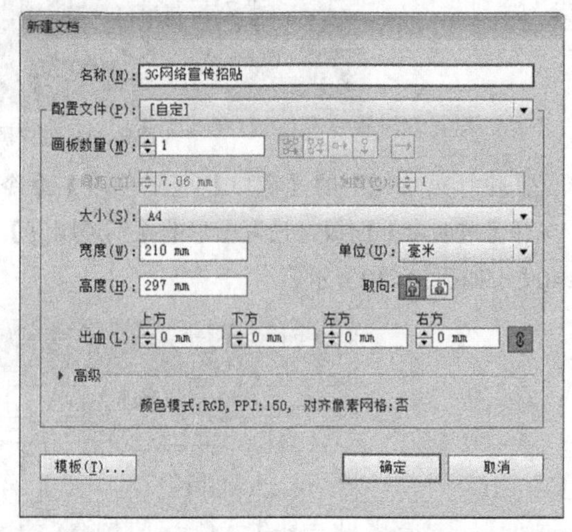

图10.320 【新建文档】对话框

02 选择工具箱中的【矩形工具】，在页面中单击鼠标，此时将弹出【矩形】对话框，设置【宽度】的值为194mm，【高度】的值为247mm，如图10.321所示。

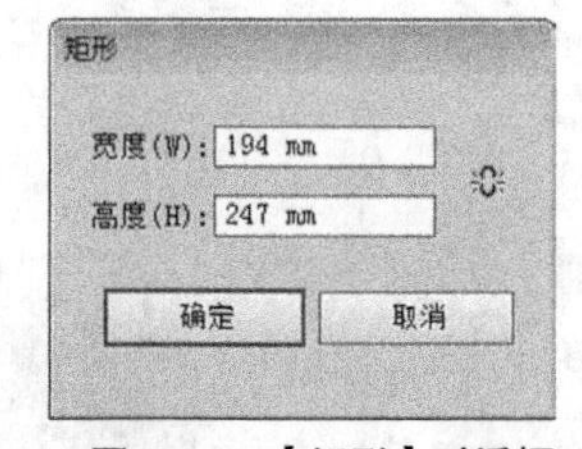

图10.321 【矩形】对话框

03 在【渐变】面板中，编辑从白色到浅黄色（C：26；M：25；Y：40；K：0）的径向渐变，如图10.322所示。

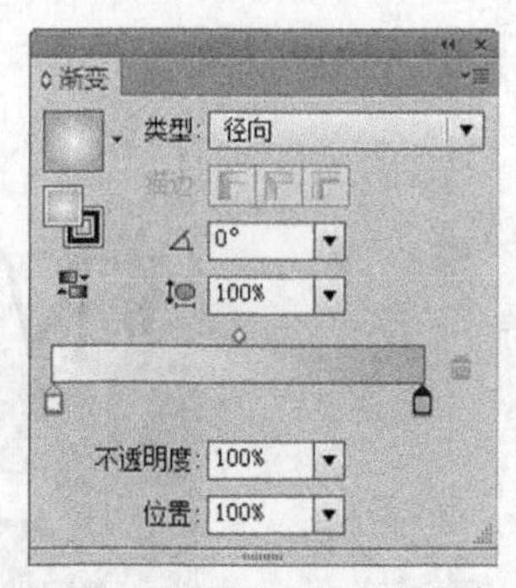

图10.322 编辑渐变

04 选择工具箱中的【渐变工具】，从矩形的中心位置向外拖动，将背景填充渐变，如图10.323所示。

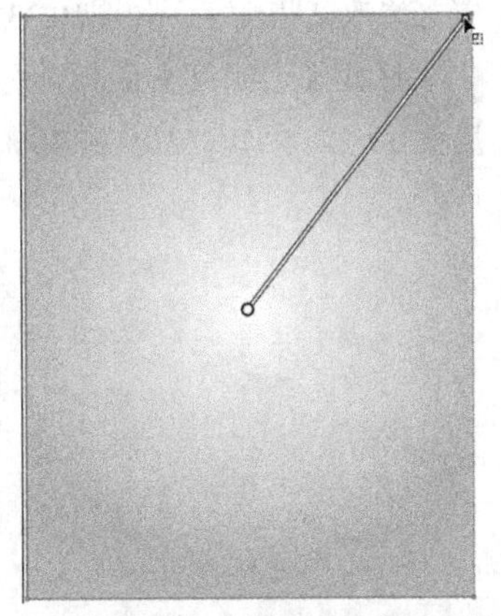

图10.323 填充渐变

05 执行菜单栏中的【文件】|【打开】命令，打开【打开】对话框，选择配套光盘中的“素材文件\第10章\彩伞.ai”，如图10.324所示。

图10.324 打开的素材

06 选择工具箱中的【选择工具】，将“彩伞”素材拖动到“3G网络宣传招贴”画布中，并将其适当缩小。选择工具箱中的【直线段工具】，从彩伞上绘制出多条直线段，设置线条的描边颜色为黑色，并在【描边】面板中，设置描边的【粗细】为1pt，如图10.325所示。

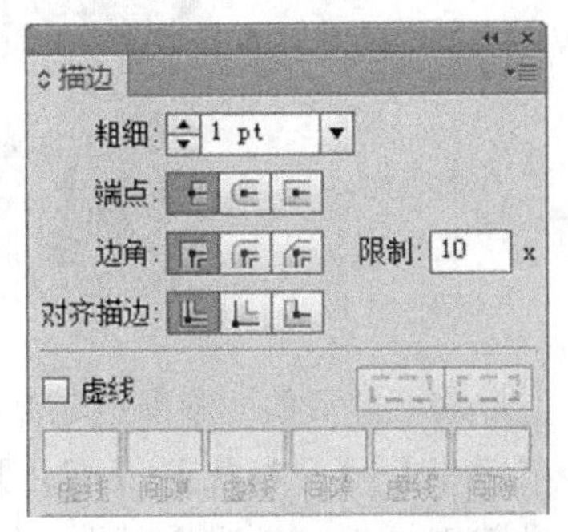

图10.325 描边设置

07 绘制的线条效果如图10.326所示。

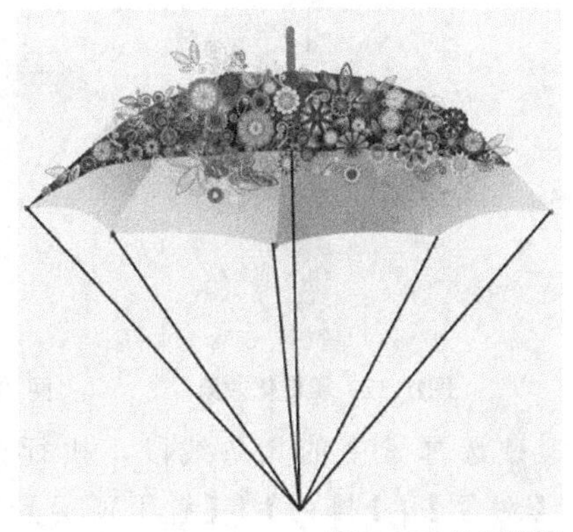

图10.326 绘制线段

08 选择工具箱中的【矩形工具】，在画布中拖动绘制一个长方形，将其填充为红色（C：0；M：100；Y：100；K：0），描边设置为无，将其放置在伞的下方，如图10.327所示。

09 选择红色矩形，执行菜单栏中的【效果】|【扭曲和变换】|【粗糙化】命令，打开【粗糙化】对话框，设置【大小】为2%，【细节】为4/英寸，选择【相对】和【平滑】单选按钮，如图10.328所示。

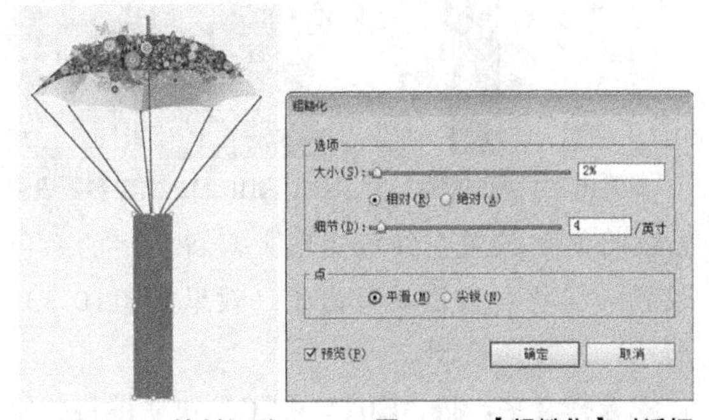

图10.327 绘制矩形　　图10.328 【粗糙化】对话框

10 单击【确定】按钮，粗糙化效果如图10.329所示。

11 选择工具箱中的【椭圆工具】，在矩形顶部按住“Shift”键绘制一个正圆，将其填充为白色，描边设置为灰色（C：0；M：0；Y：0；K：50），并设置描边的【粗细】为1pt，如图10.330所示。

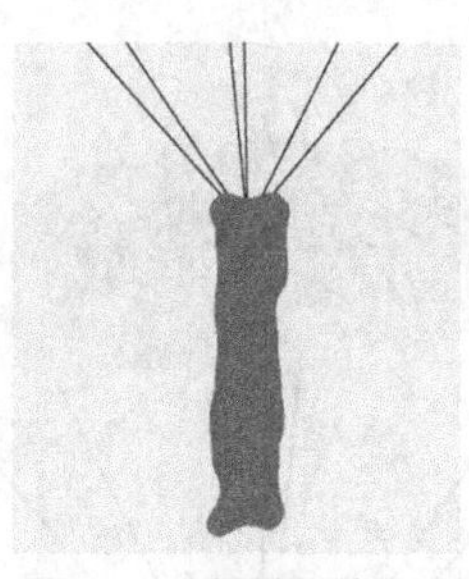

图10.329 粗糙化效果　　图10.330 绘制正圆

⑫ 选择其中的几条线段，执行菜单栏中的【对象】|【排列】|【置于顶层】命令，将其调整到前面，以制作出线穿过孔的效果，如图10.331所示。

⑬ 选择工具箱中的【直排文字工具】，在画布中单击输入文字，设置文字的字体为“微软雅黑”，字体大小为“22pt”，垂直缩放为110%，设置所选字符的字距调整为200，如图10.332所示。

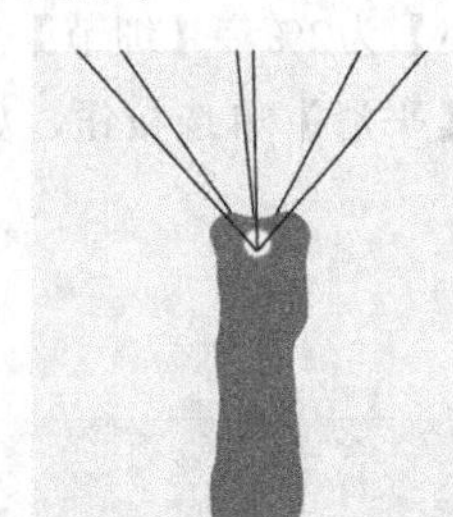

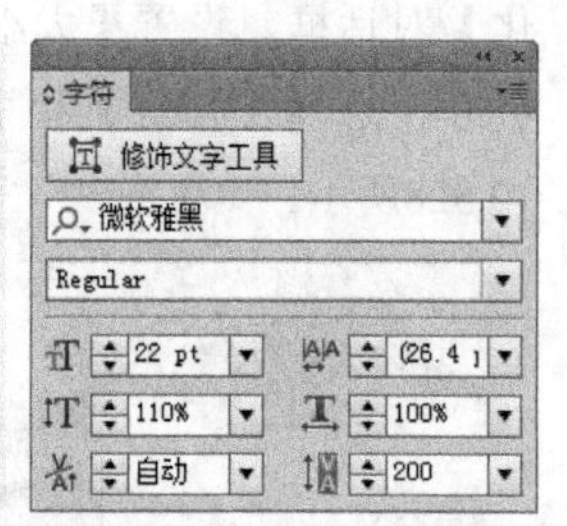

图10.331 调整顺序　　图10.332 文字参数设置

⑭ 将文字放置在红色矩形上，将文字的颜色设置为黑色，描边设置为无，效果如图10.333所示。

⑮ 选择文字，按“Ctrl”+“C”快捷键将其复制，再按“Ctrl”+“F”快捷键将复制的文字粘贴在前面，然后按键盘上的向左箭头←和向上箭头↑各一次，将文字的填充颜色修改为白色，描边设置为无，制作文字投影效果，如图10.334所示。

图10.333 文字效果　　图10.334 投影效果

⑯ 将除背景以外的其他图形全部选中，将其复制几份并分别缩小旋转，放置在背景上的不同位置，修改某些文字，如图10.335所示。

⑰ 打开【透明度】面板，分别修改伞的不透明度为60%、50%、30%和20%，效果如图10.336所示。

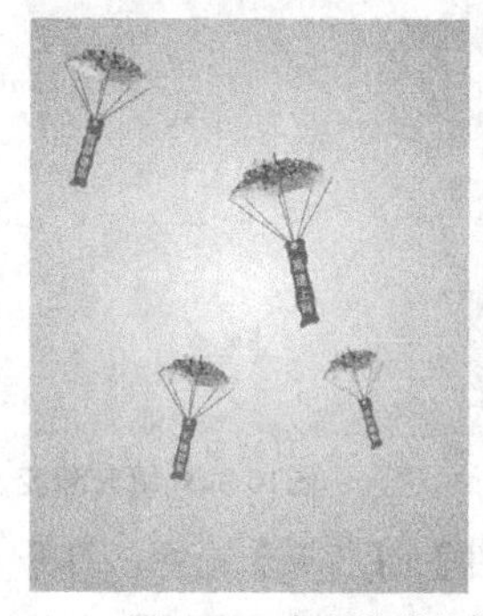

图10.335 复制缩放旋转　　图10.336 修改不透明度

⑱ 选择工具箱中的【椭圆工具】，在画布上拖动绘制几个椭圆，制作云彩效果，如图10.337所示。

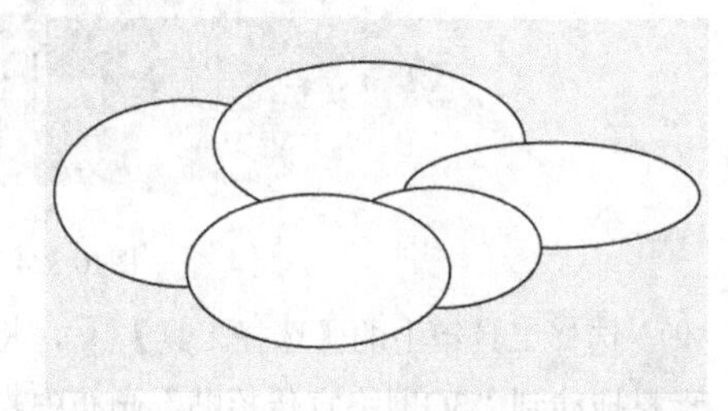

图10.337 绘制椭圆

⑲ 将椭圆全部选中，打开【路径查找器】面板，单击【形状模式】中的【联集】按钮，如图10.338所示，将椭圆合并成一个图形。

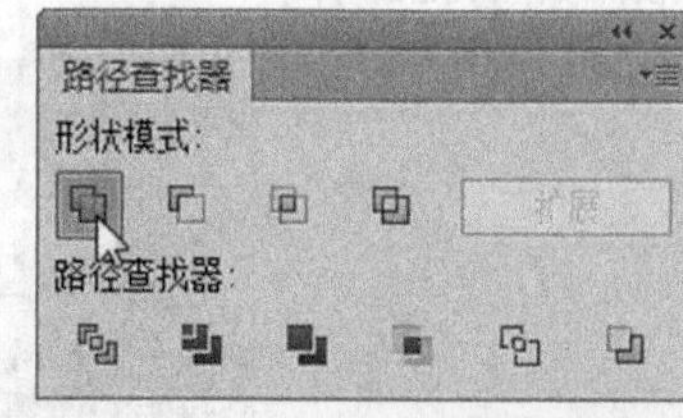

图10.338 路径查找器

⑳ 将合并后的云彩图形选中，执行菜单栏中的【效果】|【风格化】|【羽化】命令，打开【羽化】对话框，设置【羽化半径】为2mm，如图10.339所示。

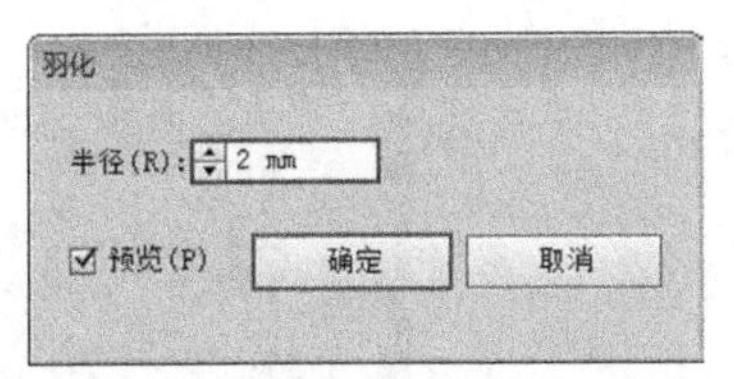

图10.339 【羽化】对话框

21 单击【确定】按钮，添加羽化后的效果如图10.340所示。

图10.340 羽化后的效果

22 执行菜单栏中的【效果】|【风格化】|【内发光】命令，打开【内发光】对话框，设置【模式】为正常，颜色为灰色（C：20；M：16；Y：15；K：0），【模糊】设置为4mm，如图10.341所示。

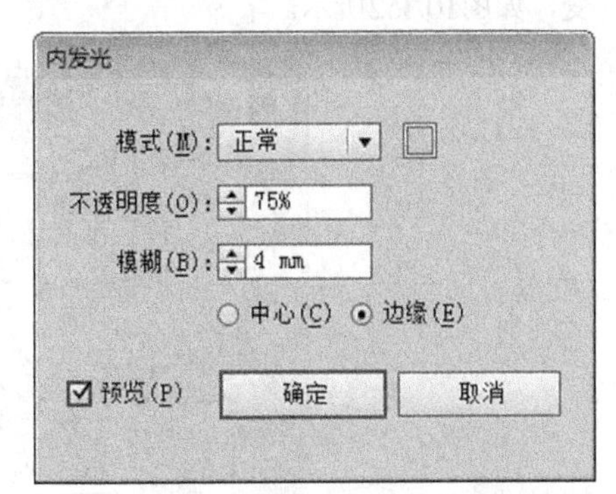

图10.341 【内发光】对话框

23 单击【确定】按钮，添加内发光后的图形效果如图10.342所示。

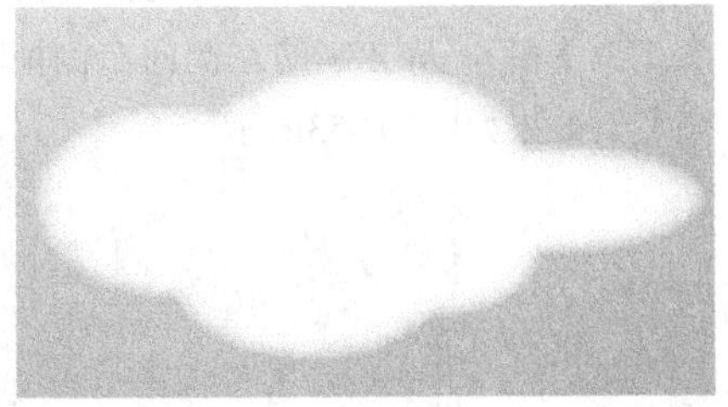

图10.342 内发光效果

24 执行菜单栏中的【效果】|【风格化】|【投影】命令，打开【投影】对话框，设置投影的【不透明度】为10%，【X位移】为2mm，【Y位移】为2mm，【模糊】为1.5mm，颜色为黑色，如图10.343所示。

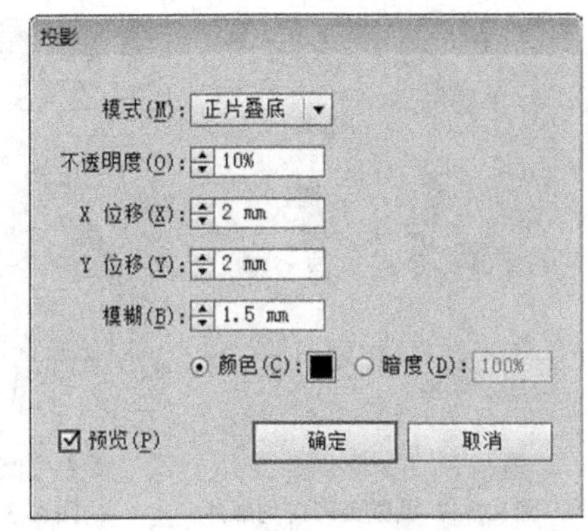

图10.343 【投影】对话框

25 单击【确定】按钮，添加投影后的图形效果如图10.344所示。

图10.344 添加投影效果

26 将云彩复制多份，并适当缩小和排列，将其放置在渐变背景中不同的位置，如图10.345所示。

27 将四个彩伞各复制一份，在【透明度】面板中，修改其【不透明度】为100%，并适当放大后放置在不同的位置，如图10.346所示。

图10.345 复制云彩

图10.346 复制彩伞

28 使用【选择工具】，选择不同位置的云彩，然后按“Shift”+“Ctrl”+“]”组合键置于顶层，调整某些云彩的排列顺序，如图10.347所示。

29 选择工具箱中的【文字工具】T，在招贴的底部单击输入文字，设置文字的字体为“方正大黑简体”，文字大小为29pt，如图10.348所示。

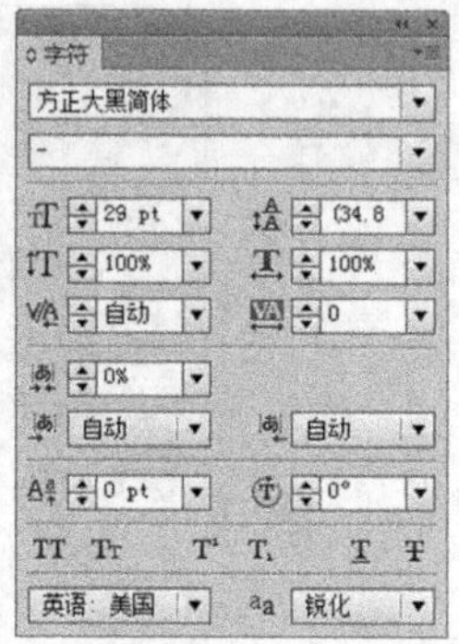

图10.347 调整云彩排列顺序　　图10.348 字符设置

30 注意在文字的中间加多个空格，如图10.349所示。

图10.349 文字效果

31 选择工具箱中的【椭圆工具】，按住“Shift”键的同时拖动鼠标绘制一个正圆，将其放置在文字的中心空白处，如图10.350所示。

图10.350 绘制正圆

32 将文字选中，执行菜单栏中的【文字】|【创建轮廓】命令，或按“Shift”+“Ctrl”+“O”组合键，将文字转换为轮廓，如图10.351所示。

图10.351 转换轮廓效果

33 打开【渐变】面板，编辑从绿色（C：80；M：20；Y：98；K：0）到黄色（C：6；M：12；Y：87；K：0）到橙色（C：8；M：74；Y：100；K：0）到绿色（C：80；M：20；Y：98；K：0）到黄色（C：6；M：12；Y：87；K：0）到橙色（C：8；M：74；Y：100；K：0）再到绿色（C：80；M：20；Y：98；K：0）的线性渐变，如图10.352所示。

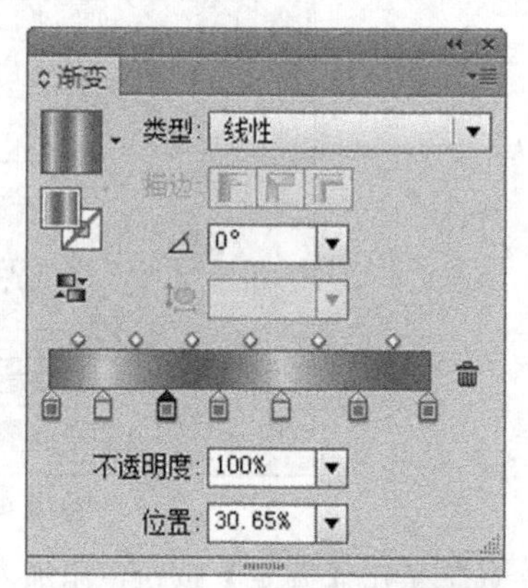

图10.352 编辑渐变

34 将文字和小正圆选中，选择工具箱中的【渐变工具】，从文字的左侧向右侧拖动为其填充渐变，效果如图10.353所示。

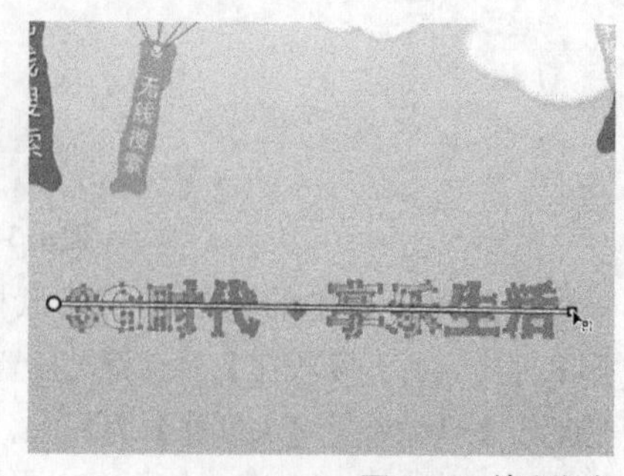

图10.353 填充渐变

35 打开【描边】面板，确认选择文字和正圆，修改描边的【粗细】为2pt，并在【对齐描边】中单击【使描边外侧对齐】按钮，如图10.354所示。

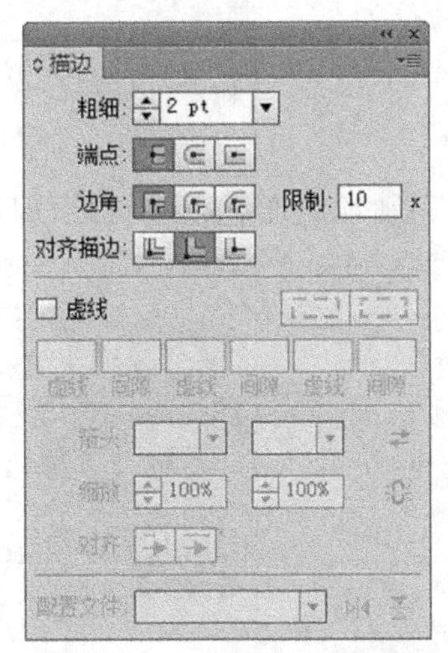

图10.354 描边设置

36 设置描边后的文字和正圆效果如图10.355所示。

图10.355 描边效果

37 将云彩复制两份出来，并将其中的一份水平翻转，分别放置在文字的两侧并适当缩小，注意不要放同一水平，这样可以让设计更显灵活性，如图10.356所示。

图10.356 复制云彩

38 选择工具箱中的【文字工具】T，在底部再次输入文字，设置文字的颜色为黑色，效果如图10.357所示。这样就完成了3G网络宣传招贴设计制作。

图10.357 输入文字

10.4.3 课堂案例——进站主页设计

案例位置　案例文件\第10章\进站主页设计.ai
视频位置　多媒体教学\10.4.3.avi
实用指数　★★★★★

本例采用系列表现手法设计进站主页。巧妙地将模特使用【矩形工具】和【建立蒙版】效果以吊牌的形式表现出来，使整个设计充满现代化气息，创意新颖独特，画面直观大方，传递信息准确。最终效果如图10.358所示。

图10.358 最终效果

01 执行菜单栏中的【文件】|【新建】命令，打开【新建文档】对话框，将【宽度】设置为420mm、【高度】设置为297mm，如图10.359所示。

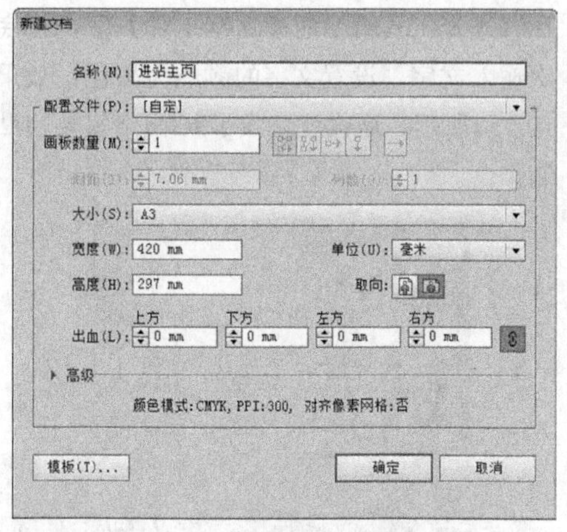

图10.359 【新建文档】对话框

02 选择工具箱中的【矩形工具】，在页面中单击鼠标，打开【矩形】对话框，设置【宽度】的值为360mm，【高度】的值为206mm，如图10.360所示。

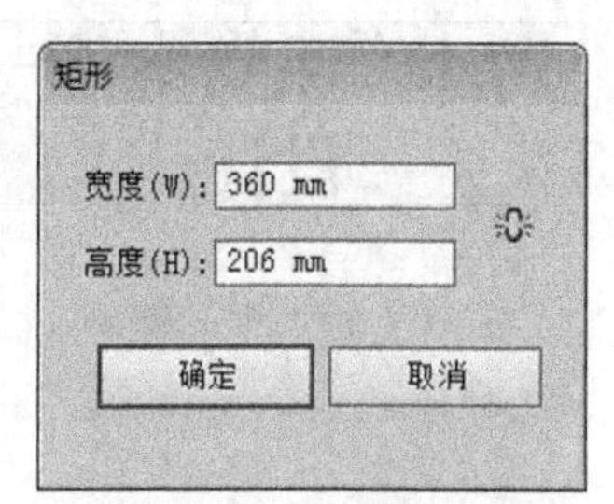

图10.360 【矩形】对话框

03 在【渐变】面板中，编辑从浅灰色（R：247；G：249；B：249）到灰色（R：192；G：192；B：192）的径向渐变，如图10.361所示。

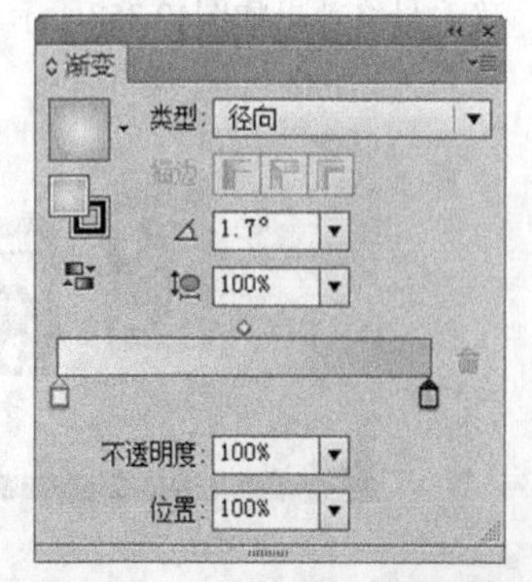

图10.361 编辑渐变

04 选择工具箱中的【渐变工具】，从矩形的中心位置向右拖动，将背景填充渐变，如图10.362所示。

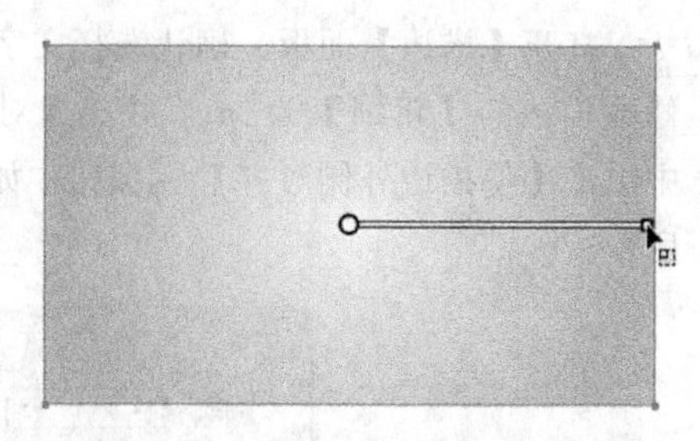

图10.362 填充渐变

05 添加曲线效果。选择工具箱中的【钢笔工具】，在矩形上绘制一条曲线，如图10.363所示。

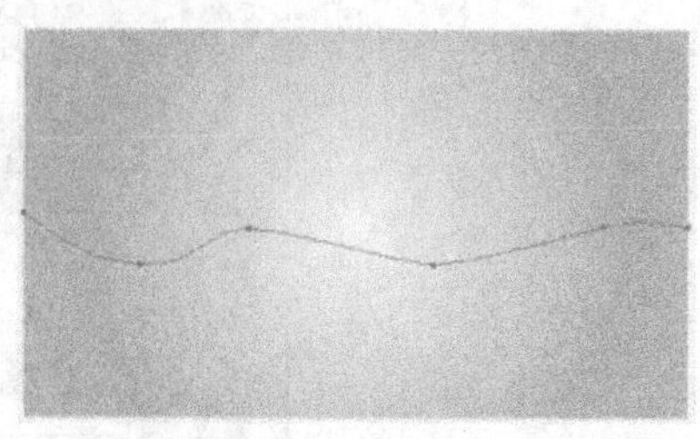

图10.363 绘制曲线

06 将曲线的描边颜色设置为白色，打开【描边】面板，设置曲线的【粗细】为1pt，如图10.364所示。

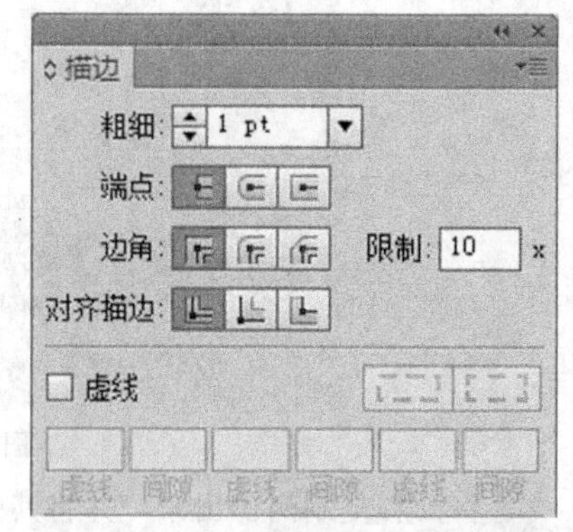

图10.364 设置描边参数

07 将曲线复制一份，然后选择工具箱中的【直接选择工具】适当调整曲线，调整效果如图10.365所示。

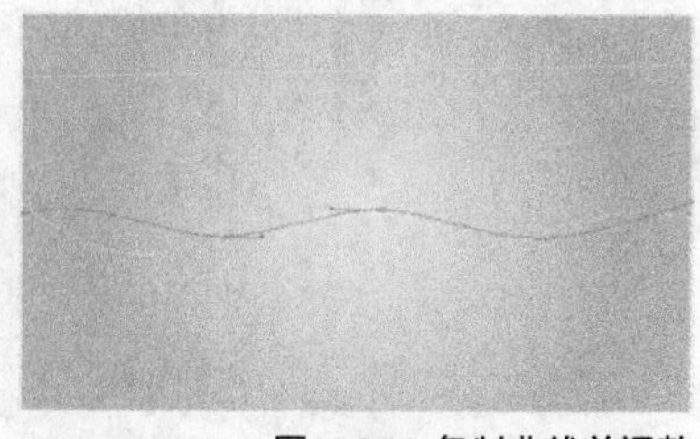

图10.365 复制曲线并调整

08 选择工具箱中的【文字工具】T，在页面中单击鼠标输入文字“百迪拍酷”，将文字的字体设置为“黑体”，如图10.366所示。

图10.366 输入文字

技巧与提示

这里输入的文字，颜色和大小都可以忽略，因为这个艺术字处理要在原字体的基础上重新创建，所以跟文字的颜色和大小没有关系，但要注意字体。这也是艺术字设计中非常实用的一种手法，可以称之为以现有字体创建新字体。

09 选择工具箱中的【钢笔工具】，沿文字绘制不同的线段，如图10.367所示。在绘制时注意与文字的配合，另外要做到转角为90°。

技巧与提示

这里为了方便读者查看，特意将文字的颜色降低为灰色。

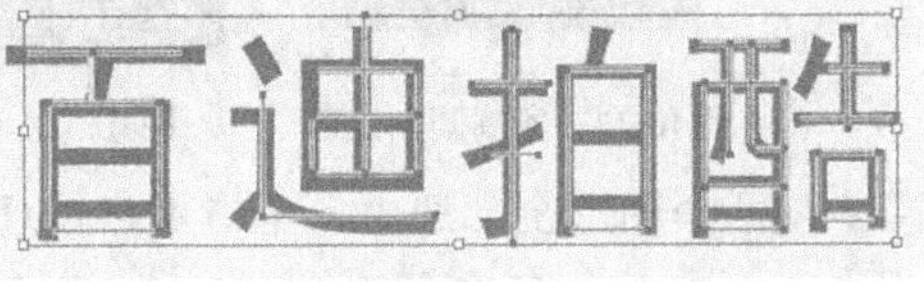

图10.367 沿文字创建新的文字

10 将下方的黑体文字删除，再利用【直接选择工具】对新创建的文字进行修改，然后将其描边【粗细】设置为3pt，效果如图10.368所示。

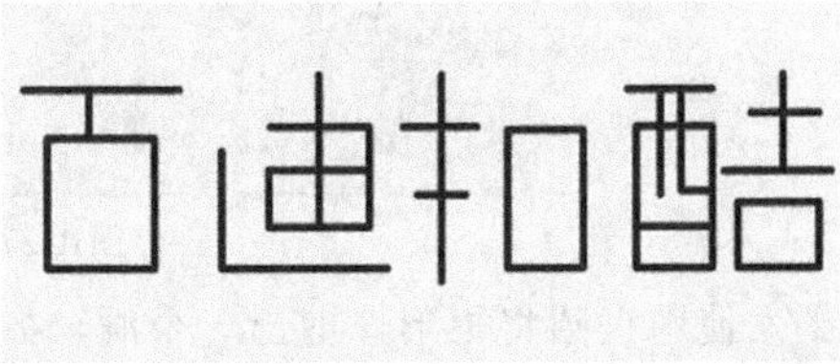

图10.368 修改效果

11 选择工具箱中的【椭圆工具】，按住“Shift”键的同时拖动鼠标绘制一个正圆，将正圆的填充设置为无，描边【粗细】设置为3pt，如图10.369所示。

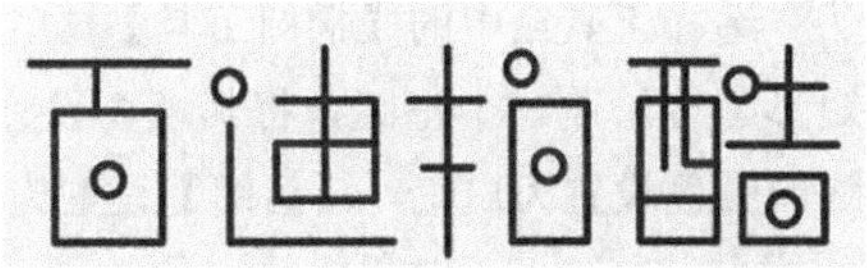

图10.369 复制圆形

12 选择工具箱中的【圆角矩形工具】，在页面中拖动绘制一个圆角矩形，将其填充为黑色，描边设置为无，如图10.370所示。

图10.370 绘制圆角矩形

13 再次使用【圆角矩形工具】，在大圆角矩形的右上角绘制一个小的圆角矩形，将其填充为黑色，描边设置为无，如图10.371所示。

技巧与提示

在绘制圆角矩形的拖动过程中，注意是没有释放鼠标时，按键盘上的向上箭头↑可以增加圆角度；按向下箭头↓可以减少圆角度。

图10.371 绘制小圆角矩形

14 再次使用【圆角矩形工具】，在右上角绘制一个圆角矩形，将其填充设置为无，描边设置为黑色，描边的【粗细】设置为3pt，如图10.372所示。

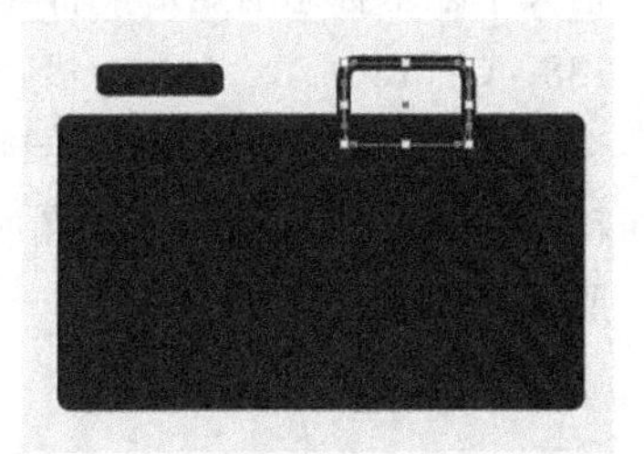

图10.372 绘制圆角边线

15 选择工具箱中的【椭圆工具】，在大圆角矩形上方绘制一个正圆，将其填充设置为无，描边的颜色设置为白色，【粗细】设置为3pt，如图10.373所示。

图10.373 绘制正圆

16 选择工具箱中的【文字工具】T，在页面中单击鼠标输入拼音，设置文字的字体为“Arial”，字体大小为“43pt”，如图10.374所示。

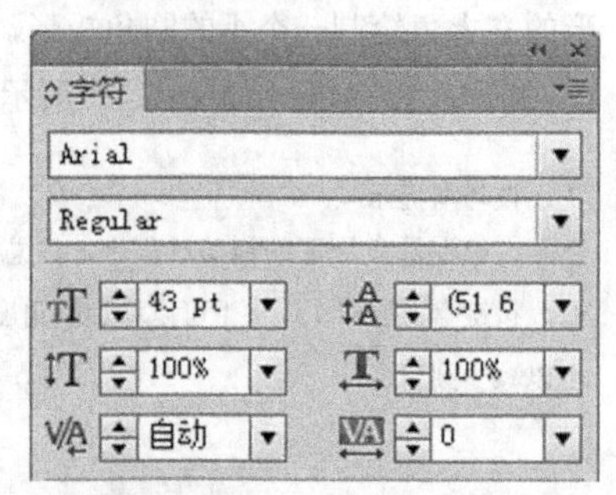

图10.374 文字参数设置

17 将文字的颜色设置为青色（R：36；G：136；B：169），文字效果如图10.375所示。

图10.375 输入拼音

18 选择工具箱中的【矩形工具】，绘制一个稍大于艺术标志的矩形，将其填充为绿色（R：138；G：186；B：41），然后将矩形的标志全部选中，按“Ctrl”+“G”组合键进行编组，将其移动到背景中，并放置在左上角的位置，如图10.376所示。

图10.376 放置在左上角效果

19 选择工具箱中的【圆角矩形工具】，在页面中拖动绘制一个圆角矩形，将其填充为黑色，如图10.377所示。

20 选择工具箱中的【椭圆工具】，在圆角矩形的上方中间位置绘制一个正圆，如图10.378所示。

图10.377 绘制圆角矩形　　图10.378 绘制正圆

21 将两个图形全部选中，单击【路径查找器】面板中的【减去顶层】按钮，如图10.379所示。

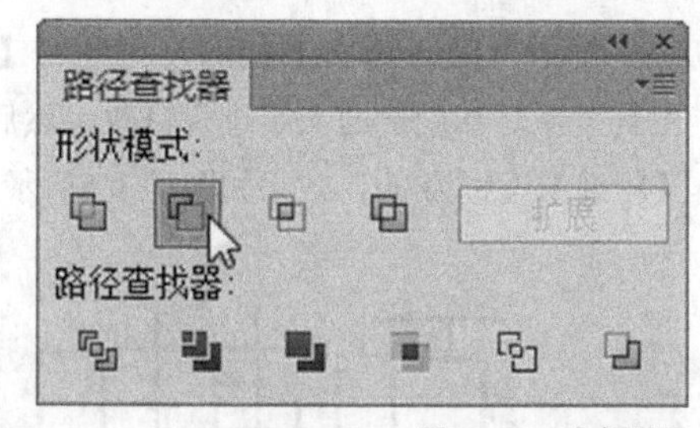

图10.379 减去顶层

22 使用正圆将矩形修剪出一个洞，如图10.380所示。

23 选择工具箱中的【矩形工具】，绘制一个与圆角矩形等宽的长方形，将其填充为黄绿色（R：149；G：190；B：37），如图10.381所示。

图10.380 修剪效果　图10.381 填充矩形

(24) 选择工具箱中的【文字工具】T，单击输入文字，设置文字的字体为“Arial”，文字的大小为“15pt”，颜色为白色，如图10.382所示。

(25) 执行菜单栏中的【文件】|【置入】命令，打开【置入】对话框，选择配套光盘中的“素材文件\第10章\模特01.jpg”文件，单击【置入】按钮，此时在页面中将显示置入的图片，单击选项栏中的【嵌入】按钮，将照片置入，如图10.383所示。

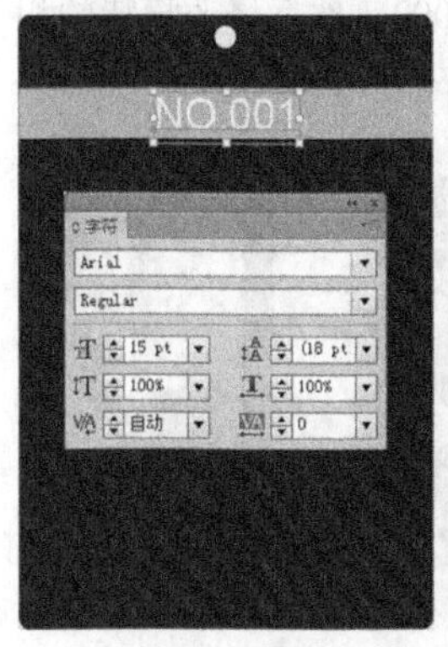

图10.382 输入文字　图10.383 置入的照片

(26) 选择工具箱中的【圆角矩形工具】，在页面中拖动绘制一个圆角矩形，如图10.384所示。

(27) 选择“模特01.jpg”将其适当缩小，并将其移动到刚绘制圆角矩形的下方，如图10.385所示。

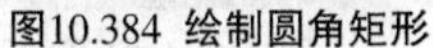

图10.384 绘制圆角矩形　图10.385 缩小效果

技巧与提示

在缩放图片时，注意按住“Shift”键，等比缩放，以免照片出现扭曲现象。

(28) 将上方的圆角矩形和模特照片选中，执行菜单栏中的【对象】|【剪切蒙版】|【建立】命令，进行剪切蒙版操作，效果如图10.386所示。

技巧与提示

按“Ctrl”+“7”组合键可以快速进行剪切蒙版操作。

技巧与提示

如果对剪切蒙版后照片的位置不满意，可以使用工具箱中的【直接选择工具】拖动修改照片位置；如果对照片的大小不满意，可以使用工具箱中的【直接选择工具】将照片选中，然后使用【自由变换工具】对照片进行缩放。

图10.386 剪切蒙版效果

(29) 将吊牌照片全部选中，将其移动到背景的中心位置，如图10.387所示。

(30) 选择工具箱中的【直线段工具】，为吊牌绘制一条线，设置线条的颜色为黑色，【粗细】为1pt，如图10.388所示。

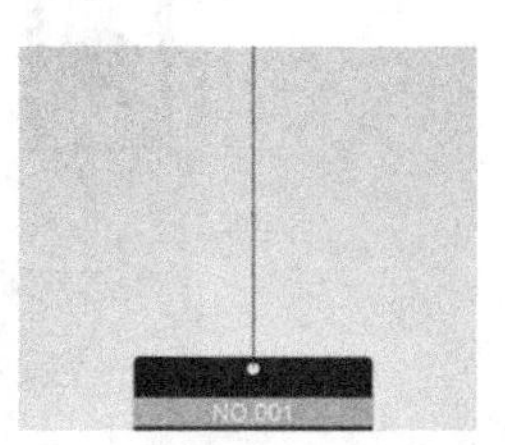

图10.387 放置在背景中　图10.388 绘制线段

(31) 选择工具箱中的【文字工具】T，在吊牌的下方输入模特的相关信息，并设置字体的颜色，以突出模特的个人blog，如图10.389所示。

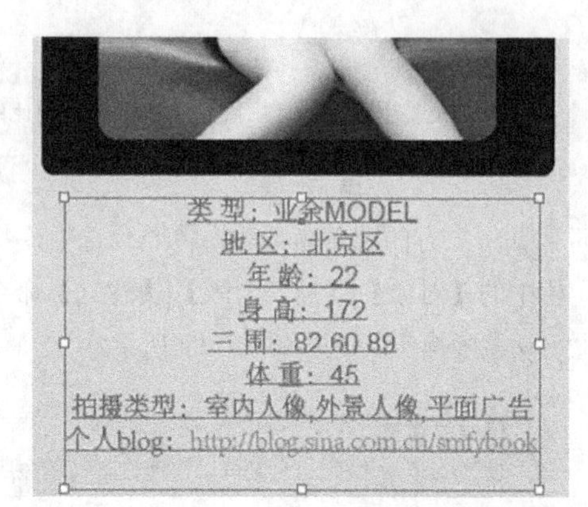

图10.389 输入文字

32 将吊牌照片和线条全部选中，然后将其复制两份，并分别放置在原吊牌的左右两侧，如图10.390所示。

图10.390 复制吊牌照片

33 选择右侧的复制吊牌，将照片选中，再执行菜单栏中的【对象】|【剪切蒙版】|【释放】命令，将其释放，然后将照片选中按“Delete”键将其删除，如图10.391所示。

图10.391 释放并删除照片

34 执行菜单栏中的【文件】|【置入】命令，打开【置入】对话框，选择配套光盘中的“素材文件\第10章\模特02.jpg”文件，单击【置入】按钮，此时在页面中将显示置入的图片，单击选项栏中的【嵌入】按钮，将照片置入。

35 使用前面讲解过的剪切蒙版的方法，将模特和圆角矩形选中进行剪切蒙版，并适当调整照片，如图10.392所示。

技巧与提示

在制作剪切蒙版时，要注意将圆角矩形调整到照片的上方，这样才能进行剪切蒙版的操作，否则将出现错误。

图10.392 剪切蒙版效果

36 将右侧的吊牌上方的长条矩形选中，将其填充颜色修改为洋红色（R：202；G：51；B：127），并修改文字为NO.002，然后修改模特的相关信息，效果如图10.393所示。

图10.393 修改颜色及模特信息

37 执行菜单栏中的【文件】|【置入】命令，打开【置入】对话框，选择配套光盘中的“素材文件\第10章\模特03.jpg”文件，单击【置入】按钮，此时在页面中将显示置入的图片，单击选项栏中的【嵌入】按钮，将照片置入，如图10.394所示。

图10.394 打开的照片

38 使用同样的方法，将左侧的照片释放并删除，然后将刚置入的照片进行剪切蒙版，效果如图10.395所示。

图10.395 剪切蒙版效果

39 选择左侧吊牌上的长条矩形，将其填充修改为青色（R：36；G：136；B：169），并修改文字为NO.003，然后修改模特的相关信息，效果如图10.396所示。

图10.396 修改颜色及模特信息

40 将左侧的吊牌元素全部选中，然后按“Ctrl”+“G”组合键将其编组，如图10.397所示。

图10.397 选中并编组

41 执行菜单栏中的【效果】|【模糊】|【高斯模糊】命令，打开【高斯模糊】对话框，设置模糊的【半径】为5像素，如图10.398所示。

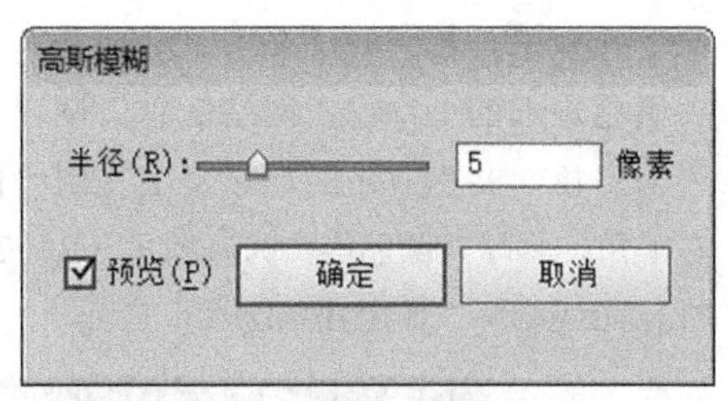

图10.398 【高斯模糊】对话框

42 单击【确定】按钮，应用【高斯模糊】后的吊牌效果，如图10.399所示。

图10.399 模糊效果

43 使用同样的方法将右侧的吊牌元素全部选中，将其编组并应用5像素的高斯模糊，效果如图10.400所示。

图10.400 右侧吊牌模糊效果

44 选择工具箱中的【矩形工具】，在背景的底部拖动绘制一个与背景宽度相同的长条矩形，在右上角绘制两个小些的矩形，并将其填充为黑色，描边设置为无，如图10.401所示。

图10.401 绘制矩形并填充

45 选择工具箱中的【文字工具】T，在右上角的黑色矩形的上方输入网站信息，设置文字的颜色为白色，并将网站的标志文字复制一份放置在右上角，将填充颜色修改为黄绿色（R：205；G：213；B：49），如图10.402所示。

设为首页
百迪拍酷www.baidiphotography.com.cn

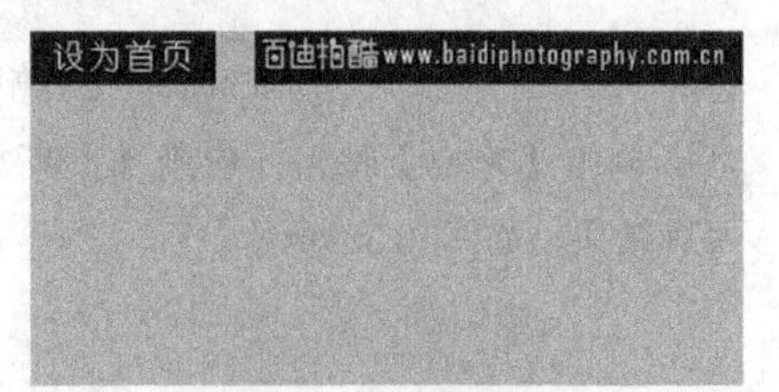

图10.402 输入文字并复制标志文字

46 再次使用【文字工具】T，在黑色矩形上输入网站信息，设置文字的颜色为白色，如图10.403所示。这样就完成了整个进站主页的制作。

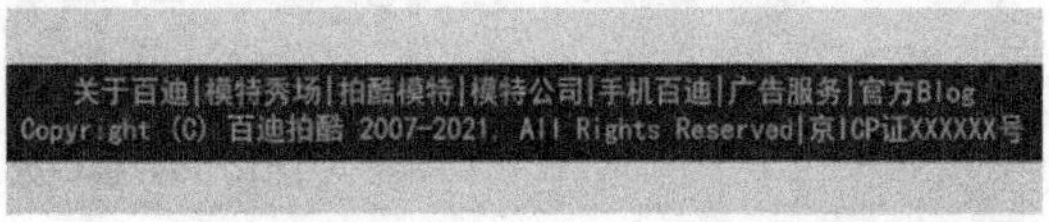
关于百迪|模特秀场|拍酷模特|模特公司|手机百迪|广告服务|官方Blog
Copyright (C) 百迪拍酷 2007-2021, All Rights Reserved|京ICP证XXXXXX号

图10.403 完成效果

10.5 本章小结

本章是综合实训，结合前面讲解过的基础内容，深入讲解商业案例的制作方法。通过本章的学习，我们应该对文字特效、插画设计、商业包装及商业广告有一个全面的掌握。在学习这些综合案例的时候，不仅要学习如何制作出案例效果，更重要的是要掌握制作流程与关键环节，同时要发散自己的创意思维，多学习、多临摹、多创新。